"十二五"普通高等教育本科国家级规划教材

 面向 21 世纪课程教材
Textbook Series for 21st Century

 普通高等教育"十四五"规划教材

U0219375

食品营养学

第 3 版

孙远明　柳春红　主编

中国农业大学出版社
·北京·

内 容 简 介

本书是"十二五"普通高等教育本科国家级规划教材，全书共分 12 章，主要包括绪论，食物的体内代谢，能量与宏量营养素，维生素，矿物质和水，植物化学物，各类食物的营养价值，营养强化食品、保健食品与营养标签，特殊人群的营养，营养与慢性病，饮食养生及公共营养等内容。本教材既注重营养学基本理论的阐述，也突出食品营养学的实用性，并力求反映学科发展的最新前沿。本教材主要供食品质量与安全、食品科学与工程、食品检测及相关食品专业学生使用，也可作为技术人员、管理人员、营养学爱好者的参考书。

图书在版编目(CIP)数据

食品营养学 / 孙远明,柳春红主编. —3 版. —北京:中国农业大学出版社,2019.12(2023.5 重印)
ISBN 978-7-5655-2334-2

Ⅰ.①食…　Ⅱ.①孙…②柳…　Ⅲ.①食品营养—营养学—高等学校—教材　Ⅳ.①TS201.4

中国版本图书馆 CIP 数据核字(2019)第 282508 号

书　名	食品营养学(第 3 版)
作　者	孙远明　柳春红　主编

策划编辑	宋俊果　刘 军　魏 巍	责任编辑	石 华
封面设计	郑 川　李尘工作室		
出版发行	中国农业大学出版社		
社　址	北京市海淀区圆明园西路 2 号	邮政编码	100193
电　话	发行部 010-62733489,1190	读者服务部	010-62732336
	编辑部 010-62732617,2618	出 版 部	010-62733440
网　址	http://www.caupress.cn	E-mail	cbsszs @ cau.edu.cn
经　销	新华书店		
印　刷	北京时代华都印刷有限公司		
版　次	2019 年 12 月第 3 版　2023 年 5 月第 5 次印刷		
规　格	889×1194　16 开本　20.25 印张　610 千字		
定　价	59.00 元		

普通高等学校食品类专业系列教材
编审指导委员会委员

（按姓氏拼音排序）

第3版编写人员

主　编　孙远明（华南农业大学）

　　　　柳春红（华南农业大学）

副主编　范志红（中国农业大学）

　　　　余群力（甘肃农业大学）

　　　　甄润英（天津农学院）

　　　　周才琼（西南大学）

　　　　胡　滨（四川农业大学）

参　编　（按拼音顺序排列）

　　　　陈义伦（山东农业大学）

　　　　邓放明（湖南农业大学）

　　　　郭　瑜（山西农业大学）

　　　　何计国（中国农业大学）

　　　　李美英（华南农业大学）

　　　　刘韫滔（四川农业大学）

　　　　庞　杰（福建农林大学）

　　　　王　敏（西北农林科技大学）

　　　　王英丽（内蒙古农业大学）

　　　　徐振林（华南农业大学）

　　　　杨瑞丽（华南农业大学）

　　　　尤玲玲（天津农学院）

　　　　张　怡（福建农林大学）

第 2 版编审人员

主　编　孙远明（华南农业大学）

副主编　余群力（甘肃农业大学）

　　　　　甄润英（天津农学院）

　　　　　范志红（中国农业大学）

　　　　　柳春红（华南农业大学）

　　　　　陈一资（四川农业大学）

　　　　　周才琼（西南大学）

参　编　（按拼音顺序排列）

　　　　　陈义伦（山东农业大学）

　　　　　邓放明（湖南农业大学）

　　　　　何计国（中国农业大学）

　　　　　贺振泉（广州中医药大学）

　　　　　胡　滨（四川农业大学）

　　　　　李美英（华南农业大学）

　　　　　庞　杰（福建农林科技大学）

　　　　　王　敏（西北农林科技大学）

主　审　何志谦（中山大学）

第1版编审人员

主　编　孙远明（华南农业大学）

副主编　余群力（甘肃农业大学）

　　　　　甄润英（天津农学院）

　　　　　范志红（中国农业大学）

　　　　　冯凤琴（浙江大学）

参　编　（按拼音顺序排列）

　　　　　陈义伦（山东农业大学）

　　　　　陈汉清（福建农林科技大学）

　　　　　邓放明（湖南农业大学）

　　　　　何计国（中国农业大学）

　　　　　庞　杰（福建农林科技大学）

　　　　　王　敏（西北农林科技大学）

　　　　　周才琼（西南农业大学）

主　审　何志谦（中山大学）

出 版 说 明
（代总序）

岁月如梭，食品科学与工程类专业系列教材自启动建设工作至现在的第4版或第5版出版发行，已经近20年了。160余万册的发行量，表明了这套教材是受到广泛欢迎的，质量是过硬的，是与我国食品专业类高等教育相适宜的，可以说这套教材是在全国食品类专业高等教育中使用最广泛的系列教材。

这套教材成为经典，作为总策划，我感触颇多，翻阅这套教材的每一科目、每一章节，浮现眼前的是众多著作者们汇集一堂倾心交流、悉心研讨、伏案编写的景象。正是大家的高度共识和对食品科学类专业高等教育的高度责任感，铸就了系列教材今天的成就。借再一次撰写出版说明（代总序）的机会，站在新的视角，我又一次对系列教材的编写过程、编写理念以及教材特点做梳理和总结，希望有助于广大读者对教材有更深入的了解，有助于全体编者共勉，在今后的修订中进一步提高。

一、优秀教材的形成除著作者广泛的参与、充分的研讨、高度的共识外，更需要思想的碰撞、智慧的凝聚以及科研与教学的厚积薄发。

20年前，全国40余所大专院校、科研院所，300多位一线专家教授，覆盖生物、工程、医学、农学等领域，齐心协力组建出一支代表国内食品科学最高水平的教材编写队伍。著作者们呕心沥血，在教材中倾注平生所学，那字里行间，既有学术思想的精粹凝结，也不乏治学精神的光华闪现，诚所谓学问人生，经年积成，食品世界，大家风范。这精心的创作，与敷衍的粘贴，其间距离，何止云泥！

二、优秀教材以学生为中心，擅于与学生互动，注重对学生能力的培养，绝不自说自话，更不任凭主观想象。

注重以学生为中心，就是彻底摒弃传统填鸭式的教学方法。著作者们谨记"授人以鱼不如授人以渔"，在传授食品科学知识的同时，更启发食品科学人才获取知识和创造知识的思维与灵感，于润物细无声中，尽显思想驰骋，彰耀科学精神。在写作风格上，也注重学生的参与性和互动性，接地气，说实话，"有里有面"，深入浅出，有料有趣。

三、优秀教材与时俱进，既推陈出新，又勇于创新，绝不墨守成规，也不亦步亦趋，更不原地不动。

首版再版以至四版五版，均是在充分收集和尊重一线任课教师和学生意见的基础上，对新增教材进行科学论证和整体规划。每一次工作量都不小，几乎覆盖食品学科专业的所有骨干课程和主要选修课程，但每一次修订都不敢有丝毫懈怠，内容的新颖性，教学的有效性，齐头并进，一样都不能少。具体而言，此次修订，不仅增添了食品科学与工程最新发展，又以相当篇幅强调食品工艺的具体实践。每本教材，既相对独立又相互衔接互为补充，构建起系统、完整、实用的课程体系，为食品科学与工程类专业教学更好服务。

四、优秀教材是著作者和编辑密切合作的结果,著作者的智慧与辛劳需要编辑专业知识和奉献精神的融入得以再升华。

同为他人作嫁衣裳,教材的著作者和编辑,都一样的忙忙碌碌,飞针走线,编织美好与绚丽。这套教材的编辑们站在出版前沿,以其炉火纯青的编辑技能,辅以最新最好的出版传播方式,保证了这套教材的出版质量和形式上的生动活泼。编辑们的高超水准和辛勤努力,赋予了此套教材蓬勃旺盛的生命力。而这生命力之源就是广大院校师生的认可和欢迎。

第 1 版食品科学与工程类专业系列教材出版于 2002 年,涵盖食品学科 15 个科目,全部入选"面向 21 世纪课程教材"。

第 2 版出版于 2009 年,涵盖食品学科 29 个科目。

第 3 版(其中《食品工程原理》为第 4 版)500 多人次 80 多所院校参加编写,2016 年出版。此次增加了《食品生物化学》《食品工厂设计》等品种,涵盖食品学科 30 多个科目。

需要特别指出的是,这其中,除 2002 年出版的第 1 版 15 部教材全部被审批为"面向 21 世纪课程教材"外,《食品生物技术导论》《食品营养学》《食品工程原理》《粮油加工学》《食品试验设计与统计分析》等为"十五"或"十一五"国家级规划教材。第 2 版或第 3 版教材中,《食品生物技术导论》《食品安全导论》《食品营养学》《食品工程原理》4 部为"十二五"普通高等教育本科国家级规划教材,《食品化学》《食品化学综合实验》《食品安全导论》等多个科目为原农业部"十二五"或农业农村部"十三五"规划教材。

本次第 4 版(或第 5 版)修订,参与编写的院校和人员有了新的增加,在比较完善的科目基础上与时俱进做了调整,有的教材根据读者对象层次以及不同的特色做了不同版本,舍去了个别不再适合新形势下课程设置的教材品种,对有些教材的题目做了更新,使其与课程设置更加契合。

在此基础上,为了更好满足新形势下教学需求,此次修订对教材的新形态建设提出了更高的要求,出版社教学服务平台"中农 De 学堂"将为食品科学与工程类专业系列教材的新形态建设提供全方位服务和支持。此次修订按照教育部新近印发的《普通高等学校教材管理办法》的有关要求,对教材的政治方向和价值导向以及教材内容的科学性、先进性和适用性等提出了明确且具针对性的编写修订要求,以进一步提高教材质量。同时为贯彻《高等学校课程思政建设指导纲要》文件精神,落实立德树人根本任务,明确提出每一种教材在坚持食品科学学科专业背景的基础上结合本教材内容特点努力强化思政教育功能,将思政教育理念、思政教育元素有机融入教材,在课程思政教育润物细无声的较高层次要求中努力做出各自的探索,为全面高水平课程思政建设积累经验。

教材之于教学,既是教学的基本材料,为教学服务,同时教材对教学又具有巨大的推动作用,发挥着其他材料和方式难以替代的作用。教改成果的物化、教学经验的集成体现、先进教学理念的传播等都是教材得天独厚的优势。教材建设既成就了教材,也推动着教育教学改革和发展。教材建设使命光荣,任重道远。让我们一起努力吧!

罗云波

2021 年 1 月

第3版前言

《食品营养学》于2002年首次出版,被教育部审批为"面向21世纪课程教材";2010年,本教材经修订改版后,又被审批为"'十二五'普通高等教育本科国家级规划教材"。截至目前,本教材被全国近百所院校食品类相关专业师生广泛使用,印刷超过10万册。鉴于第2版出版已近10年,营养科学研究涌现了许多新成果,人民生活发生了深刻变化。有关标准和政策文件也已更新和发布,为适应其变化和要求,2019年我们对第2版进行了全面的修订。

本次修订在认真总结前2版经验的基础上,广泛参考了近年来国内外营养学权威文献、专著及《中国居民营养与慢性病状况报告(2015)》《中国居民膳食指南(2016)》*等重要文件,基本保留了第2版的合理结构,增加或调整了"食物营养与肠道菌群""个性化及精准营养""碳水化合物与血糖水平""素食人群的合理膳食""植物化学物""营养与慢性病""饮食养生"等内容,对书中的数据和资料进行了全面更新,力求做到系统、科学、严谨,使本教材具有时代特色,更加有利于教学。

本次修订由华南农业大学、中国农业大学、西南大学、西北农林科技大学、山东农业大学、福建农林大学、四川农业大学、湖南农业大学、山西农业大学、甘肃农业大学、天津农学院、内蒙古农业大学等12所高校联合完成。全书分12章:第1章"绪论"主要由孙远明、杨瑞丽、徐振林完成;第2章"食物的体内代谢"由何计国完成;第3章"能量与宏量营养素"分别由陈义伦(第1~2节)和王敏(第3~4节)完成;第4章"维生素"由胡滨、刘韫滔和王英丽完成;第5章"矿物质和水"由柳春红和庞杰完成;第6章"植物化学物"由周才琼完成;第7章"各类食物的营养价值"由范志红完成;第8章"营养强化食品、保健食品与营养标签"由邓放明、郭瑜完成;第9章"特殊人群的营养"由甄润英和尤玲玲完成;第10章"营养与慢性病"由柳春红完成;第11章"饮食养生"由李美英完成;第12章"公共营养"由余群力、张怡完成。全书主要由孙远明、柳春红统稿和审定。

本次修订得到了众多兄弟院校同仁的大力支持,他们对修订工作提出了许多宝贵的意见,同时也得到了中国农业大学出版社的大力协助。在此一并致谢! 由于本书涉及的营养学知识也在不断更新,加之作者水平有限,书中疏漏和不妥之处在所难免,祈盼广大师生及其他读者批评指正。

党的二十大报告明确提出:"树立大食物观,发展设施农业,构建多元化食物供给体系""坚持全面依法治国,推进法治中国建设""增进民生福祉,提高人民生活品质""实施科教兴国战略,强化现代化建设人才支撑"。本次重印结合教学实际,在相关章节融入上述内容。

编　者

2023年5月

---

* 《中国居民膳食指南(2022)》发布,本书于2022年重印时在扩展资源中对2022年版基本内容及其与2016年版的调整之处进行了介绍。

第 2 版前言

2002 年，由 10 所院校编写的《食品营养学》已重印多次，使用了 7 年。为适应新的教学需要，我们参考了国内外有关资料，对其进行了比较全面的修订和更新，适当调整了全书的整体结构和布局，并增加了"饮食养生""保健食品""营养标签"等章节。

这次修订由华南农业大学、中国农业大学、广州中医药大学等 11 所高校联合完成。全书共分 12 章：第 1 章"绪论"主要由孙远明完成；第 2 章"食物的体内过程"由何计国完成；第 3 章"能量与宏量营养素"分别由陈义伦（第 1～2 节）和王敏（第 3～4 节）完成；第 4 章"维生素"由陈一资和胡滨完成；第 5 章"矿物质和水"由柳春红和庞杰完成；第 6 章"食物中的生物活性成分"由周才琼完成；第 7 章"各类食物的营养价值"由范志红完成；第 8 章"营养强化食品、保健食品与营养标签"由邓放明完成；第 9 章"特殊人群的营养"由甄润英完成；第 10 章"营养与慢性病"由柳春红和李美英完成；第 11 章"饮食养生"由贺振泉完成；第 12 章"公共营养"由余群力完成。全书主要由孙远明、柳春红统稿和审定，李美英参与了全部书稿的整理工作。

在修订过程中，我们吸纳了中山大学何志谦教授对第 1 版的审稿意见，也得到了众多兄弟院校同仁们对修订工作提出的许多宝贵意见，同时得到了中国农业大学出版社的大力协助，在此一并致谢！

另外，需要指出的是，由于不同原因，第 1 版中编写人员冯凤琴、陈汉清未能参加第 2 版的修订，由其他老师在其原有基础上完成。两位老师在第 1 版的编写中付出了艰辛的劳动，在此特别感谢！

由于本书涉及内容广泛，加之作者水平有限，书中疏漏和不妥之处在所难免，祈盼诸位同仁和读者指正。

编　者

2010 年 1 月

第1版前言

　　《食品营养学》是根据教育部"加强基础、淡化专业、拓宽知识面和重视应用"的教改精神,按照全国高等农业院校食品专业教材指导委员会审定后的营养学教材大纲要求,为食品科学与工程专业的学生而编写的,同时也考虑了作为相关专业的选修教材,它是高等教育面向21世纪教学内容和课程体系改革项目(04—8)研究成果,最近又被教育部列为普通高等教育"十五"国家级规划教材。本教材以"营养基本原理—食物营养—改善食物营养"为主线,全面系统地阐述了人体营养的生理基础、社区营养、营养与农业等营养学的基础理论和实际应用的知识与方法,还根据学科的进展和社会发展的需要,增加了功能因子等内容。本教材力求体现"内容丰富、脉络清晰、简明扼要、特色突出、科学适用"。

　　本教材由华南农业大学、中国农业大学等10所高等农业院校联合编写。第1章"绪论"由孙远明教授编写;第2章"食物的体内过程"由何计国副教授编写;第3章"基础营养"分别由陈义伦副教授(第1～2节)、王敏副教授、庞杰副教授(第3～4节)、冯凤琴副教授(第5节)、陈汉清副教授、甄润英副教授(第6节)、周才琼副教授(第7节)编写;第4章"不同人群的营养"由甄润英副教授编写;第5章"各类食物的营养价值"由范稚红副教授编写;第6章"食物的营养强化"由邓放明副教授编写;第9章"营养与农业"由孙远明教授编写。全书主要由孙远明教授统稿,甄润英副教授、余群力教授等参加了部分统稿工作。此外,华南农业大学食品学院雷红涛老师和福建农林大学食品科技学院张怡老师分别参加了第9章"营养与农业"和第3章"基础营养"中第7节"维生素"的资料收集和部分编写工作。

　　在编写过程中,承蒙我国著名营养学家中山大学何志谦教授的悉心指导,何教授对本教材的编写大纲和全部书稿提出了许多宝贵的意见,并进行了认真的审查和修改,对于本书质量保证起到了重要作用。

　　由于本教材涉及内容广泛,作者水平有限,加之编写时间紧,作者又各居异地,书中疏漏和不当之处在所难免,祈盼诸位同仁和读者指正。

编　者

2002 年 8 月

目　录

第 1 章

绪　　论

学习目的与要求

- 掌握营养、营养学、食品营养学、膳食参考摄入量等基本概念。
- 了解营养学发展简史与新进展。
- 了解食物、营养与健康的关系。
- 熟悉食品营养学的研究任务和发展趋势。

食品是人类赖以生存和发展的物质基础,其最重要的功能是营养。食品的营养功能不但为人体的生长发育和健康维持提供所需的能量和营养物质,而且在预防人体疾病,特别是慢性病方面起着重要的作用,甚至对人的精神、情绪和行为举止也会产生一定的影响。因此,研究食品营养、发展食品营养科学对人们营养状况的改善、疾病的预防控制、健康水平的提高及经济的发展等均具有十分重要的意义。

1.1 营养学的基本概念和分支

1.1.1 营养学的基本概念

(1)食品(food) 各种供人食用或者饮用的成品和原料以及按照传统既是食品又是药品的物品,但不包括以治疗为目的的物品。食品与食物的概念非常接近,本书未严格区分。

(2)营养(nutrition) 原意指"谋求养生"。根据《中国营养科学全书》中的定义,营养指机体通过摄取食物,经过体内消化、吸收和代谢,利用食物中对身体有益的物质作为构建机体组织器官、满足生理功能和体力活动需要的过程。

(3)营养素(nutrients) 具有营养功能的物质。其包括蛋白质、脂类、碳水化合物、维生素、矿物质、水6大类。已有研究明确并得到公认的人体营养素有40多种,其中包括9种必需的氨基酸(异亮氨酸、亮氨酸、赖氨酸、蛋氨酸、苯丙氨酸、苏氨酸、色氨酸、缬氨酸、组氨酸)、2种必需的脂肪酸(亚油酸和 α-亚麻酸)、14种维生素(维生素 A、维生素 D、维生素 E、维生素 K、维生素 B_1、维生素 B_2、维生素 B_6、维生素 B_{12}、烟酸、泛酸、叶酸、胆碱、生物素、维生素 C)、7种常量元素(钾、钠、钙、镁、硫、磷、氯)、8种微量元素(铁、碘、锌、硒、铜、铬、钼、钴)、1种糖类(葡萄糖)和水。另外,人体可能需要的一些物质,但尚未确定,如硅、硼等。还有一些物质对婴幼儿是必需的,如牛磺酸、肉碱,它们在婴幼儿体内不能合成。虽然膳食纤维没公认为营养素,却是人体必需的。

(4)营养学(nutrition or nutriology) 研究人体营养规律、营养与健康关系以及营养改善措施的一门学科。其主要内容包括人体对营养的需要及过程、各类食物的营养价值、不同人群的营养、营养与健康、公共营养、营养与社会发展等。

(5)膳食营养素参考摄入量(dietary reference in-takes,DRIs) 一组每天平均膳食营养素摄入量的参考值。其包括7项内容指标:平均需要量(estimated average requirements,EAR)、推荐摄入量(recommended nutrient intakes,RNI)、适宜摄入量(adequate intakes,AI)、可耐受最高(tolerable upper intake levels,UL)以及 2013 年新增的宏量营养素可接受范围(acceptable macronutrient distribution ranges,AMDR)、预防非传染性慢性病的建议摄入量(proposed intakes for preventing non-communicable chronic diseases,PI-NCD)和特定建议值(specific proposed levels,SPL)(详见第 12 章)。

(6)营养价值(nutritional value) 食物中营养素及能量满足人体需要的程度。

(7)营养素参考值(nutrient reference values,NRV) 食品营养标签上比较食品中营养素含量和营养价值的一种参考尺度,通常以每 100 g(mL)或每份食品中的某营养素含量和/或能量值占与之相对应的膳食营养素推荐摄入量(RNI)或适宜摄入量(AI)的百分比,在食品标签上通常表示为 NRV%。

(8)健康(health) 根据世界卫生组织(WHO)的定义,健康是指生理、心理及社会适应 3 个方面全部良好的一种状况,而不仅仅指没有生病或者体质健壮。

(9)亚健康(inferior health or sub-health) 指处于健康与疾病之间的过渡状态。世界卫生组织(WHO)称其为"第三状态",即指身体存在某种或多种不适,但无身体器质性病变的状态。

(10)营养不良(malnutrition) 或称营养失调。它是指由于一种或几种营养素的缺乏或过剩所造成的机体健康异常或疾病状态。营养不良包括 2 种表现,即营养缺乏(nutrition deficiency)和营养过剩(nutrition excess)。

(11)慢性非传染性疾病(noninfectious chronic disease,NCD) 长期的、不能自愈的、非传染性疾病,有时称为"慢病",如Ⅱ型糖尿病。

(12)平衡膳食(balanced diet) 能量及各种营养素能够满足机体每天需要的膳食,且膳食中的各种营养素的比例合适,以有利于人体的吸收和利用。

1.1.2 营养学分支

根据研究重点的不同,营养学可分为人类营养学(human nutrition)、公共营养学(community nutrition)、妇幼营养学(women and child nutrition)、老年

营养学(nutrition for the elderly)、临床营养学(clinical nutrition)、中医营养学(traditional chinese medicine nutrition)、分子营养学(molecular nutrition)、运动营养学(sports nutrition)、食品营养学(food nutrition)、营养流行病学(nutrition epidemiology)、营养经济学(nutrition economics)等。当然,随着学科的发展和交叉,营养学也许还会出现更多的分支学科。

作为营养学的一个分支,食品营养学主要研究食物、营养与人体生长发育及健康的关系和提高食品营养价值的方法以及食物资源的开发。由于营养主要来自食品,因此,食品营养学也是其他各分支营养学的基础。

1.2　营养学发展简史及研究进展

1.2.1　营养学发展简史

营养学源远流长,约 2 790 年前的西周时期,官方医政制度中设有食医,列众医之首。在《周礼·天官冢宰》中记载:"食医掌和王之六食、六饮、六膳、百馐、百酱、八珍之齐"。中医理论典籍《黄帝内经·素问》就更全面系统地阐述了食物营养的重要意义,提出了"五谷为养、五果为助、五畜为益、五菜为充"的平衡膳食模式,成为世界上最早、最全面的"膳食指南",至今仍有重要价值。在东汉时期,《神农本草经》中就有"海藻疗瘿"的具体描述。在南朝齐梁时期,陶弘景(493 年)就提出了"以肝补血、补肝明目"的见解。在东晋葛洪(300 年)撰写的《肘后备急方》中就有用海藻酒治疗甲状腺肿的记载。唐代名医孙思邈(581—682 年)一直提倡"治未病"的预防思想。在我国古代还主张"药食同源",可见,我国滋补与食疗历史悠久,先后有几十部关于食物本草与食疗本草类的食物药理学著作。如明代李时珍撰写的《本草纲目》在大量人体观察和实践的基础上,记载了 350 多种药食两用的动植物,并区分为寒、凉、温、热及有毒和无毒等性质。1520 年明代姚可成编写的《食物本草》一书中,列出 1 017 种食物,并以中医的观点逐一加以描述,分别加以归类。此外,还有《食经》《千金食治》等,这些书籍都反映了我国古代在营养学方面的成就。

国外最早关于营养方面的记载是在公元前 400 多年前。如《圣经》中就有关于将肝汁挤到眼睛中治疗眼病的描述。当时西方人经常将食物用作化妆品或药品。古希腊的名医,世称"医学之父"的 Hippocrates,在公元前 300 多年就认识到食物营养对于健康的重要性。他认为健康只有通过适宜的饮食和卫生才能得到保障,提出"食物即药"的观点。这同中国古典营养学提出的"药食同源"的说法具有相似之处。当时西方人还用海藻治疗粗脖子病(甲状腺肿)及用宝剑淬过火的铁水治疗贫血。无论东方,还是西方,受当时自然科学发展的局限,对营养学的认识只是对感性经验的总结和假说,但这也是一种朴素的营养学。

现代营养学奠基于 18 世纪中叶,有"营养学之父"之称的法国化学家 Lavoisier 首先阐明了生命过程是一个呼吸过程,并提出呼吸是氧化燃烧的理论。19 世纪至 20 世纪初是发现和研究各种营养素的鼎盛时期:19 世纪初,就发现了 Na、K、Ca、S、Cl、Ca、P 等元素;1810 年,发现第一种氨基酸——亮氨酸;1838 年,首次提出蛋白质概念。1842 年,德国化学家、农业化学和营养化学奠基人之一——Liebig 提出,机体营养过程是对蛋白质、脂肪、碳水化合物的氧化过程,后来他的几代学生又通过大量的生理学和有机分析实验,先后创建了氮平衡学说,确定了三大营养素的能量系数,提出了物质代谢理论。其学生 Lusk 撰写并出版了国际上第一本营养学(*The Science of Nutrition*)著作。1912 年,人类发现了第一个维生素——维生素 B_1,之后的 35 年又陆续发现了其他 13 种维生素。1929 年,亚油酸被证明是人体的必需脂肪酸。1935 年,最后一种必需氨基酸——苏氨酸被发现。当时,科学界逐渐开始接受坏血病、脚气病、佝偻病、癞皮病、眼干燥症等致残、致死性疾病是营养素缺乏所致的观点。

20 世纪 30 年代后期,掀起了微量元素的研究热潮,当时认为世界各地出现的某些原因不明疾病可能与微量元素有关:1931 年,发现人的斑釉牙与饮水中氟含量过多有关;1937 年,发现仔猪营养性软骨障碍与饲料中锰缺乏有关,后来锰也被确认是人的必需元素。在以后的 40 多年陆续发现了锌、铜、硒、钼等多种微量元素为人体所必需,并得以确认。我国首先发现缺硒是克山病的主要致病因素,硒营养的研究处于世界领先水平。

20世纪中、后期,营养学的研究工作日益深入。在微观方面,营养素,尤其是维生素、微量元素对人体的重要生理作用的机制不断得到深入揭示,营养与疾病的关系也得到进一步的阐明,食物中非营养成分的生理功能及对健康的作用成为新的研究热点,分子营养学应运而生;在宏观方面,包括营养调查、监测及各种人群营养干预研究在内的公共营养学有了新的发展,并在各国政府改善国民健康的决策中发挥着重要作用。

1.2.2 营养学研究的重要进展

经过100多年的发展,现代营养学研究不断被拓展和深入,出现了多个分支学科和领域,并均已取得重要成就。下面扼要介绍与食品营养学相关的几个领域在最近几十年来所取得的重要进展。

1.2.2.1 基础营养

最近几十年,虽然没有新发现并被公认的营养素,但营养学研究更加深入,并不断取得新进展。如能量平衡受非常灵敏的机制调节的认识还在深化;含碳水化合物食物的血糖指数的概念得到认同,并被广泛应用;膳食纤维的生理功能逐渐被认识,它对预防胃肠道疾病、肥胖病、糖尿病、高脂血症等一些慢性非传染性疾病具有重要的作用;对维生素 D 内分泌系统及作用模式等研究有了新的进展;叶酸、维生素 B_{12}、维生素 B_6 与出生缺陷及心血管疾病病因关联的研究已深入到分子水平;多不饱和脂肪酸特别是 n-3 系列的 α-亚麻酸及其在体内形成的二十碳五烯酸(EPA)和二十二碳六烯酸(DHA)的生理作用逐渐被揭示,α-亚麻酸已被许多学者重新认定为是人体必需营养素;硒对癌细胞有促进分化和抑制分裂的双向作用;维生素 C、维生素 E、β-胡萝卜素等可以直接清除体内的自由基,硒、铁、锌、铜、锰等微量元素和维生素 B_2 是体内抗氧化的辅助因子,它们在体内的抗氧化作用及其机制的研究仍在深入。

1.2.2.2 食物中的活性成分

食物中的活性成分是目前营养学研究较活跃的一个领域。有些流行病学观察的结果难以用营养素来解释,而越来越多的动物实验结果表明,食物中许多非营养素生物活性成分,特别是一些植物化学物(phytochemical)具有重要的功能。目前,食物中的非营养素生物活性成分研究较多的有多酚类(酚酸、

类黄酮、原花青素、水解单宁),如茶叶中的表儿茶素、表没食子儿茶素没食子酸酯等,葡萄中原花青素类、白藜芦醇,苹果中的绿原酸、儿茶素、表儿茶素,大豆中的异黄酮等;有机硫化合物,如白菜、西兰花、芥菜等十字花科蔬菜中的葡萄糖异硫氰酸盐,大蒜和洋葱中的烯丙基硫化合物等;萜类化合物,常见的如植物的挥发油、树脂、皂苷及类胡萝卜素等;植物甾醇,广泛存在于植物的根、茎、叶、果实和种子中,植物种子油脂都含甾醇;多糖类,如香菇、灵芝、魔芋、枸杞中的活性多糖;红曲中的红曲色素等。这些成分都具有抗氧化、抗炎症、免疫调节和延缓衰老等多种生物学作用,对慢性病具有一定的预防和辅助治疗作用。无论在理论上,还是在实际应用上,这一领域均具有广阔的前景。值得注意的是,这方面的研究往往难以划清食品和药品的界限,加强管理显得十分重要。

1.2.2.3 营养与基因表达

随着分子生物学理论与技术在生命科学各个学科中的渗透与应用,营养因素与遗传基因相互作用的研究成为营养学中一个新的热点,并取得一些重要进展。研究发现,营养素可在基因表达的所有水平(转录前、转录、转录后、翻译和翻译后)上对其进行调节,通过启动或终止一些基因表达而改变遗传特征出现的时间框架。例如,磷酸烯醇式丙酮酸羧激酶(PEPCK)是肝脏糖原异生的关键酶,糖异生对机体暂时性血糖过低和大脑的供糖有极其重要的作用。研究发现,当进食大量糖类时,糖类通过与其启动子上的调控元件结合抑制 PEPCK 基因的转录,糖异生被关闭,进而保持血糖水平的稳定。硒能通过调节 GSH-Px 酶的 mRNA 稳定性来调控 GSH-Px 酶的基因表达。

经研究发现,一些基因的异常表达或突变与某些慢性疾病的发生和发展有着密切关系。在基因—膳食—健康相互影响的三边关系里,基因可能与膳食及其他环境因素发生交互作用,并影响人类对疾病的易患性。其中环境因素包括膳食因素对特异性疾病基因的表达有重要作用。此外,膳食因素可能影响基因多态性,从而影响相关疾病的发生。例如膳食多不饱和脂肪酸的摄入水平可能影响载脂蛋白 A-Ⅰ(APOA-Ⅰ)基因变异与血中高密度脂蛋白胆固醇水平的关联;膳食维生素 D 和钙的摄入量则可能

改变维生素 D 受体(VDR)多态性与结直肠腺瘤危险性的关联。

1.2.2.4 食物营养与肠道菌群

在人体肠道内栖息着约 10^{14} 个、1 000 多种不同的细菌,在食物消化吸收、营养、代谢、免疫功能激活、肠道屏障和机体行为调控等方面起着至关重要的作用。肠道菌群是食物、营养与机体代谢的重要调节者,其代谢产物是膳食营养对宿主影响的关键执行者。例如,肠道细菌分解人体难以消化的膳食纤维产生的短链脂肪酸,它是肠上皮细胞的直接能量来源并能调节胰岛素的分泌。肠道细菌还产生大量其他代谢物(如代谢大豆异黄酮生成雌马酚)以及修饰宿主产生的代谢物(如胆汁酸),这些代谢物被吸收到血液中用于调节宿主代谢,进而影响机体健康。经研究表明,肠道菌群结构失衡可能会诱发糖尿病、肿瘤等多种疾病。

人体内肠道菌群的结构受到宿主基因型、饮食、年龄、分娩方式、生活环境等多重因素的影响,其中,饮食因素可能是改变肠道菌群最为重要的因素。经研究表明,随着不同人群饮食结构的不同,其肠道菌群的组成和结构也会不同。例如,高脂饮食会导致肠屏障保护功能菌(乳杆菌属、双歧杆菌属以及普氏菌属等)的丰度明显减少,而产硫化氢和内毒素脂多糖的破坏肠屏障功能的硫酸盐还原菌的丰度明显增加,这种肠道菌群的失调使得肠道通透性增加,血液中肠源性毒素水平升高,促进包括胰岛素抵抗、肥胖、糖尿病等在内的代谢综合征的发生。此外,食物中的膳食纤维、多酚、功能性低聚糖、抗性淀粉、多糖等物质已经被证明能够调节肠道菌群的组成和丰度。

1.2.2.5 食品的营养强化

许多国家十分重视食品的营养强化。自 1941 年美国食品药品监督管理局(FDA)提出第一个强化面粉标准后,强化食品层出不穷。目前,美国大约有 92% 以上的早餐谷类食物进行了强化。日本的强化食品种类繁多,分别有适用于普通人、病人和一些特殊人群食用的强化食品,并有严格的标准。在 20 世纪 50 年代,欧洲各国先后对食品强化建立了政府的监督、管理体制。有些国家还法定对某些主食品强制添加一定的营养素,如英国规定了在面粉中至少应加入维生素 B_1(2.4 mg/kg)和烟酸(16.5 mg/kg),

在人造奶油中必须添加维生素 A 和维生素 D。丹麦也规定人造奶油及精白面粉中必须进行营养强化。我国在 20 世纪 50 年代初研制出婴儿强化食品,之后品种逐步增多,这些强化食品对预防一些营养缺乏症起到了一定作用。1994 年,我国建立了营养强化剂的使用标准,之后涌现出一些用维生素、矿物质和氨基酸强化的食品,尤其是碘强化食盐,取得了显著的成效;强化食用油、强化酱油也已有一定规模,并受到消费者欢迎。

1.2.2.6 公共营养

第二次世界大战以后,社会性的营养工作不断加强。在世界卫生组织(WHO)与联合国粮食及农业组织(FAO)的努力下,世界各国逐渐加强了营养工作的宏观调控作用,并提出了一些新概念。如营养监测(nutritional surveillance)、营养政策(nutrition policy)、投入与效益评估(assessment of input and benefit)等,逐步形成了公共(社区)营养学或社会营养学(social nutrition),更加重视如何使广大人民群众得到实惠。有的国家制定并颁布了有关社会营养的法律、法规,有的国家在议会中成立了主管营养工作的委员会,或在政府里成立了主管公共营养的机构。1992 年,在罗马召开了有 159 个国家政府领导人参加的世界营养大会,会上发布了《世界营养宣言》和《营养行动计划》,号召各国政府保障食品供应,控制营养缺乏病,加强宣传教育,并制定国家营养改善行动计划。世界卫生组织(WHO)于 2014 年 11 月联合举办的第二届国际营养大会发布了《营养问题罗马宣言》。为指导民众合理地选择和搭配食物,许多国家制定了膳食指南(dietary guidelines)和营养素每天推荐摄入量或供给量。膳食指南和推荐摄入量的内容与指标随着营养学的研究发展而不断被修改与调整。20 世纪 90 年代后,欧美各国相继举行了膳食营养素供给量的专题讨论会,对其概念和内容进行了研讨,认为营养素不仅具有预防营养缺乏病的作用,而且有预防某些慢性病和延缓衰老的作用;在考虑摄入营养素作用的同时,应考虑摄入安全性。鉴于此,美国学者提出了膳食营养素参考摄入量的概念,在膳食营养素供给量的基础上,增加了适宜摄入量和可耐受最高摄入量。其概念现为各国所接受。

党的二十大强调坚持全面依法治国,推进法制

中国建设。我国公共营养研究一直将营养政策、法规、标准等作为重点，对国内外营养政策法规和标准进行了比较研究，于2010年8月正式发布了《营养改善工作管理办法》，2010年，卫生部成立了营养标准专业委员会，相继完成《中国居民膳食营养素参考摄入量》(2013版)和《中国居民膳食指南》(2016版)的修订。使用膳食模式研究方法对我国膳食结构和变化趋势进行分析。此外，至今我国已经开展了多次全国性营养调查，也组织实施了"中国健康与营养调查"长期追踪队列。近几年，通过方法学的研究和资源整合，逐步建立了国民体质与健康数据库、儿童营养数据库、身体活动数据库、食物成分数据库，功能因子数据库等，营养数据库的进一步整合、完善与共享、应用正成为我国公共营养专业领域的一个发展重点。

1.3 食物、营养与人体健康

人体健康取决于多种因素，如食物营养、遗传、体力活动、心理状态、生活习惯、环境状况等，其中影响最复杂的因素是食物营养。一切生命活动包括呼吸、心跳、说话、走路、工作、运动等都需要能量，能量是生命的动力，没有能量也就没有生命和任何活动。而能量又源于食物中的营养素在体内燃烧产生的热能。因此，食物、营养是人体生命能够维持的基础和动力。除提供能量以外，食物中的营养素也是构成机体组织的成分和组织更新的原料，并参与机体生理功能的调节。

1.3.1 食物、营养与生长发育

由于母体胎盘转运提供的营养物质，一个新生命在经过280 d的孕育后得以诞生，从一个肉眼看不见的受精卵发育成体重约3.2 kg的新生儿，以后又继续通过源源不断的食物、营养供给，逐步成长，直到生命终结，一个人一生平均要消耗数十吨食物。食物中的各种营养素则通过消化、吸收、转运和代谢，以促进机体生长发育，调节生命活动，维持健康。处于生长发育的个体如果长期能量摄入不足(处于饥饿状态)，机体会动用自身的能量储备甚至消耗自身的组织以满足生命活动能量的需要，从而导致生长发育迟缓、消瘦、活力消失，甚至停止而死亡。蛋白质是组织细胞的基本组成成分，是生命活动的重

要基础。维生素 B_1、维生素 B_2 和烟酸等营养素参与体内的能量代谢。如果能量和蛋白质等营养素同时缺乏，会引起蛋白质-能量营养不良。研究证明，儿童时期蛋白质-能量营养不良，可使智商降低15分，导致成年收入及劳动生产率下降10%。严重的蛋白质-能量营养不良，可导致局部水肿和全身性水肿，儿童智力低下，甚至死亡。2004年，安徽阜阳"奶粉"事件中出现的"大头婴"就是长期用蛋白质及其他营养素含量严重不足的伪劣"奶粉"喂养所致，其中数名婴儿死亡。据世界银行统计，发展中国家由于营养不良导致的智力低下、劳动力丧失或部分丧失、免疫力下降等造成的直接经济损失占国民生产总值的3%～5%。

充足、合理的食物营养对于提高国民体质具有重要意义。在工业革命时期，欧洲的食物供应较充足，人们的营养状况较好，体格发育(身高、体重)增长，身体强壮。随着经济的发展，食物供应的丰富，我国儿童和青少年的生长发育水平也稳步提高。根据2002年与2012年的全国营养调查资料，与2002年相比，2012年中国6～17岁儿童、青少年的身高均有增长，城市男童、女童平均身高分别增长2.3 cm和1.8 cm，农村男童、女童平均身高分别增长4.1 cm和3.5 cm，农村增幅高于城市。《中国食物与营养发展纲要(2014—2020年)》(以下简称《纲要》)指出儿童、青少年是我国食物与营养发展的重点人群之一，并提出发展目标：到2020年，全国5岁以下儿童生长迟缓率控制在7%以下；5岁以下儿童贫血率控制在12%以下；居民超重、肥胖和血脂异常率的增长速度明显下降。基本消除营养不良现象，控制营养性疾病增长。在《纲要》的"发展重点"部分指出，通过营养保障、营养干预、营养教育和营养指导等几个方面来改善我国儿童、青少年的营养健康状况。

1.3.2 食物、营养与衰老

衰老是一个不可抗拒的生理现象，衰老是在遗传和环境的共同影响下，机体应激能力和维持稳态逐渐下降，出现不可逆转的结构及功能减退的过程。目前，关于衰老的机制有许多不同的解释，比较有代表性的有自由基假说、线粒体衰老假说、端粒—端粒酶假说、炎性衰老假说、DNA甲基化等。引起人体衰老的因素很多，但概括起来主要包括自身和环境两

个方面。自身的因素包括细胞凋亡失常、自由基大量产生、代谢废物堆积、肠道菌群变化、基因损伤等，环境因素则以饮食和营养最为重要。

许多文献也报道了食物中某些营养素及非营养学物质抗衰老的研究，如维生素E通过增加脑组织抗氧化酶活性，减轻脂质过氧化，对氧化应激所引起的衰老和脑神经退行性疾病具有保护作用；黄酮类化合物通过线粒体保护作用及线粒体依赖的氧化、炎症及凋亡通路缓解某些衰老相关的疾病；绿茶多酚表没食子儿茶素没食子酸酯通过下调磷脂酰肌醇-3-羟激酶抑制小鼠端粒长度缩短和端粒酶活性降低；多酚类化合物白藜芦醇通过激活核因子E2相关因子2和长寿基因沉默信息调节因子1的信号传导来预防炎症和氧化应激，降低衰老的速度。此外，越来越多的证据支持营养和饮食可以调控DNA甲基化修饰，进而影响衰老进程。研究发现，增加鱼类和蔬菜的摄入与表观遗传老化程度减弱具有相关性。外源补充叶酸、维生素B_{12}和黄烷醇能够延缓女性甲基化年龄的衰老。白藜芦醇、槲黄素通过抑制DNA甲基化转移酶，降低整体DNA甲基化水平，从而延缓衰老。

关于能量限制（caloric restriction，CR）延缓衰老的研究国外早有报道。研究证实，在满足机体对各种营养素需要量的前提下，适当限制能量摄入能明显延缓衰老的速度。关于其中的机制，有以下几种解释：①限制能量能够降低线粒体对氧的利用，减少线粒体自由基的生成，进而延长动物的平均寿命；②限制能量摄入可广泛提高机体内抗氧化酶活性，增强机体清除自由基的能力；③B型单胺氧化酶（MAO-B）是大脑和周围神经组织中的一种重要酶，其活性随年龄增长而升高，从而导致儿茶酚胺类递质含量减少，加速大脑老化，而能量限制则可下调MAO-B活性；④限制能量摄入可抑制肝细胞的凋亡，间接延缓衰老等。目前，食物限制的生物学效应已成为衰老和氧化应激研究的热点，并且正在发展成为一个专门的研究领域。

1.3.3 食物、营养与心理、行为

经过近几十年研究，心理学家及营养学家发现人的心理状态与食物存在相互影响的作用：一方面，食物中的营养素会影响人的情绪和行为；另一方面，人的情绪反过来也会影响人的饮食行为。

某些氨基酸本身就是神经递质，或是合成神经递质的前体物质，例如，色氨酸是5-羟色胺的前体，酪氨酸是多巴胺和去甲肾上腺素的前体，卵磷脂和胆碱经胆碱乙酰化酶的作用生成乙酰胆碱，这些神经递质（或前体）在体内的含量受食物供给量的影响。维生素B_6以其活性形式参与许多酶促反应，维持5-羟色胺、多巴胺、去甲肾上腺素、组胺和γ-氨基丁酸等神经递质的正常水平。食物中碳水化合物与蛋白质的含量会影响脑神经递质5-羟色胺的合成和活性，而5-羟色胺对多种行为（如情绪、睡眠、具有冲动性及侵略性的行为）具有调节作用。碳水化合物含量高的食物可使血浆中的色氨酸比例升高，有利于大脑对色氨酸的摄取和转化为5-羟色胺，对忧郁、紧张和易怒行为有缓解作用。相反，如果在食物中蛋白质含量高，则会消除这种效应，会提高人的警觉性，情绪相对容易冲动。如果摄入色氨酸，则与摄入碳水化合物的作用类似。另外，许多文献也报道了食物中活性成分对心理和情绪的影响，例如，酚类化合物姜黄素、阿魏酸、鞣花酸、白藜芦醇有抗抑郁样作用，阿魏酸被报道能够减轻大鼠的阿尔茨海默病的症状。

如果缺乏某些营养素，会出现一些精神和行为上的异常。如维生素D长期摄入不足所引起的佝偻病，其早期常出现神经精神症状，患儿睡眠时惊跳，烦躁不安，易激怒等；铁长期摄入不足可引起贫血，出现食欲不振，精神萎靡或烦躁不安，记忆力下降等症状；锌缺乏严重的儿童智能发育可能受到影响，甚至有精神障碍，还可能出现异食癖，喜欢吃泥土、墙纸、煤渣或其他异物。

反过来，在不同的心理状态下，人的饮食行为也会发生某些改变。如有研究报告，在愤怒期间人们可能增加冲动性进食，在高兴期间则增加享乐性的进食；在压力状态下，有的人食欲会降低，但也有的人则会吃更多的食物，以"吃"来缓冲或转移自己的压力。

食物营养对人的认知也有一定的影响。一些研究表明，葡萄糖可增强老年受试者的短期记忆力，在年轻受试者也可观察到同样效果。高饱和脂肪的食物影响大鼠学习获得能力，高不饱和脂肪酸（二十二碳六烯酸）与婴儿视觉敏感度呈正相关。在食物中

补充维生素 B_6、维生素 B_{12} 和叶酸可显著增强老年人的认知功能和智力测试评分,胆碱可改善成年受试者的记忆力。

1.3.4 食物、营养与慢性病

全球健康状况报告显示,全球疾病负担的流行模式已从传染性疾病向非传染性疾病转变,慢性非传染性疾病(noncommunicable diseases,NCD)已成为公共卫生的主要负担。慢性病的发生是人的一生各类危险因素不断积累的过程,按照慢性病的发病进程,其致病因素大致可分为 3 类:社会环境因素(社会决定因素)、一般危险因素和中间(生物)危险因素。最主要的为不合理膳食、体力活动不足、吸烟及过量饮酒,其次是遗传和基因因素、病原体感染、职业暴露、环境污染和精神心理因素等,其中饮食是一个非常关键的因素。2003 年世界卫生组织和联合国粮食及农业组织发布了"膳食、营养与慢性病"的权威报告,总结了膳食和生活方式因素与肥胖、Ⅱ型糖尿病、心血管疾病、癌症、牙病和骨质疏松危险性关系的研究证据和建议。对体重增加和肥胖而言,增加危险性的膳食因素有大量摄入微量营养素含量低的能量密集型食品、大量饮用加糖的软饮料和果汁等;降低危险性的膳食因素有非淀粉多糖摄入量高、母乳喂养。对心血管疾病而言,增加危险性的膳食因素有肉豆蔻酸与棕榈酸、反式脂肪酸、钠摄入量高、大量饮酒(对于脑卒中)、膳食胆固醇、未过滤的煮咖啡等;降低心血管疾病危险性的膳食因素有亚油酸、鱼和鱼油(EPA、DHA)、蔬菜与水果(包括浆果)、钾、少量至中度饮酒(对于冠心病)、α-亚麻酸、油酸、非淀粉多糖、全麦谷类、坚果(非盐)、植物固醇、叶酸等。研究发现食物中的植物化学物对于防治慢性病具有重要作用,目前已经建立了大豆异黄酮、叶黄素、番茄红素、植物甾醇、氨基葡萄糖、花色苷、原花青素等多个植物化学物防治慢性病的特定建议值及可耐受最高摄入量[见《中国居民膳食营养素参考摄入量》(2013 版)]。

在饮食与癌症方面,大量流行病学证据表明,食物中有些因素会增加癌症的风险,如食盐和腌制食品很可能会促进胃癌的发生。日本、中国和拉丁美洲是世界上胃癌发病率最高的国家和地区,这与其经常用盐保藏肉、鱼、蔬菜类食物,膳食偏咸不无关系。另外,有充分的流行病学和实验研究证据表明,广东式的咸鱼(特别是在幼儿期食用)会增加鼻咽癌

的危险性。与此同时,食物中也存在一些防癌因素,许多文献报道了蔬菜、水果的防癌作用。世界癌症研究基金会的权威报告提出:含大量各式各样蔬菜和水果的膳食可以减少 20% 或更多的癌症发生。世界卫生组织和联合国粮食及农业组织的联合专家咨询会议所撰写的报告也认为,多吃蔬菜和水果很可能对癌症具有保护作用。蔬菜和水果中有许多营养素,也有许多其他生物活性物质,其防癌作用很可能是多种成分综合作用的结果。在营养素中,维生素 C、维生素 E、叶酸和类胡萝卜素的防癌作用比较受关注,但目前还没有充分的证据表明,单一的维生素具有防癌作用的。此外,一些动物试验也报道了食物中的非营养素活性成分的防癌作用,如含硫化合物、多酚类、类黄酮、植物固醇、皂苷、姜黄色素等。

1.4 食品营养学研究任务与发展趋势

1.4.1 研究任务

由于食品营养涉及食物、营养以及个体和人群的健康,其研究任务主要包括以下内容。

1. 营养学基础

营养学基础重点研究食物的消化与吸收,营养素的代谢与功能,营养素的需要量和最高耐受摄入量,营养素的缺乏症与过量症等。

2. 特殊人群营养

特殊人群营养重点研究特殊生理状况人群和特殊环境下工作人群的营养需要和膳食设计,特殊生理状况的人群包括婴幼儿、青少年、孕妇、乳母、老年人等;在特殊环境下工作的人群,其包括运动员、脑力劳动者以及在高压力状态、高低温环境、缺氧环境下工作的劳动者;职业性与有毒、有害物质接触的工作人员等。

3. 食物营养与加工

食物营养与加工重点探讨食物营养成分的分析,食品加工和贮藏对食品营养价值的影响,减少营养素损失的技术和方法,强化食品、保健食品、特医食品等研制与开发;食物营养成分数据库的建立与完善等。

4. 生物活性成分

生物活性成分重点研究植物化学物、多肽等成分的生物学功能如抗氧化、抗衰老、抗肿瘤、降血糖、

降血压、降血脂等；生物活性成分数据库的建立与完善等。

5. 新食品资源

新食品资源重点探讨新的动植物资源、微生物资源、海洋生物资源食品的营养功能、安全性评价；新资源食品开发等。

6. 公共营养

公共营养重点探讨社区营养状况、营养监测、营养干预实施和效果、营养咨询和服务、食谱设计和编制、营养教育等。

7. 慢病的食物预防

慢病的食物预防重点探讨食物中的营养素、植物化学物等与糖尿病、心血管疾病、癌症等慢性病之间的关系以及预防机制。

8. 食物养生

食物养生重点探讨不同食物的食疗作用以及中医食物养生的物质基础与机制。

1.4.2 发展趋势

改革开放以来，我国经济发展迅速，食物生产、供应与消费也发生了深刻变化：一方面居民膳食营养状况继续得到改善，另一方面非传染性慢性病发生率持续上升。《中国居民营养与慢性病状况报告（2015 年）》指出，2002—2012 年的 10 年间居民膳食营养状况继续总体得到改善，三大营养素供应充足，能量需要得到满足；2012 年成人营养不良率比 2002 年降低 2.5 个百分点；儿童青少年生长迟缓率和消瘦率分别比 2002 年降低 3.1 个百分点和 4.4 个百分点，6～17 岁儿童青少年身高、体重增幅显著。但同时，2012 年全国 18 岁及以上成人超重率为 30.1%，肥胖率为 11.9%，分别比 2002 年上升了 7.3 个百分点和 4.8 个百分点；2012 年全国居民慢性病死亡率为 533/10 万，占总死亡人数的 86.6%；心脑血管病、癌症和慢性呼吸系统疾病为主要死因，占总死亡的 79.4%，其中心脑血管病死亡率为 271.8/10 万人，癌症死亡率为 144.3/10 万人；在各种慢性病中，高血压、糖尿病、慢性阻塞性肺病在全国 18 岁及以上成年人中的患病率分别为 25.2%、9.7% 和 9.9%，癌症发病率年平均增长 4%。

为推进健康中国建设，提高人民健康水平，2016 年 10 月 25 日中共中央、国务院颁发了《"健康中国 2030"规划纲要》，提出了明确的战略目标，即到 2030 年，我国主要健康指标进入高收入国家的行列，人均

预期寿命达到 79 岁，人均健康寿命显著提高；主要健康危险因素得到有效控制，全民健康素养大幅提高；健康产业规模显著扩大；促进健康的制度体系更加完善。食品营养是关乎健康的核心要素，未来将会加速发展，为实现上述目标发挥巨大作用。食品营养主要的发展方向与趋势如下。

1. 营养型农业将成为现代农业的主题之一

随着我国经济的发展，人民生活已经渡过了饥饿型阶段和温饱型阶段，正向营养型阶段转变。饥饿型阶段和温饱型阶段的主要矛盾是食物供应安全和食物质量安全，营养型阶段的主要矛盾是食物营养与品质。营养型农业主要包括农业（食物）生产结构、营养品质育种、栽培、养殖等，以营养为目标调整农业生产结构，建立起农业与营养需求相协调的机制；根据居民的食物消费变化趋势和营养需求，建立以健康消费为导向的食物生产模式，合理安排生产，树立大食物观，发展设施农业，构建多元化食物供给体系，改变以往的"种什么吃什么"为"需要吃什么种什么"。其中，这种营养分子育种已成为国际研究热点，极具发展潜力，例如，加拿大 Qiu Xiao 团队将海洋微生物中控制多不饱和脂肪酸有氧合成的相关基因通过生物技术手段转入油菜中，成功合成 EPA 和 DHA；中国农业科学院已育出高叶酸玉米，叶酸含量比普通品种高 3～4 倍。

2. 营养健康食品将成为未来食品工业的主题

我国开始进入工业化阶段，人民生活开始进入营养型阶段，更加追求营养、健康、安全、方便、美味、多样化的食品。我国食品工业发展很快，总产值已达 12 万亿元，而且还有巨大的发展潜力。发达国家食品工业产值是农业产值的 3～4 倍，我国工业产值仅是农业产值的约 2 倍。营养健康食品产业是国家大健康产业的重要组成部分，其研究内容很多，主要包括食品产业结构、营养共性技术（营养保持、营养强化、促进生物利用度、口感改善等）、新资源利用（植物资源、海洋生物资源、微生物资源等）、生物合成与转化、产品开发（强化食品、保健食品、特医食品、膳食补充剂等）、机械装备、智能制造、包装贮运等。

3. 个性化及精准营养是未来发展趋势之一

人体间基因、生理、代谢等均存在差异，及早掌握这些个人的生物信息，对于"治未病"、少生病、早康复具有十分重要的意义。精准营养是指在个体遗传背景、生活习惯、肠道特征和生理状态等因素上给予安全高效的营养干预，以达到有效预防和控制疾

病的目的。这一领域尚属于起步阶段,已开始发展基因检测、代谢组学和微生物组学等检测技术与手段,创建不同人群健康大数据;针对不同人群健康状况,提供个性化营养预测、营养监测和精准营养干预解决方案,把保障人民健康放在优先发展的战略位置。例如,某人的亚甲基四氢叶酸还原酶(MTHFR)基因中 C677T 位点的 C 被 T 置换后,叶酸吸收力相当于正常人的 1/2,生活中则适当多摄入叶酸丰富的食物;未来还可根据个人生物信息,利用 3D、4D 打印技术生产个性化的专用食品。

4.食品营养在未来公共营养中更为重要

目前,膳食供应业态多样,十分庞杂,食堂、餐馆、中央厨房、配送、摊贩、外卖、网购、家庭烹饪、即食食品等,如何保证合理膳食和营养平衡对我们来说是一项非常严峻的挑战。在这一领域,首先,需要加强对新业态的膳食营养及健康管理体系研究;其次,需要制定有关膳食健康管理的条例和办法,并贯彻实施;最后,需要采用多途径加强科普宣传,让广大消费者掌握和灵活应用食品营养学的知识,以满足营养健康要求。

思考题

1. 简述什么是营养、营养素和营养学。
2. 近几十年来营养学主要取得了哪些进展?
3. 食物、营养与人体健康的关系如何?
4. 食品营养学的发展趋势有哪些?

(本章编写人:孙远明　杨瑞丽　徐振林)

第 2 章

食物的体内代谢

学习目的与要求

- 学习和了解人体消化和排泄系统的组成以及各组成部分的功能。
- 学习和掌握食物及营养素在消化道中的消化、吸收、运输、代谢等基本过程。

营养是人体通过摄取食物,经过消化吸收、生物转运、体内分布、生物转化等一系列代谢活动,利用食物中的有用成分,作为构建人体组织器官、满足生理功能和体力活动需要的过程。可以说,营养是一种活动,它是从人类摄取食物开始,食物的营养成分经消化和吸收进入血液或淋巴液,再由血液循环将之运送至全身各处,在此发生分解、合成或转化等生化代谢,从而发挥其生理功能,最终,通过排泄系统将代谢废物排出体外,使机体恢复到良好的状态,以便重复下一次的活动。这种周而复始的从摄食到排泄的生理生化过程就是食物发挥营养作用的过程。

2.1 食物的消化与吸收

人体摄取食物是为了获得食物中的营养成分,这些营养成分包括蛋白质、脂肪、碳水化合物、维生素、水和矿物质,这些成分必须进入人体才能发挥作用。而从解剖学的角度来看,人体的消化道是由相互延续的空腔器官构成的,其上端通过口腔,下端通过肛门与外界相通。因此,从严格意义上说,食物进入消化道并不是真正进入人的体内。因为人体的组织和细胞不能直接利用消化道中的食物成分,即使消化道本身,也需要通过循环系统由血液来供应氧气和养分,由此可见,食物的营养成分只有被吸收进入人体后才能发挥生理功能。食物的营养成分从肠腔穿过生物膜进入血液或淋巴的过程称为吸收。

维生素、水和矿物质等营养成分的分子质量较小,它们能够直接穿过生物膜而被吸收,但是蛋白质、脂肪和碳水化合物的分子质量较大不能直接穿过生物膜,而必须变成小分子物质,才能穿过生物膜被吸收。生物膜不允许大分子物质穿过是对机体的保护,若大分子物质直接进入人体会造成对机体的伤害,如导致过敏、产生毒性作用等。把大分子物质变成小分子物质需要酶的催化,在消化酶作用下把食物中的大分子成分变成小分子成分的过程称为化学消化。

酶催化的反应速度在酶活性、pH、温度等参数不变的情况下,酶和底物的接触面积越大,反应速度越快,一块物质被破碎得就越小,也就是说总接触面积越大,酶促反应越快,消化速度也就越快。为保证在一定时间内食物的营养被消化得完全、彻底,就必须在

化学消化前,进行食品的破碎,将大块食物变成小块食物,并充分与消化酶混合,才能保证化学消化的顺利进行。这种通过机械作用把食物由大块变成小块的过程,称为机械消化。可以说机械消化是化学消化的准备,化学消化是吸收的基础。

2.1.1 消化系统的组成与功能

消化系统由消化道和消化腺两部分组成,消化道包括口腔、咽、食管、胃、小肠、大肠、直肠和肛门,消化腺除唾液腺、肝脏、胰腺外,还包括散在于消化道黏膜细胞的消化腺细胞(图 2-1)。

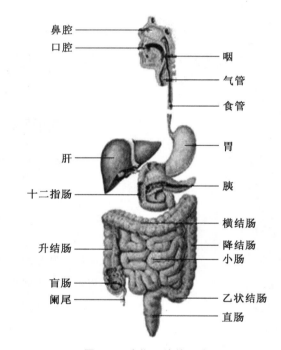

图 2-1 消化系统的组成

2.1.1.1 口腔

口腔(mouth)位于消化道的最前端,是食物进入消化道的门户。食物在口腔内停留 10～20 s,在口腔内,食物被咀嚼、磨碎并与唾液混合,形成食团,然后被吞咽。参与此消化过程的器官有牙齿、舌及唾液腺。

1. 牙齿

牙齿(tooth)是人体最坚硬的器官,通过牙齿的咀嚼,食物由大块变成小块。人的恒牙共28颗,包括切牙、尖牙和磨牙3种。

(1)切牙(incisor) 人类有4颗中切牙、4颗侧切牙共8颗,切牙薄而平,位于口腔最前端,用于切断食物;

（2）尖牙（canine）　共 4 颗，位于侧切牙的外方，尖牙尖利，可固定肉类食物，与手部配合，用于撕扯食物；

（3）磨牙（molar tooth）　共 16 颗，包括 8（2×4）颗前磨牙、8 颗磨牙，磨牙宽大，和食物有较大的接触面积，且上下磨牙凹凸互相对应，在垂直力的作用下，可以磨碎食物。

2. 舌

舌（tongue）是一个肌性器官，由横纹肌构成，可以受自主神经的支配而收缩和舒张。咀嚼时，舌的左侧肌肉收缩，右侧肌肉舒张，使舌头向左偏，反之，右侧肌肉收缩，使舌头向右偏，可以将掉落的食物重新推送回牙列继续咀嚼，从而起到辅助咀嚼的作用；食物完成咀嚼后，舌尖紧贴上颌及硬腭前部，再由舌肌及舌骨上肌群的活动，使舌体上举，紧贴硬腭及上颌各牙，迫使舌背上的食团后移至咽部，从而起到辅助吞咽的作用。同时，舌是味觉的主要器官，舌面的味蕾可以感受酸、甜、苦、咸、鲜等基本味觉。

3. 唾液腺

人的口腔内有 3 对大的唾液腺（salivary gland）：腮腺、舌下腺、颌下腺。而口腔内还有无数散在的小唾液腺，唾液就是由这些唾液腺分泌的混合液。

（1）唾液的成分和性质

唾液为无色无味近于中性的低渗液体，唾液中的水分约占 99.5%，有机物主要为黏蛋白，以及唾液淀粉酶、溶菌酶、乳铁蛋白等，无机物主要有钠、钾、钙、硫、氯以及亚硝酸盐等。

（2）唾液的作用

①唾液可湿润与溶解食物，以引起味觉。味觉的产生是味蕾将风味物质的化学刺激转化为神经冲动，传入大脑中枢神经系统，由中枢神经系统解析而形成。唾液的水分可溶解风味成分，使风味物质和味蕾细胞的接触面积增大，高敏感的离子通道开放数量增多，达到动作电位的细胞数量增多，神经冲动信号增强，从而易于风味感觉的形成。

②唾液可清洁和保护口腔，当有害物质进入口腔后，唾液可起冲洗、稀释及中和作用，其中的溶菌酶、乳铁蛋白、亚硝酸盐等，可以杀灭部分随同食物进入口腔内的微生物；溶菌酶可破坏细菌的细胞壁，乳铁蛋白可螯合环境的铁离子，使细菌处于缺铁胁迫环境，主要抑制需氧细菌的生长，而亚硝酸盐则抑制厌氧微生物的生长。

③唾液中的黏蛋白可使食物黏合成团，便于吞咽，防止呛咳。吞咽时，咽与气管的通道相对封闭，因此颗粒较小的食物有可能进入器官而引起呛咳，而黏蛋白将食物黏合在一起，减少小颗粒食物的存在，从而避免食物进入气管。

④唾液中的淀粉酶可对淀粉进行简单的分解，形成麦芽糖、异麦芽糖、糊精等，这一作用与食物在口腔的停留时间有关。唾液淀粉酶仅在口腔中起作用，当进入胃后，pH 下降，唾液淀粉酶迅速失活。

食物在口腔内的消化过程是经咀嚼后与唾液黏合成团，在舌的帮助下送到咽后壁，经咽与食道进入胃。食物在口腔内主要进行的是机械性消化，伴随少量的化学性消化，且能反射性地引起胃、肠、胰、肝、胆囊等的活动，为以后的消化做准备。

2.1.1.2　咽与食道

咽（pharynx）位于鼻腔、口腔和喉的后方，其下端通过喉与气管和食道相连，是食物与空气的共同通道。咽为肌性器官，咽前壁为骨骼肌，可以受来自主动神经支配，而咽后壁为平滑肌，不受自主神经控制。

食道（esophagus）上与咽相连，下与胃相接，是食物进入胃的通道。食管的全长有 3 个生理性狭窄：第 1 个狭窄位于食管的起始处，距离中切牙约 15 cm；第 2 个狭窄位于左主支气管后方与之交叉处，距离中切牙约 25 cm；第 3 个狭窄在穿膈的食管裂孔处，距离中切牙约 40 cm。食道的狭窄部位，可以防止食物的反流，但也限制食物的下滑，因此需要肌肉收缩产生推动食物下滑入胃的动力。食团进入食道后，在食团的机械刺激下，位于食团上端的平滑肌收缩，推动食团向下移动，而位于食团下方的平滑肌舒张，通过这一过程的往复，以便食团的通过。

2.1.1.3　胃

胃（stomach）位于左上腹，是消化道最膨大的部分，其上端通过贲门与食道相连，下端通过幽门与十二指肠相连。胃的肌肉由纵状肌肉和环状肌肉组成，内衬黏膜层。肌肉的舒张与收缩形成了胃的运动，黏膜则具有分泌胃液的作用。

1. 胃的运动

（1）胃的容受性舒张　胃的容受性舒张由胃的纵状肌肉完成，进食前，在食物的刺激下，胃的纵状肌肉舒张,胃的体积扩大,从空腹时的300~500 mL,增大至1 000~1 500 mL,从而使胃可以很容易接受食物而不引起胃内压力的增大。其生理意义是使胃的容量适应于大量食物的涌入,以完成贮存和预备消化食物的功能。

(2)紧张性收缩 胃被充满后就开始了它的持续较长时间的紧张性收缩。在消化过程中,紧张性收缩逐渐加强,使胃腔内有一定压力,这种压力有助于胃液渗入食物,并能协助推动食糜向十二指肠移动。

(3)胃的蠕动 胃的蠕动由胃中部发生,向胃底部方向发展。胃蠕动的蠕动波从胃中部到胃底需要1 min,而蠕动波的发动是3次/min,因此,在胃体内会同时出现几个蠕动波。

蠕动的作用是:①使食物与胃液充分混合,两个蠕动波之间的食物会受到不同方向的力的作用,从而使食物发生往返移动,有利于食物与食物之间、食物与胃液之间的充分混合;②这种食物的往返移动,还有利于食物进一步的机械消化;③推动食物以最适合小肠消化和吸收的速度向小肠排放。

2. 胃液

胃液为淡黄色、透明的酸性液体。空腹时胃液的pH为0.9~1.5,其主要成分包括胃酸、胃酶、黏液、内因子等。

(1)胃酸 胃酸由盐酸构成,由胃黏膜的壁细胞所分泌,包括游离酸(110~135 mmol/L)和结合酸(15~30 mmol/L)。胃酸主要有以下功能。

①激活胃蛋白酶原,使之转变为有活性的胃蛋白酶。摄食可以促进胃壁黏膜G细胞产生胃泌素,胃泌素启动胃蛋白酶原和盐酸从胃壁中释放。在胃内的酸性环境中,胃蛋白酶原发生去折叠,暴露活性中心,有活性的胃蛋白酶可以水解蛋白质,从而使得其可以以自催化方式对自身进行剪切,生成具有活性的胃蛋白酶。胃蛋白酶原自催化的pH条件为1~2,pH为1.3时最快,而空腹时胃酸的pH为0.9~1.5,符合胃蛋白酶原自催化的pH条件。随后,生成的胃蛋白酶继续对其他胃蛋白酶原进行剪切,将44个氨基酸残基切去,产生更多的胃蛋白酶。

②维持胃内的酸性环境,为胃内的消化酶提供最合适的pH。胃蛋白酶的最适pH为3.0;空腹时胃酸的pH为1~2,适合激活胃蛋白酶原;摄食后,

胃内的pH为2~4,适合维持胃蛋白酶的活性。

③造成蛋白质变性,使其更容易被消化酶所分解。蛋白质变性意味着蛋白质的3级结构被打开,暴露其中的疏水基团,造成蛋白质沉淀,同时蛋白质变性也使蛋白质的体积增大,内部松散,蛋白质与酶的接触面积增大,有利于酶消化。牛奶的酪蛋白热稳定性好,在160~200℃才能变性,因此,热加工的牛奶不会发生大量沉淀。而酪蛋白中α-酪蛋白的等电点为pH 4.0~4.1、β-酪蛋白的等电点为pH 4.5、γ-酪蛋白的等电点为pH 5.8~6.0。在婴儿期,由于胃肠发育尚未完善,胃酸分泌量不足,其pH约为5.0,不能造成酪蛋白特别是α-酪蛋白变性,影响了酪蛋白的消化吸收,从而导致婴儿食用牛奶后发生腹泻,因此,婴儿食用牛奶腹泻并非乳糖不耐症,而是酪蛋白消化不良。

④杀灭随同食物进入胃内的微生物。胃酸能够造成细菌、病毒的蛋白质变性,从而杀死细菌、病毒等微生物。

此外,胃酸还具有软化膳食纤维,减轻膳食纤维对胃壁的机械损伤。并使钙、铁、锌等矿质元素处于游离状态,利于吸收。

(2)胃蛋白酶 胃蛋白酶是由胃黏膜的主细胞由以不具活性的胃蛋白酶原的形式所分泌的。胃蛋白酶原在胃酸的作用下转变为具有活性的胃蛋白酶。它可对食物中的蛋白质进行简单分解,主要作用于芳香族氨基酸形成的肽键,如水解苯丙氨酸或酪氨酸的肽键,形成肽链,但很少形成游离氨基酸,因此,蛋白质的消化主要是依靠胰蛋白酶类在小肠进行。胃蛋白酶只在胃内起作用,当食糜被送入小肠后,随pH升高,胃蛋白酶迅速失活。

(3)黏液 黏液的主要成分为糖蛋白。黏液覆盖在胃黏膜的表面,形成一个厚约为500 μm的凝胶层,它具有润滑作用,使食物易于通过;黏液膜还保护胃黏膜不受食物中粗糙成分的机械损伤;黏液中含有HCO_3^-,其碱性可降低HCl酸度,减弱胃蛋白酶活性,从而防止酸和胃蛋白酶对胃黏膜的消化作用。

(4)内因子 由胃黏膜的壁细胞分泌,可以和维生素B_{12}结合成复合体,保护维生素B_{12}穿过胃、十二指肠、空肠进入到回肠末端,而不会被消化酶所破坏,有促进回肠上皮细胞吸收维生素B_{12}的作用。

2.1.1.4 小肠

小肠(small intestine)是食物消化的主要器官。

在小肠,食物受小肠运动的机械性消化和胰液、胆汁及小肠液的化学性消化。绝大部分营养成分也在小肠吸收,未被消化的食物残渣,由小肠进入大肠。小肠位于胃的下端,长为 4～6 m,从上到下分为十二指肠、空肠和回肠。

1. 小肠的组成

十二指肠介于胃与空肠之间,成人的十二指肠长度为 20～25 cm,管径为 4～5 cm,紧贴腹后壁,是小肠中长度最短、管径最大、位置最深且最为固定的小肠段,胰管与胆总管均开口于十二指肠。因此,它既接受胃液,又接受胰液和胆汁的注入。在十二指肠的降段,有胆总管和胰管的共同开口,开口处稍粗,称为法特氏壶腹。为防止小肠内容物返流,在胆总管和胰管的共同开口处有 Oddi 括约肌,在进食时,Oddi 括约肌松弛,胆汁和胰液流入十二指肠;不进食时 Oddi 括约肌收缩,关闭其围绕的管道。

十二指肠以后的部分,前段为空肠,后段为回肠,两者之间是没有明显界线的。人的空肠位于腹腔的左上侧,回肠位于右下侧。空肠稍粗,由于有很多血管分布而微带红色。回肠位于空肠后方,其后接续大肠,色淡红,管壁薄管径小,黏膜面环形皱襞稀疏而低。空肠与回肠通过肠系膜固定于腹后壁。

2. 小肠的运动

(1)紧张性收缩 小肠平滑肌的紧张性是其他运动形式有效进行的基础,当小肠紧张性降低时,肠腔扩张,肠内容物的混合和转运减慢;相反,当小肠紧张性增高时,食糜在小肠内的混合和运转过程就加快。

(2)节律性分节运动 由环状肌的舒缩来完成,在食糜所在的一段肠管上,环状肌在许多点同时收缩,把食糜分割成许多节段;随后,原来收缩处舒张,而原来舒张处收缩,使原来的节段分为两半,相邻的两半则合拢为一个新的节段;如此反复进行,食糜得以不断地分开,又不断地混合。分节运动的向前推进作用很小,它的作用在于:①使食糜之间以及食糜与消化液充分混合,便于进行化学性消化;②使食糜与肠壁紧密接触,为吸收创造条件;③挤压肠壁,以利于血液和淋巴的回流。

(3)蠕动 蠕动是一种把食糜向着大肠方向推进的作用,它由环状肌完成。由于小肠的蠕动很弱,通常只进行一段短距离后即消失,所以食糜在小肠内的推进速度很慢,为 1～2 cm/min。蠕动的意义是使经过分节运动作用的食糜向前推进一步,到达一个新肠段,再进行分节运动。

3. 小肠的消化液

小肠内的消化液既有小肠黏膜细胞产生的小肠液,又有来自胰腺的外分泌腺部分产生的胰液以及肝脏产生的胆汁。

(1)胰液 胰液是由胰腺的外分泌腺部分所分泌,分泌的胰液进入胰管,与胆总管合并后经位于十二指肠处降部的大乳头进入小肠。胰液为无色无嗅的弱碱性液体,pH 为 7.8～8.4,含水量类似于唾液;无机物主要为碳酸氢盐,其作用是中和进入十二指肠的胃酸,使肠黏膜免受强酸的侵蚀,同时也提供了小肠内多种消化酶活动的最适 pH;有机物则为由多种酶组成的蛋白质。

①胰淀粉酶。由胰腺以活性状态排入消化道,胰淀粉酶是最重要的水解碳水化合物的酶,和唾液腺分泌的淀粉酶一样都属于 α-淀粉酶,作用于 α-1,4-糖苷键,对分支上的 α-1,6-糖苷键无作用,最适的 pH 为 6.9。

②胰脂肪酶类。胰液中消化脂类的酶有胰脂肪酶、磷脂酶 A2、胆固醇酯酶和辅脂酶。胰脂肪酶特异性地水解 α-酯键,因此,可水解甘油三酯的第 1 位脂肪酸和 3 位脂肪酸,形成 2 个游离脂肪酸和甘油一酯。甘油三酯的消化还需要辅脂酶的帮助,辅脂酶是胰腺分泌的一种小分子蛋白质,胰脂肪酶与辅脂酶在甘油三酯的表面形成一种高亲和度的复合物,牢固地附着在脂肪颗粒表面(图 2-2)。

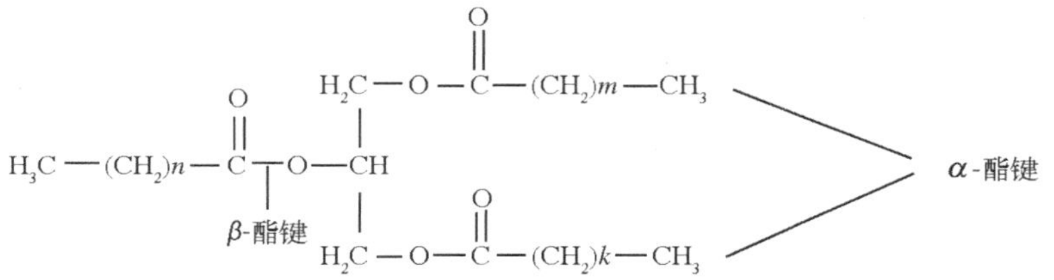

图 2-2 甘油三酯的结构式与酯键

磷脂酶 A2 可以分解 A2 端的酯键,但不会分解 C 端的磷脂酰键。因此在磷脂酶作用下,甘油磷脂被水解成溶血磷脂和一个游离脂肪酸。从胰腺分泌的是前磷脂酶 A2 ,也不具备活性,需要在胰蛋白酶的作用下被激活,形成磷脂酶 A2(图 2-3)。

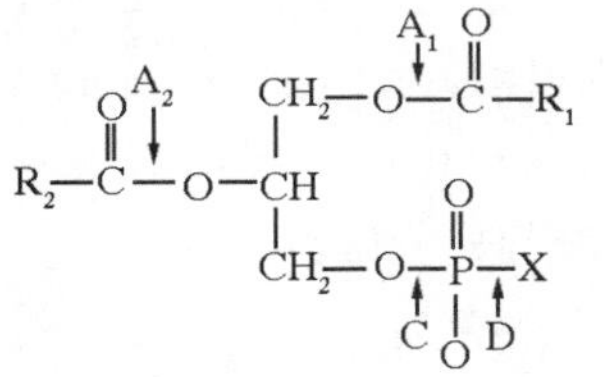

$$\underset{R_2-\underset{\parallel}{C}-O-CH}{\overset{\overset{A_1}{\downarrow}\ O}{\underset{\underset{CH_2-O-P-X}{\overset{O}{\underset{\underset{O}{\overset{\parallel}{C}}}{\parallel}}}{\overset{\parallel}{C}-R_1}}}}$$

图 2-3 甘油磷脂的结构式与酯键

胆固醇酯酶可以分解胆固醇酯的酯键,形成游离胆固醇和游离脂肪酸。

③胰蛋白酶类。胰液中的蛋白酶基本上分为 2 类,即内肽酶和外肽酶。内肽酶从内部分解蛋白质,可以把蛋白质分解成肽链,而外肽酶从末端分解肽链,可以把肽链分解成游离氨基酸和小分子肽如二肽、三肽。胰蛋白酶、糜蛋白酶和弹性蛋白酶属于内肽酶;外肽酶主要有羧基肽酶 A 和羧基肽酶 B。胰腺细胞最初分泌的各种蛋白酶都是以无活性的酶原形式存在的,进入十二指肠后被激活。

除上述 3 类主要的酶外,胰液中还含有核糖核酸酶和脱氧核糖核酸酶。胰液中所有酶类的最适的 pH 为 7.0 左右。

(2)小肠液 小肠液是由十二指肠腺和肠腺细胞分泌的一种弱碱性液体,pH 约为 7.6。小肠液中的消化酶包括氨基肽酶、α-糊精酶、麦芽糖酶、乳糖酶、蔗糖酶、磷酸酶等;主要的无机物为碳酸氢盐;小肠液中还含有肠激酶,可激活胰蛋白酶原。

小肠液中含有肠激酶,可以水解胰蛋白酶末端掩盖活性的 6 个氨基酸,使胰蛋白酶被激活。被激活的胰蛋白酶不仅可以水解食物蛋白质,也可以水解自身及其他酶类,从而激活胰液的消化酶。这种激活方式可以使胰蛋白酶原以几何级数的速度被激活,从而加快消化和吸收的速度。需要胰蛋白酶激活的消化酶包括糜蛋白酶原、弹性蛋白酶原、前羧基肽酶 A、前羧基肽酶 B、前磷脂酶 A2 等。大豆类食品中的胰蛋白酶抑制剂可以掩盖胰蛋白酶的活性部位,从而导致蛋白质消化障碍,胰蛋白酶抑制剂相对耐热,因此,需要长时间加热破坏。

(3)胆汁 胆汁是由肝细胞合成的,贮存于胆囊,经浓缩后由胆囊排出至十二指肠。胆汁是一种金黄色或橘棕色有苦味的浓稠液体,其中除含有水分和钠、钾、钙、碳酸氢盐等无机成分外,还含有胆盐、胆色素、脂肪酸、磷脂、胆固醇和黏蛋白等有机成分。胆盐是由肝脏利用胆固醇合成的胆汁酸与甘氨酸或牛磺酸结合形成的钠盐或钾盐,是胆汁参与消化与吸收的主要成分。一般认为胆汁中不含消化酶。

胆汁的作用是:①胆盐可激活胰脂肪酶,使后者催化脂肪分解的作用加速。②胆汁中的胆盐、胆固醇和卵磷脂等都可作为乳化剂,使脂肪乳化呈细小的微粒,增加了胰脂肪酶的作用面积,使其对脂肪的分解作用大大加速。③胆盐与脂肪的分解产物如游离脂肪酸、甘油一酯等结合成水溶性复合物,促进了脂肪的吸收。④通过促进脂肪的吸收,间接帮助了脂溶性维生素的吸收。此外,胆汁还是体内胆固醇排出体外的主要途径。

2.1.1.5 大肠

人类的大肠全长约为 1.5 m,包括升结肠、横结肠、降结肠、乙状结肠和直肠。

人类的大肠内没有重要的消化活动。大肠的主要功能在于吸收水分,大肠还为消化后的食物残渣提供临时贮存场所。一般大肠并不进行消化,大肠中物质的分解也多是细菌作用的结果,细菌可以利用肠内较为简单的物质合成 B 族维生素和维生素 K,但更多的是,细菌对食物残渣中未被消化的碳水化合物、蛋白质与脂肪的分解,所产生的代谢产物也大多对人体有害。

1. 大肠的运动

大肠的运动少而慢,对刺激的反应也较迟缓,这些有利于对粪便的暂时贮存。

(1)袋状往返运动 袋状往返运动是由于环状肌不规则收缩而引起,造成结肠出现一串结肠袋。由于该收缩运动不协调,在不同部位交替反复发生,从而形成往返运动。正常人结肠向前推进 8 cm/h,而后返回 3 cm/h,实际推进 5 cm/h。

袋状往返运动在空腹时最常见,其作用是使结肠袋中的内容物向两个相反的方向作短距离的往返移动,有利于研磨及混合肠内容物,使其与肠黏膜充分持久接触,促进水和电解质的吸收。

(2)分节推进和多袋推进运动 分节推进运动是在环状肌有规律的收缩作用下,将一个结肠袋的内容物向下一个结肠袋推进;多袋推进运动则是在一段较长的结肠,同时发生多个结肠袋收缩,推动其内容物向下一段结肠移动。

（3）蠕动　由一些稳定向前的收缩波组成，收缩波前方的肌肉舒张，后方的肌肉收缩，使这段肠关闭合并排空。此外，结肠的运动还有集团蠕动和长蠕动，集团蠕动运动每天发生 3～4 次。通常发生于饭后，可能是胃内食物进入十二指肠时，由十二指肠—结肠反射所引起。集团运动常自横结肠开始，可将一部分大肠内容物一直推送到结肠下端，甚至推入直肠，引起便意。长蠕动可以自发出起向前推进到直肠，长蠕动往往见于排气时。

2．大肠内的细菌活动

大肠中的细菌来自空气和食物，大肠内的酸碱度和温度对一般细菌的繁殖极为适宜，故细菌在此大量繁殖。

（1）正常菌群　菌群应包括两方面含义：一是菌相。它是指共存于肠道中的细菌的种类和数量比例，即构成比。二是优势菌。它是指含量最多的那类细菌。正常人肠道的菌群不会对健康带来伤害，可以称为正常菌群。它们依靠食物残渣而生存，同时分解未被消化吸收的蛋白质、脂肪和碳水化合物。

（2）有益作用　肠道微生物的直接有益作用是水解进入小肠的消化酶，防止消化酶对人体排便部位的化学损伤。其次是利用简单的成分合成人体需要的营养成分，例如维生素 K、B 族维生素。

（3）不利影响　细菌在分解大分子物质的过程中，会产生对健康不利的物质。蛋白质被分解为氨基酸，氨基酸或是再经脱羧产生胺类，或是再经脱氨基形成氨，这些可进一步分解产生苯酚、吲哚、甲基吲哚和硫化氢等；碳水化合物可被分解产生乳酸、醋酸等低级酸以及 CO_2、沼气等；脂肪则被分解产生脂肪酸、甘油、醛、酮等，这些成分大部分对人体有害，有的可以引起人类结肠癌。因此，促进排便的可溶性膳食纤维，可加速这些有害物质的排泄，缩短它们与结肠的接触时间，有预防结肠癌的作用。

2.1.2　消化与吸收

食物中的大分子物质，如蛋白质、脂肪和碳水化合物，需要经消化酶消化成小分子物质后才能被吸收，吸收是指食物成分被分解后通过肠黏膜上皮细胞进入血液或淋巴从而进入肝脏的过程。实际上，消化和吸收是同时进行的，一方面，消化可以为吸收提供产物；另一方面，吸收可以减少酶解产物的浓度，使反应有利于向消化方向发展。

2.1.2.1　消化与吸收部位

食物吸收的主要部位是小肠上段的十二指肠和空肠。回肠主要是吸收功能的储备，用于代偿时的需要，而大肠主要是吸收水分和盐类。

在小肠内壁上布满了环状皱褶、绒毛和微绒毛。经过这些环状皱褶、绒毛和微绒毛的放大作用，使小肠的吸收面积可达 200 m^2，且小肠的这种结构使其内径变细，增大了食糜流动时的摩擦力，延长了食物在小肠内的停留时间，为食物在小肠内的吸收，创造了有利条件。

1．小肠的环状皱褶

环状皱褶是小肠内膜的环状突起，这种突起使内膜的表面积增大，同时，也增大了食糜流动的阻力，使食糜的流动变缓。

2．小肠绒毛

小肠绒毛是小肠的吸收单元，它是固有层和上皮共同凸向肠腔形成的叶状结构，小肠绒毛由单层上皮细胞构成，内有中心静脉和中心乳糜管。

3．小肠微绒毛

微绒毛是上皮细胞朝向肠腔一面的细胞膜和细胞质伸出的微细指状突起。

2.1.2.2　食物成分的吸收机制

小肠黏膜的吸收作用主要依靠被动转运与主动转运来完成。

1．被动转运

所谓被动转运是指细胞没有采取主动措施，依靠载体等去摄取某物质，某物质通过被动扩散、易化扩散、滤过、渗透等方式自行进入细胞的过程。

（1）被动扩散　被动扩散是指物质透过细胞膜（总是和它在细胞膜内外的浓度有关），不借助载体、不消耗能量，物质从浓度高的一侧向浓度低的一侧透过称被动扩散。由于细胞膜的基质是类脂双分子层，脂溶性物质更易进入细胞。物质进入细胞的速度决定于它在脂质中的溶解度和分子大小。溶解度越大，透过越快；如果在脂质中的溶解度相等，则较小的分子透过较快。

（2）易化扩散　它指非脂溶性物质或亲水物质如 Na^+、K^+、葡萄糖和氨基酸等，不能透过细胞膜的双层脂类，需在细胞膜蛋白质的帮助下，由膜的高浓度一侧向低浓度一侧扩散或转运的过程。易化扩散的第一个特点是与易化扩散有关的膜内转运系统和它们所转运的物质之间具有高度的结构特异性，即每一种蛋白质只能运转具有某种特定化学结构的物质;易化扩散的第二个特点是所谓的饱和现象,即扩散通量一般与浓度梯度的大小呈正比,当浓度梯度增加到一定限度时,扩散通量就不再增加。

(3)滤过作用　胃肠黏膜的上皮细胞可以看作是滤过器,如果胃肠腔内的压力超过毛细血管时,水分和其他物质就可以滤入血液。

(4)渗透　渗透可看作是特殊情况下的扩散。当膜两侧产生不相等的渗透压时,渗透压较高的一侧将从另一侧吸引一部分水过来,以求达到渗透压的平衡。

2．主动转运

所谓主动转运是指机体细胞主动去捕获某成分,即使付出能量消耗、制造载体等代价也要将某成分摄入胞内的过程。

营养物质的主动转运需要有载体协助,载体是一种运输营养物质进出细胞膜的脂蛋白。营养物质在运转时,先在细胞膜同载体结合成复合物,复合物通过细胞膜转运入上皮细胞时,营养物质与载体分离而释放入细胞中,而载体又转回到细胞膜的外表面。

主动转运的特点是:①被运输的成分可以逆着浓度梯度(从低向高)的方向穿过细胞膜。②耗能。它需有酶的催化和提供能量,能量来自三磷酸腺苷的分解。③具有饱和性和特异性,即细胞膜上存在着几种不同的载体系统,每一系统只运载某些特定的营养物质。

2.1.2.3　主要营养物质的消化与吸收

1．蛋白质的消化与吸收

(1)蛋白质在胃中的消化　蛋白质的消化自胃内开始。胃内分解蛋白质的酶主要是胃蛋白酶。主要水解含芳香族氨基酸之间的肽键,如苯氨酸、亮氨酸等氨基酸残基形成的蛋白质。由于胃蛋白酶的消化作用较弱,且不是所有肽键都能被胃蛋白酶分解,所以蛋白质在胃中的消化很不完全,很少形成游离

氨基酸,多数被分解为多肽(胨和胨),食物蛋白质的主要消化部位在小肠。

(2)蛋白质在小肠中的消化　食糜自胃中进入小肠后,蛋白质的不完全水解产物再经胰液中蛋白酶的作用,被分解为游离氨基酸和寡肽,其中 1/3 为游离氨基酸,2/3 为寡肽。

(3)氨基酸的吸收　氨基酸的吸收主要在小肠上段进行,为主动转运过程。在小肠黏膜细胞膜上,存在着运载氨基酸的载体,可以将氨基酸转运入细胞内。氨基酸的结构不同,其转运载体也不同。

此外,小肠黏膜细胞上还存在着吸收二肽和三肽的转运体系,用于二肽和三肽的吸收,吸收进入肠黏膜细胞中的二肽和三肽,在胞浆中氨基肽酶的作用下,将二肽和三肽彻底分解,形成游离氨基酸入血。

吸收入肠黏膜细胞中的氨基酸,进入肠黏膜下的中心静脉而入血流,经由门静脉入肝。

在新生儿,可以通过肠黏膜细胞的胞饮作用摄入完全蛋白质,但这种作用仅在出生后前 2 周存在,这与乳母维持初乳分泌的时间相一致,婴儿可以以这种方式从母乳中获取具有免疫效果的抗体、乳铁蛋白、溶菌酶等。成人以这种方式的吸收就不再活跃,而且如果直接从食物中吸收异源蛋白可导致过敏反应。

2．脂肪的消化与吸收

(1)脂类的消化　脂类消化的主要场所在小肠上段。食物脂类在小肠腔内由于肠蠕动所起的搅拌作用和胆汁的掺入,分散成细小的乳胶体,同时,胰腺分泌的脂肪酶在乳化颗粒的水油界面上,催化甘油三脂、磷脂和胆固醇的水解。

①甘油三酯的分解。胰脂肪酶能特异性的催化甘油三酯的 α-酯键(即第 1 位酯键和第 3 位酯键)水解,产生 β 甘油一酯并释放出 2 分子游离脂肪酸(图2-4)。

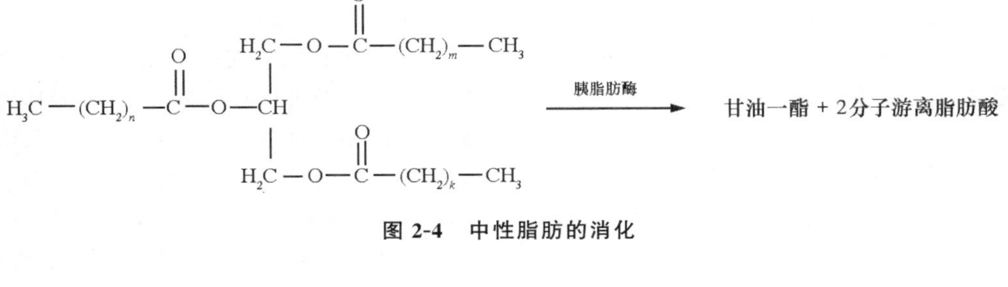

图 2-4　中性脂肪的消化

②胆固醇的分解。胆固醇酯酶作用于胆固醇酯,使胆固醇酯水解为游离胆固醇和脂肪酸(图 2-5)。

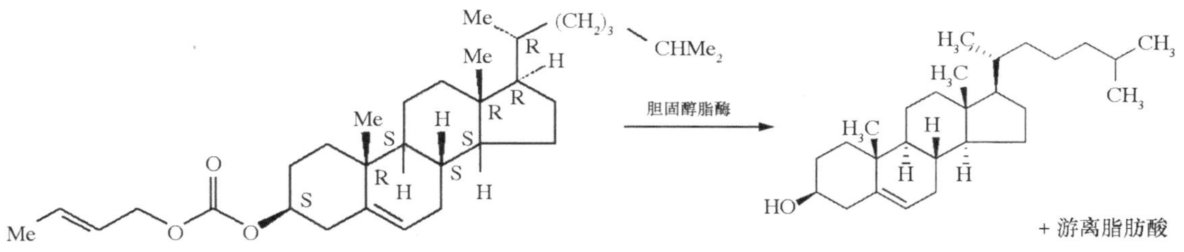

图 2-5　胆固醇酯的分解

③磷脂的分解。由磷脂酶 A₂ 催化磷脂的第 2 位酯键水解,生成溶血磷脂和一分子脂肪酸(图 2-6)。

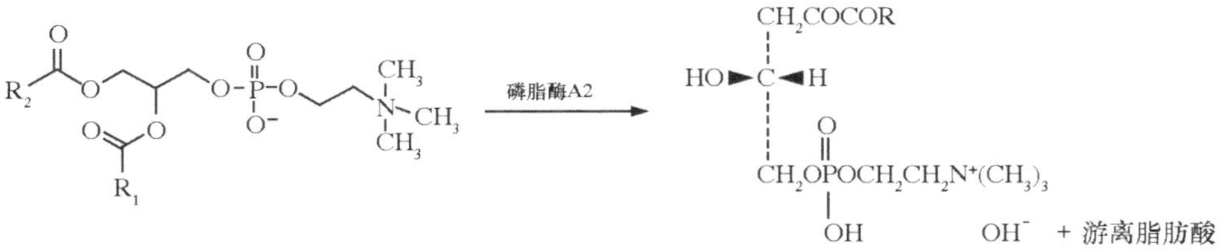

图 2-6　磷脂的分解

(2)脂类的吸收　脂类消化产生的脂肪酸、甘油一酯等具有较大的极性,能够从乳胶体的脂相扩散到胆汁微团中,形成微细的混合微团。这种混合微团的体积很小,而且带有极性很易扩散,通过覆盖在小肠绒毛表面的水层,而使脂类消化的产物进入肠黏膜细胞中。

脂类吸收的部位主要位于十二指肠的下部和空肠的上部。消化与吸收是同时进行的,消化后的产物迅速被吸收保证了消化的顺利进行。中、短链脂肪酸及甘油的极性较强,很容易分散而被吸收;短链脂肪酸和少量中链脂肪酸构成的甘油三酯,经胆盐乳化后也可以完整的形式吸收,在肠黏膜细胞内脂肪酶的作用下,水解成脂肪酸及甘油,通过门静脉进入血循环;多数中链脂肪酸和长链脂肪酸及甘油一酯随混合微团被吸收入肠黏膜细胞后,在胞内重新合成为甘油三酯,然后与载脂蛋白、磷脂、胆固醇等生成乳糜微粒,经淋巴进入血液循环;胆固醇的吸收较其他脂类慢且不完全,已吸收的胆固醇大部分被再酯化生成胆固醇酯,后者的大部分参与乳糜微粒,少量参与组成极低密度脂蛋白,经淋巴进入血循环。

3. 碳水化合物的消化与吸收

(1)碳水化合物的消化　虽然口腔内的唾液淀粉酶能把淀粉水解成麦芽糖,但由于食物在口腔停留的时间很短,所以淀粉的口腔内消化很少,淀粉的消化主要在小肠中进行。

在小肠,胰液中的 α-淀粉酶可以从淀粉分子的内部水解 α-1,4-糖苷键,把淀粉分解为麦芽糖、麦芽三糖及含分支的异麦芽糖和 α-临界糊精。α-临界糊精由 4～9 个葡萄糖组成,和异麦芽糖一样,其分支结构由 α-1,6-糖苷键组成。

小肠黏膜的刷状缘含有 α-葡萄糖苷酶(包括麦芽糖酶)和 α-临界糊精酶(包括异麦芽糖酶)。α-葡萄糖苷酶可把麦芽糖和麦芽三糖水解成葡萄糖,而 α-临界糊精酶能把异麦芽糖和 α-临界糊精水解成葡萄糖。此外,在小肠黏膜细胞内还存在 β-葡萄糖苷酶,它可以水解蔗糖和乳糖。

(2)碳水化合物的吸收　糖的吸收主要在小肠上段完成,小肠黏膜只吸收单糖,不同单糖,其吸收机制不同。一般地,戊糖(核糖)靠被动扩散吸收,而己糖则靠载体的主动转运吸收。由于载体转运有特异性,小肠黏膜细胞膜上运载糖的载体要求糖的结构为吡喃型单糖,并在其第 2 位碳上有自由羟基,所以葡萄糖、半乳糖等能与载体结合而迅速被吸收,而果糖、甘露糖等因不能与这类载体结合,主要依靠被动扩散吸收,吸收速度较低。单糖被吸收后通过小肠中心静脉进入血液循环。

4. 脂溶性维生素的消化与吸收

除维生素 E 外的脂溶性维生素可以直接被吸

收,不需要消化。而食物中的维生素 E 多以其酯类化合物的方式存在,需要消化后才能吸收。生育酚的酯类进入肠道后被胰腺分泌的非特异性酯酶及肠黏膜细胞酯酶水解,形成维生素 E 和脂肪酸。脂溶性维生素的吸收部位是小肠,在空肠、回肠,脂溶性维生素在胆汁的乳化作用下,和脂肪一起被动吸收,吸收后随脂肪一起进入淋巴。

5. 水溶性维生素的消化与吸收

多数水溶性 B 族维生素和酶蛋白结合,需要在消化道内和蛋白质分离后才能吸收,维生素 C 一般游离存在,可以直接被吸收。

(1)水溶性维生素的消化

①维生素 B₁、维生素 B₂、烟酸、维生素 B₁₂ 和生物素的消化。食物中的维生素 B₁、维生素 B₂、烟酸、维生素 B₁₂ 和生物素多以辅酶的形式和酶蛋白结合,在胃内胃酸的作用下,或者在胃肠道蛋白酶、肠激酶的作用下,与蛋白质分离,形成游离的 B 族维生素后才能被吸收。

②维生素 B₆、泛酸的消化。食物中的维生素 B₆ 多以磷酸盐形式存在,泛酸多以 CoA 或 ACP 的形式存在,在非特异性磷酸酶作用下,维生素 B₆ 水解为非磷酸化的维生素 B₆,泛酸水解为泛酰巯基乙胺,或进一步被小肠中的泛酰巯基乙胺酶代谢为泛酸而被吸收。

③叶酸的消化。膳食中的叶酸大约有 3/4 是以多谷氨酸叶酸形式存在。多谷氨酸叶酸不易被小肠直接吸收,必须经小肠黏膜细胞分泌的 γ-谷氨酸酰基水解酶作用分解为小分子的单谷氨酸叶酸后,才能被吸收。

④胆碱的消化。食物来源的胆碱除了游离胆碱外,还有胆碱酯类,主要有磷酸胆碱、甘磷酸胆碱、鞘磷脂和磷脂酰胆碱。胰腺和小肠黏膜细胞的分泌液都含有能水解膳食胆碱酯类的酶(磷脂酶 A₁、磷脂酶 A₂ 和磷脂酶 B),形成游离胆碱后才能被吸收。

成人摄入的胆碱在被肠道消化吸收以前部分被肠道细菌代谢,肠道细菌把胆碱分解为甜菜碱(三甲基甘氨酸)和甲胺,甜菜碱可以被肠道吸收,也是机体甲基供体的来源。未被肠道细菌分解的游离胆碱在整段小肠都能被吸收。

(2)水溶性维生素的吸收 大多数的水溶性维生素在摄入量低时,需要依靠载体的主动转运方式被吸收。吸收的部位为小肠上端,而在高剂量摄入时,则因肠黏膜细胞两侧的浓度差过大,过高的势能打开离子化(极性)通道,通过易化扩散被动吸收。由于被动吸收在两侧浓度梯度相等时即停止。因此,水溶性维生素的吸收率随摄入量的增加而减少。

6. 矿物元素的消化与吸收

(1)阳离子的消化与吸收 食品中的矿物质必须处于溶解状态,解离为离子状态才能被吸收,吸收部位为小肠上段,在胃酸作用下,部分不溶性矿物质可以转化为可溶性状态,解离出离子,在小肠以主动转运的方式被吸收。

(2)阴离子的消化与吸收 阴离子的吸收属于被动转运,其动力来源于被吸收的阳离子产生的电位差。

7. 水分的吸收

水分的吸收属于被动转运,在不同吸收部位,水转运的动力不同,在胃、大肠,水分的吸收主要依靠胃肠运动所产生的静水压,而在小肠则主要依靠可溶性营养成分吸收所产生的渗透压。

8. 非营养成分的消化与吸收

非营养成分包括食物中的天然成分,如类胡萝卜素、多酚、黄酮等,也包括食物中危害物质的污染,如重金属、农兽药残留等。

大多数的脂溶性有机化合物以简单扩散的方式吸收,扩散的动力来源于胃肠道两侧的浓度差,浓度差越大,吸收速度越快。此外,脂水分配系数越大,越容易透过生物膜,但过大时也不易透过脂溶性和水溶性均高的物质,而是更容易以简单扩散的方式进入生物膜(表 2-1)。

表 2-1 化合物的脂水分配系数与吸收率

化合物	脂水分配系数	吸收率	化合物	脂水分配系数	吸收率
戊硫代巴比妥	100	67	乙酰水杨酸	2.0	21
苯胺	26.4	54	巴比妥酸	0.008	5
酰基苯胺	7.6	43	甘露醇	<0.002	<2

弱酸或弱碱类有机化合物也可以通过简单扩散透过生物膜,化合物的解离度越小,非解离型成分越多,越容易穿过生物膜。

某些水溶性小分子化合物可以通过滤过的方式被动吸收,胃肠黏膜上存在由镶嵌蛋白质的亲水氨基酸组成的亲水通道,其大小约为 0.4 nm,可以允许分子质量<200 u 的物质通过。除水外,有些无机离子、有机离子可以通过滤过方式穿过生物膜。

较大分子的水溶性化合物,如某些生物碱、氨基酸等,可以通过易化扩散被吸收,易化扩散需要载体,但不消耗能量,也属于被动转运,只能从高浓度向低浓度转移。

重金属和钙、铁、锌等元素结构相似,可以通过和钙、铁、锌等争夺载体,以主动转运的方式吸收。此外,某些成分还可以通过胞吞、胞饮等主动转运的方式吸收。

2.2　营养素的体内运输

食物中经过消化吸收的营养成分进入血液后,在循环系统的帮助下,被运送到机体的各个部分才能被代谢和利用。

2.2.1　循环系统的组成

血液循环系统由心脏、血管(包括淋巴管)组成。心脏是推动血液流动的动力器官,血管是血液流动的管道,它包括动脉、毛细血管、静脉三部分。由左心室射出的血液,经动脉流向全身组织,在毛细血管部位经过细胞间液同组织细胞进行物质交换,再经静脉流回右心房,这一循环途径称为"体循环"。血液从右心室射出,经过肺动脉分布到肺,与肺泡中的气体进行气体交换,再由肺静脉流回左心房,这一循环途径称为"肺循环"。体循环与肺循环相互连接,构成一个完整的循环机能体系,心脏的节律性活动及心脏瓣膜有规律的开启与关闭,使血液能按一定的方向循环流动,完成物质运输、体液调节等机能。营养成分的血液运输可以包括以下几个过程:

2.2.1.1　从胃肠血管进入心脏

从胃肠道中心静脉吸收的营养物质汇集到毛细血管,再逐渐聚集到肠系膜上静脉。胰腺、肠、脾的静脉血则汇流入脾静脉和肠系膜下静脉,肠系膜上、下静脉汇合成门静脉进入肝脏。

门静脉在肝内分支,形成小叶间静脉,小叶间静脉多次分支,最后分出短小的终末支,进入肝血窦。在肝血窦内,血液与肝细胞进行物质交换,汇入中央静脉,中央静脉又汇合成小叶下静脉,进而汇合成 2～3 支肝静脉,肝静脉出肝后注入下腔静脉,由下腔静脉进入右心房。

由下腔静脉进入心脏的血液,携带供人体需要的营养成分,但氧气含量低、二氧化碳含量高,还需要与肺泡进行气体交换后才能运送到全身各处的细胞。

2.2.1.2　从右心房到左心房

血液在右心房收缩、右心室舒张时,三尖瓣开放,在压力作用下,可以从右心房流向右心室。右心室收缩时,心房和心室之间的三尖瓣关闭,血液不能返流入心房,而是在压力作用下进入肺动脉。肺动脉逐渐分支,变成肺毛细血管,在此进行气体交换,静脉血变成动脉血。毛细血管再汇集成静脉,静脉分支逐渐合并成肺静脉回流入左心房。回到右心房的血液既有充足的营养成分,又有充足的氧气,为氧化代谢积累了物质基础,可以经体循环进入全身各处。

2.2.1.3　从主动脉到全身

回到了右心房的血液,完成了物质积累,在左心房收缩时,左心室舒张,同时二尖瓣开放,血液进入左心室。左心室收缩时,二尖瓣关闭,主动脉瓣开放,血液进入主动脉。

在主动脉升段,有回到心脏的冠状动脉,为心脏本身提供血液。在主动脉弓处,主动脉有头臂干、左颈总动脉、左锁骨下静脉,头臂干又可分为右颈总动脉和右锁骨下动脉,供应上肢和头部的血液。

主动脉从主动脉弓开始下降,分别为胸主动脉、腹主动脉,再继续分为肾动脉、左右髂总动脉,分别供应胸腔、腹腔脏器,肾脏和下肢的血液。

2.2.2　各种营养素的运输

2.2.2.1　氨基酸的运输

氨基酸为水溶性物质,可溶于血浆中,因此,以游离状态在血液中运输。

2.2.2.2　脂类的运输

脂类物质难溶于水,将它们分散在水中往往呈乳糜状。然而正常人血浆中脂类物质虽多,却仍清澈透明,这是因为血浆中的脂类都是以各类脂蛋白的形式存在的。血浆中的脂蛋白包括乳糜微粒(CM)、极低密度脂蛋白(VLDL)、低密度脂蛋

（LDL）、高密度脂蛋白（HDL）。它们主要由蛋白质（载脂蛋白）、甘油三酯、胆固醇及胆固醇酯、磷脂等组成，各类血浆脂蛋白都含有这四类成分，但在组成比例上却大不相同。载脂蛋白的分子结构中均含有双性 α-螺旋结构。在双性 α-螺旋结构中，疏水性氨基酸残基构成 α-螺旋的一个侧面，位于双螺旋的内侧；而另一侧面由具亲水基团的极性氨基酸残基构成。双性 α-螺旋结构是载脂蛋白能结合及转运脂质的结构基础。脂类物质与载脂蛋白内侧的疏水端结合，双螺旋结构使得疏水基团完全被包在内侧，暴露在外的为亲水一侧，从而使脂蛋白成为水溶性物质而运输。

2.2.2.3 碳水化合物的运输

血液中的碳水化合物绝大多数为葡萄糖，分子量小且为水溶性，可游离存在于血液中运输。

2.2.2.4 矿物质的运输

1. 铁的运输

从肠道吸收的铁在肠黏膜细胞内与脱铁蛋白结合成铁蛋白而贮存，当机体需要时，铁与铁蛋白分离，在载体的帮助下穿过肠黏膜及毛细血管内皮细胞进入血液循环，Fe^{2+} 在酶的催化下转化为 Fe^{3+}，Fe^{3+} 与血浆中的运铁蛋白结合随血液循环被运送到全身各处。

2. 钙的运输

从肠道吸收的钙、骨骼中溶解的钙及肾脏重吸收的钙进入血液后，约 47.5% 以离子的形式存在于血清中，46% 与蛋白质结合，6.5% 与有机酸或无机酸复合而被运输。

3. 其他离子的运输

其他矿物质或游离于血浆中，或与血浆蛋白质结合，或是存在于血细胞内而被运输。

2.2.2.5 维生素的运输

水溶性维生素溶于血清而被运输，脂溶性维生素与脂肪酸一起被运输。

2.3 营养素的体内代谢

营养素的代谢主要是蛋白质、脂肪和碳水化合物的代谢，通过在体内的代谢发挥其生理作用，了解其代谢过程对掌握和研究营养素的生理功能有重要意义。

2.3.1 蛋白质的代谢

蛋白质经消化后转变成氨基酸，所以蛋白质的

代谢也就是氨基酸的代谢。它的首要功能是合成机体需要的蛋白质，其次是在分解代谢中产生的能量。

2.3.1.1 蛋白质的合成

人体的各种组织细胞均可合成蛋白质，但以肝脏的合成速度最快。蛋白质的合成过程，就是氨基酸按一定顺序以肽键相互结合，形成多肽链的过程。不同蛋白质的氨基酸组成和排列顺序不同。由于人体有精确的蛋白质合成体系，因此，机体在大多数情况下，都能准确地合成某种有独特氨基酸构成的蛋白质。

2.3.1.2 氨基酸的分解代谢

1. 脱氨基作用

氨基酸分解代谢最主要的反应是脱氨基作用。氨基酸的脱氨基作用在体内大多数组织中均可进行。氨基酸可以通过多种方式脱去氨基，如氧化脱氨基、转氨基、联合脱氨基及非氧化脱氨基等，以联合脱氨基为最重要。氨基酸脱氨基后生成的 α-酮酸可以进一步代谢，如通过氨基化合成非必需氨基酸；可以转变为糖和脂类；也可直接氧化供能。氨具有毒性，脑组织尤为敏感，可在肝脏经鸟氨酸循环合成尿素而解毒。

2. 脱羧基作用

在体内，某些氨基酸可以进行脱羧基作用并形成相应的胺类，这些胺类在体内的含量不高，但具有重要的生理作用。主要由以下几种

（1）γ-氨基丁酸 γ-氨基丁酸由谷氨酸脱羧产生。γ-氨基丁酸是抑制性神经递质对中枢神经系统有抑制作用。

（2）牛磺酸 牛磺酸由半胱氨酸氧化再脱羧产生，是结合胆汁酸的组成成分。目前已证实，牛磺酸和神经系统的发育有关。

（3）组胺 组胺由组氨酸脱羧产生，是一种强烈的血管扩张剂，并能增加毛细血管通透性，参与炎症反应和过敏反应等。

（4）5-羟色胺 5-羟色胺由色氨酸先羟化再脱羧形成，脑内的 5-羟色胺可作为神经递质具有抑制作用；而在外周组织，则有血管收缩的作用。

2.3.2 脂类代谢

2.3.2.1 甘油三酯的合成代谢

甘油三酯是机体贮存能量的主要形式。机体摄入的糖、脂肪均可合成脂肪在脂肪组织贮存。肝、脂肪组织及小肠是合成甘油三酯的主要场所，以肝的

合成能力最强。肝细胞能合成脂肪,但不能贮存脂肪。甘油三酯在肝内质网合成后,与载脂蛋白 B100、载脂蛋白 C 等以及磷脂、胆固醇结合生成极低密度脂蛋白(VLDL),由肝细胞分泌入血而运输至肝外组织。如肝细胞合成的甘油三酯因营养不良、中毒、必需脂肪酸缺乏、胆碱缺乏或蛋白质缺乏不能形成极低密度脂蛋白(VLDL)分泌入血时,则聚集在肝细胞中,形成脂肪肝。

脂肪组织是机体合成脂肪的另一重要组织。它可利用从食物脂肪而来的乳糜微粒(CM)或极低密度脂蛋白(VLDL)中的脂肪酸合成脂肪,更主要以葡萄糖为原料合成脂肪。脂肪细胞可以大量贮存脂肪,是机体合成和贮存脂肪的"仓库"。机体需要能量时,储脂分解,释出游离脂肪酸及甘油入血,以满足心、肝、骨骼肌、肾等的需要。

小肠黏膜细胞则主要利用脂肪消化产物再合成脂肪,以乳糜微粒形式经淋巴进入血循环。

2.3.2.2 甘油三酯的分解代谢

1. 脂肪动员

贮存在脂肪组织中的脂肪,被脂肪酶逐步水解为游离脂肪酸(free fatty acid, FFA)和甘油,并释放入血液以供其他组织氧化利用的过程,称为脂肪动员。在正常情况下,机体并不发生脂肪的动员,只有在禁食、饥饿等造成血糖降低或交感神经兴奋时,才发生脂肪的动员。脂肪组织中的甘油三酯脂肪酶可催化甘油三酯分子中第 1 位酯键断裂或第 3 位酯键断裂,生成游离脂肪酸和甘油二酯,后者可继续进行酶促水解反应。

脂解作用使贮存在脂肪细胞中的脂肪分解成游离脂肪酸和甘油,然后释放入血。血浆清蛋白具有结合游离脂肪酸的能力,游离脂肪酸(FFA)与清蛋白结合后由血液运送至全身各组织,主要由心、肝、骨骼肌等摄取和利用。甘油溶于水,直接由血液运送至肝、肾、肠等组织,主要在甘油激酶的作用下转变为 3-磷酸甘油,然后脱氢生成磷酸二羟丙酮,再循糖代谢途径进行分解或转变为糖。

2. 脂肪的 β-氧化

在供氧充足的条件下,脂肪酸可在体内氧化分解成 H_2O 和 CO_2 并释放出大量能量,以腺嘌呤核苷三磷酸(ATP)形式供机体利用。除脑组织外,大多数组织均能氧化脂肪酸,但以肝脏和肌肉最为活跃。

脂肪酸的 β-氧化过程可概括为活化、转移、脂肪酸的 β-氧化及脂肪酸氧化的能量生成等 4 个阶段,最终形成乙酰辅酶 A。

2.3.3 碳水化合物的代谢

体内的碳水化合物主要来源于食物,少量则由非糖化合物(乳酸、甘油、生糖氨基酸等)通过糖异生作用形成。机体摄入的糖类或转变成脂肪后贮存于脂肪组织中,或合成糖原,当机体需要葡萄糖时可以迅速被动用以供急需,或分解产生能量,还可以构成机体组织或是合成体内的活性物质。

2.3.3.1 糖原的合成代谢

糖的合成代谢主要指葡萄糖聚合为糖原的过程。葡萄糖在腺嘌呤核苷三磷酸(ATP)的参与下发生磷酸化,而后在变位酶的作用下,6-磷酸葡萄糖变成 1-磷酸葡萄糖,1-磷酸葡萄糖与尿苷三磷酸(UTP)缩合生成尿苷二磷酸尿苷葡糖(UDPG)及焦磷酸(焦磷酸在体内迅速被焦磷酸酶水解),二磷酸尿苷葡糖(UDPG)可看作是"活性葡萄糖",在体内充作葡萄糖供体。最后在糖原合成酶的作用下,将葡萄糖基转移给糖原引物的糖链末端,形成 α-1,4-糖苷键。糖原引物是指细胞内原有的较小的糖原分子。游离葡萄糖不能作为 UDPG 的葡萄糖基接受体。以上反应反复进行使糖链不断延长,但不能产生分支。当糖链长度达到 12~18 个葡萄糖基时,分支酶将一段糖链,6~7 个葡萄糖基转移到邻近的糖链上,以 α-1,6-糖苷键相接形成分支。

2.3.3.2 糖的分解代谢

在很大程度上,在细胞中葡萄糖的分解代谢方式受氧供状况的影响。在供氧充足时,葡萄糖进行有氧氧化,彻底氧化成 CO_2 和 H_2O,并释放能量。有氧氧化是糖氧化的主要方式,它可分为 4 步骤:第 1 步是葡萄糖发生氧化磷酸化,形成 1,6-二磷酸果糖;第 2 步是 1,6-二磷酸果糖裂解形成丙酮酸;第 3 步是丙酮酸脱羧基形成乙酰辅酶 A;第 4 步是乙酰辅酶 A 进入三羧酸循环,彻底氧化成 CO_2 和 H_2O,并释放能量。绝大多数细胞都通过它获得能量,但在缺氧条件下葡萄糖则进行糖酵解生成乳酸;糖酵解最主要的生理意义在于迅速提供能量,这对肌肉收缩更为重要。

2.4 营养代谢物质的排泄

机体在新陈代谢过程中,不断产生对自身无用或有害的代谢产物,这些代谢废物如果不及时清除出体外,就会在体内堆积而对机体造成伤害,因此机体必须通过排泄活动将它们及时地运送到体外。所谓排泄是指机体在新陈代谢过程中所产生的代谢终产物以及多余的水分和进入体内的各种异物(包括药物),由排泄器官向体外输送的生理过程。

机体的排泄器官主要是肾,其次是肺、皮肤、肝和肠。肾脏以尿的形式排出多种代谢终产物和某些异物,如尿素、尿酸、肌酐、马尿酸、水及进入体内的药物等;肺借助呼气动作,排出二氧化碳和少量水,以及一些挥发性物质;皮肤依靠汗腺分泌,排出一部分水和少量的尿素与盐类;肝和肠把胆色素和无机盐(钙、镁、铁等)排入肠腔,随粪便排出体外。在这些排泄器官中,由肾脏排出的代谢终产物不仅种类多、数量大,而且肾脏还可根据机体情况调节尿的质和量,因而肾脏的泌尿作用具有特别重要的意义。

2.4.1 肾的结构特点

肾脏的基本功能单位称肾单位,它与集合管共同完成泌尿功能。

2.4.1.1 肾单位

人的两侧肾脏有 170 万～240 万个肾单位,每个肾单位包括肾小体和肾小管两部分,肾小体又包括肾小球和肾小囊(图 2-7)。

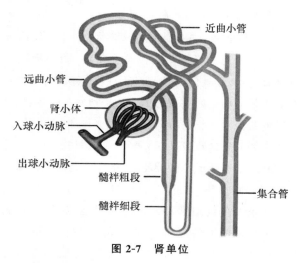

远曲小管
近曲小管
肾小体
入球小动脉
出球小动脉
髓袢粗段
髓袢细段
集合管

图 2-7 肾单位

肾小球是一团毛细血管网,其两端分别与入球

小动脉和出球小动脉相连。肾动脉从腹主动脉分出后进入肾脏,逐渐变细分成为许多分支,称为入球小动脉。入球小动脉再分成许多毛细血管,形成肾小球。肾小球的包囊称为肾小囊,它有两层上皮细胞,内层(脏层)紧贴在毛细血管壁上,外层(壁层)与肾小管管壁相连;两层上皮之间的腔隙称为肾小囊囊腔,与肾小管管腔相通。

血浆中某些成分通过肾小球毛细血管网向囊腔滤出,滤出时必须通过肾小球毛细血管内皮细胞、基膜和肾小囊脏层上皮细胞,这三者构成滤过膜。

肾小管由近球小管、髓袢和远球小管 3 部分组成。髓袢由髓袢降支和髓袢升支组成,前者包括髓袢降支粗段和降支细段;后者是指髓袢升支细段和升支粗段。近球小管包括近曲小管和髓袢降支粗段。远球小管包括髓袢升支粗段和远曲小管。远曲小管末端与集合管相连。

2.4.1.2 集合管

集合管不包括在肾单位内,但在功能上和远球小管密切相关,在尿生成过程中,特别是在尿液浓缩过程中起着重要作用。每一集合管接受多条远曲小管运来的液体,许多集合管又汇入乳头管,最后形成的尿液经肾盏、肾盂、输尿管进入膀胱,由尿道排出体外。

2.4.2 尿液的生成

肾脏生成尿包括相互联系的两个过程,即肾小球的滤过作用和肾小管的重吸收、分泌、排泄作用。

2.4.2.1 肾小球的滤过作用

当血液流经肾小球毛细血管时,血液中的成分除血细胞和大分子的蛋白质(分子质量＞70 000 u)外,其余的物质都能透过肾小球的滤过膜而进入肾小囊囊腔,这种滤过液称为原尿。原尿里含有血浆中的各种小分子物质且含量与血浆中的这些物质的含量相近,如葡萄糖、钙、磷、钾、氯、尿素、尿酸等。

2.4.2.2 肾小管和集合管的重吸收、分泌、排泄作用

原尿生成后沿肾小管流入集合管,然后再汇入肾盂。在此过程中,原尿中的绝大部分水和有用物质,将全部或部分地被管壁上皮细胞重新吸收进入组织间液,然后重返血液。管壁上皮细胞对大多数营养素的重吸收是主动转运的过程,因而存在饱和

性。如果原尿中某种营养素的含量过高,超过了肾小管的重吸收功能,尿液中就会出现这种物质。如当血糖升高时,通过肾小球滤过到原尿中葡萄糖的含量增多,超过肾小管的重吸收功能时,尿中就会出现葡萄糖。肾脏对水的重吸收有两种情况:一种是伴随溶质的吸收而被吸收,因而是被动吸收,这种吸收与机体是否缺水无关;另一种是水的重吸收量随着体内水量的多少而转移,即当体内缺水时,水的重吸收量就增多;当体内不缺水时,水的重吸收量就减少。这样就可以调节体内的水量。

在重吸收的同时,管壁上皮细胞也向管腔分泌和排泄某些物质(如 H^+ 和 NH_3 等物质)。

经上述两个环节后,原尿成分发生改变而成为终尿。终尿只有原尿的 $1/150 \sim 1/100$,几乎没有葡萄糖。终尿贮存于膀胱,由尿道排出体外。

2.4.3　尿液的排放

排尿活动是一种反射活动,当膀胱中的尿量达到一定程度时,因膀胱壁受到牵拉,产生神经冲动,沿神经系统传入神经中枢,产生排尿的欲望而排尿。

? 思考题

1. 唾液有什么作用?
2. 胃在消化吸收过程中有哪些作用?
3. 小肠内的消化酶有哪些?
4. 胆汁在消化过程中有什么作用?
5. 简述蛋白质的消化吸收过程。
6. 简述脂肪的消化吸收过程。
7. 简述碳水化合物的消化吸收过程。
8. 结合蛋白质的体内代谢,叙述蛋白质的生理功能。
9. 为什么血糖升高可导致糖尿病?
10. 简述代谢终产物的排泄途径。

（本章编写人:何计国）

第 3 章
能量与宏量营养素

学习目的与要求

• 了解能量单位和能值,掌握人体能量消耗的构成,了解并熟悉能量消耗量的测定及估算方法,掌握能量不平衡对人体的影响、能量的合理膳食来源与构成及适宜摄入量。

• 了解碳水化合物的分类,熟悉膳食纤维、功能性多糖和功能性低聚糖的种类与功能,掌握碳水化合物的生理功能、适宜摄入量及膳食来源、血糖指数。

• 了解和掌握脂类中的脂肪、必需脂肪酸,多不饱和脂肪酸、磷脂以及胆固醇的生理功能及脂类营养价值的评价方法。

• 了解和掌握蛋白质、必需氨基酸以及具有特殊功效的氨基酸的生理功能、蛋白质营养价值的评价方法及其膳食营养素参考摄入量和食物来源。

3.1　能量

一切生物都需要能量来维持生命活动,人体为维持生命活动及从事各种体力活动,必须每天从各种食物中获得能量。体力活动需要能量,机体处于安静状态下也需要消耗能量来维持体内器官中每个细胞的正常生理活动和正常体温。如果人体摄入能量不足,机体会动用自身能量贮备甚至消耗自身组织以满足生命活动对能量的需要,若长期处于能量不足状态则可导致生长发育缓慢、消瘦、活力消失、甚至生命活动停止。反之,若能量摄入过剩,会以脂肪形式贮存于体内,长期能量摄入过剩会发生异常的脂肪堆积。因此,能量的供需平衡是营养学最基本的问题,能量问题贯穿于人体营养的始终。国际上以焦耳(Joule,简称 J)为单位表示能量,1 J 相当于 1 N 的力使 1 kg 的物体移动 1 m 所消耗的能量。以往营养学上常用 ca 或 kcal 作为能量单位(1 cal = 4.184 J)。

3.1.1　能量的来源及能值

人体所需能量主要来源于食物中三大宏量产能物质:糖类、脂肪、蛋白质。每克糖类、脂肪、蛋白质在体内氧化产生的能量值也称为能量系数。食物中的每克糖类、脂肪和蛋白质在体外充分氧化燃烧可分别产生 17.15 kJ(4.10 kcal)、39.54 kJ(9.45 kcal)和 23.64 kJ(5.65 kcal)的能量,但三大物质在体内不能完全消化吸收,一般其消化率分别为 98%、95% 和 92%,吸收后的碳水化合物和脂肪在体内可完全氧化为 H_2O 和 CO_2,其终产物及产热量与体外相同,但蛋白质在体内不能完全氧化,其终产物除 H_2O 和 CO_2 外,还有尿素、尿酸、肌酐等含氮物质通过尿液排到体外,若把 1 g 蛋白质在体内产生的这些含氮物在体外测热器中继续氧化还可产生 5.44 kJ 的热量。因此,这 3 种产能营养素的生理有效能量值(或称净能量系数)分别为碳水化合物 16.8 kJ(4 kcal)、脂肪 37.56 kJ(9 kcal)、蛋白质 16.74 kJ(4 kcal)。除此之外,酒中的乙醇也能提供较高的热能,每克乙醇在体内可产热能 29.29 kJ(7 kcal)。

3.1.2　人体能量消耗的构成

人体能量需要与消耗是一致的。机体的能量消耗主要由基础代谢、体力活动、食物的热效应和生长发育 4 方面构成。其中,正常成人能量消耗主要用于维持基础代谢、体力活动和食物的热效应的需要,而孕妇、乳母、婴幼儿、儿童、青少年和刚病愈的机体还包括生长发育的能量消耗。

3.1.2.1　基础代谢

基础代谢(basal metabolism,BM)是维持人体最基本生命活动所必需的能量消耗,占人体总能量消耗的 60%～70%。它是指人体在清醒、空腹(饭后 12～14 h)、安静而舒适的环境中(室温为 20～25℃),无任何体力活动和紧张的思维活动、全身肌肉松弛、消化系统处于静止状态下的能量消耗,即指人体用于维持体温、心跳、呼吸、各器官组织和细胞功能等最基本的生命活动的能量消耗。基础代谢的能量消耗可根据体表面积或体重和基础代谢率来计算。

1. 基础代谢率

基础代谢率(basal metabolic rate,BMR)是指单位时间内人体基础代谢所消耗的能量,单位为 $kJ/(m^2 \cdot h)$、$kJ/(kg \cdot h)$ 或 MJ/d。基础代谢与体表面积密切相关,体表面积又与身高、体质量有密切关系,根据体表面积或体质量可以推算出人体一天基础代谢的能量消耗(表 3-1、表 3-2)。

2. 影响基础代谢率的因素

(1)体型与机体构成　相同体质量者,瘦高体型的人体表面积大,其基础代谢率高于矮胖者;人体瘦体组织消耗的热能占基础代谢的 70%～80%,这些组织包括肌肉、心、脑、肝、肾等,所以瘦体质量大、肌肉发达者,基础代谢水平高。

(2)年龄及生理状态　生长期的婴幼儿基础代谢率高,随年龄增长,基础代谢率就会下降,一般成人低于儿童,老年人低于成年人;孕妇因合成新组织,基础代谢率增高。

(3)性别　女性瘦体质量所占比例低于男性,脂肪的比例高于男性,因而同龄女性基础代谢率低于男性 5%～10%。

(4)激素　体内许多腺体所分泌的激素,对细胞的代谢及调节具有较大的影响,如甲状腺素可使细胞内的氧化过程加快,当甲状腺功能亢进时,基础代谢就会明显增高。

(5)季节与劳动强度　基础代谢率在不同季节和不同劳动强度的人群中存在一定差别:一般在寒季基础代谢高于暑季;劳动强度高者高于劳动强度低者。

表 3-1 人体基础代谢率

年龄/岁	男		女		年龄/岁	男		女	
	kJ/(m²·h)	kcal/(m²·h)	kJ/(m²·h)	kcal/(m²·h)		kJ/(m²·h)	kcal/(m²·h)	kJ/(m²·h)	kcal/(m²·h)
1	221.8	53.0	221.8	53.0	30	154.0	36.8	146.9	35.1
3	214.6	51.3	214.2	51.2	35	152.7	36.5	146.9	35.0
5	206.3	49.3	202.5	48.4	40	151.9	36.3	146.0	34.9
7	197.9	47.3	200.0	45.4	45	151.5	36.2	144.3	34.5
9	189.1	45.2	179.3	42.8	50	149.3	35.8	139.7	33.9
11	179.9	43.0	175.7	42.0	55	148.1	35.4	139.3	33.3
13	177.0	42.3	168.5	40.3	60	146.0	34.9	136.8	32.7
15	174.9	41.8	158.8	37.9	65	143.9	34.4	134.7	32.2
17	170.7	40.8	151.9	36.3	70	141.4	33.8	132.6	31.7
19	164.4	39.2	148.5	35.5	75	138.9	33.2	131.0	31.3
20	161.5	38.6	147.7	35.3	80	138.1	33.0	129.3	30.9
25	156.9	37.5	147.7	35.2					

资料来源:何志谦.人类营养学.3 版.北京:人民卫生出版社,2008

表 3-2 按体质量计算基础代谢率的公式

性别	年龄/岁	基础代谢率/(kcal/d)	r	SD	基础代谢率/(MJ/d)	r	SD
男	0~3	60.9m−54	0.97	53	0.255m−0.226	0.97	0.222
	3~10	22.7m+495	0.86	62	0.094 9m+2.07	0.86	0.259
	10~18	17.5m+651	0.90	100	0.073 2m+2.72	0.90	0.418
	18~30	15.3m+679	0.65	151	0.064 0m+2.84	0.65	0.632
	30~60	11.6m+879	0.60	164	0.485m+3.67	0.60	0.686
	60~	13.5m+487	0.79	148	0.056 5m+2.04	0.79	0.619
女	0~3	61.0m−51	0.97	61	0.255m−0.214	0.97	0.225
	3~10	22.5m+499	0.85	63	0.094 1m+2.09	0.85	0.264
	10~18	12.2m+746	0.75	117	0.051 0m+3.12	0.75	0.489
	18~30	14.7m+496	0.72	121	0.061 5m+2.08	0.72	0.506
	30~60	8.7m+829	0.70	108	0.036 4m+3.47	0.70	0.452
	60~	10.5m+596	0.74	108	0.043 9m+2.49	0.74	0.452

注:r 为相关系数;SD 为基础代谢率实测值与计算值之间差别的标准差;m 为 kg(体质量)。

资料来源:中国营养学会.中国居民膳食营养素参考摄入量.北京:中国轻工业出版社,2000

3.1.2.2 体力活动的能量消耗

体力活动的能量消耗是构成人体总能量消耗的重要部分,其占总能量消耗的 15%～30%。人体能量需要量的不同主要体现在体力活动的差别。人体从事各种活动消耗的能量,主要取决于体力活动的强度和持续时间。体力活动一般包括职业活动、社会活动、家务活动和休闲活动等,因职业不同造成的能量消耗差别最大。中国营养学会专家委员会(2001 年)将中国人群的劳动强度分为 3 种,即轻、中、重(表 3-3),根据不同级的体力活动水平(physical activity level,PAL)值可推算出能量消耗(附录 2)。

3.1.2.3 食物的热效应

食物的热效应(thermic effect of food,TEF)也称食物的特殊动力作用(specific dynamic action,

SDA),指人体摄食过程而引起的额外能量消耗,即摄食后营养素一系列消化、吸收、合成、代谢转化过程中的能量消耗。不同营养素的热效应不同,蛋白质的食物热效应最大,相当于本身产热能的 20%～30%,碳水化合物为 5%～10%,脂肪为 0～5%。成人食用普通混合膳食,每天食物的热效应约为 627.6 kJ(150 kcal),相当于基础代谢的 10%。

3.1.2.4　生长发育

正在生长发育的机体还要额外消耗能量维持机体的生长发育。婴幼儿、儿童、青少年生长发育所需的能量主要用于形成新的组织及新组织的新陈代谢,3～6 个月的婴儿每天有 15%～23% 的能量贮存于机体建立的新组织。婴儿每增加 1 g 体重约需要 20.9 kJ(5 kcal)能量。孕妇的生长发育能量消耗主要用于子宫、乳房、胎盘、胎儿的生长发育及体脂储备,乳母的能量消耗除自身的需要外,也用于乳汁合成与分泌。

表 3-3　中国成人活动水平分级

活动水平	职业工作时间分配	工作内容举例	体力活动水平	
			男	女
轻	75% 的时间坐或站立 25% 的时间站着活动	办公室工作、修理电器钟表、售货员、酒店服务员、化学实验操作、讲课等	1.55	1.56
中	25% 的时间坐或站立 75% 的时间特殊职业活动	学生日常活动、机动车驾驶、电工安装、车床操作、金工切割等	1.78	1.64
重	40% 的时间坐或站立 60% 的时间特殊职业活动	非机械化农业劳动、炼钢、舞蹈、体育运动、装卸、采矿等	2.10	1.82

注:体力活动水平,即 24 h 总能量消耗量除以 24 h 基础代谢。
资料来源:中国营养学会.中国居民膳食营养素参考摄入量.北京:中国轻工业出版社,2000

3.1.3　人体能量消耗的测定方法与估算

能量消耗的测定方法有气体代谢法、双标记水法、活动时间计算法、要因计算法、心率监测法等。

3.1.3.1　气体代谢法

呼吸气体分析法是常用的直接测热法,被测对象在一个密闭的气流循环装置内进行特定活动,通过测定装置内的氧气和二氧化碳浓度变化,得到氧气的消耗量,并可求出呼吸商(respiratory quotient,RQ),按每升氧气产热可计算出热量消耗量,又称 Douglas 袋法。

3.1.3.2　双标记水法

双标记水法(double labeled water,DLW)是让受试者喝入定量的双标记水,在一定时间内(8～15 d)连续收集尿样,通过测定尿样中稳定的双标记同位素及消失率,计算能量消耗量。适用于任何人群和个体的测定,无毒无损伤,但费用高,需要高灵敏度、准确度的同位素质谱仪及专业技术人员。近年来,它主要用于测定个体不同体力活动水平的能量消耗值。

3.1.3.3　心率监测法

用心率监测器和 Douglas 袋法同时测量各种活动的心率和能量消耗量,推算出心率-能量消耗的多元回归方程,通过连续一段时间(3～7 d)监测实际生活中的心率,可参照回归方程推算受试者每天能量消耗的平均值。此法可消除一些因素对受试验者的干扰,但心率易受环境和心理的影响,目前仅限于实验室应用。

3.1.3.4　活动时间记录法

此法是了解能量消耗最常用的方法。它是通过详细记录每人一天各种活动的持续时间,然后按每种活动的能量消耗率计算全天的能量消耗量。各种活动的能量消耗率可以采取他人的测定结果或用直接测定法测定。此法优点是可以利用已有的测定资料,不需昂贵的仪器和较高的分析技术手段,但影响测定结果的因素较多,职业外活动记录难以准确,会导致结果有偏差。

3.1.3.5　要因加算法

要因加算法是将某一年龄和不同人群组的能量消耗结合他们的基础代谢率来估算其总能量消耗

量,即应用基础代谢率乘以体力活动水平来计算人体能量消耗量或需要量。能量消耗量或需要量＝基础代谢率×体力活动水平。此法通常适用于人群而不适于个体,可以避免活动时间记录法工作量大且繁杂甚至难以进行的缺陷。基础代谢率可以由直接测量推论的公式计算或参考引用被证实的本地区基础代谢率资料,体力活动水平可以通过活动记录法或心率监测法等获得。根据一天的各项活动可推算出综合能量指数(IEI),从而推算出一天的总能量需要量。推算出全天的体力活动水平可进一步简化全天能量消耗量的计算(表3-3、表3-4)。

表 3-4   中体力劳动男子的能量需要量

活动类别	时间/h	能量/kcal	能量/kJ
卧床 1.0×基础代谢率	8	520	2 170
职业活动 1.7×基础代谢率	7	1 230	5 150
随意活动:			
社交及家务 3.0×基础代谢率	2	390	1 630
维持心血管和肌肉状况,中度活动不计	—	—	—
休闲时间有能量需要 4.0×基础代谢率	7	640	2 680
总计:1.78×基础代谢率	24	2 780	11 630

注:25 岁,体质量为 58 kg,身高为 1.6 m,体质指数为 22.4,估算基础代谢率为 273 kJ(65 kcal)/h
资料来源:FAO,WHO,UNU. Energy and Protein Requirements,1985

3.1.4   能量摄入的调节

人体具有非常灵敏的生物机制保持对能量平衡(体重)的调节,它主要是通过调节能量摄入与消耗维持能量平衡。机体能量的特异调节机制在生化、内分泌、生理、神经和行为水平上相互作用、错综复杂,在功能上相互依赖。这种调节机制正逐渐被了解和认识。

在食物充足的情况下,正常成人可自动调节并能有效地从食物中摄取到自身消耗所需的能量。如果受客观条件及主观因素的影响,造成能量摄取量长期低于或高于消耗量,人体会处于能量失衡状态,首先反映到体重的变化,进而发展到影响健康。维持能量平衡和理想体重是人体处于良好营养状态的前提。

3.1.4.1   能量摄入的调节过程及其影响因素

1. 能量摄入调节的过程

摄食和急需食物的信息通过神经、胃肠道、循环系统、代谢性和营养素贮存的信号传入大脑,由视觉、嗅觉和食物味道产生的体觉信号通过自主神经系统传入大脑,启动进食;当食物进入,肠壁上的化学感受器和机械感受器及它们的传入神经将信号传递给大脑,提供最早的饱腹信号。胃肠道对食物的加工和进食的终止可能由激素启动,部分激素发挥神经肽的作用,主要包括胆囊收缩素、抑高血糖素、生长激素抑制素,作用于其在迷走神经的相应受体,向大脑提供感觉信息,进餐过程终止。

2. 影响食物摄取的生理因素

视觉、嗅觉和味觉等感觉刺激食欲,决定摄食开始,也影响摄食终止(感觉特异的饱足感,愉悦感觉消失)。胃容量影响胃排空、饱足感、食物摄取,胃排空调节能量摄入,营养素在胃肠饱足感机制中起作用,蛋白质、纤维延缓排空,脂肪比糖类更能延缓排空,但高脂膳食胃的排空率高于低脂膳食(与胆囊收缩素水平提高有关);肠壁上的化学感受器和机械感受器及它们的传入神经将信号传递给大脑,提供最早的饱腹信号。肝脏通过控制血浆葡萄糖、氨基酸和脂肪水平变化(肝脏信号)参与摄食调节。血液中的营养素及其代谢产物对摄食信号因子和饱食信号因子也能进行调控。饥饿控制的经典理论认为葡萄糖利用率是饥饿的关键信号,当血糖低于某一阈值时,会导致机体饥饿感和食欲增加,并激发摄食行为;高血糖水平又会产生饱腹信号,则摄食停止。脂肪酸及其代谢产物的水平对食物摄入具有负反馈的调节作用,当体内脂肪摄入增加时,过多的脂肪作为饱腹信号反馈作用于中枢神经系统,通过调节饱腹感,机体终止摄食。

若干化学信号作用于中枢神经和周围神经影响

食物摄取。抑制食欲和能量代谢的主要肽类信号因子包括瘦素（leptin，LP）、饱腹因子（cocaine and amphetamine regulated transcript，CART）、胆囊收缩素、铃蟾肽等。目前大多数研究认为，瘦素及其受体通过多种途径参与调解能量摄入与能量消耗。饱腹因子可明显抑制摄食行为，且与神经肽 Y 诱发的摄食现象呈剂量—反应关系。胆囊收缩素通过刺激胰腺分泌和胆囊收缩，促使胃排空并诱导饱腹感出现，还可抑制去甲肾上腺素的重复利用，促进降钙素释放，降低血胰岛素水平，发挥抑制摄食作用。铃蟾肽可促进胆囊收缩、胆道松弛和胆汁分泌；还可同肠道食糜共同刺激动物释放胆囊收缩素，发挥抑制摄食的作用。促进食欲和能量代谢的主要肽类信号因子有神经肽 Y（neuropeptide Y，NPY）、增食因子 A 和增食因子 B、脑肠肽、胰多肽等。神经肽 Y 是最重要的调节促进进食的神经肽，与其受体结合发挥促进食欲的作用。增食因子 A 和增食因子 B 具有促进摄食和调节能量代谢的作用，与瘦素和胰岛素之间存在相互制约和协调的关系。脑肠肽具有启动进食、促进食欲和脂类吸收等作用，还具有对抗瘦素的作用。胰多肽可选择性地提高碳水化合物的摄入。

激素与其靶细胞受体特异结合，将激素信号转化为细胞内一系列化学反应，最终表现出调节摄食和能量平衡的生物效应。甲状腺素（thyroxine，TH）可通过影响细胞核和线粒体内有关能量代谢的重要基因转录过程，调节基础代谢率。胰岛素与广泛存在的胰岛素受体结合，引起分解代谢亢进，降低摄食和体质质量。此外，皮质固醇、儿茶酚胺类、性激素、肾上腺皮质激素和生长激素等也参与摄食控制和体重调节作用。

解偶联蛋白（uncoupling protein，UCP）基因编码的 UCP1、UCP2、UCP3、UCP4、和 UCP5 等解偶联蛋白在结构和功能上相似，都通过产热消耗能量来调节机体的能量平衡；还可以通过减少活性氧的生成和对胰岛素分泌的负性调节作用发挥调节机体产热和能量代谢方面的重要作用。β_3 肾上腺素受体（β_3-adrenalin receptor，β_3AR）主要参与脂肪组织的产热、脂肪分解、提高机体代谢率，调节体脂恒定等过程。

3. 影响能量摄入的非生理和生物因素

进食环境和食物特性影响食物摄取，食物的可利用性（食物种类、数量）、易购买性、食品的包装和体积影响能量摄取，包装大比包装小的消费数量大，大份食物易鼓励过量进食。饮食习惯、食物信念和态度以及社会文化因素等影响着食物的摄取。食物的选择很大程度上也受与食物适宜程度相关的文化信念的影响，而不是受能量生物学需要的影响。人们可有意识地控制食物的摄取，增加他们认为对健康有益食物的消费。成年后，饮食常常受社会准则、文化准则，而不是受生理需要决定。人们经常在非生理状态下进食，这可能是人们能量摄取过度，体重增加的原因。

3.1.4.2　能量代谢失衡

1. 体质量（体重）的评价方法

常用评价体质量（体重）的方法来评价能量平衡，在营养调查中通常将体质量（体重）、皮褶厚度或测定脂肪与其他组织的相对构成来综合评价人体的胖瘦程度。常用体质指数（body mass index，BMI）评价体质量（体重），即 BMI ＝ 体质量（kg）/[身高（m）]^2（详见第 10 章营养与肥胖）。

2. 能量不足

如果能量长期摄入不足，人体就动用机体贮存的糖原及脂肪、蛋白质参与供热，造成人体蛋白质缺乏，出现蛋白质-热能营养不良（protein-energy malnutrition，PEM）。其主要临床表现为消瘦、贫血、神经衰弱、皮肤干燥、脉搏缓慢、工作能力下降、体温低、抵抗力低、儿童出现生长停止等。因贫困及不合理的喂养造成的儿童能量轻度缺乏的现象较为常见。

3. 能量过剩

能量长期摄入过多，会造成人体超重或肥胖，血糖升高，脂肪沉积，肝脂增加，肝功能下降。过度肥胖还造成肺功能下降，易引起组织缺氧和肥胖并发症的发病率增加。这些并发症主要有脂肪肝、糖尿病、高血压、胆结石症、心脑血管疾病及某些癌症。随着经济发展和生活水平的提高，能量摄入与体力活动的不平衡造成的饮食不良性肥胖已成为肥胖症及慢性病发病率增加的重要原因。控制饮食性肥胖的方法是控制饮食能量，增加体力活动量。

3.1.5　能量的参考摄入量及食物来源

3.1.5.1　能量的推荐摄入量

能量需要量是指维持机体正常生理功能所需要的能量，即能长时间保持良好的健康状况，具有良好的体型、机体构成和活动水平的个体达到能量平衡，并能胜任必要的经济和社会活动所必需的能量摄入。人体能量的需要量受年龄、性别、生理状态、劳动强度等多种因素的影响，对于孕妇、乳母、儿童等人群，还包括满足组织生长和分泌乳汁的能量需要。对于体重稳定的成人个体，能有效自我调节食量摄入满足自身需要，其能量需要量应等于消耗量。能量的推荐摄入量与各类营养素的推荐摄入量不同，它是以平均需要量（estimated average requirement, EAR）为基础，不增加安全量。各类健康人群的能量推荐摄入量参见《中国居民膳食营养素参考摄入量》（2013 版）中"中国居民膳食能量需要量（EER）"（附录 1）。

3.1.5.2 能量的食物来源与构成

能量来源于食物中的碳水化合物、脂肪和蛋白质，按照等能定律从能量供给上讲，3 种物质比例的变化并不影响能量的摄取，可以在一定程度上相互代替。1 g 碳水化合物＝0.45 g 脂肪＝1 g 蛋白质，因而在特殊情况下可以摄取一种或两种，这也是制造特殊食品的重要依据。不同营养素有其各自特殊的生理作用，长期摄取单一会造成营养不平衡，影响健康。一般条件下，碳水化合物是主要能量来源，其次是脂肪；蛋白质的主要作用不是供热。根据中国人的膳食特点和习惯，成人膳食碳水化合物供热应占总热能的 50%～65%，占脂肪的 20%～30%，占蛋白质的 10%～15%。

碳水化合物、脂类和蛋白质广泛存在于各类食物中。粮谷类和薯类含碳水化合物较多，它们是中国膳食热能的主要来源；油料作物中富含脂肪，大豆和硬果类含丰富的油脂和蛋白质，它们都是膳食热能辅助来源之一；蔬菜、水果含热能较少。动物性食品含较多的动物脂肪和蛋白质，也是膳食热能的重要构成部分。既保持植物性膳食结构特点，防止高热能高脂肪膳食的滥用，又满足机体对能量的需求，同时保持动植物食品的均衡适宜，这是合理营养与健康的关键。

3.2 碳水化合物

碳水化合物（carbohydrate）是人类能量最经济和最重要的来源，由碳水化合物提供的能量占总能量的 40%～80%。

随着营养学研究的深入，人们对碳水化合物生理功能的认识，已经从"提供能量"扩展到调节血糖、降低血脂、改善肠道细菌等更多的方面，对碳水化合物分类学及其与慢性病的关系也有了较多的研究成果，这些成果不断地丰富着人类对碳水化合物营养作用的认识和理解。

3.2.1 碳水化合物的分类

碳水化合物也称糖类，1998 年，联合国粮食及农业组织和世界卫生组织按照碳水化合物的聚合度（DP）将其分为糖、低聚糖和多糖 3 类（表 3-5）。

表 3-5　主要的膳食碳水化合物

聚合度分类	亚组	组成
糖（1～2）	单糖	葡萄糖、半乳糖、果糖
	双糖	蔗糖、乳糖、海藻糖
	糖醇	山梨醇、甘露醇
寡糖（3～9）	异麦芽低聚寡糖	麦芽糊精
	其他寡糖	棉籽糖、水苏四糖
多糖（≥10）	淀粉	直链淀粉、支链淀粉、变性淀粉
	非淀粉多糖	纤维素、半纤维素、果胶、亲水胶质物

资料来源：中国营养学会．中国居民膳食营养素参考摄入量．北京：中国轻工业出版社，2014

3.2.1.1 糖

1. 单糖

食物中的单糖（monosaccharide）主要有葡萄糖、半乳糖和果糖。葡萄糖（glucose）是机体吸收、利用最好的单糖，在天然食品中，葡萄糖很少以单糖的形式存在，通常与葡萄糖或其他单糖结合成二糖、寡糖和多糖，如蔗糖、淀粉等。半乳糖（galactose）是乳糖的重要组成成分，很少以单糖的形式存在于食品之中，半乳糖吸收后在肝脏内转变成肝糖，然后分解为葡萄糖被机体利用。果糖（fructose）多存在于水果中,蜂蜜中含量最高。果糖的代谢不受胰岛素的制约,因此,糖尿病人可食用果糖,但大量食用也可产生副作用;果糖的甜度很高,是常用糖类中最甜的物质。

2. 双糖

食物中常见的双糖（disaccharide）有蔗糖、乳糖和麦芽糖等。蔗糖（sucrose）是由一分子的葡萄糖和一分子的果糖结合后,失去一分子水形成的;蔗糖广泛分布于植物中,尤以甘蔗和甜菜中含量最高,是食品工业中最重要的甜味剂。乳糖（lactose）是哺乳动物乳汁的主要成分,人乳中乳糖的含量约为 7％,牛乳中约为 5％,乳糖作为婴儿食用的主要碳水化合物,能够保持肠道中最合适的菌群数量,并能促进钙的吸收,故常在婴儿食品中添加适量的乳糖。麦芽糖（maltose）是由两分子葡萄糖构成的,一般植物中含量很少;食品工业所用的麦芽糖主要是经淀粉酶水解得到的。

3. 糖醇

糖醇是单糖还原后的产物,如山梨醇、甘露醇等。工业上以羟化葡萄糖来制造山梨醇（sorbitol）,山梨醇在体内转变成果糖,对血糖的影响比葡萄糖小得多,可作为甜味剂用于糖尿病人的食品中。

3.2.1.2　寡糖

寡糖（oligosaccharide）又称低聚糖,是由 3～9 个单糖构成的一类小分子多糖。多数低聚糖不能或只能部分被吸收,但能被结肠益生菌利用,产生短链脂肪酸。许多低聚糖具有重要生理功能,如低聚果糖、异麦芽低聚糖、海藻糖、低聚木糖、豆类食品中的棉籽糖（raffinose）和水苏糖（stachyose）等,蔬菜、水果和豆类是功能性低聚糖的重要来源。

3.2.1.3　多糖

由 10 个分子以上的单糖组成的大分子糖称为多糖,包括淀粉和非淀粉多糖。营养学上起重要作用的多糖主要有 3 种:糖原、淀粉和纤维素。

1. 糖原

糖原（glycogen）也称动物性淀粉,是葡萄糖在动物及人体内贮存的主要形式。人体内的糖原约有 1/3 存在于肝,2/3 存在于肌肉中。肝中贮存的糖原可维持正常的血糖浓度,肌肉中的糖原可提供肌肉运动所需要的能量。

2. 淀粉

淀粉（starch）是由单一的葡萄糖分子组成的,根据其结构可分为直链淀粉（amylose）和支链淀粉（amylopectin）。直链淀粉易老化;支链淀粉易糊化,糊化后的淀粉消化吸收率显著提高。抗性淀粉（resistant starch）是人体小肠内不能消化吸收、在肠内被发酵的淀粉及其分解产物。

3. 非淀粉多糖

非淀粉多糖指淀粉以外的多糖,主要有纤维素、半纤维素、果胶等。它是膳食纤维的主要组成成分,非淀粉多糖中有许多是具有生理调节功能的多糖。

3.2.2　碳水化合物的生理功能

碳水化合物的生理功能主要是提供能量。随着人类对碳水化合物研究的不断深入,对其功能的认识也在逐步扩大。

3.2.2.1　提供和贮存能量

碳水化合物是人类最经济、最主要和最有效的能量来源,通常 50％ 以上的膳食能量由碳水化合物提供。碳水化合物在体内被消化后,主要以葡萄糖的形式吸收,人体所有组织细胞都含有能直接利用葡萄糖产热的酶类,葡萄糖最终的代谢产物为二氧化碳和水,每克葡萄糖可产热 16.7 kJ（4 kcal）。葡萄糖是人体各系统,特别是神经系统和心肌的最主要能量来源。大脑活动靠糖的有氧氧化供热,血糖的 2/3 被大脑消耗。肌肉和肝脏中的糖原是碳水化合物的贮能形式,能满足机体肌肉活动、红细胞、脑和神经组织对能量的需要。

3.2.2.2　构成机体的重要物质

碳水化合物是构成机体的重要物质,并参与细胞的多种活动。细胞中的碳水化合物主要以糖脂、糖蛋白和蛋白多糖的形式存在。它分布在细胞膜、细胞器膜、细胞质及细胞间基质中。糖和脂肪形成的糖脂是细胞膜和神经组织的重要成分,糖与蛋白质结合形成的糖蛋白是抗体、酶、激素、核酸等重要生理活性物质的组成部分。

3.2.2.3　节约蛋白质作用和抗生酮作用

机体需要的能量主要由碳水化合物提供,当膳食中碳水化合物供应不足时,机体就通过糖原异生作用产生葡萄糖,以满足机体对葡萄糖的需要。当摄入充足的碳水化合物时,可以节省体内蛋白质或其他代谢物的消耗,使氮在体内的储备增加,即具有节约蛋白质作用（protein sparing action）。

脂肪在体内的正常代谢需碳水化合物参与,其代谢产物乙酰基需与葡萄糖的代谢产物草酰乙酸结合进入三羧酸循环后才能彻底氧化。若糖类不足，脂肪氧化不完全会产生过的酮体（丙酮、乙酰乙酸等），导致酮血症和酮尿症，足量的糖类具有抗生酮作用。

3.2.2.4 血糖调节作用

碳水化合物的类型、含量和摄入总量是影响血糖的主要因素。不同类型的碳水化合物，即使摄入量相同，产生的血糖反应也不同。食物中消化较快的单糖、双糖、淀粉等糖类可以很快在小肠内吸收并升高血糖水平，一些糖醇、寡糖、抗性淀粉、膳食纤维等消化吸收较慢，在短时间内升高血糖的作用不显著。

3.2.2.5 其他功能

肝糖原充足可增强肝脏对某些有害物质如细菌毒素的解毒作用，糖原不足时机体对酒精、砷等有害物质的解毒作用减弱，葡萄糖醛酸直接参与肝脏解毒。非淀粉多糖类碳水化合物，如纤维素、果胶、抗性淀粉和功能性低聚糖等，不能在小肠消化吸收，但可刺激肠道蠕动，增加结肠发酵率，发酵产生的短链脂肪酸和肠道菌群，有助于正常消化和增加排便量，增强肠道功能。一些来自动物、植物及微生物的多糖具有特殊生物活性，如抗肿瘤、抗病毒、抗氧化等。

3.2.3 碳水化合物与血糖水平

3.2.3.1 食物血糖指数与血糖负荷

食物的血糖生成指数（glycemic index，GI）是反应食物类型和碳水化合物消化水平的一个参数，是衡量某种食物或膳食组成对血糖浓度影响的一个重要指标。一般定义为在一定时间内，人体食用含50 g有价值的碳水化合物的食物与相当量的葡萄糖后，2 h后体内血糖曲线下面积的百分比值为：

$$血糖生成指数 = \frac{试验餐后2\ h血浆葡萄糖糖曲线下的面积}{等量葡萄糖餐后2\ h血浆葡萄糖曲线下总面积} \times 100$$

相同量的碳水化合物，可产生不同的血糖反应和相应不同的血糖生成指数值（表3-6）。血糖生成指数值高（血糖生成指数＞75）的食物进入胃肠后，消化快、吸收完全，葡萄糖进入血液后峰值高，也就是血浆葡萄糖升的高；血糖生成指数值低（血糖生成指数＜55）的食物在胃肠停留时间长，释放缓慢，葡萄糖进入血液后峰值低，简单说就是血浆葡萄糖比较低。

当食物摄入量不同的时候，血糖负荷（glycemic load，GL）可用来评价某种食物摄入量对人体血糖影响的程度，血糖负荷＝摄入食物中碳水化合物重量×食物的血糖生成指数值/100。一般认为血糖负荷≥20的食物为高血糖负荷食物，血糖负荷为10～20的食物则是中血糖负荷食物，血糖负荷＜10的为低血糖负荷食物，血糖负荷≥20时，提示食用相应重量的该食物对血糖影响明显。

3.2.3.2 血糖生成指数与血糖负荷的应用

引起食物血糖生成指数（表3-6）改变的因素很多，如食物中碳水化合物的类型、结构、食物的化学成分和含量以及食物的物理状况和加工制作过程等。影响较大的因素，如淀粉的结构、颗粒大小及包裹淀粉的纤维状态，食物内膳食纤维的种类、数量以及食物中蛋白质种类与含量等。食物中的血糖生成指数的概念和数值不仅用于糖尿病人的膳食管理，而且被广泛应用于高血压病人和肥胖者的膳食管理、居民营养教育，甚至扩展到运动员的膳食管理、食欲研究等领域。血糖生成指数值仅反映糖类的"质"，血糖负荷反映出实际摄入糖类的"量"。血糖负荷与血糖生成指数结合使用可反映特定食品的一般摄入量中可利用碳水化合物的数量和质量，能同时定量控制膳食总能量和血糖反应，并为糖尿病的防治提供更科学、更合理的饮食治疗方法。

表3-6 部分食物的血糖生成指数

食物名称	血糖生成指数	食物名称	血糖生成指数	食物名称	血糖生成指数
馒头	88.1	玉米粉	68.0	葡萄	43.0
熟甘薯	76.7	玉米片	78.5	柚子	25.0
熟土豆	66.4	大麦粉	66.0	梨	36.0
面条	81.6	菠萝	66.0	苹果	36.0
大米	83.2	闲趣饼干	47.1	藕粉	32.6

续表 3-6

食物名称	血糖生成指数	食物名称	血糖生成指数	食物名称	血糖生成指数
烙饼	79.6	荞麦	54.0	鲜桃	28.0
苕粉	34.5	甘薯(生)	54.0	扁豆	38.0
南瓜	75.0	香蕉	52.0	绿豆	27.2
油条	74.9	猕猴桃	52.0	四季豆	27.0
荞麦面条	59.3	山药	51.0	面包	87.9
西瓜	72.0	酸奶	48.0	可乐	40.3
小米	71.0	牛奶	27.6	大豆	18.0
胡萝卜	71.0	柑	43.0	花生	14.0

资料来源:杨月欣,王光亚,潘兴昌. 中国食物成分表 2002. 北京:北京大学医学出版社,2002

3.2.4　膳食纤维与功能性多糖

3.2.4.1　膳食纤维

从生理学的角度来看,膳食纤维(dietary fiber)主要为不能被人体利用的多糖。膳食纤维里还有一类为木质素,它不是多糖类物质,但也不能被人类胃肠道中的消化酶所消化且不被人体吸收利用。这类多糖主要来源植物细胞壁的复合碳水化合物,也称非淀粉多糖,即非 α-葡聚糖的多糖。膳食纤维又可分为可溶性和不可溶性膳食纤维,两者之和为总膳食纤维。

非淀粉多糖是膳食纤维的主要成分,它包括纤维素、半纤维素、果胶及亲水胶体物质,如树胶及海藻多糖等。近年来,又将一些非细胞壁的化合物,如抗性淀粉(resistant starch)及抗性低聚糖、美拉德反应的产物以及来源动物的抗消化物甲壳素(氨基多糖)也包含在膳食纤维组成成分中。虽然这些物质在膳食中含量很低,但可能具有一定生理活性。

1. 膳食纤维的生理作用

(1)改善大肠功能　膳食纤维影响大肠功能的作用包括:缩短消化残渣在大肠的通过时间、增加粪便体积和重量及排便次数、稀释大肠内容物以及为正常存在于大肠内的菌群提供可发酵的底物。膳食纤维对粪便体积、重量和通过大肠时间长短的影响被公认为是对大肠功能的重要作用,这种对肠功能的作用起到了预防肠癌的效果。粪便量的增加以及膳食纤维在结肠的发酵作用,加速了肠内容物在结肠的转移和粪便排出,起到了预防便秘的效果。

(2)降低血浆胆固醇　人体和动物实验得到的一般结论为,大多数可溶性膳食纤维可降低人血浆胆固醇水平及动物血浆和肝的胆固醇水平。这类纤维包括果胶、欧车前(psyllium)、魔芋葡甘聚糖以及各种树胶。富含水溶性纤维的食物,如燕麦麸、大麦、荚豆类和蔬菜等。这些食物的膳食纤维摄入后,一般都可降低血浆总胆固醇(5%~10%),几乎一律都是降低低密度脂蛋白胆固醇,而高密度脂蛋白被降低得很少或不降低。

(3)改善血糖生成反应　膳食纤维可以延缓胃排空速率,延缓淀粉在小肠内的消化或减慢葡萄糖在小肠内的吸收。许多研究表明,摄入某些可溶性纤维可降低餐后血糖升高的幅度并提高胰岛素的敏感性,补充各种纤维使餐后血葡萄糖曲线变平的作用与纤维的黏度有关。

(4)膳食纤维的其他生理功能　除上所述外,膳食纤维还能增加胃部饱腹感,减少食物摄入量,预防肥胖症。膳食纤维可减少胆汁酸的再吸收,改变食物消化速度和消化道激素的分泌量,可预防胆结石,另外,还能防癌。

但许多实验结果也表明,各种纤维均能抑制消化碳水化合物、脂质和蛋白质的酶的活性,影响了食物在小肠内的消化吸收,引起腹部不适,增加肠道产气和蠕动。纯的膳食纤维可能降低某些维生素和矿物质的吸收率。因此,过多摄入膳食纤维对人体健康有一定的副作用。

2. 主要的膳食纤维及特性

(1)纤维素　纤维素(cellulose)是植物细胞壁的主要成分,是由数千个葡萄糖通过 β-D(1→4)葡苷键连接起来的直链淀粉。人体内的淀粉酶只能水解 α-1→4 糖苷键,纤维素不能被胃肠道消化酶所水解消化。纤维素具有亲水性且不溶于水的特性,在肠道内能吸收水分,可增加食物体积。

（2）半纤维素 半纤维素（hemicellulose）是由木糖、阿拉伯糖、半乳糖、葡萄糖醛酸和半乳糖醛酸等多种糖基组成一类多糖，是由五碳糖和六碳糖连接起来的支链淀粉，即多聚糖。半纤维素的分子量比纤维素小，在人的大肠内比纤维素易于被细菌分解。半纤维素中的某些成分是可溶的，在谷类中，可溶性的半纤维素称为戊聚糖，还有（1→3）和（1→4）β-D 葡萄糖苷键连接的葡聚糖，物理特性是可溶性纤维，其水溶性具有黏稠性，可以降低血清中胆固醇的水平。可溶性和不可溶性半纤维素在食物中均具有重要作用，如增大食物体积。在酸性溶液中，有些半纤维素能结合阳离子。

（3）果胶 果胶（pectin）是存在于水果和蔬菜中的一种多糖，主链糖基是半乳糖醛酸，侧链上是半乳糖和阿拉伯糖。它含有许多甲基化羧基的果胶酸，果胶酸被酯化后就可以形成胶，可在热溶液中溶解，在酸性溶液中，遇热成胶态。当其中有钙盐存在时，可以增加其凝胶性。

（4）树胶和黏胶 树胶（gum）和黏胶（mucilage）存在于海藻、植物渗出液和种子中，主要成分是由葡萄糖醛酸、半乳糖、阿拉伯糖和甘露糖组成一类多糖，可分散于水中，具有凝胶性、稳定性和乳化等性能，常被用于食品加工，使食品增稠，增加黏性。

（5）木质素 木质素（lignin）是苯基类丙烷的聚合物，不是多糖物质，具有复杂的三维结构。因木质素存于细胞壁中难以与纤维素分离（在膳食纤维的组成成分中也包括木质素），人和动物均不能消化木质素。

（6）抗性淀粉 抗性淀粉（resistant Starch）是在人的小肠内不被吸收的淀粉及其分解产物，包括改性淀粉和淀粉经过加热后又经冷却的淀粉。它们在小肠内不被吸收，但能被发酵。

3.2.4.2 功能性多糖

功能性多糖也称活性多糖，指具有调节人体生理功能的非淀粉多糖。功能性多糖有纯多糖、杂多糖之分。一般纯多糖由 10 个以上单糖通过糖苷键连接起来的纯多糖链；杂多糖也称复合多糖，除含多糖链外往往还含有肽链、脂类等。各种研究显示，功能性多糖具有多方面的生理功能。

1. 功能性多糖的生理功能

不同活性多糖具有不同的生理功能，或者在同一种生理功能调控方面所表现的生物活性不同。目前，活性多糖的生理功能主要有以下几个方面。

（1）调节免疫 多糖最为突出而普遍的功能就是其对机体免疫功能的加强。香菇多糖、细菌脂多糖、海藻多糖等可提高巨噬细胞的吞噬能力，诱导白细胞介素 1（IL-1）和肿瘤坏死因子（TNF）的生成；人参多糖、枸杞子多糖、灵芝多糖等可促进 T 细胞增殖，诱导其分泌白细胞介素 2（IL-2）；黄芪多糖、刺五加多糖、鼠伤寒菌内毒素多糖等可促进淋巴因子激活的杀伤细胞（LAK）活性；银耳多糖、褐藻多糖、苜蓿多糖等可提高 B 细胞活性，增加多种抗体的分泌，加强机体的体液免疫功能；酵母多糖、茯苓多糖、酸枣仁多糖等可通过不同途径激活补体系统。

（2）抗病毒 许多多糖对各种病毒，如艾滋病毒（HIV-1）、单纯疱疹病毒、巨细胞病毒、流感病毒等有抑制作用。多糖类可通过类似的免疫调节机制增强宿主免疫功能，以抵抗病原体的侵袭。当多糖类悬浮在体液中时，可引诱吸附病原体，阻止其与健康细胞结合，达到抗病毒的作用。硫酸化多糖能直接与 HIV-1 包膜上的糖蛋白 gp120 分子结合，从而对 gp120 起到"遮盖效应"，干扰 HIV-1 对 CD＋4 细胞株的吸附作用，消除了 HIV 引起的细胞病变。

（3）抗肿瘤 抗肿瘤多糖可分为两大类：第一类是具有细胞毒性的多糖直接杀死了肿瘤细胞，这类多糖有茯苓多糖、银耳多糖、香菇多糖等；第二类抗肿瘤活性多糖是作为生物免疫反应调节剂通过增强机体的免疫功能而间接抑制或杀死肿瘤细胞。如前所述，多糖不仅能激活 T 细胞、B 细胞、巨噬细胞等免疫细胞，还能促进白细胞介素、肿瘤坏死因子（TNF）和干扰素（IFN）等细胞因子的生成，调节抗体和补体，也就是常说的宿主介导抗肿瘤活性。

（4）降血糖、降血脂 研究表明，多种多糖具有降血糖、降血脂的功能，并被用于糖尿病及心血管疾病的预防及治疗研究。具有降血糖作用的多糖有桑多糖（Moran）、灵芝多糖（Ganoderan）、乌头多糖（Aconitan）、紫草多糖（Lithosperman），等等。此外，多种动物研究表明，肝素、硫酸软骨素 A（Choudroriin SulfateA）、果胶、海带多糖、褐藻多糖等可使血胆固醇降低，并能减少主动脉粥样斑块的形成及发展。

（5）其他功能 除了上述的生理功能外，多糖还具有多种生物活性，如抗凝血功能（肝素等）、抗炎作用（银杏多糖等）、抗溃疡（白及葡萄糖甘露聚糖组成的白及胶等）等。研究发现，某些多糖具有类似皮质激素和促皮质激素的作用，如自非致病菌——从光假孢杆菌（Pseudomonas Fluoresecens）菌体中提取的一种复合多糖——促皮质糖（TTG）以及沙氏菌多糖体（salgin）等。

2. 主要的功能性多糖

根据来源的不同，多糖也可分为植物多糖、动物多糖及微生物多糖（包括细菌多糖和真菌多糖）。目前，对香菇、灵芝、银耳、金针菇等真菌多糖，茶叶、人参、黄芪、魔芋、枸杞等植物多糖以及肝素和透明质酸等动物多糖的研究已取得一定的进展。

（1）灵芝多糖　灵芝多糖（*Ganoderma Lucidum polysaccharide*，GLP）存在于灵芝属真菌的菌丝体和子实体中，由 *L*-岩藻糖、*D*-半乳糖、*D*-甘露糖、*D*-木糖和 *β-D* 葡聚糖等组成。研究表明，灵芝多糖具有抗肿瘤作用，还能提高机体免疫力、消除机体内自由基、抗放射、提高肝脏解毒功能、利胆清热、活血化瘀。其中，抗肿瘤作用最具应用前景。

（2）虫草多糖　虫草多糖是虫草当中含量最高的活性成分。虫草多糖是一种高分支的杂多糖。单糖组成主要包括葡萄糖、甘露糖以及半乳糖等。大量的研究表明，虫草多糖不仅具有抗肿瘤、降糖、抗放射、抗肝纤维化作用，还能提高免疫功能及治疗肝的病毒性感染。虫草多糖能有效地治疗肝病，尤其是肝纤维化，它与公认具有较好效果的抗纤维化药物秋水碱疗效相似且安全。

（3）茶叶多糖　茶叶多糖全称为茶叶多糖复合物（tea polysaccharide complex，TPC）是一种酸性杂多糖。TPC 具有许多生理活性功能，能够提高机体免疫力、具有抗辐射、治疗心血管疾病及强烈抑制肿瘤的作用。同时，TPC 还有降血脂、抗凝血、抗血栓、提高冠状动脉血流量、耐缺氧及降血压等功能。此外，茶叶多糖在治疗糖尿病方面尤为突出，能有效阻止血糖升高。

（4）魔芋多糖　魔芋多糖又叫魔芋葡甘露聚糖（KGM）是从魔芋球茎中加工提取的中性杂多糖，由 *β-D-*葡萄糖和 *β-D-*甘露糖以一定摩尔比以 *β*-1,4-糖苷键结合构成。KGM 是一种优良的功能性食品和医药用品，具有亲水性、增稠性、成膜性、低热值等多种特性。据报道，KGM 能够能延缓葡萄糖的吸收，有效减轻因餐后血糖升高而导致的胰脏负担，使糖尿病患者的糖代谢处于良性循环。同时，KGM 还具有降血脂、整肠、减肥等功能。

（5）肝素　肝素（heparin）是一类糖胺聚糖，与蛋白结合大量存在于肝脏之中，其他器官和血液中也有。除了具有经典的抗凝血及其相关的抗血栓生成

以外，肝素还具有抗平滑肌细胞增殖、抗炎症、抗肿瘤及抗病毒等，并且这些生物活性同抗凝活性无关，而同肝素的特异结构密切相关。

（6）透明质酸　透明质酸（hyaluronic acid，HA）又名玻璃糖醛酸，是动物组织的填充物质，主要存在于眼球玻璃体、关节液和皮肤等组织中作为润滑剂和撞击缓冲剂，并有助于阻滞入侵的微生物及毒性物质的扩散。HA 除了具有很强的保湿、持水功能以及作为生物医学材料外，它还具有减轻关节炎、关节疼痛、调节关节功能的作用。

（7）海洋生物多糖　根据所来源的特殊环境，研究者将从海洋生物中分离、提取的多糖称为海洋生物多糖。海洋生物多糖种类繁多，许多大型海洋藻类、棘皮动物和贝类动物多糖都表现出明显的生理活性。

3.2.5　功能性低聚糖

功能性低聚糖的提出原是相对普通低聚糖而言的，是指不被肠道内消化酶所消化，可被肠道内细菌发酵分解，并具调节人体生理功能的低聚糖。

3.2.5.1　功能性低聚糖的生理功能

不同的功能性低聚糖的生理作用有所不同，总体说来，功能性低聚糖的生理作用可概括为以下几个方面。

1. 改善肠道功能、预防疾病

研究表明，摄取低聚糖可使双歧杆菌增殖，抑制有害细菌。双歧杆菌发酵低聚糖产生短链脂肪酸（醋酸、丙酸、丁酸、乳酸等）和一些抗生素物质，能抑制外源致病菌和肠内固有腐败菌的生长繁殖，而且双歧杆菌素（*bifidin*）能有效地抑制志贺氏菌、沙门氏菌、金黄色葡萄球菌、大肠杆菌和其他一些微生物。摄入低聚糖可有效地减少有毒发酵产物及有毒细菌酶的产生，减少了肠内有害细菌的数量，进而抑制病原菌和腹泻。大量的短链脂肪酸刺激肠道蠕动，增加粪便湿润度并保持一定的渗透压，从而防止便秘发生。由于摄取功能性低聚糖使人体肠道内菌群的平衡发生了改变，从而导致血清胆固醇水平降低，血清中低密度脂蛋白（LDL）的降低，高密度脂蛋白（HDL）的升高，这都有利于预防心脑血管疾病的发生。摄入低聚糖或双歧杆菌可减少有毒代谢产物的形成，减轻了肝脏分解毒素的负担，保护了肝脏。功能性低聚糖不能被口腔微生物，特别是突变链球菌利用，不能被口腔酶液分解，能防止龋齿的发生。

2．生成并改善营养素的吸收

双歧杆菌在肠道内能合成少量的维生素 B_1、维生素 B_2、维生素 B_6、维生素 B_{12}、烟酸和叶酸。双歧杆菌能发酵乳品中的乳糖使其转化为乳酸，从而解决了人们乳糖耐受性的问题，同时增加了水溶性可吸收钙的含量，使乳品更宜消化吸收。

3．热值低，不引起血糖升高

功能性低聚糖很难或不被人体消化吸收，所提供的能量值很低或根本没有，能满足喜爱甜品的糖尿病、肥胖病人、低血糖病及控制体重者的需要。

4．增强机体免疫力，防止癌变发生

大量动物实验表明，双歧杆菌在肠道内大量繁殖能够起抗癌作用。抗癌作用归功于双歧杆菌的细胞、细胞壁成分和细胞外分泌物，使机体的免疫力提高。免疫调节功能试验证明摄取低聚糖能明显提高抗体的细胞数和活性。

3.2.5.2 主要的功能性低聚糖

目前，已发现或能够获得的功能性低聚糖有很多种，如低聚果糖、低聚木糖、低聚半乳糖、低聚乳果糖、低聚异麦芽糖、大豆低聚糖、低聚龙胆糖、帕拉金糖和乳酮糖等。

1．低聚果糖

低聚果糖（fructooligosaccharide）又称果糖低聚糖或寡果糖，是在蔗糖分子的果糖残基上结合 1～3 个果糖的寡糖，其黏度、保湿性及在中性条件下的热稳定性等接近于蔗糖，水贮留特性稍强于蔗糖，低pH稳定，耐热。低聚果糖存在于日常食用的蔬菜、水果中，如牛蒡、洋葱、大蒜、芦笋和香蕉等，小麦、大麦、黑小麦、蜂蜜、番茄等也含有一定量。由于吸收较差，食用后可能发生胃肠胀气。

2．低聚半乳糖

低聚半乳糖（galactooligosaccharide）是在乳糖分子的半乳糖一侧连接 1～4 个半乳糖，属于葡萄糖和半乳糖组成的杂低聚糖。低聚半乳糖对热、酸有较好的稳定性，有很好的双歧杆菌增殖活性。

3．低聚乳果糖

低聚乳果糖（lactosucrose）是以乳糖和蔗糖（1∶1）为原料，在节杆菌（Arthrobacter）产生的 β-呋喃果糖苷酶催化作用下，将蔗糖分解产生的果糖基转移至乳糖还原性末端的 C_1—OH 上，生成半乳糖基蔗糖即低聚乳果糖。甜味特性接近于蔗糖，甜度约为蔗糖的 70％。其双歧杆菌增殖活性高于低聚半

乳糖、低聚异麦芽糖。

4．低聚异麦芽糖

低聚异麦芽糖（isomaltooligosaccharide）又称分枝低聚糖（branching oliogosaccharide），是指葡萄糖以 α-1,6-糖苷键结合而成的单糖数 2～5 个一类低聚糖，有异麦芽三糖、四糖、五糖等，随聚合度增加，其甜度会逐渐降低甚至消失。低聚异麦芽糖有良好的保湿性，能抑制食品中淀粉回生、老化和析出。在自然界极少以游离状态存在，而主要作为支链淀粉、右旋糖和多糖等的组成成分。

5．大豆低聚糖

典型的大豆低聚糖（soybean oligosaccharide）是从大豆子粒中提取的可溶性低聚糖的合称，主要成分为水苏糖（stachyose）、棉籽糖（raffinose）和蔗糖。水苏糖和棉籽糖都是由半乳糖、葡萄糖和果糖组成的支链杂低聚糖，是在蔗糖的葡萄糖基一侧以 α-1,6-糖苷键连接 1 个或 2 个半乳糖而成。其甜味特性接近蔗糖，甜度约为蔗糖的 70％，能量值为蔗糖的 1/2。大豆低聚糖广泛存在于各种植物中，以豆科植物含量居多。除大豆外，豇豆、扁豆、豌豆、绿豆和花生中均有存在。

6．其他功能性低聚糖

其他功能性低聚糖还有如异麦芽酮糖（Isomaltulose）、低聚木糖（xylooligosaccharide）等。异麦芽酮糖又称帕拉金糖（Palatinose），化学名：6-O-α-D-吡喃葡糖基-D-果糖，甜味特性接近蔗糖，甜度是蔗糖的 42％，大多数细菌和酵母菌不能发酵利用异麦芽酮糖，具有特殊的生理活性及很低的致龋齿性。低聚木糖是由 2～7 个木糖以 β-(1→4) 糖苷键结合而成的低聚糖。工业上一般以富含木聚糖的玉米芯、蔗渣、棉籽壳和麸皮等为原料，通过木聚糖酶水解分离精制而得，甜度约为蔗糖的 40％，耐热、耐酸；在人体内难以消化，具有极好的双歧杆菌增殖活性。

3.2.6 碳水化合物参考摄入量与食物来源

3.2.6.1 膳食参考摄入量

由于体内有些营养素可转变为碳水化合物，其适宜的需要量尚难确定。如果膳食中的碳水化合物过少，可造成膳食蛋白质的浪费，组织蛋白质和脂肪分解增强等；若其比例过高，则会引起蛋白质和脂肪摄入的减少，也对机体造成不良后果。近年来，许多国家基于能量平衡和适宜比例及对健康影响，修订碳水化合物参考摄入量为膳食所提供能量的

45％～70％。

我国以满足体内糖原消耗和脑组织需要为目标制定了各类人群的膳食中碳水化合物平均需要量（附录1），并参考许多国外组织修订的参考摄入量，结合我国城市、农村膳食调查数据，考虑其与膳食相关疾病关系，制定了我国膳食碳水化合物摄入量可接受范围为占膳食所提供能量的50％～65％（除1岁以下的婴儿外）（附录1）。其中，这些碳水化合物应包括淀粉、非淀粉多糖和低聚糖等。我们除了参考这些碳水化合物的摄入量外，还应限制纯热能食物，如糖的摄入，提倡摄入含营养素多的多糖食物，以保证人体对能量和营养素的双重需要。

3.2.6.2 主要食物来源

膳食中碳水化合物主要是淀粉类多糖，多存在于植物性食品中。重要的食物来源是粮谷类（60％～80％）、薯类（15％～29％）、豆类（40％～60％），水果中的坚果类（栗子等）含淀粉较高，一般蔬菜、水果除含有一定量的单糖、双糖外，还含有纤维素和果胶。常见的食物碳水化合物含量见表3-7。

食用糖或纯糖制品被摄取后迅速吸收，但其营养密度较低，且易于以脂肪形式贮存，一般认为摄入量不宜过多，占热能10％以下。而粮谷类、薯类、根茎类除含淀粉外还含蛋白质、维生素、矿物质和较多的食物纤维，这些都是碳水化合物良好的食物来源。

表 3-7　常见的食物碳水化合物含量(以 100 g 可食部计)   g

食物名称	含量	食物名称	含量	食物名称	含量
白砂糖	99.9	莜麦面	67.8	柿	17.1
冰糖	99.3	玉米	66.7	苹果	12.3
红糖	96.6	方便面	60.9	辣椒	11.0
藕粉	93.0	绿豆	55.6	桃	10.9
豌豆粉丝	91.7	小豆	55.7	番茄	3.5
麻香糕	88.7	南瓜粉	79.5	牛乳	3.4
粉条	84.2	马铃薯	16.5	芹菜	3.3
稻米(平均)	77.3	木耳	35.7	带鱼	3.1
挂面(标准粉)	74.4	鲜枣	28.6	白菜	3.1
小米	73.5	香蕉	20.8	鲜贝	2.5
小麦粉(标粉)	71.5	黄豆	18.6		

资料来源：杨月欣，王光亚，潘兴昌. 中国食物成分表 2002. 北京：北京大学医学出版社，2002

3.2.6.3 膳食纤维的适宜摄入量与食物来源

（1）膳食纤维的适宜摄入量（AI）　许多国家根据肠道健康需要制定膳食纤维建议值，除日本和英国外，多数国家膳食纤维的建议量为25～35 g/d。目前，我国制定的膳食纤维的适宜摄入量为25～30 g/d（附录1）。

（2）主要食物来源　膳食纤维主要来源于谷、薯、豆类及蔬菜、水果等植物性食品中，植物的成熟度越高，其纤维含量也就越多；谷类加工越精细则所含的纤维越少。我国居民自古以来以植物性膳食结构为主，膳食纤维摄入量较多，对预防一些慢性病的发生有一定作用。我国一些代表性的食物中不可溶性膳食纤维（IDF）的含量在 2002 年版的《中国食物成分表》中可查到，引用建议的折算系数可计算出总膳食纤维的参考性数据。

3.3　脂类

脂类是脂肪和类脂的统称。脂肪是甘油和各种脂肪酸所形成的甘油三酯的混合物，它是人体重要的产热营养素，也是体内主要的储能物质，脂肪中还含有必需脂肪酸。类脂则是一类在某些理化性质上与脂肪类似的物质，其包括磷脂、胆固醇、脂蛋白等。它们是构成细胞膜、血液以及合成人体类固醇激素

的原料。

脂肪产热较高,饮食中摄入过多,会造成热能过多而引起肥胖,从而易引发高血脂、高血压、动脉硬化、糖尿病等代谢疾病,同时也会提高肠癌和乳腺癌的发病率,摄入脂肪酸、胆固醇、磷脂的种类和含量与人体健康关系密切。因此,合理的脂类营养对于预防疾病,保护健康都具有重要的指导意义。

3.3.1 脂类的生理功能

3.3.1.1 脂肪的生理功能

1. 供给和贮存能量

由于脂类本身特殊的化学构成,每克脂肪在体内氧化燃烧可产生 37.6 kJ(9 kcal)的能量,相当于碳水化合物和蛋白质的 2 倍多。所释放出的热量高于蛋白质和碳水化合物,而且过量摄入的各种产热营养素最终都转换为脂肪贮存在体内。据研究表明,处于安静、空腹状态的成年人,其能量消耗 60% 来自体内脂肪。因此,体内贮存的脂肪是人体的"能源库",特别是皮下的脂肪组织,当机体需要能量时,可参加脂肪氧化并为机体提供热能。但机体不能利用脂肪酸分解的含 2 碳的化合物合成葡萄糖,因此,脂肪不能给脑和神经细胞以及血细胞提供能量,人在饥饿时就必须以消耗肌肉组织中的蛋白质和糖来满足机体能量需要,这也是不提倡"节食减肥"的原因。

2. 构成机体组织

脂肪是人体体重的重要组成部分。正常人体按体重计算脂类占 14%~19%,肥胖人群约含 32%,其绝大多数是以甘油三酯的形式存在于脂肪组织内,成为蓄积脂肪(store fat)。这类脂肪是体内过剩能量的一种贮存方式,当机体需要时可用于机体代谢而释放能量。它受营养状况和机体活动的影响而增减,变动较大,因此,又称之为可变脂肪或动脂(variable fat),多分布于腹腔、皮下、内脏和肌肉纤维之间。

按生物学作用的不同,脂肪组织又可分为白色脂肪组织(white adipose tissue,WAT)和棕色脂肪组织(brown adipose tissue,BAT)。白色脂肪细胞胞浆 90% 以上的空间被一个由甘油三酯组成的单房大油滴所占据,细胞核和少量的线粒体被挤压到细胞周边。白色脂肪细胞的主要作用是存储能量,同时还能够作为内分泌器官分泌的一系列脂肪因子来调节其他组织和器官的代谢。相对于白色脂肪细胞,棕色脂肪细胞中含有由甘油三酯组成的多房小油滴且数目众多,结构正常的线粒体以及丰富的毛细血管

和神经纤维。尽管在棕色脂肪组织中同样存在着大量的甘油三酯,但其主要功能是以产热的方式来消耗能量,在机体的体温平衡调节中起着非常重要的作用。它能够使线粒体氧化呼吸链的氧化磷酸化解偶联,抑制三磷酸腺苷(adenosine triphosphate,ATP)的合成,从而使能量以热能的形式释放出来。棕色脂肪中特有的解偶联蛋白酶 1(uncoupling protein 1,UCP1)是其发挥产热功能的关键蛋白。

人体代谢过程中的能量产生于线粒体,其主要通过在线粒体内膜两侧形成质子浓度梯度来存储氧化还原反应过程中所产生的能量,并用来合成三磷酸腺苷以供机体使用。解偶联蛋白酶 1 蛋白是一种存在于线粒体内膜的跨膜载体蛋白,能够消除线粒体内膜两侧的质子浓度梯度,使氧化磷酸化解偶联,解偶联蛋白酶 1 蛋白激活会导致氧化还原反应过程中产生的能量不能用来合成三磷酸腺苷,而是以热能的形式释放。除了解偶联蛋白酶 1 基因外,Ⅱ型脱碘酶(DIO2)、跨膜糖蛋白(Elovl3)、过氧化物酶体增殖激活受体 α(PPARα)、PPARγ 受体共激活蛋白-1(PGC-1)、叉头框 C2(FOXC2)以及多种与线粒体合成和功能相关的转录因子在 2 种脂肪组织中均存在显著性差异。

在现代社会中,包括脂肪在内的过量产热营养素的摄入易导致人体能量摄入高于能量消耗,剩余的能量以白色脂肪的形式过度积累在体内,这是造成肥胖发病率显著提升的重要原因。而大量研究表明,肥胖是引起一系列疾病,如糖尿病、心血管疾病、堵塞性睡眠综合征、哮喘、非酒精性脂肪肝和骨关节炎等的危险因素。因此,减少脂肪和能量的过量摄入,增加运动激活棕色脂肪组织,或者将白色脂肪细胞转化为棕色脂肪细胞,都是保持健康体重的积极措施。

3. 保护机体,滋润肌肤

机体内所含的脂肪称体脂,体脂是热的不良导体,能起隔热作用,对维持机体的正常体温有重要作用。同时,体脂在各器官周围像软垫一样,有缓冲机械冲击的作用,对各种内脏器官及组织、关节起到保护和固定作用。体脂在皮下适量贮存,可滋润皮肤,增加皮肤弹性,延缓皮肤衰老。

4. 脂肪与脂溶性维生素共同存在,并可促进脂溶性维生素消化吸收

在许多动植物油脂中含有脂溶性维生素,例如,麦胚油、玉米油含有较多的维生素 E,蛋黄油中含有

较多的维生素 A 和维生素 D 等。此外,脂类在消化道内可刺激胆汁分泌,从而促进了脂溶性维生素的消化吸收。因此,每日膳食中适宜的脂肪摄入可避免脂溶性维生素的吸收障碍。当饮食中缺乏脂肪时,体内的脂溶性维生素也会缺乏,常表现为眼干,机体组织上皮干燥、角质化、增生等症状。

5. 改善食物风味,刺激人的食欲

脂肪能赋予食物特殊的风味,改善食物的色、香、味等感官质量,并可激发人的食欲;且含油脂较多的食物在进入十二指肠后,可刺激机体产生肠抑胃素(enterogastrone),使肠道蠕动速度延缓,从而延迟了胃排空时间,故可给人以饱腹感。

6. 调节脂肪的内分泌

脂肪组织可以分泌许多激素和细胞因子,如瘦素(leptin)、脂联素(adiponectin)、抵抗素(resistin)、人内脂素(visfatin)、肿瘤坏死因子(TNF-α)、单核细胞趋化蛋白-1(MCP-1)等。这些激素和细胞因子在食欲、能量代谢、免疫以及神经内分泌调节过程中起到了重要的作用。

3.3.1.2 必需脂肪酸的生理功能和缺乏症

必需脂肪酸是指不能被机体合成,但又是人体生命活动所必需的,必须依赖食物供给的不饱和脂肪酸。

目前,被确认的人体必需脂肪酸是亚油酸(n-6)(linolic acid)和 α-亚麻酸(n-3)(linolenic acid)。而事实上,花生四烯酸(arachidonic acid)、二十碳五烯酸(DHA)、二十二碳六烯酸(EPA)等都是人体不可缺少的脂肪酸,但人体可以利用亚油酸和 α-亚麻酸来合成这些脂肪酸,然而,由于在合成过程中存在竞争和抑制作用,使它们在体内合成速度较慢,合成量远不能满足机体生理需要,故它们仍需从食物中获得。但是,总体而言,亚油酸和 α-亚麻酸是最重要的人体必需脂肪酸。亚油酸与 α-亚麻酸的化学结构构成如下:

亚油酸:

$C_{18:2}$ $CH_3(CH_2)_3(CH_2CH=CH)_2(CH_2)_7COOH$

α-亚麻酸:

$C_{18:3}$ $CH_3(CH_2CH=CH)_3(CH_2)_7COOH$

1. 必需脂肪酸的生理功能

(1)组成磷脂的重要成分 磷脂是线粒体和细胞膜的重要结构成分,必需脂肪酸参与磷脂合成,并以磷脂形式出现在线粒体和细胞膜中。必需脂肪酸缺乏时,磷脂合成受阻,会诱发脂肪肝,造成肝细胞脂肪浸润。此外亚油酸对维持膜的功能和氧化磷酸化的正常偶联也有一定作用。

(2)促进胆固醇代谢 体内约有 70% 的胆固醇与脂肪酸结合成酯,方可被转运和代谢,如亚油酸和胆固醇结合成的高密度脂蛋白(HDL)就可将胆固醇从人体各组织运往肝脏而被代谢分解,从而具有降血脂作用。但如果缺乏必需脂肪酸,胆固醇将与一些饱和脂肪酸结合,使其在体内发生障碍,就可能造成胆固醇在体内沉积,引发心血管疾病。

(3)合成前列腺素血栓烷、白三烯的原料 前列腺素(prostaglandin,PG)是由亚油酸合成的,含二十碳不饱和脂肪酸的局部性激素。机体各个组织几乎都能合成和释放前列腺素,但它不通过血液传递,而是在局部发挥作用。前列腺素有许多生理功能,如对血液凝固的调节、血管的扩张与收缩、神经刺激的传导、生殖和分娩的正常进行及水代谢平衡等,此外母乳中的前列腺素可防止婴儿消化道损伤。因此,亚油酸营养正常与否,直接关系到前列腺素的合成量,从而影响到人体功能的正常发挥。血栓烷(TXA)、白三烯(LT)则参与血小板凝聚、平滑肌收缩、免疫反应等过程。

(4)维持正常的视觉 二十二碳六烯酸(DHA)是 α-亚麻酸(n-3)的衍生物,在视网膜光受体中含量最丰富,它是维持视紫红质正常功能的必需物质。动物试验表明,大鼠饲料缺乏 α-亚麻酸时,可引起大鼠杆状细胞外段盘破坏,光激发盘散射减弱以及光线诱导的光感受器细胞死亡,从而引起大鼠视觉退化。因此,必需脂肪酸对增强视力,维护视力正常有良好作用。此外,必需脂肪酸可以帮助 X 射线、烧伤、烫伤等造成的皮肤损伤迅速修复。

2. 必需脂肪酸缺乏症

当必需脂肪酸缺乏时,就会造成磷脂合成受阻,引起细胞膜结构受损,毛细血管的脆性和通透性增加。当必需脂肪酸摄入不足时,皮肤细胞对水的通透性增大,发生机体水代谢紊乱,产生皮疹等病变,如婴儿若缺乏亚油酸可出现湿疹。当成人必需脂肪酸长期摄入不足时,会出现皮炎和伤口较难愈合等症状。在临床上,常用口服或静滴多不饱和脂肪酸的方法来治疗。

必需脂肪酸长期缺乏还可引起机体生长迟缓、

生殖障碍。对动物则可出现不孕症和授乳困难的病症，对人类则会影响其注意力和认识过程以及引发肾脏、肝脏、神经、视觉方面的多种疾病。

3.3.1.3 具有特殊功效的脂类

胆固醇、磷脂（phospholipid）和胆碱是有重要生理活性的类脂化合物。胆固醇、磷脂都是脂蛋白和细胞膜的组成成分，胆固醇可增强生物膜的坚韧性，磷脂对维持细胞膜功能进而维持细胞代谢起关键作用，并有延缓衰老、健脑、抗血脂的作用。胆碱（choline）是卵磷脂和鞘磷脂的组成部分，也是合成乙酰胆碱的前体，对细胞功能及生物体生命活动起重要调节作用。磷脂和胆碱都有防止脂肪在肝脏中的积累、预防脂肪肝发生的功能。

3.3.2 脂类营养价值评价

食物脂肪的营养价值与许多因素有关，主要包括脂肪的消化率、脂肪酸组成及含量、脂溶性维生素、油脂稳定性以及反式脂肪酸含量等方面。因此，食物脂肪的营养价值评价可以从 5 个方面进行。

1. 食物脂肪的消化率

脂肪的消化率越高，营养价值越高。食物脂肪的消化率与其熔点有密切关系。一般认为熔点在 50℃ 以上者，消化率较低，一般为 $80\% \sim 90\%$；而熔点接近或低于人的体温时，消化率可高达 $97\% \sim 98\%$。熔点又与食物脂肪中所含不饱和脂肪酸的种类和含量有关，含不饱和脂肪酸和短碳链脂肪酸越多，其熔点越低，越容易消化。熔点低，消化率高，且吸收速度快的油脂，机体对它们的利用率也较高。一般来说，植物油脂熔点较低，易消化。而动物油脂则相反，通常消化率较低。

2. 必需脂肪酸的含量

必需脂肪酸的含量与组成是衡量食物油脂营养价值的重要方面。植物油中含有较多的必需脂肪酸，是人体必需脂肪酸（亚油酸）的主要来源，故其营养价值比动物油脂高。但椰子油例外，亚油酸含量很低，其不饱和脂肪酸含量也少。动物的心、肝、肾及血中含有较多的亚油酸和花生四烯酸，特别是海产鱼类脂肪中所含的二十碳五烯酸和二十二碳六烯酸具有降低血脂的功能，对防治心血疾病有特殊效果。

3. 脂溶性维生素含量

植物油脂中含有丰富的维生素 E，特别是以谷类种子的胚油含量突出。动物贮存脂肪中几乎不含维生素，一般器官脂肪中含量也不多，而肝脏中的脂肪含维生素 A、维生素 D 丰富，特别是一些海产鱼类肝脏脂肪中含量很高。奶和蛋的脂肪中也含有较多的维生素 A、维生素 D。

4. 油脂的稳定性

耐贮藏、稳定性高的油脂不易发生酸败，这也是考察脂肪优劣的条件之一，但影响油脂稳定性的因素很多，主要与油脂本身所含的脂肪酸、天然抗氧化剂以及油脂的贮存条件和加工方法等有关。

植物油脂中含有丰富的维生素 E，它是天然抗氧化剂，使油脂不易氧化变质，有助于提高植物油脂的稳定性。

5. 反式脂肪酸含量

基于植物油具有高温不稳定且无法长期存放的问题，科学家将不饱和脂肪酸的不饱和双键与氢结合变成饱和键，随着饱和程度增加，油类由液态变为固态，这一过程称为氢化。在氢化过程中，一些未被饱和的不饱和脂肪酸空间结构改变，由顺式转化为反式，即为反式脂肪酸。反式脂肪酸不具有必需脂肪酸的生物活性，并且对人体的危害越来越引起重视。

研究发现，反式脂肪酸可提高低密度脂蛋白胆固醇，降低高密度脂蛋白胆固醇水平，从而增加冠心病的风险。这些反式脂肪酸可诱发肿瘤、Ⅱ 型糖尿病等疾病，这些负面影响仍需深入研究。反式脂肪酸含量及存在与否已成为健康油脂的重要标志。通常，人造奶油、蛋糕、油炸食品等是食品中反式脂肪酸的主要来源。目前，各国政府已采取有力措施控制食物中的反式脂肪酸含量。例如，美国等要求食品标签中必须标注反式脂肪酸的含量。

3.3.3 脂肪的膳食参考摄入量和食物来源

3.3.3.1 脂肪的膳食参考摄入量

在人类合理膳食中，通常所需热量的 $20\% \sim 30\%$ 应由脂肪供给，而婴幼儿（0～3 岁）由脂肪供给的能量较多，可达 $30\% \sim 50\%$。依据目前我国居民膳食构成的实际并参考国外相关资料，中国国家卫生和计划生育委员会发布推荐的中国居民各年龄阶段膳食脂肪、脂肪酸参考摄入量和可接受范围见表 3-8。

表 3-8　中国居民膳食脂肪、脂肪酸参考摄入量（脂肪能量占总能量的百分比）

年龄/岁 或生理状况	脂肪 AMDR	饱和脂肪酸 U-AMDR	n-6 多不饱和脂肪酸[a]		n-3 多不饱和脂肪酸[b]	
			AI	ADMR	AI	ADMR
0～	48[c]	—	7.3	—	0.87	—
0.5～	40[c]	—	6.0	—	0.66	—
1～	35[c]	—	4.0	—	0.60	—
4～	20～30	＜8	4.0	—	0.60	—
7～	20～30	＜8	4.0	—	0.60	—
18～	20～30	＜10	4.0	2.5～9.0	0.60	0.5～2.0
60～	20～30	＜10	4.0	2.5～9.0	0.60	0.5～2.0
孕妇和乳母	20～30	＜10	4.0	2.5～9.0	0.60	0.5～2.0

注：a 为亚油酸；b 为 α-亚麻酸；c 为 AI 值；AMDR 为宏量营养素可接受范围；AI 为营养素适宜摄入量。

资料来源：中国营养学会. 中国居民膳食营养素参考摄入量（宏量营养素）(WS/T 578.1—2017)

3.3.3.2　脂肪的食物来源

虽然，各类食物中都含有一定量的油脂和类脂，但人体所需要的脂类主要来源于各种植物油和动物脂肪。膳食脂肪的来源不仅包括烹调用的油脂及肉类食物中的脂肪，还包括各种食物中所含有的脂类物质。

烹调油是人体必需脂肪酸和维生素 E 的重要来源，也是食物中脂溶性维生素吸收与利用的促进剂，它包括植物油和动物油。在《中国居民膳食指南》（2018 版）中强调了食物的多样化与均衡以及吃动平衡，其中，明确提出"少盐少油"的健康膳食理念。根据《中国居民膳食指南》（2018 版），成人每天烹调油推荐量为 25～30 g。

植物油料以大豆、花生和菜籽等作物的种子含油量高，且含有丰富的必需脂肪酸。大豆、麦胚和花生等食物含磷脂较多。动物类食物中，动物脂肪相对含饱和脂肪酸和单不饱和脂肪酸多，而多不饱和脂肪酸含量较少。畜肉类以其部位不同，脂肪含量差异较大，贮存脂中含大量脂肪，脑、心、肝中含丰富的磷脂及胆固醇。乳及蛋黄也含有较多的磷脂和胆固醇，且易于吸收，是婴幼儿脂类的良好来源。谷类、蔬菜和水果等食物中脂肪含量很少，作为油脂的来源无实际意义。核桃、瓜子、榛子等硬果类，虽然油脂含量丰富，但在人们食物中占比很小，还不能作为脂类食物的主要来源。

脂肪的构成不同，它所起到的生理功能也不同。月桂酸、肉豆蔻酸和棕榈酸，它们分别是十二碳（硬脂酸）、十四碳和十六碳饱和脂肪酸。它们升高血胆固醇的作用较强，而十八碳饱和脂肪酸的这一作用则相对较弱。由于饱和脂肪酸不易被氧化而产生有害的氧化物、过氧化物等，因此，人体还应适宜摄入饱和脂肪酸。

在食品加工、烹调中脂肪可赋予产品很好的感官性状和适口感，而良好的风味刺激了人的食欲，因此，产生了人类对脂肪的嗜好和依赖。而过多摄入脂肪又会对人体产生多种危害。为解决这一矛盾，人们开发生产出具有脂肪的性状而又不能被人体吸收的脂肪替代产品（fat substitutes）。典型的产品就是蔗糖聚酯（sucrose polyester，商品名为 Olestra）和燕麦素（oatrim）。蔗糖聚酯是由蔗糖和脂肪酸为主要原料合成的脂肪替代产品。它们产生于 20 世纪 60 年代，后于 1996 年被美国食品药品管理局通过认证，并批准使用在休闲食品如炸马铃薯片、饼干等的加工中，但必须在标签上注明：本品含蔗糖聚酯，可能引起胃痉挛和腹泻，蔗糖聚酯可抑制某些维生素和其他营养素的吸收，故本品已添加了维生素 A、维生素 D、维生素 E 和维生素 K 等字样。燕麦素是从燕麦中提取的脂类物质，该物质对热稳定，口感中有脂肪的细腻感，因此，它主要用于冷冻食品，如冰激凌、色拉调料和汤料的加工中。由于该产品在生产中保留有大量的燕麦纤维素，故它不仅可作为饱和脂肪酸的代用品，而且有一定的降胆固醇作用。

总之，随着我国人民生活水平的提高，脂肪在膳食中的比例有逐渐增高的趋势。脂肪在一日热能供给中比例过高，会发生热能过剩，使过多的脂肪在体内堆积，导致肥胖。从而造成成年人患心血疾病及女性腺癌等疾病的危险性增加，所以脂肪摄入量不

宜过多。

3.4 蛋白质

3.4.1 蛋白质的生理功能

蛋白质(protein)是同生命及各种形式的生命活动联系在一起的物质,是一切生命的物质基础,可以说,没有蛋白质就没有生命,由此可见蛋白质对人体的重要性。

正常人体内 16%～19% 是蛋白质。在一名体重 60 kg 的成年人体中约有 9.8 kg 的蛋白质,人体内的蛋白质始终处于不断地分解又不断地合成的动态平衡之中,借此可达到组织蛋白不断更新和修复的目的。肠道和骨髓内的蛋白质更新速度较快。但总体来说,每天约有 3% 的人体蛋白质被更新。蛋白质的功能概括起来主要有以下 3 个方面。

1. 人体组织的构成成分

人体的任何组织和器官,都以蛋白质作为重要的组成成分,所以人体在生长过程中,体内的蛋白质也会不断地增加。人体的瘦组织(lean tissue)中,如肌肉、心、肝、肾等器官都含有大量蛋白质;骨骼和牙齿中也含有大量的胶原蛋白;指/趾甲中含有角蛋白;细胞中从细胞膜到细胞内的各种结构中均含有蛋白质。总之,蛋白质是人体不能缺少的构成成分。

2. 构成体内各种重要物质

蛋白质通过构成人体多种生理活性物质来调节人体重要的生命活动。①催化体内一切物质分解和合成的酶类物质,其化学本质为蛋白质。②激素含量极少,但作用力极强的一类蛋白质物质,使体内环境能够稳定并调节许多生理过程。③抗体为机体重要的免疫物质,可以抵御外来微生物及其他有害物质的入侵。④细胞膜和血液中的蛋白质担负着各类物质的运输和交换。⑤体液内那些可溶性且可离解为阴、阳离子的蛋白质,使体液的渗透压和酸碱度得以稳定。⑥此外,血液的凝固、视觉的形成、人体的运动等,无一不与蛋白质有关。所以蛋白质是生命的物质基础,是生命存在的一种形式。

3. 供给热能

由于蛋白质中含碳、氢、氧元素,当机体需要时,可以被代谢分解,释放出热能。食物中每克蛋白质在体内约产生 16.7 kJ (4.0 kcal)的热能。此外,机体蛋白质的代谢废物也是由放热途径被分解。

3.4.2 必需氨基酸与蛋白质互补作用

蛋白质是由许多氨基酸(amino acid)以肽键连接在一起,并具有一定的空间结构和生理活性的生物大分子。由于氨基酸的种类、数量、排列次序和空间结构的千差万别,就构成了无数种功能各异的蛋白质。构成人体蛋白的氨基酸共有 20 种,从人体营养角度可划分为必需氨基酸,半必需氨基酸和非必需氨基酸 3 类。构成人体蛋白质的氨基酸见表 3-9。其中,必需氨基酸(essential amino acid)是指人体不能合成或合成速度不能满足机体需要,必须从食物中直接获得的氨基酸,其中包括异亮氨酸、亮氨酸、色氨酸、缬氨酸、苏氨酸、赖氨酸、苯丙氨酸、蛋氨酸,此外,组氨酸是婴儿的必需氨基酸。半胱氨酸和酪氨酸则为半必需氨基酸。由于它们在人体内可分别由蛋氨酸和苯丙氨酸转变而成,因此,不完全依赖食物获得。在计算食物必需氨基酸组成时,往往将蛋氨酸和半胱氨酸、苯丙氨酸和酪氨酸合并计算。

剩余的 9 种氨基酸人体自身可以合成,故称非必需氨基酸(nonessential amino acid)。当食物蛋白质氨基酸模式与人体蛋白质构成越接近时,必需氨基酸被机体利用的程度越高,食物蛋白质的营养价值也相对越高,如动物性蛋白质中蛋、奶、肉、鱼等以及大豆蛋白,就被称为优质蛋白质。其中,鸡蛋蛋白质与人体蛋白质氨基酸模式最接近,在实验中常以它作为参考蛋白(reference protein)。反之,食物蛋白质中一种或几种必需氨基酸相对含量较低,从而导致其他的必需氨基酸在体内不能被充分利用而浪费,造成蛋白质营养价值降低。这些含量相对较低的必需氨基酸称限制氨基酸(limiting amino acid),其中,含有最低的称第一限制氨基酸,余者以此类推。植物性蛋白往往相对缺少下列必需氨基酸:赖氨酸、蛋氨酸、苏氨酸和色氨酸,所以其营养价值相对较低,如大米和面粉蛋白质中赖氨酸含量最少。为了提高植物性蛋白质的营养价值,往往将 2 种或 2 种以上的食物混合食用,而达到以多补少的目的,从而提高膳食蛋白质的营养价值。不同食物混合,在构成上以相互补充其必需氨基酸不足的作用叫蛋白质互补作用(complementary action)。如将大豆制品和米面同时食用,大豆蛋白可弥补米面蛋白质中赖氨酸含量不足,米面也可在一定程度上补充大豆蛋白中蛋氨酸含量不足,最终起到互补作用。

表 3-9　构成人体蛋白质的氨基酸

必需氨基酸	英文	非必需氨基酸	英文	条件必需氨基酸	英文
异亮氨酸	Isoleucine（Ile）	丙氨酸	Alanine（Ala）	半胱氨酸	Cysteine（Cys）
亮氨酸	Leucine（Leu）	精氨酸	Arginine（Arg）	酪氨酸	Tyrosine（Tyr）
赖氨酸	Lysine（Lys）	天门冬氨酸	Aspartic acid（Asp）		
蛋氨酸	Methionine（Met）	天门冬酰胺	Asparagine（Asn）		
苯丙氨酸	Phenylalanine（Phe）	谷氨酸	Glutamic acid（Glu）		
苏氨酸	Threonine（Thr）	谷氨酰胺	Glutamine（Gln）		
色氨酸	Tryptophan（Trp）	甘氨酸	Glycine（Gly）		
缬氨酸	Valine（Val）	脯氨酸	Proline（Pro）		
组氨酸*	Histidine（His）	丝氨酸	Serine（Ser）		

3.4.3　食物蛋白质营养价值的评价

食物种类千差万别,各种食物的蛋白质含量、氨基酸模式都不一样,人体对它们的消化、吸收和利用程度也存在差异。因此,蛋白质营养价值评价对于食品品质的鉴定,新的食品资源的研究和开发,指导人群膳食等许多方面有重要意义。在实际工作中,人们依据不同的应用目的设计了多种评价指标,但就某一种评价方法而言,因其只能以某一种现象作为观察评定指标,所以都有一定局限性。但综合起来,营养学上主要从食物蛋白质的含量、消化吸收的程度和人体利用程度 3 方面全面地进行评价。

3.4.3.1　食物蛋白质的含量

蛋白质的含量是食物发挥其营养价值最重要的物质基础,虽然含量不等于质量,但是没有一定数量,再好的蛋白质的营养价值也有限。食物中蛋白质含量测定一般用微量凯氏（Kjeldahl）定氮法,先测定食物中的氮含量,再乘以由氮换算成蛋白质的换算系数,就可得到食物蛋白质的含量。一般来说,食物中含氮量占蛋白质的 16%,其倒数为 6.25,由氮计算蛋白质的换算系数即为 6.25。常用食物蛋白质的换算系数见表 3-10。

表 3-10　常用食物蛋白质的换算系数

食品	蛋白质换算系数	食品	蛋白质换算系数
稻米	5.95	奶	6.38
全小麦	5.83	棉籽	5.30
玉米	6.25	蛋	6.25
大豆	5.71	肉	6.25
花生	5.46		

资料来源:WHO Technical Report Series. 25th report. 1973:522.

3.4.3.2　蛋白质消化率

蛋白质消化率（digestibility,D）是指蛋白质受消化酶水解后吸收的程度,即吸收氮与消化氮的比值。不仅反映了蛋白质在消化道内被分解的程度,同时还反映了消化后的氨基酸和肽被吸收的程度。

蛋白质消化率测定,无论以人或动物为实验对象,都必须检测实验期内摄入的食物氮、排出体外的粪氮和粪代谢氮,再用下列公式计算。粪代谢氮是指肠道内源性氮。它包括脱落的肠黏膜细胞、消化酶和肠道微生物中的氮,是在试验对象完全不摄入蛋白质时,粪中的含氮量。例如,一般成人在 24 h 内粪代谢氮为 0.9~1.2 g。

$$蛋白质消化率 = \frac{食物氮-（粪氮-粪代谢氮）}{食物氮} \times 100\%$$

上式计算结果为食物蛋白质的真消化率（true digestibility,TD）。在实际应用中,往往不考虑粪代谢氮,此结果称为表现消化率（apparent digestibility,AD）。由于它比真消化率要低,对蛋白质营养价值的估计偏低,因此,有较大的安全系数。此外,由于表观消化率的测定方法较简单。因此,一般多采用这种方法。

蛋白质的消化率受人体和食物等多种因素的影响:前者如全身状态、消化功能、精神情绪、饮食习惯和对该食物的感官状态是否适应等;后者如蛋白质在食物中存在形式、结构、食物纤维素含量、烹调加工方式、共同进食的其他食物的影响等。一般动物性蛋白质较植物性蛋白质的消化率高。在一般烹调加工方法下,奶类蛋白质的消化率为 97%~98%,肉类蛋白质为 92%~94%,蛋类蛋白质为 98%,米饭及面制品蛋白质为 80% 左右,马铃薯为 74%,玉米面窝头为 66%。不同的加工方式,消化率也不相同,大豆

整粒进食时蛋白质消化率约 60%，但加工为豆腐，可提高至 90%。此外，在机体处于病态下，蛋白质的消化率可能完全不同，如肝硬化病人须用水解蛋白或用要素膳实行肠外营养。

3.4.3.3 蛋白质利用率

衡量蛋白质利用率的指标有很多，各指标分别从不同角度反映蛋白质被利用的程度。下面介绍几种常用方法。

1. 生物价

蛋白质生物价（biological value，BV）是反映食物蛋白质消化吸收后，被机体利用程度的指标。生物价越高，表明其被机体利用程度越高，最大值为 100。其计算公式如下：

$$生物价 = \frac{储留量}{吸收氮} \times 100$$

式中：吸收氮 = 食物氮 － (粪便 － 粪代谢氮)；储留氮 = 吸收氮 － (尿氮 － 尿内源性氮)。

尿氮和尿内源性氮的检测原理和方法与粪氮、粪代谢氮一样。生物价对指导蛋白质互补以及肝、肾病人的膳食很有意义。对肝、肾病人来讲，生物价高，表明食物蛋白质中氨基酸主要用来合成人体蛋白，极少有过多的氨基酸经肝、肾代谢而释放能量或由尿排出多余的氮，从而大大减少肝肾的负担，有利其恢复。

2. 蛋白质净利用率

蛋白质净利用率（net protein utilization，NPU）是反应食物中蛋白质被利用的程度，它把食物中蛋白质的消化和利用两个方面都包括了。因此，它更为全面。

$$蛋白质净利用率 = 消化率 \times 生物价$$
$$= \frac{储留率}{食物氮} \times 100\%$$

动物的蛋白质净利用率也可用体氮法进行测定。用同窝断乳大鼠分别饲以含维持水平蛋白质的实验饲料（A 组）和无蛋白的饲料（B 组）各 10 d，记录各组每天的摄食量。在实验终了时，测定各组动物尸体总氮量和饲料含氮量，按下列公式计算：

$$蛋白质净利用率 = \frac{BF - BK + IK}{IF}$$

式中：IF 为 A 组的氮摄入量；BF 为 A 组的尸体总氮量；BK 为 B 组的尸体总氮量；IK 为 B 组的氮摄入量。

3. 蛋白质功效比值

蛋白质功效比值（protein efficiency ratio，PER）是用处于生长阶段的幼年动物（一般刚断奶的雄性大白鼠）在实验期内，其体重增加和摄入蛋白质量的比值来反映蛋白质的营养价值指标。由于所测蛋白质主要被用来提供生长之需要，所以该指标被广泛用作婴儿食品中蛋白质的评价。在实验时，饲料中被测蛋白质是唯一蛋白质来源，占饲料的 10%，实验期为 28 d。

$$蛋白质功效比值 = \frac{动物体重增加(g)}{摄入食物蛋白质(g)}$$

同一种食物，在不同的实验条件下，所测得的功效比值往往有明显差异。为了保证实验结果具有稳定性和可比性，实验时，用标化酪蛋白为参考蛋白设对照组，无论酪蛋白质组的功效比值为多少，换算系数 2.5，其计算公式如下：

$$被测蛋白质功效比值 = \frac{实验组功效比值}{对照组功效比值} \times 2.5$$

4. 相对蛋白质值

相对蛋白质价值（relative protein value，RPV）是动物摄食受试蛋白的剂量-生长曲线斜率（A）和摄食参考蛋白的剂量-生长曲线斜率（B）之比，其计算公式如下：

$$相对蛋白质值 = \frac{A}{B} \times 100\%$$

以 3～4 种不同剂量的受试食物蛋白喂养断乳大鼠，以大鼠体重增长数 y 对受试蛋白的进食质量 x(g) 得到回归方程，求其斜率（A）。同时用不同剂量的乳白蛋白（参考蛋白）喂养动物，同法得剂量-生长回归方程及斜率 B，假设前一方程为 $y_1 = 2.35x_1 - 0.36$，后一回归方程为 $y_2 = 4.12x_2 - 0.28$，则此受试蛋白的相对蛋白质价值可计算如下：

$$相对蛋白质值 = \frac{2.35}{4.12} \times 100\% = 57\%$$

由受试蛋白测得的回归方程，斜率越大，蛋白质利用率越高。

5. 氨基酸评分和经消化率修正的氨基酸评分

氨基酸评分（amino acid score，AAS）也称蛋白质化学评分（chemical score），由于它计算简便，表达意义明确，因此，它是目前被广为采用的一种评价方法。该评分方法具体是用被测食物蛋白质的必需氨基酸评分模式（amino acid scoring pattern）和推荐的理想模式或参考蛋白的模式进行比较的得分。因此,不同年龄的人群,其氨基酸评分模式不同,不同的食物其氨基酸评分值也不相同。表 3-11 是几种食物和不同人群需要的氨基酸评分。氨基酸评分分值为食物蛋白质中的必需氨基酸和参考蛋白或理想模式中相应的必需氨基酸的比值。

$$氨基酸评分 = \frac{被测蛋白质每克氮(或蛋白质)中氨基酸含量(mg)}{理想模式或参考蛋白质中每克氮(或蛋白质)中氨基酸含量(mg)}$$

表 3-11　食物和不同人群需要的氨基酸评分模式

氨基酸	人群/(mg/kg 蛋白质)					食物/(mg/g 蛋白质)		
	FAO 提出模式	1 岁以下	2～5 岁	10～12 岁	成人	鸡蛋	牛奶	牛肉
组氨酸		26	19	19	16	22	27	34
异亮氨酸	40	46	28	28	13	54	47	48
亮氨酸	70	93	66	44	19	86	95	81
赖氨酸	55	66	58	44	16	70	78	89
蛋氨酸＋半胱氨酸	35	42	25	22	17	57	33	40
苯丙氨酸＋酪氨酸	60	72	63	22	19	93	102	80
苏氨酸	40	43	34	28	9	47	44	46
缬氨酸	50	55	35	25	13	66	64	50
色氨酸	10	17	11	9	5	17	14	12
总计		460	339	241	127	512	504	480

注:FAO 为联合国粮食及农业组织。

资料来源:WHO Technical Report series. 36th report,1985:12

确定某一食物蛋白质氨基酸评分一般分两步:首先,计算被测蛋白质中每种必需氨基酸的评分值;其次,在上述计算结果中,找出最低的必需氨基酸评分值(第一限制氨基酸的评分值),即为该蛋白质的最终氨基酸评分。

例如,某小麦粉的蛋白质含量 10.9%,其中 100 g 小麦粉中各种氨基酸含量见表 3-12,试计算按联合国粮食及农业组织提出的必需氨基酸需要模式的该小麦粉化学分。

解:①求出每克蛋白质中氨基酸含量(mg/g)。

②按联合国粮食及农业组织必需氨基酸需要模式(mg/g)求出氨基酸比值。

③找出最小比值数,即为小麦粉的氨基酸评分值,即 0.47,第一限制氨基酸为赖氨酸。

表 3-12　小麦粉的化学分计算

氨基酸	异亮氨酸	亮氨酸	赖氨酸	蛋氨酸＋半胱氨酸	苯丙氨酸＋酪氨酸	苏氨酸	缬氨酸	色氨酸
每 100 g 面粉中氨基酸含量/mg	403	768	280	394	854	309	514	135
每克蛋白质中氨基酸含量/(mg/g)	36.97	70.46	25.69	36.15	78.35	28.35	47.15	12.38
FAO 必需氨基酸需要模式/(mg/g)	40	70	55	35	60	40	50	10
氨基酸比值	0.92	1.01	0.47	1.03	1.31	0.71	0.94	1.24
最终氨基酸评分	0.47							

注:FAO 为联合国粮食及农业组织。

氨基酸评分的方法比较简单,但对食物蛋白质的消化率还欠考虑。为此,最近美国食品药品监督管理局通过了一种新的方法——经消化率修正的氨基酸评分(protein digestibility corrected amino acid score, PDCAAS)。这种方法可替代蛋白质功效比值对除孕妇和1岁以下婴儿以外的所有人群的食物蛋白质进行评价,表3-13是几种食物蛋白质的经消化率修正的氨基酸评分。其计算公式如下:

经消化率修正的氨基酸评分=氨基酸评分×真消化率

表 3-13　几种食物蛋白质的经消化率修正的氨基酸评分

食物蛋白	经消化率修正的氨基酸评分	食物蛋白	经消化率修正的氨基酸评分
酪蛋白	1.00	菜豆	0.68
鸡蛋	1.00	燕麦粉	0.57
大豆分离蛋白	0.99	花生粉	0.52
牛肉	0.92	小扁豆	0.52
豌豆粉	0.69	全麦	0.40

资料来源:孙长颢. 营养与食品卫生学. 8版. 北京:人民卫生出版社,2007:31

从化学分法可以说明鸡蛋、牛乳的蛋白质构成最接近人体蛋白质需要模式,因此,在天然食物中蛋白质营养价值最高。

除上述方法和指标外,还有一些蛋白质营养评价方法和指标,如净蛋白质比值(net protein ratio, NPR);氮平衡指数(nitrogen balance index, NBI)等一般使用较少。几种常见食物蛋白质质量见表3-14。

表 3-14　几种常见食物蛋白质质量

食物	BV	NPU/%	PER	AAS
全鸡蛋	94	84	3.92	1.06
全牛奶	87	82	3.09	0.98
鱼	83	81	4.55	1.00
牛肉	74	73	2.30	1.00
大豆	73	66	2.32	0.63
精制面粉	52	51	0.60	0.34
大米	63	63	2.16	0.59
土豆	67	60	—	0.48

注:BV 为生物价;NPU 为蛋白质净利率;PER 为蛋白质功效比值;AAS 为氨基酸评分。

3.4.4　蛋白质-能量缺乏症

蛋白质缺乏在成人和儿童中都有发生,特别对处于生长阶段的儿童更为敏感。它是人体多种营养不良症中危害严重的一种营养性疾病。据世界卫生组织估计,目前世界上大约有500万儿童蛋白质—热能营养不良(protein-energy malnutrition, PEM),血浆蛋白质含量低于3.5 g/100 mL,其中有因疾病和营养不当引起,但大多数患者则是因贫穷和饥饿引起的,主要分布在非洲,中、南美洲,中东、东亚和南亚地区。消除蛋白质-热能缺乏症也是全世界许多国家政府的工作目标。蛋白质-热能营养不良有两种:一种称Kwashiorker(来自加纳语),即水肿型,它指热能摄入量基本满足而蛋白质严重不足的儿童营养性疾病。其主要表现为腹、腿部水肿,虚弱、表情淡漠、生长滞缓、头发变色、变脆和易脱落、易感染其他症状等;另一种叫 Marasmus,原意即为"消瘦",即消瘦型,它指蛋白质和热能摄入量均严重不足的儿童营养性疾病。其主要表现为患儿消瘦无力,因易感染其他疾病而死亡。也有人认为这两种营养不良症是蛋白质—热能营养不良的两种不同阶段。对成人来说,蛋白质摄入不足同样可产生体力下降、浮肿、抗病力减弱等症状。导致蛋白质缺乏大致有以下几方面的原因。

①膳食中蛋白质和热能供给不足,合成蛋白质需要的各种必需氨基酸和非必需氨基酸数量不足且比例不当。如果所摄入热量不足,一部分蛋白质还必须转变为葡萄糖,以供给热能,从而造成蛋白质的缺乏。饮食蛋白质缺乏,常伴有总热能不足,用高碳水化合物不合理地喂养婴儿,易造成营养不良,蛋白质缺乏。

②消化吸收不良,由于肠道疾病,影响食物的摄入及蛋白质的消化吸收。如慢性痢疾、肠结核、溃疡性结肠炎等肠道疾病,不但食欲减少,而且肠蠕动加速,阻碍养料吸收,造成蛋白质缺乏。

③蛋白质合成障碍。肝脏是合成蛋白质的重要器官,肝脏发生病变,如肝硬化、肝癌、肝炎等,会使肝脏合成蛋白质的能力降低,出现负氮平衡及低蛋白血症,成为腹水和浮肿的原因之一。

④蛋白质损失过多,分解过甚,如肾炎,可从尿中失去大量蛋白质,每天可达10~20 g,体内合成的难以补偿,形成腹水,使蛋白质损失严重。创伤、手术、甲状腺功能亢进等能加速组织蛋白质的分解、破坏,造成氮负平衡。蛋白质缺乏症的营养治疗原则

为,在找出病因基础上,全面加强营养,尽快提高患者的营养水平。供给足够热能和优质蛋白质,补充维生素和矿物质,消化机能减退者用流食,少食多餐,提高蛋白质营养水平。

3.4.5 蛋白质的膳食参考摄入量及食物来源

在众多营养素中,以蛋白质最为重要、最紧缺、也最昂贵。蛋白质供给问题是营养问题的焦点,蛋白质人体需要量的衡量依照年龄的不同有不同的方法,对婴儿是以母乳为基础的测量方法,对成人主要以要因加算法和氮平衡法。依照我国的饮食习惯和膳食构成以及各年龄全段人群的蛋白质代谢特点,中国居民膳食蛋白质推荐摄入量见表 3-15。按此推荐量摄入蛋白质是较为安全和可靠的。

蛋白质广泛存在于动、植物性食物中,蛋白质数量丰富、质量良好的食物有畜、禽、鱼、肉、奶类、大豆等。它们的蛋白质含量一般为 10%~20%。奶类中鲜奶的蛋白质含量为 1.5%~4%、奶粉的蛋白质含量为 25%~27%;蛋类的蛋白质含量为 12%~14%;

干豆类的蛋白质含量为 20%~24%,其中,大豆的蛋白质含量高达 40%;硬果类,如花生、核桃、葵花子、莲子的蛋白质含量为 15%~25%;谷类的蛋白质含量为 6%~10%;薯类的蛋白质含量为 2%~3%。我国人民膳食中的蛋白质主要来自谷类食物,约占摄入蛋白质总量的 60% 以上,动物蛋白质及大豆蛋白质占 20% 左右,其他植物性蛋白质含量约占 13%。如果在数量上能满足需要,膳食中的蛋白质在质量上有 30%~50% 来自动物蛋白和大豆蛋白,就能满足人体对蛋白质的营养需要。

此外,蛋白质可以赋予食品良好的感官性状和重要的功能特性。例如,在肉品加工中,肉类成熟后持水性和嫩度增加,这与肌肉蛋白质的变化密切相关;另外,蛋白质具有起泡性,在食品加工中被用于糕点和冰激凌等的生产。因此,为提高日常膳食中蛋白质的营养率,应当注意食物多样化,粗细杂粮兼用,防止偏食,使动物蛋白、豆类蛋白、谷类蛋白合理分布于各餐中,以此充分发挥蛋白质互补作用,提高蛋白质的利用率。

表 3-15 中国居民膳食蛋白质参考摄入量

年龄/岁或生理状况	男		年龄/岁或生理状况	女	
	平均需要量/(g/d)	推荐摄入量/(g/d)		平均需要量/(g/d)	推荐摄入量/(g/d)
0~	—	9[a]	0~	—	9[a]
0.5~	15	20	0.5~	15	20
1~	20	25	1~	20	25
2~	20	25	2~	20	25
3~	25	30	3~	25	30
4~	25	30	4~	25	30
5~	25	30	5~	25	30
6~	25	35	6~	25	35
7~	30	40	7~	30	40
8~	30	40	8~	30	40
9~	40	45	9~	40	45
10~	40	50	10~	40	50
11~	50	60	11~	45	55
14~	60	75	14~	50	60
18~	60	65	18~	50	55
			孕妇(1~12 周)	50	55
			孕妇(13~27 周)	60	70
			孕妇(≥28 周)	75	85
			乳母	70	80

注:"—"为未制定。[a] 为适宜摄入量。

资料来源:国家卫生和计划生育委员会 WS/T 578.1—2017. 中国居民膳食营养素参考摄入量:宏量营养素.

3.4.6　具有特殊功效的蛋白质与氨基酸

3.4.6.1　牛磺酸

牛磺酸(taurine)是生物体内的一种含硫氨基酸,牛磺酸的结构式为:$H_3N—CH_2—CH_2—SO_3^-$。它广泛分布在人乳、海洋贝类和鱼类中。在维持人体正常生理功能方面有许多作用,如牛磺酸对婴幼儿能促进脑组织和智力发育,提高神经传导和视觉机能;牛磺酸能抵抗心力衰竭,对心肌细胞有保护作用,可抵抗多种实验性心律失常;牛磺酸还是人肠道内双歧杆菌的促生长因子,能优化肠道内菌群结构,促进消化能力的提高;牛磺酸具有抗氧化作用,可预防次氯酸及其他氧化剂对细胞成分的氧化破坏;牛磺酸还具有一定的解毒作用,如服用抗肿瘤药物、阿霉素、异丙肾上腺素时适量补充牛磺酸,可减轻由于药物引起的副作用。

从表3-16中可知,奶制品中牛磺酸的含量很低。禽菌类次之,黑色肉类的牛磺酸含量要比白色肉类高。海产品中的牛磺酸含量最高,如100 g牡蛎、蛤蜊与淡菜中的牛磺酸可高达400 mg以上,同时加热烹调对牛磺酸的含量没有什么影响。这也间接说明,牡蛎提取物与乌鸡肉等功能性食品的功能因子与牛磺酸有关,并在机体中有强壮、滋补、预防与治疗心脏病、肝病与抗衰老等作用等。

表 3-16　禽畜水产类奶类食品中牛磺酸含量

禽畜、水产食品	制备方法	牛磺酸含量/(mg/100 g)	禽畜、水产食品	制备方法	牛磺酸含量/(mg/100 g)
禽类			水产类		
鸡(白肉)	生	18±3	金枪鱼	罐装	42±13
	焙烤	15±4		生	39±13
火鸡肉,乌鸡肉	生	169±37	白鱼	生	151±23
	焙烤	199±27		煮熟	172±54
火鸡(白肉)	生	30±7	虾(小)	煮熟	11±1
	焙烤	11±1	虾(中等)	生	39±13
火鸡(熏肉)	生	306±69	牡蛎	生	396±29
	焙烤	299±52	蛤蜊	生	520±97
畜类			淡菜	生	655±72
牛肉	生	43±8	扇贝	生	827±15
	焙烤	38±10	鱿鱼	生	356±95
小牛肉	生	40±13	牛奶		
	焙烤	47±10	全脂奶		2.4±0.3
猪肉、腰部	生	61±11	低脂奶		2.3±0.2
	焙烤	57±12	脱脂奶		2.5±0.3
加工肉类			启达乳酪		没有
火腿肉	烤	50±6	瑞士乳酪		没有
意大利香肠	腌制	59±8	低脂酸奶		3.3±0.5
猪肉/牛肉红肠	腌制	31±4	低脂桃子、酸奶		7.8±0.9
火鸡红肠	腌制	123±5	香草冰淋		1.9

资料来源:陈仁惇.现代临床营养学.北京:人民军医出版社,1999:343

3.4.6.2　精氨酸

精氨酸(arginine, Arg)是含一双氨基的条件性必需氨基酸,在人体中有多种生理功能,也是目前研究的热点。在正常情况下,精氨酸是非必需氨基酸,但是在人体发育不成熟或在严重应激情况下(如发生疾病或受伤),或婴儿患先天性缺乏尿素循环阻碍时,精氨酸则成为必需氨基酸。此时若缺乏,机体不能正常生长和发育。

精氨酸对伤口的愈合有显著作用。它主要促进胶原组织的合成;并能通过一系列的酶反应,形成一氧化氮(nitric oxide,NO)来活化巨噬细胞、中性粒细胞,对伤口起消炎作用;此外,由于精氨酸还是形成一氧化氮的前体,一氧化氮可在内皮细胞合成松弛因子,因此,它可促进伤口周围的微循环,加速伤口恢复。

精氨酸与人体免疫有密切关系,它能防止胸腺的退化,促进骨髓与淋巴结中胸腺细胞的成熟与分化,促进胸腺中淋巴细胞的增长,并增加胸腺的重量。在成年人中若胸腺已萎缩,精氨酸还能刺激病人周围血液中单核白细胞对抗原与细胞分裂的反应。增强吞噬细胞的活力以此能杀死肿瘤细胞或细菌等靶细胞。

此外,近年来有流行病学调查显示:食用坚果可以降低冠心病(coronary heart disease,CHD)的发病率,推测是由于坚果中含有一种保护性物质,这种物质即 L-精氨酸。有人提出坚果抗动脉硬化的作用机制与 L-精氨酸/一氧化氮通路有关。一氧化氮是在一氧化氮合酶(nitric oxide synthetase, NOS)催化下由 L-精氨酸生成的。给动物补充 L-精氨酸可以改善血管的内皮依赖性舒张,减轻试验动物冠心病的发病程度。体外实验表明:一氧化氮可抑制粒细胞和血小板的黏附和聚集,抑制血管平滑肌细胞(smooth muscle cell,SMC)增殖,因此,L-精氨酸可通过多种环节发挥抗冠心病的作用。

总之,精氨酸是有多种生理与药理作用的氨基酸,每 100 g/kg 含精氨酸 2 000 mg 以上的食物有蚕豆、黄豆、豆制品、核桃、花生、牛肉、鸡、鸡肉、鸡蛋、干贝、墨鱼与虾等。精氨酸还可促进很多激素如脑下垂体的生长激素、催乳素,胰腺的胰岛素和胰高血糖素分泌,这些都是体内合成的激素,对促进机体生长有用,并又与提高体内的免疫功能有关。

3.4.6.3　谷氨酰胺

谷氨酰胺(glutamine, Glu)是人体中含量最高的氨基酸,也是一种典型条件性氨基酸,在人体中蛋白质分为活动型和不活动型两类,在含量中各占 1/2。如皮肤与骨骼的蛋白质为不活动型蛋白质。在人体内可活动的蛋白质占 50%,其中,较不稳定的蛋白质,如血液与内脏蛋白质占 28%,肌肉蛋白质占 72% 等,而在肌肉蛋白质中,游离谷氨酰胺要占细胞内总氨基酸库的 61%,比其他氨基酸都要高。在血液中,游离谷氨酰胺的含量也最高,可高达 800～900 μmol,占血浆中游离氨基酸的 20%。但在剧烈运动、受伤、感染等应激情况下,谷氨酰胺的需要量大大超过了机体合成谷氨酰胺的能力,使体内的谷氨酰胺含量降低。而这一降低便会使蛋白质合成减少,小肠黏膜萎缩,免疫功能低下,此时,它又成为一种必需氨基酸。

谷氨酰胺在人体内的主要功能:①它是生物合成核酸的必需物质;②它是器官与组织之间的氮与碳转移的载体;③它是氨基氮从外周组织转运至内脏的携带者;④它是蛋白质合成与分解的调节器;⑤它是肾脏排泄氨的重要基质;⑥它是小肠黏膜的内皮细胞、肾小管细胞、淋巴细胞、肿瘤细胞、成纤维细胞能量供应的主要物质;⑦它能形成其他氨基酸;⑧它能维持机体酸碱平衡。在临床上,谷氨酰胺的主要作用是防止肠衰竭。

一般从食物,包括植物与动物性蛋白质中所能提供的谷氨酰胺,为氨基酸总量的 4%～10%。动物试验证明谷氨酰胺对恢复实验动物肠绒毛萎缩与免疫功能有显著作用。对人体而言,谷氨酰胺静脉输液剂量在 0.285 g/kg 体重(低剂量)与 0.570 g/kg 体重(高剂量)之间都是安全的。

3.4.6.4　谷胱甘肽

谷胱甘肽(glutathione, GSH)是由谷氨酸、半胱氨酸和甘氨酸通过肽键连接而成的三肽,化学名称为 γ-L-谷氨酸-L-半胱氨酰-甘氨酸。其结构式如图:

$$H_2N-CH(COOH)-CH_2-CH_2-C(=O)N(H)-CH(CH_2-SH)-C(=O)-N(N)-CH_2-COOH$$

谷胱甘肽分子中含有一个活泼的巯基(—SH),易被脱氢氧化,因此谷胱甘肽有强的还原性,在体内可清除自由基,防止体内活性物质氧化。其反应式如下:

$$R·+GSH\rightarrow RH+GS·$$

而在生物体中真正的生物活性来源于两分子的 GSH 脱氢键后合成的氧化型谷胱甘肽(oxidized form gultatkione, GSSG),氧化型谷胱甘肽广泛地存在于动植物及微生物细胞中,尤其在酵母、小麦胚芽和动物肝脏中含量丰富。GSSG 可在肝脏及细胞中的 GSH 还原酶催化下,由 $NADPH_2$ 还原、重回到 GSH,继续起到清除自由基的作用。其反应如下:

$$2GS·\rightarrow GSSG$$

$$GSSG \xrightarrow[NADPH_2]{GSH 还原酶} 2GSH$$

GSH 对放射线、抗肿瘤药物所引起的白细胞减少症有恢复保护作用,对有毒化合物、重金属等有解毒作用,并可促进其排出体外。GSH 还能保护含巯基的酶分子活性的发挥,并能恢复已被破坏的酶分子—SH 的活性功能,使酶复活。GSH 还可抑制由乙醇侵袭而出现的脂肪肝的发生。

此外,近年来的研究发现,活性肽能够直接从肠道吸收进入血液,具有许多重要的功能,不仅能作为氨基酸的供体,而且也是一类生理调节物,具有参与机体免疫调节、促进矿物质吸收、降血压、清除自由基等作用。

3.4.6.5　γ-氨基丁酸

γ-氨基丁酸(γ-aminobutyric acid,GABA),又称 4-氨基丁酸 ,是一种四碳非蛋白氨基酸。γ-氨基丁酸是一种天然的生物活性成分,广泛分布于动植物体内以及微生物当中。γ-氨基丁酸具有十分重要的生理功能。

在植物(如豆属、参属、中草药等的种子、根茎和组织液)和微生物中,γ-氨基丁酸是一种重要的中间体,在对环境压力的响应中具有重要作用:在植物中,γ-氨基丁酸起到耐旱、抗虫、自我防御以及信号转导的作用;在微生物中,对于抵抗酸性 pH 环境,γ-氨基丁酸具有重要功能;在哺乳动物中,γ-氨基丁酸是神经系统中的一种重要的抑制性神经递质,在大脑发育、抗焦虑、降血压以及止痛方面具有十分重要的作用,同时,γ-氨基丁酸还是食品中重要的生物活性成分,在医药和保健食品等领域具有非常广泛的应用。目前,γ-氨基丁酸是研究较为深入的一种重要的抑制性神经递质,它参与多种代谢活动,具有很高的生理活性。

❓ 思考题

1. 试述能量的作用和生物学意义。

2. 试分析影响不同生理人群能量需要量的主要因素。

3. 如何测定或估算某一人体或人群的能量消耗量?

4. 试述能量摄入的调节机制与过程,你怎样通过合理膳食防止人体能量失衡。

5. 试述碳水化合物的主要生理功能。

6. 试述膳食纤维对人体的生理作用,试分别介绍几种功能性多糖和低聚糖的功能。

7. 什么是血糖生成指数和血糖负荷?它们分别怎样应用?

8. 脂类由哪些物质组成?

9. 什么是脂肪?它有哪些生理功能?

10. 什么是必需脂肪酸?它包括哪些脂肪酸?它有什么生理功能?

11. 脂类的营养价值评价应注意哪些方面?试对一种食用油的营养价值进行评价。

12. 依据中国居民膳食脂肪适宜摄入量,分析年龄为 25～30 岁成年人的脂类膳食构成比例。

13. 蛋白质有何生理功能?

14. 什么是必需氨基酸?它特指哪些氨基酸?认识它对合理利用蛋白质有何作用?

15. 什么是第一限制氨基酸、生物价和化学分?它们之间有什么联系?

16. 根据《中国食物成分表》计算大米、黄豆、小米、带鱼的化学分。

17. 简述牛磺酸、精氨酸、谷胱甘肽的营养学意义。

18. 试依据谷类食物的蛋白质构成特点,分析提高谷类食物营养价值的途径有哪些。

(本章编写人:陈义伦　王敏)

第 4 章
维 生 素

学习目的与要求

- 掌握维生素的概念、分类和特点。
- 了解维生素与各营养素间的相互关系。
- 掌握各种维生素的主要性质、生理功能、食物来源。
- 熟悉不同维生素缺乏和过量对机体带来的影响。

4.1 概述

维生素(vitamin)是维持机体正常代谢和生理功能所必需的一类微量的低分子有机化合物。维生素种类较多,其化学结构各不相同,它们在生理上既不是构成各种组织的主要原料,也不向机体提供能量,然而却在能量代谢以及调节机体物质代谢过程中起着重要作用。

维生素一般都以其本体的形式或能被机体利用的前体形式存在于天然食物中。虽然机体对维生素的生理需要量较少,但由于其在机体内一般不能合成或合成量较少,且不能大量地贮存于机体组织中,因此,维生素必须由食物供给以满足机体营养需要。此外,有少部分维生素,如维生素 D 和尼克酸可以在机体内合成,维生素 K 和生物素可通过肠道细菌合成,但合成的量不能完全满足机体需要,也不能替代从食物中获得这些维生素。

4.1.1 维生素的命名

维生素的命名可分为 3 种方式:一是按发现的历史顺序,以英文字母顺序命名,如维生素 A、维生素 B、维生素 C 等。其中,还包括最初发现认为是一种维生素,后来证实是多种维生素的混合存在,便又在英文字母右下方以 1,2,3⋯数字加以区别,如维生素 B_1、维生素 B_2、维生素 B_6 等。二是按其生理功能命名,如抗坏血酸、抗干眼病维生素、抗癞皮病维生素和抗凝血维生素等。三是按其化学结构命名,如视黄醇、硫胺素、核黄素和钴胺素等。

4.1.2 维生素的分类

目前,所发现维生素的化学结构无共同性,有脂肪族、芳香族、脂环族、杂环族和甾类化合物等,其生理功能又各异。因此,通常按照维生素的溶解性质将其分为脂溶性维生素和水溶性维生素。

4.1.2.1 脂溶性维生素

脂溶性维生素是指不溶于水而溶于脂肪及有机溶剂(如乙醚、石油醚及正己烷等)中的维生素,包括维生素 A、维生素 D、维生素 E、维生素 K。在食物中,它们常与脂类共存,其吸收与肠道中的脂类密切相关,吸收后易贮存于体内(尤其在肝脏)而不易排出体外(除维生素 K 外)。摄取过量易在体内蓄积而导致毒性作用;若长期摄入不足,这些脂溶性维生素

会引起维生素缺乏症状,但出现时间较水溶性维生素缓慢,且具有特异性症状。

4.1.2.2 水溶性维生素

水溶性维生素是指可溶于水的一类维生素,包括 B 族维生素(维生素 B_1、维生素 B_2、维生素 PP、维生素 B_6、叶酸、维生素 B_{12}、泛酸、生物素等)和维生素 C。水溶性维生素在体内仅有少量贮存,较易从尿中排出(维生素 B_{12} 例外);大多数水溶性维生素常以辅酶的形式参与机体物质代谢;水溶性维生素在体内没有非功能性的单纯贮存形式,当机体饱和后摄入的维生素就会从尿中排出,不会过多贮存;反之,若组织中的维生素耗竭,则给予的维生素将大量被组织利用,故从尿中排出的量减少。因此可利用尿负荷试验对机体水溶性维生素的营养水平进行评价。水溶性维生素一般无明显毒性,但极大量摄入时也可能出现毒性;若摄入过少,可较快出现缺乏症状。

4.1.3 维生素缺乏

4.1.3.1 维生素缺乏原因

在营养素的缺乏中以维生素缺乏比较常见。维生素缺乏的原因有以下几点。

①各种原因使食物中维生素的供应严重不足,如由于营养知识匮乏选择食物不当,或由于食物运输、加工、烹调、贮藏不当使维生素遭受破坏和丢失。

②机体吸收利用降低,如老人胃肠功能降低,对营养素(包括维生素)的吸收利用降低;肝、胆疾病患者由于胆汁分泌减少也会影响脂溶性维生素的吸收。

③机体对维生素需要量或消耗量的相对增高,由于对维生素需要量的增多或丢失增加,使体内维生素需要量相对增高,如妊娠、哺乳期妇女、生长发育期儿童、特殊生活及工作环境的人群、疾病恢复期病人等,都会对维生素的需要量相应的增高。

④长期服用营养素补充剂者对维生素的需要量相应地增加,一旦摄入量减少,也很容易出现相应维生素缺乏的症状。

4.1.3.2 维生素缺乏的分类

1. 按发生原因分类

按缺乏原因,维生素缺乏可分为原发性维生素缺乏和继发性维生素缺乏两种:前者是指由于膳食维生素供给不足或其生物利用率过低所引起;后者是指由于生理或病理原因妨碍了维生素的消化、吸

收、利用，或因需要量增加、排泄或破坏增多而引起的条件性维生素缺乏。

2. 按缺乏程度分类

按缺乏程度，维生素缺乏又可分为临床维生素缺乏和亚临床维生素缺乏两种：人体维生素不足或缺乏是一个渐进的过程。当膳食中长期缺乏某种维生素时，最初表现为组织中维生素的贮存量降低，继而出现生化指标和生理功能的异常，进一步发展则引起组织的病理变化并出现临床体征，当维生素缺乏出现临床症状时称为临床维生素缺乏；在维生素的早期轻度缺乏时，并不一定出现临床症状，但一般有劳动效率降低和对疾病抵抗力下降的表现，这称为亚临床维生素缺乏或不足，也称维生素边缘缺乏。

因此，保证膳食中合理的维生素供给量，不仅能够防止缺乏症的出现，还能维持机体的健康。目前，维生素临床缺乏类的疾病已基本得到控制，而维生素的亚临床缺乏则是营养素缺乏症中的一个重要问题。由于维生素的亚临床缺乏引起的症状一般不具有明显特异性，容易被人们忽略，同时临床上也常见多种维生素混合缺乏的症状和体征。因此，应对此有高度警惕。

4.1.4 维生素及各营养素的相互关系

维生素与其他营养素的关系应当引起密切关注，如硫胺素、核黄素和尼克酸与能量代谢有密切关系，它们的需要量一般是随着机体对能量需要量的增高而增加。此外，也要注意各种维生素之间的关系，如动物实验表明维生素 E 能促进维生素 A 在肝内的贮存，这可能是维生素 E 在肠道内保护维生素 A，使其免遭氧化破坏的缘故，维生素 E 的抗氧化作用依赖谷胱甘肽过氧化物酶（Glutathione peroxidase，GSH-Px）和维生素 C 等抗氧化物质的协同作用，而谷胱甘肽过氧化物酶（GSH-Px）的功能体现又需要微量元素硒的存在。

各种维生素之间，维生素与其他营养素之间保持平衡非常重要，如果摄入某一种营养素不适当，或过量摄入某一种维生素都可能引起其他营养素或各维生素之间的代谢紊乱。

4.2 维生素 A

4.2.1 结构与性质

维生素 A(vitamin A)是第一个被发现的维生素。它是指含有视黄醇结构，并具有其生物活性的一大类物质，其包括已形成的维生素 A 和维生素 A 原以及其代谢产物。视黄醇是淡黄色的晶体，其分子质量为 286.46，是由 β-紫罗酮环的头部和脂肪酸的尾部组成，其尾部有顺式和反式变化，这种变构影响着视黄醇特异的生理功能。其结构如图 4-1 所示：

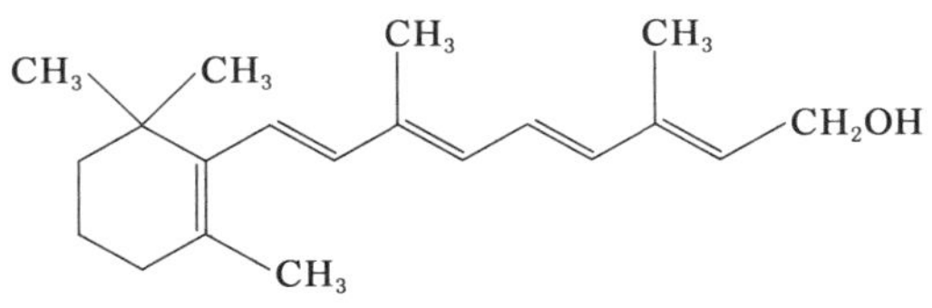

图 4-1 维生素 A 结构式

类维生素 A 是指各种天然维生素 A 的衍生物、胡萝卜素以及人工合成的具有维生素 A 化学结构和功能的物质。动物体内具有视黄醇生物活性功能的类维生素 A 称为已形成的维生素 A，它包括视黄醇（retionl）、视黄醛、视黄酸和视黄基酯复合物。视黄基酯复合物并不具有维生素 A 的生物活性，但它能在肠道中水解产生视黄醇。

在植物中不含有已形成的维生素 A，某些有色植物中含有类胡萝卜素，其中，一小部分可在小肠和肝细胞内转变成视黄醇和视黄醛的类胡萝卜素称为维生素 A 原，如 α-胡萝卜素、β-胡萝卜素、β-隐黄素、γ-胡萝卜素等。目前，已经发现的类胡萝卜素约 600 种，仅有 1/10 是维生素 A 原，其中，最重要的是 β-胡萝卜素。而相当一部分类胡萝卜素，如叶黄素、番茄红素、玉米黄素和辣椒红素等不能分解形成维生素 A，因此，它们不具有维生素 A 的活性。

大多数天然的类维生素 A 溶于脂肪或有机溶剂，对异构化、氧化和聚合作用敏感，特别在高温条件下，紫外线可促进类维生素 A 氧化破坏，因而应避免与氧、高温或光接触。维生素 A 和胡萝卜素都对酸和碱稳定，一般烹调和罐头加工对其影响很小。当食物中含有磷脂、维生素 E、维生素 C 和其他抗氧化剂时，维生素 A 和胡萝卜素较为稳定；脂肪酸败时，所含的维生素 A 和胡萝卜素将会受到严重破坏。

4.2.2 吸收与代谢

食物中的视黄醇一般不以游离形式存在，多数是以与脂肪酸结合成视黄基酯的形式存在，视黄基酯和类胡萝卜素又常与蛋白质结合成复合物。在消化过程中，视黄基酯和维生素 A 原类胡萝卜素先经胃、胰液和肠液中蛋白酶消化水解，从食物中释出，然后在小肠中胆汁、胰脂酶和肠脂酶的共同作用下释放出脂肪酸、游离的视黄醇以及胡萝卜素。释放出的游离视黄醇和类胡萝卜素与其他脂溶性食物成分形成胶团,通过小肠绒毛的糖蛋白层进入肠黏膜细胞。维生素 A 和类胡萝卜素的吸收存在着差别,膳食中有 70%～90% 的视黄醇被吸收,而类胡萝卜素却只有 10%～50% 的被吸收,类胡萝卜素的吸收随着其摄入量的增加而降低,有时甚至低于 5%。

在小肠黏膜细胞内 β-胡萝卜素-15,15′-二加氧酶的作用下,β-胡萝卜素转化成视黄醛,后者与细胞视黄醛结合蛋白结合,在视黄醛还原酶的作用下结合的视黄醛转变成视黄醇。理论上一分子的 β-胡萝卜素能够生成两分子的视黄醇,但在体内这种情况难以实现,其原因是 β-胡萝卜素-15,15′二加氧酶活性相当的低,大部分 β-胡萝卜素没有得到氧化。据估计大约只有 12 mg 的 β-胡萝卜素才可产生 1 mg 视黄醇的活性,而 24 mg 的其他维生素 A 原类胡萝卜素(如 α-胡萝卜素、γ-胡萝卜素)才能产生 1 mg 视黄醇的活性,没有转变成视黄醇的类胡萝卜素可被吸收并转运至血液和组织。

视黄醇在细胞内被氧化成视黄醛,再进一步被氧化成视黄酸。在小肠黏膜细胞内视黄醛和视黄醇相互转化,但视黄醛转变成视黄酸的反应却不可逆。与视黄醇不同的是,视黄酸经门静脉吸收并与血浆白蛋白紧密结合后在血液中运输。在小肠黏膜细胞中结合的视黄醇重新酯化成视黄基酯,并与少量未酯化的视黄醇、胡萝卜素和叶黄素以及其他的类胡萝卜素一同掺入乳糜微粒进入淋巴管,经胸导管进入体循环。

肝脏贮存类胡萝卜素能力有限,过多的类胡萝卜素由血浆脂蛋白运至脂肪组织贮存。血浆中胡萝卜素的水平可反映近期胡萝卜素摄入的情况,而不反映体内贮存水平。肝脏是贮存维生素 A 的主要器官,视黄醇主要以棕榈酸视黄酯的形式贮存在肝星状细胞(80%～95%)和肝主细胞。肾脏中视黄醇贮存量约为肝脏的 1%,眼的色素上皮细胞也有少量视黄醇贮存。

视黄醇从肝脏运至靶器官取决于由肝实质细胞合成和分泌的视黄醇结合蛋白(retinol binding protcin,RBP)。视黄醇先与视黄醇结合蛋白按 1∶1 结合成视黄醇-视黄醇结合蛋白复合体,后者在血浆中再与转甲状腺蛋白(Transthyretin,TTR)形成视黄醇-视黄醇结合蛋白-转甲状腺蛋白复合体。视黄醇-视黄醇结合蛋白-转甲状腺蛋白复合体是循环中维生素 A 的主要存在形式,它不被肾小球滤过,其循环半衰期为 11 h。靶细胞能够摄取视黄醇-视黄醇结合蛋白-转甲状腺蛋白复合体,靶细胞膜上的特异性受体识别视黄醇结合蛋白,复合体释放视黄醇,经细胞融合作用,视黄醇进入细胞内(图 4-2)。视黄醇结合蛋白在血液的浓度可以反映机体维生素 A 的营养水平,可以用放射免疫法测定。

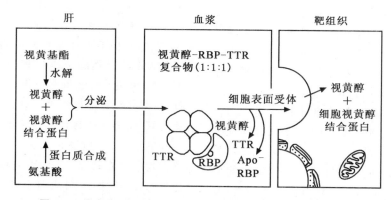

图 4-2　维生素 A 在肝脏的代谢、血浆的转运及靶组织的摄取

维生素 A 在体内被氧化成一系列的代谢产物,后者与葡萄糖醛苷结合后由胆汁进入粪便排泄。大约 70% 的维生素 A 经此途径排泄,其中一部分经肠—肝循环再吸收入肝脏;大约 30% 的代谢产物由肾脏排泄。类胡萝卜素主要通过胆汁排泄。

4.2.3　生理功能

4.2.3.1　与视觉有关

维生素 A 参与构成视觉细胞内的感光物质。人体眼睛视网膜上有两种视觉细胞,按其形状和功能分为锥状细胞和杆状细胞,前者与明视有关,后者与暗视有关。这两种细胞都含有对光敏感的视色素，两种视色素分别由不同的视蛋白和维生素 A 组成，如杆状细胞中的视紫红质是由 11-顺式视黄醛的醛基和视蛋白内赖氨酸的 ε-氨基通过形成 schiff 碱键缩合而成，它在光照时分解在暗处合成。

当光线照射时，视紫红质中的 11-顺式视黄醛转变异构化为全反式视黄醛，并与视蛋白分离。在这一过程中感光细胞超极化，引发神经冲动传入大脑形成影像，这一过程称为光适应。此时若进入暗处会因视紫红质的消失对光不敏感而不能见物。如继续在光线暗处停留片刻，视紫红质的分解减少，体内的维生素 A 又可通过一系列反应生成 11-顺式视黄醛，在暗光下再与视蛋白结合重新生成视紫红质，恢复对光的敏感性，从而可在暗光下见物，这一过程称为暗适应。暗适应的快慢取决于照射光的波长、强度和照射时间，同时也取决于体内维生素 A 营养状况的水平。

机体内并不是所有与视蛋白分离的视黄醛都可反复利用形成视紫红质，在以上的转化过程中要损失掉一部分视黄醇，因而需要持续补充维生素 A 以满足视黄基酯的水平。当维生素 A 不足时暗适应时间会延长。这种现象在儿童中比较明显，因为儿童没有足够的时间建立起体内维生素 A 的贮存。视黄醛除作为视网膜中的感光物质成分将光刺激转成神经信号，在脑内产生视觉外，视黄酸还具有促进眼睛各组织结构的正常分化和维持正常视觉的作用。

4.2.3.2　维持机体正常的免疫功能

维生素 A 通过调节细胞免疫和体液免疫来提高免疫功能，它可能与增强巨噬细胞和自然杀伤细胞的活力以及改变淋巴细胞的生长或分化有关。此外，维生素 A 促进上皮细胞的完整性和分化，也有利于抵抗外来致病因子的作用。

4.2.3.3　促进正常的生长和发育

维生素 A 在细胞分化中具有重要作用，动物实验表明在幼年动物膳食中如果缺乏维生素 A，待体内贮存的维生素 A 耗尽后生长就停止。这是由于一方面，缺乏维生素 A，味蕾角质化引起食欲减退；另一方面，维生素 A 能促进骨细胞的分化和成熟，缺乏时骨骼生长将停止。因此，维生素 A 对胎儿、幼儿的生长发育具有重要意义。缺乏维生素 A 的儿童会出现生长停滞，发育迟缓，骨骼发育不良；缺乏维生素 A 的孕妇所生的新生儿体重减轻。

4.2.3.4　参与细胞膜表面糖蛋白合成

细胞膜表面的功能，如细胞连接、受体识别、细胞黏附和细胞聚集等与细胞表面的糖蛋白密切相关。维生素 A 被认为在糖蛋白的合成中发挥重要作用，其可能机制是视黄醇与腺苷三磷酸（adenosine triphosphate，ATP）结合成视黄基磷酸酯，在 GDP-甘露糖存在条件下，视黄基磷酸酯转变为视黄醇-磷酸-甘露醇的糖脂，后者进一步将甘露糖转移到糖蛋白上，形成甘露糖-糖蛋白。糖蛋白糖苷部分的变化则改变细胞膜表面的诸多功能。

4.2.3.5　抗氧化作用

类胡萝卜素能捕捉自由基，淬灭单线态氧，提高抗氧化防御能力。流行病学研究表明，高维生素 A 和 β-胡萝卜素摄入量者患肺癌等上皮癌症的危险性减少。

4.2.3.6　抑制肿瘤生长

维生素 A 可促进上皮细胞的正常分化，抑制癌变。动物实验研究发现维生素 A 可降低 3,4-苯丙芘对大鼠肝、肺的致癌作用，也可抑制亚硝胺对食道的致癌作用。因此，维生素 A 的类似物，如 1,3-顺式视黄酸在临床上已被用于预防与上皮组织有关的癌症，如皮癌、肺癌、膀胱癌、乳腺癌等，还用于治疗急性粒细胞性白血病。

维生素 A 对人体生理功能的影响是多方面的，除上述诸多方面外，研究也已深入到维生素 A 对机体活性分子的作用。如维生素 A 影响一些酶的作用，包括合成肾上腺皮质类固醇所需要的酶。由于缺乏维生素 A 的大鼠在合成抗坏血酸时减少，而这种辅因子缺乏将影响类固醇的合成，又因为合成抗坏血酸所需要的古洛糖酸内酯氧化酶对维生素 A 的需要很敏感，因而间接影响了酶的作用。

4.2.4　缺乏与过量

维生素 A 缺乏依然是许多发展中国家所面临的一个主要公共卫生问题，发生率相当高，在非洲和亚洲许多发展中国家的部分地区甚至呈地方性流行趋势。

目前，我国人群中维生素 A 缺乏病的发生率已明显下降，但在边远农村地区仍有流行，儿童中的亚临床状态缺乏现象还相当普遍。婴幼儿和儿童维生素 A 缺乏的发生率远高于成人，这主要是因为孕妇血液中的维生素 A 不易通过胎盘屏障进入胎儿体内,所以初生儿体内维生素 A 贮存量相对较低。

维生素 A 缺乏最早的症状是暗适应能力下降,严重者可致夜盲症,即在暗光下看不清四周的物体。维生素 A 缺乏还可引起眼干燥症,进一步发展可致失明,所以维生素 A 又称抗干眼病维生素。儿童维生素 A 极度缺乏最重要的临床诊断体征是眼结膜毕脱氏斑,继续发展下去则可导致失明。

维生素 A 缺乏除了引起眼部症状外,还会引起机体不同组织上皮干燥、粗糙、增生及角质化,以至出现各种症状,如皮脂腺及汗腺角化致皮肤干燥,毛囊角化过度致毛囊丘疹与毛发脱落,食欲降低,易感染。特别是儿童、老人容易引起呼吸道炎症,严重时可引起死亡。另外,维生素 A 缺乏时,血红蛋白合成代谢障碍,免疫功能低下,儿童生长发育迟缓。

由于维生素 A 易在体内贮存,当过量摄入维生素 A 时易引起急性中毒、慢性中毒及致畸毒性。急性中毒其早期症状为恶心、呕吐、头疼、眩晕、视觉模糊、肌肉失调、婴儿囟门突起。慢性中毒比急性中毒常见,维生素 A 使用剂量为其 RDA 的 10 倍以上时可发生,常见症状是头痛、食欲降低、脱发、肌肉疼痛和僵硬、皮肤干燥瘙痒、复视、出血、呕吐和昏迷等。过量的维生素 A 可引起细胞膜的不稳定和某些基因的不适当表达。动物试验证明,维生素 A 摄入过量可导致胚胎流产、出生缺陷。摄入普通食物一般不会引起维生素 A 过量摄入,绝大多数是过量摄入维生素 A 浓缩制剂引起,也有食用熊肝或鲨鱼肝引起维生素 A 中毒的报道。

大量摄入类胡萝卜素一般不会引起毒性作用,其原因是类胡萝卜素在体内向视黄醇转变的速率较慢;另外,随着类胡萝卜素摄入增加,其吸收减少。大剂量的类胡萝卜素摄入可出现高胡萝卜素血症,皮肤出现类似黄疸改变,但停止使用类胡萝卜素后症状会慢慢消失,未发现其他毒性。

4.2.5 膳食参考摄入量与食物来源

膳食或食物中全部具有视黄醇活性物质常用视黄醇活性当量(retinol activity equivalents,RAE)来表示。视黄醇活性当量=膳食或补充剂来源全反式视黄醇(μg)+1/2 补充剂纯品全反式 β-胡萝卜素(μg)+1/12 膳食全反式 β-胡萝卜素(μg)+1/24 其他膳食维生素 A 原类胡萝卜素(μg)。

我国成人维生素 A 的推荐摄入量为,男性

800 μg RAE/d,女性 700 μg RAE/d,可耐受最高摄入量(UL)为 3 000 μg RAE/d。维生素 A 的安全摄入量范围较小,大量摄入有明显毒性作用。在某些特殊条件下,机体对维生素 A 需求增加时,如果每天摄入 6 500~12 000 μg RAE 达 1 个月以上时,有可能引起中毒症状的出现。因此,维生素 A 的正常供给量与中毒量之间的范围较窄,而 β-胡萝卜素是维生素 A 的安全来源。

维生素 A 最好的来源是动物性食品,其中以肝脏、鱼肝油、鱼卵、全奶、奶油、蛋黄等含量丰富;植物性食品只能提供维生素 A 原类胡萝卜素。胡萝卜素主要存在于一些有色的蔬菜和水果中,如冬寒菜、菠菜、空心菜、莴笋叶、芹菜叶、胡萝卜、红心红薯、辣椒及杞果、杏子及柿子等。

除膳食来源之外,维生素 A 补充剂也常使用,应注意其使用剂量不宜过高,否则容易引起中毒。

4.3 维生素 D

4.3.1 结构与性质

维生素 D 是类甾醇衍生物,它具有抗佝偻病的作用,故又称抗佝偻病维生素。它是含环戊烷氢烯菲环的结构、并具有钙化醇生物活性的一大类物质,以维生素 D_2(麦角钙化醇)及维生素 D_3(胆钙化醇)最为常见。

由于维生素 D_3 是在身体的皮肤中产生,但要运往靶器官才能发挥生理作用,故有学者认为维生素 D_3 实质上是激素。由于从膳食摄入或由皮肤合成的维生素 D 没有生理活性,必需转运到其他部位激活才具有生理作用,即它们是有活性作用的维生素 D 的前体。它是作为调节钙和磷代谢的激素前体之一,又称为激素原。在某些特定条件下,如工作或居住在日照不足、空气污染地区,维生素 D 必须由膳食供给才成为一种真正的维生素,所以又认为维生素 D_3 是条件性维生素。

维生素 D_2 是由酵母菌或麦角中的麦角固醇经紫外光(如太阳)照射生成,虽然这种维生素也存在于自然界,但存量极微,它可以被人体吸收。维生素 D_3 是在同类物中最重要的一种,又名胆钙化醇,是由贮存于皮下的胆固醇的衍生物(7-脱氢胆固醇),在紫外光照射下转变而成。其结构式如图 4-3 所示:

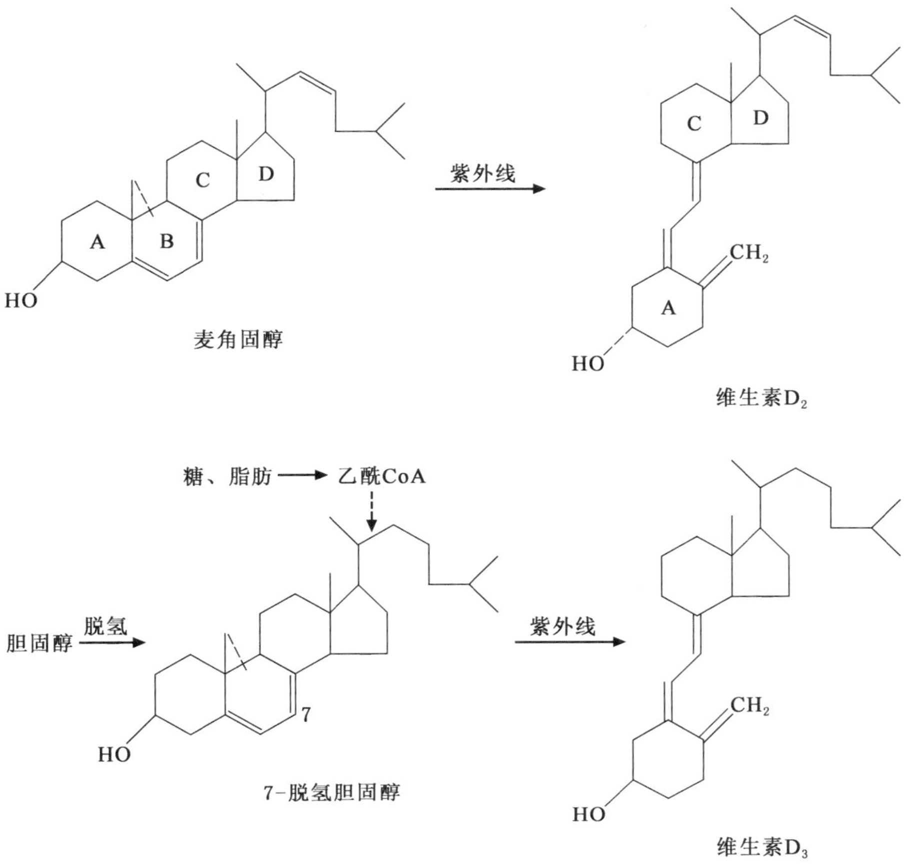

图 4-3 维生素 D_2 及维生素 D_3 的生成

维生素 D_2 和维生素 D_3 皆为白色晶体，溶于脂肪和脂溶性溶剂，其化学性质比较稳定，在中性和碱性溶液中耐热，不易被氧化，在 130℃ 下加热 90 min，其生理活性依然保存，但在酸性溶液中则逐渐分解，故通常的烹调加工不会引起维生素 D 的损失，但脂肪酸败可引起维生素 D 破坏。过量辐射线照射可形成具有毒性的化合物。

4.3.2 吸收与代谢

人类可从皮肤合成和膳食这两条途径中得到维生素 D(图 4-4)。食物中的维生素 D 进入小肠后，在胆汁的协助下与其他脂溶性物质一起形成胶团被动吸收入小肠黏膜细胞。食物中 50%～80% 的维生素 D 会被小肠吸收。吸收后的维生素 D 在小肠乳化形成乳糜微粒经淋巴入血循。在血液中，部分维生素 D 与一种特异载体蛋白，即维生素 D 结合蛋白(vitamin D binding protein，DBP)结合并由其携带运输，维生素 D 结合蛋白是血浆中的 α-球蛋白。

在皮肤中产生的维生素 D_3 缓慢扩散入血液，由维生素 D 结合蛋白携带运输。在血浆中约 60% 的维生素 D_3 与维生素 D 结合蛋白结合运输。有相当一部分与维生素 D 结合蛋白结合的维生素 D_3 在被肝脏摄取之前进入肝外组织，如肌肉和脂肪。

无论是由乳糜微粒，还是由维生素 D 结合蛋白携带进入肝脏的维生素 D_3(或维生素 D_2)都被肝脏内 D_3-25 羟化酶催化生成 25-(OH)-D_3。后者由肝脏分泌入血液并由维生素 D 结合蛋白携载运输至肾脏，在 25-(OH)-D_3-1 羟化酶和 25-(OH)-D_3-24 羟化酶的催化下，进一步被氧化成 1,25-(OH)$_2$-D_3 和 24,25-(OH)$_2$-D_3。一旦 1,25-(OH)$_2$-D_3 合成后便由肾脏释放入血，与维生素 D 结合蛋白松散式结合，并运输至各个靶器官而发挥其生物学效应。

维生素 D 的激活取决于肝脏和肾脏的 D_3-25-羟化酶和 25-(OH)-D_3-1 羟化酶的生物学作用。D_3-25-羟化酶较少受到其他因素的调节，而 25-(OH)-D_3-1 羟化酶易受到多种因素的影响，主要包括甲状旁腺激素(parathyroid hormone，PTH)、血钙浓度、1,25-(OH)$_2$-D_3 浓度和食物中磷的含量。甲状旁腺激素、

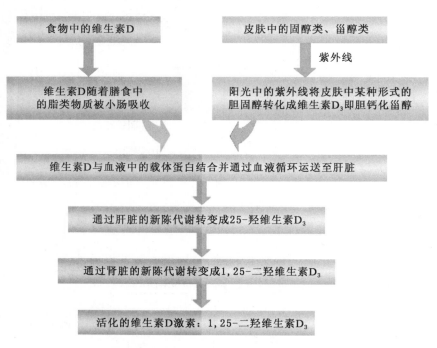

低钙和低 $1,25\text{-}(OH)_2\text{-}D_3$ 浓度和低磷膳食摄入可以刺激 $25\text{-}(OH)\text{-}D_3\text{-}1$ 羟化酶活性,反之则抑制其活性。

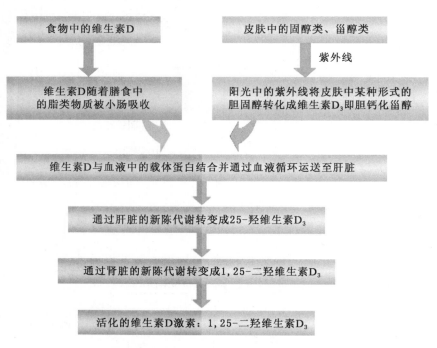

图 4-4 维生素 D 的两种来源及肝脏、肾脏的两次羟化过程

4.3.3 生理功能

维生素 D 的活性形式 $1,25\text{-}(OH)_2\text{-}D_3$ 作用于小肠、肾、骨等靶器官,参与维持细胞内、外钙浓度以及钙磷代谢的调节。此外,它还作用于其他很多器官如心脏、肌肉、大脑、造血和免疫器官,参与细胞代谢或分化的调节。

4.3.3.1 促进小肠钙的吸收转运

$1,25\text{-}(OH)_2\text{-}D_3$ 进入小肠黏膜上皮细胞核,可以影响 DNA 的转录和 mRNA 的翻译。$1,25\text{-}(OH)_2\text{-}D_3$ 可诱导一种特异的钙结合蛋白质(calcium-binding protein,CaBP)合成和促进 Ca-ATP 酶的活性。钙结合蛋白质的作用是能把钙从面向肠腔的刷状缘处主动转运通过细胞而进入血液循环,所引起的血钙升高可以促进骨中钙的沉积。一分子钙结合蛋白质可与 4 个钙离子结合,因此,它可被视为参与钙运输的载体。$1,25\text{-}(OH)_2\text{-}D_3$ 能增加碱性磷酸酶的活性,促进磷酸酯键的水解和磷的吸收。

4.3.3.2 促进肾小管对钙、磷的重吸收

$1,25\text{-}(OH)_2\text{-}D_3$ 对肾脏也有直接作用,能促进肾小管对钙、磷的重吸收,而减少其从尿液中排出。

4.3.3.3 对骨细胞呈现多种作用

当血液中钙浓度降低时,$1,25\text{-}(OH)_2\text{-}D_3$ 能动员骨组织中的钙和磷释放入血液,以维持正常的血钙浓度。这一作用可能与 $1,25\text{-}(OH)_2\text{-}D_3$ 通过核受体诱导干细胞分化为成熟的破骨细胞和增加破骨细胞的活性有关。

4.3.3.4 通过维生素 D 内分泌系统调节血钙平衡

目前,已确认存在维生素 D 内分泌系统,其主要的调节因子是 $1,25\text{-}(OH)_2\text{-}D_3$、甲状旁腺激素、降钙素及血清钙和磷的浓度。当血钙降低时,甲状旁腺激素升高,$1,25\text{-}(OH)_2\text{-}D_3$ 增多,通过对小肠、肾、骨等器官的作用来升高血钙水平;当血钙过高时,甲状旁腺激素降低,降钙素分泌增加,尿中钙和磷排出增加。

4.3.3.5 细胞的分化、增殖和生长

$1,25\text{-}(OH)_2\text{-}D_3$ 通过调节基因转录调节细胞的分化、增殖和生长。如上述所,$1,25\text{-}(OH)_2\text{-}D_3$ 可促进干细胞向破骨细胞的分化,抑制成纤维细胞、淋巴细胞以及肿瘤细胞的增殖。$1,25\text{-}(OH)_2\text{-}D_3$ 促进皮肤表皮细胞的分化并阻止其增殖,对皮肤疾病具有

潜在的治疗作用。

4.3.4　缺乏与过量

4.3.4.1　缺乏

维生素 D 缺乏导致肠道吸收钙和磷减少，肾小管对钙和磷的重吸收减少，使得尿中排磷增高，血浆磷浓度下降，影响骨钙化，造成骨骼和牙齿的矿物质异常。缺乏维生素 D 对婴幼儿将引起佝偻病；对成人，尤其是孕妇、乳母和老人，可使已成熟的骨骼脱钙而发生骨质软化症和骨质疏松症。

1. 佝偻病

佝偻病是一种婴幼儿由于严重缺乏维生素 D 或钙、磷而患的一种营养缺乏症。当维生素 D 缺乏时骨骼不能正常钙化，易引起骨骼变软使得凡是受压力较大的骨骼部位都有变形。例如，婴儿的颅骨可因经常枕睡而变形；幼儿刚学会走路时身体重量使得下肢骨弯曲变形，形成"X"形或"O"形腿；胸骨外凸呈"鸡胸"，肋骨与肋软骨连接处形成"肋骨串珠"或漏斗胸；囟门闭合延迟、骨伤变窄和脊柱弯曲；由于腹部肌肉发育不良，易使腹部膨出；牙齿萌出推迟，恒齿稀疏、凹陷，容易发生龋齿。此外，佝偻病患者的血清碱性磷酸酶活性往往偏高。

2. 骨质软化症

成人，尤其孕妇、乳母和老人，在缺乏维生素 D 和钙、磷时，成熟的骨脱钙而发生骨质软化症，主要表现为四肢酸痛，尤以夜间为甚，同时骨质软化，容易变形，孕妇骨盆变形可致难产。

3. 骨质疏松症

骨质疏松症及其引起的骨折是威胁老年人健康的主要疾病之一。据国内外统计，美国 50 岁以上的老年人中有 1/10 患骨质疏松症，而且女性高于男性。我国 60～75 岁老年妇女的骨质疏松症检出率为 50%。老年人由于肝肾功能降低、胃肠吸收欠佳、户外活动减少，故体内维生素 D 水平常常低于年轻人。

4. 手足痉挛症

缺乏维生素 D、钙吸收不足、甲状旁腺功能失调或其他原因造成血清钙水平降低时，可引起手足痉挛症，表现为肌肉痉挛、小腿抽筋、惊厥等。

4.3.4.2　过量

摄入过量的维生素 D 可能会产生毒副作用。维生素 D 的中毒症状包括食欲不振、恶心、呕吐、腹泻等症状，以至发展成动脉、心肌、肺、肾、气管等软组织转移性钙化和肾结石。严重的维生素 D 中毒可以导致死亡，预防维生素 D 中毒最有效的方法是避免滥用。

4.3.5　膳食参考摄入量与食物来源

维生素 D 既来源于天然食物，又可由皮肤合成，因而较难估计膳食维生素 D 的摄入量。但维生素 D 的需要量必须与钙、磷的供给量联系起来考虑。我国成人维生素 D 的推荐摄入量为 $10\ \mu g/d$，可耐受最高摄入量为 $50\ \mu g/d$。

通常下要单从天然食物中获得足够的维生素 D 不是很容易，特别是婴幼儿及特殊工作环境下人员，因而经常晒太阳享受日光浴是人体廉价获得充足有效的维生素 D_3 最好来源。

维生素 D 主要存在于海水鱼（如沙丁鱼）、肝、蛋黄等动物性食品及鱼肝油制剂中，但服用鱼肝油制剂切不可过量，否则容易导致中毒。人奶和牛乳中维生素 D 含量较低，蔬菜、谷类及其制品和水果通常只含有少量的维生素 D 或几乎没有维生素 D 的活性。我国不少地区通过服用维生素 D 制剂或使用维生素 D 强化牛奶，使维生素 D 缺乏症得到了有效的控制及预防。

4.4　维生素 E

4.4.1　结构与性质

维生素 E 是指含苯并二氢吡喃结构，具有 α-生育酚生物活性的一类化合物。由于它与动物的生育有关，同时也具有酚的性质，故又称作生育酚（tocopherols）。目前，已有 8 种具有维生素 E 活性的化合物从植物中分离出来，它包括 4 种生育酚和 4 种生育三烯酚（tocotrienols）。其中，α-生育酚的生物活性最高，故通常以 α-生育酚作为维生素 E 的代表进行研究。生育酚有饱和的 16 碳侧链，在 R_1、R_2 和 R_3 处以甲基作不同的取代，故有 4 种生育酚（即 α-T、β-T、γ-T、δ-T）和 4 种生育三烯酚（即 α-TT、β-TT、γ-TT、δ-TT）共 8 种形式。它们的结构式如图 4-5 所示：

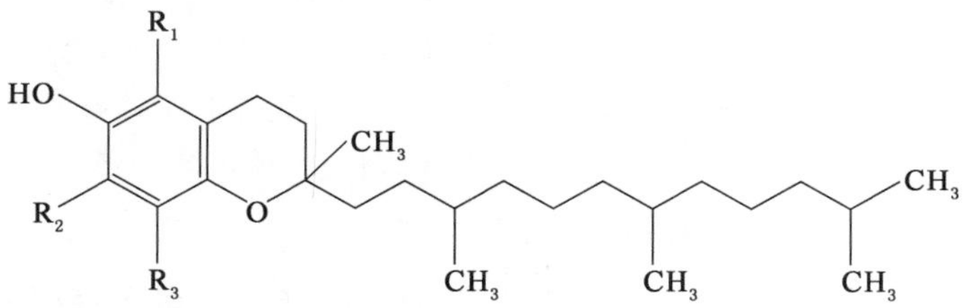

生育酚

	R₁	R₂	R₃	相对生物活性
α-生育酚	CH₃	CH₃	CH₃	1
β-生育酚	CH₃	H	CH₃	0.25~0.5
γ-生育酚	H	CH₃	CH₃	0.1~0.35
δ-生育酚	H	H	CH₃	很小

图 4-5　维生素 E 结构式

α-生育酚是黄色油状液体,溶于乙醇、脂肪和脂溶性溶剂,对热和酸稳定,对碱不稳定,但对氧极为敏感,易被氧化破坏;在酸败油脂中维生素 E 容易被破坏。食物中的维生素 E 在一般烹调时损失不大,但油炸时维生素 E 的活性明显降低。

4.4.2　吸收与代谢

生育酚在食物中可以游离的形式存在,而生育三烯酚则以酯化的形式存在,它必须经胰脂酶和肠黏膜酯酶水解后才被吸收。游离的生育酚或生育三烯酚与其他脂类消化产物在胆汁的协助下,以胶团的形式被动扩散吸收,然后掺入乳糜微粒经淋巴系统而不是门静脉进入血液循环。

在血液中的维生素 E 可从乳糜微粒转移到其他的脂蛋白,如高密度脂蛋白、低密度脂蛋白和极低密度脂蛋白进行运输及转移到红细胞膜,在红细胞膜上发现有生育酚结合蛋白。极低密度脂蛋白是由肝脏产生的,肝脏中的维生素 E 组合到极低密度脂蛋白中可有与肝 α-生育酚转移蛋白有关。维生素 E 主要由低密度脂蛋白运输,在保护低密度脂蛋白免遭氧化损伤方面起重要的作用。由于维生素 E 溶于脂质并主要由脂蛋白转运,所以血浆维生素 E 的浓度与血浆总脂浓度的关系密切,组织对维生素 E 的摄取也与食入量成比例。

大部分维生素 E 在脂肪细胞中以非酯化的形式存在,少量贮存在肝、肺、心脏、肌肉、肾上腺和大脑。当人体大量摄入时,它便转变为生育醌的内酯,并以葡萄糖醛酸的形式通过尿液排出。脂肪组织中的维生素 E 的贮存随维生素 E 摄入剂量的增加而呈线性

增加,而其他组织的维生素 E 基本不变或很少增加。相反,当机体缺乏维生素 E 时,肝脏和血浆的维生素 E 下降很快,而脂肪中维生素 E 的降低相当慢。维生素 E 的排泄途径主要是粪便,少量由尿中排出。

4.4.3　生理功能

4.4.3.1　抗氧化作用

维生素 E 是氧自由基的清道夫它与其他抗氧化物质以及抗氧化酶包括超氧化物歧化酶和谷胱甘肽过氧化物酶等一起构成体内抗氧化系统。它保护生物膜上的不饱和脂肪酸、细胞骨架及其他蛋白质的巯基免受自由基的攻击。

在非酶抗氧化系统中维生素 E 是重要的抗氧化剂,其他还有类胡萝卜素、维生素 C、硒和谷胱甘肽等。机体在代谢的过程中不断产生自由基,而生育酚能捕捉自由基,使其苯并吡喃环上酚基失去一个氢原子而形成生育酚羟自由基,即氧化型维生素 E。氧化型维生素 E 在维生素 C、谷胱甘肽和还原型辅酶Ⅱ的参与下重新还原成还原型生育酚。可见,体内抗氧化功能是由复杂的体系共同完成的,维生素 E 仅是这个体系的一个重要组成成分。

许多研究提示,氧化状态的升高与一些疾病的发生关系密切,如动脉粥样硬化、肿瘤等。动物实验研究和人群调查研究提示,维生素 E 具有防治这些与氧化损伤相关疾病的作用,但目前人群的干预研究仍缺乏有力的证据。

4.4.3.2　预防衰老

人们随着年龄增长体内脂褐质不断增加,脂褐

质俗称老年斑,是细胞内某些成分被氧化分解后的沉积物。通过动物实验研究发现,给予老年动物维生素 E 后可消除脑组织等细胞中的过氧化脂质色素,并可改善皮肤弹性。补充维生素 E 可减少细胞中的脂褐质的形成,同时还可改善皮肤弹性,使性腺萎缩减轻,提高免疫能力。因此,维生素 E 在预防衰老中具有重要意义。

4.4.3.3 与动物的生殖功能和精子生成有关

动物实验发现维生素 E 与性器官的成熟及胚胎的发育有关,大鼠缺乏时将引起生殖系统损害,可使生殖上皮发生不可逆变性,若受孕雌鼠吃无维生素 E 的饲料,胚胎将会死亡。对于人类尚未发现有因维生素 E 缺乏而引起的不育症,但在临床上常用维生素 E 治疗先兆流产和习惯性流产。

4.4.3.4 调节血小板的黏附力和聚集作用

维生素 E 缺乏时血小板聚集和凝血作用增强,增加心肌梗死及脑卒中的危险性。这是由于维生素 E 可抑制磷酯酶 A_2 的活性,减少血小板血栓素 A_2 的释放,从而抑制血小板的聚集。

4.4.3.5 其他

维生素 E 可抑制体内胆固醇合成限速酶,如 β-羟-β 甲基戊二酸单酰辅酶 A 还原酶的活性,而降低血浆胆固醇水平;维生素 E 也可抑制肿瘤细胞的生长和增殖,其作用机制可能与抑制细胞分化及生长密切相关的蛋白激酶的活性有关;维生素 E 能保护 T 淋巴细胞,从而有增强人体免疫功能的作用;维生素 E 还能保护神经系统、骨骼肌及视网膜的正常生理功能。

4.4.4 缺乏与过量

维生素 E 缺乏在人类较为少见,但可出现在低体重的早产儿、血 β-脂蛋白缺乏症和脂肪吸收障碍的患者。长期食用缺乏维生素 E 的膳食后,可出现视网膜褪变、蜡样质色素积聚、溶血性贫血(即红细胞脆性增加及寿命缩短)、肌无力、神经退行性病变、小脑共济失调和震动感觉丧失等。早产婴儿或用配方食品喂养的婴儿由于体内缺乏维生素 E 易患前述的溶血性贫血,可用维生素 E 治疗,使其血红蛋白恢复正常水平。

在脂溶性维生素中,维生素 E 毒性相对较低。但大剂量维生素 E(摄入 800 mg/d 以上)可能出现中毒症状,如肌无力、视觉模糊、恶心、腹泻以及维生素 K 的吸收和利用障碍。

4.4.5 膳食参考摄入量与食物来源

各种维生素 E 的生物活性水平与它的抗氧化作用一致,但其生物活性并不总是与其抗氧化作用呈正相关,有的维生素 E 表现抗氧化活性较高,而其他的功能活性较低。如在其他功能方面 α-生育三烯酚仅有 α-生育酚的 1/3,但其抗氧化能力相当于或高于 α-生育酚;γ-生育三烯酚具有抑制 3-羟基-3-甲基戊二酰辅酶 A 还原酶活性的作用,而其他形式的维生素 E 则没有。

4 种生育酚中以 α-生育酚含量最多(约 90%),活性最高。如果将 α-生育酚的生物活性定为 100,β-生育酚的相对活性则为 50 左右,γ-生育酚为 10 左右,所有的三烯酚为 30 左右。α-生育酚有两个来源,即天然的生育酚和人工合成生育酚,人工合成 dl-α-生育酚的活性相当于天然 d-α-生育酚活性的 74%。

维生素 E 的活性可用 α-生育酚当量来表示,规定 1 mg α-生育酚相当于 1 mg RRR-α-生育酚(d-α-生育酚)的活性。膳食中总 α-生育酚当量(mg)=$[1 \times \alpha$-生育酚(mg)$]+[0.5 \times \beta$-生育酚(mg)$]+[0.1 \times \gamma$-生育酚(mg)$]+[0.02 \times \delta$-生育酚(mg)$]+[0.3 \times \alpha$-生育三烯酚(mg)$]$。

我国成人膳食维生素 E 的适宜摄入量为 14 mg α-生育酚/d,可耐受最高摄入量为 700 mg α-生育酚/d。维生素 E 在自然界中分布很广,一般情况下不会发生缺乏。当多不饱和脂肪酸食用量大的情况下,维生素 E 的需求可适当增加。人类所需维生素 E 大多来自谷类和食用植物油脂,其中含量丰富的食品有植物油、麦胚、硬果、种子类、豆类及其他谷类,蛋类、肉类、鱼类、水果及蔬菜含量甚少。有些油制品中含 γ-生育酚多于 α-生育酚。在加工、贮存和制备食物时相当一部分维生素 E 因氧化而损失。

4.5 维生素 B₁

4.5.1 结构与性质

维生素 B₁ 也称硫胺素(thiamin),它的化学结构是由含硫的噻唑环和含氨基的嘧啶环通过一个亚甲基连接而成。因发现其与预防和治疗脚气病有关,

所以又称抗脚气病维生素。其结构如图式4-6所示：

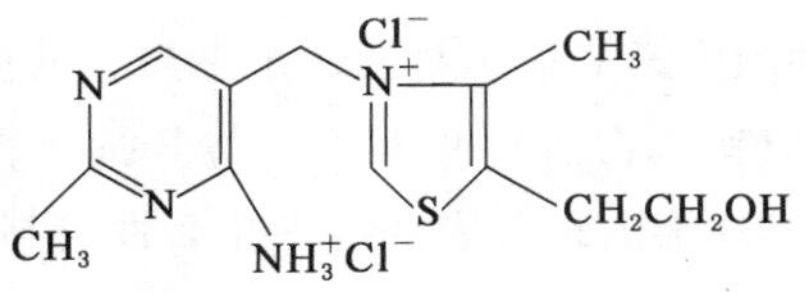

$$\text{结构式}$$

图4-6 维生素 B_1 结构式

维生素 B_1 为白色针状晶体，它溶于水，微溶于乙醇，气味似酵母，在酸性溶液中较稳定，加热不易分解。在碱性溶液中极不稳定，铜离子可加快其破坏。当氧化剂存在时易被氧化产生脱氢硫胺素，后者在紫外光照射下呈蓝色荧光，可利用这一特性进行定性定量分析。鱼类肝脏中含硫胺素酶，它能分解破坏维生素 B_1，但此酶经加热即被破坏。

4.5.2 吸收与代谢

维生素 B_1 的吸收部位在空肠和回肠。浓度较低时，主要以载体介导的主动转运吸收；浓度较高时，被动扩散占优势，但效率较低。小肠黏膜游离的维生素 B_1 可被磷酸化成磷酸酯，经黏膜细胞的基底膜侧转运入血。维生素 B_1 以不同磷酸化形式存在于体内，包括一磷酸硫胺素（TMP）、二磷酸硫胺素（TDP）、焦磷酸硫胺素（TPP）以及三磷酸硫胺素（TTP）。机体中游离的维生素 B_1 及其磷酸化形式均以不同比例存在，其中以焦磷酸硫胺素最为丰富，约占总维生素 B_1 的80%，而三磷酸硫胺素占5%～10%，其余为游离的维生素 B_1 和一磷酸硫胺素。体内4种形式的维生素 B_1 可相互转化。

血液中的维生素 B_1 主要通过红细胞转运。维生素 B_1 在体内的生物半衰期为9～18 d，所以体内贮存的维生素 B_1 在3周内就会耗尽。维生素 B_1 可在肾脏等组织中分解而转运到血液及相关组织，再进行磷酸化或由肾脏随尿液排出体外。

4.5.3 生理功能

4.5.3.1 与体内能量代谢有关

维生素 B_1 通常以焦磷酸硫胺素的形式作为碳水化合物代谢过程中氧化脱羧酶和转酮醇酶的辅酶参与能量代谢，丙酮酸和 α-酮戊二酸氧化脱羧反应都必须有焦磷酸硫胺素的参与。体内若缺乏维生素 B_1，焦磷酸硫胺素合成量不足，会导致丙酮酸和 α-酮戊二酸在体内蓄积，造成糖的有氧氧化受阻，影响能量代谢，最终导致蛋白质、脂类在体内的合成受到影

响。当维生素 B_1 早期缺乏时转酮醇酶的活性明显下降，所以测定红细胞中转酮醇酶活性，可作为评价维生素 B_1 营养状况的一种可靠方法。

4.5.3.2 在神经生理上的作用

维生素 B_1 在神经组织中可能具有特殊的非酶作用，当其缺乏时可影响某些神经递质如乙酰胆碱的合成和代谢。乙酰胆碱能够促进胃肠蠕动和腺体分泌，其可被胆碱酯酶水解而失去活性。维生素 B_1 是胆碱酯酶的抑制剂，当胆碱酯酶缺乏时胆碱酯酶活性增强，使乙酰胆碱分解加速而导致胃肠蠕动减缓，消化液分泌减少，出现消化不良。因此，临床上维生素 B_1 常被用作治疗消化道疾病的辅助药物。

4.5.3.3 与心脏功能有关

维生素 B_1 缺乏会引起心脏功能失调，可能是由于维生素 B_1 缺乏使组织中的血流量增加，导致心脏输出负担过重，或由于心肌能量代谢不全所致。

4.5.4 缺乏与过量

维生素 B_1 缺乏的原因主要有以下几种：①摄入过少。如长期大量食用精米白面，同时又缺乏其他富含维生素 B_1 食物的摄入，容易造成维生素 B_1 缺乏；煮粥、蒸馒头等加入过量的碱也会造成维生素 B_1 的大量破坏。②需求量增加。维生素 B_1 摄入量与机体总能量摄入量成正比，如生长发育旺盛期、妊娠哺乳期、强体力劳动和运动员对维生素 B_1 需要量相对较高。若摄入含糖较高的食物，维生素 B_1 的需要量也应相应增加。③机体吸收或利用障碍。如长期慢性腹泻、酗酒以及肝、肾疾病等均影响焦磷酸硫胺素的合成。

维生素 B_1 缺乏症又称脚气病，主要发生在以精白米面为主食的国家。根据临床症状分为以下几种：①干性脚气病。以多发性神经炎为主要症状，腓肠肌压痛痉挛、腿沉重麻木并有蚁行感，后期感觉消失，肌肉萎缩，共济失调。②湿性脚气病。以下肢水肿和心脏症状为主，出现心悸、气促、心动过速和水肿，特别是下肢水肿。严重者或处理不及时，常导致心力衰竭。③急性暴发性脚气病。以心力衰竭为主，伴有膈神经和喉返神经瘫痪症状，进展较快。④婴儿脚气病。多发生于维生素 B_1 缺乏的母乳喂养的婴儿，常发生在出生6月龄以前的婴儿，以心血管系统紊乱症状为主，早期表现食欲不振、心跳快、水肿，晚期表现心力衰竭症状，易被误诊为肺炎合并

心力衰竭。

此外，长期酗酒者可出现 Wernicke's-Korsakoff 综合征，其表现为眼肌麻痹、眼球震颤、运动失调、近期记忆丧失、精神错乱等症状。

虽然有大剂量非胃肠道途径进入体内的毒性报道，但还没有维生素 B_1 经口摄入而中毒的证据。维生素 B_1 中毒很少见，主要是因为摄入过量的维生素 B_1 很容易在肾脏排除。

4.5.5　膳食参考摄入量与食物来源

维生素 B_1 与碳水化合物的代谢关系密切，其供给量与机体每日能量的总摄入量成正比。我国膳食维生素 B_1 的推荐摄入量为：成年男性 1.4 mg/d、女性 1.2 mg/d、孕妇及乳母的供给量可适当增加、从事重体力劳动者应按能量增加比例去相应增加推荐摄入量。

维生素 B_1 含量丰富的食物有谷类、豆类及坚果类，动物内脏、瘦肉、蛋类中含量也较高。日常膳食中的维生素 B_1 主要来自谷类，但是谷类加工过于精细，维生素 B_1 含量逐渐减少。此外，烹调加工也可造成食物中的维生素 B_1 发生不同程度的损失。

4.6　维生素 B_2

4.6.1　结构与性质

维生素 B_2 又称核黄素(riboflavin)，是带有核糖醇侧链的异咯嗪衍生物。也可认为是核糖醇与 6,7-二甲基异咯嗪缩合而成，分子式为 $C_{17}H_{20}N_4O_6$。其结构式如图 4-7 所示：

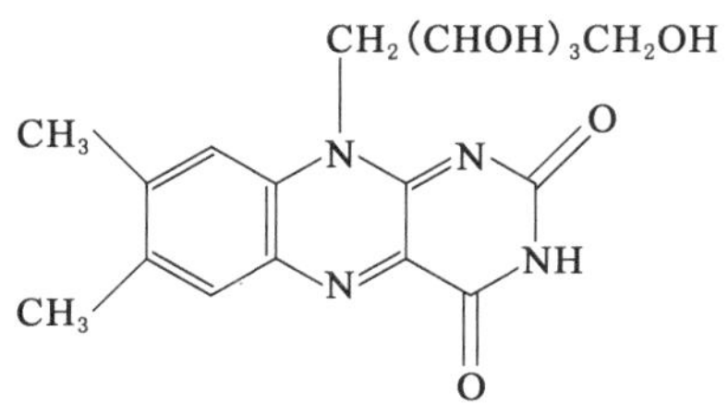

图 4-7　维生素 B_2 结构式

维生素 B_2 是黄色针状结晶，微溶于水，有高强度荧光；味苦，在干燥和酸性溶液中稳定；在碱性条件下，尤其紫外光照射下，维生素 B_2 会被降解为无生物活性的光黄素。食物中的维生素 B_2 多为结合型，而结合型维生素 B_2 比游离型维生素 B_2 更稳定。

牛奶中的维生素 B_2 大部分为游离型，将牛奶置于日光下照射 2 h，核黄素可被破坏 1/2。

4.6.2　吸收与代谢

食物中的大部分维生素 B_2 以黄素单核苷酸(FMN)和黄素腺嘌呤二核苷酸(FAD)辅酶形式与蛋白质结合而存在。进入胃后在胃酸作用下，黄素单核苷酸和黄素腺嘌呤二核苷酸与蛋白质分离。在小肠内黄素腺嘌呤二核苷酸在焦磷酸酶作用下转变成黄素单核苷酸，黄素单核苷酸在磷酸酶作用下转变成游离核黄素。食物中的维生素 B_2 复合物只有转变成游离形式在小肠近端以主动转运形式吸收，维生素 B_2 在机体的吸收量与其摄入量呈正比。通常动物来源的维生素 B_2 比植物来源的维生素 B_2 容易吸收。胃酸和胆汁有助于游离维生素 B_2 的吸收；抗胃酸剂和乙醇干扰食物中维生素 B_2 的吸收；某些二价的金属离子，如 Cu^{2+}、Zn^{2+} 和 Fe^{2+} 和咖啡因等能通过螯合作用抑制维生素 B_2 的吸收。

维生素 B_2 一旦进入小肠黏膜细胞即被磷酸化为黄素单核苷酸，在浆膜面黄素单核苷酸再脱磷酸化成为游离的维生素 B_2，并经门静脉运输到肝脏。在肝脏内维生素 B_2 再转变成作为辅酶的黄素单核苷酸和黄素腺嘌呤二核苷酸。维生素 B_2 在血液主要通过与白蛋白、免疫球蛋白结合而完成在体内的转运。维生素 B_2 与血浆蛋白的结合能够减少肾小球滤过过程中核黄素的丢失。机体各组织均可发现少量的维生素 B_2，但肝脏、肾脏、心脏含量最高。细胞内游离维生素 B_2 的磷酸化能够防止其扩散到细胞外，在黄素激酶和黄素腺嘌呤二核苷酸合成酶的作用下维生素 B_2 变成辅酶形式。维生素 B_2 及其代谢产物主要通过尿液排出体外。

4.6.3　生理功能

维生素 B_2 在体内通常以黄素腺嘌呤二核苷酸和黄素单核苷酸两种形式参与氧化还原反应，其主要生理功能如下：

4.6.3.1　参与体内生物氧化与能量代谢

黄素腺嘌呤二核苷酸和黄素单核苷酸与特定蛋白结合形成黄素蛋白，黄素蛋白是机体中许多酶系统重要辅基的组分，通过呼吸链参与体内氧化还原反应与能量代谢。若维生素 B_2 缺乏，黄素蛋白合成受阻，则物质和能量代谢发生紊乱，将表现出多种病变。

65

4.6.3.2 参与维生素 B$_6$ 和烟酸的代谢

黄素腺嘌呤二核苷酸和黄素单核苷酸可分别作为辅酶参与色氨酸转变为烟酸、维生素 B$_6$ 转变为磷酸吡哆醛的反应；还能激活维生素 B$_6$ 以维持红细胞的完整性。

4.6.3.3 参与体内的抗氧化系统和药物代谢

黄素腺嘌呤二核苷酸作为谷胱甘肽还原酶的辅酶，参与体内的抗氧化防御系统，维持还原型谷胱甘肽的浓度。黄素腺嘌呤二核苷酸还可以与细胞色素 P450 结合，参与药物的代谢。

4.6.4 缺乏与过量

摄入不足和酗酒是维生素 B$_2$ 缺乏的最主要原因。维生素 B$_2$ 缺乏的症状很少单独出现，总是伴有其他维生素的缺乏的症状。体内维生素 B$_2$ 缺乏可出现多种临床症状，无特异性，常表现在面部五官及皮肤，如口角炎（口角湿白及裂开、糜烂及湿白斑）、舌炎、鼻翼两侧脂溢性皮炎等，继而出现阴囊（阴唇）皮炎，称为"口腔生殖系统综合征"；眼部症状表现为角膜血管增生，视力疲劳、夜间视力降低等。

虽然维生素 B$_2$ 缺乏对人体不会引起严重的疾病，但由于其主要存在于动物性食物中，而发展中国家居民由于肉、蛋、奶供应不足，常发生不同程度的维生素 B$_2$ 缺乏症，尤其是儿童。维生素 B$_2$ 缺乏将影响儿童的正常生长发育，因此，儿童、青少年、孕妇等维生素 B$_2$ 供给是值得重视的营养问题。

由于维生素 B$_2$ 肠道吸收有限，故大剂量摄入并不能增加其吸收，而且肾脏对维生素 B$_2$ 的重吸收有一定阈值，超过阈值，维生素 B$_2$ 将大量被排出体外。此外，维生素 B$_2$ 溶解性较低，临床上不能一次性大剂量输入维生素 B$_2$。因此，还未见维生素 B$_2$ 摄入过量引起中毒的报道。

4.6.5 膳食参考摄入量与食物来源

由于维生素 B$_2$ 参与体内氧化还原反应与能量代谢，构成众多呼吸酶系统的组分，其供给量应与能量摄入呈正比。我国成人膳食维生素 B$_2$ 的推荐摄入量（RNI）为：男性 1.4 mg/d，女性 1.2 mg/d。孕妇及乳母的供给量可适当增加。在一些特殊环境或工作条件下，维生素 B$_2$ 的摄入量可相应增加。

维生素 B$_2$ 的良好来源主要是动物性食物，其中肝、肾、心、蛋黄尤为丰富。植物性食物中则以绿叶蔬菜，如菠菜、油菜及豆类含量较多。而虽然粮谷类食物的含量较高，但是谷类食物经过加工对维生素 B$_2$ 存留有较大影响，如精白米维生素 B$_2$ 存留率只有 11%，小麦标准粉维生素 B$_2$ 存留率为 35%。此外，谷类食物在烹调过程还会损失一部分维生素 B$_2$。

4.7 维生素 PP

4.7.1 结构与性质

维生素 PP，也称烟酸（nicotinic acid）、尼克酸、抗癞皮病维生素等，它是具有烟酸生物学活性的吡啶-3-羧酸衍生物的总称。其基本结构为吡啶-3-羧酸，氨基化合物为烟酰胺，烟酸在体内以烟酰胺的形式存在。其结构式如图 4-8 所示：

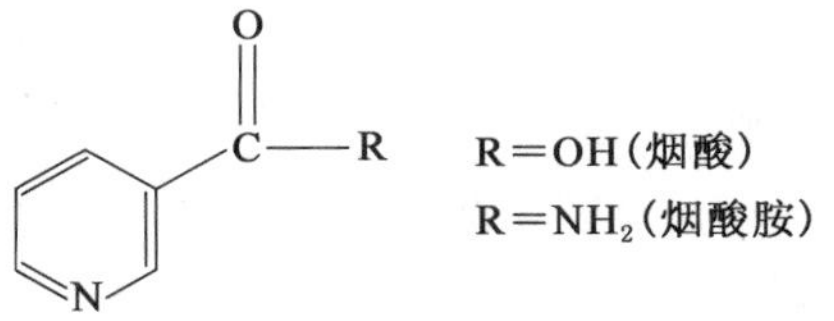

$$\overset{O}{\underset{\|}{C}}-R \quad \begin{array}{l} R=OH（烟酸） \\ R=NH_2（烟酸胺） \end{array}$$

图 4-8 维生素 PP 结构式

烟酸和烟酰胺都为白色结晶，皆溶于水和乙醇，烟酰胺的溶解性高于烟酸，但它们都不溶于乙醚。烟酸对酸、碱、光、热稳定，是维生素中最稳定的一种。

4.7.2 吸收与代谢

食物中的烟酸主要以辅酶 I（NAD）和辅酶 II（NADP）的形式存在，它们在胃肠道经甘油水解酶水解成游离的烟酰胺。烟酸和烟酰胺均可在胃肠道被迅速吸收，低浓度时通过 Na$^+$ 依赖的主动方式吸收，高浓度时通过被动扩散方式吸收。吸收入血的烟酸主要以烟酰胺的形式存在及转运，机体组织细胞通过简单扩散的方式摄取烟酰胺或烟酸，然后以辅酯 I 或辅酯 II 的形式存在于所有组织中，肝脏是贮存辅酯 II 的主要器官。

在机体的肝、肾组织中存在着由色氨酸合成烟酰胺的酶系，它们可以满足人体大部分的需要。机体在转化过程中受核黄素、维生素 B$_6$、铁等营养状况的影响，亮氨酸过量也会影响色氨酸转化为烟酸的过程。烟酸可随乳汁分泌，也可以随汗液排出，但主要是通过尿液排泄。烟酸在肝内经甲基化形成 N-1-

甲基尼克酰胺和2-吡啶酮等代谢产物,随尿液排出。

4.7.3 生理功能

4.7.3.1 构成辅酶Ⅰ和辅酶Ⅱ

烟酸在体内以辅酶Ⅰ和辅酶Ⅱ的形式作为辅基参与脱氢酶的组成,在生物氧化还原反应中起着传递氢的作用。

4.7.3.2 降低血清胆固醇

烟酸具有降低血甘油三酯、总胆固醇、LDL和升高HDL的作用,有利于改善心血管功能。临床上常用烟酸治疗高脂血症、缺血性心脏病等,但大剂量使用需要医生指导。

4.7.3.3 葡萄糖耐量因子的组成成分

烟酸是葡萄糖耐量因子的重要组分,可能具有增强胰岛素效应的作用,但游离的烟酸无此作用。

4.7.3.4 维护皮肤、消化系统及神经系统的正常功能

烟酸缺乏时易发生以皮炎、肠炎及神经炎为典型症状的癞皮病。

4.7.4 缺乏与过量

烟酸缺乏会引发癞皮病(见附录6彩图8),临床上以皮肤、胃肠道及神经系统症状为主要表现。该病的发生与烟酸的摄入、吸收减少及代谢障碍有关,尤其在以玉米或高粱为主食的人群且又缺乏适当副食品的地区容易发生,其典型症状为皮炎(dermatitis)、腹泻(diarrhea)和痴呆(dementia),又称"三D"症状。初期症状有体重减轻、失眠、头疼、记忆力减退等,继而出现皮肤、消化系统、神经系统症状,其中皮肤症状最具有特征性,主要表现为裸露皮肤及易摩擦部位出现对称性晒斑样损伤;胃肠道症状可有食欲不振、恶心、呕吐、腹泻等;神经症状可表现为失眠、乏力、抑郁、记忆力丧失,甚至发展成痴呆症。烟酸缺乏常与维生素B_1、维生素B_2缺乏同时存在。

目前,尚没有食用烟酸过量引起中毒的报道,烟酸毒性报道主要见于服用烟酸补充剂、烟酸强化食品以及临床采用大剂量烟酸治疗高脂血症病人所出现的副反应。其副作用主要表现为皮肤潮红、眼部不适、恶心、呕吐等症状。

4.7.5 膳食参考摄入量与食物来源

烟酸的参考摄入量应考虑能量的消耗和蛋白质的摄入情况。能量消耗增加,烟酸摄入量也应适当增加。蛋白质摄入量增多,其中的色氨酸在体内可以转化为烟酸,大约60 mg色氨酸可转化为1 mg烟酸,因此,膳食中烟酸的参考摄入量采用烟酸当量(NE)为单位,即:烟酸当量(mg)=烟酸(mg)+1/60色氨酸(mg)。

我国居民膳食烟酸的摄入量(RNI)为:成年男性15 mg NE/d,女性12 mg NE/d;可耐受最高摄入量(UL)为35 mg NE/d。

烟酸广泛存在于动、植物性食物中,其良好的食物来源为动物性食物,尤以内脏(如肝脏)的含量最高。此外,花生、豆类食物中的烟酸也含量较丰富。谷类食物中$80\%\sim90\%$的烟酸存在于它们的种子皮中,故加工对其影响较大。

4.8 维生素 B_6

4.8.1 结构与性质

维生素B_6又称作吡哆醇,包括吡哆醇(pyridoxine, PN)、吡哆醛(pyridoxal, PL)、吡哆胺(pyridoxamine, PM)3种衍生物,这3种形式性质相近且均具有维生素B_6活性。其基本化学结构为2,6-二甲基-3-羟基-5-羟甲基吡啶,皆属于吡啶衍生物。在肝脏、红细胞及其他组织中,吡哆醇、吡哆醛、吡哆胺的活性辅基形式为磷酸吡哆醇(PNP)、磷酸吡哆醛(PLP)、磷酸吡哆胺(PMP)。其结构式如图4-9所示:

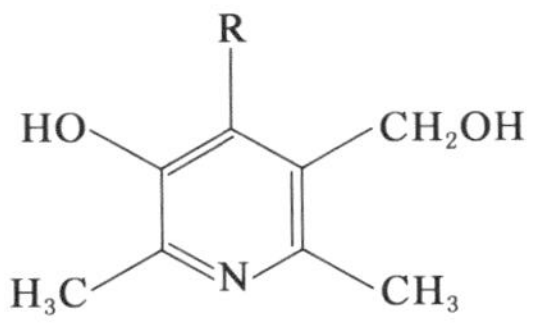

R=—CHO为吡哆醛;
R=—CH₂OH为吡哆醇;
R=—CH₂NH₂为吡哆胺

图4-9 维生素 B_6 结构式

吡哆醇主要存在于植物性食品中,而吡哆醛和吡哆胺则主要存在于动物性食品中,以上3种化合

物都是白色结晶,易溶于水及乙醇,对光敏感,在酸性溶液中稳定,在碱性溶液中易被破坏。盐酸吡哆醇是最常见的维生素 B_6 制剂。

4.8.2　吸收与代谢

维生素 B_6 主要在空肠被动吸收。食物中的维生素 B_6 多以 $5'$-磷酸盐的形式存在,其吸收速度较慢,经非特异性磷酸酶水解为非磷酸化的维生素 B_6 时,其吸收速度较快。血浆与红细胞均参与维生素 B_6 的转运,在血浆中维生素 B_6 与清蛋白结合转运,在红细胞中则与血红蛋白结合而运输。体内的维生素 B_6 大部分贮存于肌肉组织中,估计占贮存量的 $75\%\sim80\%$。

在肝脏中,维生素 B_6 的 3 种非磷酸化的形式通过吡哆醇激酶转化为各自的磷酸化形式,并发挥其生理功能。在血循环中磷酸吡哆醛约占 60%,它在肝脏中分解代谢为 4-吡哆酸而从尿中排出。维生素 B_6 也可经粪便排出,但排泄量有限,由于肠道内微生物能合成维生素 B_6,故难以评价这种排泄的程度。

4.8.3　生理功能

4.8.3.1　参与氨基酸的代谢

维生素 B_6 主要以磷酸吡哆醛形式作为辅酶参与多种酶系的反应。这些酶系大多与氨基酸的代谢有关,它们参与机体的转氨基、脱羧、转硫和消旋等生化反应,在氨基酸的合成与分解代谢过程中起重要作用。

4.8.3.2　参与肝糖原和脂肪酸的代谢

维生素 B_6 是糖原磷酸化反应中磷酸化酶的辅助因子,催化肌肉与肝脏中糖原的转化,还参与亚油酸合成花生四烯酸和胆固醇的合成与转运。

4.8.3.3　参与烟酸的形成

在色氨酸转化成烟酸的过程中,维生素 B_6 需要 5-磷酸吡哆醛的酶促反应。所以当肝脏中的 5-磷酸吡哆醛水平下降时就会影响烟酸的形成。

4.8.3.4　某些疾病的辅助治疗剂

维生素 B_6 在临床上与不饱和脂肪酸合用可治疗脂溢性皮炎,治疗由于缺乏维生素 B_6 而引起的贫血以及治疗和预防妊娠反应。维生素 B_6 用于治疗由药物、放射线等引起的恶心、呕吐等症状也有一定疗效。

此外,维生素 B_6 还涉及神经系统中的许多酶促反应,使神经递质的水平升高,其中包括 5-羟色胺、多巴胺、去甲肾上腺素和 γ-羟丁酸等。维生素 B_6 可能还有降低结肠癌发生的风险。

4.8.4　缺乏与过量

维生素 B_6 的单纯缺乏较少见,一般还同时伴有其他 B 族维生素的缺乏。人体维生素 B_6 缺乏可引起眼、鼻以及口腔周围皮肤脂溢性皮炎,并可扩展至面部、前额、耳后、阴囊及会阴处等多处。在临床上,可见口腔炎、舌炎、唇干裂,还有个别出现易激怒、抑郁等症状。此外,维生素 B_6 缺乏可导致免疫功能受损,迟发性过敏反应减弱,出现高半胱氨酸血症和黄尿酸尿症,偶见有小细胞性贫血。

儿童维生素 B_6 缺乏对幼儿的影响较成人明显,可出现烦躁、抽搐和癫痫样惊厥以及脑电图异常等临床症状。临床上在治疗由于维生素 B_1、维生素 B_2 和烟酸缺乏引起的疾病,同时给予维生素 B_6 辅助治疗时,可增加其疗效。在临床上,也常用维生素 B_6 治疗婴儿惊厥和妊娠呕吐。

从食物中摄入过量的维生素 B_6 基本没有毒副作用,但长期大量给予维生素 B_6 制剂会引起严重毒副作用,主要表现为神经毒性、光敏感反应,以及血小板聚集和血栓形成等。

4.8.5　膳食参考摄入量与食物来源

我国居民膳食的维生素 B_6 的推荐摄入量为:成人 1.4 mg/d,50 岁以上人群为 1.6 mg/d。成人可耐受最高摄入量为 60 mg/d。

维生素 B_6 广泛存在于各种食物中,含量最高的食物为白肉类(如鸡肉和鱼肉),其他良好的食物来源为肝脏、豆类、坚果类等。水果和蔬菜中维生素 B_6 含量较低。

4.9　维生素 B_{12}

4.9.1　结构与性质

维生素 B_{12} 因其分子中含有金属元素钴,也称钴胺素(cobalamin),它是目前所知唯一含有金属元素的维生素,也是在化学结构最复杂的维生素。维生素 B_{12} 的结构有两个主要成分:一个是在核苷酸样的结构中,5,6-二甲基苯并咪唑经 α-糖苷键与 D-核糖结合,此核糖在 $3'$-位上有一个磷酸基;另一个是中间的环状结构为类似卟啉的"咕啉"环状系统,此咕啉环与 4 个氮原子配位的是一个钴原子。维生素 B_{12} 的药用形式是氰钴胺素,即钴原子的第 6 个配位键被氰化物占据。维生素 B_{12} 在体内以 2 种辅酶形式存在,即甲基 B_{12}(甲基钴胺素)和辅酶 B_{12}($5'$-脱氧腺苷钴胺素)。后者即是将氰钴胺素中的氰(CN)换成 $5'$-脱氧腺苷。其结构式如图 4-10 所示:

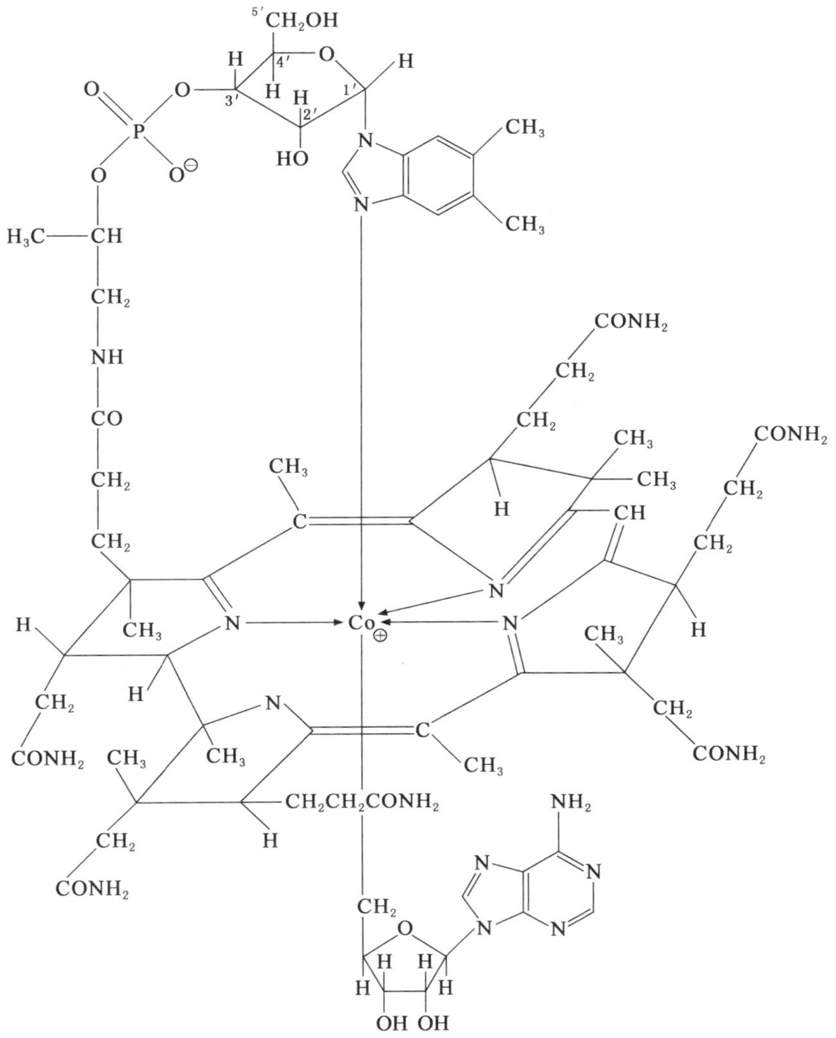

图 4-10　维生素 B_{12} 结构式

　　维生素 B_{12} 是粉红色的针状结晶,溶于水和乙醇。在 pH 4.5～5 的水溶液中稳定,在强酸或碱中则易分解,遇强光或紫外线易被破坏。

4.9.2　吸收与代谢

　　维生素 B_{12} 在肠道内停留的时间较长,大约需要 3 h。它的吸收与胃贲门和胃底黏膜细胞分泌的一种称之为内因子(IF)的糖蛋白密切相关。当食物通过胃时,维生素 B_{12} 就从食物蛋白质复合物中释放出来,与 IF 结合形成维生素 B_{12}-IF 复合物,该复合物对胃蛋白酶较稳定。同时维生素 B_{12} 只有与这种糖蛋白结合后才能不受肠道细菌破坏,进入肠道后附着在回肠内壁黏膜细胞的受体上,在肠道酶作用下,内因子释放出维生素 B_{12},由肠道黏膜细胞吸收。维生素 B_{12} 被吸收后进入血液,与转运蛋白结合后运输至细胞表面具有特异维生素 B_{12} 受体的组织,如肝、肾、骨髓等。维生素 B_{12} 吸收率因年龄增长、维生素 B_6 缺乏、铁缺乏和甲状腺机能减退而下降,而妊娠期吸收率会提高。

　　体内维生素 B_{12} 的存贮量为 2～4 mg,约有 60%

存储在肝脏,30%存储于肌肉。维生素 B_{12} 的肠肝循环对其重复利用和体内稳定十分重要。由肝脏通过胆汁排出的维生素 B_{12},其大部分可被重新吸收。维生素 B_{12} 主要从粪便排出,此外,通过皮肤、肾脏也有部分排出。

4.9.3 生理作用

维生素 B_{12} 在体内转变为辅酶 B_{12}(腺苷基钴胺素)和甲基 B_{12}(甲基钴胺素)两种辅酶参与体内的生化反应。其生理功能主要体现在两方面:一方面它能促进无活性叶酸形成有活性四氢叶酸,并进入细胞以促进核酸和蛋白质的合成,从而有利于红细胞的发育和成熟;另一方面维生素 B_{12} 对维持神经系统的正常功能有重要作用,这是由于维生素 B_{12} 参与神经组织中髓磷脂的合成,同时它又能使谷胱甘肽保持为还原型谷胱甘肽而有利于糖的代谢。

4.9.4 缺乏与过量

膳食维生素 B_{12} 缺乏较少见,多数是由于吸收不良引起。维生素 B_{12} 缺乏的主要表现为以下几种症状。

①巨幼红细胞贫血。维生素 B_{12} 参与细胞的核酸代谢,是造血过程所必须。当维生素 B_{12} 缺乏时,红细胞中的 DNA 合成发生障碍,易诱发巨幼红细胞贫血。

②神经系统损害。维生素 B_{12} 缺乏可阻碍甲基化反应而引起神经系统损害,能引起斑状、弥漫性的神经脱髓鞘,产生广泛的神经系统症状和体征,如表现出精神抑郁、记忆力下降、四肢颤抖等神经症状。

③高同型半胱氨酸血症。维生素 B_{12} 缺乏与叶酸缺乏一样可引起高同型半胱氨酸血症,原因是维生素 B_{12} 缺乏使同型半胱氨酸不能转变为蛋氨酸而在血中堆积。高同型半胱氨酸血症是心脑血管疾病的危险因素。

目前,尚未发现从食物或补充剂中摄入维生素 B_{12} 引起中毒的报道。

4.9.5 膳食参考摄入量与食物来源

我国膳食维生素 B_{12} 的推荐摄入量为:成人 $2.4~\mu g/d$、孕妇 $2.9~\mu g/d$、乳母 $3.2~\mu g/d$。

维生素 B_{12} 的主要来源为肉类,尤以内脏含量最多;鱼、贝类、蛋类其次,乳类含量较低;植物性食品则一般不含维生素 B_{12},但我国发酵豆制品中含有一定数量的维生素 B_{12}。

4.10 叶酸

4.10.1 结构与性质

叶酸(folic acid)又称为维生素 B_{11},因最初从菠菜叶中分离提取而得名。叶酸的化合名称是蝶酰谷氨酸(PGA),是由 2-氨基-4-羟基-6 甲基蝶啶、对氨基苯甲酸和 L-谷氨酸三部分组成。其结构式如图 4-11 所示:

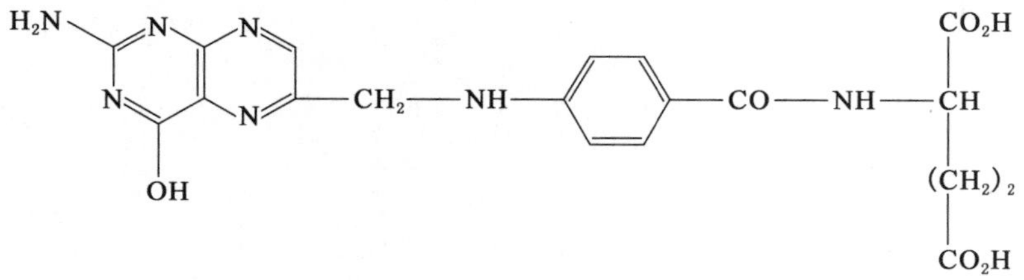

图 4-11 叶酸结构式

叶酸为淡黄色结晶粉末,微溶于水,不溶于乙醇、乙醚及其他有机溶剂;叶酸的钠盐易溶于水,但在水溶液中易被光解破坏,分解成蝶啶和氨基苯甲酰谷氨酸盐。在酸性溶液中对热不稳定,而在中性和碱性溶液中稳定。天然食物中的叶酸经烹调加工,损失率达 $50\%\sim90\%$;合成叶酸稳定性较好,可在室温下保存 6 个月仅少量被分解。

4.10.2 吸收与代谢

天然食物中的叶酸多以含 5 分子或 7 分子的谷氨酸结合形式存在,在肠道中经小肠黏膜刷状缘上的 γ-谷氨酰羧基肽酶水解成游离型,以单谷氨酸叶酸的形式被小肠吸收。叶酸在肠道的转运是由载体介导的主动转运,叶酸与小肠刷状缘上的叶酸结合蛋白结合后才能转运,最适 pH 为 $5.0\sim6.0$,但以单谷氨酸盐形式大量摄入时则以简单扩散为主。

叶酸的吸收率在不同食物中相差甚远，一般膳食中叶酸的吸收率约为50%。叶酸本身的存在形式会影响其肠道的吸收，还原型叶酸吸收率较高，叶酸中谷氨酸分子越多，则吸收率越低。此外，膳食中也存在影响叶酸吸收的因素，如维生素C和葡萄糖可促进叶酸吸收；锌是叶酸结合酶的辅助因子，锌缺乏可引起叶酸结合酶活性降低而影响叶酸的吸收；酒精、抗癫痫药物和口服避孕药也可抑制叶酸结合酶的活性而影响叶酸的吸收。

人体内叶酸的总量为 $5 \sim 6$ mg，主要贮存于肝脏，且80%以5-甲基四氢叶酸的形式存在。血浆半衰期约为40 min。叶酸在体内的代谢产物主要通过胆汁和尿排出，但由胆汁排至肠道中的叶酸能通过肠肝循环再吸收利用。

4.10.3 生理功能

叶酸在体内的生物活性形式是四氢叶酸(THFA)，它是体内重要生理生化反应中一碳单位的载体；或者可以认为四氢叶酸是一碳单位转移酶系的辅酶，称为辅酶F(C_0F)，是通过二氢叶酸还原酶连续的还原而成。一碳单位通常分别或同时结合在四氢叶酸分子的 N^5、N^{10} 位上，体内的一碳单位主要有甲基(—CH_3)、亚甲基(—CH_2)及亚胺甲酰基(—CH＝NH)等。叶酸在嘌呤、胸腺嘧啶和肌酐-5-磷酸的合成、甘氨酸与丝氨酸相互转化、组氨酸向谷氨酸转化及同型半胱氨酸向蛋酸转化过程中充当一碳单位的载体。因此，叶酸除了通过腺嘌呤、胸苷酸影响DNA和RNA的合成外，还可通过蛋氨酸代谢影响磷脂、肌酸、神经介质和血红蛋白的合成；同时还参与细胞器蛋白合成中启动tRNA的甲基化过程。

4.10.4 缺乏与过量

在正常情况下，除膳食供给外，人体肠道细菌还能合成部分叶酸，一般不易发生缺乏，但当吸收不良或组织需要增加或长期使用抗生素等情况下也会引起叶酸缺乏。叶酸缺乏的主要表现为以下几种症状。

①巨幼红细胞贫血。叶酸缺乏时DNA合成受阻，导致骨髓中幼红细胞分裂停留在S期，即停留在巨幼红细胞阶段而成熟受阻，细胞体积增大，细胞核内染色质疏松，称为巨幼红细胞，这种不成熟的红细胞逐步增多，同时引起血红蛋白的合成减少，大部分在骨髓内成熟前就被破坏而造成贫血，称为巨幼红细胞贫血。因此，叶酸在临床上可用于治疗巨幼红细胞贫血。

②胎儿神经管畸形。孕妇在怀孕早期叶酸缺乏是引起胎儿神经管畸形的主要原因。研究表明，叶酸能携带和提供一碳单位，提供合成神经鞘和神经递质的主要原料，若叶酸缺乏会影响神经系统发育以及引起神经管未能闭合而导致脊柱裂和无脑畸形为主的神经管畸形。妇女在孕前至孕早期补充叶酸，能有效预防70%以上神经管畸形缺陷的发生。我国从2010年开始，在全国范围内向育龄妇女推广服用叶酸补充剂，以预防神经管畸形。

③高同型半胱氨酸血症。叶酸缺乏还可使同型半胱氨酸向胱氨酸转化出现障碍，导致同型半胱氨酸在血中堆积，形成高同型半胱氨酸血症。高浓度同型半胱氨酸不仅损害血管内皮细胞，还可激活血小板的黏附和聚集，因而被认为是动脉粥样硬化及心血管疾病发生的重要因素之一。

此外，叶酸缺乏还可引起孕妇先兆子痫、胎盘早剥的发生率增高，患巨幼红细胞贫血的孕妇易出现胎儿宫内发育迟缓、早产及新生儿低出生体重。叶酸缺乏在普通人群还表现为衰弱、精神萎靡、健忘、失眠和胃肠道功能紊乱等。儿童叶酸缺乏有生长发育不良的表现。

天然食物叶酸不存在摄入过量而中毒的问题，但长期大剂量摄入合成叶酸可产生毒副作用，如可出现黄色尿；影响锌的吸收而导致锌缺乏；过量叶酸的摄入还干扰维生素 B_{12} 缺乏的诊断，可能使叶酸合并维生素 B_{12} 缺乏的巨幼红细胞贫血患者产生严重的神经损害。

4.10.5 膳食参考摄入量与食物来源

由于叶酸缺乏与出生缺陷、心血管疾病等关系密切，故叶酸的摄入已引起人们的重视。通常，人体每日叶酸的摄入量维持在 3 $\mu g/kg$ 可保证体内有适当的叶酸贮备，在此基础上无叶酸摄入可维持 $3 \sim 4$ 个月不出现叶酸缺乏症，但美国国家医学科学院的食品营养委员会(FNB)于1998年提出叶酸的摄入量应以膳食叶酸当量(DFE)来表示。由于食物叶酸的生物利用率仅为50%，合成叶酸与膳食混合后生物利用率为85%，比单纯来源于食物的叶酸利用率高1.7倍。因此，当叶酸补充剂与天然食物混合摄入时，应当以DFE计算叶酸摄入量，其计算公式为：

膳食叶酸当量(μg)＝膳食叶酸(μg)＋1.7×叶酸补充剂(μg)

我国膳食叶酸的推荐摄入量(RNI)为：成人 400 μg DFE/d，孕妇 600 μg DFE/d，乳母 550 μg DFE/d。我国成人叶酸的可耐受最高摄入量(UL)为

1 000 μg DFE/d。

叶酸广泛存在于动植物食物中,富含叶酸的动物性食物食物如肝、肾、蛋、鱼等,植物性食物如豆类、绿叶蔬菜及坚果类。从食物获取量不足时也可适量增补叶酸补充剂,尤其是对于某些特殊人群如孕妇、乳母及中老年人群。

4.11 维生素 C

维生素 C 是强还原剂。它的纯品无色、无臭、有酸味,溶于水,不溶于脂溶性溶剂,极易氧化,在碱性环境、加热或与铜、铁共存时极易被破坏,在酸性条件下稳定。植物和多数动物可利用六碳糖合成维生素 C,但人体不能合成,必须靠膳食供给。

4.11.2 吸收与代谢

维生素 C 的吸收部位主要在回肠,吸收时主要以钠依赖的主动转运形式吸收入血,其次以被动扩散的形式吸收。维生素 C 在吸收前可被氧化成脱氢型抗坏血酸,脱氢型抗坏血酸能以更快的速度通过细胞膜。脱氢型抗坏血酸一旦进入小肠黏膜细胞或其他组织细胞,在脱氢型抗坏血酸还原酶作用下很快还原成抗坏血酸。脱氢型抗坏血酸还原成抗坏血酸的过程中需要谷胱甘肽(GSH)的参与。维生素 C 的吸收随着摄入量的增加而减少。一般每天从食物摄入的维生素 C 为 20～120 mg,其吸收率为 80%～95%。不能被吸收的维生素 C 在消化道被氧化降解。

被吸收的维生素 C 在血浆中主要以抗坏血酸游离形式运输,但有一小部分(约 5%)以脱氢型抗坏血酸形式运输。维生素 C 在体内分解可产生草酸和苏阿糖酸。还原型抗坏血酸及许多代谢产物可由尿排出。

维生素 C 在组织中有两种形式存在,即还原型抗坏血酸与脱氢型(氧化型)抗坏血酸。这两种形式都具有生理活性,并可以通过氧化还原相互转变,人体血浆中的抗坏血酸,还原型:氧化型约为15:1,因此测定还原型抗坏血酸的含量即可了解体内维生素 C 的水平。

4.11.1 结构与性质

维生素 C 因具有防治坏血病的功能,故又称抗坏血酸(ascorbic acid),它是一个含有 6 个碳原子的 α-酮基内酯的酸性多羟基化合物,虽无羧基,却具有有机酸的性质。自然界存在 L-型和 D-型两种抗坏血酸,但 D-型无生物活性。其结构式如图 4-12 所示:

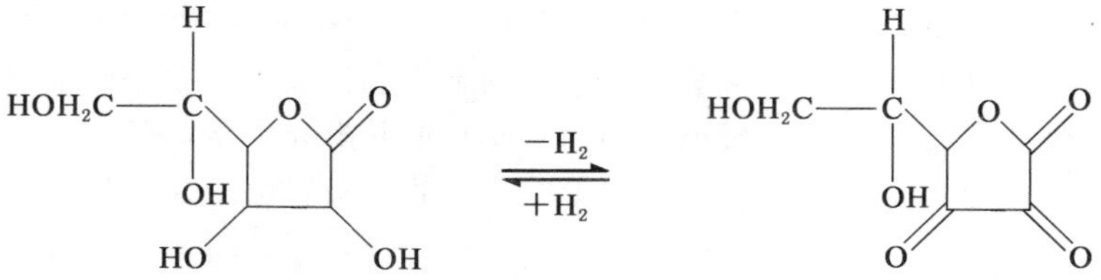

L-抗坏血酸 ⇌ L-脱氢抗坏血酸

图 4-12 抗坏血酸结构式

4.11.3 生理功能

4.11.3.1 抗氧化作用

维生素 C 是机体内的强抗氧化剂,它可直接与氧化剂作用以保护其他物质免受氧化破坏。它也可还原超氧化物、羟基及其他活性氧化剂,这类氧化剂可能影响 DNA 的转录或损伤 DNA、蛋白质或膜结构;维生素 C 还可将二硫键(—S—S—)还原为巯基(—SH),在体内与其他抗氧化剂共同清除自由基。维生素 C 在还原其他物质时自身被氧化,成为维生素 C 自由基,后者要在机体其他抗氧化物质的作用下再还原成维生素 C。

4.11.3.2 参与体内的羟化反应

维生素 C 作为底物和酶的辅因子参与体内许多重要生物合成的羟化反应。维生素 C 的一个重要功能是促进组织中胶原蛋白的形成,它可使脯氨酸羟化酶和赖氨酸羟化酶复合体中的三价铁还原为二价铁以维持其活性,并使脯氨酸和赖氨酸转变成羟脯氨酸和羟赖氨酸,后二者是胶原蛋白的重要成分。因此,维生素 C 在维护骨骼、牙齿的正常发育和血管壁的正常通透性方面起着重要作用。维生素 C 缺乏时影响胶原合成,使创伤愈合延缓,毛细血管壁脆弱,引起不同程度出血。

4.11.3.3 促进体内铁、钙的吸收和叶酸的利用

维生素 C 能促进肠道三价铁还原为二价铁,有利于非血红素铁的吸收。维生素 C 可促进钙吸收,因为它能在胃中形成一种酸性介质,防止不溶性钙络合物的生成及发生沉淀。除此之外,它还能将叶酸还原为有四氢叶酸,防止发生巨幼红细胞贫血。

4.11.3.4 参与神经递质的合成

在脑和肾上腺组织中,维生素 C 也作为羟化酶的辅酶参与神经递质的合成。含铜的多巴胺-β-羟化酶催化多巴胺的侧链羟化形成去甲肾上腺素,而维生素 C 为多巴胺-β-羟化酶的辅酶。如维生素 C 缺乏,则神经递质的合成受阻,因此,维生素 C 缺乏的人会感到疲劳和虚弱。

4.11.3.5 其他作用

流行病学研究显示,增加摄入富含维生素 C 的蔬菜和水果可降低胃癌以及其他癌症的发生率,其机制可能与自由基清除和阻止某些致癌物的形成有关。它还可通过促进胆固醇向胆酸转化、减少氧化物形成等作用防治心血管疾病。此外,大剂量的维生素 C 对某些毒物如铅、汞、砷、镉以及细菌毒素有一定的解毒作用。

4.11.4 缺乏与过量

维生素 C 严重摄入不足可引起坏血病,主要临床表现是毛细血管脆性增加,皮肤毛囊出现出血点,牙龈肿胀、出血、萎缩,常有月经过多以及便血;还可导致骨钙化不正常及伤口愈合缓慢等症状。婴儿坏血病的早期症状是四肢疼痛引起的仰蛙形体位,移动其四肢都会使其疼痛以至哭闹。

维生素 C 很少引起明显的毒性或只有轻微的不良反应。大剂量摄入维生素 C 可能引起产生一些副作用。因为维生素 C 在体内分解代谢的最终产物是草酸,当长期过量服用维生素 C,可出现草酸尿,有增加患泌尿道结石的风险。

4.11.5 膳食参考摄入量与食物来源

我国成人维生素 C 的推荐摄入量为 100 mg/d,可耐受最高摄入量为 2 000 mg/d。在高温、寒冷、缺氧条件下劳动或生活,或经常接触铅、苯、汞等有毒工种的人群,以及某些疾病的患者应适当增加维生

素 C 的摄入量。

维生素 C 的主要来源是新鲜的蔬菜和水果,动物性食物除肝、肾、血液外含量甚微。蔬菜中的韭菜、辣椒、花菜、苦瓜等都含有丰富的维生素 C,水果中以柑、桔、橙、柚、柿、枣和草莓等含量丰富。猕猴桃、刺梨、醋柳、酸枣等不仅维生素 C 含量丰富,而且含有保护维生素 C 的生物类黄酮,是值得开发的天然维生素 C 补充剂。薯类食物含有一定量的维生素 C,而谷类食物和豆类食物的含量很少。

4.12 其他维生素

4.12.1 生物素

生物素(biotin)又称为维生素 B_7、维生素 H 或辅酶 R。其化学结构是由脲基环和一个带有戊酸侧链的噻吩环组成,有 8 种可能的立体异构体。但是,只有 D-生物素是天然存在并具有生物活性的形式。其结构式如图 4-13 所示:

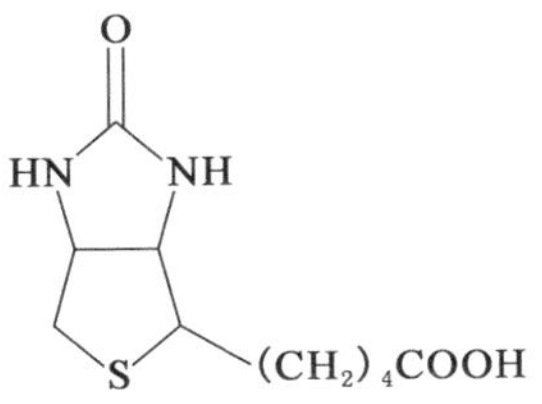

图 4-13 生物素结构式

生物素对热稳定,强酸、强碱、氧化剂和紫外线均可导致生物素失活。高锰酸钾或过氧化氢可使生物素中的硫氧化产生亚砜或砜,而亚硝酸能与生物素作用生成亚硝基衍生物,破坏其生物活性。

生物素主要在小肠上段被主动吸收,浓度低时,以载体转运主动吸收,浓度高时,则以简单扩散形式吸收。吸收的生物素经门静脉运送到肝、肾贮存。肠道细菌可合成部分生物素,在结肠吸收。生物素主要经尿液排出,乳中也有少量排出。

生物素作为生物素依赖羧化酶(即乙酰辅酶 A 羧化酶、丙酮酸羧化酶、丙酰辅酶 A 羧化酶和甲基巴豆酰辅酶 A 羧化酶)的辅酶,在参与氨基酸、碳水化合物、脂类和核酸代谢过程中发挥重要作用。

人体不易发生生物素缺乏,这是因为肠道细菌可以合成相当数量的生物素。若长期食用生鸡蛋的人可导致生物素缺乏,主要是生鸡蛋中的抗生物素

蛋白与生物素结合后阻止其吸收所致;但抗生物素蛋白一经加热变性即可失去作用。还有长期服用抗生素的人也可能引起生物素缺乏,这主要是由于肠道内的细菌被抑制,不能合成人体所需的生物素。生物素缺乏的早期表现:口腔周围皮炎、结膜炎、皮肤干燥以及肌肉疼痛等症状。临床研究表明,生物素缺乏会出现头发稀少,发色变浅等症状。

我国成人膳食生物素的适宜摄入量(AI)为40 μg/d。生物素广泛存在于天然动、植物食品中。其中乳类、蛋类(蛋黄)、酵母、肝脏和绿叶蔬菜中含量相对丰富,谷物中的生物素含量不高且生物利用率较低。

4.12.2 胆碱

胆碱(choline)是卵磷脂和鞘磷脂的关键组成成分。它是各种含 N,N,N-三甲基季胺阳离子的季胺盐类的总称。其结构式如图 4-14 所示:

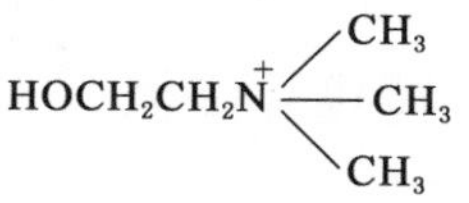

$$HOCH_2CH_2N^+ \begin{matrix} CH_3 \\ | \\ CH_3 \\ | \\ CH_3 \end{matrix}$$

图 4-14 胆碱结构式

胆碱是一种强有机碱,易与酸反应生成稳定的盐,如氯化胆碱和酒石酸胆碱。它们常被用于婴幼儿食品的营养强化。胆碱在强碱条件下不稳定,但它对热稳定,在食品烹调和加工过程中很少损失。它也耐贮存,在干燥环境条件下长期贮存,其在食品中的含量几乎没有变化。

胆碱的生理作用与磷脂的作用密切相关,并通过磷脂的形式来实现,如作为生物膜的重要成分。胆碱是机体甲基的来源和乙酰胆碱的前体,用以促进脂肪代谢和转甲基作用,以及促进大脑发育、提高记忆能力和保证信息传递等。人类自身可以合成胆碱,因此,还未在人体发现胆碱缺乏的症状。但长期摄入胆碱缺乏的膳食,可能与肝脏脂肪变性、神经发育异常以及老年认知功能受损密切相关,尤其是婴幼儿合成胆碱能力较低,因此,有营养强化的必要。

我国成年男性和女性膳食胆碱的适宜摄入量(AI)分别为 500 mg/d 和 400 mg/d,可耐受最高摄入量(UL)为 3 000 mg/d。胆碱广泛存在于各种动、植物食品中,肉类、乳类、花生、麦胚、大豆中含量丰富,蔬菜中莴苣、花菜中的含量也相对较高。

4.12.3 泛酸

泛酸(pantothenic acid)广泛分布于自然界,又名遍多酸,维生素 B_5。它是由 β-丙氨酸借肽键与 α-、γ-羟-β-β-二甲基丁酸缩合而成的化合物。在动、植物组织中全部用来构成辅酶 A 和酰基载体蛋白。其结构式如图 4-15 所示:

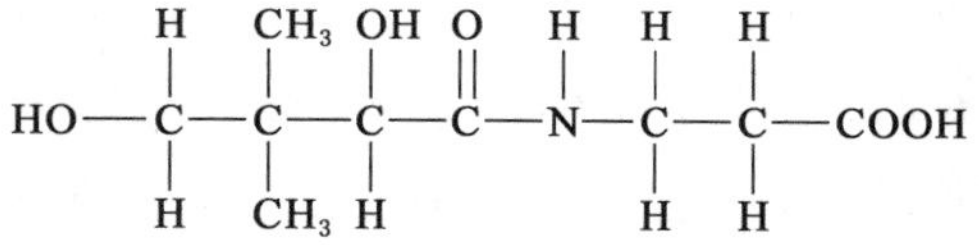

图 4-15 泛酸结构式

泛酸是淡黄色黏性的油状物,在中性溶液中耐热,pH 5～7 时最稳定。它对酸和碱都很敏感,其酸性或碱性水溶液对热不稳定,碱水解产生 β-丙氨酸和泛解酸(2,4-二羟基-3,3-二甲基丁酸),而酸水解可产生泛解酸的 γ-内酯。但是,泛酸对氧化剂和还原剂较稳定。

食物中的泛酸以辅酶 A 和酰基载体蛋白的形式存在,在肠内降解为泛酸被吸收。泛酸有两种吸收形式,低浓度时通过小肠主动转运吸收,高浓度时可通过被动扩散吸收。被吸收后由血液经载体运输进入细胞,分布在全身组织。各组织中泛酸浓度为 2～45 mg/mL,约 70% 的泛酸以原型由尿液排出,30% 由粪便排出。

由于泛酸的主要生理活性形式是辅酶 A 和酰基载体蛋白,它们作为乙酰基或脂酰基的载体参与碳水化合物、脂类和蛋白质的代谢。

泛酸广泛存在于动、植物食品中,并且肠内细菌亦能合成供人体利用,因此,很少出现相应的缺乏症。泛酸缺乏通常与三大产能营养素和维生素摄入不足相伴发生。泛酸缺乏可导致机体代谢障碍,包括脂肪合成减少和能量产生不足。泛酸基本无毒性,成人服用 10 g/d 以上,可产生轻度胃肠不适和腹泻。

我国膳食泛酸的适宜摄入量为:成人 5 mg/d,孕妇 6 mg/d,乳母 7 mg/d。泛酸广泛存在于各类食品中,其主要来源是肉类、蘑菇、鸡蛋、坚果,其次是大豆粉和小麦粉。全谷类食品中的泛酸含量丰富,但经加工后容易损失。

4.12.4 维生素 K

维生素 K 是所有具有叶绿醌生物活性的 α-甲

基-1,4-萘醌衍生物的统称。天然维生素 K 有两种：维生素 K$_1$ 和维生素 K$_2$。维生素 K$_1$ 存在于绿叶植物中，称为叶绿醌；维生素 K$_2$ 存在于发酵食品中，是由细菌所合成，同时也可由包括人类肠道细菌在内的许多微生物合成。此外，还有两种人工合成的具有维生素 K 活性的物质：一种是 α-甲基-1,4-萘醌，它是天然维生素 K 的基础结构，称为维生素 K$_3$；另一种是二乙酰甲萘醌，被称为维生素 K$_4$。维生素 K$_3$ 在体内可转变成维生素 K$_2$，其功效是维生素 K$_1$ 和维生素 K$_2$ 的 2～3 倍。其结构式如图 4-16 所示：

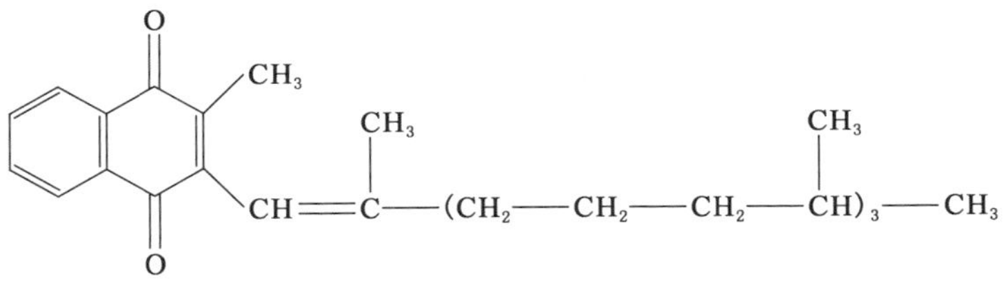

维生素 K$_1$

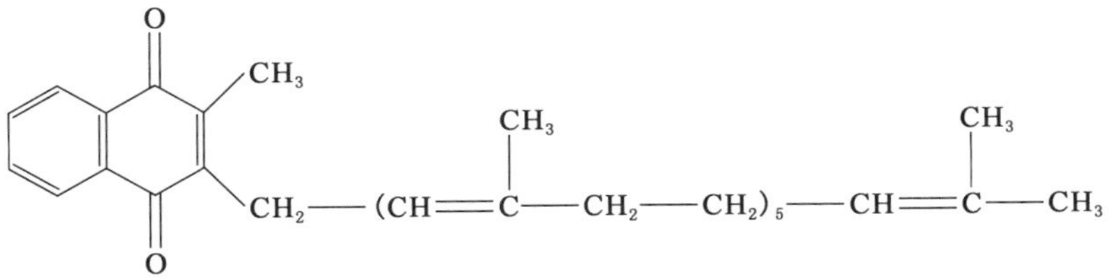

维生素 K$_2$

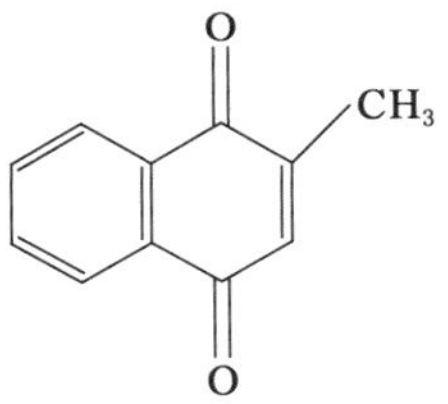

维生素 K$_3$

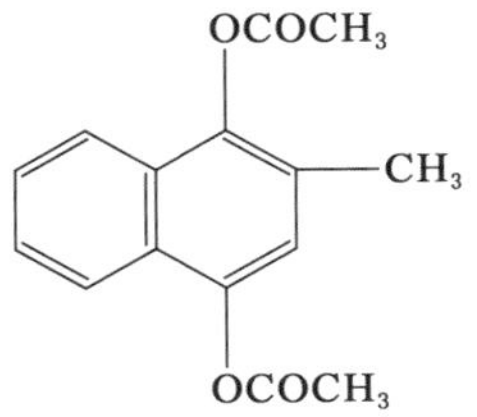

维生素 K$_4$

图 4-16　维生素 K 结构式

维生素 K 对热、空气和水分都很稳定，不溶于水，在一般的食品烹调和加工中损失较少。维生素 K 的吸收需要胆汁和胰液。正常人维生素 K 的吸收率约为 80%；脂肪吸收不良的患者，其吸收率为 20%～30%。被吸收的维生素 K 经淋巴进入血液，摄入后 1～2 h 在肝内大量出现，其他组织如肾、心、皮肤及肌肉内亦有增加，24 h 后下降。人体肠道细菌可合成维生素 K，并部分被人体利用。

维生素 K 的作用主要是促进肝脏生成凝血酶原，从而具有促进凝血的作用，故又被称为抗出血维生素。研究表明，肝脏中存在凝血酶原前体，它并无凝血作用，维生素 K 能够将此凝血酶原前体转变成凝血酶原，即凝血酶原前体在维生素 K 的作用下，将末端氨基酸残基中的谷氨酸全部羧化为 γ-羧基谷氨酸残基，并最终启动凝血机制。此外，维生素 K 在参与骨代谢和维持心血管健康方面也有重要作用。

由于含维生素 K 的食物来源丰富，人体肠道细菌（如大肠杆菌、乳酸菌）又能合成，正常成人很少发生维生素 K 的缺乏。但 3 月龄内的婴儿容易发生维生素 K 缺乏。目前，还未见通过食物或补充剂摄入维生素 K 引起机体不良反应的报道。

我国成人膳食维生素 K 的适宜摄入量（AI）为 80 μg/d。维生素 K 在食物中分布广泛，绿叶蔬菜是较好的食物来源。一些植物油和蛋黄等也是维生素 K 的良好来源，而肉、鱼、乳等含量较少。

❓思考题

1. 什么是维生素？如何分类？有什么样的

特点?

2. 水溶性维生素与脂溶性维生素有哪些区别?

3. 什么是维生素 A 的生理功能,当人体缺乏时会出现什么症状?

4. 什么是维生素 A 原?它在人类营养上有什么意义?

5. 简述维生素 D 的生理功能及其缺乏症。

6. 什么是维生素 E 的生理功能?其中维生素 E 的大多数功能与何种作用有关?

7. 简述维生素 B_1 的生理功能及其缺乏症。

8. 如何促进谷类食物中尼克酸的吸收?当尼克酸缺乏时会出现什么症状?

9. 简述以膳食叶酸当量表示叶酸摄入量的理由及其计算方法。

10. 简述维生素 C 的生理功能,并说明其在食品加工中有哪些注意事项。

(本章编写人:胡滨　刘韫滔　王英丽)

第 5 章

矿物质和水

学习目的与要求

- 了解并熟悉人体中重要的常量及微量元素的种类、生理功能、吸收与代谢特性以及缺乏症。
- 掌握重要的常量及微量元素的膳食参考摄入量及食物来源。
- 了解水在体内的分布、生理功能及排泄途径。

5.1 概述

5.1.1 矿物质的种类

人体组织中几乎含有自然界的各种元素,其组成和含量除了与地球表面的元素分布有关外,也与膳食摄入量有关。目前,在地壳中发现的 92 种天然元素在人体内几乎都能检测到,这些元素除碳、氢、氧、氮主要组成有机化合物,其余的元素均被称为矿物质(minerals)。基于在体内的含量和人体需要量的不同,矿物质可分为常量元素(macro elements)和微量元素(trace elements)两大类。常量元素又被称宏量元素,它包括钙、磷、硫、钾、钠、氯、镁 7 种元素,其在体内的含量一般大于体重的 0.01%,每日需要量在 100 mg 以上;微量元素在体内中含量小于 0.01%,每日需要量以微克至毫克计。1996 年,FAO/IAEA/WHO 等国际组织的专家委员会重新界定了必需微量元素的定义,认为维持正常人体生命活动必不可少的必需微量元素共有 8 种,包括铁、锌、硒、铜、碘、钼、钴、铬;人体可能必需的微量元素有 5 种,包括锰、硅、硼、钒及镍;具有潜在的毒性,但在低剂量时可能具有功能作用的微量元素有 8 种,包括氟、铅、镉、汞、砷、铝、锂及锡。

5.1.2 矿物质的生理功能

1. 构成人体组织的重要成分

如钙、磷和镁是骨骼和牙齿的重要组成成分,磷和硫参与蛋白质的合成,铁为血红蛋白的组成成分等。

2. 调节细胞间溶液的渗透压和机体的酸碱平衡

如钾离子主要存在于细胞内液,钠与氯离子主要存在于细胞外液,它们可通过调节细胞膜的通透性以保持细胞内外酸性和碱性无机离子的浓度,从而参与维持正常的渗透压和酸碱平衡。

3. 维持神经和肌肉的兴奋性

钙为正常神经冲动传导所必需的元素,它与钾、镁、钠协同作用,调节神经肌肉兴奋性,保持心肌的正常功能。

4. 组成机体重要生物活性物质的重要成分

许多酶含有微量元素,如碳酸酐酶含有锌,呼吸酶含铁和铜,谷胱甘肽过氧化酶含有硒和锌等;多种激素和调节因子也含有微量元素,如甲状腺素含碘,

胰岛素含锌,铬是葡萄糖耐量因子的重要组成成分等;维生素 B_{12} 中含有钴元素等。

5. 参与体内的多种物质代谢和生理生化活动

如铜参与肾上腺类固醇的生成,铁参与血红蛋白中氧的运输。核酸是遗传信息的携带者,含有多种微量元素如铬、锰、钴、锌、铜等,这些元素对核酸的结构、功能和脱氧核糖核酸(DNA)的复制都有影响。

5.2 钙

钙(calcium)是机体内含量最丰富的无机元素,它不仅是构成机体完整性不可缺少的组成部分,而且在机体各种生理和生化过程中起着极为重要的作用,机体所有的生命过程均需要钙的参与。

正常成人体内钙含量为 1 000～1 200 g,相当于体重的 1.5%～2.0%。其中,约 99% 的钙以羟磷灰石$[3Ca_3(PO_4)_2 \cdot Ca(OH)_2]$为主要形式存在于骨骼与牙齿中;其余 1% 的钙一部分与柠檬酸螯合或与蛋白质结合,另一部分则以离子状态分布于软组织、细胞外液和血液中,统称为混溶池钙。骨骼中的钙与混溶池中的钙保持着动态平衡,在机体钙摄入不足时,骨骼钙就成为机体获取钙的巨大储备库。

5.2.1 钙的生理功能

1. 钙是构成骨骼和牙齿的主要成分

骨骼和牙齿中的钙以羟磷灰石结晶为主,少量为无定形的磷酸钙$[Ca_3(PO_4)_2]$。婴儿时期磷酸钙所占的比例较大,以后随年龄增长而逐渐减少,成年后结晶形的羟磷灰石占优势。除牙齿外,骨骼的重建终生都在持续。在人体生长期,骨形成大于骨吸收,而在生命后期,骨的形成则常落后于骨吸收。

2. 骨外钙对维持机体的生命过程具有重要作用

骨骼以外的钙在机体内多方面的生理活动和生物化学过程中起着重要的调节作用。正常人的血浆或血清总钙的浓度比较恒定,为 2.5 mmol/L(2.25～2.75 mmol/L)。血清钙离子的平均浓度为 1.14 mmol/L(0.94～1.33 mmol/L),当此值降低时,表明神经肌肉应急性增高。血液和体液中的钙以 3 种形式存在:离子钙、蛋白结合钙和复合钙。血浆中 1/2 的钙是以游离的、具有生理活性的离子形式存在。蛋白结合钙中与白蛋白结合的占多数,其次则是与球蛋白结合。复合钙不足 10%,它主要

是与磷酸、柠檬酸及其他阴离子结合形成复合物。

骨外钙生理功能体现在:①调节质膜的通透性及其转换过程,并维持质膜的完整性。②参与调节多种激素和神经递质的释放、调节酶的活性。Ca^{2+}的重要作用之一是作为细胞内第二信使,将细胞外的信息传递到细胞内,同时激活多种酶(腺苷酸环化酶、鸟苷酸环化酶及钙调蛋白等);钙离子也能直接参与脂肪酶、ATP 酶等的活性调节。以上这些作用对维持神经肌肉的兴奋性及细胞内代谢具有重要意义。③钙离子还参与血液凝固过程。钙是血液凝固所必需的凝血因子,在钙离子存在下使可溶性纤维蛋白原转变成纤维蛋白,促进凝血。

5.2.2 钙的吸收与代谢

5.2.2.1 钙的吸收

1. 钙的吸收途径

在膳食的消化过程中,钙通常从复合物中游离出来,被释放成为一种可溶性的和离子化状态,以便于吸收。钙的吸收有主动吸收和被动吸收 2 种途径。吸收的机制因摄入量多少与需要量的高低而有所不同。

(1)主动吸收 钙的主动吸收可能是为适应机体需要而被调节的。当机体对钙的需要量增加,或膳食钙摄入量偏低时,肠道对钙的主动吸收机制最活跃。主动吸收是一个逆浓度梯度的运载过程,所以是一个需要能量的过程。这一过程需要钙结合蛋白的参与,也需要 $1,25\text{-}(OH)_2D_3$ 作为调节剂。主动吸收在十二指肠上部效率较高,那里的 pH 较低(pH 6.0),结合蛋白也存在,但在回肠吸收较多,因在那里停留时间最长。由结肠吸收的比重在正常人约为总吸收量的 5%。

(2)被动吸收 当钙摄入量较高时,则大部分通过简单扩散方式吸收。这一过程可能也需要 $1,25\text{-}(OH)_2D_3$ 的作用,但更主要取决于肠腔与浆膜间钙浓度的梯度。

2. 影响钙吸收的因素

影响钙吸收的因素很多,如膳食中钙水平和膳食中其他成分、机体生理状况、维生素 D、体力活动等,但概括起来主要包括机体与膳食两个方面。

(1)机体因素 由于不同生命周期对钙的需要量不一样,因而机体对钙的吸收也有不同。婴儿时

期因需要量大,吸收率可高达 60%,儿童约为 40%。年轻成人停留在 25% 上下,成年人仅为 20% 左右。钙吸收率随年龄增长而渐减,平均年龄每增长 10 岁,钙吸收率减少 5%~10%。妊娠期主动和被动钙吸收均增加,孕前期、孕早期、孕中期和孕晚期的钙吸收率分别为 36%、40%、56% 和 60%。女性因绝经原因,吸收率每年下降 2.2%,增龄与绝经的联合作用,导致女性从 40~60 岁,钙吸收率下降 20%~25%。

机体维生素 D 的状态,会影响 $1,25\text{-}(OH)_2D_3$ 的水平,磷缺乏可增加 $1,25\text{-}(OH)_2D_3$ 水平而提高钙吸收。钙在肠道的通过时间和黏膜接触面积大小可影响钙吸收。胃酸缺乏会降低不溶性钙盐的溶解度而减少钙的吸收。体力活动可促进钙吸收,活动很少或长期卧床的老人、病人钙吸收率会降低,因而常发生负钙平衡。此外,还有种族因素也会影响钙代谢的差异,有关因素见表 5-1。

表 5-1 影响钙吸收的机体因素

增加吸收	降低吸收
维生素 D 状况适宜	维生素 D 缺乏
增加黏膜接触面积	降低黏膜接触面积
钙缺乏	绝经
磷缺乏	老年
妊娠	胃酸降低
黏膜渗透性大	通过肠道时间快

资料来源:葛可佑. 中国营养科学全书. 北京:人民卫生出版社,2004

(2)膳食因素 膳食中钙水平、维生素 D、乳糖、蛋白质和氨基酸、脂肪等都会影响钙吸收。膳食中钙摄入量高,吸收量相应也高,但吸收量与摄入量并不成正比,随着摄入量的增多,吸收率相对降低。膳食中维生素 D 的存在与量的多少,也与钙的吸收有明显的关系:一方面,可通过诱导合成小肠黏膜上的维生素,乳糖能与钙形成可溶性低分子物质,另一方面,可被肠道菌分解发酵产酸,降低肠道 pH,这些均有利于钙的吸收。小肠中含有一定量的蛋白质水解产物——某些多肽(如酪蛋白酶解产物中含有的酪蛋白磷酸肽)和氨基酸(如赖氨酸、精氨酸等)也可与钙形成可溶性的络合物而利于钙的吸收。但当蛋白质的摄入量超过推荐摄入量时,也未见进一步的有利影响。高脂膳食可延长肠道停留和钙与黏膜接触时间,可使钙吸收有所增加,但脂肪酸与钙结合形成

脂肪酸钙,则影响钙吸收。膳食中钙、磷的比例适宜,则有利于钙的吸收,但食物中的碱性磷酸盐可与钙形成难溶解的钙盐而影响钙的吸收。一些植物性食物中植酸和草酸含量高(常见蔬菜中钙和草酸含量见表5-2),易与钙形成难溶的植酸钙和草酸钙,不利于钙的吸收,有些蔬菜如苋菜、圆叶菠菜等草酸的含量甚至高于钙的含量,因此,烹制时应先焯,后炒。另外,膳食纤维中的糖醛酸残基可与钙螯合而干扰钙吸收。

(3)其他因素 有报道认为,一些药物,如青霉素和新霉素能增加钙吸收,而一些碱性药物如抗酸药、四环素、肝素等可干扰钙吸收。影响钙吸收的主要膳食因素见表5-3。

表5-2 常见蔬菜中钙和草酸含量

mg/100 g

食物名称	含钙量	含草酸量	理论上计算可利用的钙量
冬苋菜	230	161	160
芫荽	252	231	150
红萝卜缨	163	75	130
圆白菜(未卷心)	123	22	114
乌鸡白	137	76	104
小白菜	159	133	100
马铃薯	149	99	99
青菜	149	109	86
芹菜	191	231	79
红油菜	116	94	74
茼蒿	108	106	61
绿豆芽	53	19	45
芋头	73	63	45
葱	95	115	44
蒜	65	42	44
球茎甘蓝	85	99	41
大白菜	67	60	38
蒜苗	105	151	38
小白萝卜	49	27	37
韭菜	105	162	34
大蕹菜	224	691	−83
厚皮菜	64	471	−145
圆叶菠菜	102	606	−165

资料来源:关桂梧.营养学基础与临床实践.北京:北京科学技术出版社,1986

表5-3 影响钙吸收的主要膳食因素

增加吸收	降低吸收
维生素 D	植酸
乳糖	草酸
酸性氨基酸	膳食纤维
低磷	脂肪酸

资料来源:葛可佑.中国营养科学全书.北京:人民卫生出版社,2004

5.2.2.2 钙的排泄

钙的排泄途径包括肠道和泌尿系统,经汗液也有少量排出。每天由肾脏排出的钙占10%～20%,由肠道排出的钙占80%～90%。尿钙的排出量与骨骼的大小、体内的酸碱调节及膳食蛋白质的摄入量有关,尿钙的排出量为100～200 mg/d。从粪便中排出的钙不仅是未被吸收的钙,也有来自胃肠道分泌的内源性钙(如上皮细胞脱落释出的钙),肠道分泌的内源性钙中约有130 mg/d不被吸收。

5.2.3 钙缺乏与过量

5.2.3.1 钙缺乏

钙缺乏症是较常见的营养性疾病,主要表现为骨骼的病变,即儿童时期的佝偻病、成年人的骨质疏松症。

1.佝偻病

生长期婴幼儿缺钙时,可表现出生长发育迟缓、骨和牙质差,严重时骨骼畸形即佝偻病。我国南方地区发病率在20%左右,北方地区更高,有些地区可达50%。该病多见于2岁以下婴幼儿,故应对孕妇、乳母以及婴幼儿补充足量的钙及维生素D,并要求钙、磷比例适宜。婴儿的钙、磷比例以(1.6～1.8):1为宜。

2.骨质疏松症

人在20岁以前主要为骨的生长阶段,其后的10余年骨质仍继续增加,在35～40岁时,单位体积内的骨质达到顶峰,此时的骨密度称为峰值骨密度。此后骨质逐渐丢失。妇女绝经以后,由于雌激素分泌减少,骨质丢失速度加快。骨密度降低到一定程度时,就不能保持骨骼结构的完整,甚至压缩变形,以致在很小外力下即可发生骨折,此即为骨质疏松症。持续的骨质丢失,必然发展为骨质疏松症,补救措施也只限于减缓骨质丢失,而不能达到骨质的复原。因此,根本的问题是预防,特别要注意对青春发育期到 40 岁前后的妇女,即形成骨密度高峰期的妇女,要摄入足够的钙,如提高奶制品的摄入量。

3. 其他病症

钙不足至血钙低于 1.75 mmol/L 时,神经肌肉的兴奋性升高,可出现抽搐等症状。

5.2.3.2　钙过量

过量摄入钙也会引起不良作用,如增加患肾结石、奶碱综合征的危险性。肾结石病多见于西方国家,美国人约 12% 的人患有肾结石,可能与钙摄入过多有关。奶碱综合征的典型症候群包括高钙血症、代谢性碱中毒和肾功能障碍。另外,膳食中的钙过量还会影响其他一些营养素的生物利用率,如抑制铁的吸收、降低锌的生物利用率、潜在影响镁的吸收、减少磷的吸收等。

5.2.4　钙的膳食参考摄入量

考虑到我国居民钙摄入量不足的状况以及我国居民膳食以植物性食物为主,而植物性食物中含有较多影响钙吸收的成分,因此,2013 年,中国营养学会推荐成人钙的适宜摄入量为 800 mg/d,成年人及

1 岁以上各人群钙的可耐受最高摄入量为 2 000 mg/d。不同人群钙的推荐摄入量见表 5-4。

表 5-4　不同人群钙的推荐摄入量

年龄/岁	钙/(mg/d)	年龄/岁	钙/(mg/d)
0～	200(AI)	50～	1 000
0.5～	250(AI)	65～	1 000
1～	600	80～	1 000
4～	800	孕妇	
7～	1 000	早期	+0
11～	1 200	中期	+200
14～	1 000	晚期	+200
18～	800	乳母	+200

注:AI 为适宜摄入量。

5.2.5　钙的食物来源

因为奶中含钙量丰富,吸收率也高,因此,奶和奶制品应是钙的重要来源。豆类、硬果类和一些绿色蔬菜类等食物以及油炸小鱼、小虾及也是钙的较好来源。一些食物中的钙含量见表 5-5。另外,硬水中含有相当量的钙,也不失为一种钙的来源。

表 5-5　含钙丰富的食物　　　　mg/100 g

食物	含量	食物	含量	食物	含量
虾皮	991	苜蓿	713	酸枣棘	435
虾米	555	荠菜	294	花生仁	284
河虾	325	雪里蕻	230	紫菜	264
泥鳅	299	苋菜	187	海带(湿)	241
红螺	539	乌塌菜	186	黑木耳	247
河蚌	306	油菜薹	156	全脂牛乳粉	676
鲜海参	285	黑芝麻	780	酸奶	118

5.3　磷

正常成人体内含磷(phosphorus)600～700 g,每千克体重的去脂组织中含磷 11～12 g。体内磷的 85%～90% 存在于骨和牙中,其余的磷则分布在全身各组织及体液中。在软组织及细胞膜中的磷大部分以有机磷脂的形式存在,还有磷蛋白、磷脂等形式。在骨骼中的磷大多是矿物态的无机正磷酸盐,小量为无机磷酸盐及其离子 $H_2PO_4^-$ 及 HPO_4^{2-}。

5.3.1　磷的生理功能

磷是机体的一个重要元素,既参与骨骼和牙的

构成,也参与人体产能效应,同时也是细胞中核酸以及细胞膜的必要组成成分。

1. 构成骨骼和牙齿

磷与钙形成的难溶性无机磷酸盐,使骨及牙齿结构坚固,磷酸盐与胶原纤维共价结合,在骨的沉积及骨的溶出中起决定性作用。

2. 组成生命的重要物质

磷酸是核酸、磷蛋白、磷脂、大多数辅酶或辅基及环腺苷酸(cAMP)、环鸟苷酸(cGMP)等生命重要物质的组成成分。

3. 参与能量代谢

体内的磷以有机磷酸酯的形式参与代谢过程。高能磷酸化合物,如三磷酸腺苷及磷酸肌酸等为能

量载体,在细胞内能量的转换、代谢中以及作为能源物质在生命活动中起着重要作用。

4.参与调节酸碱平衡

磷酸盐缓冲体系接近中性,它是体内重要的缓冲体系。

5.3.2 磷的吸收与代谢

体内磷的平衡取决于体内和体外环境之间磷的交换,即磷的摄入、吸收和排泄三者的相对平衡。

5.3.2.1 吸收

磷的吸收部位在小肠,其中以十二指肠及空肠部位吸收最快,回肠较差。磷的吸收有通过载体、耗能的主动吸收过程,也有通过扩散被动吸收的过程。机体的维生素 D 状况是影响磷吸收的一个重要因素。如果维生素 D 缺乏,特别是 $1,25\text{-}(OH)_2\text{-}D_3$ 缺乏,不仅降低钙的吸收,也会降低磷的吸收。磷在肠道的吸收率常因食物磷的存在形式与量多少而变动。大多数食物中含磷化合物以有机磷酸酯和磷脂为主,这些磷酸酯在消化道经酶促水解形成酸性无机磷酸盐后才易被吸收,而乳类食品中则含较多无机磷酸盐,其中酸性无机磷酸盐溶解度最高,故易于吸收。普通膳食中磷吸收率约 70%,而在低磷膳食时,吸收率可增至 90%。膳食中磷的来源及膳食中有机磷的性质可影响磷吸收,例如,植酸、六磷酸肌醇存在于谷胚中,由于人体肠黏膜缺乏植酸酶,故所形成的植酸磷酸盐不能为人体吸收。酵母细胞能合成植酸酶,因而面包在发酵过程中全麦面粉内的植酸能被水解,而不发酵的全麦食品中的植酸则会干扰钙、磷、锌的吸收。

在生命的不同时期,磷的吸收率也有所不同。在机体活跃的生长发育阶段,磷的转运效率高于成年期。如母乳喂养的婴儿,磷吸收率为 85%～90%;学龄儿童或成人吸收率为 50%～70%。此外,肠道酸度增加,有利于磷的吸收。当摄入的膳食中存在一些金属阳离子如钙、镁、铁、铝等,因阳离子可与磷酸根形成不溶性磷酸盐,从而影响磷的吸收。

5.3.2.2 代谢

从肠道吸收的磷随血液在全身循环,在生长期内立即被骨组织和牙齿利用。当膳食磷摄入不足时,骨中的磷则被释放出来以维持正常的血浓度。膳食中摄入的磷,未经肠道吸收而从粪便排出的部分平均约占机体每天摄磷量的 30%,其余 70% 经由肾以可溶性磷酸盐形式排出,少量也可由汗液排出。肾脏是机体控制磷排泄的主要脏器。血液流经肾小球时,约有 90% 的血浆无机磷滤过基底膜,滤过的磷酸盐可被肾小管重吸收 85%～90%。若血液中磷酸盐浓度低于 1 mmol,尿液中磷酸盐排除量可接近于零。

肾对磷的吸收和排泄受多种因素影响:甲状旁腺激素(PTH)和降钙素(CT)抑制肾小管对磷的重吸收,增加尿磷排泄;血清钙增加,可减少磷的重吸收;活性维生素 D 减少尿磷排泄。此外,血液浓度、机体酸碱平衡状况也影响肾脏对磷的重吸收。

5.3.3 磷缺乏与低磷血症

磷的食物来源广泛,人类缺磷一般比较少见。但在一些特殊情况下也有例外。如早产儿若仅喂以母乳,因人乳含磷量比其他动物乳低得多,不足以满足早产儿骨磷沉积的需要,可发生磷缺乏。

在严重磷缺乏和磷耗竭时,可发生低磷血症即血清有机磷浓度低于 0.83 mmol/L(25 mg/L)。其症状包括厌食、贫血、肌无力、骨痛、佝偻病和骨软化、全身虚弱、对传染病的易感性增加、感觉异常、精神错乱甚至死亡。低磷血症可见于使用静脉营养过度的病人,肾小管再吸收磷障碍也可引起低磷血症。

5.3.4 磷的参考摄入量与食物来源

由于食物中含磷普遍而丰富,很少因为膳食原因引起营养性磷缺乏,因此,以前少有关于磷需要量的研究,磷需要量的指标也比较缺乏。在 2013 年发布的《中国居民膳食营养素参考摄入量》中,中国营养学会对磷的参考摄入量做了规定:成人磷的推荐摄入量(RNI)为 720 mg/d。妊娠期由于机体对磷的吸收增加,而哺乳期又无须增加磷摄入量,因此,孕妇和哺乳期妇女磷的推荐摄入量(RNI)仍为 720 mg/d。另外,膳食中的钙、磷比例不宜低于 0.5,理论上两者的比例维持在(1～1.5):1 比较好,但目前也不过分强调两者的比值关系。

磷在食物中分布很广,如瘦肉、蛋、奶、动物的肝、肾等都是含磷高的食物,海带、紫菜、芝麻酱、花生、干豆类、坚果、粗粮含磷也较丰富。但粮谷中的磷主要以植酸磷形式存在,如果不经过加工处理,其吸收利用率低。含磷丰富的食物如表 5-6 所列。

表 5-6　磷含量较丰富的常见食物

mg/100 g

食物	磷含量	食物	磷含量
南瓜子仁	1 159	花生（炒）	326
黄豆	465	葵花子（炒）	564
籼米	112	核桃	294
标准粉	188	瘦肉	189
大蒜头	117	猪肾	215
香菇（干）	258	猪肝	310
紫菜	350	牛乳	73
银耳	369	河蚌	319
鲫鱼	193	虾皮	582

资料来源：葛可佑. 中国营养科学全书. 北京：人民卫生出版社，2004

5.4　钠

成人体内的钠（natrium）含量为 $70 \sim 100$ g，约占体重的 0.15％。其中，44％ $\sim$ 50％在细胞外液，40％ $\sim$ 47％在骨骼中，9％ $\sim$ 10％在细胞内液。体内的钠分为可交换钠和不可交换钠。可交换钠占总体钠的 70％，包括细胞内、外液和骨骼中近半数的钠，其余为不可交换钠，主要与骨骼相结合。

5.4.1　钠的生理功能

1. 调节体内水分和渗透压

钠是细胞外液的主要阳离子，占阳离子含量的 90％左右。它与相对应的阴离子一起构成渗透压，对细胞外液渗透压的调节和体内水分的恒定起着重要的作用。

2. 维持体液的酸碱平衡

Na^+ 通过与 Cl^- 和 HCO_3^- 离子结合，参与调节体液的酸碱平衡；Na^+ 在肾小管重吸收时与 H^+ 交换，可以清除体内酸性代谢产物，参与调节体液的酸碱平衡。

3. 增强神经肌肉兴奋性

钠、钾、钙、镁等离子的浓度平衡，对于维护神经肌肉的兴奋性都是必不可少的。

4. 其他作用

钠与三磷酸腺苷的生成和利用、肌肉运动、心血管功能、能量代谢都有关系，此外，糖代谢、氧的利用也需有钠的参与。

5.4.2　钠的吸收与代谢

一般钠和氯一起以氯化钠（食盐）的形式摄入。钠的吸收部位主要在小肠上段，吸收率很高，几乎全部被吸收。钠在空肠的吸收大多是被动吸收，是与糖和氨基酸的主动转运相偶联进行的，而在回肠的吸收则大部分是主动吸收。消化道吸收的钠包括膳食中的钠和胃肠道所分泌的钠，成人每天肠道中吸收的氯化钠总量约为 44 g。小肠吸收钠的能力大，钠摄入多，吸收也多，调节被吸收的钠的方式是将小肠吸收的钠送到肾脏。

正常情况下，多余的钠（钠摄入量的 90％ $\sim$ 95％）大部分通过肾脏从尿排出。肾脏对钠的吸收较完善。每天由肾小球滤过的钠可达 $20\ 000 \sim 40\ 000$ mmol，而每天尿排出仅 $10 \sim 200$ mmol，吸收率达 99.5％。当摄入无钠饮食时，钠在尿中几乎可完全消失。钠也可从汗液中排出，特别是在炎热的夏天，但不同个体汗液中钠的浓度变化较大，平均约含钠盐 2.5 g/L，浓度高时可达 3.7 g/L。

5.4.3　钠缺乏与过量

5.4.3.1　钠缺乏

机体除了从动植物性食物中摄取钠以外，还从调味品食盐中摄取钠，因此，饮食中钠含量一般充足，不至于引起钠缺乏。如果钠摄入不足，或高温、反复呕吐、腹泻以及瘘管等导致钠大量丢失，或肾钠排出过多，或烧伤、严重感染、大面积创伤、大手术后等引起钠丢失或消耗增加时，都可能引起钠缺乏。当机体内血浆钠的含量＜135 mmol/L 时，就被称为低钠血症。

轻度钠缺乏可使患者出现疲倦、眩晕、直立时可发生昏厥；严重缺乏时，会使血液中钠离子浓度过低，失去酸碱平衡而造成酸中毒，甚至死亡。

虽然一般人钠缺乏比较少见，但要注意在夏季高温出汗多时，由于汗液中盐分丢失，应注意及时补充盐分。对重体力、高温作业者，尤其要注意钠缺乏的问题。

5.4.3.2　钠过量

正常人由于有肾脏的调节作用，摄入钠过多并不蓄积，但某些疾病可引起体内钠过多。当机体血浆钠的含量高于 150 mmol/L 时，就被称为高钠血症。心源性水肿、肝硬化腹水期、肾病综合征、肾上腺皮质功能亢进,某些脑部病变、脑瘤等都能出现高钠血症。正常人每天摄入 35～40 g 的食盐可引起急性中毒,出现水肿、血压升高、血浆胆固醇上升等现象。如果误将食盐当作食糖加入婴儿奶粉中喂哺,则可引起中毒以致死亡。

膳食中的钠摄入量与 Na/K 值是影响人群血压水平的重要因素。有资料显示,长期钠摄入过多可使血压升高,血浆胆固醇水平升高,甚至可能增加胃癌发生的危险。因此,减少钠的摄入量对预防高血压、高血脂等慢性病有重要意义。

5.4.4 钠的需要量及食物来源

钠的需要量取决于生长的需要、环境温度、出汗或其他分泌丢失的钠量以及膳食中钾的含量。一个健康成人估计每天最低钠需要量为 115 mg(相当于 NaCl 0.3 g),但在 299 mg(NaCl 0.8 g)以下的膳食是极不可口的,故实际上一般摄入量远远超过最低需要量。世界卫生组织建议,每人每天的食盐用量不超过 6 g。2002 年的全国营养调查显示,我国居民平均标准每人每天食盐的摄入量为 12 g,其中,在城市每人每天食盐摄入量 10.9 g,在农村人群中,每人每天食盐摄入量 12.4 g,大大超过世界卫生组织建议的标准。

由于国外关于钠需要量的研究不多,我国也缺乏这方面的资料,2013 年,中国营养学会修订的各类人群钠的适宜摄入量(表 5-7)。

表 5-7 不同人群钠的适宜摄入量

年龄/岁	钠/(mg /d)	年龄/岁	钠/(mg /d)
0～	170	14～	1 600
0.5～	350	18～	1 500
1～	700	50～	1 400
4～	900	65～	1 400
7～	1 200	80～	1 300
11～	1 400	孕妇、乳母	+0

钠广泛存在于各种食物中,一般动物性食物中钠的含量高于植物性食物。人体膳食中钠的摄入主要来源于食盐、加工处理时加入的盐或含钠的复合物(如谷氨酸钠、小苏打即碳酸氢钠等),以及酱油、腌制或盐渍食品、发酵豆制品、咸味休闲食品等。饮用水也含有钠,但一般饮水提供的钠含量低于

20 mg/L。

5.5 钾

人体钾(kalium)总量约 175 g,占人体无机盐总量的 5%。钾主要存在于细胞内,占重量的 98%,细胞外仅为 3 g,而钠则相反,主要存在于细胞外。细胞内的钾有离子态和结合态,结合态包括与蛋白质结合或于糖、磷酸盐结合。细胞外钾主要以离子态存在。钾在体内的分布为 70% 的体钾贮存在肌肉,10% 在皮肤,其余在红细胞、骨、脑、肝、心、肾等组织中。

5.5.1 钾的生理功能

1. 参与细胞新陈代谢和酶促反应

钾与细胞新陈代谢密切相关。糖原和蛋白质的合成、能量的释放和腺苷三磷酸的生成等都需要钾在其中起催化作用。合成 1 g 糖原约需钾 0.15 mmol,合成 1 g 蛋白质约需钾 0.45 mmol。线粒体的氧化磷酸化作用及有些酶活动也需要钾的参与才能正常进行。当细胞内的钠浓度增加时,将对抗钾的催化作用,使细胞代谢,尤其是蛋白质的合成受到干扰。

2. 维持渗透压和酸碱平衡

由于钾是细胞内主要阳离子,其浓度可达 150 mmol/L,因此,钾对维持细胞内液渗透压具有重要作用。钾离子又能通过细胞膜与细胞外 H^+、Na^+ 交换,调节酸碱平衡。

3. 维持神经肌肉的应激性和正常功能

细胞内、外钾浓度的比例是形成跨膜静息电位的重要决定因素。静息电位主要是细胞内钾顺其浓度梯度扩散到细胞外产生的。静息电位的建立是产生动作电位的基础,而神经与肌肉功能活动又必须有动作电位发生。故细胞内、外钾浓度改变可影响神经肌肉细胞的兴奋性(应激性)。

4. 其他

钾对水和体液平衡起调节作用,当体内需要保钠和水时,肾小管就排出 K^+ 换回 Na^+。补钾对轻症高血压及某些正常血压有降压作用,这可能与钾促进尿钠排出、抑制肾素血管紧张素系统和交感神经系统等因素有关。钾也有扩张血管的作用,因此钾能对抗食盐引起的高血压。

5.5.2 钾的吸收与代谢

钾的主要吸收部位在小肠,吸收率在 90% 左右。

吸收形式有被动扩散和主动吸收,其中大部分是通过被动扩散吸收的。在正常情况下,摄入量的80%～90%由肾排出,10%～20%由粪便排出。皮肤通常排钾甚少,但在热环境中从事体力活动、大量出汗时,汗液钾排出量可占钾摄入量的50%左右。此外,在钾摄入极少甚至不进食钾时,肾仍排出一定量的钾。

5.5.3　钾缺乏与过量

5.5.3.1　钾缺乏与低钾血症

体内的钾总量减少可引起钾缺乏症,表现为神经肌肉、消化、心血管等系统发生功能性或病理性改变。正常机体内的血清钾浓度为 3.5～5.5 mmol/L,当机体内的血清钾低于 3.5 mmol/L 时,就被称为低钾血症。

钾缺乏的常见原因有摄入不足或排出增加。如在长期禁食、少食或厌食、偏食等情况下,如果肾脏保钾的功能较差,仍不断排钾,即可由于摄入不足而引起钾缺乏。造成钾排出增加的原因为:①经消化道失钾。如呕吐、胃肠引流、腹泻、肠瘘或长期用泻剂等,造成失钾。②肾脏失钾过多。如各种肾小管功能障碍为主的肾脏疾病或应用利尿剂、脱水、慢性缺氧、摄入钠过多均可出现细胞内钾释出增加,进而引起尿钾排出增加。③肾上腺皮质功能亢进时,或长期应用肾上腺皮质激素治疗,都可促使钾的排泄增多。④经汗液丢失。持续强体力活动或较长期在热环境下进行体力活动,由于大量出汗可增加钾的丢失,如果此时摄入也较低则可产生负钾平衡。⑤钾向细胞内转移。大量注射葡萄糖或应用胰岛素时,周期性瘫痪发作时,烧伤愈合期蛋白质合成增加时以及碱中毒时,均可发生钾转移入细胞内,可出现血钾过低,但总体钾不减少。

5.5.3.2　钾过量

当机体内的血钾浓度高于 5.5 mmol/L 时,可出现毒性反应,就被称为高钾血症。主要表现为患者全身软弱无力,躯干和四肢感觉异常、面色苍白、肌肉酸痛、肢体寒冷、动作迟钝、嗜睡、神志模糊,进而弛缓性瘫痪、呼吸肌瘫痪、窒息。引起高钾血症的原因为:①钾摄入过多。肾功能减退的病人,摄入过多的钾;静脉内输入过多钾盐。②排出减少。肾功能衰竭、肾上腺皮质功能减退或肾小管代谢性酸中毒时,可使肾排钾能力降低。③细胞内钾外移。见于急性酸中毒、重度溶血性反应、组织创伤、缺氧,应用某些药物、运动过度等情况。

5.5.4　钾的需要量及食物来源

关于钾需要量的研究不多,2013 年,中国营养学会制定了我国各人群钾的适宜摄入量,成人的适宜摄入量为 2 000 mg/d,其他各类人群的适宜摄入量见表 5-8。

表 5-8　不同人群钾的适宜摄入量

年龄/岁	钾/(mg/d)	年龄/岁	钾/(mg/d)
0～	350	18～	2 000
0.5～	550	50～	2 000
1～	900	65～	2 000
4～	1 200	80～	2 000
7～	1 500	孕妇	+0
11～	1 900	乳母	+400
14～	2 200		

大部分食物都含有钾,但蔬菜和水果是钾最好的来源。每 100 g 食物中钾的含量:豆类食物中钾的含量为 600～800 mg;蔬菜和水果类食物中钾的含量为 200～500 mg;谷类食物中钾的含量为 100～200 mg;肉类食物中钾的含量为 150～300 mg;鱼类食物中钾的含量为 200～300 mg。每 100 g 的紫菜、黄豆、冬菇、小豆、竹笋等食物中钾的含量都在 800 mg 以上。常见食物中的钾含量见表 5-9。

表 5-9　常见食物中钾含量　　　mg/100 g

食物名称	含量	食物名称	含量	食物名称	含量
紫菜	1 796	牛肉(瘦)	284	橙	159
黄豆	1 503	带鱼	280	芹菜	154
冬菇	1 155	黄鳝	278	柑	154
赤豆	860	鲢鱼	277	柿	151
绿豆	787	玉米(白)	262	南瓜	145

续表 5-9

食物名称	含量	食物名称	含量	食物名称	含量
黑木耳	757	鸡	251	茄子	142
花生仁	587	韭菜	247	豆腐干	140
枣(干)	524	猪肝	235	大白菜	137
毛豆	478	羊肉(肥瘦)	232	甘薯	130
扁豆	439	海虾	228	苹果	119
羊肉(瘦)	403	杏	226	丝瓜	115
枣(鲜)	375	牛肉(肥瘦)	211	牛乳	109
马铃薯	342	油菜	210	葡萄	104
鲤鱼	334	豆角	207	黄瓜	102
河虾	329	芹菜(茎)	206	鸡蛋	98
鲳鱼	328	猪肉	204	梨	97
青鱼	325	胡萝卜	193	粳米(标二)	78
猪肉(瘦)	295	标准粉	190	冬瓜	78
小米	284	标二稻米	171	猪肉(肥)	23

资料来源:葛可佑.中国营养师培训教材.北京:人民卫生出版社,2006

5.6 镁

人体内含镁(magnesium)20～28 g,其中60%～65%的镁存于骨骼和牙齿,27%的镁分布在肌肉和软组织中。镁同钾一样主要集中在细胞内,细胞外液的镁不超过1%。在血液中,镁主要集中在红细胞内。红细胞和血浆中的镁均有3种形式,它们分别是游离镁、复合镁、以及蛋白结合酶,游离镁所含比例最高(55%),其次为蛋白结合酶(32%),复合镁所占比例最低(13%)。

5.6.1 镁的生理功能

1.多种酶的激活剂

镁作为多种酶的激活剂,参与300余种酶促反应。镁既能与细胞内许多重要成分形成复合物而激活酶系,也能直接作为酶的激活剂激活酶系。这些酶包括磷酸转移酶及水解肽酶系、Na^+-K^+-ATP酶、腺苷酸环化酶等。

2.维护骨骼生长

镁是维持骨细胞结构和功能所必需的元素,对于骨钙动员是必要的。在极度低镁时,甲状旁腺功能低下而引起低血钙。

3.维持神经肌肉的兴奋性

镁与钙协同作用,维持神经肌肉的兴奋性。不论是血液中的镁,还是血液中的钙过低,神经肌肉的兴奋性都会增高。反之,则有镇静作用。但镁和钙又有拮抗作用,如由镁引起的中枢神经和肌肉接点处的传导阻滞,可被钙拮抗。

4.维护胃肠道功能

低硫酸镁溶液经十二指肠时,可松弛奥狄括约肌,促使胆囊排空,具有利胆作用。碱性镁盐可中和胃酸。镁离子在肠道中吸收缓慢,促使水分滞留,具有导泻作用。低浓度镁可减少肠壁张力和蠕动,有解痉作用,并有对抗毒扁豆碱的作用。

5.调节心血管功能

镁是第二信使cAMP生成的调节因子。镁是腺苷酸环化酶的激活剂,促使细胞内cAMP生成增多,从而引起血管扩张。镁耗竭时,血管紧张肽及血管收缩因子增加,引发动脉骤然收缩,进而出现肌肉痉挛、冠状血管与脑血管痉挛、血压升高。

6.影响激素的分泌

血浆镁的变化直接影响甲状旁腺激素(PTH)的分泌。血浆镁增加时抑制甲状旁腺激素分泌,血浆镁的浓度下降时,则可导致甲状旁腺兴奋,促使少量的镁自骨骼、肾脏、肠道转移至血液中。当镁浓度极端低下时,甲状旁腺的功能反而表现低下,但补充镁后即可恢复。

5.6.2 镁的吸收与代谢

整个肠道均可吸收食物中的镁,但以空肠末端与回肠部位吸收为主,吸收率一般为 30%～50%。吸收方式有被动扩散和耗能的主动吸收。

影响镁吸收的因素很多。首先,膳食中镁的摄入量可直接影响其吸收。摄入量少时,吸收率增加,摄入量多时,吸收率降低。其次,膳食成分对镁的吸收也有很大影响。膳食中的氨基酸、乳糖等能促进镁的吸收。氨基酸的增加镁吸收的原因是由于能增加难溶性镁盐的溶解度,所以蛋白质可促进镁的吸收;而过多的磷、草酸、植酸和膳食纤维等则会抑制镁的吸收。由于镁与钙的吸收途径相同,两者在肠道内相互竞争,因此,也有相互干扰的问题。此外,镁的吸收还与饮水量有关,饮水多时,对镁离子的吸收有明显的促进作用。

肾脏是排镁的主要器官,滤过的镁 85%～95% 被重吸收。血清镁水平高,肾小管重吸收减少;血清镁水平低,肾小管重吸收增加,此调节过程有甲状旁腺激素参与,肾脏通过这种调节机制维持体内镁的稳态。由于经胆汁、胰液、肠液分泌到肠腔中的镁大部分能被重吸收,因此,粪便只排出少量内源性镁。此外,汗液也可排出少量镁。

5.6.3 镁的缺乏

5.6.3.1 镁缺乏对机体的影响

1. 影响钙的代谢

低钙血症患者常有显著的镁缺乏表现,而镁耗竭也可导致血清钙浓度显著下降。

2. 影响神经肌肉的兴奋性

镁缺乏可引起神经肌肉的兴奋性亢进。神经肌肉兴奋性亢进是镁缺乏症的最初表现,常见的症状有肌肉震颤、手足抽搐、反射亢进,有时出现听觉过敏和幻觉,严重时出现精神错乱、定向力失常,甚至惊厥、昏迷。

3. 影响骨骼的功能

镁缺乏能直接影响骨细胞功能,导致骨骼疏松。

4. 其他

镁缺乏对血管功能可能有潜在的影响。研究发现,动脉粥样硬化的发生可能与镁缺乏有关。低镁血症患者可出现心律失常、房颤及室颤、血压升高等,镁耗竭还可以导致胰岛素抵抗。

5.6.3.2 引起镁缺乏的原因

1. 摄入不足

最常见的摄入不足是饥饿,饥饿不但使镁摄入量减少,而且由于继发的代谢性酸中毒可使肾脏排镁增多。蛋白质-能量营养不良的患儿,全部都有镁缺乏症,补镁可明显促使患儿康复。

2. 吸收障碍

如胃肠道感染、炎症性肠道疾患、口炎性腹泻、胆汁缺乏、肠瘘、肠切除等均可导致镁吸收障碍。

3. 丢失过多

肾小管疾病、某些内分泌疾病、肾毒性药物以及慢性酒精中毒等均可造成镁丢失过多。慢性酒精中毒主要是因为酗酒、呕吐、腹泻使镁丢失。

5.6.4 镁的膳食参考摄入量及食物来源

由于镁的需要量的确定比较困难,因而对镁的需要量的研究资料不多。中国营养学会 2013 年制订的镁的成人推荐摄入量为 330 mg/d,孕妇增加到 370 mg/d。不同人群的推荐摄入量见表 5-10。

表 5-10 不同人群镁的推荐摄入量

年龄/岁	推荐摄入量/(mg/d)
0～	20(AI)
0.5～	65(AI)
1～	140
4～	160
7～	220
11～	300
14～	320
18～	330
50～	330
65～	320
80～	310
孕妇	+40
乳母	+0

叶绿素是镁卟啉的螯合物,所以镁富含于各种绿叶蔬菜中。植物性食物,如糙粮、坚果、干豆中也含有丰富的镁;肉类、淀粉类食物及牛奶等镁的含量中等;而精制谷物中镁的含量一般较低,这是由于加工使谷物颗粒表层中的镁损失而造成的。除了食物之外,从饮水中也可以获得少量的镁,通常硬水中含有较高的镁盐,而软水中镁的含量则相对较低。表 5-11 为常见的含镁较丰富的食物。

表5-11　常见含镁较丰富的食物

mg/100 g

食物名称	含量	食物名称	含量
大黄米	116	苋菜(绿)	119
大麦(元麦)	158	口蘑(白蘑)	167
黑米	147	木耳(干)	152
荞麦	258	香菇(干)	147
麸皮	382	发菜(干)	129
黄豆	199	苔菜(干)	1 257

资料来源:葛可佑.中国营养科学全书.北京:人民卫生出版社,2004

5.7　铁

正常人体内含铁(iron)量因年龄、性别和营养状况等不同而有较大差异,一般含铁总量为3~5 g,男性平均含铁量为3.8 g,女性平均含铁量为2.3 g。体内铁有2种存在形式:功能铁和贮备铁。功能性铁是铁的主要存在形式,约占70%,它们大部分存在于血红蛋白中,其次为肌红蛋白,还有少部分存在于含铁的酶(细胞色素氧化酶、过氧化物酶、过氧化氢酶等)和运输铁中。贮备铁约占总铁含量的30%,主要以铁蛋白(ferritin)和含铁血黄素(hemosiderin)的形式存在于肝、脾和骨髓中。人体各器官组织中的铁分布以肝、脾含量最高,其次为肾、心、骨骼肌与脑。

5.7.1　铁的生理功能

1.维持正常的造血功能

铁与红细胞形成和成熟有关。三价铁以转铁蛋白形式被携带到骨髓,然后在还原物质作用下还原成亚铁形式与铁蛋白分离,进入网织红细胞,与原卟啉结合,形成血红素,再与铁珠蛋白结合形成血红蛋白。缺铁可影响血红蛋白的合成,甚至影响DNA的合成及红细胞的分裂增殖,还可导致红细胞寿命缩短、自身溶血等。

2.参与体内氧的运输和组织呼吸过程

铁作为血红蛋白的成分参与氧气的运输,如血红蛋白可与氧可逆地结合,当血液流经氧分压较高的肺泡时,血红蛋白能与氧结合成为氧合血红蛋白,而当血液流经氧分压较低的组织时,氧合血红蛋白又离解而成血红蛋白和氧,从而完成把氧从肺泡送至组织的任务。

$$\underset{\text{(血红蛋白)}}{Hb} + O_2 \rightleftharpoons \underset{\text{(氧合血红蛋白)}}{HbO_2}$$

铁也是肌红蛋白、细胞色素A和一些呼吸酶的组成成分,肌红蛋白能在肌肉组织中转运和贮存氧,细胞色素能在细胞呼吸过程中起传递电子的作用。

3.参与维持正常免疫功能

许多与杀菌有关的酶的活性、淋巴细胞的转化、中性粒细胞吞噬功能等,均与铁水平有关。铁缺乏时可引起淋巴细胞减少和自然杀伤细胞活性的降低。

4.其他功能

铁通过单胺氧化酶、色氨酸羟化酶等影响神经递质的代谢,并参与髓鞘质的合成。另外,铁还具有催化促进β-胡萝卜素转化为维生素A、抗体的产生以及药物在肝脏的解毒等功能。

5.7.2　铁的吸收与代谢

5.7.2.1　铁的吸收

食物中的铁主要是以三价铁的形式存在,它们进入体内后在胃酸作用下还原成二价铁后被小肠吸收。食物中的铁分为血红素铁和非血红素铁,两者的吸收机制不同。血红素与肠黏膜上受体结合,将血红素铁中的含铁卟啉复合物整体吸收,并在血红素氧化酶作用下裂解成卟啉和二价铁,之后铁与细胞内的脱铁蛋白结合形成铁蛋白,再运送至其他部位供利用。而非血红素铁吸收前必须与结合的有机物分离,并被还原成二价铁后才被吸收。

5.7.2.2　铁吸收的影响因素

铁在食物中的存在形式直接影响其吸收率。血红素铁主要存在于动物性食品中,其吸收率比非血红素铁高,吸收过程不受其他膳食因素的干扰。如动物肉、肝脏中的铁吸收率约为22%,动物血的铁吸收率为25%、鱼类的铁吸收率为11%。非血红素铁主要存在于植物性食物中,吸收率较低,而且常受其他膳食因素的干扰。在大米、玉米、小麦中,铁的吸收率仅为1%~5%,黄豆稍高,铁的吸收率约为7%。蛋黄所含铁的吸收率仅为3%,原因是鸡蛋黄中所含的铁与卵黄高磷蛋白牢固地结合,使蛋类铁的吸收率降低。

膳食中有许多因素可以影响铁的吸收:①抗坏血酸能将三价铁还原成二价铁,并铁螯合成可溶性小分子络合物,促进铁的吸收,其他如枸橼酸、乳酸、丙酮酸、琥珀酸等也能增加铁的吸收。②氨基酸如胱氨酸、半胱氨酸、赖氨酸、组胺酸等对植物性铁的吸收有利,其原因可能是这些氨基酸与铁螯合形成小分子可溶性单体。③碳水化合物,如乳糖、蔗糖、葡萄糖以及脂类等也有利于铁的吸收。④植物性食品中的草酸、植酸能与铁形成不溶性盐,抑制铁的吸收。⑤膳食纤维由于能结合阳离子铁、钙等,摄入过多时可干扰铁的吸收。⑥茶、咖啡以及菠菜中的多酚类化合物能抑制铁的吸收。⑦肠道内铁的浓度、体内铁的贮备量及人体生理状况也会影响铁的吸收。当肠内铁浓度增加时,其吸收下降,但机体绝对储留量仍然有所增加。当体内铁充足时,肠黏膜细胞铁贮存能力增加,从而抑制肠黏膜对铁的吸收;反之,当体内铁缺乏时,没有铁从血清中转运到肠黏膜细胞,于是肠黏膜细胞内铁贮存下降,则促进肠黏膜细胞对铁的吸收。另外,由于生长、月经和妊娠等引起人体对铁需要量增加时,可促进铁的吸收。

5.7.2.3　铁的代谢

根据一个人的血液总容量、血液中血红蛋白的含量以及血红蛋白中铁含量(0.34%)可以推算,正常人每天用于合成血红蛋白的铁为 20~25 mg。如果血红蛋白中的 20~25 mg 在参与分解代谢后排出体外,人体对铁的需要量将有很大的增加,以至不可能从膳食中得到满足。但由于机体具有保留、贮存和再利用铁的特点,能够将代谢铁的 90% 以上加以保留并反复利用。这样不仅红细胞中的铁能被保留和利用,其他细胞死亡后其内部的铁同样也能被保留和利用。

机体中过多的铁主要以铁蛋白或含铁血黄素的方式在细胞中贮存,含铁血黄素的含铁量较铁蛋白高,贮存部位主要是肝实质细胞和骨髓的网状内皮细胞。以铁蛋白形式贮存在肝、脾、骨髓及肠黏膜细胞中的铁总量,成年男子为 1 000 mg,女子为 300 mg。

机体排泄铁的能力有限,成人每天排出的铁量为 0.90~1.05 mg,包括胃肠道损失 0.35 mg,胆汁中损失 0.20 mg,黏膜中损失 0.10 mg。从尿中排出的铁极少,仅 0.08 mg。另外,女性月经周期铁损失相当于每天 0.6~0.7 mg。如果有病理性出血,则每损失 1 mL 的血就意味着丢失约 0.04 mg 的铁。

5.7.3　铁缺乏与过量

5.7.3.1　铁缺乏

体内铁不足或缺乏,可导致缺铁性贫血。缺铁性贫血是世界上最常见的营养性疾病,世界上超过 30% 的人患有贫血,而其中大多数是缺铁性贫血。

缺铁性贫血多见于婴幼儿、孕妇及乳母。铁缺乏的原因主要是由于膳食铁摄入不足而机体对铁的需要量增加。另外,某些疾病如萎缩性胃炎、胃酸缺乏或过多服用抗酸药时,影响铁离子释放;月经过多、痔疮、消化道溃疡或肠道寄生虫病等,也是引起铁缺乏的重要原因。

体内铁缺乏可分 3 个阶段:第一阶段为铁贮存减少期(iron depletion, ID)。此时体内铁的贮备逐渐减少,血清铁蛋白浓度降低。第二阶段为红细胞生成缺铁期(iron deficient erythropoiesis, IDE)。此时的血清铁蛋白、血清铁以及运铁蛋白饱和度也都下降。第三阶段为缺铁性贫血期(iron deficiency anemia, IDA)。血红蛋白和血细胞比容下降,此时的血红蛋白生成下降,红细胞比容下降,并出现缺铁性贫血的临床症状,如头晕、气短、乏力、心悸、注意力不集中、脸色苍白等。

贫血能导致患者工作能力的下降,儿童铁的缺乏则可引起心理活动的损害和智力发育的减弱以及行为活动的改变。缺乏铁可损害儿童的认知能力,这种损害即使在以后补充铁也难以恢复。

5.7.3.2　铁中毒

铁中毒包括急性中毒和慢性中毒。急性中毒常见于过量服用铁剂,儿童中尤其多见。临床上以消化道出血为主要症状,死亡率很高。慢性中毒(亦称铁负荷过多)可发生于消化道吸收的铁过多和肠外输入过多的铁。其中,消化道吸收的铁过多可能是由于以下原因:①长期过量服用铁剂。②长期大量摄入含铁量异常高的特殊食品。③慢性酒精中毒和肝硬化,因两者均可使铁的吸收增加。④原发性血色病,因遗传缺陷而使小肠吸收过多的铁。肠外输入过多的铁,通常是由多次大量输血而引起。正常情况下,即使膳食铁含量很丰富,也不至达到引起慢性中毒的水平。

5.7.4　铁的参考摄入量与食物来源

铁在体内代谢中,一方面由于可被机体反复利用,另一方面排出的铁量又少,因此,只要从食物中吸收加以弥补,即可满足机体需要。婴幼儿由于生长较快,需要量相对较多、较高,需从食物中获得铁的比例大于成人;妇女月经期铁损失较多,需要量应适当增加。不同人群铁损失量与需要量见表 5-12。中国营养学会推荐我国居民膳食铁的推荐摄入量见表 5-13。成年人铁的可耐受最高摄入量为 42 mg/L。

表 5-12　不同人群铁的损失量与需要量　　　　　　　mg/d

人群	损失			需要		
	粪	尿、汗、脱屑	月经	生长	妊娠	总量
成年男	0.5	0.2~0.5				0.7~1.0
成年女	0.5	0.2~0.5	0.5~1.0			1.2~2.0
孕妇	0.5	0.2~0.5			1.0~2.0	1.7~3.0
儿童	0.5	0.2~0.5		0.6		1.3~1.6
女青少年	0.5	0.2~0.5	0.5~1.0	0.6		1.8~2.6

资料来源：葛可佑．中国营养科学全书．北京：人民卫生出版社，2004

表 5-13　不同人群铁的推荐摄入量

年龄/岁	性别	铁/(mg/d)	年龄/岁	性别	铁/(mg/d)
0~	—	0.3(AI)	18~	男	12
0.5~	—	10		女	20
1~	—	9	50~		12
4~	—	10	孕妇早期	—	+0
7~	—	13	孕期中期	—	+4
11~	男	15	孕期晚期	—	+9
	女	18	乳母		+4
14~	男	16			
	女	18			

注：AI 为适宜摄入量。

铁广泛存在于各种食物中，但不同来源的食物其吸收率不同。一般动物性食物铁的含量和吸收率较高，因此，动物肝脏、动物全血、畜禽肉类、鱼类等都是膳食中铁的良好来源。蔬菜、牛奶及奶制品中铁的含量不高，铁的利用率不高。常见食物中的铁含量见表 5-14。

表 5-14　常见食物中铁含量　　　　　　　mg/100 g 食物

食物	含铁量	食物	含铁量	食物	含铁量
稻米	2.3	黑木耳(干)	97.4	芹菜	0.8
标准粉	3.5	猪肉(瘦)	3.0	大油菜	7.0
小米	5.1	猪肝	22.6	大白菜	4.4
玉米(鲜)	1.1	鸡肝	8.2	菠菜	2.5
大豆	8.2	鸡蛋	2.0	干红枣	1.6
红小豆	7.4	虾米	11.0	葡萄干	0.4
绿豆	6.5	海带(干)	4.7	核桃仁	3.5
芝麻酱	58.0	带鱼	1.2	桂圆	44.0

资料来源：葛可佑．中国营养科学全书．北京：人民卫生出版社，2004

5.8　锌

成人体内含锌(zinc)为 2~2.5 g，广泛分布于人体各组织和器官中。其中，肌肉中锌的含量最高，约占 60%；其次为骨骼，它的锌含量占 22%~33%；其他依次为：皮肤和毛发中锌的含量占 8%、肝中锌的含量占 4%~6%、胃肠道和胰腺中锌的含量占 2%、中枢神经系统中锌的含量占 1.6%，全血中锌的含量占 0.8%。血液中 75%~85% 的锌存在于红细胞中，

12%～22%的锌存在于血浆中、3%～5%的锌存在于白细胞中。红细胞中的锌大部分存在于碳酸酐酶中,小部分则存在于其他含锌酶中。

5.8.1　锌的生理功能

锌是人体必需的微量元素之一,对人体的生长发育、代谢、免疫、生殖等都具有重要作用。

1. 酶的组成成分和酶的激活剂

锌是人体内多种酶的组成成分,重要的含锌酶有碳酸酐酶、超氧化物歧化酶、碱性磷酸酶、DNA 聚合酶、RNA 聚合酶、苹果酸脱氢酶、谷氨酸脱氢酶、乳酸脱氢酶、羧肽酶、丙酮酸氧化酶等,这些酶在组织呼吸以及蛋白质、脂肪、糖和核酸等的代谢中有重要作用。

2. 促进生长发育

锌在 DNA 合成、蛋白质合成、细胞增殖、分化、酶活性及激素的生物学作用等方面均发挥重要作用。锌缺乏可引起 DNA、RNA 以及蛋白质合成障碍,细胞分裂减少、生长停止。锌与骨骼发育、骨质代谢有关,胎儿的生长发育、儿童骨骼的生长和身高等都会受体内锌水平的影响。锌还参与促黄体激素、促卵泡激素、促性腺激素等内分泌激素的代谢,对性器官和性功能发育均有重要的调节作用。

3. 维持正常味觉与食欲

锌是味觉素的组成成分,同时也参与味蕾细胞转化,因此,锌与味觉关系密切。锌能直接影响消化酶的活性,从而改变消化功能。锌还在激素的产生、贮存和分泌中起作用,如锌可以通过影响胰岛素的合成、贮存、分泌而升高血糖浓度。锌的上述作用实际上也反映了锌对食欲功能的影响。

4. 促进机体免疫功能

锌可促进淋巴细胞的有丝分裂,增加 T 细胞的数量和活力,对胸腺细胞的成熟和胸腺上皮功能也有影响。缺锌时可出现胸腺萎缩、胸腺激素减少、T 细胞功能受损及细胞介导的免疫功能改变。除了促进 T 细胞的成熟外,锌对免疫细胞的凋亡也有影响作用。

5. 参与维生素 A 的代谢

肝脏是维生素 A 的贮存器官,当机体需要维生素 A 时,肝脏中的视黄醇酯水解为维生素 A,然后通过血液循环到达各组织细胞,发挥其生理作用。而参与维生素 A 合成的维生素 A 还原酶是一种含锌的醇脱氢酶,缺锌时此酶活性降低,肝脏中的维生素 A 不能动员,以致造成维生素 A 利用障碍。

6. 维持细胞膜的稳定

细胞膜系中存在大量含锌的酶及蛋白质,因此,锌对细胞内外的各种代谢活动具有重要的调节作用。锌通过抑制和消除过多自由基对膜的破坏,减少了膜上不饱和脂肪酸的过氧化,有利于细胞膜结构的稳定和功能的发挥。此外,锌还能通过拮抗铅、镉等重金属对细胞的损伤来维护细胞膜的稳定性。

5.8.2　锌的吸收与代谢

5.8.2.1　吸收和转运

锌主要在小肠吸收,其吸收机制为耗氧的主动吸收。吸收的锌一部分很快地通过肠黏膜细胞转运,另一部分则贮存在黏膜细胞中,与金属硫蛋白结合,并在以后数小时内缓慢释放。锌经门脉系统进入血液,或再返回肠道,血液中的锌则通过白蛋白转运到机体各部位。进入肝静脉血中的锌有 30%～40%被肝脏摄取,随后释放回血液中。循环血中的锌以不同速率进入各种肝外组织中。这些组织的锌周转率不同,中枢神经系统和骨骼摄入锌的速率较低,在通常情况下,骨骼锌不易被机体代谢和利用。进入毛发的锌也不能被机体组织利用,并且随毛发的脱落而丢失。存留于胰、肝、肾、脾中的锌的积聚速率最快,周转率最高;红细胞和肌肉的锌的交换速率则低得多。

5.8.2.2　利用

锌的生物利用率受多种因素影响。肠腔内锌的浓度直接影响锌的吸收,当体内缺锌时,锌的吸收率增高。体内锌浓度高时,可诱导肝脏金属硫蛋白合成增加,增加的硫蛋白与锌结合积存于肠黏膜细胞,当锌水平下降时,再释放至肠腔,从而使体内锌维持在一个"稳态"水平。

锌的吸收还受膳食及其他一些因素的影响。植物性食物中的植酸、鞣酸或纤维素等均干扰锌的吸收,镉、铜、钙和亚铁离子也可抑制锌的吸收,而动物性食品中的锌生物利用率较高,维生素 D 可促进锌的吸收。

5.8.2.3　排泄与丢失

体内锌代谢后主要经肠道粪便排泄,少部分随尿排出,其他排泄还见于汗液和毛发。经粪排出的锌大部分是肠道内未被吸收的锌,少量为内源性锌。

尿中排出的锌一般为 300~600 μg/d,膳食中氮和磷的增加会明显加大锌从尿液的排出。

5.8.3 锌的缺乏与过量

5.8.3.1 锌缺乏

锌缺乏的原因有:①膳食摄入不足,见于动物性食物摄入减少、高纤维素和植酸的食物、偏食等。②生理需要量增加,如怀孕期、哺乳期、婴幼儿对锌的需要量增加,但又没有相应的补充。③先天性或遗传因素,如溶血性贫血、地中海贫血、先天愚型等。④吸收不良或肠道炎症性疾病,如溃疡性结肠炎、胃或空回肠切除等。⑤肝肾疾病或寄生虫病,如肝炎、肾病综合征、慢性肾功能不全、钩虫或血吸虫病等。

⑥医源性性病,如长期静脉输液而没有添加锌,服用不适当的药物如利尿药等。此外,在腹泻、创伤应急或糖尿病等情况下,由于锌的分解或排出增加也可导致锌缺乏。

缺锌可出现一系列的现象:儿童锌缺乏时,表现为生长发育延缓或停滞;青少年除生长停滞外,还会出现第二性征发育不良及障碍;孕妇缺锌不同程度地影响胎儿发育;成人缺锌可导致性功能减退、精子数目减少、食欲不振或免疫功能降低等。另外,缺锌还会使伤口愈合慢,而补充锌恢复加快,其可能的原因包括组织修复愈合时胶原蛋白合成加速,对锌的需要增加;充足的锌有利于细胞的分裂与复制。锌缺乏的临床表现见表 5-15。

表 5-15 锌缺乏的临床表现

体征	临床表现
味觉障碍	偏食,厌食或异食
生长发育不良	矮小,瘦弱,秃发
胃肠道疾患	腹泻
皮肤疾患	皮肤干燥,炎症,疱疹,皮疹,伤口愈合不良,反复性口腔溃疡
眼科疾患	白内障和夜盲
免疫力减退	反复感染,感冒次数多
性发育或功能障碍	男性不育
认知行为改变	认知能力不良,精神萎靡,精神发育迟缓,行为障碍
妊娠反应加重	嗜酸,呕吐加重
胎儿宫内发育迟缓	生产小婴儿、低体重儿
分娩合并症增多	产程延长,伤口感染,流产,早产
胎儿畸形率增高	脑部,中枢神经系统畸形

资料来源:中国营养学会.中国居民膳食营养素参考摄入量.2000

5.8.3.2 锌过量

锌在正常摄入量和产生有害作用剂量之间存在一个较宽的范围,加之人体具有一定的调节机制。因此,在一般状况下,人体不易发生锌中毒。锌过量或锌中毒主要见于职业中毒、盲目过量补锌、食用镀锌罐头污染的食物或饮料、误服等。成人一次性摄入 2 g 以上锌,即可发生锌中毒。

锌中毒可出现胃不适、腹痛、腹泻、恶心、呕吐等临床症状。过量的锌不仅会损害免疫器官和免疫功能,如抑制巨噬细胞的活力和杀伤能力、减弱中性粒细胞的吞噬作用、降低淋巴细胞对植物凝集素的反应,还会干扰铜、铁和其他微量元素的吸收和利用。

此外,动物实验已经显示,过量的锌可以损害神经元,导致学习记忆损伤与障碍。

5.8.4 锌的参考摄入量与食物来源

1996 年,世界卫生组织提出的锌的推荐供给量标准(锌吸收率以 25％计算)分别是:1 岁为 6 mg/d、1~10 岁为 8 mg/d、孕妇为 15 mg/d、乳母为 27 mg/d。参考 WHO 标准及国际上锌的研究成果,并结合中国膳食特点,2013 年,中国营养学会推荐中国居民成人男性推荐摄入量为 1512.5 mg/d,女性为 7.5 mg/d,其他各年龄段锌的推荐摄入量见表 5-16,锌的可耐受最高摄入量为 40 mg/d。

表 5-16　不同人群锌的推荐摄入量

年龄/岁	性别	锌/(mg/d)	年龄/岁	性别	锌/(mg/d)
0～	—	2.0	18～	男	12.5
0.5～	—	3.5		女	7.5
1～	—	4.0	50～	男	12.5
4～	—	5.5		女	7.5
7～	—	7.0	孕妇早期	—	＋2.0
11～	男	10	孕期中期	—	＋2.0
	女	9.0	孕期晚期	—	＋2.0
14～	男	11.5	乳母	—	＋4.5
	女	8.5			

食物含锌量因地区、品种有较大差异。动物性食物含锌丰富且吸收率高,一般贝壳类的海产品(如海蛎肉、蛏干、扇贝、牡蛎等)、红色肉类食物、动物内脏等都是锌的良好来源。蛋类、干果、豆类、花生、燕麦等食物含锌也较丰富,但蔬菜、水果类食物含锌量低。谷物碾磨越细,锌的丢失就越多。发酵谷物制品因酵母能破坏其中的植酸盐,锌的吸收率高于未发酵制品。

5.9　硒

历史上的 2 个发现都为证实硒(selenium)是人体的必需微量元素提供了证据。第一个发现是在 20 世纪后半叶,这也是营养学上最重要的发现之一。20 世纪 70 年代美国和德国的科学家在 2 个实验室里分别发现硒是谷胱甘肽过氧化物酶(glutathione peroxidase,GPX)的必需组分,也即没有硒存在,这个酶就没有活力,而这个酶是体内主要的抗氧化酶之一,从而揭示了硒的第一个生物活性形式。认识硒是人体必需微量元素的另一个发现是在我国。1973 年,我国学者首先提出了克山病与硒营养状况的关系的报告,并在 1979 年发表了克山病防治研究成果,揭示了硒缺乏是克山病发病的基本因素,同时也证明了硒是人体必需微量元素。自此,对硒的生物学作用研究,从疾病防治的实践应用和作用机制的分子基础两个方面迅速展开。

硒分布于机体的各组织器官和体液中,肝脏和肾脏浓度最高,肌肉、骨骼和血液中浓度中等,脂肪组织最低。人体硒量的多少与地区膳食中硒的摄入量差异有关,成人体内硒总量为 14～21 mg。

5.9.1　硒的生理功能

硒的主要功能是抗氧化,除此之外,在肿瘤抑制、提高免疫力和甲状腺激素调节等方面也具有重要的作用。

1. 抗氧化

硒的抗氧化作用是因其参与构成谷胱甘肽过氧化物酶(GSH-Px)。谷胱甘肽过氧化物酶具有抗氧化作用,能清除体内脂质过氧化物,阻断活性氧和自由基对机体的损伤作用。每摩尔的谷胱甘肽过氧化物酶含 4 g 原子硒,该酶能特异性地催化还原型谷胱甘肽转为氧化型,使有毒的过氧化物(如过氧化氢、超氧阴离子、脂酰游离基等)还原为无害的羟基化合物,从而保护细胞膜和组织免受过氧化物的攻击,使细胞能够维持正常的生理功能。医学研究发现,许多疾病特别是一些慢性病发病过程以及衰老的产生都与活性氧自由基有关。因此,硒的抗氧化作用可以延缓衰老和预防慢性病的发生。

2. 保护心血管和心肌的健康

流行病学调查发现,高硒地区人群心血管病发病率低,而缺硒则可引起以心肌损害为特征的克山病。硒的缺乏还可引起脂质过氧化增强,导致心肌纤维坏死、心肌小动脉及毛细血管损伤。

3. 调节甲状腺激素

硒主要通过 3 个脱碘酶发挥对甲状腺激素的调节作用。碘甲腺原氨酸脱碘酶是一类含硒酶,主要催化各甲状腺激素分子脱碘。近几年的研究发现,硒的营养状况与此酶活性密切相关。

4.维持正常免疫功能

早在1970年就认识到适宜硒水平对于保持细胞免疫和体液免疫是必须的。免疫系统依靠产生活性氧来杀灭外来微生物或毒物。补硒还可提高宿主抗体和补体的应答能力。

5.抗肿瘤

人群流行病学研究发现,硒缺乏地区的肿瘤发病率明显增高,而且血硒水平较低的地区居民癌症死亡率高于血硒水平较高的地区,说明硒具有抗癌作用。

6.解毒

硒是一种天然的对抗重金属的解毒剂。由于硒与金属有较强的亲和力,在体内能与重金属(如汞、镉、铅等)结合形成金属-硒-蛋白质复合物而起到解毒作用,并促进金属排出体外。

7.抗艾滋病(AIDS)

经研究发现,补硒可以延缓艾滋病进程和死亡,其机制可能是由于硒的抗氧化作用、控制 HIV 病毒的出现和演变,通过调节细胞和体液免疫而增强抗感染能力。

8.其他

硒还具有促进生长、保护视觉、维持正常生育功能等作用。研究发现,硒缺乏可引起生长迟缓和视神经视觉损害,由糖尿病引起的失明可通过补充硒、维生素 E 和维生素 C 而得到改善。许多动物实验表明,硒缺乏可导致动物不育、不孕以及精子生成停滞,而临床研究亦初步观察到精子谷胱甘肽过氧化物酶含量与生育之间存在相关性。

5.9.2　硒的吸收与代谢

5.9.2.1　硒的吸收

硒在体内的吸收主要受膳食中硒的化学形式和量的影响。另外,性别、年龄、健康状况以及食物中是否存在如硫、重金属、维生素等化合物也影响硒的吸收。

硒在膳食中有不同的存在形式,动物性食物中主要以硒半胱氨酸(Sec)和硒代蛋氨酸(SeMet)形式存在;植物性食物中主要以硒蛋氨酸形式存在。另外,人体补硒的常用方式还包括硒酸盐(selenate,SeO_4^{2-})和亚硒酸盐(selenite,SeO_3^{2-})。

硒主要在小肠吸收,不同形式的硒,其吸收方式不同,如硒蛋氨酸是主动吸收,亚硒酸盐是被动吸收,而硒酸盐的吸收方式不太明确,主动和被动吸收的报道均有。硒的吸收与溶解度也有关,可溶性硒化合物极易被吸收,如亚硒酸盐的吸收率大于80%,硒蛋氨酸和硒酸盐的吸收率大于90%。总之,人体对食物中硒的吸收良好,吸收率一般为50%~100%。

5.9.2.2　硒的代谢

被吸收的硒开始进入血浆,然后被转运至各种组织,如骨骼、头发及白细胞等。实验发现,进入红细胞的硒会一直保留在细胞内,即在红细胞的整个生命周期都存在着,而在组织中的大部分硒都极不稳定,会以先快速而后缓慢的速度从组织消失。

硒代谢后大部分经尿排出,此途径占总硒排出量的50%~60%。在摄入高膳食硒时,尿硒排出量会增加,反之减少,其机制与肾脏的调节作用有关。肠道也排泄少量硒,其排出的硒主要是未被吸收的硒。此外,汗液、毛发、呼出气也可排出少量的硒。

5.9.3　硒缺乏与过量

我国学者首先证实了缺硒是发生克山病的重要原因。克山病是一种以多发性灶状坏死为主要病变的心肌病,临床表现为心肌扩大、心功能不全或心律失常,严重者可发生心源性休克或心力衰竭。

缺硒与大骨节病、白内障亦有关。儿童早期大骨节病用亚硒酸钠与维生素 E 治疗有显著疗效。正常人眼内含硒量高,高浓度的硒有利于保护视觉器官的结构和功能。如果长期缺硒,由于谷胱甘肽过氧化物酶减少,晶状体易氧化受损,从而使产生白内障的危险性增加。

硒摄入过量可致中毒。湖北恩施地区发生的地方性硒中毒,与当地水土中硒含量过高,致使粮食、蔬菜、水果中含高硒有关。其主要表现为头发变干、变脆、易断裂和脱落;肢端麻木、抽搐、甚至偏瘫,严重时可致死亡。

5.9.4　硒的参考摄入量与食物来源

过多的硒摄入不仅没有必要,而且还可能产生负面影响。2013年,中国营养学会推荐我国成人膳食硒摄入量为 60 $\mu g/d$,成年人硒的可耐受最高摄入量为 400 $\mu g/d$。不同人群的硒推荐摄入量见表5-17。

表 5-17 不同人群硒的推荐摄入量

年龄/岁	硒/(μg /d)	年龄/岁	硒/(μg /d)
0~	15(AI)	18~	60
0.5~	20(AI)	50~	60
1~	25	孕妇早期	+5
4~	30	孕妇中期	+5
7~	40	孕妇晚期	+5
11~	55	乳母	+18
14~	60		

注：AI 为适宜摄入量。

食物中的硒含量变化很大，主要与所在区域内土壤的硒含量有关。海产品、动物内脏以及肉类都是硒的良好来源。白菜薹、红菜薹的硒含量相对较高，其他蔬菜和水果的硒含量较低，而且蔬菜在加工中还会流失一部分硒。

5.10 碘

正常成人体内含有 15~20 mg 的碘(iodin)，其中 70%~80% 的碘存在于甲状腺中，碘含量第二位的是肌肉，其余的则分布在肺、卵巢、肾、肝、脑、淋巴结等组织中。甲状腺中的碘以无机和有机 2 种形式存在，其中 99% 为有机结合碘，其包括甲状腺球蛋白(TG)、甲状腺素(T_4)、3,5,3′-三碘甲状腺原氨酸(T_3)，一碘酪氨酸(MIT)、二碘酪氨酸(DIT)以及含有 T_3、T_4 的肽。

5.10.1 碘的生理功能

碘是甲状腺激素的组成成分，其生理功能主要是通过甲状腺素的作用表现出来的。

1. 参与三大营养素及能量的代谢

当体内缺乏甲状腺素或膳食蛋白质摄入不足时，甲状腺素促进蛋白质合成，而体内甲状腺素不缺或膳食蛋白质摄入充足时，则促进蛋白质分解，因此，甲状腺素具有调节蛋白质合成与分解的作用。在糖和脂肪代谢方面，甲状腺素能促进糖的吸收、加速肝糖原分解和促进组织对糖的利用，促进脂肪分解及调节血清中胆固醇和磷脂的浓度。蛋白质、糖和脂肪三大营养素通过三羧酸循环的生物氧化释放能量，其中一部分能量通过磷酸化过程贮存在三磷酸腺苷(ATP)中，而甲状腺激素具有促进三羧酸循环的生物氧化、协调生物氧化和磷酸化偶联并调节能量转换的作用。

2. 促进生长发育

甲状腺素能促进神经系统的发育、组织的发育和分化，对胚胎发育期和出生后早期的生长发育尤其重要。胚胎期及出生后早期缺碘或甲状腺激素不足，均会影响神经细胞的增殖分化，导致脑重量减轻，直接影响到智力发育。

3. 激活许多重要的酶

甲状腺素能活化体内 100 多种重要的酶，包括细胞色素酶系、琥珀酸氧化酶系以及碱性磷酸酶，这些酶在生物氧化和物质代谢中具有重要的作用。

4. 调节水、盐代谢

甲状腺素能促进组织中水盐进入血液并从肾脏排除，如果甲状腺素缺乏，可引起水盐潴留，并发黏液水肿。

5. 促进维生素的吸收和利用

甲状腺素能促进尼克酸的吸收和利用、β-胡萝卜素向维生素 A 的转化以及核黄素合成黄素腺嘌呤二核苷酸等。

6. 调节垂体激素

碘代谢与甲状腺激素合成、释放及功能作用受垂体前叶促甲状腺激素的调节，血浆甲状腺激素浓度对甲状腺激素又具有反馈调节作用；甲状腺激素的分泌受丘脑下部分泌的促甲状腺素释放激素所调节，而下丘脑则接受中枢神经系统的调节。因此，碘、甲状腺激素与中枢神经系统密切相关。

5.10.2 碘的吸收与代谢

食物中的碘进入胃肠道后，绝大部分转变为碘化物。虽然在胃就开始吸收，但主要吸收部位是小肠。一般地，1 h 内有大部分被吸收，3 h 内几乎完全被吸收。人体从食物、水及空气中每天摄取的碘总量为 100~300 μg，其中 80%~90% 的碘来自食物，10%~20% 的碘来自饮水，低于 5% 的碘来自空气。

碘进入血液后随循环分布于各组织中。在甲状腺激素的作用下，碘从血液进入甲状腺的滤泡细胞中，在碘过氧化物酶作用下，碘离子迅速氧化为碘分子，并在甲状腺球蛋白内立即与酪氨酸结合生成一碘酪氨酸和二碘酪氨酸，两者再经偶合作用生成有活性的甲状腺素，其包括 T_4 和 T_3。在代谢过程中，甲状腺素经肝、肾等组织中的脱碘酶催化脱碘，释放的碘可被腺体重新利用。

肾是碘的主要排泄器官,约90％的碘随尿液排出,10％的碘从粪便排出,其余极少量的碘随汗液和呼出气等排出。

5.10.3 碘缺乏及过量

机体因缺碘而导致的一系列障碍被统称为碘缺乏病(iodine deficiency disorders,IDD)。由于该病的分布呈现明显的地方性,所以也曾被称为地方病。根据世界卫生组织2005年的估计,1/3的世界人口处于缺碘的危险。

碘缺乏是引起单纯性甲状腺肿的主要因素,我国多山地区居民由于环境中碘盐的冲洗流失,饮水和食物中含碘较低,因而患此病的较多。

缺碘引起甲状腺功能低下,进而影响脑神经发育。由于碘是胎儿发育过程,尤其是脑发育过程的主要营养素,妊娠期如果缺碘,不仅导致胎儿脑损伤,而且导致低出生体重、早产以及围产期和婴儿死亡率增加。婴幼儿缺碘可引起生长发育迟缓,智力

低下,严重者将发生呆小症(克汀病)。碘缺乏症也是儿童期脑损伤的主要原因,它导致认知发育和运动发展受损,影响儿童在学校的表现。碘缺乏还影响成人的大脑功能,并影响成人生产率和就业能力。

碘过量也可引起高碘性甲状腺肿、碘性甲状腺功能亢进、桥本甲状腺炎等。其产生原因主要是因为过量补充碘剂,当然也可由食物性和水源性摄入过量所致。

5.10.4 碘的参考摄入量与食物来源

碘的需要量受性别、年龄、体重、发育、营养状况、气候以及疾病状态等因素的影响,由于不同地区膳食中致甲状腺肿的物质含量不同,碘的需要量也随地区而异。2013年,我国营养学会提出每人每天的碘推荐摄入量:成年人为120 $\mu g/d$,孕妇及乳母分别增加至110 $\mu g/d$和120 $\mu g/d$,成年人碘的可耐受最高摄入量为600 $\mu g/d$。不同人群碘的推荐摄入量见表5-18。

表 5-18　中国居民膳食含碘参考摄入量

年龄/岁	推荐摄入量 /(μg/d)	可耐受最高摄入量 /(μg/d)	年龄/岁	推荐摄入量 /(μg/d)	可耐受最高摄入量 /(μg/d)
0～	85(AI)	—	18～	120	600
0.5～	115(AI)	—	50～	120	600
1～	90	—	孕妇早期	200	600
4～	90	200	孕妇中期	200	600
7～	90	300	孕妇晚期	200	600
11～	110	400	乳母	200	600
14～	120	500			

注:AI为适宜摄入量。

海盐和海产品含碘丰富,海产品,如海带、紫菜、蛤干、蚶干、干贝、海参、海蜇、海鱼等都是碘良好的食物来源。

预防碘缺乏病的一个重要措施是强化碘盐,该方法在瑞士取得成功以后,迅速在全球范围内广泛使用。我国于2000年10月将食盐中含碘的标准调为(35±15) mg/kg,如果按推荐的每天食盐摄入量为6 g计算,则一天可以从食盐中摄入的碘量为210 μg。

5.11　铜

铜(cuprum)在人体含量较少,估计总量在50～

120 mg。铜广泛分布于体内各组织器官中,如分布肌肉、骨骼中的铜占50％～70％,肝中的铜占20％,血液中的铜占5％～10％,还有少量存在于含铜的酶中。

5.11.1 铜的生理功能

1.维持正常的造血功能

铜蓝蛋白能催化二价铁氧化成三价铁,从而促进运铁蛋白的生成、铁的吸收和转运;铜蓝蛋白还能与细胞色素氧化酶一起促进血红素和血红蛋白的合成。因此,缺铜时红细胞生成障碍,可引起缺铁性贫血。

2.促进骨骼、血管和皮肤健康

含铜的赖氨酰氧化酶是促进骨骼、血管和皮肤中胶原蛋白和弹性蛋白的交联所必需的酶。缺铜时,赖氨酰氧化酶的活性降低,上述交联形成障碍,导致骨骼结构疏松易碎,脆性增加,血管和皮肤弹性降低。

3.维护中枢神经系统的完整性

神经髓鞘的形成和维持需要含铜的细胞色素氧化酶,神经递质儿茶酚胺的生物合成需要含铜的多巴胺-β-羟化酶和酪氨酸酶。缺铜时可引起神经元减少、脑组织萎缩、灰质和白质变性等症状,导致神经系统功能异常,如精神发育停滞、嗜睡、运动障碍等。

4.抗氧化作用

铜是超氧化物歧化酶(SOD)的组成成分,也是该酶的活性中心结构,超氧化物歧化酶能催化超氧阴离子成为氧和氢过氧化物,过氧化物可通过过氧化氢酶或谷胱甘肽过氧化物酶作用转变为水,从而保护细胞免受超氧自由基引起的损害。

5.促进正常色素形成及保护毛发正常结构

含铜的酪氨氧化酶能催化酪氨酸转化为多巴,并进而转化为黑色素。铜缺乏时,黑色素生成障碍,以致毛发脱色。酪氨酸酶先天缺乏引起的毛发脱色,临床上称为白化病。硫氢基氧化酶具有维护毛发结构正常和防止其角化的作用,该酶亦是含铜的酶。铜缺乏时,可引起毛发角化,出现具有钢丝样头发的卷发症(Menke's病)。

另外,铜与葡萄糖代谢、脂质代谢、心肌细胞氧化代谢、免疫功能、激素分泌等也有关。如缺铜可引起葡萄糖耐量降低、血浆甘油三酯、胆固醇、磷脂水平升高,但铜过量又可引起脂质代谢紊乱。

5.11.2 铜的吸收与代谢

铜主要在小肠被吸收,少量由胃吸收,吸收率约为40%。膳食中的铜被吸收后,通过门脉血运送到肝脏、骨髓等部位,参与铜蓝蛋白、铜酶、血红素及血红蛋白的合成。机体对其吸收有自动调节作用,即铜缺乏时吸收多,而铜充足时吸收少。膳食中大量的其他成分如铁、锌、植酸、纤维素、维生素C等均可干扰铜的吸收和利用,蔗糖、果糖摄入量高时对铜也有影响。

铜内环境的稳定主要是通过排泄作用来调节的。正常人体每天从各种途径排出的铜为1~3.6 mg,其中,约80%的铜经胆汁由肠道粪便排出,从尿液中排泄的铜很少,每天为10~50 μg,其他的排泄途径还有皮肤、指甲、头发等。

5.11.3 铜缺乏与过量

人体一般能从正常膳食中获得需要量的铜,所以不易发生铜缺乏。但早产儿、长期腹泻或长期使用螯合剂的病人、营养不良或伴小肠吸收不良等导致铜摄入不足时可引起铜缺乏。缺铜对机体功能影响很大,可引起小细胞低色素性贫血、心血管系统的缺陷、中枢神经受损、骨质疏松、皮肤粗糙无光泽等。

铜过量可引起急、慢性中毒。急性铜中毒主要是由于食用与铜容器或铜管接触的食物或饮料以及误食大量铜盐而引起。慢性铜中毒可见于用铜管做血液透析几个月后的病人以及用铜化合物作杀虫剂的葡萄园工作人员。

5.11.4 铜的参考摄入量与食物来源

中国营养学会推荐我国成人铜的推荐摄入量为0.8 mg/d,可耐受最高摄入量为8.0 mg/d。铜的食物来源广泛,如牡蛎、贝类海产品、坚果、谷类、豆类、动物的肝、肾等含铜量都较丰富,而蔬菜、奶及奶制品中的含铜量较低。

5.12 铬

人体含铬(chromium)量甚微,总量仅为5~10 mg。含量较高的组织有骨、大脑、肌肉、皮肤、肾上腺、脂肪等,血清中的铬浓度较低。人体组织中的铬含量随年龄增长而下降,一般新生儿组织中含铬量较高,以后逐渐下降,3岁起逐渐降至成人水平。

铬是人和动物必不可少的微量元素之一,铬的活性形式是三价铬,其主要功能是帮助维持身体内正常的葡萄糖含量。已知葡萄糖耐量因子(glucose tolerance factor,GTF)是一种含铬的有机物,铬作为胰岛素的辅助因子,有增加葡萄糖的利用以及使葡萄糖转变成脂肪的作用。此外,铬还会影响脂肪的代谢,有降低血清胆固醇和提高高密度脂蛋白胆固醇的作用,从而减少胆固醇在动脉壁的沉积。铬还可促进蛋白质代谢和生长发育,对人体的免疫功能也有影响。

无机铬化合物在人体的吸收率很低(小于3%)。铬可与有机物结合成具有生物活性的复合物,从而提高其吸收率,如啤酒酵母中的铬以葡萄糖耐量因子的形式存在,吸收率可达 10%～25%。膳食中某些因素可影响铬的吸收,如维生素 C 促进铬的吸收,植酸盐和草酸盐则降低其吸收,膳食中单糖和双糖含量高时也可干扰铬的吸收。

我国成人铬的适宜摄入量为 30 $\mu g/d$。铬广泛分布在食物中,动物性食物,如肉类、鱼贝类、乳制品等含铬较丰富,谷类、豆类、坚果类、黑木耳、紫菜、啤酒酵母、肝脏等食物也是铬的良好来源。

5.13 氟

成年人体内含氟(fluorin)为 2～3 g,氟在人体内的分布主要集中在骨骼和牙齿中,少量存在于指甲、毛发、内脏、软组织和体液中。牙釉质表面氟浓度非常高,可达到 10 000 $\mu g/g$。血浆中的氟浓度较低,一般为 0.04～0.4 $\mu g/mL$。

5.13.1 氟的生理功能

氟在牙齿和骨骼的形成中具有重要作用。氟是构成牙齿的重要成分,牙釉质中的羟磷灰石吸附氟后,可在牙齿表面形成一层坚硬的抗酸性耐腐蚀的氟磷灰石保护层。缺氟时,由于不能形成保护层,牙釉质容易受微生物、有机酸以及酶的侵蚀而发生龋齿。此外,氟在龋斑中能抑制糖酵解,减少酸性物质形成,从而进一步发挥抗龋齿的功能。

人体骨骼固体成分的 60% 是骨盐(主要为羟磷灰石),氟能与骨盐晶体表面的离子进行交换,形成更为稳定的氟磷灰石而成为骨盐的组成成分。骨盐中的氟含量多时,骨质将更坚硬,而且适量的氟有利于钙和磷的利用及在骨骼中的沉积,促进骨骼加速生长。

5.13.2 氟的吸收与代谢

膳食和饮水中的氟摄入人体后,主要在胃部吸收,其吸收是通过被动扩散进入血液的。氟的吸收很快,吸收率也很高。饮水中的氟可完全吸收,一般食物中的氟的吸收率为 75%～90%。膳食中某些因素会影响氟的吸收,如铝盐、钙盐可降低氟在肠道中吸收,而脂肪水平提高可增加氟的吸收。

氟被吸收后以离子的形式分布到全身,并能容易地通过细胞膜。骨骼组织中的氟离子能迅速地与骨矿物质表面晶体上的 OH^- 或 CO_3^{2-} 交换,形成氟磷灰石而进入骨盐中。根据生理需要,骨骼中的氟

可通过间隙中的离子交换,快速地动员或由不断进行的骨再建过程而缓慢地动员释放。肾脏是氟排泄的主要途径。每天摄入的氟为 50%～80% 通过肾脏清除。从肠道排出的氟量很小,也有极少部分随汗液、毛发排出。

5.13.3 氟的缺乏与过量

氟缺乏可影响牙齿和骨骼的健康。由于缺氟。牙釉质中坚硬而又耐酸的氟磷灰石形成较少,使牙齿更易受损,导致龋齿的发生。早期研究发现,饮水加氟对减少龋齿有作用,可使龋齿发病率减低为 40%～70%。为了预防龋齿,后来又尝试在特定人群中给予氟制剂,或用氟强化食品和用品(牙膏),也有采用局部使用氟的方法。此外,机体缺氟时也会干扰钙、磷的利用,导致骨质疏松。

但摄入过量的氟可以引起机体不同程度的代谢异常和中毒表现。氟中毒包括急性和慢性中毒。急性中毒多见于特殊的职业接触。慢性中毒主要见于高氟地区,由于居民长期摄入含氟高的饮水而引起,称为地方性氟病或氟骨病,主要造成骨骼和牙齿的损害。其临床表现为斑釉症和氟骨症,即牙齿失去光泽,出现白色、黄色、棕褐色,以至黑色斑点、牙齿变脆、易于脱落;腰腿及关节疼痛,脊柱弯曲畸形,僵直、骨软化或骨质疏松,神经根受压时可引起麻木甚至瘫痪。氟骨病的预防措施主要是改善饮水,控制饮水中氟的含量为 0.7～1.0 mg/L。

5.13.4 氟的参考摄入量与来源

中国营养学会推荐成人氟的适宜摄入量为 1.5 mg/d,不同人群的适宜摄入量见表 5-19,成人氟的可耐受最高摄入量为 3.0 mg/d。

表 5-19　不同人群氟的适宜摄入量

年龄/岁	氟/(mg/d)	年龄/岁	氟/(mg/d)
0～	0.01	11～	1.3
0.5～	0.23	14～	1.5
1～	0.6	18～	1.5
4～	0.7	50～	1.5
7～	1.0		

氟的主要来源是饮用水,大约占人体每天摄入量的 65%,其余约有 30% 的氟来自食物。一般动物性食物的氟含量高于植物性食物的氟含量,海洋动物中的氟含量高于淡水及陆地食物。食品中以茶叶

含氟量最高,其次为海鱼,海带和紫菜含量也较丰富。

5.14 其他矿物质

5.14.1 氯

人体氯(chlorin)总量为 82～100 g,广泛分布于全身。氯是人体必需常量元素之一,是维持体液和电解质平衡所必需的,也是胃液的一种必需成分。自然界中常以氯化物形式存在,食盐即为其最常见的形式。而在人体内则主要以氯离子形式与钠、钾化合存在,其中,氯化钾主要在细胞内液,而氯化钠主要在细胞外液中。

氯的生理功能主要表现为维持细胞外液的容量与渗透压,维持体液酸碱平衡,参与血液二氧化碳运输、参与胃液中胃酸形成以及稳定神经细胞膜电位等。

膳食中的氯多以氯化钠形式摄入,并在胃肠道被吸收。吸收的氯离子经血液和淋巴液运输至各种组织中。肾为氯化物的主要排泄器官,但经肾小球滤过的氯,只有小部分经尿排出体外,大部分(约有 90%)将被重吸收。氯和钠也可从皮肤排出,在高温、剧烈运动、大量出汗时,氯化钠排出增加。

食物中氯来源广泛,而人群食盐摄入量又往往超过正常需要水平。因此,由饮食引起的氯缺乏很少见。目前,尚缺乏氯需要量的研究资料,2013 年,中国营养学会提出的中国成人膳食氯的适宜摄入量(AI)为 2 300 mg/d。

食盐及其加工食品酱油,盐渍、腌制食品,酱咸菜以及咸味食品等都富含氯化物。因此,氯化钠几乎构成了人体膳食中的主要氯来源,仅少量氯来自氯化钾。另外,天然水中也都含有氯,每天从饮水中可摄取约 40 mg 的氯。

5.14.2 钼

钼(molybdenum)在人体含量很少(约 9 mg)。人体各种组织中都含钼,其中,肝、肾及皮肤中钼的含量较高。由于动物和人对钼的需要量很小,而钼又广泛存在于各种食物中,因此,迄今为止尚未发现在正常膳食条件下发生钼缺乏症。但是临床上长期全静脉营养或亚硫酸盐氧化酶需要量增大的病人可出现钼缺乏。

钼的生理功能主要是通过 3 种含钼或依赖钼的酶而实现的,这三种酶分别是黄嘌呤氧化脱氢酶、醛氧化酶和亚硫酸盐氧化酶。黄嘌呤氧化脱氢酶催化组织内的嘌呤转变为尿酸,醛氧化酶催化各种嘧啶、嘌呤、蝶啶及有关化合物的氧化与解毒,亚硫酸盐氧化酶催化半胱氨酸转变为亚硫酸或蛋氨酸转变为无机硫化物。婴幼儿如果先天缺乏亚硫酸盐氧化酶,将因亚硫化物在大脑堆积成为毒物而导致生命危险。

钼的吸收部位在胃及小肠,食物中的钼化合物(除硫化钼以外)极易被吸收,吸收率可达 88%～93%。膳食中的硫化物对钼的吸收有较强的抑制作用。血液中的钼以钼酸根的形式与 α-巨球蛋白结合,并附着在红细胞上。血液中的钼大部分被肝、肾摄取,肝脏中的钼与大分子结合形成钼酶或钼辅基。钼主要以钼酸盐形式通过肾脏排泄,膳食钼摄入增多时,肾脏排泄钼也随之增多。因此,尿钼的排泄是维持机体钼平衡的重要机制。此外,也有部分钼随胆汁经肠道排出体外。

2013 年,中国营养学会制定的中国居民膳食钼参考摄入量,成人钼的适宜摄入量为 100 μg/d,可耐受最高摄入量为 900 μg/d。

钼广泛存在于各种食物中,动物的肝、肾中含量最丰富,谷类、奶及奶制品和干豆类是也钼的良好来源,蔬菜、水果、鱼类中钼含量较少。

5.14.3 钴

正常人体内含钴(cobalt)为 1.1～1.5 mg,以肝、肾和骨骼含量较高。钴是维生素 B_{12} 组成部分,其功能通过维生素 B_{12} 的作用来体现,主要是促进红细胞的成熟。这种作用产生的机制是影响肾释放促红细胞生成素,或通过刺激形成环-磷酸鸟苷(C-GMP)。人类及单胃动物不能在体内利用钴合成维生素 B_{12},而反刍动物则可以在肠道内将摄入的钴合成为维生素 B_{12}。动物试验研究显示,甲状腺素的合成可能需要钴,因此,钴还可能影响甲状腺的功能。

膳食中的钴在小肠上部被吸收,吸收率为 63%～93%。人体缺铁时钴的吸收增强,而钴的增加可降低铁的吸收,这可能和钴部分地与铁共用一个运载通道有关。钴主要通过肾排出,少部分随粪便、汗液、头发等途径排出,一般不在体内蓄积。

目前,尚未发现人体有钴缺乏的现象。动物试验观察到,钴缺乏可影响红细胞成熟,引起巨噬细胞型贫血以及影响甲状腺对碘的吸收。过量的钴可引起钴中毒，如给予反刍动物 4 ng/kg 以上的钴，动物可出现严重的食欲减退、体重下降、贫血以致死亡。儿童对钴的毒性比较敏感，因此，应避免使用每千克体重高于 1 mg 的剂量。在大量酗酒并摄入高钴时，可引起心肌病变。

2013 年,中国营养学会修订的中国居民膳食参考摄入量中没有对其做出规定。蘑菇、甜菜、卷心菜、洋葱、萝卜、菠菜、番茄、无花果、荞麦和谷类等食物中的钴含量较高，而乳制品及各种精制食物中的钴含量较低。

5.14.4　锰

成人体内锰（manganese）的总量为 10～20 mg，锰分布在身体各种组织和体液中，以肝、胰、骨骼中含量较高，全血中锰浓度为 200 nmol/L，血清中的锰浓度为 20 nmol/L。锰是人体内一些重要金属酶的组成成分或酶的激活剂。含锰的酶包括精氨酸酶、丙酮酸羧化酶和锰超氧化物歧化酶（MnSOD）。由锰激活的酶有很多，如氧化还原酶、裂解酶、连接酶、水解酶、激酶、脱羧酶和转移酶等。其中，葡萄糖苷酶、磷酸烯醇式丙酮酸羧基激酶和木糖转移酶是特异性地由锰激活的 3 种酶，其他酶的金属激活作用则是非特异性的，其他金属离子，如 Mg^{2+} 可替代 Mn^{2+} 起激活作用。锰能促进骨骼形成，维持骨骼正常发育。锰可促进糖、蛋白质、脂肪代谢，参与维生素 B、维生素 C 和维生素 E 的合成及遗传信息的传递。锰还能促进性腺发育，参与造血功能、抗氧化功能等。

锰主要在小肠吸收，吸收率较低，仅为 3%～4%。当机体的锰含量高时，吸收率就降低，反之，吸收率则增加。机体通过对吸收率的这种调节机制来维持体内锰的稳态。膳食中钙、磷浓度高时，锰的吸收率降低；铁缺乏时，锰的吸收率增高。人体的锰约 90% 以上从肠道排出，仅有少量经尿排泄，汗、头发及指甲也可排出微量的锰。

锰缺乏不多见，当人体摄入不足，或干扰锰吸收的成分，如铝、磷、铁等过多时，可引起锰缺乏。锰缺乏还可能与某些疾病有关。在骨质疏松、糖尿病、动脉粥样硬化等病患者中存在膳食锰的摄入量少，血锰、组织锰低的现象。锰摄入过多可导致中毒，表现为神经系统的异常。

我国居民 18 岁以上成人（不包括孕妇和乳母）

锰的适宜摄入量（AI）为 4.5 mg/d，可耐受最高摄入量（UL）为 11 mg/d，孕妇和乳母分别增加 0.4 mg/d 和 0.3 mg/d。

茶叶、谷类（糙米、米糠、麦麸等）、核桃、海参、鱿鱼中富含锰，其次是蔬菜、水果类，精制的谷类及动物性食品如肉、鱼、奶类中锰含量较少。

5.15　水

水是人体的基本成分，也是机体维持生命活动所必需的物质。人体水的总量相对恒定，约占人体重量的 50%～80%。人体每天都要摄入一定量的水，以弥补通过各种途径丢失的水。成人体内一般每天有 4%～6% 的水分进行更新，婴幼儿更新量大于成人，可达 15% 左右。水不仅是许多化学反应的溶媒，也是构成细胞赖以生存的外环境。

5.15.1　水在体内的分布

水主要分布于细胞、细胞外液和身体的固态支持组织中，不同组织的水分含量见表 5-20。体内水分含量呈现以下特点：①肌肉和内脏细胞代谢越活跃的，水的含量越高。②人体内水的含量，受年龄、性别、体型、职业等因素影响。一般地，随年龄增加，水的含量降低。新生儿含水量约为体重的 80%，成年男子约为体重的 60%，成年女子为体重的 50%～55%。

表 5-20　各组织器官的含水量（以重量计）

组织器官	水分/%	组织器官	水分/%
血液	83.0	脑	74.8
肾	82.7	肠	74.5
心	79.2	皮肤	72.0
肺	79.0	肝	68.3
脾	75.8	骨骼	22.0
肌肉	75.6	脂肪组织	10.0

5.15.2　水的生理功能

1. 参与机体的构成

水是维持生命、保持细胞外形、构成各种体液所必需的，而组织中的结合水则能使组织具有一定的形态和弹性。

2. 参与物质代谢

不仅营养物质的吸收、运输、代谢需要溶解在水中才能进行,而且废物、毒物的排泄也需要水的协助。如果没有水的溶媒作用,生命中的一切化学反应都将停止。

3. 调节体温

水在维持体温稳定方面具有重要的作用。水的比热高,体内含量又大,因此可以吸收代谢过程中所产生的能量,使体温不至显著升高;同时,水的蒸发热量大,特别是在高温下,通过汗液蒸发可以散发大量的热,使人体在高温环境下依然能维持正常体温。

4. 润滑作用

水可以减少关节、胸腔、腹腔及胃肠道等部位的摩擦,发挥保护、缓冲、润滑作用。此外,唾液和黏液还有助于食物在食道中的吞咽。

除了上述功能外,食物中的水分还有其他重要作用。水是动、植物食物的重要成分,它对食物的营养品质及加工性能有重要作用。水分对食物的鲜度、硬度、流动性、呈味性、保藏和加工等方面具有重要影响;在食物加工过程中,水起着膨润、浸透呈味物质的作用;水的沸点、冰点及水分活度等理化性质对食物加工有重要意义。

5.15.3 水的缺乏与过量

5.15.3.1 水的需要量

体内水的来源包括饮水、食物中水及内生水,其中,内生水主要来源于三大营养物质代谢时产生的水,每克蛋白质产生的代谢水约为 0.41 mL、每克脂肪产生的代谢水为 1.07 mL、每克碳水化合物产生的代谢水为 0.60 mL。通常每人每天饮水约为 1 200 mL,食物供水约为 1 000 mL,内生水约为 300 mL(表 5-21)。

表 5-21 成年人一天的水平衡量　　　mL

来源	摄入量	排出部位	排出量
饮料	1 200	肾脏(尿)	1 500
食物	1 000	皮肤(蒸发)	500
内生水	300	肺(呼气)	350
		大肠(粪便)	150
合计	2 500	合计	2 500

资料来源:中国营养学会. 中国居民膳食营养素参考摄入量. 北京:中国轻工业出版社,2000

肾是水的主要排泄器官,其排出量约占其他排泄器官排出量的 60%,其次是经肺、皮肤和粪便。炎

热条件下,水分主要通过呼吸和汗液丢失,由肾脏排出会很少,由呼吸丢失的水分一般可通过内生水来补偿。因此,在此状态下,汗液丢失的水量即为人体水分的需要量。水的来源和排出量维持在 2 500 mL 左右。

水的需要量受年龄、体重、温度、劳动条件、膳食、疾病和损伤等因素的影响。随年龄增长,每千克体重需要的水相对下降。在高温环境下工作的人以及从事重体力劳动者需要的水量相对增多,高蛋白、低碳水化合物饮食可使体内水分丢失增加,因而水分需要量增加。正常人每天每千克体重需水量为 30~40 mL,即 60 kg 体重的成人每天需水 1 800 ~ 2 400 mL。婴儿的需水量为成人的 3~4 倍。

1989 年,美国在第 10 版的膳食营养素供给量中提出了按能量摄取的水分需要量,即成人每摄取 4.184 kJ(1 kcal)的能量约需水 1 mL。

5.15.3.2 水的缺乏或过量

水缺乏或水过量对人体健康均不利。水分丢失过多可导致脱水,大量摄入水分或水分在体内异常滞留和分布可能会引起水分过多症。

1. 水缺乏

水摄入不足或丢失过多,可引起机体失水。一般情况下,失水达体质量的 2%,可感到口渴、食欲降低、消化功能减弱、出现少尿;失水达体重 10% 时,可出现烦躁、眼球内陷、皮肤失去弹性、全身无力、体温脉搏增加、血压下降;失水超过 20% 时,生命活动就无法维持。根据水与电解质丧失比例不同,可将脱水分为 3 种类型。

(1)高渗性脱水　其特点是以水的丢失为主,电解质丢失相对较少。当失水量占体重的 2%~4% 时,为轻度脱水;失水量占体重的 4%~8% 时,为中度脱水;若超过 8%,为重度脱水。

(2)低渗性脱水　以电解质丢失为主,水的丢失较少。脱水特点为循环血量下降,血浆蛋白质浓度增高,细胞外液低渗,可引起脑细胞水肿。

(3)等渗性脱水　此类脱水是水和电解质按比例丢失,体液渗透压不变,临床上较为常见。其特点是细胞外液减少,细胞内液一般不减少。

2. 水过量

由于中枢神经系统以及肾脏的调节作用,一般情况下不会出现水中毒。但如果水摄入量超过肾脏排出的能力,可引起体内水过量或水中毒。这种情况多见于疾病,如肾脏疾病、肝脏病、充血性心力衰

竭等。在水摄入过量而电解质摄入不足时,水中毒亦可出现,如临床上治疗婴儿腹泻时,如果大量补充电解质含量较低的液体则会出现水中毒的表现。

❓思考题

1. 矿物质有哪些生理功能?

2. 钙、铁、锌都是人体最易缺乏的矿物质,影响三者吸收的因素有哪些?

3. 水有哪些生理功能?

4. 摄入水过多或水缺乏对人体有什么影响?

(本章编写人:柳春红　庞杰)

第 6 章
植物化学物

学习目的与要求

- 掌握植物化学物相关概念及常见植物化学物及组成。
- 了解主要植物化学物的生理功能,认识植物化学物在人体营养中的作用和地位。
- 了解植物化学物的食物来源,认识植物化学物在膳食中的特殊意义。

食物中除了含有多种营养素外,还含有其他许多对人体有益的物质,称之为非营养素(non-nutrient)。当今受关注的非营养素主要指植物化学物质(phytochemicals),如多酚类、皂苷、类胡萝卜素及植物甾醇等,对维护人体健康、调节机能状态和预防疾病起着重要的作用,通常把这些成分称为功能成分或生物活性成分。食物中的活性成分的研究已成为现代营养学的一个重要内容。

6.1 酚类化合物

酚类化合物(phenolics)是指芳香烃苯环上一个 —H 被 —OH 取代后所生成的一大类含有酚羟基的化合物。根据酚羟基的数目分为一元酚和多元酚。植物来源的酚类化合物主要指多酚类,根据其结构特点,它可分为类黄酮类(bioflavonoids)和非类黄酮类酚类化合物。

6.1.1 多酚的种类及特点

6.1.1.1 多酚的种类

生物类黄酮泛指由两个芳环(A 和 B)通过中央

三碳链连接而成的具有苯并吡喃基本结构的一系列化合物。结构上与黄酮相似,属于苯丙烷类(phenylpropanoid)。这些化合物都具有 2-苯基苯并吡喃的基本结构,统称类黄酮类,基本碳架为 C_6-C_3-C_6(图 6-1)。生物类黄酮分为两大类:一类是多酚的单体,包括各种黄酮类化合物(flavonoids)及其苷类,主要有黄酮类、黄烷酮类、黄酮醇类、黄烷酮醇、黄烷醇、黄烷二醇、花青素、异黄酮、二氢异黄酮及高异黄酮等(表 6-1)。苷类是游离苷元与糖结合而成,由于结合糖的种类及结合位置的不同,形成不同的黄酮苷类化合物,如皂草苷(saponarin)、牡荆素(vitexin)和芹菜素(apigenin)等。另一类是由单体聚合而成的低聚或多聚体,其中,原花青素(proanth ocyanidin,PC)是自然界中广泛存在的由不同数量儿茶素或表儿茶素结合而成的二聚体、三聚体直至十聚体,按聚合度大小通常将 2-4 聚体称低聚体(OPC),将五聚体以上的称高聚体(PPC)。在各类原花青素中,二聚体分布最广,研究最多,也是最重要的一类原花青素(图 6-2)。

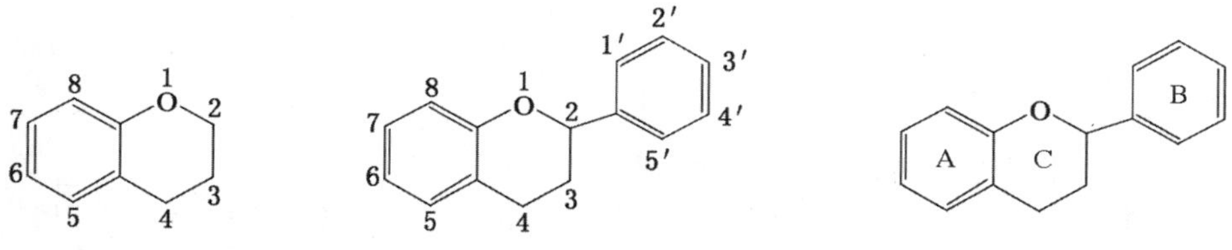

苯并吡喃   2-苯基苯并吡喃 C_6-C_3-C_6

图 6-1 生物类黄酮的基本结构

表 6-1 黄酮类化合物的主要结构类型

名称	黄酮类 (flavones)	黄酮醇 (flavonol)	二氢黄酮类 (flavanones)	二氢黄酮醇类 (flavanonols)	花色素类 (anthocyanidins)	黄烷-3,4-二醇类 (flavan-3,4-diols)	双苯吡酮类 (xanthones)
三碳链部分结构	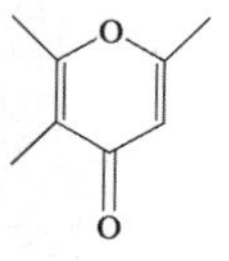	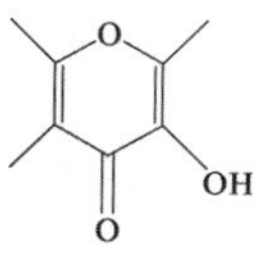	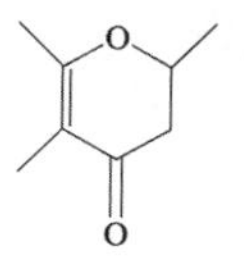	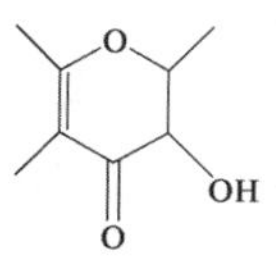	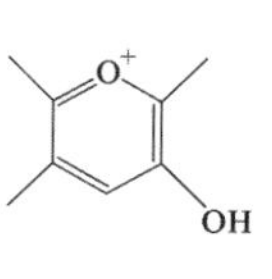	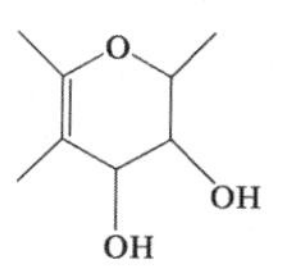	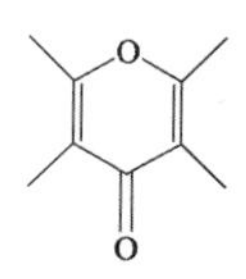
名称	黄烷-3-醇类 (flavan-3-ols)	异黄酮类 (isoflavones)	二氢异黄酮类 (isoflavanones)	查耳酮类 (chalcones)	二氢查耳酮类 (dihydrochalcones)	橙酮类 (aurones)	高异黄酮类 (homoisoflavones)
三碳链部分结构	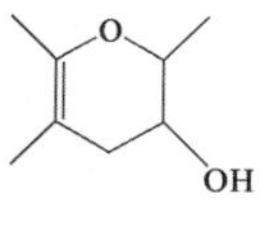	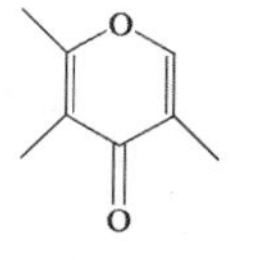	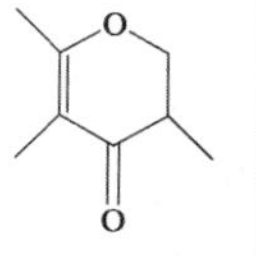	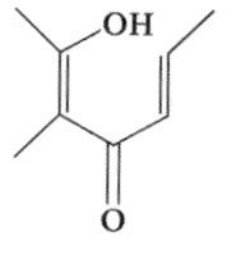	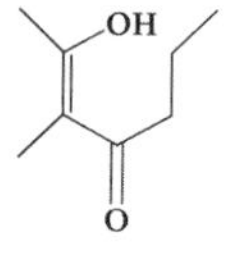	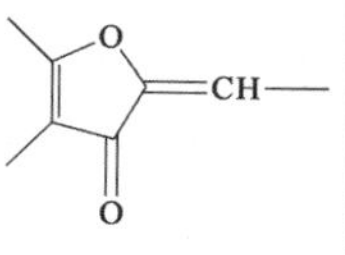	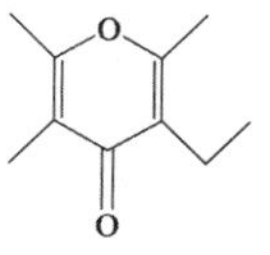

资料来源:宋晓凯. 天然药物化学. 北京:化学工业出版社,2004

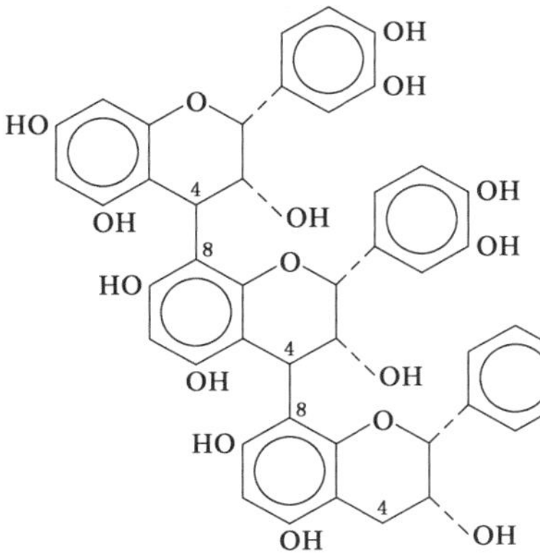

原花色素C-1

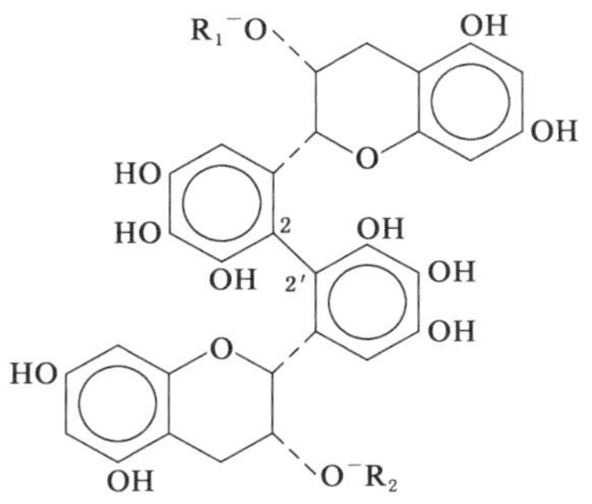

茶(2,2′)双没食子儿茶素

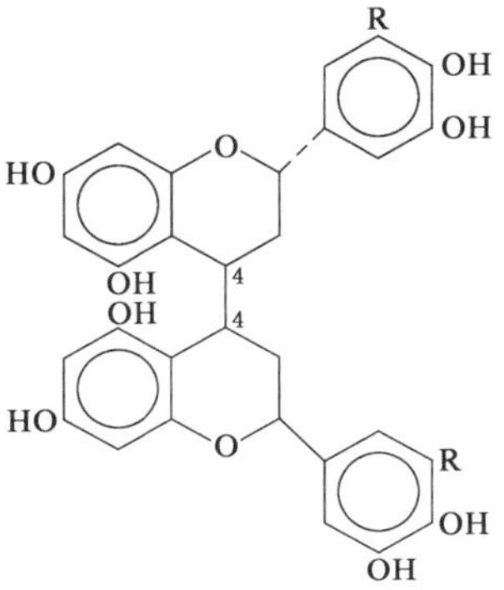

茶(4,4)双花色素

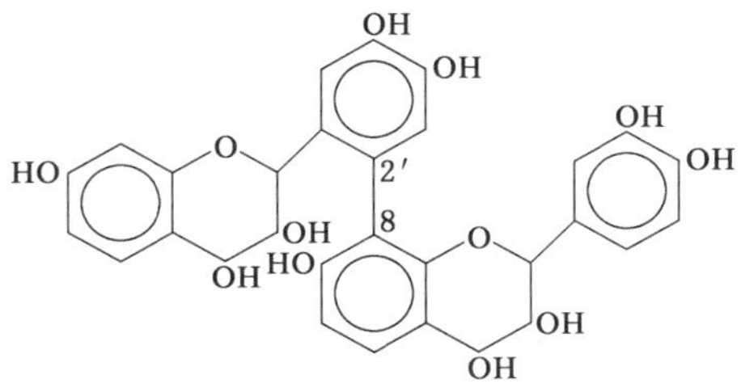

茶(2′,8)双儿茶素

图 6-2 多酚类的二聚体

非类黄酮化合物包括简单酚类及酚酸类、醌类、二苯乙烯类和香豆素类等。简单酚类包括简单酚类及其衍生物、简单酚酸类及其衍生物。简单酚类及其衍生物有愈创木酚、香草酚、丹参素、麝香草酚及2,6-二甲氧基酚等;简单酚酸类及衍生物包括水杨酸、水杨酸甲酯、原儿茶酸、丁香酸、鞣花酸、阿魏酸、没食子酸(gallic acid)及绿原酸(chlorogenic acid)等。其他酚类化合物包括属于二苯乙烯类的白藜芦醇;属于蒽醌类的丹参酮、芦荟大黄素、大黄酚和大磺酸;属于苯丙烷类的香豆素类、姜黄素类和厚朴酚等。

6.1.1.2 多酚类的特点

多酚类化合物多为浅黄色,可溶于水,其糖苷易溶于热水、甲醇、乙醇、吡啶、乙酸乙酯或稀碱液中,不论是游离苷元还是苷类均难溶或不溶于苯、氯仿和石油醚中。多酚类化合物溶解性还与其母核上引入的取代基的种类及数目有关,羟基引入多,水溶性增加,脂溶性降低。如羟基被糖苷化后,水溶性增加,脂溶性降低。

多酚类分子中具有酚性羟基,显酸性,可溶于碱性水溶液或吡啶中。其中,类黄酮类的 γ-吡喃环(C环)上的 1 位氧原子有未共用电子对,又表现出微弱的碱性,可与强无机酸如硫酸、盐酸等生成极不稳定的烊盐。

多酚类化合物的酚羟基是极好的氢供体和电子供体,易氧化形成比较稳定的酚自由基以及醌类而具有抗氧化作用(图 6-3)。除了具有良好的抗氧化作用外,许多多酚类化合物还具有抗菌、消炎、抗变态反应及抗病毒等作用。有些酚类化合物还具有止咳、祛痰等作用。

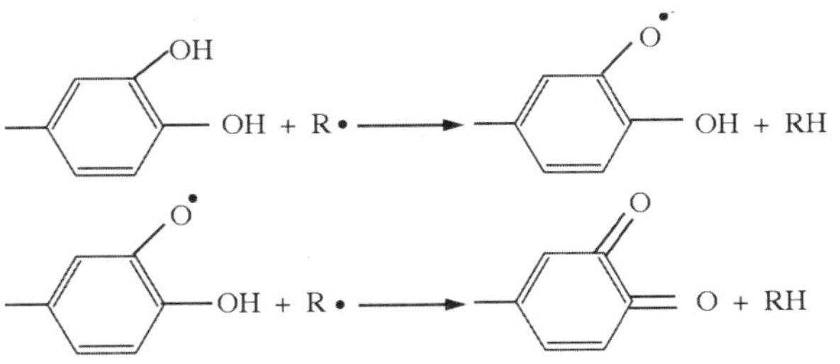

图 6-3 酚类化合物对自由基的清除作用

生物类黄酮对热、氧、干燥和适中酸度相对稳定,但遇光迅速破坏。加工、烹饪和贮藏如不在阳光下操作,生物类黄酮不会因食物加工或厨房中的制作而遭受损失。若不暴露在强光下,其贮藏过程中的损失也极小。生物类黄酮的吸收、储留及排泄与维生素 C 非常相似,约一半可经肠道吸收而进入体内,未被吸收的部分在肠道被微生物分解随粪便排出,过量的生物类黄酮则主要由尿排出,生物类黄酮无毒性。

6.1.2　多酚类的生物学作用

多酚类物质都有一定量的 $R \cdot OH$ 基,能形成有抗氧化作用的氢自由基($H \cdot$),以消除 O_2^- 和 $OH \cdot$ 等自由基的活性,从而保护组织免受氧化作用的损害,以及增强免疫功能、抗癌、抗衰老、抗龋齿、抗菌和抑制胆固醇升高等作用。

1. 调节毛细血管功能

生物类黄酮能调节毛细血管通透性,增强毛细血管壁的弹性,可防止毛细血管和结缔组织的内出血,从而建立起抗传染病的保护屏障。一般多将其作为防治与毛细血管脆性和渗透性有关疾病的补充药物,如牙龈出血、眼视网膜出血、脑内出血、肾出血、月经出血过多、静脉曲张、溃疡、痔疮、习惯性流产、运动挫伤、X-射线照伤及栓塞等。

2. 抗氧化及抗肿瘤

多酚是食物中有效的抗氧化剂,是优良的活性氧清除剂和脂质抗氧化剂。能够与超氧阴离子反应,阻止自由基反应的引发;与铁离子络合阻止羟自由基的生成;与脂质过氧化基反应阻止脂质过氧化过程。在简单酚酸中,抗氧化活性依次为:原儿茶酸>绿原酸>咖啡酸>对羟苯甲酸>阿魏酸>丁香酸>丁基羟基茴香醚,均优于天然抗氧化营养素维生素 E。

通过对抗自由基、直接抑制癌细胞生长及对抗致癌促癌因子,多酚类表现出较强的抗肿瘤作用,如芦丁和桑色素能抑制黄曲霉毒素(AFB1)对小鼠皮肤的致癌作用,同时对其他一些致突变剂和致癌物也有拮抗作用;茶多酚能诱导肿瘤细胞凋亡;绿原酸能通过增强 S-腺苷-L-高半胱氨酸的合成来抑制DNA 甲基化,从而阻止癌细胞基因启动子的转录。芹菜素抗肿瘤作用突出,与其他黄酮类物质(槲皮素、山柰黄酮)相比,芹菜素具有低毒、无诱变性等特点。芹菜素的抗肿瘤作用主要表现在抗肿瘤细胞增殖、诱导肿瘤细胞凋亡、抑制肿瘤细胞侵袭和转移、干扰肿瘤细胞的信号传导途径、抗氧化等方面。

3. 抑菌、消炎及抗病毒

黄酮类化合物具有抑制细菌功能,可提高普通食物抵抗传染病的能力,如木樨草素、黄芩苷、黄芩素等。而槲皮素、桑色素、二氢槲皮素及山柰酚等有抗病毒作用。据报道,水飞蓟中的黄酮对治疗急慢性肝炎、肝硬化及各种中毒性肝损伤均有较好效果。茶多酚能对抗多种致病菌,如沙门菌、肉毒杆菌、金黄色葡萄球菌、绿脓杆菌等。茶多酚治疗肠炎、单纯性腹泻、齿龈炎、慢性支气管炎等临床已有验证。绿原酸类通过抑制透明质酸酶(HAase)活性起消炎作用,其抗炎活性优于阿司匹林。

4. 降血压

人体肾脏的功能之一是分泌使血压增高的"血管紧张素Ⅱ"和使血压降低的"舒缓激肽",以保持血压平衡。当促进这两类物质转换的酶活性过强时,血管紧张素Ⅱ增加,血压上升。茶多酚具有较强的抑制转换酶活性的作用,因而可以起到降低或保持血压稳定的作用。绿原酸能通过改善血管内皮增生来降血压。

5. 降血脂及抗血栓

黄酮类化合物具有降血脂、降胆固醇的作用,对缓解冠心病有效。如绿原酸可降低血胆固醇和甘油三酯,也使肝脏胆固醇水平下降。表没食子儿茶素没食子酸酯(epi-gallate catechin gallate;EGCG)具有明显的抑制血浆和肝脏中胆固醇含量升高的作用以及促进脂类化合物从粪便中排出的效果。儿茶素还具有抗脂肪肝的作用,对脂肪肝及因半乳糖胺或 CCl_4 等引起的中毒性肝损伤均有一定的效果。

茶多酚等天然多酚类化合物可抑制 12-脂氧合酶和环氧合酶,改变花生四烯酸代谢,增加前列腺环素,减少血栓素合成而起抑制血小板聚集、抗凝和促纤溶作用,从而有效地防止血栓的形成。水杨酸有助于抑制血小板的黏附、聚积,对预防血栓形成及降低高粘血症有一定作用。绿原酸对心血管也有保护作用。

6. 其他功能

黄酮类化合物对维生素 C 有增效作用,可稳定人体组织内抗坏血酸的作用而减少紫癜。黄酮类化合物还具有止咳平喘祛痰作用。近年来,发现一些黄酮类可抑制醛糖还原酶,在病态的条件下,如糖尿病者与半乳糖血症者中,这种酶参与形成白内障,但未能证明到底能否干扰人类白内障的形成。有调查显示,常饮咖啡使血液中葡萄糖及胰岛素含量状况有所改善,能降低患Ⅱ型糖尿病的风险,这与咖啡中含有的绿原酸有关。

6.1.3　多酚类的食物来源

酚类及酚酸类中,没食子酸是传统中药的常见成分,广泛存在于五倍子、葡萄、茶叶、铁苋菜、柿蒂、山茱萸及石榴等植物中,在藏药材诃子、毛诃子、余甘子、红景天等中含量丰富,茶叶中普洱茶含量丰富。绿原酸主要存在于忍冬科、杜仲科、菊科及蔷薇科等植物中,丰富来源包括杜仲(树皮 5%)、金银花(5%)、向日葵(籽实 3%)、咖啡(咖啡豆 2%)、菊花(0.2%)和可可树,一些蔬菜,如甘薯叶、牛蒡、马铃薯、胡萝卜、茄子、甘蓝、蒲公英、莴苣和菠菜中也含微量绿原酸。芹菜素则大量存在于水果、蔬菜、豆类及茶叶中,其中,芹菜中含量最高。草莓、番茄、樱桃、葡萄和柑橘等浆果富含水杨酸。白藜芦醇(resveratrol)主要存在于葡萄、松树、虎杖、决明子和花生等天然植物和果实中,又称虎杖苷元。姜黄素来自姜科姜黄属植物的根茎提取的一类姜黄酚性色素类成分。

动物不能合成多酚类化合物。多酚类化合物广泛存在于蔬菜、水果、花和谷物中,并多分布于植物的外皮即在植物中接受阳光的部分。其在植物中的含量随种类的不同而异,一般叶菜类含量多而根茎类含量少,如水果中的柑橘、柠檬、杏、樱桃、木瓜、李、葡萄及葡萄柚;蔬菜中的花茎甘蓝、青椒、莴苣、洋葱、蕃茄及三大天然饮料茶、咖啡和可可。而大量的生物类黄酮都是由饮料进入人体,茶、咖啡、可可、果酒和啤酒是重要的类黄酮来源。在一般的混合膳食中,人们每天可从食物中取得 1 g 的黄酮类。2013 年,中国居民膳食营养素参考摄入量提出多酚类化合物中的大豆异黄酮的特定建议值为 55 mg/d,其可耐受最高摄入量为 120 mg/d;花色苷的特定建议值为 50 mg/d;原花青素可耐受最高摄入量为 800 mg/d;姜黄素可耐受最高摄入量为 720 mg/d。

6.2　有机硫化合物

有机硫化合物是一系列具有生物活性的含硫化合物的总称,包括异硫氰酸酯、烯丙基硫化合物、硫辛酸、吲哚-3-甲醇及牛磺酸等。牛磺酸(taurine)是生物体内一种不参与蛋白质组成的含硫氨基酸。

6.2.1　有机硫化合物的种类及特点

异硫氰酸酯(isothiocyanates,ITS)是一类通式为 R—N＝C＝S 的有机化合物,是硫代葡萄糖苷脂(glucosinolate ester)经黑芥子酶水解形成的一大类水解产物,如莱菔硫烷、烯丙基异硫氰酸酯。通常,异硫氰酸酯以葡萄糖异硫氰酸盐的形式存在于十字花科蔬菜,如白菜、卷心菜、西兰花、菜花、芥菜和萝卜等中,它是一大类含硫的糖苷。在加工或咀嚼时,在黑芥子硫苷酸酶作用下释出葡糖及包括异硫氰酸酯在内的其他分解产物,有刺激性臭味。葡糖异硫氰酸酯会在蔬菜的贮存过程中增加或减少,也可在加工过程中分解或浸出,或因加热致黑芥子硫苷酸酶失活而得到保护。

烯丙基硫化合物是大蒜、洋葱主要活性成分。大蒜(Allium sativum)主要活性成分包括二烯丙基硫代磺酸酯、二烯丙基二硫化合物、S-烯丙基甲基硫代磺酸酯、甲基烯丙基二硫化合物、二烯丙基硫醚等有机硫化合物成分,均来自 γ-谷氨酰半胱氨酸(γ-glutamylcysteine)。洋葱(Allium cepa)的含硫化合物主要为烷基半胱氨酸硫氧化物,在组织受伤时,在蒜氨酸酶作用下水解产生 α-亚氨基丙酸和 S—烷基半胱氨酸次磺酸,产生特有的刺激性味道并最终形成含 50 多种含硫化合物的混合物,包括硫代亚磺酸酯、硫代磺酸盐、单硫化物、双硫化物、三硫化物及一些特殊化合物如催泪因子、硫代丙烷硫氧化物。目前,开发较好的大蒜素就是大蒜辣素、大蒜新素及多种烯丙基硫醚化合物的合称。

硫辛酸(lipoic acid)又称 α-硫辛酸,化学名:1,2-二硫戊环-3-戊酸。它是一种脂溶性含硫化合物,脂溶性硫辛酸可转化为水溶性的 β-硫辛酸。硫辛酸存在于几乎所有天然食物中,丰富来源是肝脏和酵母,其他如红肉、菠菜、花椰菜等也含有。机体也能合成自身所需要的硫辛酸。天然硫辛酸多以共价结合方式存在,生物利用和提取制备受限。

吲哚-3-甲醇是硫代葡萄糖苷的水解产物之一。其主要来源于十字花科蔬菜,如球芽甘蓝、羽衣甘蓝、花椰菜、卷心菜及白菜等。

6.2.2　有机硫化合物的生物学作用

6.2.2.1　异硫氰酸酯

体外试验表明,异硫氰酸酯等是Ⅱ相酶的强诱导剂,而体内外实验均表明异硫氰酸酯可抑制有丝分裂、诱导人类肿瘤细胞凋亡,近期研究发现异硫氰酸酯还可以抑制肿瘤细胞侵袭转移、诱导内质网应激和细胞自噬。异硫氰酸酯可阻止大鼠肺、乳腺、食管、肝、小肠、结肠和膀胱癌的发生,其作用大小与异硫氰酸酯的结构有关。莱菔硫烷具有免疫调节作用、抗氧化作用和抑制幽门螺旋杆菌的生长。

异硫氰酸酯可被小肠和结肠吸收,人体摄入十字花科蔬菜2～3 h后可从尿中检出其代谢产物。要开发利用十字花科蔬菜的保健作用还需要深入研究葡糖异硫氰酸酯的化学和代谢以及在整个食物链中的变化。

6.2.2.2 烯丙基硫化合物

烯丙基硫化合物可通过对Ⅰ相酶、Ⅱ相酶、抗氧化酶的选择性诱导作用来抑制致癌物的活性,达到抗癌作用;可与亚硝酸盐生成硫代亚硝酸酯类化合物,阻断亚硝胺合成,抑制亚硝胺的吸收;可使瘤细胞环磷腺苷(cAMP)水平升高,抑制肿瘤细胞的生长;还可激活巨噬细胞,刺激体内产生抗癌干扰素,增强机体免疫力;还具有杀菌、消炎、降低胆固醇、预防脑血栓、冠心病等多种功能。大蒜素中的二硫醚、三硫醚具有杀菌、抑菌作用,因此,大蒜素被誉为天然广谱抗生素药物,能抑制多种细菌。

6.2.2.3 硫辛酸

硫辛酸在体内作为一种辅酶,与焦磷酸硫胺素一起,共同将碳水化合物代谢中的丙酮酸转化为乙酰CoA,在细胞的新陈代谢和细胞内能量产生方面起重要作用。硫辛酸可增加心肌对葡萄糖的摄取和利用,使心肌对氧的摄取能力及心肌内三磷酸腺苷水平恢复正常。此外,硫辛酸通过吸附螯合金属离子和还原多种氧化型抗氧化剂而发挥解毒作用和抗氧化作用,可能对 Parkinson 病的防治有一定作用。此外,硫辛酸对人的肝脏疾病如肝性昏迷有一定疗效。

6.2.2.4 吲哚-3-甲醇

吲哚-3-甲醇有调节体内代谢酶活性、抗癌及抗激素样活性。吲哚-3-甲醇可阻止黄曲霉毒素与DNA 的结合来抑制其对机体的诱导突变作用;可诱导Ⅰ相酶和Ⅱ相酶的药物代谢酶的活性,增加组织和靶器官中谷胱甘肽酶的活性;还可通过提高细胞色素 P4501A 活性而影响雌激素的代谢通络,发挥抗激素样活性,抑制某些雌激素依赖性的肿瘤。

6.3 萜类化合物

萜类化合物(terpenes)是以异戊二烯首尾相连的聚合体及其含氧的饱和程度不等的衍生物。根据分子中所含异戊二烯单位数目,可分为单萜(monot-erpenes,C10)、倍半萜(sesquiterpenes,C15)、二萜(diterpenes,C20)、三萜(triterpenes,C30)、四萜及多萜等;根据分子中碳原子的链接方式,又可以分为开链萜、单环萜、二环萜和多环萜等。它是自然界中分布广、种类多的天然物质中最多的一类化合物,至今已从植物中分离出 2 万多种。萜类化合物是重要的医学药物,常见的如植物的挥发油、树脂、皂苷及类胡萝卜素等组分多属于萜类化合物。

6.3.1 挥发油类

挥发油成分以萜类化合物为多见,主要是单萜和倍半萜类化合物,其含氧的衍生物多是医药、食品及香料工业的重要原料,如含单萜的挥发油常用作芳香剂、矫味剂、消炎防腐剂、驱风祛痰剂等,而倍半萜内酯多具有抗肿瘤、抗炎、解痉、抑制微生物、强心、降血脂、抗原虫、作用于中枢神经等生物活性。其中,α-萜品醇有良好的平喘作用,芍药甙具有镇静、镇痛及抗炎活性,天然薄荷中的薄荷醇有弱的镇痛、止痒和局麻作用,亦有防腐、杀菌及清凉作用,青蒿素则是一种抗恶性疟疾的有效成分。柑橘(特别是果皮)含丰富的苧烯,具有显著减轻化学致癌物对机体的致癌作用。

6.3.2 二萜类

二萜类是一类化学结构类型众多,有较强生物活性的化合物,分为直链、二环、三环、四环类。其中不少具有抗肿瘤活性,如冬凌草中的冬凌草素以及罗汉松中的罗汉松内酯。二萜衍生物穿心莲内酯具有较广的抗菌作用;红豆杉醇(taxol)是红豆杉(Tax-us brevifolia)树皮的成分,具有抗白血病及抗肿瘤的活性;银杏内酯是银杏叶制剂中抗动脉硬化和抗记忆力减退的有效成分。也有一些二萜类化合物有刺激性与辅助致癌作用,如巴豆属、大戟属和瑞香属一些植物中的二萜类化合物。

其主要存在于菊科小灌木植物甜叶菊叶中的甜菊糖苷(stevioside)属四环二萜类化合物,一种双萜配糖体,具有抗高血压和免疫调节作用。甜菊糖苷甜度是蔗糖的 250～300 倍。

主要存在于银杏科植物银杏的叶、根和皮中的银杏内酯(ginkgolide)属二萜类化合物，包括银杏内酯 A、B、C、M 和 J。银杏内酯有抗菌抗炎、抗休克和抗过敏作用，还可有效防止血小板聚集和血栓的形成，对心脑血管有保护作用。

6.3.3　三萜皂苷类

6.3.3.1　三萜皂苷及特点

三萜类是由 6 分子异戊二烯连接而成的具有 30 个碳原子的化合物，直链或具有三环、四环与五环，游离或与糖结合成三萜皂苷(triterpenoidal saponins)。根据苷元的结构不同，可分为齐墩果烷型五环三萜皂苷和达玛烷型四环三萜皂苷。齐墩果烷型皂苷有茶叶皂苷、人参皂苷 Ro、Rh3 等，其皂苷元为齐墩果酸，在自然界广泛存在；达玛烷型包括绝大多数人参皂苷，如人参二醇组人参皂苷 Rb1、Rb2、Rc、Rd、Rh2、Rg3 和 C-K 等以及人参三醇组人参皂苷 Rg1、Rg2、Re、F1 和 Rh1 等。皂苷大多为含氧化合物，有一定的生物活性。

6.3.3.2　皂苷的生物学作用

1. 抗菌及抗病毒

许多三萜皂苷具有抗菌抗病毒作用，大豆皂苷具有抑制大肠杆菌、金黄色葡萄球菌和枯草杆菌的作用；并对疱疹性口唇炎和口腔溃疡效果显著，具有广谱抗病毒能力。人参皂苷在 0.001% 的浓度对大肠杆菌有抑制作用，在 5% 的浓度可完全抑制黄曲霉毒素的产生，还能通过抑制幽门螺杆菌而达到预防和治疗十二指肠和胃溃疡的作用。其他具有抗菌抗病毒作用的包括甘草素和茶叶皂苷。

2. 调节免疫

三萜皂苷[①]可增强机体免疫功能，如人参皂苷、三七皂苷、大豆皂苷和绞股兰皂苷可通过增强巨噬细胞的吞噬功能、提高 NK 细胞和 LAK 细胞毒活性、提高 T 细胞的数量及血清补体水平等增强免疫调节作用。其他具有增强免疫功能作用的还有罗汉果甜苷和苦瓜皂苷。苦瓜皂苷通过改变 T 细胞各亚群比例提高衰老小鼠的免疫功能。

3. 对心血管系统的作用

三萜皂苷可抑制胆固醇在肠道的吸收，有降胆固醇的作用。在三萜皂苷中，柴胡皂苷、甘草皂苷及驴蹄草总皂苷都有明显的降胆固醇作用。大豆皂苷和人参皂苷可促进胆固醇和脂肪的代谢，降低血中胆固醇和甘油三酯含量。人参三醇组皂苷可通过促进内皮细胞释放 NO 及环磷鸟苷的产生达到舒张血管的作用，对高血压、心肌缺血等心血管疾病有积极的作用。其他具有保护心血管系统作用的皂苷还有绞股兰皂苷、红景天苷和甘草酸等。

4. 对中枢神经系统的作用

皂苷可作用于中枢神经系统，有改善认知能力的作用。人参总皂苷及其单体 Rb1 在小剂量时可增强中枢神经的兴奋过程，大剂量时却增强抑制过程。柴胡皂苷具有镇静、镇痛和抗惊厥作用，并可延长猫的睡眠时间，特别是慢波睡眠Ⅱ期和快动眼睡眠期的增加，其作用优于成药朱砂安神丸。三七皂苷可通过减少突触体谷氨酸含量实现镇静作用，表现为安静和改善睡眠作用。黄芪皂苷具有镇痛和中枢抑制作用，能明显延长硫喷妥钠所致小鼠的麻醉时间；绞股兰皂苷也具有镇静、镇痛作用和对小鼠学习记忆的促进作用。酸枣仁所含皂苷对动物则有镇静和精神安定作用。

5. 降血糖

苦瓜皂苷有类胰岛素作用，可降血糖，作用缓慢而持久。人参总皂苷及其单体 Rb2 可抑制肝中葡萄糖-6-磷酸酶而刺激葡萄糖激酶的活性，对实验性糖尿病小鼠和大鼠均有明显的降糖作用。其他具有降血糖作用的有大豆皂苷和罗汉果甜苷等。

6. 抗肿瘤及其他

人参皂苷 Rh2 在 2 μg/mL 浓度时可抑制人白细胞(HL-60)的生长，还可抑制 B16 黑色素瘤细胞的生长。大豆皂苷可明显抑制肿瘤细胞的增长，对肿瘤细胞的 DNA 合成和细胞转移有抑制作用，能直接杀伤肿瘤细胞，特别是对人肺癌细胞、胃腺瘤细胞和结肠瘤细胞有抑制和杀灭作用。其他具有抗肿瘤作用的皂苷有绞股蓝皂苷和罗汉果甜苷等。

---

① 皂苷又名皂素或皂草苷(saponins)是一类比较复杂的苷类化合物，大多可溶于水，易溶于热水，味苦而辛辣，振荡时可产生大量肥皂样泡沫，故名皂苷。皂苷的水溶液大多能破坏红细胞而有溶血作用，又被称为皂毒素(sapotoxins)，但对高等动物口服无毒。根据皂苷元化学结构，它又将皂苷分为甾体皂苷(steroidal saponins)和三萜皂苷。甾体皂苷通常由 27 个碳原子组成，为中性皂苷，如薯蓣科和百合科植物皂苷；三萜皂苷多为酸性皂苷，分布比甾体皂苷广泛，五加科、豆科、石竹科、伞形科、七叶树科植物中所含皂苷属于此类。

此外,人参皂苷具有上调糖皮质激素受体表达及糖皮质激素结合的能力,表现出糖皮质激素样作用;人参皂苷可增加肾上腺皮质激素的分泌,使肾上腺重量增加,也是一种非特异性酶的激活剂,可激活兔肝中黄嘌呤氧化酶。茶叶皂苷可抑制酒精吸收和保护肠胃,可抗高血压,还有很好的抗白三烯 D_4 的作用,具有抗炎作用。

6.3.3.3 三萜皂苷的食物来源

三萜皂苷广泛存在于植物界,如枇杷、茶叶、豆类及酸枣仁等中,在豆类中的含量从高到低依次为青刀豆、豇豆、赤豆、黄大豆、绿大豆、黑大豆、扁豆、四季豆及绿豆。许多已作为保健(功能)食品来开发利用的中草药如人参、西洋参、茯苓、甘草、山药、三七、罗汉果及酸枣仁等都含有皂苷。

6.3.4 类胡萝卜素类

6.3.4.1 类胡萝卜素的种类和特点

类胡萝卜素(caroteoid)是植物中广泛分布的属于四萜类的一类脂溶性多烯色素。已知的类胡萝卜素达 600 多种。按组成和溶解性质可分为胡萝卜素类(复烯烃类)和叶黄素类(复烯醇类)。胡萝卜素类包括 α-、β-、γ-、δ-、ζ-胡萝卜素及番茄红素(lycopene)等;叶黄素则是胡萝卜素的加氧衍生物或环氧衍生物,食品中常见的有叶黄素(lutein)、玉米黄素(zeaxanthin)、隐黄素(cryptoxanthin)、辣椒红素(capsorubin)和虾青素(astaxanthin)等。按结构可分为无环化合物如番茄红素;单环化合物,如 γ-胡萝卜素;双环化合物,如 α- 和 β-胡萝卜素。

类胡萝卜素有较强亲酯性,几乎不溶于水、甲醇、乙醇,大多溶于石油醚或己烷。但含氧的多烯烃衍生物(如—OH、=C=O 等)则随分子中含氧功能团数目增加,亲酯性下降,在石油醚中溶解度依次下降,在甲醇、乙醇中溶解度逐渐上升。类胡萝卜素具有高度共轭的发色团和—OH 等助色团而具不同颜色,吸收光谱也不同,颜色从红、橙、黄以至紫色都有。4 种主要胡萝卜素的结构式如图 6-4 所示:

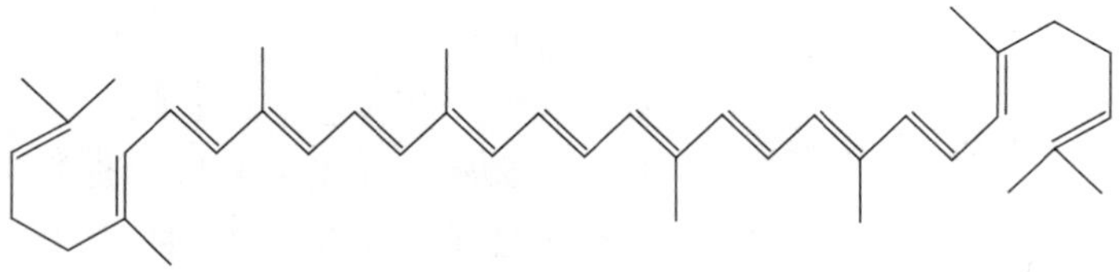

番茄红素

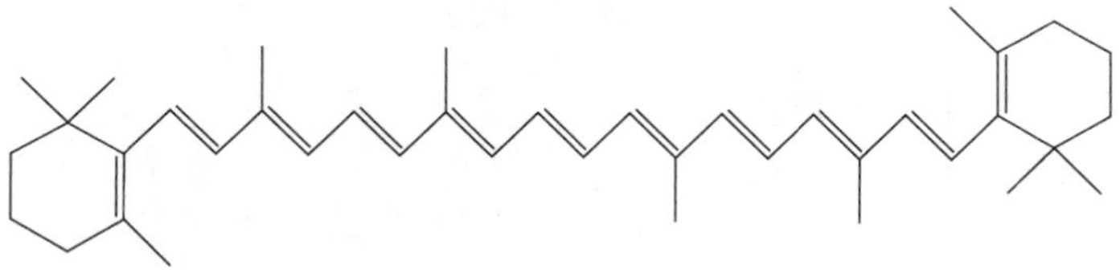

β-胡萝卜素

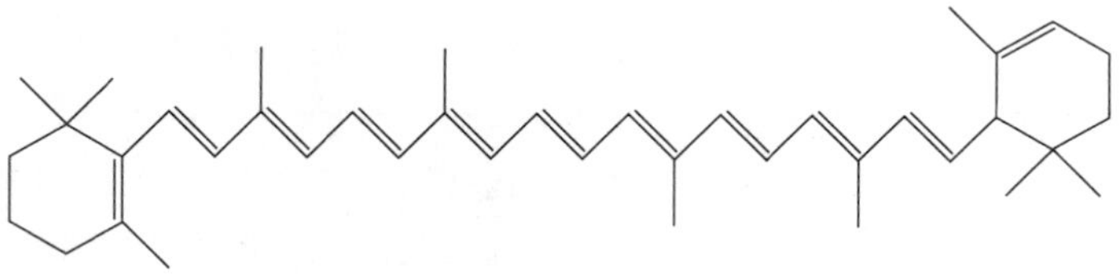

α-胡萝卜素

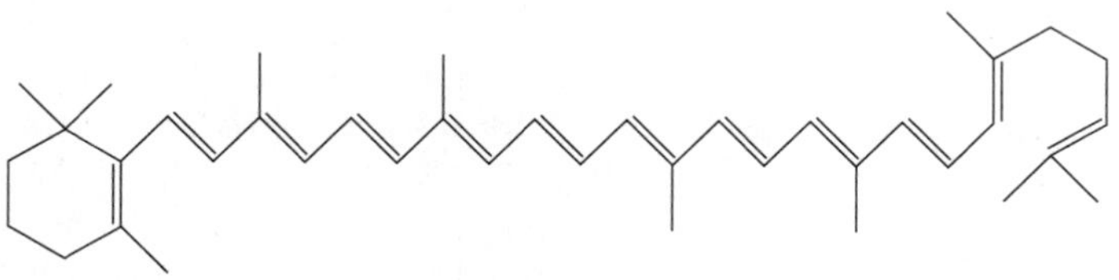

γ-胡萝卜素

图 6-4　4 种常见类胡萝卜素

6.3.4.2　类胡萝卜素的生物学作用

1. 抗氧化作用

类胡萝卜素是一类在自然界中广泛分布的生物来源的抗氧化剂,可有效猝灭单线态氧、清除过氧化自由基,在以卵磷脂、胆固醇与类胡萝卜素组成的脂质体系统中,可抑制脂质过氧化的发生,明显减少丙二醛的生成。其中,番茄红素虽没有维生素 A 的活性,但却是一种强有力的抗氧化剂,其抗氧化能力在生物体内是 β-胡萝卜素的 2 倍以上,可保护人体免受自由基的损害。一些类胡萝卜素猝灭单线态氧的速度依次为:番茄红素＞γ-胡萝卜素＞虾青素＞α-胡萝卜素＞β-胡萝卜素和红木素＞玉米黄质＞叶黄素＞番红花苷,均优于维生素 E。

2. 增强免疫功能和预防肿瘤

类胡萝卜素可增强机体免疫功能,保护吞噬细胞免受自身的氧化损伤,促进 T-、B-淋巴细胞的增殖,增强巨噬细胞、细胞毒性 T 细胞和 NK 细胞杀伤肿瘤的能力以及促进某些白介素的产生。类胡萝卜素能抑制致癌物诱发的肿瘤转化,抑制肿瘤的发生和生长,具有抗癌作用。如 β-胡萝卜素可预防应激诱发的胸腺萎缩和淋巴细胞下降,增强对异体移植物的排斥反应,促进 T、B-淋巴细胞增殖,维持巨噬细胞抗原受体的功能及增强中性粒细胞杀死假丝酵母,并促进病毒诱发肿瘤的退化。α-胡萝卜素和 β-胡萝卜素均可增强 NK 细胞对肿瘤细胞的溶解,在抗癌效果上 α-胡萝卜素优于 β-胡萝卜素,高含量的 α-胡萝卜素可阻止癌细胞的增殖,而相等量的 β-胡萝卜素只产生中度的效果。对子宫、乳腺和肺的癌细胞的抑制能力,番茄红素明显高于 β-胡萝卜素。叶黄素对乳腺癌、前列腺癌、直肠癌和皮肤癌等多种癌症均有抑制作用。

3. 降血脂及预防心血管疾病

β-胡萝卜素及番茄红素可有效阻断低密度脂蛋白的氧化,减少心脏病及中风的发病率。除此之外,还具有降压作用。

4. 预防眼病及其他

类胡萝卜素可降低白内障疾患的危险性,并能预防眼底黄斑性病变,特别是在人体视网膜黄斑中的色素——叶黄素和玉米黄素,对预防老年性视网膜黄斑区病变有预防作用。番茄红素有改善皮肤过敏症状和抗辐射的作用,而且血清中与老化疾病相关的微量营养素,可以抑制与老化相关的退化疾病,

其有抗衰老的作用,并具有清除毒物如香烟和汽车废气中有毒物质的作用。虾青素可通过激活 T 淋巴细胞的应答来降低幽门螺杆菌对胃的附着和感染,还有增强机体能量代谢和降血糖作用。

6.3.4.3　类胡萝卜素的摄入量及食物来源

各种类胡萝卜素由于化学结构和理化性质不同,在吸收及体内代谢等方面存在很大差异。胡萝卜素吸收率大约为维生素 A 的 1/2,并随膳食摄入量增加吸收率明显下降至 10% 以下。动物实验表明,当每天补充 β-胡萝卜素剂量超过 4.28 mg/kg 8 周后,机体抗脂质过氧化能力明显增强,表现为 GSH-Px 活性明显升高,丙二醛显著降低。但超过该剂量后,机体的抗氧化功能并没有明显改善,即大剂量补充时可能引起脂质过氧化反应。

类胡萝卜素广泛分布于绿叶菜和橘色、黄色蔬菜及水果中,藻类特别是一些微藻是天然类胡萝卜素的重要来源,一些微生物也能合成,但动物不能合成类胡萝卜素,其体内的蓄积来源于植物界,只能从食物中摄取。一些类胡萝卜素,如 β-胡萝卜素在体内可转化为维生素 A,称维生素 A 原,有些则是有效的抗衰老剂,如 α-胡萝卜素。

类胡萝卜素中研究较多的番茄红素在自然界中分布不广,主要存在于成熟的红色植物果实如番茄、西瓜、红色葡萄柚、木瓜、苦瓜籽及番石榴等食物中,并以番茄中含量最高,成熟番茄果实中可高达 3～14 mg/100 g,成熟度越高含量越高。红色棕榈油也含较高的番茄红素。联合国粮食及农业组织、世界卫生组织、美国食品药品监督管理局和欧盟均将番茄红素列入食品添加剂使用品种。

2013 年,中国居民膳食营养素参考摄入量提出番茄红素的特定建议值为 18 mg/d,其可耐受最高摄入量为 70 mg/d;叶黄素的特定建议值为 10 mg/d,其可耐受最高摄入量为 40 mg/d。

6.4　其他活性成分

6.4.1　植物甾醇类

植物甾醇(phytosterol)是以环戊烷全氢菲为骨架(又称甾核)的一类物质,结构与胆固醇相似,其包括植物甾醇及酯、植物甾烷醇(phytostanol)及酯。目前,它主要用于合成甾体药物,在自然界中以游离态和结合态存在,游离甾醇主要有菜油甾醇(campesterol)、豆甾醇(stigmasterol)和 β-谷甾醇(β-sitoste-rol)等。以结合态存在的有甾醇酯、甾醇糖苷、甾醇脂肪酸酯及甾醇咖啡酸酯等。植物甾醇酯带有纯正脂肪油的气味,呈黄色黏稠油糊状,温度为50℃以上呈清澈油状物。

6.4.1.1 甾醇的生物学作用

1. 抗炎退热

植物甾醇对人体有重要的生理功能,如 β-谷甾醇有类似氢化可的松的功能,有较强的抗炎作用。谷甾醇具有类似阿司匹林的退热作用,对克服由角叉胶在鼠身上诱发的水肿和由棉籽粉移植引起的肉芽组织生成,表现出强烈的抗炎作用,是一种抗炎和退热作用显著且应用安全的天然物质。

2. 降血清胆固醇

植物甾醇可竞争性阻碍小肠吸收胆固醇,在肝脏内抑制胆固醇合成,有预防心血管疾病的功能。很多研究报告指出,经常食用植物甾醇含量高的植物油可有效调节血脂和降胆固醇。甾醇是降血脂用药物类固醇的原料,和其他药物复配的谷甾醇片有良好的降血脂和血清胆固醇作用。甾醇对预防和治疗冠状动脉硬化类心脏病、治疗溃疡皮肤鳞癌也有明显功效。Hagiware通过细胞培养发现谷甾醇能促进产生血纤蛋白溶酶原激活因子,可作为血纤维溶解触发素对血栓有预防作用。

3. 其他作用

植物甾醇还有抗病毒、抑制肿瘤、免疫调节和对前列腺的保护等作用。β-谷甾醇对子宫内物质代谢有类似于雌激素的作用,可降低性腺组织合成类甾醇激素的能力。

6.4.1.2 甾醇的食物来源

植物甾醇广泛存在于植物的根、茎、叶、果实和种子中,所有植物种子油脂都含甾醇。其丰富来源有芝麻、向日葵、油菜、花生、高粱、玉米、蚕豆和核桃;良好来源有小麦、赤豆、大豆和银杏。工业上的植物甾醇是油脂加工的副产品,从油脚和脱臭馏出物中分离。日本已批准植物甾醇为特定专用保健食品的功能性添加剂,美国食品药品监督管理局公告称植物甾醇类可降胆固醇而有助于减少冠心病危险,建议有效膳食摄入水平为1.3~3.4 g/d。芬兰推出了一种从木材中提取的植物甾醇,服用1~2 g/d即有降胆固醇作用。植物甾醇在生物体内以与胆固醇相同的方式吸收,但吸收率比胆固醇低,一般只有

5%~10%。甾醇酯通过胰脂酶水解成为游离型甾醇被吸收。

植物甾醇广泛应用于保健(功能)食品等领域。国际组织建议其每天允许最大摄入量为(ADI)<40 mg/kg。2013年,中国居民膳食营养素参考摄入量推荐植物甾醇与植物甾醇酯的特定建议值(SPL)分别为0.9 mg/d和1.5 mg/d,其可耐受最高摄入量(UL)分别为2.4 mg/d和3.9 mg/d。

6.4.1.3 谷维素

谷维素(oryzanol)是阿魏酸与植物甾醇的结合酯。主要存在于米糠油、胚芽油、稞麦糠油和菜籽油等谷物油脂中,以毛糠油谷维素含量最高。一般寒带稻谷米糠的谷维素高于热带稻谷;高温压榨和溶剂浸出取油,其毛油中谷维素比低温压榨油高。米糠中含量为0.3%~0.5%,而米糠油中含量为2%~3%。主要的生理功能是降血脂和抗脂质氧化,可降低血清甘油三酯、降肝脏脂质和血清过氧化脂质,也可减少胆固醇的吸收、降血清总胆固醇、阻碍胆固醇在动脉壁的沉积并减少胆石的形成。

我国一直把谷维素作为医药品使用,至今尚未应用于食品;而日本将谷维素应用于食品已有20多年历史,被列入抗氧化剂类,其主要功能为抗氧化、抗衰老。日本推出多种含谷维素的功能性食品如"糙米精"(肌醇250 mg、谷维素250 mg/包)、"米寿丸"(含维生素E、谷维素和亚油酸),还有谷维素饮料上市。

6.4.2 左旋肉碱

左旋肉碱(L-carnitine)是在1905年首次从肉汁中发现,又称肉毒碱、维生素BT或维生素B_7,化学名 β-OH-γ-三甲胺丁酸,结构类似于胆碱。是一种具有生物活性的低分子量氨基酸,由 L-赖氨酸和 L-甲硫氨酸衍生而成。

6.4.2.1 左旋肉碱的生物学作用

1. 促进脂肪酸的运输与氧化

细胞脂肪酸代谢需要胞液肉碱循环和线粒体 β-氧化。肉碱是转运长链脂酰CoA进入线粒体的中心物质,可将脂肪酸以酯酰基形式从线粒体膜外转移到膜内,还可促进乙酰乙酸的氧化,可能在酮体利用中起作用。当机体缺乏时,脂肪酸 β-氧化受抑制,导致脂肪浸润。

2. 促进碳水物和氨基酸的利用

L-肉碱可将脂肪酸、氨基酸和葡萄糖氧化的共

同产物乙酰 CoA 以乙酰肉碱的形式通过细胞膜,所以 L-肉碱在机体中有促进三大能量营养素氧化的功能。

3. 提高机体耐受力、防止乳酸积累

线粒体将脂肪作为燃料能形成较多的三磷酸腺苷,可改善老龄鼠低的线粒体膜电位和低的细胞氧耗。L-肉碱能提高疾病患者在练习中的耐受力,如练习时间、最大氧吸收和乳酸阈值等指标在机体补充 L-肉碱后,都会有不同程度的提高。在激烈运动中,氧气供应不足而造成肌肉产生乳酸,过量乳酸可造成酸中毒。口服 L-肉碱可使最大氧吸收时的肌肉耐受力提高,防乳酸积累,缩短剧烈运动后的恢复期,减轻运动带来的紧张感和疲劳感。

4. 作为心脏保护剂

已发现缺乏肉碱会导致心功能不全,临床上已用外源性肉碱增强缺血肌肉及心肌功能。但肉碱改善心功能是刺激糖代谢而不是脂代谢,给正常健康人急性一次投予 2 g 肉碱后,出现胰岛素分泌增加和血糖降低(均在正常范围内),即肉碱加强了糖代谢。

5. 加速精子成熟并提高活力

L-肉碱是精子成熟的一种能量物质,具有提高精子数目与活力的功能。通过对 30 名成年男性的调查表明,精子数目与活力在一定范围内与膳食 L-肉碱供应量成正比,且精子中 L-肉碱含量也与膳食 L-肉碱的含量呈正相关。此外,L-肉碱参与心肌脂肪代谢过程,有保护缺血心肌的作用,可用于治疗心力衰竭、缺血性心脏病及心律失常。L-肉碱还有缓解动物败血症休克的作用。

6. 延缓衰老

维持脑细胞的功能需要正常摄取葡萄糖用于供能、不断地合成蛋白质以维持细胞的存在及不停地排出细胞废弃物。肉碱广泛分布于体内各组织,包括神经组织。给小鼠腹腔注射醋酸胺导致氨中毒时,脑的能量代谢改变、三磷酸腺苷和磷酸肌酸下降,二磷酸腺苷、磷酸腺苷、丙酮酸和乳酸增多,而肉碱要抑制此过程的发展(D-肉碱也有效),可见肉碱保护脑的机制不是以促进脂肪代谢就足以解释的。

7. 肉碱具有的其他功效

(1)抗氧化　95％的自由基在线粒体内产生。因为大多数抗氧化剂维生素 E 是脂溶性,需要越过线粒体膜的载体才能起到在线粒体内防止氧化和对抗自由基。

(2)降血脂、胆固醇和甘油三酯　如果没有肉碱参与其中,机体无法转运脂类参与降解。肉碱改变血脂形式也有利于改善动脉粥样硬化。

(3)减体重　肉碱可促进脂肪运至线粒体内氧化分解。补充 L-肉碱,能改善脂肪代谢紊乱,降血脂、治疗肥胖症以及纠正脂肪肝等。

6.4.2.2　L-肉碱的食物来源及应用

植物性食品 L-肉碱较低(某些甚至无),同时合成肉碱的两种必需氨基酸赖氨酸和蛋氨酸亦低。动物性食物较高,尤以羊肉中最丰富。含 L-肉碱丰富的食物包括酵母、乳、肝及肉等动物食品(表 6-2)。

表 6-2　部分食物肉碱含量　　　　　　　　g/kg

食物名称	含量	食物名称	含量	食物名称	含量
山羊肉	2.1	鸡肉	0.075	小麦芽	0.01
羔羊肉	0.78	羔羊肝	0.026	鸡肝	0.008
牛肉	0.64	酵母	0.024	花生	0.001
猪肉	0.30	牛奶	0.02	花椰菜	0.001
兔肉	0.21	面包	0.02	卷心菜、菠菜、土豆及橘汁	无

人和大多数动物可通过自身体内合成来满足生理需要。在正常情况下 L-肉碱不会缺乏。常见的肉碱缺乏症包括原发性缺乏和继发性缺乏:①原发性缺乏主要见于肾远曲小管对肉碱重吸收缺陷而致的肉碱丢失过度;②继发性缺乏则主要是由于有机酸尿症或长期使用一些抗生素等药物,与肉碱结合使之排出。此外,反复血透、长期管饲或静脉营养以及

绝对素食者也都有肉碱缺乏的危险。当出现代谢异常如糖尿病、营养障碍及甲状腺亢进等会抑制 L-肉碱的合成、干扰利用或增加 L-肉碱的分解代谢。L-肉碱缺乏时,机体可出现脂肪堆积,症状通常为肌肉软弱无力。膳食中增加 L-肉碱则可使症状减轻。

肉碱微有鱼腥味,耐热、酸和碱,易溶于水和乙醇。与水溶性维生素相似,肉碱能被完全吸收。由

于水溶性强,使用加热、加水的烹饪程序都会造成游离肉碱的损失。

L-肉碱的生理生化及临床效果显著,已列入美国药典,我国卫生健康委员会也将其列入营养强化剂。作为一种重要的功能性食品添加剂,尤其作为婴儿配方食品、体弱多病者的强化营养、增强运动耐力的运动员食品及减肥健美食品的强化剂,在功能性食品中已得到较为广泛的应用。

1985 年,国际营养学术会议上将左旋肉碱指定为"特定条件的必须营养品"。美国 FDA 规定其每天允许最大摄入量(ADI)为 20 mg/kg,成人每天摄入量最大值为 1 200 mg。欧洲儿科胃肠病学和营养学会推荐强化剂用量为 1.2 mg/100 kcal。澳大利亚和新西兰规定运动员肉碱添加量不得高于 100 mg/d。在英国,肉碱作为处方药使用,而德国则规定肉碱使用量无须规定上限。我国 GB 17787—1999 批准左旋肉碱为食品添加剂,2010 年,第四号公告扩大使用范围和剂量至 100～1 000 mg /kg,之后批准该使用范围和剂量的食品为食品新资源。

6.4.3 超氧化物歧化酶

超氧化物歧化酶(superoxide dismutase,SOD)包括 Cu,Zn-SOD 和 Mn-SOD、Fe-SOD 和 Ni-SOD。Cu,Zn-SOD 研究报道最多,Cu,Zn-SOD 因其重要的生理功能,被认为是超氧化物歧化酶家族最重要的一类酶,也是清除自由基最重要的成员之一。超氧化物歧化酶为酸性蛋白质,对 pH、热和蛋白水解酶的耐受性比一般的酶要高。

6.4.3.1 超氧化物歧化酶的生物学作用

作为一种蛋白质,有报道超氧化物歧化酶经过胃部酸解和酶解之后,大约会有 50% 以活性形式保存下来,那些被降解后形成的一些小的肽段也能够穿过细胞膜,并且这些小的肽段具有部分超氧化物歧化酶的功能。超氧化物歧化酶是清除自由基和抗氧化最重要的酶,能清除 O_2^- ·同时生成 H_2O_2(被过氧化氢酶清除生成 H_2O 和 O_2)。其反应式如下:

$$O_2^- + O_2^- + H^+ \longrightarrow H_2O_2 + O_2$$

超氧化物歧化酶通过清除自由基而具有多种生理功能,其包括提高那些由于自由基侵害而诱发的疾病的抵抗力,如肿瘤、炎症、肺气肿、白内障和自身免疫疾病等;提高人体对自由基外界诱发因子,如烟雾、辐射、有毒化学品和有毒医药品等的抵抗力。在

机体老化过程中,超氧化物歧化酶逐步下降,适时补充外源超氧化物歧化酶可清除机体代谢过程中产生的过量 O_2^-,延缓由于自由基侵害而出现的衰老现象,如皮肤衰老和脂褐素沉淀,包括皮肤的抗皱与祛斑。此外,超氧化物歧化酶还可减轻肿瘤患者在化疗、放疗时的疼痛及严重的副作用,如骨髓损伤和白细胞减少等,并可消除机体疲劳,增强对超负荷大运动量的适应力。

6.4.3.2 超氧化物歧化酶的食物来源及应用

超氧化物歧化酶存在于几乎所有靠有氧呼吸的生物体内(从细菌、真菌、高等植物、高等动物直至人体)。来源丰富的食物有大蒜,其他如韭菜、大葱、洋葱、油菜、柠檬和番茄等也含有。此外,也可从动物血液的红细胞中提取,或从牛奶、细菌、真菌、高等植物(如小白菜)中提取。正常人血液中的超氧化物歧化酶 90 mg/L。不同个体间的超氧化物歧化酶活力水平差异很小,仅 10% 左右。

大量研究表明,超氧化物歧化酶安全无副反应,也很少出现过敏症状。欧美国家已于 1988 年批准将其作为一种临床治疗药物,已在化妆品、牙膏和功能性食品中得到广泛应用。临床应用集中在抗辐射、抗肿瘤、抗衰老及自身免疫性疾病上。用超氧化物歧化酶治疗的疾病有缺血再灌流综合症、氧中毒、辐射损伤、皮肤病、关节炎、类风湿性关节炎、烧伤、老年性白内障及家族性肌肉萎缩病等。

作为药用酶仅能治疗被过氧化所损害的有关疾病,要避免盲目使用。有些疾病患者如肾功能衰竭、尿毒症、精神病及患孤独症的小孩,其血液中的超氧化物歧化酶浓度比正常人高很多,这种特殊人群不需补充而是要抑制或减少超氧化物歧化酶。超氧化物歧化酶的浓度过高也会影响某些正常的氧化代谢过程。过多地清除 O_2^-,可能会引起 ·OH 的增多,产生更大的毒性。因此,超氧化物歧化酶的补充应针对不同的人群制定不同的摄入量标准。

6.4.4 咖啡碱、茶碱和可可碱

咖啡碱、茶叶碱和可可碱均为甲基嘌呤衍生物,人们很早就知道嘌呤类化合物可影响神经系统活性,产生血管效应,有镇静、解痉、扩张血管、降低血压等生理活性。

6.4.4.1 咖啡碱

咖啡碱(caffeine)又名 1,3,7-三甲基黄嘌呤,不

仅存在于咖啡、茶叶、可可和槟榔中,还存在于软饮料,如可乐型饮料以及含咖啡碱的药物等,无嗅、味苦。世界上 80% 以上的成年人或多或少地会摄入咖啡碱。

1. 咖啡碱的生物学作用

咖啡碱是中枢神经系统兴奋剂,小剂量可作用于大脑皮层使精神振奋,动作敏捷,工作效率和精确度提高,睡意消失、疲乏减轻;较大剂量能兴奋下级中枢和脊髓,特别当延脑呼吸中枢、血管运动中枢及迷走神经中枢受抑制时,咖啡碱有明显的兴奋作用,能使呼吸加快加深和血压回升。在医药上咖啡碱被用于缓解严重传染病和中枢抑制药中毒引起的中枢抑制,能直接舒张皮肤血管、肺肾血管和兴奋心肌,在不明显改变血压的情况下综合影响心血管系统。咖啡碱常与解热镇痛药配伍以增强其镇痛效果,与麦角胺合用以治疗偏头痛,与溴化物合用治疗神经衰弱。

咖啡碱可通过抑制环磷酸腺苷转化为环磷酸鸟苷,增加血管有效直径,增强心血管壁弹性,促进血液循环,可用于哮喘病人作支气管扩张剂,但同样剂量下效果仅为茶叶碱的 40%。咖啡碱可兴奋心肌,使心动幅度、心率及心输出量增高,但其兴奋延髓的迷走神经核又使心跳减慢,最终效果为两种兴奋相互作用的总结果。而在不同个体可能出现心动过缓或过速。大剂量可因直接兴奋心肌而发生心动过速,最后引起心搏不规则。因此过量饮用咖啡碱,偶有心率不齐发生。

咖啡碱可通过肾促进尿液中水的滤出率实现利尿作用,咖啡碱能促进肾脏排尿速率,排尿量可增加30%。在临床上常用咖啡碱排除体内过多的细胞外水分。

咖啡碱可刺激脑干呼吸中心的敏感性,进而影响 CO_2 的释放。已被用作防止新生儿周期性呼吸停止的药物。

咖啡碱能提高血浆中游离脂肪酸和葡萄糖水平以及氧的消耗量。咖啡碱促进机体代谢,使循环中儿茶酚胺含量升高,影响代谢过程中脂肪水解,使血清中游离脂肪酸含量升高。也有研究表明,不合理的摄入咖啡碱对血压升高有促进作用,造成高血压的危险,甚至对整个心血管系统造成危害。

2. 咖啡碱的代谢及安全性

咖啡碱是一种在人体内迅速代谢并排出体外的化合物,半衰期为 2.5～4.5 h。摄入体内的咖啡碱90% 经脱甲基和氧化后生成甲基尿酸排出体外,10% 不经代谢直接排出体外。

咖啡碱是安全范围较大、不良反应轻微的药物和食品添加剂,使用过量(＞400 mg)会出现失眠、呼吸加快和心动过速等。长期饮用产生轻度成瘾,一旦停用可表现短期数日头痛或不适。摄入中毒剂量可引起阵挛性惊厥,但通过日常饮食摄入中毒剂量在事实上几无可能。美国食品药品监督管理局确定咖啡碱无作用剂量为 40 mg/(kg·d),该剂量比正常摄入剂量高 8～10 倍,因此,可以认为是安全的,即使过量,其副作用也是短暂而且可以恢复的。

咖啡碱是食品添加剂的苦味剂和保健(功能)食品的能量补充剂,也被作为药品使用。美国《FDA 食品法规》(2001 版)确认可以添加到可乐饮料中,添加量为 0.02%。欧盟 2002/67/EC 规定,咖啡因用于可乐饮料最大使用量为 150 mg/kg,并应在标签上说明"高咖啡因含量"。我国 GB 2760—2014 规定,咖啡因可用于可乐饮料,最大使用量为 150 mg/kg;我国轻工行业茶饮料标准(QB 2499—2000)要求每升茶汤饮料咖啡因浓茶型和淡茶型分别应高于 90 mg 和 60 mg。食品咨询委员会规定咖啡因含量高于 125 mg/L 的软饮料应标示具体含量。

6.4.4.2　茶叶碱及其生物学作用

茶碱(theophylline)又名 1,3-二甲基黄嘌呤,早在 1937 年就开始用于临床治疗心力衰竭,认为有极强的舒张支气管平滑肌的作用,可用于支气管喘息的治疗,其作用机制是抑制细胞内磷酸二酯酶的活性,从而抑制环磷酸腺苷转化为环磷酸鸟苷的反应,所以,茶碱只起缓解哮喘的作用,并不能从根本上治疗支气管哮喘。此外,茶叶碱在治疗心力衰竭、白血病、肝硬化等方面也有一定作用。茶碱还对肥大细胞释放过敏介质的过程有一定抑制作用。

由于茶碱在水中溶解度较低,不易吸收,对胃肠道有刺激作用,在临床上一般制成其衍生物氨茶碱、单氢茶碱、胆茶碱或茶碱乙醇胺等,以提高水溶性。茶碱 pH 较高,因此肌肉注射有疼痛感,静脉注射易引起中毒,常用方法是制成缓释胶囊口服,经胃肠道吸收良好。

茶碱摄入后一部分可不经代谢直接排出体外,另有约 90% 经代谢分解为 1,3-二-Me-脲酸、3-Me-黄嘌呤和 1-Me-脲酸,经尿液排出体外。

6.4.4.3　可可碱

当前对可可碱(theobromine)的利用多是对其进

行必要的修饰,如水杨酸钙可可碱、乙酸钠可可碱和己酮可可碱。有研究已发现,己酮可可碱可减轻血小板激活因子致离体豚鼠肺通透性水肿;其还可通过作用于白细胞,降低白细胞对内皮细胞的黏附作用数量。

6.4.5 茶氨酸

茶氨酸(Theanine)是茶树体内特有的氨基酸。又名 N-乙基-γ-L 谷氨酰胺,占茶叶干重的 1%～2%,是茶叶鲜爽味的主要成分。茶氨酸化学构造上与脑内活性物质谷氨酰胺、谷氨酸相似。自 20 世纪 50 年代日本酒户弥二郎从茶叶中分离出茶氨酸起,茶氨酸就受到极大关注。

$$CH_3-CH_2-NH-\overset{\displaystyle O}{\overset{\displaystyle \|}{C}}-CH_2-CH_2-\underset{\displaystyle NH_2}{CH}-COOH$$

6.4.5.1 茶氨酸的生物学作用

1. 对神经系统的作用

茶氨酸是一种神经传递物质,进入大脑后可降低脑中 5-羟色胺浓度,使神经传导物质多巴胺显著增加,而多巴胺在脑中起重要作用,缺乏时会引起帕金森症、精神分裂症,所以茶氨酸对帕金森症和传导神经功能紊乱等疾病起预防作用。茶氨酸可保护神经细胞,能抑制短暂脑缺血引起的神经细胞死亡。茶氨酸可与兴奋型神经传达物质谷氨酸竞争细胞中谷氨酸结合部位,可抑制谷氨酸过多而引起的神经细胞死亡。这些结果使茶氨酸有可能用于脑栓塞、脑出血、脑中风、脑缺血以及老年痴呆等疾病的防治。

部分临床研究指出,茶氨酸具有缓解焦虑、改善心情、提高认知和促进睡眠的功效,还有促进"精神健康"(mental health)的作用。也有研究认为,茶氨酸(97～100 mg)和咖啡因(40～50 mg)联合使用可更好地提升受试者认知水平;Park SK 等(2011)一项临床研究($n=91$)指出持续 16 周补充茶氨酸(1 680 mg)可有效提高重度认知障碍受试者的认知水平。

2. 降血压

茶氨酸可通过影响脑和末梢神经的色胺等胺类物质起降血压作用,给高血压自发症大鼠注射 1 500～2 000 mg/kg 的茶氨酸会引起血压显著降低,其收缩压、舒张压及平均血压均有明显下降,降低程度与剂量有关,2 000 mg/kg 时降低约 40 mmHg,但心率没有大的变化。茶氨酸对血压正常的大鼠没有降血压作用。新近 Rogers 等(2008)的一项双盲临床试验显示茶氨酸(200 mg)可有效拮抗咖啡因的升血压效应。

3. 抗肿瘤

作为谷氨酰胺的竞争物,茶氨酸可通过干扰谷氨酰胺的代谢来抑制癌细胞生长。动物试验证明,茶氨酸对小鼠可转移性肿瘤有延缓作用,对患白血病小鼠可延长其存活期,因此,可开发为治疗肿瘤的辅助药物。茶氨酸与其他抗肿瘤药,如 pirarubicin 或 idarubicin 等合用时,有增强抗癌疗效的作用。同时茶氨酸的合用还能减轻抗癌药物引起的白细胞及骨髓细胞减少等副作用。茶氨酸与抗肿瘤药(doxorubicin,DOX)一起使用时,不但提高抗肿瘤药的抗肿瘤活性,而且还提高其抑制肿瘤转移活性。茶氨酸还可抑制癌细胞的浸润,防止原生部位的癌细胞通过对周围组织的浸润进行局部扩散,转移到身体的其他部位。其阻碍癌细胞浸润的能力随浓度提高而增强。

4. 其他

茶氨酸是咖啡碱的抑制物,可有效抑制高剂量咖啡碱引起的兴奋震颤作用和低剂量咖啡碱对自发运动神经的强化作用,还有缓解咖啡碱推迟睡眠发生和缩短睡眠时间的作用。

6.4.5.2 茶氨酸的代谢及安全性

同其他氨基酸一样,L-茶氨酸在肠道吸收。吸收后迅速进入血液并输送至肝和脑中。以小鼠为对象研究茶氨酸在体内的代谢动力学变化表明,经口灌胃 1 h 后,小鼠血清、脑及肝中茶氨酸浓度明显增加,此后,随时间延长,血清和肝中的茶氨酸浓度逐渐降低,而脑中茶氨酸浓度则继续保持增长趋势,一直到灌胃 5 h 后浓度达最高值,24 h 后这些组织中的茶氨酸都消失。茶氨酸的代谢部位是肾脏,一部分在肾脏被分解为乙胺和谷氨酸后通过尿排出体外,另一部分直接排出体外。

1985 年,美国食品药品监督管理局认可并确认合成茶氨酸是一般公认安全的物质,在使用过程中不作限量规定。在连续服用 28 d 的亚急性实验中,大鼠未见任何毒性反应,在致突变实验中也未见任何诱变作用,细菌回复突变实验中也未导致基因变异。因此,茶氨酸是一种安全无毒,具有多种生理功能的天然食品添加剂。

6.4.5.3　茶氨酸的食物来源

茶氨酸富含于茶、茶梅、油茶、红山茶及蕈几种植物中。其性质较稳定,耐热耐酸,通常的食品加工、杀菌过程不会影响茶氨酸性质。作为一种食品添加剂,茶氨酸被广泛用于点心、糖果及果冻、饮料、口香糖等食品中。作为新食品原料(2014)资源,规定茶氨酸的制备需采取茶叶提取法制备而成。符合标准的茶氨酸在我国可应用于除婴幼儿食品外的各类食品,每日食用量不高于 0.4 g。

6.4.6　辅酶 Q

辅酶 Q(coenzymes Q)是多种泛醌(ubiquinones)的集合名称,是生物体内广泛存在的脂溶性醌类化合物,其化学结构同维生素 E、维生素 K 类似。辅酶 Q 对温度、湿度较稳定,遇光易分解。细胞内的辅酶 Q 包括氧化型醌(Q)、还原型醌(QH_2)和自由基半醌(QH)。还原态的辅酶 Q 具有更高的生理活性和药理作用。

6.4.6.1　辅酶 Q 的生物学作用

辅酶 Q 具有与维生素 E 相类似的抗氧化,在体内可清除多种氧化诱导剂(如脂质氧化酶、过渡金属离子)诱导产生的自由基,可显著提高动物或细胞存活率,减少组织细胞中脂质过氧化物含量。辅酶 Q 可防止因过量维生素 A 所导致的红细胞膜及溶酶体膜的不稳定,有助于维持细胞膜通道的完整性。

辅酶 Q 存在于一切活细胞中,以细胞线粒体内含量为多,是呼吸链重要的参与物质,也是产能营养素释放能量所必需的。辅酶 Q 在心肌细胞中含量最高,因为心脏需大量辅酶 Q 来维持每天千百次的跳动。许多心脏衰弱的人往往缺乏辅酶 Q,心脏病患者血液中辅酶 Q 的含量比对照低 1/4,75% 的心脏病患者心脏组织严重缺乏辅酶 Q,3/4 的心脏病老年患者在服用辅酶 Q 后病情有明显好转。辅酶 Q 能抑制血脂过氧化反应,保护细胞免受自由基的破坏。辅酶 Q 在防止不良的胆固醇氧化对动脉血管的破坏方面比维生素 E 和 β-胡萝卜素更加有效,大量的辅酶 Q 对防止动脉栓塞非常重要。

有研究者认为,心血管疾病在很大程度上是由辅酶 Q 的缺乏引起。得克萨斯州心脏病专家认为辅酶 Q 对预防和控制高血压具有重要作用,他们给 109 名高血压患者每天服用 255 mg 辅酶 Q 后,85% 的人

血压下降,51% 的患者可完全停止服用 1～3 种降压药,而 25% 的人可完全依靠辅酶 Q 来控制血压。辅酶 Q 可刺激免疫功能和治疗免疫缺乏,可有效地促进 IgG 的生成,如每天口服 60 mg 辅酶 Q,该抗体有明显增加。

辅酶 Q 还有减轻维生素 E 缺乏症的某些症状的作用,而维生素 E 和硒能使机体组织中保持高浓度的辅酶 Q。辅酶 Q 被认为是延缓细胞衰老进程中起重要作用的物质,其中,辅酶 $Q_{10}(n=10)$ 在临床上用于治疗心脏病、高血压及癌症等。

6.4.6.2　辅酶 Q 的适宜摄入量及食物来源

人体可自身合成辅酶 Q,但人体产生辅酶 Q 的功能随年龄增加而减少,在 20 岁后开始下降。有研究表明,50 岁后大量出现的心脏退化和许多疾病与体内辅酶 Q 的下降有关。

辅酶 Q 类化合物广泛存在于微生物、高等植物和动物中。其中,以酵母、大豆、植物油及许多动物组织的含量较高。鱼类,尤其是鱼油中有丰富的辅酶 Q_{10},其他如动物的肝脏、心脏、肾脏及牛肉、豆油和花生中也含有较多的辅酶 Q。目前,还有提纯的辅酶 Q_{10}。对于 50 岁以上的成人每天补充辅酶 Q 30 mg 就足以达到抗衰老的目的,如有慢性病的老人每天补充辅酶 Q 则可达到 50～150 mg。由于其为脂溶性,服用时要有脂肪的配合。有试验表明,服用维生素 E 的动物其肝脏中辅酶 Q 的含量可提高 30%。微量元素硒及维生素 B_2、维生素 B_6、维生素 B_{11}、维生素 B_{12} 及烟酸都是合成辅酶 Q 的重要原料。

在日本和美国,辅酶 Q_{10} 作为一种维生素用作食品添加剂广泛应用于食品。日本设定辅酶 Q_{10} 的每天允许最大摄入量 $\geqslant 12$ mg/d,每天最大摄入量 300 mg。美国设定辅酶 Q_{10} 作为膳食补充剂最大摄入量 1 200 mg/d。中国、日本和欧盟已将辅酶 Q_{10} 用于医药领域。

6.4.7　γ-氨基丁酸

γ-氨基丁酸(gamma amino-butyric acid;GABA)又称氨酪酸、哌啶酸。γ-氨基丁酸具有治疗高血压的作用,其机制是因 γ-氨基丁酸可作用于脊髓的血管运动中枢,有效促进血管扩张而达到降血压目的。近年来的体内、外实验都证明,γ-氨基丁酸及其代谢产物 γ-羟基丁酸(GHBA)都能抑制 ACE 活性,日本多项人群实验也较充分地证明通过膳食补充 γ-氨基丁酸 可降低高血压患者血压,因此日本厚生省允许

γ-氨基丁酸产品宣称降压功效。

γ-氨基丁酸可降低神经元活性,是一种重要的中枢神经系统的抑制性物质,具有抗焦虑作用。γ-氨基丁酸可抑制谷氨酸的脱羧反应,与 α-酮戊二酸生成谷氨酸使血氨降低,摄入 γ-氨基丁酸可提高葡萄糖酸酯酶的活性,促进脑组织的新陈代谢和恢复脑细胞的功能,改善神经机能。γ-氨基丁酸还有活化肾功能、改善肝功能、防止肥胖、促进酒精代谢及消臭的作用。

γ-氨基丁酸与某些疾病的形成有关,帕金森病人脊髓中 γ-氨基丁酸浓度较低,神经组织中 γ-氨基丁酸的降低与 Huntingten 疾病、老年痴呆等有关。γ-氨基丁酸对脑血管障碍引起的症状如偏瘫、记忆障碍、儿童智力发育迟缓及精神幼稚症等有很好的疗效。还被用于尿毒症、睡眠障碍及一氧化碳中毒的治疗药物,并有精神安定作用。

γ-氨基丁酸是一种天然活性成分,广泛分布于动植物体内,植物如豆属、参属以及一些中草药等的种子和根中,种子发芽时含量增加。在人脑中 γ-氨基丁酸可由脑部的谷氨酸在专一性较强的谷氨酸脱羧酶作用下转换而成,但随年龄的增长或精神压力的加大使 γ-氨基丁酸积累困难,而通过日常饮食补充可有效改善这种状况。γ-氨基丁酸可应用于饮料、可可制品、糖果、焙烤食品和膨化食品等,但不包括婴幼儿食品。我国卫生部 2009 第 12 号公告 γ-氨基丁酸为新资源食品,规定每天食用量<500 mg。作为药品用于治疗各种类型的肝性脑病和尿毒症等。

6.4.8　二十八烷醇

二十八烷醇(octacosanol)是一元直链天然存在的高级脂肪醇。主要存在于糠蜡、小麦胚芽、蜂蜡及虫蜡等天然产物中,苹果、葡萄、苜蓿、甘蔗和大米等一类植物蜡中也含有。小麦胚芽二十八烷醇为 10 mg/kg,胚芽油含量为 100 mg/kg。自 1937 年,人们发现它对人体的生殖障碍疾病有治疗作用后,渐渐为人所知。从 1949 年起,美国伊利诺伊大学的 Cureton 等进行了 20 多年的研究,证明它是一种抗疲劳活性物质,应用极微量就能显示出其活性作用,是一种理想的天然健康食品添加剂。

二十八烷醇的生理功能包括提高肌力,降低肌肉摩擦,消除肌肉疼痛;增强耐力、精力和体力;能降低缺氧的发生率,帮助身体使其在压力状态时更有效率地运用氧气,增强对高山反应的抵抗力;还有降低收缩期血压、缩短反应时间、刺激性激素及强化心脏机能的作用。

日本多以米糠油为原料提取二十八烷醇,在其二十八烷醇商品中,二十八烷醇含量一般为 10%～15%,系 C_{22}-C_{36} 脂肪醇混合物。

6.4.9　褪黑素

褪黑素(melatonin,MT)又名松果体素,化学名为:N-乙酰基-5-甲氧基色胺,是脊椎动物脑中松果体腺(pineal gland,PG)细胞从血液中摄取的色氨酸及其羟化酶逐步合成的一种有较高生物活性的内源性吲哚类激素。褪黑素的生物合成有很严密的节律性,体内含量呈昼夜性节律改变,夜间分泌量比白天多 5～10 倍,清晨 2:00～3:00 达峰值。此外,褪黑激素的分泌还与年龄有关,刚出生的婴儿体内有很少量的褪黑激素,直到 3 月龄时分泌量增加,并呈现明显的昼夜节律现象;3～5 岁幼儿分泌量最高,青春期略降,以后随年龄增大而逐渐下降,到青春期末反而低于幼儿期,到老年时昼夜节律渐趋平缓,甚至消失。褪黑素合成主要受外界光线的调节,也受人工光照射与黑暗的影响。

褪黑素的主要功能作用包括褪黑素是维持正常生理节奏中非常重要的物质,尤其对睡眠周期的维持,有安神、助眠和调整时差的作用。可使松果体功能再生,以巩固和维护人体各主要器官和系统的功能,强化机体的免疫功能,增强其对感染和肿瘤的抵抗力。可通过清除自由基、抗氧化和抑制脂质过氧化反应保护细胞结构、防止 DNA 损伤,降低体内过氧化物含量。协助预防乳腺癌和前列腺癌。可维持血液中正常的胆固醇水平、阻止胆固醇聚集,降过高的血压、预防心脏病、中风以及防止精神应激引起的疾病。还有防治眼部疾病如白内障、青光眼和视网膜黄斑退化的功能。

作为一种激素通常小剂量使用,大剂量会带来明显的副作用,如晨起的眩晕疲倦、睡意、梦游、定向障碍、低体温、释放过多乳激素导致不孕、降低男性性欲等。孕妇、乳母、抑郁症患者、癫痫病患者包括狼疮性疾病在内的自身免疫性疾病患者最好不要服用,精神紊乱的儿童服用褪黑素的含量为 1～5 mg/晚以提高睡眠质量时,其癫痫发作明显提高。褪黑素可引起促炎症化合物释放(哮喘的标志);褪黑素水平较高可导致病人夜间肺功能降低,引起肺功能损害,哮喘病人应考虑限制用褪黑素来帮助睡眠。

褪黑素是一种内源性物质,可由色氨酸转化而成。富色氨酸的食物有燕麦、甜玉米、小米、牛奶、香菇、瓜子、海蟹、黑芝麻、黄豆、南瓜子、鸡肉、鸡蛋等。

6.4.10 叶绿素

叶绿素(chlorophyll)是一类含镁卟啉衍生物的泛称,以叶绿素 A 和叶绿素 B 最为常见,其结构与人类和大多数动物的血红素极其相似,具有多种生理功能。叶绿素、叶绿酸具有强烈的抑制突变作用,尤其是叶绿酸对致突变物质的抑制作用最强,可抑制 AFB1、苯并芘等强致癌物的致突变作用;叶绿素可促进溃疡及创伤伤口肉芽新生,加速伤口痊愈,并且可抗变态反应,口服叶绿素铜钠对慢性荨麻疹、慢性湿疹、支气管哮喘及冻疮等变态反应都有明显的功效;叶绿素还有脱臭及降低血液中胆固醇的作用。

目前为止,叶绿素及衍生物主要是作为食用绿色素和脱臭剂而广泛用于糕点、饮料、胶姆口香糖、果冻及冰激凌等食品中。其安全性高,世界卫生组织与联合国粮食及农业组织对其每天允许最大摄入量不做限制性规定,但对叶绿素铜钠盐及铁钠盐的每天允许最大摄入量规定为 $0\sim15$ mg/kg。

❓思考题

1. 简述多酚类组成特点及其生理功能。

2. 有机硫化合物主要包括哪几类?它们各自有何特有的生理功能?

3. 类胡萝卜素有哪些重要的生理功能?它富含在哪些食品中?

4. 简述皂苷类化合物的生理功能。

5. 超氧化物歧化酶、左旋肉碱、茶氨酸、辅酶Q、植物甾醇及咖啡碱等有何生理功能?它们各自富含在哪些食物中?

(本章编写人:周才琼)

第 7 章

各类食物的营养价值

学习目的与要求

- 了解食物营养价值的相对性。
- 掌握营养素密度、营养素生物利用率的概念。
- 了解贮藏、加工对食品营养价值的影响。
- 熟悉各类食品营养价值的特点。

7.1　对食物营养价值的正确理解

食物营养价值包括两个方面：一是指食物中所含的能量和营养素能满足人体需要的程度，二是指在膳食整体中对促进人体健康状态，特别是对预防慢性疾病的贡献。食物提供营养素的价值属于前一个范畴，而食物对于预防疾病的效应、生理调节的作用，则属于第二个范畴。在第一个范畴当中，食物营养价值主要关注营养素的种类、数量和比例、被人体消化吸收和利用的效率等几个方面；而在第二个范畴当中，食物营养价值不仅要考虑到食物中所含营养素之间的平衡关系和相互作用，还要考虑到与其他食物成分的配合，特别是与其中所含的非营养素保健因子的平衡以及与人体生理状态之间的平衡。

由于很多非营养素成分往往也对人体健康起着重要的作用，因此，食物中营养素的含量与健康价值往往并不完全一致。目前我国居民的生活水平不断提高，食物供应日益丰富，严重的营养素缺乏症日益减少，而各种非传染性退行性慢性疾病的发病率快速上升。在这种情况下，评价食物营养价值的因素已经不仅限于某一种营养素的绝对含量，而要更加注重食物在预防慢性疾病中的作用以及在膳食营养整体平衡中的贡献。

食物对预防慢性疾病的功效，往往与食物的营养素含量没有绝对相关性，而是因为其中所含有的非营养素保健成分，如各种植物化学物和膳食纤维。例如，苹果中的维生素 C 和胡萝卜素含量甚低，但它富含果胶、类黄酮、酚酸等。流行病学和人体干预研究表明每天食用苹果有利帮助中老年人控制血胆固醇水平，孕妇食用苹果还有利于降低婴儿发生过敏相关疾病的风险。

食物的营养素含量和保健成分含量与食品的美味程度也未必有直接关系。食物具有提供感官享受的功能，但过分追求食物的感官品质，并不利于获得营养平衡的膳食。例如，在食物中添加大量脂肪和精制糖会明显改善食物的感官适口性，但会降低食物的营养价值。糖分含量高的水果味道更好，但并不意味着其中含有更多的维生素 C 和抗氧化物质。

在评价食物营养价值时，必须注意以下几个问题，才能全面地理解其在膳食中的意义和作用。

7.1.1　食物营养价值具有相对性

食物的营养价值并非绝对，而是相对的，不能以

一种或两种营养素的含量来决定，而必须看它在膳食整体中对营养平衡的贡献。除了 6 月龄内的婴儿可以单纯靠母乳健康生存之外，一种食物无论其中某些营养素含量如何丰富，也不能代替由多种食品组成的营养平衡的膳食。食物营养价值的相对性体现在以下 3 个方面。

1. 一种食物的营养素含量不是绝对的

不仅不同种食物的能量和营养素含量不同，同一种食物的不同品种、不同部位、不同产地、不同成熟程度、不同栽培方式之间也有相当大的差别。因此，各国食物成分表中的营养素含量，只是这种食物的一个代表值。

食物的营养价值也受贮存、加工和烹调的影响。有些食物经加工精制后会损失原有的营养成分，也有些食物经过加工烹调提高了营养素的吸收利用率，或经过营养强化、营养调配而改善了营养价值。

2. 食物营养的评价会随着膳食模式的改变而变化

通常被称为"营养价值高"的食物，往往是指多数人容易缺乏的那些营养素含量较高，或多种营养素都比较丰富的那些食物。随着经济发展和膳食模式的变化，人们所缺乏和过剩的营养素也随之变化。因而，对食物营养的评价也会因时代变迁而变化。例如，在缺乏蛋白质的贫困时代，人们认为富含蛋白质的鸡、鸭、鱼肉营养价值高；而在蛋白质供应充足，糖尿病、心脑血管病为主要疾病的时代，人们认为能量低、脂肪少、抗氧化物质丰富的绿叶蔬菜营养价值高。

3. 食物的营养价值与人的生理状态有关

每一种食物都有自己的营养素组成特色，即便是同一种食物，不同生理状态的人对它的评价却因人而异。对某种营养素存在缺乏的人，提供富含这种营养素的食物能够改善其健康状态；而对这种营养素已经摄入过多，或因疾病原因需要限制这种营养素的人来说，提供同一种食物却可能会对健康造成损害。例如，对缺铁性贫血的人来说，富含血红素铁的牛羊肉是有利健康的食物；而对高血压、冠心病的人来说，过多红色肉类则不利于疾病的预防和控制。

需要理解的是，食物除了满足人的营养需要之外，尚有社会、经济、文化、心理等方面的意义。消费者对食物的购买和选择动力，除了营养价值之外，还取决于价格高低、口味嗜好、传统观念和心理需要等多种因素。因此，正确的食物选择需要充分的知识和明智的理性。

7.1.2 营养素密度是一个重要的评价指标

每一种食物的含水量和能量值都有很大不同，在评价各种食物的营养特点时，仅仅比较每 100 g 食物中的营养素含量，有时并不能很好地反映出不同食物营养价值的真正差异。此时，比较食物的"营养素密度（nutrient density）"这个概念更有意义。

所谓"营养素密度"，可简单理解为单位能量食物中的某营养素含量，可以表述为在食物中相应于 4 180 kJ（1 000 kcal）能量的某营养素含量。其计算方法为：

营养素密度＝（一定数量某食物中的某营养素含量/同量该食物中的所含能量）×1 000

另一个有关营养素密度的概念是食物营养质量指数（index of nutrient quality，INQ），即食物中某营养素满足人体需要的程度与其能量满足人体需要程度之比值。其计算方法为：

食物营养质量指数＝（100 g 某种食物中某营养素的含量/某营养素的日推荐摄入量）/（100 g 该食物中所含能量/能量的日推荐摄入量）

这个参数的数值较大，表明增加该食物的摄入，有利于在日常膳食中充分提供这种营养素，而不至于过多增加膳食能量。

评价食物营养质量时要注意的重要问题是，食物中营养素的含量与其营养素密度并非等同。例如，以维生素 B_2 含量而论，炒葵花籽的含量为 0.26 mg/100 g，而全脂牛奶的含量为 0.16 mg/100 g，前者比较高。然而若以维生素 B_2 的营养素密度而论，炒葵花籽为 0.43，而全脂牛奶为 2.96，显然后者更高。这就意味着安排平衡膳食的时候，如果不希望增加很多能量，而希望供应较多的维生素 B_2，如为一位缺乏维生素 B_2 的肥胖者制作食谱，选择牛奶作为这种维生素的供应来源更为适当。

人体对膳食中能量的需要是有限的，而且膳食能量的供应必须与体力活动相平衡。由于机械化、自动化、网络化和现代交通工具的应用，现代人的体力活动不断减少，同时食物极大丰富，人们非常容易获得高能量膳食，膳食能量超过身体需求导致的超重和肥胖已经成为普遍的社会问题。因此，获得充足的营养素而不会造成能量过剩是合理膳食的重要要求之一。从这个角度来说，如果选择同类食物中脂肪含量比较低，或者糖分含量比较低的品种，通常可以有效地提高膳食中食品的营养素密度，如选择

里脊肉代替五花肉，选择水果代替甜食等。反之，在食物中加入脂肪、糖、淀粉水解物等成分，便会大大降低食物的营养素密度。对于食量有限的幼儿、老人、缺乏锻炼的脑力劳动者、需要控制体重者以及营养素需求极其旺盛的孕妇、乳母来说，都要特别注意膳食中食物的营养素密度。

7.1.3 营养素的生物利用率可能不同

食物中所存在的营养素往往并非人体直接可以利用的形式，而必须先经过消化、吸收和转化才能发挥其营养作用。所谓营养素的"生物利用率（bio-availability）"是指食品中所含的营养素能够在多大程度上真正在人体代谢中被利用。在不同的食品中、不同的加工烹调方式与不同食物成分同时摄入时，营养素的生物利用率会有很大差别，特别是一些矿物质元素。影响营养素生物利用率的因素主要包括以下 4 个方面。

1. 食品的消化率

例如，虾皮、芝麻中富含钙、铁、锌等元素，然而由于牙齿很难将它们彻底嚼碎，其消化率较低，因此其中营养素的生物利用率受到影响。如果打成虾皮粉、芝麻酱，其中营养素的利用率就会提高。

2. 食物中营养素的存在形式

例如，海带中的铁主要以不溶性的三价铁复合物以及与海藻多糖形成的难吸收复合物存在，虽然铁含量较高，但其生物利用率较低；而红色动物性食品如鸡心、鸭肝、牛羊肉中的铁为血红素铁，其生物利用率较高。

3. 食物中营养素与其他食物成分共存的状态，是否有干扰或促进吸收的因素

例如，在菠菜中由于草酸的存在使钙和铁的生物利用率降低，而在牛奶中由于维生素 D 和乳糖的存在促进了钙的吸收。

4. 人体的需要状况与营养素的供应充足程度

在人体生理需求急迫或是食物供应不足时，许多营养素的生物利用率提高，反之在供应过量时便降低。例如，乳母的钙吸收率比正常人提高，而每天大量服用钙片会导致钙吸收率下降。

因此，评价一种食物中的营养素在膳食中的意义时，不能仅仅看其营养素的绝对含量，而要看其在体内可利用的数量。否则，就可能做出错误的食物评价，从而影响膳食选择。同时，对于需要经过加工和烹调的食品来说，食物营养价值的评价也应当考虑到加工烹调过程中带来的各种变化，而不能简单地用原

料的营养价值来推断最终产品的营养价值。例如,发酵处理可能提高食物中微量元素的消化吸收率,而添加磷酸盐等处理可能妨碍某些矿物质的吸收。

7.1.4 食物中的抗营养因素

食物中不仅含有营养成分,也存在一些影响营养素吸收利用的物质。例如,妨碍蛋白质吸收的蛋白酶抑制剂普遍存在于豆类、谷类和薯类当中,只是谷类和薯类中的蛋白酶抑制剂耐热性较差,而豆类的蛋白酶抑制剂耐热性较强,需要较长时间的加热才能有效降低其活性。又如,植物种子中普遍存在植酸、草酸、多酚等,蔬菜和水果中也普遍存在草酸和多酚,它们会降低钙、铁、锌等矿物质的吸收利用率。

食物中抗营养因素的存在,在一定程度上影响到食物营养素的利用效率。在营养素供应不足或消化吸收不良的时候,人们通常希望去除抗营养因素,以避免出现营养缺乏问题。然而,对食物中抗营养因素的评价,也因时代的推移而改变。一些传统的抗营养因子,目前已经被发现具有明确的保健作用,适量摄入对于某些疾病的预防和控制有益。例如,虽然植酸会干扰锌、铁等矿物质的吸收,却具有抗氧化作用,并可延缓餐后血糖的上升;十字花科蔬菜中的硫苷类物质,虽然会在膳食碘供应不足时促进甲状腺肿的发生,在碘供应充足时却表现出帮助预防癌症的有益作用。

7.1.5 食物中的不耐受成分、过敏成分和有害成分

由于每个人的体质差异甚大,一些人可能对食品发生食物不耐受,甚至食物过敏现象。例如,有很大比例的人存在"乳糖不耐受"问题,在喝牛奶之后发生胀气、腹痛、腹泻等情况,无法充分吸收其中的营养成分。还有研究发现,欧洲很大比例的居民存在对小麦面筋蛋白(即"麸质")的慢性过敏。研究证实,乳制品、小麦制品、大豆制品、酵母等都是常见的食物慢性过敏源。

此外,食物中可能含有致急性过敏的成分。这些成分往往是蛋白质成分,可能带来少部分敏感者的严重过敏反应,甚至可能带来生命危险。例如,鱼、虾、蟹、坚果、菠萝、蚕豆等食品都可能成为少数人的食物急性过敏原。但是不能因此否定这些食物对大部分人具有的营养价值。

对于有食物急慢性过敏问题的人来说,要先考虑的是食物的安全性,应严格避免食用其过敏食品,谈不上这些食品的营养价值。同样,如果食品受到来自微生物或化学毒物的污染,其污染程度达到对人体造成明显可察觉的危害水平,则无法考虑其营养价值。

7.1.6 食物类别与膳食平衡

人类的食物归根到底来自生物界,其包括植物、动物和微生物三大类。按照其来源、生物学特点和成分不同,植物性食物又可以分为谷类食品(粮食类食品)、薯类食品、豆类食品、蔬菜类食品、水果类食品和坚果类食品及来自水域的藻类食品;微生物的菌类食品;动物性食品则可以分为肉类食品、水产类食品、乳类食品和蛋类食品等几类。

由于食物的营养素组成特点不同,在平衡膳食中所发挥的作用也不同。例如,蔬菜当中蛋白质含量低而维生素 C 含量高,钠含量低而钾含量高;肉类中蛋白质含量高而不含维生素 C,钾含量低而钠含量高。营养平衡的膳食需要通过各类食物恰当配合来满足人体对各种营养物质的需要,因此,合理的膳食必须是由多样化的食物所组成的。每一大类食物在营养价值上有一定共性,其中每个品种又有其细微的差异。例如,不同肉类食物的脂肪和胆固醇含量有较大差异,不同水果的维生素 C 含量可以相差几十倍之多。

在各食品类别当中,有些可以部分相互替代,也有些不能被其他食物类别所替代。例如,薯类和富含淀粉的豆类,可以部分替代谷类食物,因为它们都是淀粉、维生素 B_1 和钾的膳食来源;鱼类可以部分替代肉类,因为它们都是优质蛋白质的来源。然而豆腐不能替代粮食的营养价值,因为它几乎不含有淀粉;肉类也不能替代蔬菜的营养价值,因为它们不含有维生素 C。

由于篇幅所限,本书中将谷类食品和薯类食品、豆类食品和含油种子类食品、蔬菜食品和菌藻类食品放在一起描述。

7.2 植物性食品的营养价值

7.2.1 谷类食品的营养价值

谷类主要指单子叶禾本科植物的种子,其包括稻谷、小麦、大麦、小米、高粱、玉米、糜子、燕麦等,也

包括少数虽然不属于禾本科,但是习惯于作为主食的植物种子,如属于双子叶蓼科植物的荞麦和属于藜科的藜麦,它们被称为"假谷物(pseudocereal)"。谷物籽粒结构的共同特点是具有谷皮、糊粉层、谷胚和胚乳4个主要部分。

谷粒最外层的谷皮主要由纤维素、半纤维素构成,含较多的矿物质、脂肪和维生素。谷皮不含淀粉,其中纤维和植酸含量高,因而在加工中作为糠麸除去。在加工精度不高的谷物中,允许保留少量谷皮成分。

糊粉层介于胚乳淀粉细胞和皮层之间,含蛋白质、脂类物质、矿物质和维生素,营养价值高。但糊粉层细胞的细胞壁较厚,不易消化,而且含有较多酶类,影响产品的贮藏性能,因而在精加工中常常和谷皮一起磨去。

谷胚是种子中生理活性最强、营养价值最高的部分,含有丰富的脂肪、维生素 B₁ 和矿物质,蛋白质和可溶性糖也较多。谷胚蛋白质与胚乳蛋白质的成分不同,其中富含赖氨酸,生物价值很高。在食品加工当中,谷胚常被作为食品的营养补充剂添加到多种主食品当中。在精白处理中,谷胚大部分被除去,降低了产品的营养价值,但可提高产品的贮藏性,因为胚的吸湿性较强,其中的脂肪还可能在贮藏当中发生氧化酸败,产生不良气味。

胚乳是种子的贮藏组织,含有大量淀粉和一定量的蛋白质,靠近胚的部分蛋白质含量较高。谷胚容易消化,适口性好,耐贮藏,但是维生素和矿物质等营养素的含量很低。日常消费的精白米和富强粉中以胚乳为主要成分。

小麦粒各部分的重量和营养素占全粒的比例如表 7-1 所列。

表 7-1　小麦粒各部分的重量和营养素占全粒的比例　　　　　%

项目	重量	蛋白质	硫胺素	核黄素	尼克酸	泛酸	吡哆醇
谷皮	13～15	19	33	42	86	50	73
谷胚	2～3	8	64	26	2	7	21
胚乳	83	70～75	3	32	12	43	6

资料来源:周世英,钟丽玉. 粮食学与粮食化学. 北京:中国商业出版社,1986

从加工角度来说,谷物常被分为全谷物和精制谷物。所谓全谷物,指所有禾本科种子的完整颖果,或者虽然经过碾磨、碎裂、压片等处理,但仍然保持有完整颖果所具备的胚乳、胚芽、麸皮各组分,以及完整种子所具备的天然营养成分。目前研究表明,增加膳食中全谷物的摄入量,可以降低结直肠癌、Ⅱ型糖尿病和心血管疾病的发病风险,并有利于预防超重和肥胖。

稻米和小麦在除去外壳之后称为糙米和全麦,它们属于全谷物。再经过碾白,除去外层较为粗硬的部分,保留中间颜色较白的胚乳部分,便成为日常食用的精白米和精白面粉,因此,它们被称为"细粮"。此时种皮、糊粉层和大部分胚随着糠麸被除去,营养价值降低。研究证据表明,过多摄入精白处理的谷物会增加中心性肥胖和糖尿病的风险。

与精制加工去除外层部分后的精白谷物(精白米和精白面粉)相比,全谷物含有更加丰富的膳食纤维、维生素、矿物质、维生素 E 和各种植物化学物。日常食用的小米、大黄米、高粱、燕麦(包括仅经过碾压形成的燕麦片)、大麦、黑麦等其他谷类种子没有经过精白处理,完整地保留了外层部分,属于全谷类食物,因口感较粗而被称为"粗粮",或与富含淀粉的豆类、薯类一起并称为"杂粮"。

7.2.1.1　谷类营养价值总述

谷类在我国人民的膳食中常被称为主食,每日摄入量为 250～500 g,在膳食能量、蛋白质和维生素 B₁ 等营养素的供应中占有重要的地位。

1. 碳水化合物

谷类是碳水化合物的丰富来源,其中淀粉含量达 70% 以上。一般来说,每 100 g 谷类中所含能量达 12.5 kJ(300 kcal)以上,是人体能量的良好来源。各种谷物的口感不同,在很大程度上取决于其中淀粉的特性差异。一般来说,其中直链淀粉比例低,支链淀粉比例较高,则口感较为黏软。

除淀粉之外,谷类中尚含有少量可溶性糖和糊精。一般来说,谷类中可溶性糖的含量低于 3%,包括葡萄糖、果糖、麦芽糖和蔗糖。含可溶性糖最多的部分是谷胚。例如,小麦胚芽的含糖量高达 24%,其中蔗糖占 60% 左右,还有较多的棉籽糖等。

谷类食物含有较多的非淀粉多糖,包括纤维素、半纤维素、戊聚糖等,果胶物质比较少。谷粒中的膳食纤维含量为 2%～12%，主要存在于谷壳、谷皮和糊粉层中。其中纤维素主要存在于谷皮部分，往往损失于精磨时的糠麸之中，胚乳部分的纤维素含量不足 0.3%，故而长期偏食精米、白面容易引起膳食纤维不足的问题。反之，各种未精制的谷类都是纤维素的良好来源。

谷类中半纤维素的化学成分较为复杂，包括 β-葡聚糖和戊糖、己糖、糖醛酸、蛋白质和酚类的复杂多聚体。大麦和燕麦中富含 β-葡聚糖，例如，大麦细胞壁中含有 70% 的 β-葡聚糖以及 20% 的戊聚糖。高黏度的 β-葡聚糖受到营养界的特别重视，经功能学研究认为它具有延缓餐后血糖上升、降低血清胆固醇和预防心脑血管疾病的效应。

不同谷类品种之间，淀粉的结构差异、膳食纤维的含量差异、β-葡聚糖的含量差异等因素，都会影响到谷类的消化速度，以及摄入后血糖上升的速度。全谷类的膳食纤维含量丰富，使其具有较低的血糖反应，而经过精白处理的谷物普遍血糖反应较高。

2. 蛋白质

谷类的蛋白质含量为 7%～16%，品种间有较大差异。例如，稻米的蛋白质含量为 6%～9%，其中优质米的蛋白质含量为 6%～7%；小麦则多为 8%～13%，燕麦可达 13%～17%。

按照溶解特性，谷类中的蛋白质可以划分为谷蛋白、醇溶谷蛋白、球蛋白和清蛋白 4 个组分。多数谷类中醇溶谷蛋白和谷蛋白两种贮藏蛋白质所占比例较大，清蛋白和球蛋白含量相对较低。由于醇溶谷蛋白中赖氨酸、色氨酸和蛋氨酸的含量均低于清蛋白和球蛋白，使得谷类蛋白质的生物价值较低。谷蛋白的氨基酸组成则变化较大，在小麦中，谷蛋白与醇溶谷蛋白的组成相似，而在玉米当中，谷蛋白中的赖氨酸含量远高于醇溶谷蛋白。在谷类当中，玉米和小米的蛋白质最为缺乏赖氨酸，而燕麦蛋白质中赖氨酸含量较高，因为燕麦中的醇溶谷蛋白仅占总蛋白质的 10%～15%。

多数谷类的第一限制氨基酸是赖氨酸，第二限制氨基酸往往是色氨酸或苏氨酸。如与少量豆类、奶类、蛋类或肉类同食，则可以通过蛋白质互补作用有效提高谷类蛋白质的生物价值。燕麦和荞麦的蛋白质是例外，其中赖氨酸含量充足，生物价值较高。

3. 脂类

谷类的脂肪含量较低，多数品种仅有 2%～3%，主要集中于外层的胚、糊粉层和谷皮部分，这一部分被称为非淀粉脂类。其中含有丰富的亚油酸等多不饱和脂肪酸（表 7-2），含有磷脂和谷固醇等成分，并富含维生素 E。例如，稻谷 80% 以上的脂肪分布在外层部分，总脂肪含量为 2.6%～3.9%，而精制大米仅为 0.3%～0.5%。燕麦是个例外，其脂肪含量为 5%～9%，大部分存在于胚乳中而不是胚部。

某些谷类品种或组分是食用油脂的来源，如高油玉米的胚中脂肪含量可达 10% 以上，可榨取玉米胚油。例如，大米胚芽油中含 6%～7% 的磷脂，主要是卵磷脂和脑磷脂；小麦胚芽油中的不饱和脂肪酸占 80% 以上，亚油酸含量达 60%，维生素 E 的含量达 250～520 mg/100 g。

表 7-2　谷类及其组分的脂肪和脂肪酸构成　　　　　　　　　　　　　%

谷类来源	脂肪含量	占总脂肪的比例		
		饱和脂肪酸	单不饱和脂肪酸	多不饱和脂肪酸
小麦富强粉	1.1	30.3	24.1	44.8
黑米	2.5	35.1	48.0	16.3
玉米面	4.5	15.3	28.4	56.3
小米面	2.1	35.6	14.6	49.8
荞麦	2.3	33.2	51.6	14.6

资料来源：杨月欣，王光亚，潘兴昌.中国食物成分表 2002.北京：北京大学医学出版社，2002

胚乳部分脂肪含量很低，且多以与淀粉结合的形式存在，称淀粉脂类，也称淀粉-脂肪复合物，此结合物十分稳定，常温下难以分离。其中磷脂约占总淀粉脂类的 85%。

4. 维生素

谷类中不含有维生素 A，但黄色籽粒的谷类含有一定量的类胡萝卜素，但 β-胡萝卜素含量比较低，黄色主要来源于叶黄素类。谷类中也不含有维生素 D，

只有少量维生素 D 的前体麦角固醇,但其含量不具备营养意义。谷类籽粒中维生素 K 的含量很低,如小麦籽粒中的维生素 K 含量仅为 10～100 μg/100 g。然而,谷胚油中的维生素 E 含量较高,以小麦胚芽含量较高,达 30～50 mg/100 g,玉米胚芽中含量次之。而且胚芽中的维生素 E 以生物活性最高的 α-生育酚为主,还含有一部分生育三烯酚。因此,全谷类食品也是维生素 E 的来源之一,而精白处理后的米、面维生素 E 含量极低。

谷类中不含有维生素 C,但 B 族维生素比较丰富,特别是维生素 B$_1$ 和烟酸含量较高,是膳食中这两种维生素的最重要来源。此外,谷类中,也含一定数量的维生素 B$_2$、泛酸和维生素 B$_6$。然而,谷类籽粒中的维生素主要集中在外层的胚、糊粉层和谷皮部分,其中,维生素 B$_1$ 和维生素 E 主要存在于谷胚中,尼克酸、维生素 B$_6$ 和泛酸主要集中于糊粉层中。随加工精度的提高,这些维生素的含量迅速下降(维生素 B$_1$ 在加工中的变化见表 7-3)。精白米是各种谷物主食中 B 族维生素含量最低的一种。

表 7-3　粮食中维生素 B$_1$ 的含量　　　　　　　　　　　　　　　　　　　　mg/100 g

粮食名称	维生素 B$_1$ 含量	粮食名称	维生素 B$_1$ 含量
小麦	0.37～0.61	糙米	0.3～0.45
小麦麸皮	0.7～2.8	米皮层	1.5～3.0
麦胚	1.56～3.0	米胚	3.0～8.0
面粉(出粉率85%)	0.3～0.4	米胚乳	0.03
面粉(出粉率73%)	0.07～0.1	玉米	0.3～0.45
面粉(出粉率60%)	0.07～0.08		

资料来源:周世英,钟丽玉. 粮食学与粮食化学. 北京:中国商业出版社,1986

5.矿物质

谷类中含有 30 多种矿物质,但各元素的含量,特别是微量元素的含量与品种、气候、土壤、肥水等栽培环境条件关系极大,而且主要集中在外层的胚、糊粉层和谷皮部分,胚乳中心部分的含量比较低。在谷类的精制加工中,外层的胚、糊粉层和谷皮部分基本被除去,因此,加工精度越高,其矿物质的含量就越低,其矿物质(灰分)的含量可以用来表示加工的精度。

谷类所含的矿物质中,以磷的含量最为丰富,占矿物质总量的 50% 左右,其次是钾,占总量的 1/3～1/4。在全谷类食物中,镁和锰的含量也较高,但谷类食物对膳食钙的贡献较小。

谷类中的矿物质主要以不溶性形态存在,而且含有一些干扰吸收利用的因素,生物利用率不高。谷粒中所含的植酸常常与钙、铁、锌等形成不溶性的盐类,对这些元素的吸收有不利影响。例如,稻米所含的矿物质中,90% 以植酸盐的形式存在。植酸和矿物质的分布类似,在谷粒的外层较多,而胚乳中植酸含量很低,所以加工精度过低时,谷物的钙、铁、锌等矿物质的利用率也有所降低。

7.2.1.2　不同谷类种子的营养价值

1.稻米的营养价值

稻米是我国产量最大的粮食,粳稻亚种和籼稻亚种所产的籽粒分别称为粳米和籼米,而粳米和籼米均有糯性和非糯性品种,其糯性品种分别称为粳糯米和籼糯米。各种稻米均富含碳水化合物,脱壳后的淀粉含量在 75% 以上,蛋白质含量多为 6%～8%,稻米的口感品质和蛋白质含量呈现负相关。在各种谷物中,稻米的蛋白质含量虽然相对较低,但因其中醇溶谷蛋白含量相对较低,因此蛋白质的综合利用效率接近其他粮食品种。

稻谷的脂肪含量为 2.6%～3.9%,80% 以上的脂肪分布在稻米的外层部分,而精制大米中脂肪含量仅有 0.3%～0.5%,米胚油(稻米油)中含 6%～7% 的磷脂,主要是卵磷脂和脑磷脂。

稻米的 B 族维生素含量较其他谷物低,而且越靠近米粒中心的部分,维生素的分布越少,故精白米是各种谷物主食中 B 族维生素含量最低的一种。长期以精白米为主食,如菜肴搭配不当,易发生缺乏维生素 B$_1$ 所引起的脚气病。

未精制稻米(糙米)中的钾和镁较为丰富,其中 90% 以植酸盐的形式存在。精白米中矿物质总量很低,且矿物质中磷的保留率最高,而钾镁元素大幅度降低。黑色、紫色、红色等有色稻米均以全谷形式食用,与精白米相比,可以提供较多的膳食纤维、矿物质和 B 族维生素,且外层有色部分含有花青素、类黄酮等抗氧化成分。

2. 小麦的营养价值

小麦是世界上第一大栽培作物,也是各种面食品的原料。小麦籽粒含淀粉约 75%,胚乳中的可溶性糖含量甚少,只有在发芽时,可溶性糖才会大幅度上升。然而,小麦胚芽的含糖量高达 24%,其中以蔗糖为主,约占其中的 60%,其余为棉籽糖。小麦籽粒外层富含不溶性膳食纤维,一片全麦粉烤制的面包约可提供 1.5 g 膳食纤维。

小麦蛋白质含量的品种差异较大。普通小麦品种含蛋白质 8%～13%,含量最高的品种可达 18%,低蛋白质品种的含量仅有 8% 左右。硬粒小麦面筋含量较高,适合用作通心粉、面包、面条、饺子等食品的原料;软粒小麦面筋含量较低,适合制作糕点饼干类产品。春小麦的蛋白质含量通常高于冬小麦。

小麦含有几乎等量的谷蛋白和醇溶谷蛋白,能形成独特的面筋结构,从而加工成品种丰富的面食品,特别是发酵后具多孔结构的面包和馒头。面筋的含量和质量高时,面包、馒头、面条等食品的品质也随之提高。然而近年来的研究表明,面筋蛋白(常被译为"麸质")可能引起少数人的不适反应,是引起食物慢性过敏的常见成分之一。

小麦蛋白质的第一限制氨基酸是赖氨酸。其糊粉层和谷胚部分所含的蛋白质氨基酸比例较为合理,生物价值较高;越向胚乳内部,蛋白质中赖氨酸的含量越低。然而外层质量较高的蛋白质在谷类的加工精制中大部分被损失,精白面粉中被保存下来的多是胚乳内部质量较低的蛋白质。小麦蛋白质的生物价虽然略低于大米蛋白质,但是经过与豆类和动物性食品的互补,其数量上的优势就表现出来。因此,在混合膳食中,小麦的蛋白质营养价值仍然高于大米。

小麦籽粒中的脂肪主要集中于胚芽,小麦胚芽油中的不饱和脂肪酸占 80% 以上,亚油酸含量达 60%,是 ω-6 脂肪酸的良好来源。其中,维生素 E 的含量达 250～520 mg/100 g。

与稻米相比,小麦中的 B 族维生素含量较高,特别是麦胚和糊粉层部分 B 族维生素含量很高,常作为营养强化剂添加于食品中。精制处理会使小麦粉

中的维生素 B_1 含量大幅度下降,但精制面粉中的含量仍然比精白米中高。因此,在其他食物不足的情况下,与以精白米为主食者相比,以面粉为主食者患脚气病的风险小。小麦籽粒中含有微量的类胡萝卜素(包括胡萝卜素和隐黄素等),因而未漂白面粉呈现淡淡的黄色,被氧化后面粉颜色变白。

小麦中的矿物质总量高于大米,但也集中于谷粒的外层。锌、铜、镁、锰等元素在胚乳中的含量不足全粒的 10%,而磷元素在胚乳中含量相对较高。

3. 玉米的营养价值

在各种谷物中,玉米的淀粉含量相对较高,蛋白质含量为 7%～10%。普通玉米的蛋白质以醇溶谷蛋白为主,缺乏赖氨酸和色氨酸,生物价值比小麦蛋白质更低,但玉米胚的蛋白质质量较高。玉米与豆类或乳类混合食用,可大幅度提高蛋白质的营养价值。一些特殊玉米品种具有较高的蛋白质营养价值,如高赖氨酸玉米的赖氨酸含量是普通玉米的 2 倍左右,色氨酸含量和蛋白质总量也有所提高,其蛋白质的生物价达 70 以上。

普通玉米的脂肪含量可达 3%～4%,主要集中于谷胚中。高油玉米的谷胚是食用油脂的一个重要来源,其中不饱和脂肪酸的含量达 85%,以亚油酸为主是 ω-6 脂肪酸的密集来源,并含有丰富的维生素 E。

玉米中所含的维生素 B_1 和维生素 B_2 高于稻米。其中的烟酸含量也较高,但以结合形式存在,不易吸收,而且其中色氨酸不足,故而以玉米为主食,又缺乏其他食物时,可能导致癞皮病。玉米中的矿物质以磷、钾、镁等为主,其钾、镁元素的含量高于稻米。

黄色玉米中含有玉米黄素,不能转化为维生素 A,但具有较强的抗氧化作用,对预防视网膜黄斑变性等疾病有一定作用。紫色、黑色和红色的玉米籽粒种皮中含有花青素。

在连种皮和谷胚一起食用的情况下,玉米属于全谷类食物,并可以提供较为丰富的膳食纤维。但它常常被加工成去掉种皮和谷胚的产品,此时营养价值明显下降,不再属于全谷类食物。

4. 小米的营养价值

小米也称为谷子、稷、粟等,是我国最早的粮食作物。小米的淀粉含量与其他粮食相当,蛋白质含量多为 9%～14%。其蛋白质组分中以醇溶谷蛋白最高,严重缺乏赖氨酸,使其蛋白质利用率低于水稻和小麦,但其他氨基酸比例较为合理,有利于肌肉增

长的亮氨酸较为丰富。如能与其他富含赖氨酸的食物如豆类或乳类配合食用,则小米的蛋白质生物利用效率可以大幅度提高。

小米脱壳后即可食用,无须精制,其膳食纤维在各种全谷类食物中相对较低,适合消化不良者食用。其中钾元素和B族维生素的含量远远高于精白大米的水平,铁元素含量在谷类中位居前列,对以素食为主的贫血者具有一定营养意义。

黄色小米中含有少量类胡萝卜素,主要是叶黄素和玉米黄素。此外,因种皮颜色不同,还有白小米、绿小米、黑小米等品种,其中黑小米富含花青素。黄小米和白小米中有支链淀粉含量较高的品种,口感较为黏软,血糖反应较高。

5.燕麦的营养价值

燕麦的营养素含量在各种谷类当中十分突出,淀粉含量稍低于其他谷物,但也在60%以上。燕麦的重要营养特点是富含可溶性的半纤维素,主要是以β-1-4糖苷键和β-1-3糖苷键连接而成的β-葡聚糖,含量可达燕麦总重的4%～6%,占燕麦半纤维素成分的70%～87%,且分布于整个谷粒当中,而大麦中的β-葡聚糖主要存在于籽粒外层。

燕麦的蛋白质含量可达15%～17%,其中赖氨酸含量较高,生物效价高于其他谷类蛋白质。这是由于燕麦中醇溶谷蛋白仅占总蛋白质的10%～15%。

燕麦的脂肪含量为5%～9%,大部分脂类存在于胚乳中而不是胚部。其中亚油酸含量为38%～46%,油酸含量高于其他谷物脂肪,有益于心血管健康。

燕麦中的B族维生素和维生素E含量略高于其他谷类,矿物质含量显著高于其他谷物,特别是钙、铁、锌等元素。

在各种谷类粮食种子当中,燕麦是血糖反应最低而饱腹感最强的一种。此外,燕麦籽粒中的β-葡聚糖和皂苷等成分对降低血胆固醇和甘油三酯也具有一定作用。研究证据提示,增加燕麦食物的摄入有改善血糖和血脂的作用,而燕麦产品中的β-葡聚糖的含量越高,其分子量越大,黏度越大,稳定餐后血糖和血脂的效果越好。我国西北地区传统栽培的莜麦也称为裸燕麦,营养价值和保健作用与国外广泛种植的皮燕麦相似。几种谷类的维生素和矿物质含量见表7-4。

表7-4　几种谷类的维生素和矿物质含量　　　　　　　　　　　　　　　　　　mg/100 g

谷类名称	维生素 B_1	维生素 B_2	钙	钾	铁	锌
小麦富强粉	0.20	0.04	27	128	2.7	0.97
特等粳米	0.08	0.04	24	58	0.9	1.07
黄玉米面	0.26	0.09	22	249	3.2	1.42
小米	0.33	0.10	41	284	5.1	1.87
燕麦片	0.30	0.13	186	214	7.0	2.59

资料来源:杨月欣,王光亚,潘兴昌.中国食物成分表2002.北京:北京大学医学出版社,2002

7.2.1.3　谷类加工品的营养价值

米和面通常需要经过一定程度的精制方可用于日常饮食和食品加工。在精制过程中带来营养素的损失,但不同产品的营养素保留情况不同。

在经过碾磨的大米中,蒸谷米和胚芽米是营养价值较高的品种。蒸谷米是带壳稻谷经过浸泡、汽蒸、干燥和冷却等处理之后再碾磨制成的米,稻谷中的维生素和矿物质等营养素向内部转移,因此碾磨后营养素损失少,其餐后血糖反应也较低。胚芽米也称"含胚精米",可以保留80%以上的米胚,从而保存了较多的营养成分。经过发芽后再干燥制成的"胚芽糙米"不仅保留了糙米的所有营养价值,经过发芽处理还提升了矿物质的利用率。

营养强化米是在普通大米中添加营养素的成品米,通常用喷涂或造粒方式将营养素混入免淘米中,以强化维生素 B_1、维生素 B_2、烟酸、叶酸、赖氨酸和苏氨酸、铁和钙等营养素。

面粉产品的品种很多,有低筋粉和高筋粉,也有"麦芯粉"和"雪花粉"等,均属于精白面粉。营养价值较高的是全麦粉、标准粉和营养强化面粉。全麦粉和标准粉比精白面粉保留了更多的外层营养成分。营养强化面粉中添加了多种营养素,包括钙、铁、锌、维生素 B_1、维生素 B_2、维生素 B_6、烟酸和赖氨酸等。

目前,市场上燕麦加工品较多,除了整粒燕麦之外,还有薄磨去种皮,可以和大米一起煮饭的燕麦米,经过碾压处理的厚燕麦片、薄燕麦片,经过轻度蒸烤处理的速煮燕麦片,乃至充分熟化处理的即食燕麦片,以及经过焙烤后打粉的速冲燕麦粉。如果需要控制血糖,以选择整粒燕麦最为有益,即食燕麦片和速冲燕麦粉的餐后血糖反应相对较高。

传统粮食加工品主要包括以下 4 个种类,这里对其营养价值进行简述。

1. 发酵谷类加工品

发酵谷类加工品包括馒头、包子、发糕、面包等食品,它们以蛋白质含量较高的面粉品种为原料,经酵母发酵增加了 B 族维生素的含量,使大部分植酸被酵母菌所含的植酸酶水解,从而使钙、铁、锌等各种微量元素的生物利用性提高。自发面粉中和特别松软的面食品中往往添加化学膨发剂,但只能使口感松软,矿物质的生物利用率不会如酵母发酵一样有所改善。其中所含的碳酸氢钠使钠含量提高,含明矾的膨发剂会增加铝的含量。从 2014 年 7 月开始,我国已经禁止在除油炸食品之外的各种面食品中使用含铝的膨发剂。

2. 糕点饼干类食品

糕点饼干类食品的主要原料是面粉、精制糖、油脂,加上其他风味配料。这类产品为了达到柔软或酥脆的口感,通常使用低筋面粉原料,蛋白质含量较低。多数产品的添加糖含量为 10％～20％,脂肪含量为 10％～30％,其营养素密度较低而热量较高。

3. 挂面、切面和方便面

挂面需要有较强的韧性,其原料面粉的蛋白质含量较高。其中添加鸡蛋、豆粉、杂粮、蔬菜汁等配料和 B 族维生素、钙、铁等营养强化剂可提高其营养价值。为提高产品的筋力,挂面、各种冷藏面条和切面中往往加入氯化钠或碳酸钠,增加了钠含量,故而需要控制盐分的人群需要注意挂面的烹调方法和调味方式。

方便面中以油炸方便面占据统治地位,含油量高达 18％～24％,能量值大大高于普通挂面,营养素密度较低。油炸时主要使用棕榈油,必需脂肪酸和维生素 E 含量较低。经过油炸的方面米粉的蛋白质含量低于方便面。非油炸方便面的营养价值与挂面大致相当。方便面的面饼和调料包中均含有钠盐,一包方便面所提供的钠元素往往接近一天的摄入总量。在调料中添加 B 族维生素可提高方便面的营养价值。

4. 淀粉类制品

粉皮、粉丝、凉粉、酿皮等食品是由谷类、淀粉豆类或薯类提取淀粉制成的。在加工过程中,绝大部分的蛋白质、维生素和矿物质随多次的洗涤水而损失殆尽,剩下的几乎是纯粹的淀粉,仅存少量矿物质,营养价值很低。方便粉丝、酸辣粉等均属于淀粉类制品。

7.2.2　薯类的营养价值

薯类是指各种含淀粉的根茎类食品,包括马铃薯、甘薯、芋头、山药、木薯等品种。在我国木薯很少直接食用,主要用于加工淀粉。薯类食物含水分为 60％～90％,营养成分上介于谷类和蔬菜之间,既可以充当主食,部分替代粮食类食品,又可以部分替代蔬菜。近 30 年以来,我国薯类消费量有不断下降的趋势。薯类营养成分与大米、面粉的比较见表 7-5。

表 7-5　薯类营养成分与大米、面粉的比较

食物	能量 /(kcal/ 100 g)	蛋白质 /(g/ 100 g)	碳水化合物 /(g/ 100 g)	纤维 /(g/ 100 g)	维生素 B_1/(mg/ 100 g)	维生素 B_2/(mg/ 100 g)	维生素 C/(mg/ 100 g)	胡萝卜素 /(mg/ 100 g)	钾 /(mg/ 100 g)	钙 /(mg/ 100 g)	铁 /(mg/ 100 g)
红心甘薯	99	1.1	24.7	1.6	0.04	0.04	26	0.75	39	23	0.5
马铃薯	76	2.0	17.2	0.7	0.08	0.04	27	0.03	40	8	0.8
山药	56	1.9	12.4	0.8	0.05	0.02	5	0.02	213	16	0.3
芋头	79	2.2	18.1	1.0	0.06	0.05	6	0.16	378	36	1.0
炸薯片	568	5.3	50.0	1.6	0.07	0.18	16	—	1 130	40	1.8
特级粳米	334	7.3	75.7	0.4	0.08	0.04	0	0	58	24	0.9
富强面粉	350	10.3	75.2	0.6	0.17	0.06	0	0	128	27	2.7

资料来源:杨月欣,王光亚,潘兴昌. 中国食物成分表 2002. 北京:北京大学医学出版社,2002

1. 蛋白质

薯类的蛋白质含量通常为1%～2%,但按干重计算时,薯类食品的蛋白质含量可与粮食相媲美。如马铃薯的粗蛋白质含量平均约为2%,按照80%的水分含量计算,则相当于干重的10%,与小麦相当;而甘薯则为1.4%左右,按照73%的水分计算,相当于干重的5.2%,略低于大米。从蛋白质中的氨基酸组成来看,薯类蛋白质的质量相当于或优于粮食蛋白质。马铃薯蛋白质的氨基酸平衡良好,其中富含赖氨酸和色氨酸,可以与粮食蛋白质发生一定的互补作用。甘薯蛋白质的蛋白质质量与大米相近,而赖氨酸含量高于大米。此外,甘薯、山药和芋头中均含有黏蛋白,具有一定的免疫调节作用。

2. 脂类

薯类脂肪主要由不饱和脂肪酸组成,脂肪含量通常低于0.2%,按干重计算亦低于糙米和全麦。但薯类与脂肪结合的能力极强,故而薯类经过油炸的加工品往往含有较高的脂肪,如炸薯条、炸薯片等。薯类与富含油脂的动物原料共同烹调之后,也会大量吸收其中的油脂。研究证据表明摄入较多的炸薯片、炸薯条会增加肥胖风险。

3. 碳水化合物

薯类食品富含淀粉,其淀粉含量达鲜重的8%～30%,达干重的85%以上,超过粮食中的碳水化合物含量。薯类淀粉易被人体消化吸收,故而可以用作主食。甘薯中含有较多可溶性糖,使其具有甜味。薯类淀粉粒颗粒大,容易分离,常被用来提取淀粉或者制作各种淀粉制品。马铃薯和甘薯均为我国重要的淀粉原料。其中,马铃薯淀粉富含磷酸基团,具有良好的持水性和柔软的口感,常被添加于糕点、面食、肉制品当中,起到改善质地的作用。

按干重计算,薯类的膳食纤维含量远高于精白米和精白面粉,且其纤维质地细腻,对肠胃刺激小,用薯类替代一部分精白主食食材是增加膳食纤维供

应的好方法。研究证据确认摄入薯类食物可降低Ⅱ型糖尿病的发病风险,并改善胃肠道功能,特别是增加甘薯的摄入能够有效预防便秘。

4. 矿物质

薯类富含矿物质,其中以钾含量最高,镁元素亦比较丰富。每100 g马铃薯干粉中含钾可达1 000 mg以上,是精白大米的近20倍。按干重计算,薯类中的铁含量可达到与谷类相当的水平,钙含量则高于谷类食品。马铃薯中的磷含量较高,而甘薯中含量较低。用薯类替代部分精白米和精白面粉作为主食,有利于增加钾、镁元素和膳食纤维的摄入量,对预防和控制心脑血管病及肠癌等疾病有益。

5. 维生素

薯类中含有较为丰富的维生素C,可以在膳食中部分替代蔬菜。例如,马铃薯和甘薯中的维生素C含量均为25 mg/100 g,与番茄和白萝卜等蔬菜相当。特别是在蔬菜不足的冬季,食用薯类替代部分主食,能帮助解决膳食中维生素C供应不足的问题。由于其中所含淀粉对维生素C具有一定保护作用,薯类食品经蒸制之后维生素C的损失率较低。

薯类食物中含有除维生素B_{12}之外的各种B族维生素,其中维生素B_1含量较高,按干重计算可达大米的2～3倍。红心甘薯中含有较丰富的胡萝卜素是膳食中维生素A的补充来源之一。

7.2.3 豆类的营养价值

豆类包括各种豆科栽培植物的可食种子,包括大豆类和红豆、绿豆、豌豆、蚕豆等各种富含淀粉的杂豆,前者属于可以替代动物性食品的蛋白质类食物,后者则因为富含淀粉而被纳入杂粮范畴当中,可以作为主食的一部分。由于豆类和大豆制品是膳食中优质植物蛋白的主要来源,它们在东方膳食中具有特殊的重要意义。几种豆类的部分营养素含量见表7-6。

表7-6　几种豆类的部分营养素含量

名称	蛋白质/ (g/100 g)	脂肪/ (g/100 g)	硫胺素/ (mg/100 g)	核黄素/ (mg/100 g)	钙/ (mg/100 g)	铁/ (mg/100 g)	锌/ (mg/100 g)
大豆	35.1	16.0	0.41	0.20	191	8.2	3.3
红豆	20.2	0.6	0.16	0.11	74	7.4	2.2
绿豆	21.6	0.8	0.25	0.11	81	6.5	2.2
扁豆	25.3	0.4	0.26	0.45	137	19.2	1.9
豌豆	20.3	1.1	0.49	0.14	97	4.9	2.4

资料来源:杨月欣,王光亚,潘兴昌. 中国食物成分表2002. 北京:北京大学医学出版社,2002

除了营养成分之外,豆类中还含有多种妨碍营养素吸收的因素,称为抗营养因素,包括蛋白酶抑制剂、植酸、单宁、草酸、皂苷、凝集素等。这些因素虽然不利消化吸收,但也能提高食物的饱腹感,延缓食物的消化速度,降低餐后血糖和血脂的上升幅度。它们在细胞实验和动物实验中表现出抑制癌细胞增殖的作用,植酸和单宁具有抗氧化作用,凝集素和皂苷还有免疫激活作用。

目前对豆类与疾病风险方面的研究证据表明,摄入大豆和大豆制品有利于延缓绝经期和降低绝经后亚洲女性乳腺癌的发病风险,也能降低中老年妇女患骨质疏松的风险。有研究提示,摄入大豆和大豆制品有利于降低胃癌风险,还可能对肺癌、肠癌和前列腺癌的有利预防。淀粉豆类部分替代精白米面主食能提升餐后饱腹感,对预防肥胖和延缓血糖上升速度有一定帮助。汇总分析表明在主食中纳入淀粉豆类有利于降低血压和低密度脂蛋白胆固醇(LDL-c),并降低全因死亡率。

7.2.3.1　大豆的营养价值

大豆包括黄大豆、青大豆、黑大豆、白大豆等不同颜色的品种,有大粒型和小粒型,以黄大豆最为常见。其蛋白质含量达 35%～45%,是植物中蛋白质质量和数量最佳的作物之一。

1. 蛋白质

大豆蛋白质的赖氨酸含量较高,但蛋氨酸为其限制氨基酸。如与缺乏赖氨酸的谷类配合食用,能够实现蛋白质的互补作用,使混合后的蛋白质生物价接近肉类蛋白的水平。这一特点,对于因各种原因不能摄入足够动物性食品的人群特别具有重要意义。

生大豆中蛋白酶抑制剂活性较高,能抑制人体内胰蛋白酶、胃蛋白酶、糜蛋白酶等蛋白酶的活性,故未烹调豆类的蛋白质消化吸收率很低。加热烹调和湿热加工可破坏大豆中 80%～90% 的胰蛋白酶抑制剂活性。淀粉豆类在烹熟变软之后几乎检测不到蛋白酶抑制剂活性。红细胞凝集素存在于多种豆类中,它是一类糖蛋白,能够特异性地与人体红细胞结合,使红细胞发生凝聚作用,大量摄入时对人体有一定毒性,湿热处理和日常烹调可使其完全失活。

2. 脂类

大豆的脂肪含量为 15%～20%,用传统工艺来生产豆油,大豆油中的不饱和脂肪酸含量高达 85%,亚油酸含量达 50% 以上。大豆油中的亚麻酸含量因

品种不同而有所差异,多为 2%～15%。大豆含有较多磷脂,占脂肪含量的 2%～3%。豆油精制过程中,磷脂被分离除去,成为磷脂类食品乳化剂和保健产品的来源。豆油的黄色来自于胡萝卜素。此外,大豆中还含有丰富的脂氧合酶,它不仅是豆腥味的起因之一,而且在贮藏中容易造成不饱和脂肪酸的氧化酸败和胡萝卜素的损失。

3. 碳水化合物

大豆含碳水化合物 25%～30%,其中含少量蔗糖,大部分是人体所不能消化的棉籽糖、水苏糖、毛蕊花糖,以及由阿拉伯糖和半乳糖所构成的多糖。它们在大肠中能被微生物发酵产生气体,引起腹胀,但同时也是肠内双歧杆菌的生长促进因子,对营养素的吸收并无妨碍。豆制品加工过程中,这些糖类溶于豆清中而大部分被挤水除去。

4. 维生素

大豆中各种 B 族维生素含量较高,如维生素 B_1、维生素 B_2 的含量是面粉的 2 倍以上。黄大豆含有少量胡萝卜素,是豆油呈黄色的原因。大豆及大豆油中维生素 E 含量很高,同时含有比较丰富的维生素 K。干大豆中不含维生素 C 和维生素 D。

5. 矿物质

大豆中含有丰富的矿物质,可达干重的 4.5%～5.0%。其中,钾、钙、镁和磷元素的含量高于谷类食品,铁、锰、锌、铜、硒等微量元素的含量也较高。然而大豆中的大量植酸和草酸对铁、锌、钙等元素的吸收有一定妨碍作用,如铁的生物利用率仅有 3%～7%。浸泡后发芽、发酵或添加植酸酶的处理可有效去除植酸,提高豆类食物中微量元素的生物利用率。

6. 其他健康相关成分

除营养物质和抗营养物质之外,大豆还含有多种有益预防慢性疾病的生物活性物质,如大豆皂苷、大豆异黄酮、大豆固醇、大豆低聚糖等。其中,大豆低聚糖是大肠有益菌群增殖的促进因子,而大豆固醇、大豆异黄酮、大豆皂苷均有利于预防心脑血管疾病。

7.2.3.2　淀粉豆类的营养价值

除大豆之外,其他品种的豆类也具有较高营养价值,包括红小豆、绿豆、蚕豆、豌豆、豇豆、芸豆、扁豆、鹰嘴豆、小扁豆等。它们的脂肪含量低而淀粉含量高,被称为淀粉类干豆或杂豆。

淀粉类干豆的淀粉含量达 55%～60%,而脂肪含量低于 2%,所以常被并入杂粮类别中,与谷类食

品混合制作主食,这些豆类的碳水化合物消化速度低于全谷类食品,血糖指数通常低于 40,适用于血糖控制膳食中。它们的蛋白质含量在 20% 左右,其氨基酸构成比例与大豆相近,可与谷类食品发挥营养互补作用,作为素食者的主食食材可帮助供应蛋白质。淀粉类干豆的 B 族维生素和矿物质含量也高于谷类食品。

鲜豆类和豆芽中除含有丰富的蛋白质和矿物质外,其维生素 B_1 和维生素 C 的含量较高,常被列入蔬菜类中。

7.2.3.3 大豆制品的营养价值

大豆传统上用来制作各种豆制品,可提取制作大豆蛋白添加于多种食品当中,用来增加蛋白质的含量或改善口感。传统豆制品以豆腐为代表,包括卤水豆腐、石膏豆腐、各种豆腐干、豆腐丝、豆腐千张、腐竹、豆皮、腐乳等。相比于整粒大豆,豆制品食用更为方便,而且去除了大部分抗营养因子。一些传统豆制品的营养价值见表 7-7。

1. 非发酵豆制品

豆制品是膳食中蛋白质的重要来源,豆制品的蛋白质含量与水分含量密切相关,如干腐竹的蛋白质含量达 45%~50%,豆腐干的蛋白质含量达 18% 左右,而水豆腐的蛋白质含量为 5%~10%,其中,含水最高的内酯豆腐蛋白含量低于石膏豆腐,后者

又低于含水量偏低的卤水豆腐。豆制品也是膳食脂肪的来源之一,其中以亚油酸为主,含有较为丰富的磷脂,不仅不含胆固醇,还含有降低胆固醇吸收利用率的豆固醇。故对心脑血管疾病患者来说,将部分肉类食物替换成豆制品,在保证蛋白质供应的同时,对疾病控制有益。

豆制品也是矿物质的良好来源。大豆本身含钙较多,在豆腐制品加工中,常以钙盐(石膏)或镁盐(卤水)为凝固剂,使豆腐成为膳食中钙镁元素的重要来源。大豆中的微量元素基本上都保留在豆制品中。但是,大豆中的 B 族维生素和大豆异黄酮等水溶性成分在豆腐制作过程中有较大损失,其中部分原因是加热降解,而主要原因是随析出的水分流失。

2. 发酵豆制品

发酵豆制品保留了发酵前的所有营养成分,同时由于微生物的作用,发酵豆制品中的部分蛋白质被降解为肽类和氨基酸,消化吸收率大大提高,而因为植酸被降解,铁、锌等微量元素的利用率大幅度提高,B 族维生素含量也有所增加,而且产生了植物性食品中本来没有的维生素 B_{12},对素食者具有营养意义。例如,在豆豉、红腐乳和臭豆腐中,维生素 B_{12} 含量分别为 $0.05\sim0.18~\mu g/100~g$、$0.4\sim0.7~\mu g/100~g$ 及 $1.88\sim9.8~\mu g/100~g$。发酵还可使大豆异黄酮从糖苷形式转化为游离形式,提高其生物利用率。

表 7-7 一些传统豆制品的部分营养素含量

名称	蛋白质/ (g/100 g)	脂肪/ (g/100 g)	硫胺素/ (mg/100 g)	核黄素/ (mg/100 g)	钙/ (mg/100 g)	铁/ (mg/100 g)	锌/ (mg/100 g)
内酯豆腐	5.0	1.9	0.06	0.03	17	0.8	0.55
北豆腐	12.2	4.8	0.05	0.03	138	2.5	0.63
油豆腐丝	24.2	17.1	0.02	0.09	152	5.0	2.98
素什锦	14.0	10.2	0.07	0.04	174	6.0	1.25
腐竹	44.6	21.7	0.13	0.07	77	16.5	3.69

资料来源:杨月欣,王光亚,潘兴昌. 中国食物成分表 2002. 北京:北京大学医学出版社,2002

7.2.4 坚果和油籽类的营养价值

大部分坚果具有很高的脂肪含量,包括核桃、榛子、杏仁、巴旦木、开心果、松子、香榧、腰果、碧根果(美洲山核桃)、夏威夷果(澳洲坚果)、鲍鱼果(巴西坚果)等木本植物的有硬壳种子或果核。传统上用来榨油的各种植物种子被统称为油籽,它们与坚果的营养价值相近,包括花生、向日葵籽、西瓜籽、南瓜

籽、芝麻、亚麻籽等草本植物的种子。

较多研究证据表明,坚果摄入可改善血脂状况,降低心脑血管疾病,如中风和缺血性心脏病的发病风险。还有证据显示,坚果摄入可减少女性的结直肠癌风险。在膳食总脂肪摄入量不变的情况,用坚果替代其他富含脂肪的食物有益心脑血管健康,每天摄入坚果 28 g 可降低 28% 的缺血性心脏病风险。

1. 蛋白质

含油坚果类的蛋白质含量多为 12%～22%,油籽类的蛋白质含量更高,能达到 20%～30%,如花生为 25%,葵花籽为 24%,西瓜籽仁为 32%。坚果类蛋白质的第一限制氨基酸因品种而异。例如,澳洲坚果不含色氨酸而富含蛋氨酸,花生、榛子和杏仁含硫氨基酸不足,葵花籽和芝麻的含硫氨基酸丰富但赖氨酸不足,核桃则同时缺乏蛋氨酸和赖氨酸。它们是植物性蛋白质的补充来源,但不属于优质蛋白,需要与其他食品营养互补后方能发挥最佳作用。

2. 脂类

坚果类食品富含油脂,脂肪含量多为 40%～70%,可达 500～700 kcal/100 g。例如,花生含脂肪 40%,葵花籽和核桃的含油量达 50% 以上,松子仁和澳洲坚果的含油量更高达近 70%。故而,绝大多数坚果和油籽类食物含能量很高,但有研究表明,巴旦木等坚果的膳食纤维含量较高,实际消化吸收率较低,如果用它们替代饼干薯片等日常零食,在总能量摄入不变的情况下,并不会引起体重上升。

坚果油籽中所含的脂肪酸以亚油酸和油酸等不饱和脂肪酸为主。葵花籽、核桃和西瓜子的脂肪中特别富含亚油酸,在总脂肪酸中占 60%～70%。在夏威夷果、杏仁、巴旦木和开心果所含的脂肪酸当中,50%～85% 为油酸,对心脑血管疾病的预防有一定益处。花生、松子和南瓜子的脂肪中有 40% 左右来自单不饱和脂肪酸。核桃和松子中含有 10% 左右的 α-亚麻酸。流行病学研究表明,摄入核桃对糖尿病预防可能有一定作用。初步研究提示摄入核桃有利于预防认知退化,可能与其含有 α-亚麻酸和多种抗氧化成分有关。

3. 碳水化合物

富含油脂的坚果中可消化的碳水化合物含量较少,多在 15% 以下,如花生为 5.2%,榛子为 4.9%。其中膳食纤维含量较高,如花生膳食纤维含量达 6.3%,榛子为 9.6%,杏仁更高达 10% 以上。其中除去纤维素半纤维素等成分,还包括少量不能为人体吸收的低聚糖类物质,研究表明这类物质对调节肠道菌群有一定意义。

4. 维生素

坚果和油籽类食物中富含维生素 E 和 B 族维生素(表 7-8)。其中核桃的维生素 E 含量最为突出,杏仁和巴旦木特别富含维生素 B_2,葵花籽、花生和开心果富含维生素 B_1,开心果含有较为丰富的维生素 B_6。籽粒淡黄色的坚果品种含少量胡萝卜素,但多数品种在 0.1 mg/100 g 以下。其中开心果中还含有叶黄素和玉米黄素。一些坚果中含有维生素 C,如欧榛中含维生素 C 为 22 mg/100 g,栗子、杏仁为 25 mg/100 g 左右。但由于每日摄入量较少,坚果并不是胡萝卜素和维生素 C 的主要膳食来源。

表 7-8　部分坚果油籽中的主要营养素含量

品种	能量/(kcal/mg)	脂肪/%	蛋白质/%	纤维/%	钙/(mg/100 g)	镁/(mg/100 g)	铁/(mg/100 g)	锌/(mg/100 g)	维生素 B_1/(mg/100 g)	维生素 B_2/(mg/100 g)	维生素 B_6/(mg/100 g)	维生素 E/(mg/100 g)
夏威夷果	718	76.08	7.79	8.0	70	118	2.65	1.29	0.710	0.087	0.359	0.57
碧根果	710	74.27	9.50	9.4	72	132	2.80	5.07	0.450	0.107	0.187	1.30
松子	644	68.37	13.69	3.7	16	251	5.53	6.45	0.364	0.227	0.094	9.33
鲍鱼果	656	66.43	14.32	7.5	160	376	2.43	4.06	0.617	0.035	0.101	5.73
欧洲榛子	646	62.40	15.03	9.4	123	173	4.38	2.50	0.388	0.123	0.620	15.28
核桃	646	58.8	14.9	9.5	56	131	2.7	2.17	0.15	0.14	—	43.21
巴旦木	595	52.05	21.06	10.9	267	281	3.83	3.30	0.084	0.967	0.127	23.80
腰果	574	46.35	15.31	3.0	45	260	6.00	5.60	0.200	0.200	0.256	0.92
开心果	567	44.82	20.95	9.9	107	109	4.03	2.34	0.695	0.234	1.122	2.42
白芝麻	559	46.1	19.1	14.0	780	290	22.7	6.13	0.66	0.25	—	38.28
炒葵花籽	625	52.8	22.6	—	72	267	6.1	5.91	0.43	0.26	0.78	26.46
生花生仁	574	44.3	24.8	5.5	39	178	2.1	2.50	0.72	0.13	—	14.97

注:核桃、花生、葵花籽和芝麻的数据来自中国食物成分表(第 2 版),其他数据来源为美国食物成分数据库。所查品种均为烤干或自然干燥产品,不加油,不加盐的品种。

5.矿物质

含油坚果类的钾、镁、磷、铁、锌、铜、锰、硒等各种矿物质的含量相当突出,是多种微量元素的良好补充来源。例如,芝麻是补充微量元素的传统食品,其中铁、锌、镁、铜、锰等元素含量均高,黑芝麻高于白芝麻。美国杏仁和榛子富含钙。一些坚果具有富集某些元素的特点,如巴西坚果富含硒,而开心果富含碘。

6.其他健康相关成分

和其他种子类食物一样,坚果和油籽中还含有磷脂、植物固醇、植酸、草酸、多酚类等与健康相关的成分,具体含量和品种、栽培条件关系密切。表7-9中列出了部分坚果中的多酚类物质含量,表7-10中列出了坚果油籽类食物中植酸含量与其他食物的比较。

表 7-9　坚果中的多酚类物质含量 mg GAE/100 g

食物	巴旦木	巴西坚果	腰果	榛子	夏威夷果	松子	开心果	碧根果	英国核桃
总酚含量	418	310	269	835	156	68	1 657	2 016	1 556

资料来源:Bolling B. W., Chen O. C. Y, McKay DL, et al.. Tree nut phytochemicals: composition, antioxidant capacity, bioactivity, impact factors. A systematic review of almonds, Brazils, cashews, hazelnuts, macadamias, pecans, pine nuts, pistachios and walnuts. *Nutrition Research Reviews*, 2011, 24, 244-275

表 7-10　坚果类食物植酸含量与其他全种子食物的比较 mg/100 g

食物	芝麻	葵花籽	花生	巴旦木	榛子	腰果	碧根果
植酸含量	1.44～5.36	3.90～4.30	0.17～4.47	0.35～9.42	0.23～0.92	0.19～4.98	0.18～4.52

食物	全小麦	小米	玉米	大麦	燕麦	黄豆	芸豆
植酸含量	0.39～1.35	0.18～1.67	0.72～2.22	0.72～2.22	0.42～1.16	1.00～2.22	0.61～2.38

资料来源:Schelemmer U., et al.. Phytates in food and significance in humans: food source, intake, processing, bioavailability, protective role and analysis. *Molecular Nutrition and Food Research*. 2009, 53: S330-S375

7.2.5　蔬菜的营养价值

狭义的蔬菜包括植物的鲜食根、茎、叶、花、果实等,但广义来说,还包括海带、紫菜、裙带菜等藻类蔬菜,以及平菇、香菇、木耳等菌类蔬菜。按照不同的来源和植物学部位,通常将蔬菜分为根菜类、嫩茎叶和花苔类、茄果类、鲜豆和豆荚类、瓜类、水生蔬菜类、薯类、食用菌类和藻类等。薯类的营养成分介于谷类和蔬菜之间,但因常常取代粮食类作为主食,故而单独进行介绍。部分蔬菜和水果的界限并不明晰,如樱桃番茄和水果黄瓜是按照蔬菜来进行栽培,但生活中常用来作为水果食用。

栽培方式、成熟期、品种等都是影响蔬菜、水果和薯类营养价值的重要因素。通常野菜的营养素含量高于栽培蔬菜,露地栽培、应季采收的蔬菜比温室栽培和反季节栽培的蔬菜具有更高的营养素含量。从部位来说,叶片的营养价值通常高于茎秆和根部,外层叶片高于内层叶片,靠外部分的果肉高于中间部分的果肉。

研究证据表明,增加蔬菜摄入量可降低心脑血管疾病的死亡风险,特别是对预防中风具有重要意义。蔬菜食用不足会增加食管癌和结肠癌的危险。十字花科蔬菜的摄入量与多种癌症的风险呈现负相关性,包括肺癌、胃癌、结肠癌和乳腺癌;而增加绿叶蔬菜的摄入量可降低糖尿病和肺癌的发病风险,并有利于减少随年龄增加出现认知能力衰退的危险。

7.2.5.1　鲜食蔬菜的营养价值

1.碳水化合物

大部分蔬菜的碳水化合物含量较低,仅为2%～6%,几乎不含有淀粉。然而,根和地下茎之类贮藏器官的碳水化合物含量比较高,如藕为15.2%,其中,大部分为淀粉。芋头、山药、荸荠、鲜百合、甜豌豆、甜玉米粒等含淀粉蔬菜的可消化碳水化合物含量也为10%～20%。吃了这些食物之后,需要相应减少淀粉类主食的摄入量。胡萝卜、南瓜、某些品种的萝卜和番茄的碳水化合物含量也可达到6%～8%。

蔬菜中纤维素、半纤维素和低聚糖等不可消化的碳水化合物含量较高,鲜豆类为1.5%～4.0%,叶菜类通常为1.0%～2.2%,瓜类较低,为0.2%～

1.0%。部分蔬菜富含果胶,如西兰花、菜花和南瓜。在主食精制程度越来越高的现代饮食中,蔬菜中的膳食纤维在膳食中具有重要的意义。

菌类蔬菜中的碳水化合物主要是菌类多糖,如香菇多糖、银耳多糖等,它们具有多种保健作用。海藻类中的碳水化合物则主要是属于可溶性膳食纤维的海藻多糖,如褐藻胶、红藻胶、卡拉胶等,能够促进人体排出多余的胆固醇和体内的某些有毒、致癌物质,对人体有益。一些蔬菜中还含有少量菊糖,如菊苣、洋葱、芦笋、牛蒡等。鲜豆类中含有少量低聚糖,如棉籽糖、水苏糖和毛蕊花糖等。蔬菜中还有少部分碳水化合物以糖苷形式与类黄酮等成分结合而存在。

2. 蛋白质和脂肪

通常新鲜蔬菜的蛋白质含量在 3% 以下。在各种蔬菜中,以鲜豆类、菌类和深绿色叶菜的蛋白质含量较高,如鲜豇豆的蛋白质含量为 2.9%,金针菇为 2.4%,苋菜为 2.8%。按照 2% 的蛋白质含量计算,如果每天摄入 400 g 绿叶蔬菜,可以获得至少 6 g 蛋白质,豆类蔬菜和菌类蔬菜,可获 8 g 蛋白质,是不可忽视的蛋白质来源。瓜类蔬菜的蛋白质含量较低。

蔬菜蛋白质质量较佳,如菠菜、豌豆苗、豇豆、韭菜等的限制性氨基酸均是含硫氨基酸,赖氨酸则比较丰富,可与谷类发生蛋白质营养互补。蔬菜中还往往含有一些非蛋白质氨基酸,其中有的是蔬菜风味物质的重要来源,如 S-烷基半胱氨酸亚砜是洋葱风味的主要来源,而蒜氨酸是大蒜风味的前体物质。

蔬菜中的脂肪低于 1%,属于低能量食品。例如,100 g 黄瓜所含能量仅为 63 kJ(15 kcal)。其中蔬菜中的微量脂肪以不饱和脂肪酸为主。

3. 维生素

蔬菜中含有除维生素 D 和维生素 B_{12} 之外的各种维生素,包括维生素 B_1,维生素 B_2,维生素 B_6,尼克酸,泛酸,生物素,叶酸,维生素 E 和维生素 K。蔬菜在膳食中的重要意义之一是供应维生素 C 和能在体内转化为维生素 A 的胡萝卜素。此外,绿叶蔬菜是维生素 B_2、叶酸和维生素 K 的重要膳食来源。菌类蔬菜中还含有少量维生素 B_{12}。

蔬菜中 β-胡萝卜素的含量与颜色有明显的相关关系。深绿色叶菜和橙黄色蔬菜的含量最高,每 100 g 中含量达 2～4 mg,例如每百克甘薯叶中为 5.9 mg,胡萝卜中为 4.1 mg。从 α-胡萝卜素含量来说,胡萝卜含量最高,其次是南瓜等橙黄色蔬菜。蔬菜中同时还含有不能转变成维生素 A 的番茄红素、玉米黄素、叶黄素等其他类胡萝卜素,也具有重要的健康意义。番茄是膳食中番茄红素的主要来源,而深绿色叶菜如菠菜是叶黄素的最佳来源。浅色蔬菜中各种胡萝卜素含量较低,如 100 g 冬瓜中仅含胡萝卜素 0.08 mg。

维生素 C 含量与颜色无关,每 100 g 中含量多在 10～90 mg。维生素 C 含量较高的蔬菜有青椒和辣椒、油菜薹、白色菜花、苦瓜、芥蓝等。胡萝卜素含量较高的有菠菜、空心菜、苋菜、落葵(木耳菜)、甘薯叶、胡萝卜等。在各种蔬菜当中,以深绿色叶菜的维生素 B_2 含量较高,一般为 0.10 mg/100 g 左右。维生素的具体含量受品种、栽培、贮存和季节等因素的影响而变动很大。

菌类和海藻类蔬菜的维生素 C 含量不高,但核黄素、尼克酸和泛酸等 B 族维生素的含量较高。例如,鲜蘑菇的核黄素和尼克酸含量分别为 0.35 和 4.0 mg/100 g,鲜草菇为 0.34 和 8.0 mg/100 g。许多菌类和海藻类都以干制品形式出售,按重量计的营养素含量很高。但是它们在日常生活中食用量不大,而且烹调前需经水发,水溶性营养素的损失较大,不是维生素供应的重要来源。部分菌藻类蔬菜的营养素含量见表 7-11 和表 7-12。

表 7-11　菌藻类蔬菜中的蛋白质和部分维生素含量

食品名称	蛋白质/ (g/100 g 鲜重)	钾/ (mg/100 g 鲜重)	维生素 B_1/ (mg/100 g 鲜重)	维生素 B_2/ (mg/100 g 鲜重)	维生素 C/ (mg/100 g 鲜重)
鲜草菇	2.7	179	0.08	0.34	—
鲜金针菇	2.4	97	0.15	0.19	2
双孢蘑菇	4.2	307	—	0.27	—
鲜平菇	1.9	258	0.06	0.16	4
鲜香菇	2.2	20	微量	0.08	1
鲜海带	1.2	246	0.02	0.15	—

资料来源:杨月欣,王光亚,潘兴昌. 中国食物成分表 2002. 北京:北京大学医学出版社,2002

表 7-12　部分蔬菜中的维生素 C 和胡萝卜素含量　　　　　　　　　mg/100 g

蔬菜名称	维生素 C	胡萝卜素	蔬菜名称	维生素 C	胡萝卜素
红胡萝卜	13	4.13	菠菜	32	2.92
小红辣椒	144	1.39	绿苋菜	47	2.11
绿菜花	51	7.21	芥兰	76	3.45
白菜花	61	0.03	小白菜	28	1.68
番茄	19	0.55	黄瓜	9	0.09

资料来源:杨月欣,王光亚,潘兴昌.中国食物成分表 2002.北京:北京大学医学出版社,2002

由于我国人民消费奶类、柑橘类水果和果汁较少,蔬菜是膳食中维生素 A 和维生素 C 的主要来源,也是维生素 B$_2$ 的重要来源。如每天摄入 400 g 绿叶蔬菜,约可获得 0.4 g 核黄素,相当于每天推荐供给量的 1/3 左右。

蔬菜是膳食当中叶酸和维生素 K 的主要来源,其含量与叶绿素含量具有正相关关系,故而绿叶蔬菜是叶酸和维生素 K 的最好来源。对我国常见蔬菜中叶酸进行测定发现,其中叶酸含量最高的蔬菜是油菜和菠菜,其含量超过 140 μg/100 g 可食部鲜重。从蔬菜种类来说,深绿色叶菜、果实类蔬菜和根茎类蔬菜中的叶酸含量范围分别为 17.22~145.54 μg/100 g,18.14~86.04 μg/100 g 和 14.78~75.81 μg/100 g(Shohag M. J.,2012)。维生素 K 含量亦有同样规律。例如,菠菜中维生素 K 含量为 380 mg/100 g,生菜为 315 mg/100 g,圆白菜为 145 mg/100 g,黄瓜为 20 mg/100 g,而马铃薯为 1 mg/100 g(Booth S. L.,2012)。近年来,有研究发现维生素 K 不仅具有凝血功能,而且在骨骼生长和更新中具有重要作用,与心血管健康亦有密切关系。因此每日摄入绿叶蔬菜是维护骨骼健康的重要饮食措施之一。蔬菜维生素 K 的含量见表 7-13。

表 7-13　部分蔬菜中的维生素 K 含量　　　　　　　　　μg/100 g 鲜重

蔬菜名称	含量范围	平均值	蔬菜名称	含量范围	平均值
球生菜	15.6~36.2	24.1±6.9	胡萝卜	3.9~14.8	8.3±4.0
芹菜	20.6~46.8	29.0±10.5	黄瓜	11.5~22.2	16.4±4.5
绿菜花	76.6~136	102.0±19.5	红辣椒	3.3~6.0	4.0±1.2
菠菜(生)	293~441	369±53.9	白萝卜	0.5~3.1	1.4±0.9

资料来源:Dismore M. K. L.,Haytowitz D. B.,Gebhardt S. E.,et al. Vitamin K content of nuts and fruits in the US diet[J]. *Journal of the American Dietetic Association*. 2003,103(12):1650-1652.

野菜中的维生素含量普遍高于栽培蔬菜。叶用野菜的胡萝卜素含量为 2.5~12.5 mg/100 g,维生素 C 含量也很高。例如,每百克野苋菜的胡萝卜素含量为 7.1 mg,维生素 C 含量为 153 mg。

4.矿物质

按照营养素密度来比较,蔬菜是矿物质含量最高的食品类别之一,是钙、钾和镁元素的重要膳食来源。不少蔬菜中的钙含量超过 90 mg/100 g,如油菜和油菜薹、苋菜、萝卜缨、落葵、茴香、芹菜等。绿叶蔬菜铁含量较高,含量在 2~3 mg/100 g。部分菌类蔬菜富含铁、锰、锌等微量元素。因叶绿素中含有镁,故而绿叶蔬菜也是镁元素的最佳来源之一。

蔬菜中的铁为非血红素铁,其吸收利用率受膳食中其他多种因素的影响,生物利用率比动物性食品低。蔬菜中的维生素 C 可促进其吸收,但是少数蔬菜含有较多草酸,会影响钙、铁等矿物质的吸收和利用。

一些蔬菜可富集某些微量元素,如大蒜中含有较多的硒,菠菜中含有较多的钼,卷心菜中含有较多的锰,豆类蔬菜则含有较多的锌。各微量元素的含量受到土壤、肥料、气候等因素的强烈影响。施用微量元素肥料可以有效地改变蔬菜中的微量元素含量。

5.其他与健康相关的成分

蔬菜中普遍含有有机酸,包括苹果酸、柠檬酸、草酸等。其中草酸可与多种矿物质形成沉淀,对钙、铁、锌等营养成分的吸收利用具有阻碍作用,在菠菜、苋菜、空心菜、韭菜、牛皮菜、竹笋等蔬菜及各种野菜中含量较高。部分蔬菜的草酸含量见表7-14。

这些蔬菜经沸水焯烫后食用,可以除去大部分草酸,从而提高矿物质的吸收利用率。

表 7-14　部分蔬菜的草酸含量 g/100 g FW

蔬菜名称	欧芹	韭菜	苋菜	菠菜	甜菜叶*	绿生菜*	西兰花	圆白菜*
草酸含量	1.60	1.48	1.09	0.97	0.61	0.01	0.19	0.06
蔬菜名称	胡萝卜	萝卜	大蒜	茄子	西芹	番茄	青椒	土豆
草酸含量	0.50	0.48	0.39	0.19	0.19	0.05	0.04	0.05

资料来源:* 数据出自 Bsc S. N.. Oxalate content of foods and its effect on humans[J]. *Asia Pacific Journal of Clinical Nutrition*. 1999,8(1):64-74. 其余来自美国 USDA 食物成分数据库。

除去营养素之外,蔬菜中还含有多种植物化学物,特别是具有抗氧化作用的成分。其中除去膳食纤维、钾、叶酸、维生素 C 和 β-胡萝卜素等因素的作用,不能转变成维生素 A 的叶黄素、番茄红素、类黄酮、花青素、硫甙类和其他健康成分也均有贡献。研究表明,蔬菜的抗氧化活性和维生素 C 含量没有相关性,而主要取决于其中的类黄酮和酚酸等多酚类物质。在考虑蔬菜的营养价值时,要注意各种蔬菜中所含的植物化学物各有健康意义。例如,增加番茄中的番茄红素摄入量有利于降低前列腺癌和心血管疾病风险;通过绿叶蔬菜增加叶黄素摄入量,有利于降低视网膜黄斑变性和白内障的风险;增加十字花科中的硫代葡萄糖苷类物质,有利于预防多种癌症;紫色蔬菜中含有花青素,大蒜、洋葱中含有有机硫化物,茄子、芹菜、芦笋和洋葱中富含类黄酮类物质,它们都对预防癌症和心脑血管病有一定益处。

7.2.5.2　蔬菜贮藏加工品的营养价值

蔬菜以鲜品为主要食用形式,贮藏、加工和烹调对其营养价值有极大的影响。蔬菜贮藏中的营养素损失与温度和湿度均有密切关系。多数蔬菜在 1～2℃和 85%～90% 相对湿度贮藏时,维生素 C 的损失较慢;而室温下或低湿度贮藏时损失速度较快。在各类蔬菜当中,绿叶蔬菜的表面积较大,叶面角质层较薄,极易蒸腾失水,故而在低湿度贮藏条件下,营养素的损失较其他蔬菜更大。例如,在 2℃、55% 相对湿度贮藏 7 d 后,维生素 C 的损失率约达 50%。

脱水蔬菜的水分含量通常在 8% 以下,其中的矿物质、碳水化合物、膳食纤维等成分得到浓缩。维生素损失程度因干制方法的不同而异,真空冷冻干燥法的营养素损失最小,而且由于浓缩效应,干制后的营养素含量升高。长时间的晾晒或烘烤则带来很大损失。

速冻蔬菜经过清洗—热烫—包冰衣—装袋—深冻几步处理后,水溶性维生素有部分损失,但胡萝卜素、矿物质和膳食纤维损失不大(表7-15)。

表 7-15　速冻蔬菜冻藏期间的维生素 C 损失

产品	芦笋	青豆	甜豌豆	菜豆	西兰花	菠菜
新鲜菜中含量/(mg/100 g)	33	19	27	29	78	51
−18℃贮存损失率/%	12	45	43	51	50	65
损失范围/%	12～13	30～68	32～67	39～64	40～60	54～80

注:损失率为冻藏 6～12 个月的平均值。

资料来源:葛可佑. 中国营养科学全书. 北京:人民卫生出版社,2004,573

制作罐头蔬菜时,经过热烫、热排气、灭菌等工艺后,部分水溶性维生素和矿物质受热降解和随水流失。由于蔬菜的 pH 比水果高,酸性较低,维生素

C 的加工稳定性较差(表 7-16)。但罐藏蔬菜仍是膳食纤维和矿物质的良好来源。

表 7-16　蔬菜热烫后的维生素平均损失率　　%

食物名称	维生素 C	维生素 B_1	维生素 B_2	尼克酸
青豆	26	9	5	7
豌豆	24	12	25	27
菠菜	39	23	19	11
芦笋	5	8	10	6

资料来源：里切西尔. 加工食品的营养价值手册. 陈葆新，等译. 北京：中国轻工业出版社，1989

　　蔬菜腌制前往往要经过反复洗、晒或热烫，其水溶性维生素损失较为严重。因此，腌制蔬菜不是维生素 C 的来源，但保留了蔬菜中的所有膳食纤维成分。腌菜的盐含量过高，而且腌制时间不足时可能产生亚硝酸盐。但为保持蔬菜的脆度，腌制和罐藏工艺中往往采用氯化钙溶液浸泡方法，可提高产品中钙的含量。

　　蔬菜汁包含了蔬菜中的主要可溶性营养成分和胡萝卜素，它们是钾、维生素 C、类黄酮等成分的良好来源，但除去了蔬菜中的部分不可溶性膳食纤维。

　　蔬菜的烹调加工主要造成维生素 C 和叶酸的损失，维生素 B_2、维生素 K 和类胡萝卜素的损失率较低。在快炒或一般炖煮情况下，维生素 C 的损失率通常为 20%～50%。烹调可促进胡萝卜素、番茄红素、维生素 K 等有益成分的吸收，并可减少蔬菜的体积，增加蔬菜的摄食量，在一定程度上对膳食营养平衡有利。但烹调会引入盐和油，使钠含量大幅度增加，并大幅度提高蔬菜类菜肴的脂肪含量和热量。故而蔬菜烹调尤应注意少油少盐。

7.2.6　水果的营养价值

　　水果是味甜多汁、可不经烹调直接进食的植物性食物的总称。除果实之外，广义的水果包括少数茎、根等其他植物学部位，如甘蔗、雪莲果、大黄叶柄等。多数水果含水分达 85%～92%，其中主要营养成分为碳水化合物、维生素和矿物质，此外还含有有机酸、类黄酮、类胡萝卜素、花青素、芳香物质等有益健康的成分。在同类水果中，不同栽培品种和栽培条件对其维生素、矿物质和生物活性成分的含量影响很大。

　　流行病学研究证据表明，水果和蔬菜的摄入总量越大，则心血管疾病、肺癌、结直肠癌的发病风险越小。同时还有部分研究认为，水果的摄入量增加对骨质密度有益。在日常正常摄入量范围之内，水果与肥胖和糖尿病风险无关。

7.2.6.1　水果中的营养成分

1. 碳水化合物

　　水果中的碳水化合物主要是蔗糖、果糖和葡萄糖，其比例因品种而异。鲜果中的糖含量为 5%～20%，但柠檬可低达 0.5%。未成熟果实中淀粉含量较高，随着果实的成熟，其中淀粉分解，糖分含量提高，淀粉含量降至可忽略的水平。但香蕉是个例外，成熟香蕉中的淀粉含量高达 3% 以上。由于含有糖分，水果是膳食中能量的补充来源之一。

　　蔷薇科水果中山梨糖醇较为丰富，如苹果汁中 D-山梨醇的含量达 300～800 mg/100 mL。柿子等水果还含有甘露醇。水果中含有较丰富的膳食纤维，是膳食中果胶的重要来源（表 7-17）。细胞结构的存在使水果的餐后血糖反应低于精白谷物制作的主食，其血糖指数见表 7-18。

表 7-17　水果的平均化学组成（可食鲜重的%）

水果	干物质	总糖	滴定酸度	不溶纤维	果胶	灰分	pH
苹果	16.0	11.1	0.6(M)	2.1	0.6	0.3	3.3
梨	17.5	9.8	0.2(M)	3.1	0.5	0.4	3.9
杏	12.6	6.1	1.6(M)	1.6	1.0	0.6	3.7
甜樱桃	18.7	12.4	0.7(M)	2.0	0.3	0.6	4.0
桃	12.9	8.5	0.6(M)	—	—	0.5	3.7
李子	14.0	7.8	1.5(M)	1.3	0.9	0.5	3.3
黑莓	19.1	5.0	0.6(C)	9.2	0.7	0.5	3.4
草莓	10.2	5.7	0.9(C)	2.4	0.5	0.5	—
葡萄	17.3	14.8	0.4(T)	—	—	0.5	3.3
橙	13.0	7.0	0.8(C)	—	—	0.5	3.3
柠檬	11.7	2.2	6.0(C)	—	—	0.5	2.5

续表 7-17

水果	干物质	总糖	滴定酸度	不溶纤维	果胶	灰分	pH
菠萝	15.4	12.3	1.1(C)	1.5	—	0.4	3.4
香蕉	26.4	18.0	0.4(M)	4.6	0.9	0.8	4.7
番石榴	19.0	13.0	0.2	—	—	0.9	—
杧果	19.0	14.0	0.5	—	0.5	—	—

注：在滴定酸度中，M 为苹果酸；C 为柠檬酸；T 为酒石酸。

资料来源：Belitz H.-D, Grosch W.. Food Chemistry. 2nd ed. Springer, 1999

表 7-18　部分水果和水果干的血糖指数

品种	苹果	梨	桃	李子	樱桃	葡萄	香蕉
血糖指数	36	36	28	24	22	43	52
品种	猕猴桃	西瓜	菠萝	葡萄干[*]	枣[*]	杏干[*]	苹果干[*]
血糖指数	52	72	66	56	55	56	43

资料来源：[*] 来自 Zhu R., Fan Z., Dong Y., et al.. Postprandial Glycaemic Responses of Dried Fruit-Containing Meals in Healthy Adults: Results from a Randomised Trial. Nutrient. 2018, 10, 694, 其余来自杨月欣, 等. 中国食物成分表. 2 版. 北京：北京大学医学出版社, 2009

2. 蛋白质和脂肪

水果中蛋白质含量多在 0.5%～1.0%，不是膳食中蛋白质的重要来源，其蛋白质中包括果胶酶、蛋白酶和酚氧化酶。部分水果蛋白酶活性较高，如菠萝、木瓜、无花果、猕猴桃等。它还含有微量活性胺类如多巴胺、去甲肾上腺素、脱氧肾上腺素等含氮物质。

水果的脂肪含量多在 0.3% 以下，只有鳄梨（牛油果）、榕椪、余甘、椰子等少数水果脂肪含量较高，如榴莲中脂肪含量高达 10% 以上。椰子肉所含脂肪以月桂酸为主，而鳄梨的脂肪中富含油酸。

3. 维生素

水果和蔬菜一样含有除维生素 D 和维生素 B_{12} 之外的所有维生素，是膳食中维生素 C 和胡萝卜素的重要来源（表 7-19），但其中硫胺素和核黄素的含量通常低于 0.05 mg/100 g。有些水果还可以提供叶酸和维生素 B_6，如猕猴桃的叶酸含量较高，而香蕉含有较丰富的维生素 B_6。

表 7-19　部分水果中的维生素 C 和胡萝卜素含量　　　　　　mg/100 g

蔬菜名称	维生素 C	胡萝卜素	蔬菜名称	维生素 C	胡萝卜素
鲜枣	243	0.24	杧果	41	8.05
猕猴桃	62	0.13	菠萝	18	0.20
山楂	53	0.10	草莓	47	0.03
川红橘	33	0.18	鸭梨	4	0.01
红富士苹果	2	0.60	玫瑰香葡萄	4	0.02

资料来源：杨月欣, 王光亚, 潘兴昌. 中国食物成分表 2002. 北京：北京大学医学出版社, 2002

在各类水果中，柑橘类是维生素 C 的四季良好来源，包括橘、橙、柑、柚、柠檬等。草莓、山楂、酸枣、鲜枣、猕猴桃、龙眼等也是某些季节中维生素 C 的优良来源。热带水果多含有较为丰富的维生素 C，半野生水果的维生素 C 含量普遍超过普通栽培水果。然而，苹果、梨、桃等消费量最大的温带水果在提供维生素 C 方面作用不大。

黄色和橙色的水果是类胡萝卜素的良好来源，包括 α-胡萝卜素、β-胡萝卜素、番茄红素、叶黄素和隐黄素等。西瓜、血橙、粉红色葡萄柚和木瓜的红色来自番茄红素，而柑橘类、黄杏、黄桃、杧果、木瓜、黄肉甜瓜、西番莲和柿子的黄色主要来自胡萝卜素。浅色果肉的水果中,类胡萝卜素的含量很低。

水果中维生素的含量受到种类、品种的影响,也受到成熟度、栽培地域、肥水管理、气候条件、采收成熟度、贮藏时间等的影响,因此,即使同一品种,也可能有较大的差异。此外,水果不同部位的维生素C含量有所差异。对于苹果来说,靠近外皮的果肉部分维生素C含量较高,而甜瓜则以靠近种子的部位维生素C含量较高。

4.矿物质

水果中含有多种矿物质,是膳食钾的重要来源(表7-20)。由于水果无须加盐烹调,摄入水果可有效改善膳食中的钾钠比例。草莓、大枣和山楂的铁含量不可忽视,而且因富含维生素C和有机酸,其中,铁的生物利用率较高。微量元素含量则因栽培地区的土壤微量元素含量和微肥施用情况不同有较大差异。

表7-20　几种水果中的主要矿物质含量

mg/100 g

水果种类	钾	钠	镁	铁	钙
苹果	83	1	7	0.3	8
山楂	299	5	19	0.9	52
鸭梨	77	2	5	0.9	4
桃	100	2	8	0.4	10
葡萄	126	2	4	0.4	8
猕猴桃	100	2	8	0.4	10
鲜枣	375	1	25	1.2	22

续表7-20

水果种类	钾	钠	镁	铁	钙
龙眼	248	4	10	0.2	6
草莓	131	4	12	1.8	18
橙	159	1	14	0.4	20
柚	119	3	4	0.3	4
杧果	138	3	14	0.2	微量
香蕉	256	1	43	0.4	7

资料来源:葛可佑.中国营养科学全书:食品营养卷.北京:人民卫生出版社,2004

5.水果中的其他有益成分

水果中有机酸含量为0.2%～3.0%。其中主要种类为柠檬酸、苹果酸、酒石酸和抗坏血酸。仁果、核果、浆果和热带水果以柠檬酸为主,蔷薇科水果则以苹果酸为主,而葡萄中含有酒石酸。一些水果中还含有少量的草酸、水杨酸、琥珀酸、奎宁酸等。每克柠檬酸和苹果酸所含能量分别为2.47 kcal和2.39 kcal。有机酸具有开胃和促进消化的作用,还能起到螯合和还原的作用,促进多种矿物质的吸收。

水果中的酚类物质包括酚酸类、类黄酮、花青素类、原花青素类、单宁类等。其中绿原酸、咖啡酸等各种酚酸具有重要的抗氧化作用,黄酮类物质的摄入量与心血管疾病的死亡率之间有着肯定的负相关关系。人体所摄入的类黄酮物质约有10%来自水果,其他则来自蔬菜和茶。花青素也具有高度的抗氧化活性。总体而言,水果是多酚类物质的良好来源,红紫色和紫黑色水果是膳食中花青素类物质的主要来源(表7-21)。

表7-21　莓类水果和其他植物性食品中的花青素含量　　　　mg/g鲜重

食物来源	总花青素	食物来源	总花青素	食物来源	总花青素
黑莓	0.83～3.26	红莓	0.78	甜樱桃	3.50～4.50
蓝莓	0.25～4.95	草莓	0.07～0.30	红葡萄	0.30～7.50
黑覆盆子	2.14～4.28	黑醋栗	2.50	苹果	0.10
红覆盆子	0.20～0.60	红醋栗	0.12～0.19	洋葱	0.09～0.21

资料来源:张名位,郭宝江.果蔬抗氧化作用研究进展.华南师范大学学报(自然科学版),2001(4):115-121

水果类食品的涩味主要来自其中所含有的单宁物质,包括(＋)－儿茶素、(－)－表儿茶素、没食子儿茶素,表没食子儿茶素等(表7-22),不同品种的单宁物质含量差异甚大。单宁类物质具有抗氧化活性,同时也会降低铁、锌、铜等矿物质的吸收率,并降低多种消化酶的活性。

表 7-22　部分水果的儿茶素和表儿茶素类物质含量　　　　　　　　　mg/kg

含量	苹果	梨	樱桃	杏	草莓	桃	杏果
儿茶素	4～15	1～2	22	50	44	23	17
表儿茶素	67～103	29～37	95	61	未检出	未检出	未检出

资料来源：Belitz H. —D.，Grosch W.，Schieberle P..Food Chemistry. 4th ed. Springer, 2009

野生水果和野生蔬菜的营养素含量和生物活性物质含量往往高于栽培水果和蔬菜，其中包括胡萝卜素、核黄素、维生素 C、钙、铁和类黄酮、酚酸等抗氧化物质。野果的维生素 C 含量一般达每百克鲜重数百以至数千毫克，如酸枣、刺梨、沙棘和野生猕猴桃等。

7.2.6.2　水果贮藏加工品的营养价值

目前，大部分水果可通过贮藏措施来延长保质期。在贮藏过程中，水果中的维生素 C 的损失可通过控制温度、湿度和气体成分，气调冷藏可以极大地降低水果中维生素和风味成分的损失。

水果的贮藏加工品包括水果汁、水果干、果脯蜜饯、水果罐头、果酱、果糕、果酒、果醋等。它们保存了水果的特有风味，其中维生素等成分的保存率与原料特点、加工工艺水平和贮藏条件有很大关系。人工强化维生素 C 可以提高苹果、梨、桃等维生素 C 含量较低水果的加工品的营养价值。

纯果汁分为两类：一类是带果肉的混浊汁，其中含有除部分纤维素之外水果中的全部营养成分，如柑橘汁等；另一类是澄清汁，经过过滤或超滤，除去了水果中的膳食纤维、各种大分子物质和脂类物质，只留下糖、钾元素和部分水溶性维生素，如苹果汁。柑橘汁等酸性果汁中的维生素 C 可以得到较好的保存，成为维生素 C 的日常来源。然而，市场销售的"果汁饮料"中原果汁的含量仅为 10% 以下，其营养价值不能替代纯果汁。研究表明，由于去除了水果的天然细胞结构和大部分膳食纤维，即便是纯水果汁，其健康效应也与完整水果不同，餐后血糖上升速度较快，摄入量过多时增加肥胖和糖尿病的风险。

水果干制品指不添加任何其他成分，仅由水果经过各种脱水工艺制成的产品，如葡萄干、干枣、杏干、苹果干、无花果干、西梅干、桂圆、橘饼、柿饼、枸杞子等，其成分见表 7-23。水果干中浓缩了水果中的糖，碳水化合物含量可高达 60% 以上。其维生素损失率与脱水工艺有关，日晒风干损失最大，真空冷冻干燥损失最少。干制使水果中的矿物质、有机酸和膳食纤维得到浓缩，成为钾、钙、镁和膳食纤维的良好来源，对叶酸供应亦有贡献。除干枣是我国传统保健食物之外，有研究表明，用葡萄干替代日常零食对控制血压有益，西梅干则对骨骼健康和便秘具有益处。

表 7-23　部分水果干的主要营养素含量

果干	能量/(kcal/100 g)	碳水化合物/(g/100 g)	蛋白质/(g/100 g)	膳食纤维/(g/100 g)	钙/(mg/100 g)	铁/(mg/100 g)	钾/(mg/100 g)	镁/(mg/100 g)	类胡萝卜素/(mg/100 g)	总酚/(mg GAE/100 g)
苹果干	243	66.0	0.9	8.7	14	1.4	450	16	0	324
杏干	241	62.6	3.4	7.3	55	2.7	1 162	32	2 163	248
黄桃干	239	61.3	3.6	8.7	28	4.0	996	42	2 077	283
椰枣干	277	75.0	1.8	6.7	64	0.9	696	54	112	572
无花果干	249	63.9	3.3	9.8	162	2.3	680	68	38	960
提子干	299	79.2	3.1	3.7	50	1.9	749	32	—	1 065
大枣*	317	81.1	2.1	9.5	54	2.1	185	39	—	—

资料来源：Carughi, et al.. Pairing nuts and dried fruit for cardiometabolic health. Nutrition Journal. 2016：15-23

＊杨月欣，王光亚. 中国食物成分表. 北京：北京大学医学出版社，2009

果酱和果脯加工中需要加大量蔗糖长时间熬煮或浸渍,其中各种维生素和生物活性成分的保存率较低,含糖量可达 50%～70%,因此大量消费这类产品可能带来精制糖摄入过量的问题。加工中为保持脆硬口感,往往用钙盐、钾盐进行处理,可使果块的矿物质含量明显上升。

果酒和果醋部分提取了水果中有益健康的钾元素、有机酸、多酚类物质、活性多糖物质和风味物质等,其中果醋在发酵中降低了糖含量,增加了多种有机酸类物质。

7.3 动物性食品的营养价值

日常食物中的动物性食品包括肉类、水产和蛋类。肉类因来源和营养特点的不同,可分为畜肉和禽肉。水产品包括淡水鱼、海水鱼、虾、甲壳类等。它们都是膳食中优质蛋白质的来源。

7.3.1 肉类的营养价值

肉类包括畜肉与禽肉。畜肉包括牛、猪、羊等大牲畜肉及内脏,禽肉包括鸡、鸭、鹅、鹌鹑、火鸡、鸽子等。肉类是膳食中蛋白质、脂肪和 B 族维生素的重要来源,但其中的蛋白质、维生素和矿物质的含量随动物的种类、年龄、肥育度和部位的不同而有很大差异。

研究证据表明,畜肉类摄入量增加时,结直肠癌的风险增加,肥胖和 II 型糖尿病的发病风险增加,男性的全因死亡率也增加,但贫血风险较小。然而,禽肉摄入量与结直肠癌和 II 型糖尿病的风险无关。

7.3.1.1 畜肉类的营养价值

1. 蛋白质

一般食用的肉属于动物的骨骼肌组织。根据其功能和溶解性,蛋白质大致可分为肌原纤维蛋白质、肌浆蛋白质和结缔组织蛋白质。畜肉肌原纤维蛋白质和肌浆蛋白质的生理价值较高,必需氨基酸比例较为合理,富含赖氨酸,可与谷类食物发生蛋白质营养互补。然而,结缔组织蛋白质以胶原蛋白为主,其氨基酸组成特点是甘氨酸和脯氨酸含量高,且含有羟脯氨酸和羟赖氨酸,而酪氨酸、组氨酸、色氨酸和含硫氨基酸的含量极低,必需氨基酸组成并不全面。猪、牛、羊肉蛋白质的必需氨基酸组成见表 7-24。

表 7-24 猪、牛、羊肉蛋白质的必需氨基酸组成 g/100 g 粗蛋白质

氨基酸	牛肉	猪肉	羊肉	氨基酸	牛肉	猪肉	羊肉
异亮氨酸	5.1	4.9	4.8	酪氨酸	3.2	3.0	3.2
亮氨酸	8.4	7.5	7.4	苏氨酸	4.0	5.1	4.9
赖氨酸	8.4	7.8	7.6	色氨酸	1.1	1.4	1.3
蛋氨酸	2.3	2.5	2.3	缬氨酸	5.7	5.0	5.0
胱氨酸	1.4	1.3	1.3	精氨酸	6.6	6.4	6.9
苯丙氨酸	4.0	4.1	3.9	组氨酸	2.9	3.2	2.7

资料来源:R. A. Lawrie. Lawrie's Meat Science. 6th ed. Cambridge:Woodhead Publishing Ltd,1998

在各种畜肉当中,猪肉的蛋白质含量较低,平均仅在 15% 左右;牛肉较高,达 20% 左右;羊肉的蛋白质含量介于猪肉和牛肉之间;兔肉蛋白质含量也达 20% 左右。在肌肉当中,蛋白质在总固形物中比例最高,其余主要是脂肪,故脂肪含量不同的肉蛋白质含量差异较大,例如猪通脊肉蛋白质含量约为 21%,后臀尖约为 15%,肋条肉约为 10%,奶脯仅为 8%;牛通脊肉的蛋白质含量为 22% 左右,后腿肉约为 20%,腑肋肉约为 18%,前腿肉约为 16%。在家畜内脏中,以肝脏含蛋白质最高,为 18%～20%;心、肾含蛋白质 14%～17%,与瘦肉相当。畜血血浆蛋白质的氨基酸平衡良好,赖氨酸和色氨酸含量较高,而血球中色氨酸等必需氨基酸含量较低。

2. 脂肪

畜肉中的脂肪可分为蓄积脂肪和组织脂肪两大类。蓄积脂肪是能量的集中贮存场所,包括皮下脂肪、肾周围脂肪、大网膜脂肪和肌肉间脂肪,其中含有 90% 左右的脂肪,蛋白质含量仅为 2%～3%;组织脂肪为肌肉及脏器内的脂肪,也就是"瘦肉"中所含的脂肪,含量为 0.4%～25%,因动物品种、部位、年

龄和肥育度的不同有很大差异。老年动物肉中的脂肪比例比幼小动物的高,肥育动物瘦肉部分的脂肪含量比瘦肉型动物同部位的瘦肉要高。例如,猪里脊肉含脂肪 7.9%,而肋条肉含脂肪高达 59%。又如,肥育良好的牛肉中脂肪含量可达 18% 左右,肉的横切面呈现大理石样花纹,而肥育不良的牛肉含脂肪仅 4%。血液中的脂肪含量很低,不足 0.5%;骨中脂肪含量为 15%～21%,其中骨髓含脂肪 90% 以上,主要为饱和脂肪酸。

畜肉脂肪中含饱和脂肪酸较多,不饱和脂肪酸主要为油酸,多不饱和脂肪酸含量低,且主要为亚油酸。例如,猪脂肪含有约 40% 的饱和脂肪酸,通常在体温下呈液态,消化率可达 90% 以上。牛和羊是反刍动物,其脂肪中饱和脂肪酸比例达 50% 以上,熔点可达 40℃ 以上,在体温下仍不液化,因此消化率略低于植物油。

畜肉的肌肉和内脏中富含磷脂,并含有胆固醇,如瘦猪肉中含胆固醇 77 mg/100 g,肥猪肉为 107 mg/100 g,而猪肝为 368 mg/100 g,是瘦肉中的 4～5 倍。

3. 维生素

家畜的瘦肉是各种 B 族维生素的好来源,包括植物性食物中所没有的维生素 B_{12}。其中猪肉维生素 B_1 含量较高,而牛肉中的维生素 B_2 和叶酸含量高于瘦猪肉。但瘦肉中所含维生素 A、维生素 D 和维生素 E 均很少,肥肉中含量也不高。

家畜的肝、肾、心等内脏富含多种维生素。其中肝脏是各种维生素在动物体内的贮藏场所,是维生素 A、维生素 D、维生素 B_2 和维生素 B_{12} 的极好来源,还有少量的维生素 E 和维生素 C。肾脏和心脏中的 B 族维生素含量也明显高于畜肉。几种畜肉的某些营养素含量见表 7-25。

表 7-25　几种畜肉的某些营养素含量

食物名称	蛋白质/(g/100 g)	脂肪/(g/100 g)	硫胺素/(mg/100 g)	核黄素/(mg/100 g)	尼克酸/(mg/100 g)	视黄醇/(μg/100 g)	铁/(mg/100 g)
猪里脊	20.2	7.9	0.47	0.12	5.1	5	1.5
猪排骨肉	13.6	30.6	0.36	0.15	3.1	10	1.3
猪肝	19.3	3.5	0.21	2.08	15.0	4 972	22.6
牛后腿	19.8	2.0	0.02	0.18	5.7	2	2.1
羊后腿	15.5	4.0	0.06	0.22	4.8	8	1.7
兔肉	19.7	2.2	0.11	0.10	5.8	212	2.0

资料来源:杨月欣,王光亚,潘兴昌. 中国食物成分表 2002. 北京:北京大学医学出版社,2002

4. 矿物质

畜肉中含矿物质达 1%～2%,是铁、锰、锌、铜、硒等微量元素的重要膳食来源。其中钠和磷含量较高,钾含量则低于蔬菜、水果、豆类、粗粮等植物性食品,钙含量很低,例如,猪肉的含钙量仅为 6 mg/100 g 左右,而磷含量较高,达 120～180 mg/100 g。

肉类中的铁以血红素铁的形式存在,生物利用率高,吸收率不受食物中各种干扰物质的影响。肝脏是铁的贮藏器官,含铁量为各部位之冠。血液、肾脏、心脏和脾脏也是膳食铁的优质来源。颜色深红的肉类所含的血红素铁较颜色淡红的肉类更高。此外,畜肉中锌、铜、硒等微量元素较丰富,且其吸收利用率比植物性食品高。家畜内脏也是锌、铜、硒等微量元素的良好来源,含量高于畜肉。

7.3.1.2　禽肉类的营养价值

鸡、鸭、鹅、鹌鹑、火鸡、鸵鸟等统称禽类,以鸡为代表。它们被称为"白肉",与被称为"红肉"的畜肉相比,在脂肪含量和质量方面有较大差异。

1. 蛋白质

去皮鸡肉和鹌鹑的蛋白质含量比畜肉稍高,为 20% 左右。鸭、鹅的蛋白质含量分别为 16% 和 18%。禽肉的蛋白质也是优质蛋白,生物价与猪肉和牛肉相当。各部位的蛋白质含量略有差异,如鸡胸肉的蛋白质含量约为 20%,鸡翅约为 17%;在禽类内脏中,肫的蛋白质含量较高,为 18%～20%,肝和心脏含蛋白质为 13%～17%。一些禽肉的主要营养素含量如表 7-26 所列。

表 7-26　一些禽肉的主要营养素含量

食物名称	蛋白质/ (g/100 g)	脂肪/ (g/100 g)	硫胺素/ (mg/100 g)	核黄素/ (mg/100 g)	尼克酸/ (mg/100 g)	视黄醇/ (μgRE/100 g)	铁/ (mg/100 g)
鸡胸脯肉	19.4	5.0	0.07	0.13	10.8	16	0.6
鸡肝	16.6	4.8	0.33	1.10	11.9	10 414	12.0
鹌鹑	20.2	3.1	0.04	0.32	6.3	40	2.3
鸭	15.5	19.7	0.08	0.22	4.2	52	2.2
鸭血	13.6	0.4	0.06	0.06	—	—	30.5
鹅	17.9	19.9	0.07	0.23	4.9	42	3.8

资料来源：杨月欣，王光亚，潘兴昌. 中国食物成分表 2002. 北京：北京大学医学出版社，2002

2. 脂肪

在各种肉用禽类中，火鸡和鹌鹑的脂肪含量较低，鸡和鸽子的脂肪含量居中，鸭和鹅的脂肪含量略高。因品种和肥育度的不同，脂肪含量可以有很大的差异，例如乌骨鸡的脂肪含量显著低于普通肉鸡，而肥育禽类如肥育肉鸡、填鸭等的脂肪含量可达30%～40%。翅膀部分含有较多脂肪，可达 12% 以

上，而胸肉的脂肪含量很低，通常仅有 3%～5%。在家禽内脏当中，以心脏含脂肪最高，为 9%～12%，肝脏、胗等内脏的脂肪含量较低。

禽类脂肪中多不饱和脂肪酸的含量高于畜肉，主要是亚油酸，在室温下呈半固态。禽类和畜肉类的脂肪酸比例见表 7-27 所示。其胆固醇含量与畜肉相当。

表 7-27　禽类和畜类脂肪的主要脂肪酸含量比较　　　　　　　　　　　%

油脂名称	脂肪酸含量					
	饱和脂肪酸			不饱和脂肪酸		
	棕榈酸	硬脂酸	棕榈烯酸	油酸	亚油酸	亚麻酸
猪油	26.0	15.7	2.3	44.2	8.9	—
牛油	25.3	28.6	3.4	28.8	1.9	1.0
羊油	18.2	35.9	3.1	33.0	2.9	2.4
鸡油	20.0	5.3	6.2	39.6	24.7	1.3
鸭油	21.6	7.3	3.6	51.6	14.2	0.8

资料来源：杨月欣，王光亚，潘兴昌. 中国食物成分表 2002. 北京：北京大学医学出版社，2002

3. 维生素

禽肉中维生素分布的特点与畜肉相同，B 族维生素含量丰富，特别富含尼克酸。例如，鸡胸脯肉中含尼克酸 10.8 mg/100 g，泛酸含量也较高。其中维生素 A 和维生素 D 含量低，但含有少量的维生素 E，约 90～400 μg/100 mg。禽类肝脏是维生素 A、维生素 D、维生素 K、维生素 E 和维生素 B$_2$ 的良好来源，维生素含量往往高于畜肉，而且质地细腻。此外，禽类的心脏和胗也是 B 族维生素含量十分丰富的食物。

4. 矿物质

与畜肉相同，禽肉是血红素铁的来源，但不及红肉类含量高。锌、硒等矿物质含量也较高，但钙含量较低。

禽类肝脏和血中的铁含量可达 10～30 mg/100 g，是铁的优质膳食来源。禽类的心脏和胗也是含矿物质非常丰富的食物。

7.3.1.3　水产类

水产类包括鱼、虾、贝类、甲壳类动物、软体动物等水生动物的组织。研究证据表明，摄入鱼类有利于降低心血管疾病和中风的发病风险，减少随着年龄增加发生认知功能障碍和视网膜黄斑变性的风险。

1. 蛋白质

水产类的蛋白质含量为 15%～20%，按鲜重计算的含量和生物价值均与肉类相当。但由于其含水

量和脂肪率低于肉类,按干重计算的蛋白质含量高
于肉类,且鱼类的肌肉纤维细嫩柔软,蛋白质的消化
吸收率高于畜肉。一些白肉海鱼中的蛋白质和脂类
成分含量如表 7-28 所列。

水产品中还含有氨基乙磺酸,即牛磺酸,它是一
种能够促进胎儿和婴儿大脑发育、防止动脉硬化、维
持血压、保护视力的有益物质。贝类中牛磺酸的含
量高于鱼类。

深色海鱼如鲭鱼等含有较高的组氨酸,含量可
达鲜肉重的 0.6%~1.3%。鱼肉细菌腐败时,组氨
酸分解可以形成大量的组胺。此外,鱼类中富含低
分子量的胺类物质,是其腥味的来源之一。

2. 脂肪

水产的脂肪含量因品种不同而差异甚远。脂肪
含量低的品种仅有 0.5%左右,如黑线鳕、鳕鱼等;而
脂肪高的品种可达 10%~26%,如鳗鱼、鲱鱼和金枪
鱼。多数鱼的脂肪含量介于两者之间。一些鱼类的
脂肪主要存在于鱼肉中,如鲤鱼、鲱鱼等;另一些鱼
类的脂肪主要集中于肝脏,而肌肉部分含量甚低,如
各种鳕鱼;也有的鱼类将脂肪积聚于小肠中,如真
鲈。鱼类脂肪中含不饱和脂肪酸比例较高,例如,鲨
鱼中不饱和脂肪酸占总脂肪酸的 50%左右,而鲤鱼
含不饱和脂肪酸达 70%左右。

表 7-28　一些白肉海鱼中的蛋白质和脂类成分含量

鱼种	能量/ (kcal/100 g 鲜重)	蛋白质/ (g/100 g 鲜重)	脂肪/ (g/100 g 鲜重)	饱和脂肪/ (g/100 g 鲜重)	ω-3 脂肪/ (g/100 g 鲜重)	胆固醇/ (g/100 g 鲜重)
阿拉斯加狭鳕	81	17	1	0.2	0.2	99
太平洋真鳕	82	18	1	0.2	0.2	71
黑鳕	195	14	15	3.2	1.4	56
太平洋大比目鱼	110	21	2.5	0.3	0.4	54
鲽鱼	91	15	1.2	0.2	0.4	48

资料来源:Exler J.. Composition of Foods:Finfish and seellfish products. Human Nutrition Information Service. USDA Handbook. Washington D. C. 1987

水产类脂肪的另一特点是富含 20~24 碳的长
链不饱和脂肪酸,包括 EPA、DHA 等。例如,墨鱼脂
肪中有 27.4%为 DHA,小凤尾鱼中为 15%。DHA
的总量还与鱼类的脂肪含量有关,如秋刀鱼、三文
鱼、鳗鱼等富含脂肪的鱼类都是膳食中 DHA 的良好

来源,部分淡水鱼如鲈鱼等也是 ω-3 脂肪酸的良好来
源(表 7-29)。此外,鱼类中的脂肪含量和脂肪酸分
布还受到鱼龄、季节、栖息环境、摄食状态等因素的
影响。

表 7-29　部分鱼种中的 DHA 含量　　　　　　　　　　　　　　　　g/100 g 鲜鱼肉

鱼种	大眼鳜	乌塘鳢	赤眼鳟	翘嘴鲌	鲈鱼	鳜鱼
DHA 含量	14.2	12.3	12.8	10.8	18.6	6.4

鱼种	鳙鱼	中华鲟	鲢鱼	罗非鱼	武昌鱼	三文鱼
DHA 含量	5.9	5.8	5.0	1.1	0.9	15.1

资料来源:祖丽亚,罗俊雄,樊铁. 海水鱼与淡水鱼脂肪中 EPA、DHA 含量比较. 中国油脂,2003(11):45-47

邓泽元,范亚苇. 鄱阳湖 10 种淡水鱼脂肪酸的特性研究. 食品工业科技,2010(8):271-275

通常鱼类的胆固醇含量为 50~70 mg/100 g,略低
于畜肉的含量。如红色鲑鱼含胆固醇约 60 mg/100 g。
虾蟹、贝类和鱼子中的胆固醇含量较高。如黄花鱼
的鱼子中胆固醇含量为 819 mg/100 g。

3. 维生素

水产品中的维生素 A,维生素 D,维生素 E 含量
均高于畜肉,有的含有较高维生素 B₂。鱼油和鱼肝

油是补充维生素 A、维生素 D 的主要方式。多脂的
海鱼肉也含有一定数量的维生素 A 和维生素 D,是
膳食中维生素 A、维生素 D 的重要来源,也是维生素
E 的一般来源。例如,鲑鱼(三文鱼)中有较高含量的
维生素 E,并含有可以转变成维生素 A 的胡萝卜素。

水产类中水溶性维生素如核黄素的含量也较
高,但硫胺素的含量往往低于肉类食物。一些鱼类

食品中含有硫胺素酶和催化硫胺素降解的蛋白质，因此，大量食用生鱼可能造成硫胺素的缺乏。加热后食用可避免这类问题的发生。

4. 矿物质

水产品中的钙元素含量明显高于畜肉，微量元素的生物利用率也较高。甲壳类食品是锌、铜等微量元素的最佳来源。贝类、虾和鱼罐头是钙的好来源。海鱼和海生虾贝类还是碘、硒、锌、铜、锰等元素的优质来源（表7-30）。

表7-30　一些淡水产品中的维生素和矿物质含量

项目	钙/(mg/100 g鲜重)	钾/(mg/100 g鲜重)	硒/(μg/100 g鲜重)	维生素 A/(μg RE/100 g鲜重)	维生素 E/(mg/100 g鲜重)	维生素 B_1/(mg/100 g鲜重)	维生素 B_2/(mg/100 g鲜重)
草鱼	38	331	6.66	11	2.03	0.04	0.11
黄鳝	42	263	34.56	50	1.34	0.06	0.98
泥鳅	299	282	35.30	14	0.79	0.10	0.33
鲶鱼	42	351	27.49	—	0.54	0.03	0.10
河虾	325	329	29.65	48	5.33	0.04	0.03
河蟹	231	214	56.72	389	6.09	0.06	0.28

资料来源：杨月欣，王光亚，潘兴昌. 中国食物成分表2002. 北京：北京大学医学出版社，2002

然而，贝类往往具有富集重金属污染的特性，食肉鱼因处在食物链的顶端，也极易富集汞、镉等重金属。故而食用水产品应适量，特别是金枪鱼、鲨鱼等食肉鱼和贝类。

7.3.1.4 肉类和水产加工品的营养价值

肉、禽、鱼等食物在加工中，主要损失水溶性维生素，而蛋白质和矿物质的损失不大。脂肪含量可能因处理方式而有较大的变化。肉类加工品包括中式、西式两类，中式肉制品当中有香肠、腊肉、卤肉、熏肉等；西式肉制品主要有西式灌肠、西式火腿、培根等；水产类制品则主要包括鱼罐头、鱼虾贝类干制品和鱼糜制品。

1. 各种西式肉制品

西式灌肠通常是用瘦肉和肥肉糜经食盐、磷酸盐、亚硝酸盐、调味料等腌制后将其斩拌，装入肠衣，然后经过煮制而成，有的还经过烟熏或风干。其中水分含量为50%左右。为了改善肠的口感和切片性，通常要加入一定比例的肥肉、大豆蛋白、淀粉或改性淀粉、明胶以及植物胶等配料。多数灌肠的蛋白质含量为10%～15%，脂肪含量为20%～30%。产品中的蛋白质、维生素和矿物质的含量随着肥肉、淀粉、胶质等配料的增加而下降。

2. 中式肉制品

中式香肠的特点是不加入淀粉，也不经过煮制，而是经过腌制后干制保存。其主要原料是瘦肉丁、肥肉丁、盐、糖、亚硝酸盐、香辛料等，水分含量明显低于西式灌肠。其蛋白质含量在20%以上，但脂肪含量高达40%以上，因此是一种高能量食品。由于贮藏时间较长，其中脂肪可能有一定程度的氧化。其中的维生素和矿物质含量与原料肉基本相当。

3. 肉松

肉松是把肉煮烂后再经过炒干制成的。加工过程中B族维生素损失较大。长时间受热过程中，可能发生羰氨褐变反应和蛋白质的交联作用，使一些必需氨基酸的利用率降低，导致蛋白质生物价的下降，但其中的矿物质如铁元素得到浓缩，含量有所增加。

4. 酱卤肉

制作过程中并不加入脂肪，故产品中的脂肪含量往往低于原料肉。同样，由于长时间煮制，B族维生素有部分损失。但因肉类缩水，并取出一部分脂肪，可以使矿物质含量得以浓缩。因此，它们是蛋白质、铁、锌等矿物质的良好来源。

5. 罐头制品

在罐头制作中，因为除去了部分水分，蛋白质含量往往有所升高。罐头鱼有油浸、水浸、茄汁等不同产品，其中油浸产品脂肪含量较高。在罐藏加工后，各种B族维生素均有明显损失，特别是维生素 B_1（表7-31）。罐头肉制品在长期室温贮藏中继续发生氨基酸和B族维生素含量的下降，降低贮藏温度可以大大延缓维生素的损失，如罐藏鱼肉制品在常温

(20℃)下贮藏 2 年后,其蛋白质损失不大,但 B 族维生素损失约为 50%。在带骨肉罐头和鱼罐头中,由于长时间的加热使骨头酥软,其中的矿物质溶入汤汁中,大大增加了钙、磷、锌等元素的含量。

表 7-31　肉类罐头灭菌后某些维生素的平均损失率

%

食物名称	硫胺素	核黄素	尼克酸
牛肉丁	67	0	0
牛肉块	81	24	44
原汁猪肉	67	0	23
绞羊肉	84	0	13

资料来源:M. 里切希尔. 加工食品的营养价值手册. 陈葆新,等译. 北京:轻工业出版社,1989

6. 水产干制品

如鱼干、虾皮、海米、干贝等水产干制品,传统的干燥方法使肉类和鱼类表层的不饱和脂肪酸受到氧化,微生物的作用使蛋白质分解成小分子胺类,这是肉干和鱼干产生特殊风味的原因之一。因为水分被除去,这类产品的蛋白质含量可高达 50% 左右,而脂肪含量很低。它们浓缩了水产品中的矿物质,是钙和各种微量元素的优质来源,如钙的含量可高达 500 mg/100 g 以上。但它们的钠含量也很高,而且其中含有微量的亚硝胺类物质。

7.3.2　乳类的营养价值

人类食用的乳类食品以牛乳为代表,此外水牛乳、绵羊乳、山羊乳、牦牛乳、马乳、骆驼乳等也在部分地区具有食用传统。牛乳及其制品是膳食中蛋白质、钙、磷、维生素 A、维生素 D 和维生素 B_2 的重要供给来源之一。在牛乳的各种成分当中,以乳糖和矿物质的含量较为恒定,其他成分因乳牛品种、哺乳期、饲料内容和各种环境因素的影响而有所波动,其中乳脂肪的变化幅度最大。然而,市售奶制品经过标准化,其蛋白质和脂肪成分的含量是固定的,与包装上所标注的含量一致。

研究证据表明,奶类摄入对骨密度增加有促进作用,但与髋骨骨折风险无关。近年来的研究认为,奶类摄入与前列腺癌风险亦无关,可降低乳腺癌和肠癌的风险。摄入酸奶有利于降低 II 型糖尿病的发病风险,并有利于降低血压,改善胃肠道功能。

7.3.2.1　乳的营养价值

1. 蛋白质

牛乳中的蛋白质含量比较恒定,为 3.0%~3.5%,其蛋白质中 80% 以上为酪蛋白(casein),其他主要为乳清蛋白(whey protein)。酪蛋白和乳清蛋白均为优质蛋白质,容易为人体消化吸收,并能与谷类蛋白质发生营养互补作用。在各种食物蛋白质中,乳清蛋白最富含亮氨酸,这种氨基酸有利于刺激肌肉组织的生长。

牛乳的含氮物中有 5% 为非蛋白氮,包括尿素、游离氨基酸、肌酐、肌酸、氨基葡萄糖等。因为牛奶没有细胞结构,其中嘌呤含量极低,是动物性食品中最低的一种。羊奶等其他动物奶的主要成分见表 7-32。

表 7-32　几种动物奶的主要营养成分(均按未加工原料状态计)

%

奶种	蛋白质	脂肪	乳糖	乳干物质
乳牛奶[1]	2.8~4.0	2.8~4.0	4.6~4.9	11.8~13.7
水牛奶[2]	4.0~5.6	6.5~7.9	5.2~5.6	17.0~18.9
山羊奶[3]	3.5	5.2	4.1	13.5
绵羊奶[3]	5.6	6.8	4.9	18.1
骆驼奶[1]	3.5~4.9	5.6~6.9	4.2~4.7	14.3~17.4
牦牛奶[4]	5.3~5.8	5.2~7.0	4.4~4.9	13.5~18.4
马奶[5]	2.7	0.4	6.2	—
驴奶[5]	1.9	0.3	12.0	—

资料来源:1.陆东林,张静,何晓瑞. 驼乳的化学成分和加工利用. 中国乳业,2008(7):36-38
2.晋丽娜,黄艾祥. 云南省水牛乳常规营养成分的分析. 中国奶牛,2011(18):31-33
3.王逸斌,徐莎,侯艳梅,等. 山羊奶的营养成分研究进展. 中国食物与营养,2012,18(10):67-71
4.席斌,李维红,高雅琴. 不同地区牦牛乳营养成分比较研究. 安徽农业科学,2011(2):1045-1046
5.王建光,孙玉江,芒来. 马奶与几种奶营养成分的比较分析. 食品研究与开发,2006,27(8):146-149

2. 脂肪

天然牛乳中的脂肪含量为 2.8%~4.0%，以脂肪微球的形式分散于水相中，呈良好的乳化状态，使牛奶呈现乳白色。乳脂中饱和脂肪酸含量约占 1/2，而多不饱和脂肪酸含量在 10% 以下，丁酸、己酸等短链脂肪酸含量达 8% 左右。乳脂中的磷脂和胆固醇含量明显低于肉类和蛋类。

除马奶和驴奶之外，山羊奶、绵羊奶、牦牛奶、骆驼奶等其他奶类的脂肪含量高于乳牛奶，同时脂肪饱和程度也更高。

3. 碳水化合物

各种牛乳中乳糖含量约占 4.6%，占牛奶中碳水化合物的 99.8%，此外还含有微量的低聚糖。除了马奶和驴奶，山羊奶、绵羊奶、骆驼奶、牦牛奶等其他乳类中的乳糖含量与牛奶差异不大。乳糖容易为婴幼儿消化吸收，而且有利于钙、铁、锌等矿物质的吸收，促进肠内乳酸细菌特别是双歧杆菌的繁殖，有利大肠菌群维持健康状态，促进肠细菌合成 B 族维生素。乳糖的血糖反应远低于蔗糖、葡萄糖和麦芽糖。

部分成年人体内的乳糖酶活性很低，无法消化乳糖。小肠内未消化的乳糖可促进肠道蠕动并有一定脱水作用，在大肠中经细菌发酵分解产生气体，导致乳糖不耐受，包括腹胀、肠道多气、腹痛、腹泻等症状。乳糖不耐受者可以食用经乳糖酶处理的低乳糖奶粉或低乳糖牛奶，也可以饮用酸奶，或将少量奶类与淀粉类主食混合食用。

4. 维生素

乳类含有几乎所有种类的脂溶性和水溶性维生素，包括维生素 A、维生素 D、维生素 E、维生素 K、各种 B 族维生素和微量的维生素 C。它是 B 族维生素的良好来源，250 g 乳类可以提供超过成年人一天需要量 20% 的核黄素，以及相当多的维生素 B_{12}、维生素 B_6 和泛酸。牛乳中的烟酸含量不高，但由于牛乳蛋白质中的色氨酸含量高，在需要时可以在人体中转化为烟酸。添加维生素 A 和维生素 D 的营养强化奶是这两种维生素最方便和廉价的膳食来源之一，但脂溶性维生素只存在于牛奶的脂肪部分中，未强化脱脂奶中的脂溶性维生素含量很低。

羊奶中也富含多种维生素，但其中维生素 B_{12} 利用率较低，不宜作为幼儿动物性食品的唯一来源。驼乳、水牛乳、牦牛乳等乳类的维生素含量与牛奶相当或略高。

5. 矿物质

乳类中含有丰富的矿物质，其中以钙最为突出。牛乳中的钙 80% 以酪蛋白酸钙复合物的形式存在，其他矿物质也主要是以蛋白质结合、吸附在脂肪球膜上或与有机酸结合成盐类的形式存在。乳类钙磷比例合理，同时含有维生素 D、乳糖等促进吸收因子，且食用方便，因此乳类是膳食中钙的最佳来源之一。但乳类中铁、锌、铜等微量元素含量较低（表 7-33）。乳中的矿物质含量因品种、饲料、泌乳期等因素而有所差异，初乳中含量最高，常乳中含量略有下降。

表 7-33　牛乳中的矿物质组分

成分	含量/(mg/L)	成分	含量/(μg/L)
钾	1 500	锌	4 000
钙	1 200	铝	500
钠	500	铁	400
镁	120	铜	120
磷	3 000	钼	60
氯	1 000	锰	30
硫	100	镍	25
		硅	1 500
		溴	1 000
		硼	200
		氟	150
		碘	60

资料来源：Belitz H. D., Grosch W.. Food Chemistry. 2rd ed. Springer, 1999

6. 其他有益健康的物质

乳中含有大量的生理活性物质。其中较为重要的含氮物有乳铁蛋白（lactoferrin）、免疫球蛋白、共轭亚油酸（conjugated linoleic acid，CLA）、各种生长因子和多种活性肽类等。乳铁蛋白具有抗感染作用、抗病毒作用和抗自由基作用，同时还有营养肠道黏膜和促进双歧杆菌生长的作用。此外，牛乳蛋白质经过酶水解之后，能够形成多种生物活性肽，包括抗增压素、免疫调节肽、促进钙吸收的蛋白质磷肽（CPP）、吗啡样活性肽、抗菌肽等。

乳中也富含与健康相关的脂类物质。其中丁酸也称酪酸，是反刍动物乳脂中的特有脂肪酸，具有促进肠道细胞修复和抑制癌细胞增殖的作用。此外还含有反刍动物所特有的天然反式脂肪酸异油酸（trans-11-vaccenic acid）以及共轭亚油酸（cis-9， trans-11-CLA）。异油酸和油脂氢化、加热过程中产生的反式脂肪酸（主要是反式油酸，trans-9-octadecenoic acid）结构不同，未发现对人体健康有害，并在动物实验中表现出抗动脉硬化作用；而共轭亚油酸具有降低体脂含量和抑制癌细胞的作用。目前畜牧业已经研发出了高异油酸和高共轭亚油酸的牛奶。

7.3.2.2　乳制品的营养价值

按照我国食品工业标准体系，乳制品包括液体乳制品、乳粉、乳脂、炼乳、冰激凌和其他乳制品。

1. 液态牛奶产品

按现行国家标准，液态奶可以划分成 3 个类别，即巴氏杀菌乳（pasterizied milk）、灭菌乳（sterilized milk）和调制乳（modified milk）。巴氏杀菌乳常常简称为"巴氏奶"或"消毒奶"，是新鲜乳经 100℃ 以下的巴氏杀菌工艺制成的液态奶制品，需冷藏。灭菌乳产品可室温贮藏，又分为两类，包括经过 132～140℃ 高温瞬时杀菌并无菌灌装而成的"超高温灭菌乳"（ultra high-temperature milk），以及灌装并密封之后

再经过高温灭菌制成的"保持灭菌乳"（retort sterilized milk）。

巴氏杀菌乳和灭菌乳产品的蛋白质含量通常为 2.9%～3.5%。在加工过程中，牛乳的脂肪含量根据产品类型不同而进行调整。脱脂奶的脂肪含量低于 0.5%，低脂奶（半脱脂奶）为 1.0%～2.0%，全脂奶为 3.1%～3.5%，少数高脂产品可达 3.5%～4.5%，需要额外添加奶油。巴氏奶和灭菌奶的蛋白质、乳糖、矿物质等营养成分含量基本上与原料乳相同。高温加热处理会不可逆地增加胶体磷酸钙的含量，而降低离子化钙和可溶性磷酸的含量。加热带来 B 族维生素的损失，巴氏奶的 B 族维生素保存率通常在 90% 以上，灭菌奶也在 60% 以上（表 7-34）。

调制乳是用不低于 80% 的牛乳或相应数量的乳粉，再添加其他配料制成的产品。调制乳的蛋白质含量不低于 2.3%，脂肪含量不低于 2.5%，略低于巴氏杀菌乳和灭菌乳。产品的具体营养素含量和添加量需要查看包装上的营养成分表。

表 7-34　牛乳不同加工处理后维生素的损失　　%

处理	维生素 B_1	维生素 B_6	维生素 B_{12}	叶酸	维生素 C
巴氏杀菌	<10	0～8	<10	<10	10～25
超高温瞬时杀菌	0～20	<10	5～20	5～20	5～30
煮沸	10～20	10	20	15	15～30
高压灭菌	20～50	20～50	20～100	30～50	30～100

资料来源：Renner，1983. 引自 Nutritional Evaluation of Food Processing，Avi，1991

2. 发酵乳

发酵乳（fermented milk）俗称酸奶（yogurt），是牛乳经乳酸菌发酵制成的酸味乳制品。按照是否添加其他风味配料，分为原味发酵乳和风味发酵乳（flavored fermented milk），后者可以加入果汁、果泥、果酱、水果块、蔬菜、谷物等各种风味配料。原味酸奶的蛋白质含量应当不低于 2.9%，脂肪不低于 3.1%；调味酸奶的蛋白质含量不低于 2.3%，脂肪不低于 2.5%。碳水化合物含量通常为 11%～15%，包括牛奶原料中的乳糖（约占 4%）和人工添加的糖或蜂蜜（7%～11%）。

乳酸菌的繁殖发酵使蛋白质被部分分解为肽、游离氨基酸和非蛋白氮，进一步提高了消化吸收率。乳酸发酵消耗了牛乳中的乳糖成分，并能提供乳糖酶，解决了乳糖不耐受问题，而保留了牛乳中的所有营养成分，所产生的乳酸亦有利于矿物质的吸

收利用。此外，经过发酵还增加了维生素 B_{12} 和叶酸的含量。

酸奶制作中往往使用明胶、果胶、卡拉胶等增稠剂，其中果胶和卡拉胶等都属于可溶性膳食纤维，而明胶属于胶原蛋白的水解物，它们对人体健康均有益无害。

3. 乳酪

乳酪（cheese）也称为奶酪或干酪，是牛乳经过发酵和凝乳，除去乳清，再经加盐压榨、后熟等处理后得到的产品。去掉乳清的加工环节会损失部分乳清蛋白、乳糖和水溶性维生素，但酪蛋白和其他营养素都得到了保留和浓缩。经过特定细菌和霉菌的后熟发酵，乳酪中的蛋白质和脂肪部分分解，消化吸收率提高，并产生乳酪特有的风味。

总体来说，乳酪是蛋白质、维生素 A、B 族维生素和钙等营养素的上好来源，碳水化合物含量则很低，

这是因为奶酪制作过程中,大部分乳糖随乳清流失,少量乳糖经发酵产生乳酸也被除去,因而食用奶酪不会发生乳糖不耐现象。随着浓缩程度的不同,其营养素比例也发生变化。原料牛奶中的蛋白质和脂肪含量接近1∶1,而硬质乳酪中则降低为接近1∶2,胆固醇也得到浓缩而大幅度上升。一些硬奶酪产品的脂肪含量可高达30%~40%,属于高脂肪食物。

乳酪制作过程中,其中的钙和镁等矿物质元素得到了浓缩,脂溶性维生素仍然完整地保留在凝块当中,而水溶性B族维生素大部分因为除去乳清而被损失,但因为后期发酵过程中微生物会产生各种B族维生素,其含量仍高于原料牛奶。据我国食物成分表,100 g切达奶酪中含蛋白质25.7 g,脂肪23.5 g,核黄素0.91 mg,钙799 mg。

制作乳酪所分离的乳清含有容易消化的乳清蛋白和多种B族维生素,经过浓缩干燥制取的乳清粉,是制作婴儿奶粉和多种运动保健食品的重要配料。

4. 乳粉

乳粉即奶粉,它是原料乳经过浓缩和脱水加工后制成的粉状产品,可分为乳粉(milk powder)和调制乳粉(formulated milk powder)两类。一般8 kg原料牛奶可以生产1 kg的乳粉。乳粉中不含有任何其他配料,而调制乳粉中可以加入糖、其他配料和许可使用的食品添加剂。

全脂乳粉中的蛋白质含量应不低于非脂乳固体的34%(总重量的23%左右),脂肪含量不低于26%,乳糖含量不低于37%。调制乳粉中的蛋白质含量应不低于16.5%。脱脂奶粉除去了绝大部分乳脂肪,脂肪含量通常在2%以下。在乳粉的制作过程当中,牛奶中的蛋白质、矿物质、脂肪等主要营养成分得到保存,维生素B_1、维生素B_6等有10%~30%的损失。

目前,许多乳粉产品都按照产品目标人群的营养需要对营养成分进行了调整,如除去一部分脂肪,添加钙、铁、锌、铬等矿物质,添加多种维生素,还可以添加免疫球蛋白、亚油酸、DHA、牛磺酸、低聚糖及其他保健成分,生产出孕妇奶粉、青少年奶粉、老年奶粉等更适合特定人群营养需要的产品。

需要注意的是,甜奶粉中添加了20%左右的蔗糖,营养价值有所下降。1岁以内的婴儿所食用的婴儿配方奶粉的成分与普通奶粉差异极大,其中添加了较多的乳糖,成年人饮用时更易产生乳糖不耐反应。

5. 炼乳

炼乳是原料乳经消毒和均质后,在低温真空条件下浓缩除去2/3的水分,再装罐杀菌制成的黏稠产品,又分为淡炼乳(evaporated milk)、甜炼乳(sweetened condensed milk)和调制炼乳(formulated condensed milk)。调制炼乳中,除了牛奶和糖,还可以加入香精、色素等其他成分,制成草莓炼乳、巧克力炼乳等产品。

炼乳中的蛋白质含量为4%~6%,脂肪不低于7.5%。生产过程中经过多次加热,炼乳中的维生素A,维生素B_1,维生素B_2等营养素受到部分破坏,但蛋白质、脂肪和各种矿物质得到浓缩,同样是钙的良好来源。甜炼乳因为添加较多蔗糖,所含能量较高,营养价值低于淡炼乳。

6. 奶油

把牛乳中的乳脂肪分离出来制成的产品即为奶油,又分为稀奶油(cream)、奶油(butter)和无水奶油(anhydrous milkfat)3类。稀奶油的脂肪含量为10%~80%,奶油的脂肪含量在80%以上,而无水奶油的脂肪含量要求在99.8%以上。

稀奶油多为乳白色的浓稠液体,而奶油是淡黄色的固体,也称黄油、白脱,其淡黄色来自胡萝卜素和叶黄素等类胡萝卜素物质。牛乳中的脂溶性营养成分基本上保留在奶油中,胆固醇成分也被浓缩,因而奶油是维生素A和维生素D的良好来源,也是胆固醇的密集来源。但是,蛋白质和水溶性营养成分如B族维生素绝大部分在脂肪分离过程中被除去。例如,100 g奶油中所含维生素A可高达800 μgRE以上,而维生素B_1含量仅有0.02 mg,蛋白质含量为1%。

7.3.3 蛋类和蛋制品的营养价值

蛋是鸟类动物的卵,包括鸡蛋、鸭蛋、鹌鹑蛋、鹅蛋、鸽蛋、火鸡蛋和鸵鸟蛋等,以鸡蛋为代表,它们是膳食中优质蛋白质的重要来源。鸡蛋的蛋黄和蛋清分别占蛋可食部分的1/3和2/3。蛋黄集中了鸡蛋中的大部分矿物质、维生素和脂肪。

研究证据表明,鸡蛋摄入量与心血管疾病和中风的危险无关,与亚洲人群的癌症风险也没有关系。然而,有研究发现鸡蛋摄入量高时可增加糖尿病的发病风险,糖尿病患者每周摄入鸡蛋宜少于4个。

7.3.3.1 蛋类的营养价值

1. 蛋白质

鸡蛋中蛋白质含量为11%~13%,略低于瘦肉,但质量优异。鸡蛋的蛋白质不仅分布在蛋白部分,也分布在蛋黄部分。例如,鸡蛋蛋清部分含蛋白质11.0%,而蛋黄部分含蛋白质17.5%。每枚鸡蛋平均可为人体提供6 g蛋白质。鸡蛋中蛋白质的数量和质量基本恒定,受饲料影响较小。

鸡蛋蛋白质为优质蛋白质的代表,是各类食物蛋白质中生物价值最高的一种,各种氨基酸比例合理,其生物价100,蛋白质净利用率94%,易被人体消化吸收和利用(表7-35)。按蛋白质含量来计算,蛋类在各种动物蛋白质来源中是最为廉价的一种。

表 7-35　鸡蛋蛋白质与其他食物蛋白质质量比较

食物蛋白质	生物价	蛋白质功效比	净蛋白利用率/%
全蛋	100	3.8	94
牛奶	91	3.1	82
酪蛋白	77	2.9	76
乳清蛋白	104	3.6	92
牛肉	80	2.9	73
马铃薯	71	—	—
大豆蛋白	74	2.1	61
稻米蛋白	59	2.0	57

资料来源:葛可佑. 中国营养科学全书:食品营养卷. 北京:人民卫生出版社,2002

鸡蛋清中含有多种具抗蛋白酶活性的物质。其中卵黏蛋白具有妨碍胰蛋白酶活性的作用,卵巨球蛋白为蛋白酶抑制剂。此外,卵清中尚含有少量卵抑制剂,为丝氨酸蛋白酶的抑制剂。蛋清中也存在多种影响维生素利用的成分,如卵黄素蛋白易与核黄素结合,而生物素结合蛋白可与生物素形成极难分解的复合物,使人体无法吸收利用生物素。因此,生鸡蛋的消化吸收率很低,仅为50%左右,应等到蛋清凝固后再加以食用。烹调后可使各种鸡蛋中的抗营养因素完全失活,消化率达96%。

然而,蛋清中的抗营养因素也往往具有抗氧化和降低炎症反应的作用,包括卵清蛋白、卵黏蛋白、卵转铁蛋白、溶菌酶、卵抑制剂和卵黄高磷蛋白等。

2.脂肪

蛋类的脂肪含量为9%~15%,98%的脂肪存在于蛋黄当中。蛋黄中的脂肪几乎全部以与蛋白质结合的良好乳化形式存在,因而消化吸收率高。

鸡蛋黄中的脂肪含量30%~33%,其中中性脂肪含量占62%~66%,磷脂占28%~33%,固醇占4%~5%,还有微量脑苷脂类。蛋黄的脂肪酸构成

中,以油酸最为丰富,约占50%,亚油酸约占10%,其余主要是硬脂酸、棕榈酸和棕榈油酸,含微量花生四烯酸和DHA。饲料内容对蛋黄中的脂肪酸比例有非常大的影响,如增加鱼粉、鱼油或亚麻籽会使EPA、DHA或α-亚麻酸含量明显上升。

鸡蛋中的固醇含量较高,其中90%以上为胆固醇,仅有少量植物性固醇。每个鸡蛋含胆固醇约为200 mg,全部存在于蛋黄当中。饲料的成分同样对蛋黄中的胆固醇含量影响甚大,可以通过畜牧学措施生产出低胆固醇鸡蛋。

3.维生素

蛋中含有所有的B族维生素、维生素A、维生素D、维生素E、维生素K和微量的维生素C。其中维生素A、维生素D、维生素K、硫胺素、核黄素、维生素B_6和维生素B_{12}较为丰富。一枚鸡蛋约可满足成年女子一天维生素B_2推荐量的13%,维生素A推荐量的22%。绝大部分的维生素A、维生素D、维生素E和大部分维生素B_1都存在于蛋黄当中。

蛋中的维生素含量受到品种、季节和饲料等因素的影响而有较大变异。目前已有增加蛋黄维生素A、维生素D、维生素K和多种B族维生素含量方面的畜牧学研究。

4.矿物质

蛋中的矿物质主要存在于蛋黄部分,蛋黄中含矿物质1.0%~1.5%,其中磷最为丰富,占60%以上,钙占其中13%左右,硫元素的含量也较高。蛋中所含铁元素数量较多,但以非血红素铁形式存在,而且由于卵黄高磷蛋白对铁的吸收具有干扰作用,铁的生物利用率较低,仅为3%左右。蛋白部分除钾元素外矿物质含量较低。钙元素主要以碳酸钙的形式存在于蛋壳中。蛋中的矿物质含量受饲料因素影响较大。可以通过畜牧学措施生产出高碘、高硒、高锌等特种鸡蛋。

5.蛋中的其他保健成分

蛋黄的颜色来自核黄素、胡萝卜素、叶黄素和玉米黄素,饲料中添加富含类胡萝卜素类的配料如胡萝卜、绿色菜叶、金盏花提取物等,可以使蛋黄的颜色加深。有研究表明,蛋黄中的叶黄素和玉米黄素生物利用率高于绿叶蔬菜,可以补充视网膜黄斑中所含的色素,并具有较高的抗氧化能力,对于预防老年性眼病和心血管疾病有一定益处。据目前的研究报道,其他可用于蛋黄强化的类胡萝卜素成分还包括虾青素和番茄红素。

此外,蛋黄中所富含的磷脂、胆碱、甜菜碱等成分也具有一定的保健作用。蛋中的磷脂组成如表7-36所列,其中,以卵磷脂和脑磷脂为主,但还含有其他磷脂类型。

表 7-36 鸡蛋黄中的脂类物质构成　%

脂类组分	占总脂类物质的比例	占磷脂中的比例
甘油三酯	66	
磷脂	28	
卵磷脂		73
脑磷脂		15.5
溶血卵磷脂		5.8
鞘磷脂		2.5
溶血脑磷脂		2.1
缩醛磷脂		0.9
磷脂酰肌醇		0.6
胆固醇及其他脂类	6	

资料来源：Belitz H.-D., Grosch W., Schieberle P.. Food Chemistry. 4th ed. Springer, 2009

7.3.3.2　蛋类加工品的营养价值

蛋类加工品主要包括传统的皮蛋(松花蛋)、咸蛋、卤蛋,以及工业化生产的蛋粉。几种蛋类加工品的营养成分如表7-37所列。

与鲜鸭蛋相比,皮蛋中赖氨酸和含硫氨基酸的评分均有明显下降,这是因为腌制过程中加入生石灰和纯碱使对碱较为敏感的碱性氨基酸和含硫氨基酸发生降解,含硫氨基酸部分转化为硫化氢,成为皮蛋风味的来源之一。咸鸭蛋的含硫氨基酸评分也有轻微下降,但其他氨基酸和原料鸭蛋没有显著差异。

从脂类变化角度来说,制作皮蛋使脂肪含量下降,磷脂因发生碱水解而含量下降。在脂肪酸组分中,饱和脂肪酸含量下降较为显著,而单不饱和脂肪酸含量上升,使脂肪酸的比例发生明显变化。

由于添加大量碱性物质,制作皮蛋使维生素 B_1 和维生素 B_2 受到较大程度的破坏,因为维生素 B_1 和维生素 B_2 在碱性条件下不稳定。

在制作咸蛋时,加入盐水腌制会极大地增加钠盐的含量,用低钠盐替代普通盐,或者在腌制中加入氯化钾,可以在不影响产品品质的前提下将产品中的钠含量降低25%左右,同时提高钾含量。用包草木灰的方式来制作咸蛋时,因其中富含碳酸钾,也会使咸蛋中的钾含量上升。此外,因为腌制过程中蛋壳中的钙部分溶出并向鸡蛋内部渗透,使咸蛋中的钙含量比腌制前均有显著上升,其中蛋清的钙含量升高幅度可达10倍以上(何珊丽 等,2013)。

卤蛋产品的氨基酸组成与鲜鸡蛋差异不大,但由于水分含量下降,蛋白质含量有所上升,具体产品中的蛋白质和脂肪含量可查询产品包装上的营养成分表。经过长时间煮制之后,卤蛋中棕榈酸、硬脂酸等饱和脂肪酸含量下降,花生四烯酸和DHA等多不饱和脂肪酸含量也下降,而单不饱和脂肪酸含量上升,与肉类长时间炖制后的变化相一致。由于制作中加入了酱油和盐,并经过长时间煮制,其中钠含量大幅度上升,但钾元素有部分流失,含量下降。其他矿质元素变化不大(余秀芳 等,2012)。

将鸡蛋制作成蛋粉对蛋白质的利用率无影响,B族维生素有较大损失,但维生素 A 和维生素 D 含量受影响较小。国外已有较多去掉蛋壳的液体蛋制品,其中包括全蛋液、蛋清液和添加 DHA 等活性成分的低胆固醇蛋液等,但国内尚未见这类产品。

表 7-37　蛋类加工品的主要营养成分　%

品种	蛋白质	脂肪	灰分	水分	蛋黄中磷脂
咸鸭蛋[1]	12.8	15.8	9.0	63.7	13.8
皮蛋(松花鸭蛋)[1]	13.3	10.5	6.5	68.8	8.6
全蛋粉[2]	43.4	36.2	6.6	2.5	—
蛋黄粉[2]	31.6	55.1	3.4	4.6	—

资料来源：1.周有祥,夏虹,彭茂民. 鲜鸭蛋及其制品的营养成分初步分析. 湖北农业科学,2009, 48(10):2553-2555

2.杨月欣,王光亚,潘兴昌. 中国食物成分表. 2版. 北京:北京大学医学出版社,2008

? 思考题

1. 为什么说食物营养价值具有相对性?

2. 为什么不能简单地用营养素含量来评价一种食物在膳食中的营养作用?

3. "营养素密度"这一概念有什么意义?

4. 为什么提倡吃全谷类? 精白米面在膳食中的比例为什么不能过高?

5. 豆类食物分为哪两类? 在营养意义上有何不同?

6. 坚果类常作为零食食用,它们在营养上有什么意义?

7. 蔬菜类食物在膳食中的主要营养意义是什么?

8. 从提供营养素的角度来说,水果可以替代膳食中的蔬菜吗?

9. 肉类食物是哪些营养素的好来源?

10. 水产类食物和肉类食物相比,在营养素方面有什么样的优势?

11. 蛋类食物和奶类食物常常用于早餐,它们在营养素方面有什么异同?

（本章编写人:范志红）

第 8 章
营养强化食品、保健食品与营养标签

学习目的与要求

- 了解食品营养强化的意义、发展简况和发展动态。
- 掌握食品营养强化的概念、基本原则和强化技术。
- 基本掌握营养强化食品的种类及其生产方法。
- 掌握保健食品的概念和主要功能因子。
- 了解食品标签和食品营养标签的基本要求。

8.1　营养强化食品

人类生存以及繁衍后代所需要的营养素主要来源于食品。然而,几乎没有一种天然食品能提供人体所需的全部营养素,而且食品在烹调、加工、贮存等过程中往往有部分营养素损失,加之人们由于经济条件、文化水平、饮食习惯等诸多因素的影响,常常导致人体缺乏矿物质、维生素、蛋白质等营养素而影响身体健康。因此,许多国家的政府和营养学家都提倡在国民膳食食物种类多样化的基础上,通过在部分食品中强化其缺乏的营养素,开发和生产居民需要的各种营养强化食品。随着我国经济的迅速发展和国民收入与生活水平的不断提高,人们越来越希望得到品种多样、品质优良、安全卫生、营养科学、方便实惠和富有特色的强化食品。我们要实现好、维护好、发展好最广大人民根本利益,坚持尽力而为、量力而行。目前,食品营养强化已成为世界各国营养学和食品科学的主要研究内容,今后也必将成为食品工业发展的重要方向。

食品营养强化是世界卫生组织推荐的改善人群微量营养素缺乏的 3 种主要措施之一。食品营养强化不需要改变人们的饮食习惯就可以增加人群对某些营养素的摄入量,从而达到纠正或预防人群微量营养素缺乏的目的。其优点在于,既能覆盖较大范围的人群,又能在短时间内收效,而且花费不多,是经济、便捷的营养改善方式,在世界范围内广泛应用。

8.1.1　食品营养强化概述

8.1.1.1　食品营养强化与食品强化剂

根据营养需要向食品中添加一种或多种营养素,或者某些天然食品,提高食品营养价值的过程称为食品营养强化,或简称为食品强化。这种经过强化处理的食品称为营养强化食品。所添加的营养素或含有营养素的物质(包括天然的和人工合成的)称为食品强化剂。

我国《食品营养强化剂使用标准》(GB 14880—2012)规定:"食品营养强化剂是指为增强营养成分(价值)而加入食品中的天然的或者人工合成的营养素和其他营养成分"。食品营养强化的主要目的包括以下 4 方面。

①弥补食品在正常加工、贮存时造成的营养素损失。

②在一定的地域范围内,有相当规模的人群出现某些营养素摄入水平低或缺乏,通过强化可以改善其摄入水平低或缺乏导致的健康影响。

③某些人群由于饮食习惯和(或)其他原因可能出现某些营养素摄入水平低或缺乏,通过强化可以改善其摄入水平低或缺乏导致的健康影响。

④补充和调整特殊膳食用食品中营养素和(或)其他营养成分的含量。

根据我国《食品营养强化剂使用标准》(GB 14880—2012)规定,我国正式许可使用的食品营养强化剂主要包括氨基酸和含氮化合物、维生素、矿物质、脂肪酸和其他营养成分。

8.1.1.2　食品营养强化发展简况

食品营养强化可能起于 1833 年,当时法国化学家 Bou-ssingault 提出向食盐中加碘,预防南美的甲状腺肿。1900 年食盐加碘在欧洲实现。第一次世界大战期间丹麦人群中维生素 A 缺乏明显,1918 年曾用维生素 A 浓缩物强化人造黄油。美国大约在 1931 年用维生素 D 强化鲜乳。

但是食品营养强化真正得到应用大概是在第二次世界大战之前,当时美国的营养缺乏病在增长,1941 年年底,美国食品药品管理局提出了一个强化面粉的标准,并从 1942 年 1 月生效,与此同时公布了食品强化的法规,对食品强化的定义、范围和强化标准等都做了明确的规定。此后,对其他谷类制品的强化标准随之而起,如 1943 年对玉米粉的强化,1946 年对稀粥(paste)的强化,1952 年对面包的强化,1958 年对大米的强化等。1995 年食品生产者还开始用微量元素和蛋白质强化谷类食物。到 1969 年食用的谷类食物中已经有约 11% 进行了营养强化。现在,美国大约有 92% 以上的早餐谷类食物进行了营养强化。

在 1949 年,日本设立了关于食品强化的研究委员会。在 1952 年其国民经济趋于稳定时,建议食品要强化,并制定了食品强化标准,颁布了《营养改善法》。根据 1983 年修订的《营养改善法》规定,有两类不同的营养强化食品:一类是以普通人为食用对象的营养强化食品,有大米、面粉、麦片、面包、面条、挂面、速煮面、大酱、人造奶油以及鱼肉制作的火腿与香肠共 10 种;另一类是供特殊人群及病人食用的营养强化食品,有调制奶粉、低钠食品、低谷胶食品、低热能食品、高热能食品、低脂肪食品、低糖食品、低蛋白食品、高蛋白食品、降低过敏原食品、特定氨基酸(苯丙氨酸)含量低的食品等。上述各种强化食品均有各自的强化标准。

欧洲各国在 21 世纪 50 年代先后对食品营养强化建立了政府监督、管理体制，现已有许多国家对食品进行了营养强化。有些国家还强制规定在某些主食中添加一定的营养素，例如英国规定面粉中至少应加入维生素 B_1（2.4 mg/kg）和烟酸（16.5 mg/kg），人造奶油中必须添加维生素 A 和维生素 D。丹麦也规定人造奶油及精白面粉中必须进行营养强化等。

我国食品营养强化工作起步较晚。20 世纪 50 年代曾以大豆、大米为主要对象，同时强化动物骨粉、维生素 A、维生素 D、核黄素及小米等，制成"5410"婴儿代乳粉，开创了我国食品营养强化的先例。此后，各地也不断涌现出一些用维生素、矿物质和氨基酸强化的食品，如加碘食盐、核黄素面包、钙质饼干和人乳化配方奶粉等强化食品。2005 年，我国启动了粮食作物强化工程计划，粮食作物强化工程是国际农业研究协作组织发起的一个全球性项目，旨在通过生物强化途径提高主要粮食作物的微量营养元素含量，国际粮食作物强化工程计划第一阶段的目标作物是水稻、小麦、玉米、木薯、甘薯和大豆等，目标元素是铁、锌、维生素 A 等。为了加强食品营养强化工作的管理，卫生部于 1986 年颁布了《食品营养强化剂使用卫生标准（试行）》和《食品营养强化剂卫生管理办法》，标准中规定赖氨酸、维生素 A、维生素 B_1、维生素 B_2、维生素 B_5、维生素 C、维生素 D、亚铁盐、钙、锌和碘共计 11 种营养素可用于食品的营养强化。1993 年，卫生部对原有的《食品营养强化剂使用卫生标准（试行）》进行修改，1994 年，卫生部发布和实施《食品营养强化剂使用卫生标准》（GB 14880—94），在 1996 年，卫生部对该标准又进行了补充，形成该标准新的版本《食品添加剂使用卫生标准》（GB 2760—1996）。根据我国居民新的营养状况和食品工业的快速发展，2012 年，该标准又被修订为《食品营养强化剂使用标准》（GB 14880—2012），对食品营养强化剂的品种、使用范围和使用量等进行了全面的补充和完善。目前，我国许可使用的食品营养强化剂品种已包括氨基酸和含氮化合物、维生素、矿物质、脂肪酸及其脂类、低聚糖和膳食纤维、益生菌等 6 大类，并应用于各种不同食品中。营养素的补充还可以通过"保健食品中的营养补充剂"来实施。此外，我国批准了许多具有一定功能作用的药食同源食品和新资源食品，可以作为天然原料添加（强化）到食品中。

随着我国居民营养水平的不断提高，营养不平衡引发了许多代谢性疾病，如肥胖、动脉粥样硬化、糖尿病、骨质疏松等，人们试图通过具有调节生理作用的食品来进行预防和辅助治疗，因此，通过在食品中强化功能因子是强化食品新的发展方向。

8.1.1.3 食品营养强化的意义和作用

1. 弥补天然食物的营养缺陷

天然食品中几乎没有一种是营养俱全的，亦即几乎没有一种天然食品能满足人体的全部营养需要。例如，以米、面为主食的地区，除了可能有多种维生素缺乏外，还存在蛋白质的质和量的不足，特别是赖氨酸等必需氨基酸的不足，严重影响了其营养价值。新鲜果蔬含有丰富的维生素 C，但其蛋白质和能量欠缺。至于那些含有丰富优质蛋白质的乳、肉、禽、蛋等食物，其维生素含量则多不能满足人类的需要，特别是它们缺乏维生素 C。

由于地球化学元素的分布不均，居住在某些地区的人可能存在某些特定营养素的缺乏，例如内地及山区易发生缺碘，有的地方缺锌，有的地区缺硒。因此，这些地区的居民常可患不同的营养缺乏病。如果能根据各地的营养调查，有针对性地进行食品营养强化、增补天然食物缺少的营养素，便可大大提高食品的营养价值，改善人们的营养和健康水平。

2. 补充食品在加工、贮存及运输过程中营养素的损失

许多食品在消费之前往往需要加工（工厂化生产或家庭烹调）、贮存及运输，在这一系列过程中，由于机械的、化学的、生物的因素均会引起食品部分营养素的损失，有时甚至造成某种或某些营养素的大量损失。例如，在碾米和小麦磨粉时有多种维生素的损失，而且加工精度愈高，这种损失愈大，甚至造成大部分维生素的大量损失。又如在果蔬的加工过程中，如制造水果、蔬菜罐头时，很多水溶性和热敏性维生素均有损失。此外，用小麦面粉烤制面包时，其中赖氨酸损失约 10%，当用小麦粉烤制饼干时，其赖氨酸的损失更大，甚至可高达 50% 以上，与此同时，蛋氨酸和色氨酸也损失严重。新鲜果蔬含有丰富的维生素 C，由于其本身存在的氧化酶系统的作用，如抗坏血酸氧化酶、过氧化物酶、多酚氧化酶、细胞色素氧化酶等，因此，在水果蔬菜贮存、运输过程中可造成果蔬中的维生素 C 不同程度的破坏。果汁饮料若存放在冰箱中，7 d 后维生素 C 可减少 10%～20%，能渗透氧的容器尚可促进饮料中维生素 C 的降解。据报告,将橘汁饮料装在聚乙烯容器中,于室温下存放 1 年,其维生素将全部损失,若用纸质容器盛装,2 个月后便会全部损失。因此,为了弥补营养素在食品加工、贮存等过程中的损失,满足人体的营养需要,在有如上述各食品中适当增补一些营养素是很有意义的。

3. 简化膳食处理、方便摄食

由于天然的单一食物仅含有人体所需的部分营养素,不能全面满足人体的营养需要,因此,人们为了获得全面的营养需要就必须同时进食多种食物。例如,我国饮食以谷类为主,谷类能满足机体能量需要,但其蛋白质含量低,而且质量差,维生素和矿物质也不足,必须混食肉类、豆类、水果、蔬菜等,这在膳食的处理上是比较烦琐的。如果还采取一家一户的家庭烹饪,不但浪费时间,而且消耗精力。为了适应现代化生活的变化,满足人们的营养和嗜好要求,现已涌现出许多方便食品与快餐食品。其中有的盒饭从营养需要出发,将不同的食物予以搭配,供人们进食,非常方便。

婴儿的膳食处理更加繁杂,即使母乳喂养的婴儿,在 6 个月以后,也需按不同月龄增加辅助食品,如肝酱、蛋黄、肉末、米粥或面片、菜泥、菜汤和果泥等,用于补充其维生素等的不足。由于辅助食品原料的购买及制作均较麻烦,且易疏忽,从而影响婴儿的生长、发育和身体健康。若采用强化食品,例如在乳制品中强化维生素 A、维生素 C、维生素 D、维生素 B_1、维生素 B_2、维生素 B_6、维生素 B_{12} 及烟酸等制成调制奶粉供给婴儿食用,不仅可以满足婴儿的营养需要,而且可大大简化摄食手续。

此外,对于某些特殊人群,例如对行军作战的军事人员,他们在战斗进行时不可能自己“埋锅做饭”,而且由于军事活动体力消耗大、营养要求高。这样,既要进食简便,又要营养全面。因而各国的军粮采用强化食品的比例很高,特别是野战时,大多是强化食品。对于从事地质勘探和极地探险等的人们也大多应用强化食品。

4. 适应不同人群生理及职业的需要

对于不同年龄、性别、工作性质,以及处于不同生理、病理状况的人来说,他们所需营养的情况是不同的,对食品进行不同的营养强化可分别满足他们的营养需要。婴儿是人一生中生长、发育最快的时期,一岁婴儿的体重为出生时的 3 倍,这就需要有充分的营养素供应。婴儿以母乳喂养最好,一旦母乳喂养有问题,则需要有适当的“代乳食品”。此外,随着孩子的长大,不论是以人乳或牛乳喂养都不能完全满足孩子生长、发育的需要,这就有必要对其食品进行营养强化或给以辅助食品。例如,人乳化配方奶粉就是以牛乳为主要原料,以类似人乳的营养素组成为目标,通过添加和提取某些成分,使其组成成分不仅在数量上,而且在质量上都接近母乳,更适合于喂养婴儿。这除了需要改变乳清蛋白和酪蛋白的比例,降低矿物质含量外,尚需增加不饱和脂肪酸、乳糖或可溶性多糖的含量,与此同时还应适当增加维生素等微量营养成分。至于孕妇、乳母,由于其特殊的营养需要,除应全面增加高质量膳食的供应外,尚需注意对她们最易缺乏的钙和铁等的强化。

不同职业的人群对营养素的需要可有不同。例如,对钢铁厂高温作业的人,在增补维生素 A（2 000 IU/d）、维生素 B_2（0.5 mg/d）、维生素 C（50 mg/d）后,其血清中维生素 A、维生素 B_2 和维生素 C 的含量增加,营养情况大为改善,从而减轻疲劳,增加工作能力。对于接触铅的作业人员,由于铅可由消化道和呼吸道进入体内引起慢性或急性铅中毒,如果给以大量维生素 C 强化的食品,可显著减少铅中毒的情况。对于接触苯的作业人员则应供给用维生素 C 和铁强化的食品,以减轻苯中毒和防止贫血。

5. 防病、保健及其他

从预防医学的角度看,食品营养强化对预防和减少营养缺乏病,特别是某些地方性营养缺乏病具有重要的意义。例如,对缺碘地区的人采取食盐加碘可大大降低当地甲状腺肿的发病率（下降率可达 40%～95%）,用维生素 B_1 防治脚气病,用维生素 C 防治坏血病等早已人所共知。实践证明,食品营养强化是控制微量营养素缺乏的一种有效措施,它既可以覆盖众多的消费者,又有见效快的优点。1995 年,FAO 食物营养强化专家咨询会议呼吁各国将食品营养强化作为当前控制微量营养素缺乏的一项重要政策,特别是在发展中国家。

近年来,对谷类制品强化赖氨酸的营养效果颇引人注意。小麦粉用 0.25% L-赖氨酸盐酸盐强化后蛋白质营养价值提高 128%,大米用 0.05% L-赖氨酸盐酸盐强化后营养价值提高 44%。日本必需氨基酸协会从 1984 年开始在全国许多地区的小学午餐中供给小学生 L-赖氨酸强化面包,1 年后检查他们的身高、体重。结果表明,L-赖氨酸强化组的孩子比全国同龄孩子平均身高增加 5.7 cm,平均体重增加 4.4 kg。我国广西南宁妇幼保健院采用强化赖氨酸防治儿童营养不良症,效果显著。有一婴儿出生后就用米糊人工喂养,5 个半月时身高仅 59 cm,体重只有 4.1 kg,其皮肤干燥,表情呆板,且易患呼吸道感染疾病。当在米糊中强化赖氨酸 20 d 后体重增至 4.5 kg,身高达 61 cm;30 d 后体重 5 kg 身高 62 cm,食欲好转,活泼可爱,且这一个月内未曾患病。

此外,某些食品强化剂尚可提高食品的感官质量和改善食品的保藏性能。例如,β-胡萝卜素和核黄素既具有维生素的作用,又可作为食品着色剂使用,达到改善食品色泽的目的。维生素 C 和维生素 E 在食品中还具有良好的抗氧化性能,在食品加工中可作为抗氧化剂使用。此外,当它们在肉制品中和亚硝酸盐并用时还具有阻止亚硝胺生成的作用。

8.1.2 食品营养强化的基本原则

营养强化食品的功能和优点是多方面的,但其强化过程必须从营养、卫生安全及经济效益等方面全面考虑,并需适合各国的具体情况。进行食品营养强化时应遵循的基本原则归纳起来有以下几个方面。

1. 有明确的针对性

进行食品营养强化前必须对本国、本地区的食物种类及人们的营养状况做全面细致的调查研究,从中分析缺少哪种营养成分,然后根据本国、本地区人民摄食的食物种类和数量选择需要进行强化的食品(载体)以及强化剂的种类和数量。例如,日本居民多以大米为主食,其膳食中缺少维生素 B_1,他们根据其所缺少的数量在大米中增补。我国南方亦多以大米为主食,而且由于生活水平的提高,人们多喜食精米,致使有的地区脚气病流行。这除了提倡食用标准米以防止脚气病外,在有条件的地方也可考虑对精米进行适当的维生素 B_1 强化。

对于地区性营养缺乏症和职业病等患者的强化食品更应仔细调查,针对所需的营养素选择好适当的载体进行强化。有一个针对缺乏性食品营养强化的典型例子,即美国在早些年曾花费了大量人力和物力对面包进行赖氨酸强化的研究,动物试验和人体研究的很多数据表明,用赖氨酸强化的面包可大大提高小麦蛋白质的生物价。但是,这对一个已经能够供给大量优质蛋白质的国家,而且从人们的膳食中并不缺乏赖氨酸的情况来说,这种强化就大可不必了。不过这一研究对其他国家和地区,尤其是

发展中国家颇有参考价值。

2. 符合营养学原理

人体所需各种营养素在数量之间有一定的比例关系。因此,所强化的营养素除了考虑其生物利用率之外,还应注意保持各营养素之间的平衡。食品营养强化的主要目的是改善天然食物存在的营养素不平衡关系,亦即通过加入其所缺少的营养素,使之达到平衡,适应人体需要。强化的剂量应适当,如果不当,不但无益,甚至反而会造成某些新的不平衡,产生不良影响。这些平衡关系大致有:必需氨基酸之间的平衡、产热营养素之间的平衡,维生素 B_1、维生素 B_2、烟酸与热能之间的平衡,以及钙、磷平衡等。

3. 符合国家的相关标准

食品营养强化剂的卫生安全和质量应符合国家标准,也应严格进行卫生安全管理,切忌滥用。特别是对于那些人工合成的化合物更应通过一定的卫生安全评价方可使用。

人们在食品中经常使用的营养强化剂约有 40 种。其强化剂量各国多根据本国人民摄食情况以及每日膳食中营养素供给量标准确定。由于营养素为人体所必需,往往易于注意到其不足或缺乏的危害,而忽视过多时对机体产生的不良作用。如水溶性维生素因易溶于水,且有一定的肾阀,过多的量可随尿排出,难以在组织中大量积累。但是,脂溶性维生素则不同,它们可在体内积累,若用量过大则可使机体发生中毒性反应。生理剂量为健康人所需剂量或者用于预防缺乏症的剂量;药理剂量则是用于治疗缺乏症的剂量,一般约为生理剂量的 10 倍;中毒剂量则是可引起不良反应或中毒症状的剂量,它通常为生理剂量的 100 倍。但是,像儿童引起血钙过高时维生素 D 的剂量仅比生理剂量高约 3 倍。因此,对强化剂使用剂量的制定应参照营养素参考摄入量和最高摄入量。

4. 易被机体吸收利用

食品强化用的营养素应尽量选取那些易于吸收、利用的强化剂。例如,可作为钙强化用的强化剂很多,有氯化钙、碳酸钙、硫酸钙、磷酸钙、磷酸二氢钙、柠檬酸钙、葡萄糖酸钙和乳酸钙等。其中人体对乳酸钙的吸收最好。在强化时,尽量避免使用那些难溶也难吸收的物质,如植酸钙、草酸钙等。钙强化剂的颗粒大小与机体的吸收、利用性能密切相关。胶体碳酸钙颗粒小(粒径 0.03～0.05 μm),可与水组成均匀的乳浊液,其吸收利用比轻质碳酸钙(粒径

5 μm)和重质碳酸钙(粒径 30～50 μm)好。另外,在强化某些矿物质和维生素的同时,注意相互间的协同或拮抗作用,以提高营养素的利用率。

5. 尽量减少营养强化剂的损失

许多食品营养强化剂遇光、热和氧等会引起分解、转化而遭到破坏。因此,在食品的加工及贮存等过程中会发生部分损失。为减少这类损失,可以通过改善强化工艺条件和贮藏方法,也可以通过添加强化剂的稳定剂或提高强化剂的稳定性来实现。同时,考虑到营养强化食品在加工、贮藏等过程中的损失,进行营养强化食品生产时需适当提高营养强化剂的使用剂量。

6. 保持食品原有的色、香、味等感官性状

食品大多有其美好的色、香、味等感官性状。而食品营养强化剂也多具有本身特有的色、香、味。在强化食品时不应损害食品的原有感官性状而致使消费者不能接受。例如,用蛋氨酸强化食品时很容易产生异味,各国实际应用甚少。当用大豆粉强化食品时易产生豆腥味,故多采用大豆浓缩蛋白或分离蛋白。此外,维生素 B_2 和 β-胡萝卜素呈黄色、铁剂呈黑色、维生素 C 味酸、维生素 B_1 即使有少量破坏亦可产生异味,至于鱼肝油则更有一股令人难以耐受的腥臭味。上述这些物质如果强化不当则可引起人们不悦。

然而,如果根据不同强化剂的特点,选择好强化对象(载体食品)与之配合,则不但无不良影响,而且还可提高食品的感官质量和商品价值。例如,人们可用 β-胡萝卜素对奶油、人造奶油、干酪、冰激凌、糖果、饮料等进行着色,这既有营养强化作用,又可改善食品色泽,提高感官质量。铁盐呈黑色,若用于酱或酱油的强化时,因这些食品本身就有一定的颜色和味道,在一定的强化剂量范围内,可以完全不致使人们产生不快的感觉。至于用维生素 C 强化果汁饮料则无不良影响,而将其用于肉制品的生产,还可起到发色助剂,即帮助肉制品发色的作用。

7. 经济合理,有利推广

食品营养强化的目的主要是提高人民的营养和健康水平。通常,食品进行营养强化时会增加一定的生产成本,为了尽量降低营养强化食品的价格,在确定营养强化剂种类和强化工艺时,应该考虑低成本和技术简便。否则不易推广,起不到应有的作用。

8.1.3 食品营养强化技术

根据食品营养强化的目的和基本原则,把营养

强化剂添加到食品中,不仅要选择适宜的强化方法,而且必须尽量提高营养强化剂在强化食品中的保存率。

8.1.3.1 强化方法

食品营养强化技术随着科学技术的发展而日臻完善。食品强化剂的添加方式有 4 种:添加纯化合物;直接添加片剂、微胶囊、薄膜或块剂;添加配制成的溶液、乳浊液或分散悬浊液;添加经预先干式混合的强化剂。采取何种添加方式应以能使营养素在制品中均匀分布并保持最大限度的稳定为准。此外,还应考虑营养素及食品的化学和物理性能以及添加后对食品如何处理等因素。应掌握好添加时间,尽量避免营养强化剂长时间受热,在空气中暴露的时间愈短愈好。

食品营养强化因目的、内容及食品本身性质等的不同,其强化方法也不同。对于由国家法令规定的强化项目,大多是人们普遍缺少的必需营养成分,对这类食品一般在日常必需食物或原料中预先加入。对于国家法令未做规定的营养强化食品,可根据商品性质,在食品加工过程中添加。总之,食品强化的方法有多种,综合起来有以下 4 类。

1. 在加工过程中添加

在食品加工过程中添加营养强化剂是强化食品采用的最普遍的方法。此法适用于罐装食品,如罐头、罐装婴儿食品、罐装果汁和果汁粉等,亦适用于人造奶油、各类糖果糕点等。强化剂加入后,经过若干道加工工序,可使强化剂与食品的其他成分充分混合均匀,并使由于强化剂的加入对食品色、香、味等感官性能造成的影响尽可能地小。当然,在罐头食品加工过程中往往有巴氏杀菌、抽真空等处理,这就不可避免地使食品受热、光、金属的影响而导致强化剂及其他有效成分的损失,如面包焙烤时,赖氨酸可损失 9%～24%。因此,在采取这种强化方法时,应注意工艺条件和强化条件的控制,在最适宜的时间和工序添加强化剂,以尽可能减少食品有效成分的损失。

2. 在原料或必需食物中添加

此法适用于由国家法令强制规定添加的强化食品,对具有公共卫生意义的物质亦适用。例如,有些地方为了预防甲状腺肿大,食盐中添加碘;有些国家为了防止脚气病,规定粮食中添加维生素 B_1;在面粉、大米中添加维生素 A、维生素 D 及铁质、钙质等。

这种强化方法简单易操作,但存在的问题是添

加后,由于面粉、大米、食盐等在供给居民食用以前必然要经过贮藏和运输,在贮运这段时间内易造成强化成分损失。因此,在贮运过程中,其保存条件及包装状况将对营养强化剂的损失有很大影响。目前,各国对此都有较深入的研究。

3.在成品中混入

采用前两种方法强化食品时,在加工和贮藏过程中会使营养强化剂造成一定程度的损失。为了避免这种损失,可采取在成品中混入的方法进行强化,即在成品的最后工序中混入营养强化剂。例如,婴幼儿食品中的婴儿配方奶粉、军队用粮中的压缩食品等,均在制成品中混入。

4.生物化学强化法

利用生物化学方法使食物中原来含有的某些成分转变为人体需要的营养成分的强化方法,称为生物化学强化法。例如,在谷类食品中植酸能与锌结合而形成不溶性盐类,使锌的利用率下降。若利用酵母菌能产生活性植酸酶的特点,将面粉经过酵母发酵后,植酸可以减少 13%～20%,锌的溶解度增加 2～3 倍,锌的利用率增加 30%～50%。再如,在豆类发芽过程中植物凝血素会很快消失,其中的植酸也发生分解,更多的锌、磷被释放出来,使食物中的矿物质得到充分利用,并能使其中的维生素 C 明显提高。根据日本特许公报报道,在制造婴儿配方奶粉及新生儿的食品时采用胃蛋白酶或胰蛋白酶分解牛乳蛋白质生成肽链较短的多肽物质,以利于新生儿的消化吸收。除了上述生物化学强化法外,亦有采用物理化学法进行强化的,最典型的例子是将牛乳中的麦角甾醇,用紫外线照射后转变成维生素 D$_2$,以此方法可增加牛乳中维生素 D 的含量。此外,常用酸水解方法,可将长链的大分子水解成较短链的小分子物质,以利于消化吸收。

8.1.3.2 营养强化剂的保护

食品营养强化加工中,除需选择适当的强化方法外,还需确保营养强化剂在食品中的稳定,因此,营养强化成分的保护成为食品营养强化加工的一个关键问题。食品经营养强化后,其营养强化成分遇热、光或氧等极易遭受破坏。此外,食用前烹调方式的不同也会造成营养强化剂的损失。强化食品中营养强化剂的稳定性主要受以下 4 种因素影响,即食品的成分、营养强化剂添加的方法、食品加工工艺、食品消费前的贮藏条件。在实际中,必须对上述 4 种因素进行综合考虑,采取适当措施,提高其稳定性。

目前,营养强化剂的保护手段和措施有多种,最常见的有:在食品中添加强化剂稳定剂;改变强化剂本身的结构;采取低温加热杀菌等新工艺,以改进食品加工工艺;改善贮藏条件及包装方式等。

1.添加营养强化剂稳定剂

某些维生素对氧化非常敏感。如维生素 A 和维生素 C 遇氧时极易被破坏。目前,对于易氧化破坏的维生素强化剂在实践中可适当添加抗氧化剂和螯合剂等作为其稳定剂。常用的抗氧化剂和螯合剂有去甲二氢愈创木酸(NDGA)、丁基羟茴香醚(BHA)、2-叔丁基-4-甲氧基苯酚(NDA)、没食子酸丙酯(PG)、卵磷脂及乙二胺四乙酸(EDTA)等。此外,有些天然食物对维生素 C 也有保护作用。据麦伊瓦姆(Meribaym)报道,黄豆、豌豆、扁豆、荞麦、燕麦粉等及牛肝对维生素 C 具有稳定保护作用。

2.改变强化剂的结构

维生素类强化剂最易破坏损失。在提高它们的稳定性时,很重要的一个方法就是在不影响生理活性的情况下改变其化学结构。例如,维生素 B$_1$,过去均用其盐酸盐进行强化。尽管它易溶于水,但是易因加热而破坏,而且对碱也不稳定。为了克服这些缺点,人们现已合成十多种具有一定生理活性而又各具特点的维生素 B$_1$ 的衍生物,诸如硫胺素硝酸盐、硫胺素硫代氰酸盐、二苯酰硫胺素、硫胺素三十二烷酸盐、硫胺素二月桂基硫酸盐及二苯基硫胺素等。目前,用于面粉强化的维生素 B$_1$ 多已改用这些新的衍生物。其中用二苄基硫胺素强化的面粉经贮存 11 个月后的保存率为 97%,用其烤制面包后尚保存 80%左右。若用硫胺素盐酸盐,贮存两个月后即降至原来的 60%以下,烤制面包后也仅存留 75%。

维生素 C 是热敏性最强、最易破坏的维生素。近年来研制成功的维生素 C 磷酸酯镁或维生素 C 磷酸酯钙具有与维生素 C 同样的生理功能,并且比较稳定,即使在金属离子(Cu^{2+},Fe^{2+})存在下煮沸 30 min,也基本无变化,而普通维生素 C 在同样条件下可损失 70%～80%。此外,用它们强化食品,无论是在加工还是在保藏过程中都很少损失。如用维生素 C 磷酸酯镁或钙强化压缩饼干,置于马口铁罐内(充氮),在 40℃、相对湿度 85%条件下贮存 6 个月,其保存率为 80%～100%,而普通维生素 C 在同样条件下的保存率仅 4%。

在用维生素 A 强化食品时,以前多用维生素 A

乙酸酯,现在则大多改用维生素 A 棕榈酸酯,因为后者稳定性较高。

3. 改进加工工艺

要提高强化剂在食品中的稳定性,以改进食品加工工艺为最好。前述改变强化剂本身的结构,除了要考虑其生物活性外,尚需考虑的一个很重要的问题就是安全性。实际上,当人们充分认识了营养强化剂的特性以后,便可在食品加工过程中采用适当的工艺技术避免那些不利因素,从而达到提高其稳定性的目的。如采用微胶囊技术,既可控制食品营养强化剂的溶解时效,抑制氧化,防止物料在加工过程中相互反应,提高食品营养强化剂的稳定性,又能使不相溶的体系均匀分散,并且使用方便。因此,微胶囊技术是食品营养强化中一项极有效的技术。它适合于维生素、氨基酸及矿物质等的强化。

4. 改善包装、贮存条件

食品强化剂可随食品贮存时间的延长而逐渐降低,其损失程度往往依食品的包装和贮存条件不同而异。通常在密封包装和低温贮存时营养素损失较小。这主要是防止空气中氧的作用和避免光、热等对它们的破坏作用所致。

很多强化食品都用马口铁罐包装,罐内大多抽空,以保存各营养成分和延长食品保存期。由于抽空包装时罐内外有较大的压力差,易吸入外界空气而失效,故目前多采用抽空充氮包装。据报告,充氮包装的强化乳粉与普通密封包装的强化乳粉相比,在相同的实验条件下贮存 10 d 后,前者维生素 A、维生素 B 和维生素 C 的损失都比后者少 10% 以上。无疑,尽量降低罐内氧的含量对营养素的保存更为有利。第十六届国际乳业会议认为罐内氧含量高于 4% 时失去保藏内容物的意义;当罐内含氧量为 1% 时可认为满意;若能将氧含量降至 0.1% 则效果更佳。

降低贮存温度有利于维生素等的保存。通常,贮存温度越高,维生素等的分解作用越快。如维生素 C 的分解速度在 20℃ 时比 6～8℃ 快 2 倍。强化乳粉真空包装后,在 37℃ 贮存时许多维生素的损失都比常温大。

8.1.4　营养强化食品的种类和生产

营养强化食品的种类繁多,可从不同的角度进行分类。从食用角度可分为 3 类:即强化主食品,如大米、面粉等;强化副食品,如鱼、肉、香肠及酱类等;

强化公共系统的必需食品,如饮用水等。按食用对象分类有普通食品,婴幼儿食品,孕妇、乳母食品,老人食品,以及军用食品、职业病食品、勘探采矿等特殊需要食品。从添加营养强化剂的种类来分类,有维生素类、蛋白质氨基酸类、矿物质类及脂肪酸等强化食品,还有用若干富含营养素的天然食物作为强化剂的混合型强化食品等。目前,应用较多的是强化谷物食品和强化乳粉。

8.1.4.1　强化谷物食品

2005 年,中国已启动粮食作物强化工程计划,粮食作物强化工程是国际农业研究协作组织发起的一个全球性项目,旨在通过生物强化途径提高主要粮食作物的微量营养元素含量,国际粮食作物强化工程计划第一阶段的目标作物是水稻、小麦、玉米、木薯、甘薯和大豆等,目标元素是铁、锌、维生素 A 等。谷物类食品的品种很多,但人们食用的主要是小麦和大米。谷类籽粒中营养素的分布很不均匀,在碾磨过程中,特别是在精制时很多营养素易被损失。值得注意的是,维生素 B_1 集中在盾片中,维生素 B_6 和烟酸则多集中在糊粉层,维生素 B_2 和泛酸则以糊粉层和胚乳中较多,矿物质亦多集中在糊粉层中。从营养的角度看,糊粉层非常重要,但它却易在碾磨加工时受到损失。碾磨愈精、损失愈多。而谷物食品是人类的主要食物,且人们倾向于食用精白米和精白面粉,这使得某些营养素的摄取减少。因此,目前许多国家对面粉、面包、大米等都进行营养强化。有的国家是自由强化,有的国家则是法定强制强化。

1. 强化米

大米是我国居民及东南亚、非洲等地区居民的主食,鉴于其加工后的营养损失,以及蛋白质中缺乏赖氨酸与蛋氨酸等,因此,进行营养强化十分必要。大米的强化首先由菲律宾于 1944 年实际应用,并在当地防治维生素缺乏症等方面很有成效。他们经过 2 年普遍食用强化米,基本上消除了脚气病,提高了居民健康水平。此后,在日本等亚洲国家及拉丁美洲等一些国家中也陆续食用强化米。目前,我国强化米供应较少,但对谷类粉的强化已有规定,还规定玉米粉可强化烟酸为 40～50 mg/kg。文献报道的强化米制造方法很多,归纳起来为外加法和内持法。所谓外加法是将各种营养强化剂由米吸收进去或涂覆在米的表面;内持法是采取一定的办法保存谷粒

外层所含的多种营养素。

外加法制造强化米是应用最广的强化方法,其原理是将各种营养强化剂配制成水溶液或脂溶性溶液,然后将米浸渍于其中,以吸收各种营养成分。或者将营养强化剂溶液喷涂于米粒上,然后经真空干燥制成。最典型的外加法强化米的加工工艺有两种:一种是直接浸吸法,另一种是涂膜法。

直接浸吸法强化的物质主要有维生素 B_1、维生素 B_2、维生素 B_6、维生素 B_{12} 和多种氨基酸(蛋氨酸、苏氨酸、色氨酸、赖氨酸)。其工艺流程如下(工艺中使用的中性重合磷酸盐溶液是用多磷酸钾、多磷酸钠、焦磷酸钠或偏磷酸钠等配制的):

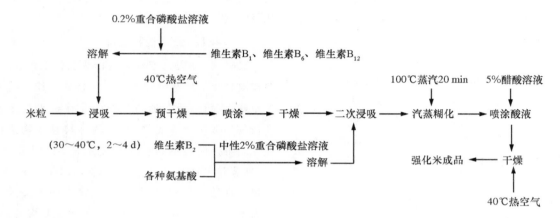

涂膜法工艺流程如下:

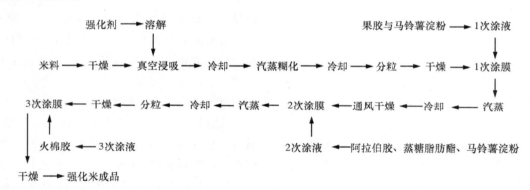

(1)强化 α-米的制造 将淀粉与水混合并慢慢加热,会使淀粉的胶束结构崩溃,淀粉分子形成单分子,并为水包围,而成为黏性的糊状溶液,这种状态的淀粉称为 α-淀粉。强化 α-米就是将米粒进行热处理,使米粒中的淀粉 α-化,然后焙炒使米粒膨胀,再采用浸吸法使米粒吸附营养强化成分而制成。强化 α-米的制作工艺流程如下:

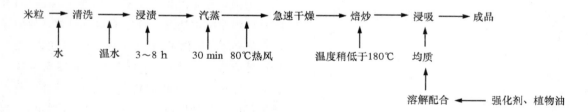

(2)富维营养米粉的制造 2002 年,广东省疾病预防控制中心公布,广东省缺铁性贫血患者达 1 100 多万人,其中孕妇贫血患病率过半,针对这种情况,广州市医药卫生研究所开发出富维营养米粉供应市场,受到消费者欢迎。该产品是在广东人爱吃的排米粉中添加强化维生素 B_1、维生素 B_2 及二价铁,以

达到强化防治贫血的目的。其生产工艺流程如下：

大米 —→ 淘洗 —→ 磨浆 —→ 压滤 —→ 混合 —→ 打糍 —→ 拉丝 —→ 蒸煮 —→ 整理 —→ 烘干 —→
强化剂配料 —→ 研磨 —→ 过筛 —↑   成品 ←— 包装 ←—

富维营养排米粉中添加的二价铁为富马酸亚铁，该亚铁盐为红棕色粉末，无臭无味，微溶于水，与硫酸亚铁相比，含铁量较高，食用后无副作用，可用于食品。

排米粉生产过程中，磨浆、压滤使水分流失，不宜添加强化剂（维生素 B_1 和维生素 B_2 溶于水，富马酸亚铁微溶于水）；拉丝、蒸煮过程中，强化剂不能渗入排粉内。为使生产过程中营养强化剂损失最少，产品质量最好，经研究发现，在打糍前添加营养强化

剂，并用逐步扩增法使添加的营养强化剂与米浆混合均匀，效果最好。

（3）强化即食米粉丝的生产 米粉丝是以纯大米为原料，经过一系列加工工序制造而成。吃了米粉丝不产生湿热，所以我国广东、广西、福建等地以及东南亚各国都以米粉丝为主食之一。它常作为快餐米粉装入小塑料袋，食用时拆开袋，倒入碗内用开水冲泡，配入调料即可食用，是一种很好的旅游食品。其生产工艺流程如下：

大米 —→ 称量 —→ 淘洗 —→ 一次磨浆 —→ 二次磨浆 —→ 过筛 —→ 真空过滤 —→ 蒸料 —→ 喷涂 —→ 初干燥 —→ 榨片 —→ 成丝
                                                                          强化 —↑
—→ 复蒸 —→ 切丝 —→ 干燥 —→ 冷却 —→ 包装 —→ 成品

强化即食米粉丝的强化剂选用维生素 B_1、维生素 B_2 和维生素 C。由于蒸料工序温度较高，此时添加维生素易损失，故选择在蒸料后喷涂，后阶段的干燥及复蒸温度不高，对强化剂的影响不大。

2. 强化面粉和面包

面粉和面包的营养强化是最早的强化食品之一，目前有许多国家已通过法令或法规强制执行。通常在面粉中强化维生素 B_1、维生素 B_2、尼克酸、钙、

铁等。近年来有些国家和地区还有增补赖氨酸和蛋氨酸的。除了增补以上这些单纯的营养素外，还有的在面粉中加入干酵母、脱脂奶粉、大豆粉和谷物胚芽等天然食物。

强化面粉生产一般是先制成含量高的基料，再将其与普通面粉混合制成供人食用的成品。喷雾强化法流程如下 [其中，面粉的用量为维生素 B_1 的 140 倍（按质量计）]：

维生素 B_1 —→ 溶液 —→ 喷雾干燥 —→ 基料（7.14 g 维生素 B_1/kg 面粉）
（质量M）   ↑水溶解 ↑面粉   ↓
                                          面粉（基料的 2 000 倍） —→ 强化面粉

另外，直接混合法是将多种强化剂先与淀粉混合配成基料，然后将此基料与 800～6 400 倍量的普通面粉混合均匀即成需要的强化面粉。

面包的强化在西方国家、亚洲地区都很普遍，如第二次世界大战后日本学校的供食制成效突出，当时日本政府免费给学生提供午餐，其中午餐强化面包的食用量为总产量的 12.4%。实行结果表明，与战前比较，日本中小学生身高增加了 12～15 cm。

面包中强化营养素的标准各国有所不同。例如，美国政府规定，强化面包营养强化剂添加量如表 8-1 所列；日本政府规定，除了添加维生素、矿物质外，还添加赖氨酸或其他物质（包括大豆蛋白、血粉、乳制品、小麦胚芽等）。目前，市场上除了普通强化面包外，出现了一些具有保健功能的面包，如麦麸面包（又称减肥面包，主要成分为麦麸 50%～90%，小麦粉 8%～48%，精盐 2%），纤维面包（在小麦粉中添

加麦麸、玉米皮、米糠、麦胚、大豆皮等)、防蛀牙面包 (用添加有磷酸氢钙的小麦面粉制成的面包,具有防治蛀牙的功效)、绿色面包(在小麦粉中掺入3%~5%的海带粉、小球藻粉等藻类食物的粉末,制成的面包含有丰富的碘和维生素,不但味道好,口感柔软,而且还具有预防和治疗甲状腺肿大,舒张血管,降低血压,预防动脉硬化以及补血润肺的功能)、富钙面包(在面包中添加畜骨的骨泥)。

表 8-1 美国每磅强化面粉与面包的营养强化剂添加量

项目	强化面粉	强化面包
维生素 B$_1$/mg	2	1.1
维生素 B$_2$/mg	1.2	0.7
维生素 D/IU	250	150
尼克酸/mg	16	10
钙/mg	13	8
磷	500	300

注:1磅=0.453 6 kg。

资料来源:刘程,江小梅.当代新型食品.北京:北京工业大学出版社,1998

干面条多由精白面粉制成,因而也须营养强化。一般干面条强化维生素 B$_1$ 0.5 mg/100 g。也可在通心粉中强化维生素 B$_1$、维生素 B$_2$、尼克酸和酵母等。

8.1.4.2 强化副食品

1. 强化人造奶油

在欧美国家,食用面包时常佐以人造奶油,因而人造奶油的消费量比较大,是每天必需食用的主要副食品。目前,全世界大约有80%的人造奶油都进行了强化。人造奶油主要强化维生素 A 和维生素 D,也可用 β-胡萝卜素代替部分维生素 A。其强化方法是将维生素直接混入人造奶油中,经搅拌均匀后即可食用。国外人造奶油中维生素 A 和维生素 D 的强化剂量见表8-2。

表 8-2 国外人造奶油中维生素 A 和维生素 D 的强化剂量
IU/kg

国家	维生素 A	维生素 D
巴西	15 000~50 000	500~2 000
丹麦	20 000	625
英国	27 000~23 000	2 900~3 500
德国	20 000	300
荷兰	22 000	1 000

续表 8-2

国家	维生素 A	维生素 D
印度	24 640	—
挪威	20 000	2 500
瑞典	30 000	1 500
瑞士	34 000	3 000 以上
美国	33 000	—

2. 强化食盐和酱油

食盐是人们每天的必需品,也是主要的调味品。在内陆地区往往缺乏碘而发生甲状腺肿大等疾病,在食盐中强化碘是防止此类疾病最好的方法。目前,世界各国都对食盐进行强化,强化方法是在每千克食盐中添加0.1~0.2 g碘化钾。

酱油也是日常生活中常用的调味品,特别是在中国及东南亚国家和地区,有些国家也对其进行了强化,主要添加维生素 B$_1$、维生素 B$_2$、铁和钙等。维生素 B$_1$ 的强化剂量一般为 17.5 mg/L 酱油。

高钙低盐酱油是强化酱油的典型例子。据日本特许公报报道,利用牡蛎壳中提取的天然水溶性活性钙,制造高钙低盐酱油,其含氮1.5%,NaCl 12.5%,Ca 0.09%,pH 为 4.8。

制造方法:将大豆原料浸在天然水溶性活性钙的水溶液中,以压力为 0.196 MPa 的 125℃ 蒸汽蒸煮6 min 后,急速冷却到30℃,与小麦混合制曲,3 d 后得成曲,含水量为 30.5%。将溶有天然水溶性活性钙盐 22%、浓度 19 波美度的盐水与成曲搅拌均匀,发酵 5 个月。发酵过程中,加含水溶性钙的水一次或数次,把 pH 调节为 5.5~6.0,不能大于 6.5。酿造后期,经自然发酵熟成,pH 自然回落到 4.7,分离糟粕得到生酱油,其含总氮 2.1%、NaCl 17.6%、乙醇 4.5%、Ca 1 200 mg/L。在 80℃ 温度下杀菌15 min,即得到营养丰富的高钙低盐酱。

3. 酱类的强化

酱类是亚洲国家人民常用的调味品。在酱类中强化的营养素主要有钙、磷、维生素 A、维生素 B$_1$、维生素 B$_2$、蛋白质等。钙的强化量一般是增补1%的碳酸钙,维生素 B$_2$ 的强化量为 1.5 mg/100 g,维生素 B$_1$ 的强化量为 1.2 mg/100 g,维生素 A 的强化量为 1 500 IU/100 g。

高蛋白质花生酱是采用添加花生粕、大豆粕的方法,在单纯以花生为原料的花生酱中,提高蛋白质等营养成分的含量。其工艺流程如下:

花生仁 —→ 筛选 —→ 烧烤 —→ 脱红衣 —→ 粗碎 —→ 配料 —→ 碾磨 —→ 搅匀 —→ 熟化 —┐
　　　　　　　　　　　　　　　　　　　　　　　↑
　　　　　　　　　　　　　经处理的花生粕、大豆粕及辅料　　　成品 ←— 装瓶

工艺说明：①由于在加工贮存中，油脂的析出、聚集而分层，故需添加改良剂，如氢化油、甘油单酸酯。②花生粕、大豆粕需经粉碎、提取等处理，否则将影响产品口感和蛋白质的利用。③大豆粕不宜过量添加，否则会加重豆腥味。

4. 果蔬汁与水果罐头的强化

这类食品主要是为人体提供维生素C，但在其加工中维生素C极易破坏，可进行强化。柑橘汁中维生素C的强化量一般为20～50 mg/100 g，番茄汁中维生素C的强化量一般为30～50 mg/100 g，果汁粉中维生素C的强化量一般为70 mg/100 g，水果罐头中维生素C的强化量可根据不同品种和需要进行强化。

8.1.4.3 强化婴幼儿食品和儿童食品

婴儿每单位体重所需要的热量、蛋白质及各种维生素、矿物质的数量比成年人多出2～3倍。由于婴儿牙齿尚未长成，只能靠食用流质及半流质食品获取营养。过去，婴儿的喂养除了食用母乳或牛乳外，还补充一些其他辅助食品，如鱼肝油、果蔬汁、蛋黄等，以满足婴儿机体正常生长的需要。近年来，出现了强化婴儿食品，简化了繁杂的喂养方式，并确保了婴儿的营养需求。目前，常规方法是将婴儿时期需要的营养素经过详细计算后，全部添加于一种主食品中制成婴儿食品。纵观目前市场上常见的强化婴儿食品，可以分为以下几类。

1. 婴儿配方奶粉

牛奶代替人奶喂养婴儿由来已久，随着工业化的发展，妇女走向社会进入生产岗位的与日俱增，母乳喂养婴儿的比率近年来愈来愈低，但牛奶与人奶在质量上存在不少差异，仅仅靠普通的牛奶喂养婴儿并非理想的选择，为此，我国极力提倡母乳喂养婴儿。如以牛奶为主料加工婴儿配方奶粉，则需对牛奶进行适当的强化处理，使之更加适合于婴儿生长发育的需要。

以鲜牛奶为原料，脱盐乳清粉为主要配料，适量添加糖类和脂肪，减少K、Ca、Na等无机盐的含量，使其各种营养素接近或相当于母乳成分。这样加工的奶粉，在我国称为婴儿配方乳粉。婴儿配方乳粉及其他种类的婴儿配方食品，国际上统称为"infant formula"。婴儿配方乳粉主要用作6个月以下婴儿母乳代用品。

婴儿配方奶粉最早是由德国Lemke博士在1949年提出的。它当时只是将脱盐乳清粉加入牛乳中，调整乳中酪蛋白和乳清蛋白的比例为40:60。增加乳糖含量至7%左右，添加植物油以增加不饱和脂肪酸的含量，制成了与人乳成分颇为相近的模拟人乳。从根本上解决了婴儿喂养中的消化、吸收、通便等问题。后来，人们在这一创举基础上加入维生素和矿物质，生产出育婴更加理想的模拟人乳的婴儿配方奶粉。婴儿配方奶粉的强化原理是：改变牛乳中乳清蛋白与酪蛋白比例，使之近似于母乳，添加亚油酸及其他必需脂肪酸，添加微量营养成分，减少无机盐的含量，添加乳糖或可溶性多糖。婴儿配方奶粉的加工包括以下3种。

（1）蛋白质的调整　牛乳中酪蛋白与乳清蛋白比例跟母乳相比相差甚远，在工艺上，常采用物理方法（高温瞬时，140℃，3 s）处理使其软凝块化，有利于婴儿消化吸收；添加脱盐乳清蛋白，以增加乳清蛋白的含量，使酪蛋白与乳清蛋白比例与母乳相似。

（2）脂肪的调整　由于牛乳中构成脂肪成分的脂肪酸含量与母乳不同，使得它的消化吸收较母乳差。据研究表明，婴儿只能消化吸收牛乳中脂肪的66%，另外34%的脂肪及其中所含脂溶性维生素、矿物质则不能被吸收利用而排出体外。

脂肪的消化吸收及营养价值的高低与构成脂肪的脂肪酸有密切关系。低级脂肪酸比高级脂肪酸易消化吸收，不饱和脂肪酸比饱和脂肪酸易消化吸收。必需不饱和脂肪酸含量高，则脂肪营养价值高。母乳中不饱和脂肪酸含量多，婴儿对母乳脂肪酸的消化率比牛乳高20%以上。

在牛乳母乳化处理时，一般添加活性顺式亚油酸（与母乳中亚油酸同型）使其含量达到脂肪酸总量的13%，以增加牛乳的消化吸收，并加强婴儿对皮肤发炎及其他感染症的抵抗力。活性顺式亚油酸一般来自椰子油、向日葵油、玉米胚芽油等。

牛乳脂肪中甘油三饱和酸酯的含量较母乳高得多，而这种酯不易消化吸收。因而，婴儿配方奶粉工艺中还包括减少甘油三饱和酸酯的含量。除了减少

甘油三饱和酸酯的含量以提高脂肪酸消化吸收外，还可通过增加牛乳中甘油三棕榈酸酯在甘油三酸酯分子的β位置上的结合量，使之更接近母乳。

（3）糖类及矿物质的调整　在母乳和牛乳中的碳水化合物主要是乳糖，在母乳中乳糖含量为7.4%左右，而牛乳中仅4.5%左右，显然牛乳中的乳糖不能满足婴幼儿机体需要。由于乳糖在肠道中停留时间较长，容易发生酸性发酵，形成的乳酸有利于钙、磷的吸收，促进骨骼和牙齿的生长，同时乳糖所产生的有机酸对牙齿无腐蚀作用。特别是由于乳酸发酵，乳酸菌的生长能抑制腐败菌的发育，有助于肠道的健康。为了保证产品中的碳水化合物含量，而又限制蔗糖的含量，可增加有利于婴幼儿吸收利用的乳糖和饴糖，并确保乳糖占总糖量的73%以上。

牛乳中矿物质含量比母乳高得多，如无机盐比母乳高3倍。但是，由于婴儿的肾脏机能尚未发育完全，过量的矿物质摄入可造成肾脏负担过重，易引起发烧、浮肿等病症。牛乳中矿物质的母乳化处理是除去一部分Na、K、Ca等无机盐，使其K/Na＝2.88，Ca/P＝1.22。对于其他的Cu、Mg、Fe、Mn等微量元素，也应使其有适当的含量和比例。

此外，配方时应添加一些维生素，以保证婴儿维生素的充分供应，一般需添加维生素A、维生素D、维生素B_1、维生素B_6、叶酸、维生素C。

2.强化大豆儿童食品

大豆类包括黄豆、青豆和黑豆。大豆中含蛋白质40%左右，虽然是植物性蛋白质，但其氨基酸组成跟动物蛋白质很接近，生理价值接近肉类，却比肉类所含的脂肪低。其所含必需氨基酸中，只有蛋氨酸稍不足。大豆含脂肪约18%，其脂肪中含有较多的不饱和脂肪酸，熔点低，易消化，是儿童的良好食品。大豆中所含的不饱和脂肪酸可使血胆固醇和低密度脂蛋白（可导致动脉粥样硬化的脂蛋白）降低，所以食用大豆制品有利于防治动脉粥样硬化和冠心病。大豆中还富含磷脂，这种物质对于生长发育、神经活动及延缓脑细胞衰老具有重要作用，而且磷脂在血液中可防止胆固醇在血管壁上沉积，所以也是其他人群，特别是中老年人的良好食品。但大豆中也存在一些有害物质，如皂角素、胰蛋白酶抑制素、植物红细胞凝血素、豆腥味等，影响大豆的食用性和营养价值，加工中应引起注意。

大豆食品中强化的营养成分各国有所不同，例如，美国产品"Soyalac"在大豆中添加的物质有糖类、矿物质、维生素、植物脂肪；"Soybee"添加的有砂糖、豆油、糊精、可可油、矿物质、维生素；此外美国还有"Mull-Soy""Valactin"，这些产品均适用于婴幼儿作为主食用。日本产品有"Bon-Lact"，其添加物与"Soyalac"基本相同，只是添加量稍有差别，也适用于婴幼儿食用。此外还有英国产品"Grenogen"。强化大豆食品的生产工艺有水抽提法和直接处理法两种，其简述如下。

（1）水抽提法

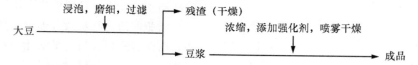

（2）直接处理法

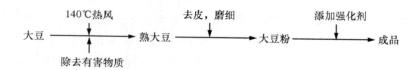

3.强化豆奶

豆奶是一种含有易被人体吸收的优质植物蛋白、植物脂肪以及维生素、矿物质的植物蛋白饮料，价格低廉，饮用方便，营养价值可与牛奶媲美，甚至在某些方面优于牛奶。经常饮用豆奶对人体能产生很好的生理效果，也是一种良好的儿童食品。强化豆奶有锌强化豆奶（豆奶中的强化锌5 mg/100 mL，折算成乳酸锌为18.7 mg）、钙强化豆奶（豆奶中的钙含量为 27 mg/100 g,不能满足婴幼儿、发育期儿童、孕产妇及老年人的正常生理需要,因此,需强化钙。在豆奶中直接添加钙盐会发生蛋白质沉淀,研究表明,适当地改变加钙方式及加入量在较窄的范围内即 20 mg/100 mL,对饮料的稳定性无影响。具体工艺如下:在冷却的豆奶中加入 0.2%～1.0% 的 $NaHCO_3$ 并搅拌,溶解后再加入 0.4%～1.2% 的乳酸钙,再搅拌,高压杀菌后即可)和果汁豆奶等。

8.1.4.4　强化军粮

在战争发生时,军队行动是不规律的,现代战争要求在任何气候条件下作战,军粮必须考虑营养是否全面、是否便于携带、是否易于烹煮等,因此,对军用口粮提出了较高要求。由于军粮是集体膳食,容易强化处理,所以强化军粮出现得最早,也最普遍。

平时的军粮,如欧美各国大多在面粉及罐头等主要食品中增补必要的营养素,其他一般与民用相仿。到了战时,为了携带方便则多以高能压缩食品为主,且大部分为配套的食盒。即将几种不同的食品混合置于一个包装盒内。这些食品是按照有关的热能及营养素含量计算而定,并配成一餐的供应量。普通食盒内的主食大多由压缩饼干、压缩米糕、高油脂酥糖等组成,副食大多包括压缩肉松、肉干、调味菜干粉,各种汤料等。此外还有乳粉、炼乳、人造奶油和巧克力等。

在军粮中还可有不同的罐头食品、软罐头等,并可与食盒搭配食用。它们也都根据各自的特点,增补适当的营养强化剂。至于营养强化剂的品种及用量还可根据兵种的不同而异。

强化军粮除应有携带、开启和食用方便外,尚应有一定的保存期。

8.1.4.5　混合型营养强化食品

将各种不同营养特点的天然食物互相混合,取长补短,以提高食物营养价值的强化食品称为混合型营养强化食品。混合型营养强化食品的营养学意义在于发挥各种食物中营养素的互补作用,大多是在主食品中混入一定量的其他食品以弥补主食品中营养素的不足。其中主要是补充蛋白质的不足,或增补主食品中的某种限制氨基酸,其他则有维生素、矿物质等。

主要作为增补蛋白质、氨基酸用的天然食物有乳粉、鱼粉、大豆浓缩蛋白、大豆分离蛋白、各种豆类,以及可可、芝麻、花生、向日葵等榨油后富含蛋白质的副产品等。我国在利用天然食物及其制品进行

食品强化方面有悠久的历史。例如,我国北方某些地区的"杂合面",以及各地的谷豆混食等早已应用。

主要作为维生素增补用的有酵母、谷胚、胡萝卜干及各种富含维生素的果蔬和山区野果等。海带、骨粉等则可作为矿物质增补用。

8.1.4.6　其他强化食品

1. 公共系统的强化食品

有一些普遍存在或地区性的营养缺乏问题,为了保证人民均能获得该种营养素的有效补充,规定在公共系统中强化该种营养素。如 1950 年,美国有几个州在饮用水中强化氟,以保护牙齿,强化剂采用氟化钠或氟硅化纳,强化剂量为 1 mg/L。一些国家包括我国在内,在人民生活的食盐中强化碘以防治甲状腺肿大。

2. 特殊需要的强化食品

为了适应各种特殊人群和不同职业的营养需要,防治各种职业病,可根据其特点配制成各种各样的强化食品。随着科学水平的日益发展和提高,适应各种特殊需要的强化食品也将日益发展。

食品营养强化是增进人体健康的重要措施,也是人类文明、社会发展的必然产物。我国由于历史原因,以及经济、文化等条件所限,食品营养强化的发展可说仅仅是开始。人们对食品营养强化的基本原则和要求等尚不很清楚。特别是在目前商品经济的推动下,尽管许多强化食品相继问世、发展很快,但尚未纳入科学化轨道,存在一些问题,如:强化目的意义不明;载体食品选择不当;强化工艺不合理;强化剂量不当;夸大功能宣传;审批与市场管理不严等。这些都无疑会影响营养强化食品的健康发展,为此,我国除已颁发的《食品安全法》和《食品添加剂使用卫生标准》以外,新近又颁发了《食品营养强化剂使用标准》。它们对食品、食品添加剂和食品营养强化剂的生产、经营等都有一系列的规定,尤其是婴儿食品的强化尚需按卫计委颁布的或许可的婴儿食品营养及卫生标准规定执行。严格执行上述有关规定,借此将食品营养强化逐步纳入科学化与法制化轨道,从而保证人民的身体健康。

8.2　保健食品

8.2.1　概述

随着社会经济的快速发展,高度发达的物质文

明导致诸如肥胖症、高血压、高血脂、糖尿病等现代文明病的高发;同时社会竞争越来越激烈,人们的心理压力加重,以及空气、水源等的污染加重等因素,导致了"亚健康"人群迅速增长,因而健康投资已成为消费热点。科学技术的飞速发展,揭示了食物成分与人体健康的关系,人们逐渐认识到调节饮食是保证健康、预防疾病最合适和快捷的途径。因而促进了对保健食品的需求,也促进了保健食品的开发。

8.2.1.1 保健食品的概念

目前,国内外对保健食品没有一个统一的称谓,保健食品在国际上被称为"健康食品(health foods)""营养食品(nutritional foods)""革新食品(reform foods)""膳食补充剂(dietary supplement)"等,但强调食品具有调节生理活动功能(食品的第三功能)的观点已为全世界所共识。

在我国,保健食品又称功能性食品。根据《食品安全国家标准 保健食品》(GB 16740—2014),保健食品是指声称并具有特定保健功能或者以补充维生素、矿物质为目的的食品。即适用于特定人群食用,具有调节机体功能,不以治疗疾病为目的,并且对人体不产生任何急性、亚急性或慢性危害的食品。

2015 年,我国出台和实施的《食品安全法》对保健食品实行严格的监督和管理,从产品管理、生产管理、市场监督、广告管理以及法律责任等多方面进行了规定。明确保健食品入市前实行注册和备案"双轨制"管理,并且实行中央和地方两级管理。建立保健食品原料目录和允许保健食品声称的保健功能目录。明确保健食品与其他食品的区别,规定列入保健食品原料目录的原料只能用于保健食品生产,不得用于其他食品生产。同时规定保健食品的标签、说明书不得涉及疾病预防、治疗功能,内容必须真实,应当载明适宜人群、不适宜人群、功效成分或者标志性成分及其含量等,并声明"本品不能代替药物"。产品的功能和成分应当与标签、说明书一致。

8.2.1.2 保健食品的特征与分类

保健食品是食品的一个特殊种类,介于食品与药品之间。保健食品具有一般食品的共性,即能提供人体生存必需的基本营养物质,既具有特定的色、香、味、形,同时还具有区别于一般食品的特定功能作用。但保健食品不是药品,不能治疗疾病。

1. 保健食品基本特征

(1)食品属性 保健食品必须是食品,必须具备食品的基本特征。

(2)功能属性 保健食品必须具有明确的生理功能调节目标,含有功能因子成分。

(3)非药物属性 人体摄食保健食品后,体现具体的功能调节作用,不以追求短期的临床疗效为目的。

(4)具有特定的质量检测指标与方法 保健食品不仅要验证其所具有的特定功能,并且要验证在正常食用量下能保证食用安全。

2. 保健食品与普通食品的区别

①保健食品除含有营养素外,必须含有调节生理功能的成分,并有调节生理功能的作用,如减肥、缓解体力疲劳、促进消化等生理功能,而普通食品则不要求。

②保健食品根据其保健功能的不同,具有特定适宜人群和不适宜人群;而普通食品一般不进行区分。

③保健食品具有规定的食用量,而普通食品一般没有服用量的要求。

3. 保健食品与药品的区别

①使用目的不同。保健食品是用于调节机体机能、提高人体抵御疾病的能力、改善人体亚健康状态及降低疾病发生的风险,不具有预防和治疗疾病的作用。而药品是用于预防、治疗、诊断人的疾病,有目的地调节人的生理机能并规定有适应证或者功能主治、用法和用量的物质。

②保健食品按照规定的食用量食用,不能给人体带来任何急性、亚急性或慢性危害。药品可以有毒副作用。

③使用方法不同。保健食品仅口服使用,药品可以口服、涂抹、注射等方式使用。

④可以使用的原料种类不同。有毒有害物质不得作为保健食品原料。

4. 保健食品的分类

保健食品的原料和功能因子多种多样,对人体生理机能的调节作用,以及产品的生产工艺和形态也各不相同,因此,市场上保健食品琳琅满目,种类繁多,保健食品的分类主要有以下 4 种。

(1)按调节人体功能的作用分类 《保健食品原料目录与保健功能目录管理办法》(2019 年 8 月 2 日国家市场监督管理总局令第 13 号公布)在保健功能目录管理中明确规定了纳入保健功能目录的保健功能应当符合下列要求:①以补充膳食营养物质、维持改善机体健康状态或者降低疾病发生风险因素为目的。②具有明确的健康消费需求，能够被正确理解和认知。③具有充足的科学依据，以及科学的评价方法和判定标准。④以传统养生保健理论为指导的保健功能，符合传统中医养生保健理论。⑤具有明确的适宜人群和不适宜人群。有下列情形之一的，不得列入保健功能目录：①涉及疾病的预防、治疗、诊断作用。②庸俗或者带有封建迷信色彩。③可能误导消费者等其他情形。

经我国国家市场监督管理总局依法批准注册的保健食品功能有 27 种；依法备案的保健食品允许声称的保健功能为补充维生素、矿物质，因此，我国的保健食品按功能分共有 28 种，其分别为：增强免疫力、辅助降血脂、辅助降血糖、抗氧化、辅助改善记忆、缓解视疲劳、促进排铅、清咽、辅助降血压、改善睡眠、促进泌乳、缓解体力疲劳、提高缺氧耐受力、对辐射危害有辅助保护功能、减肥、改善生长发育、增加骨密度、改善营养性贫血、对化学性肝损伤的辅助保护作用、祛痤疮、祛黄褐斑、改善皮肤水分、改善皮肤油分、调节肠道菌群、促进消化、通便、对胃黏膜损伤有辅助保护功能和维生素、矿物质补充剂。

（2）按原料来源分类　在宏观上，可分为植物类、动物类和微生物（益生菌）类。目前，可选用的原料主要是卫计委先后公布的"既是食品又是药品""允许在保健食品添加的物品"和"益生菌保健食品用菌"。

（3）按功能因子分类　根据功能因子的不同，可将保健食品分为功能性碳水化合物类、功能性脂类、功能性氨基酸类、肽与蛋白质类、维生素及类似物类、自由基清除剂类、微量元素类、益生菌类、植物活性称分类等。

（4）按产品的形态分类　可分为饮料类、口服液类、酒类、冲剂类、片剂类、胶囊类和微胶囊类保健食品。

8.2.1.3　保健食品使用原则

随着人民生活水平的逐步提高，对健康的要求也不断增加，花钱买健康成为今后社会发展的时尚。为了有效地发挥保健食品的作用，保健食品使用中应遵守几项原则。

1. 饮食为主

正常情况下，人们应该遵从平衡膳食的理论，科学地安排自己的饮食生活，这是维持人们良好营养水平和健康状态的基础。大多数人做到了这一点，就不需要摄入保健食品。

2. 有的放矢

保健食品并不是针对全民使用的，而是针对某些特殊的人群而采取的保健措施。在众多的保健食品中，有一定的适应对象，决不能不管对象、一概服用，这样不仅造成浪费，也会给机体带来一定的损害。

3. 预防为主

保健食品是针对某些营养问题所采取的措施，更多情况下是为以预防某些疾病发生所采取的对策。

4. 经济允许

保健食品一般价格比较昂贵，对一些收入较低的人群来讲，应该考虑经济的承受能力，不能一概地追求高消费，应根据自己的条件选择不同的保健食品。

5. 长期服用

某些功能保健食品的功能很难在短期食用后看出，因为保健食品不是药品。保健食品的效果，有时要长期服用才能体现出来。

6. 区别药物

保健食品对维持人体的某些生理功能正常，对人体的健康有促进作用。但保健食品不是药品，不能当成药物或宣传成药物或代替药物。

8.2.1.4　保健食品的发展概况

1. 国外保健食品发展概况

日本是最早研制保健食品的国家之一，自 20 世纪 80 年代就成为主要生产国和最发达的保健食品市场。1962 年，日本提出"功能性食品"这一名词，并对食品的调节功能进行立项研究。1991 年，日本厚生省生活卫生局食品保健处将普通以外的食品统称为"特殊营养食品"。特殊营养食品分为 2 类：一类为强化食品，另一类为特殊用途食品。其中特殊用途食品又分成 4 类：病人用食品；孕妇、产妇、乳母用奶粉；乳儿用配方乳粉；特定保健用食品。1991 年 7 月，日本将"功能食品"正式定义为"特定保健用食品"，规定其必须具有普通食品的形式，而且必须有明确的功效成分，但只能在《营养改善法》规定的范围内声称具有某种被认定的保健功能，绝对不能声称可用于治疗疾病。一直以来日本国民对保健食品的需求巨大，保健食品的销售额逐年增加。

美国将保健食品一般称为健康食品，也称设计

食品、功能食品、营养药物食品、医用食品等。美国因消费群体庞大其保健食品行业发展迅猛。20世纪90年代以来,美国保健品市场每年以20%速度增长。1970年美国保健食品销售额为1.7亿美元,1980年为17.7亿美元,90年代初超过100亿美元,2010年市场总销售额高达532亿美元。市场规模从2007年的968亿美元增加到2013年的1 500亿美元,保健食品生产企业超过了500家。

欧盟将健康食品分为营养补充食品(包含草药)和功能食品,并且规定营养补充剂需以片剂、胶囊等与普通食品有区别的形式上市。虽然欧洲对保健食品关注较晚,但需求增长迅速。

综合欧美保健品市场有以下特点:①低脂肪、低热量、低胆固醇的保健食品品种多,销售量最大。②植物性食品、植物蛋白受宠,保健茶、中草药在美国崛起,销路看好。③工艺先进、高科技制作,产品纯度高、性能好,多为软胶囊、片样造型,或制成运动饮料,易于吸收。概括国外保健食品的发展,有以下7点趋势:①发展迅速。随着大制造商的加入,保健食品将迅速地发展,并达食品销售额的5%(欧洲每年市场零售额将达300亿美元,美国200亿美元,全球1 000亿美元)。②全球化趋势。保健食品将席卷全球,并最终实现全球社会化和全球贸易化。③低脂肪、低胆固醇、低热量的保健食品将主导市场。④维生素、矿物质类保健食品所占比例稳定。⑤小麦胚油、深海鱼油、卵磷脂、鲨鱼软骨、鱼鲨烯等软胶囊制剂类新产品销量增加,并有扩大海外市场之势。⑥"素食"及植物性保健食品所占比重逐渐增大。⑦保健茶、中草药保健食品继续风行市场,深受广大消费者欢迎。

2. 我国保健食品发展概况

20世纪80年代初,我国保健食品行业处在起步阶段,主要产品以滋补品为主。20世纪80年代末到1995年年初,我国保健品行业进入了第一个高速发展阶段。由于高额利润和相对较低的政策和技术壁垒,保健食品生产厂家和产值飞速发展,产品品种多达2.8万种,年产值达300多亿元。我国"药健字"制度开始施行。由于虚假宣传和产品质量问题的出现,加上管理滞后,市场监管的缺失,假、伪劣产品进入市场,给我国保健食品市场带来信誉危机。1995—1998年我国保健食品行业进入低谷时期,企业数量和销售额大面积萎缩。

1996年《保健食品管理办法》的颁布和实施在我国保健食品行业的发展史上具有里程碑式的意义。继而《保健食品评审技术规程》和《保健食品功能学评价程序和方法》的颁布实施,意味着我国保健食品的评审监管工作开始走向科学、规范的管理。从1998年开始,保健食品销量持续走高,在2000年时我国保健食品行业进入了新一轮发展的高峰期。但2001—2003年,保健食品行业再次由于信誉危机而进入低谷时期。

2003年之后,我国取消了"药健字"保健品的流通,同时《保健食品注册管理办法(试行)》《预包装特殊膳食用食品标签通则》《食品营养标签管理规范》《食品安全法》《保健食品注册与备案管理办法》等与保健食品相关的法律法规及规章制度相继出台,国外保健食品巨头纷纷进入中国市场,我国保健食品市场进入规范发展阶段,并趋于平衡稳定。由于经济增长、人口老龄化、消费观念的转变、"亚健康"人群的增长及科学技术的发展等,推动了我国保健食品业快速的发展。2009年我国保健食品年销售额达1 000亿元,2014年我国保健食品年产值约为3 900亿元。同时,我国保健食品业的发展也存在着诸多问题,如保健食品法律法规不健全;非法添加违禁物品现象严重;违法违规生产经营;夸大宣传,擅自增加功能,扩大适用人群,变更食用量,故意混淆药品与食品的区别;假冒产品、鱼目混珠;行业委托加工盛行等。随着我国各项法规不断完善,我国保健品市场将会更加健康的发展和完善。截至2017年7月,我国国产保健食品约为15 880个,进口保健食品为752个。

创新是国家的灵魂,是发展国民经济的根本动力,当然也是促进我国保健食品产业发展的根本动力。保健食品产业的创新应包括下述4个方面:第一是研发与技术创新,第二是保健食品管理体制的创新,第三是监督机制的创新,第四是企业发展机制特别是营销机制的创新。开发具有明确功能因子的第三代保健食品已成为我国保健食品发展的趋势。

8.2.2 保健食品的原料与辅料

8.2.2.1 保健食品的原料

保健食品原料是指与保健食品功能相关的初始物料。《保健食品原料目录与保健功能目录管理办法》(2019年8月2日国家市场监督管理总局令第13号公布)在保健食品原料目录管理中明确规定:除维生素、矿物质等营养物质外,纳入保健食品原料目录的原料应当符合下列要求：①具有国内外食用历史，原料安全性确切，在批准注册的保健食品中已经使用。②原料对应的功效已经纳入现行的保健功能目录。③原料及其用量范围、对应的功效、生产工艺、检测方法等产品技术要求可以实现标准化管理，确保依据目录备案的产品质量一致性。有下列情形之一的，不得列入保健食品原料目录：①存在食用安全风险以及原料安全性不确切的。②无法制定技术要求进行标准化管理和不具备工业化大生产条件的。③法律法规以及国务院有关部门禁止食用，或者不符合生态环境和资源法律法规要求等其他禁止纳入的情形。

1. 国家公布的可作为保健食品的原料

（1）普通食品的原料　普通食品的原料，食用安全，可以作为保健食品的原料。

（2）既是食品又是药品的物品　其主要是中国传统上有食用习惯、民间广泛食用，但又在中医临床中使用的物品共 87 个。物品名单如下：丁香、八角茴香、刀豆、小茴香、小蓟、山药、山楂、马齿苋、乌梢蛇、乌梅、木瓜、火麻仁、代代花、玉竹、甘草、白芷、白果、白扁豆、白扁豆花、龙眼肉（桂圆）、决明子、百合、肉豆蔻、肉桂、余甘子、佛手、杏仁（甜、苦）、沙棘、牡蛎、芡实、花椒、赤小豆、阿胶、鸡内金、麦芽、昆布、枣（大枣、酸枣、黑枣）、罗汉果、郁李仁、金银花、青果、鱼腥草、姜（生姜、干姜）、枳椇子、枸杞子、栀子、砂仁、胖大海、茯苓、香橼、香薷、桃仁、桑叶、桑葚、橘红、桔梗、益智仁、荷叶、莱菔子、莲子、高良姜、淡竹叶、淡豆豉、菊花、菊苣、黄芥子、黄精、紫苏、紫苏子籽、葛根、黑芝麻、黑胡椒、槐米和槐花、蒲公英、榧子、酸枣和酸枣仁、鲜白茅根、鲜芦根、蝮蛇、橘皮、薄荷、薏苡仁、薤白、覆盆子、藿香。

（3）可用于保健食品的物品共 114 个　这些品种经国家食品药品监督管理总局批准可以在保健食品中使用，但不能在普通食品中使用。物品名单如下：人参、人参叶、人参果、三七、土茯苓、大蓟、女贞子、山茱萸、川牛膝、川贝母、川芎、马鹿胎、马鹿茸、马鹿骨、丹参、五加皮、五味子、升麻、天门冬、天麻、太子参、巴戟天、木香、木贼、牛蒡子、牛蒡根、车前子、车前草、北沙参、平贝母、玄参、生地黄、生何首乌、白及、白术、白芍、白豆蔻、石决明、石斛（需提供可使用证明）、地骨皮、当归、竹茹、红花、红景天、西洋参、吴茱萸、怀牛膝、杜仲、杜仲叶、沙苑子、牡丹皮、芦荟、苍术、补骨脂、诃子、赤芍、远志、麦门冬、龟甲、佩兰、

侧柏叶、制大黄、制何首乌、刺五加、刺玫果、泽兰、泽泻、玫瑰花、玫瑰茄、知母、罗布麻、苦丁茶、金荞麦、金樱子、青皮、厚朴、厚朴花、姜黄、枳壳、枳实、柏子仁、珍珠、绞股蓝、葫芦巴、茜草、荜茇、韭菜子、首乌藤、香附、骨碎补、党参、桑白皮、桑枝、浙贝母、益母草、积雪草、淫羊藿、菟丝子、野菊花、银杏叶、黄芪、湖北贝母、番泻叶、蛤蚧、越橘、槐实、蒲黄、蒺藜、蜂胶、酸角、墨旱莲、熟大黄、熟地黄、鳖甲。

（4）列入《保健食品原料目录》中的营养补充剂。

（5）不在《保健食品原料目录》中的原料也可作为保健食品的原料，但是需按照有关规定申请注册，并提交相关材料。

2. 国家公布的不可作为保健食品的原料

（1）保健食品禁用物品　物品名单（共 59 个）如下：八角莲、八里麻、千金子、土青木香、山莨菪、川乌、广防己、马桑叶、马钱子、六角莲、天仙子、巴豆、水银、长春花、甘遂、生天南星、生半夏、生白附子、生狼毒、白降丹、石蒜、关木通、农吉痢、夹竹桃、朱砂、米壳（罂粟壳）、红升丹、红豆杉、红茴香、红粉、羊角拗、羊踯躅、丽江山慈姑、京大戟、昆明山海棠、河豚、闹羊花、青娘虫、鱼藤、洋地黄、洋金花、牵牛子、砒石（白砒、红砒、砒霜）、草乌、香加皮（杠柳皮）、骆驼蓬、鬼臼、莽草、铁棒槌、铃兰、雪上一枝蒿、黄花夹竹桃、斑蝥、硫黄、雄黄、雷公藤、颠茄、藜芦、蟾酥。

（2）限制以野生动植物及其产品作为原料生产保健食品

①禁止使用国家一级和二级保护野生动植物及其产品作为原料生产保健食品。

②禁止使用人工驯养繁殖或人工栽培的国家一级保护野生动植物及其产品作为原料生产保健食品。

③使用人工驯养繁殖或人工栽培的国家二级保护野生动植物及其产品作为原料生产保健食品，应提交农业、林业部门的批准文件。

④使用国家保护的有益或者有重要经济、科学研究价值的陆生野生动物及其产品生产保健食品，应提交农业、林业部门的允许开发利用证明。

⑤在保健食品中常用的野生动植物主要为鹿、林蛙及蛇，马鹿为二级保护动物，林蛙和部分蛇为国家保护的有益或者有重要经济、科学研究价值的陆生野生动物。

⑥从保护生态环境出发，不提倡使用麻雀、青蛙等作为保健食品原料。

（3）限制以甘草、麻黄草、苁蓉和雪莲及其产品为原料生产保健食品

①为防止草地退化，禁止使用野生甘草、麻黄草、苁蓉和雪莲及其产品作为保健食品成分。

②使用人工栽培的甘草、麻黄草、苁蓉和雪莲及其产品作为保健食品成分的，应提供原料来源、购销合同以及原料供应商出具的收购许可证（复印件）。

（4）不审批金属硫蛋白、熊胆粉和肌酸为原料生产的保健食品。

8.2.2.2　保健食品的辅料

保健食品的辅料是指生产保健食品时所用的赋形剂及其他附加物料。按照辅料在制剂中的作用分类有：pH调节剂、螯合剂、包合剂、包衣剂、保护剂、保湿剂、崩解剂、表面活性剂、沉淀剂、成膜材料、调香剂、冻干用赋形剂、发泡剂、芳香剂、防腐剂、赋形剂、干燥剂、固化剂、缓冲剂、缓控释材料、胶黏剂、矫味剂、抗氧化剂、抗氧增效剂、抗黏着剂、空气置换剂、冷凝剂、膏besar基材、凝胶材料、抛光剂、抛射剂、溶剂、柔软剂、乳化剂、软膏基质、软胶囊材料、甜味剂、润滑剂、润湿剂、填充剂、丸心、稳定剂、吸附剂、吸收剂、稀释剂、消泡剂、絮凝剂、乙醇改性剂、油墨、增稠剂、增溶剂、黏合剂、中药炮制辅料、助滤剂、助溶剂、助悬剂、着色剂等。

8.2.3　保健食品的主要功能因子

主要功能因子包括功能性低聚糖（水苏糖、棉籽糖、乳酮糖、低聚糖果、低聚木糖、低聚半乳糖、低聚乳果糖、低聚异麦芽糖等）、功能性多糖、膳食纤维、功能性油脂（二十碳五烯酸、二十二碳六烯酸等）、磷脂类（大豆磷脂、脑磷脂、蛋黄磷脂等）、特殊氨基酸（牛磺酸、精氨酸、谷氨酰胺等）、黄酮类、花色苷，益生菌类（参见第6章），以及一些维生素和矿物质等。

8.2.4　保健食品的开发

保健食品的开发，第一是采用现代分离技术将功能因子从保健食品原料中提取出来，并进行纯化与鉴定；第二是应用现代食品加工技术将主要成分与辅料加工成一定形态，包括饮料类、口服液类、酒类、冲剂类、片剂类、胶囊类和微胶囊类；第三是根据保健食品种类和我国保健食品管理办法要求进行卫生学、毒理学和功能学评价；第四是向省级以上食品药品监督管理局申报、审批，只有获得国家食品药品监督管理总局批准，获得保健食品批准文号的才能

称之为保健食品和使用保健食品标志。

8.3　营养标签

8.3.1　食品标签

《预包装食品标签通则》（GB 7718—2011）对食品标签的定义和要求提出明确的规定。

8.3.1.1　食品标签的定义

食品标签指食品包装上的文字、图形、符号及一切说明物。食品标签的内容包括食品名称、配料表、净含量、生产者、经销者的名称、地址和联系方式、日期、贮存条件、生产许可证编号、产品标准代号、质量等级、批号、食用方法、致敏物质等内容。

食品标签作为沟通食品生产者与销售者和消费者的一种信息传播手段，使消费者通过食品标签标注的内容进行识别、自我安全卫生保护和指导消费。根据食品标签上提供的专门信息，有关行政管理部门可以据此确认该食品是否符合有关法律、法规的要求，保护广大消费者的健康和利益，维护食品生产者、经销者的合法权益，提供正当竞争的促销手段。

8.3.1.2　预包装食品标签基本要求

第一，应符合法律、法规的规定，并符合相应食品安全标准的规定。

第二，应清晰、醒目、持久，应使消费者购买时易于辨认和识读。

第三，应通俗易懂、有科学依据，不得标示封建迷信、色情、贬低其他食品或违背营养科学常识的内容。

第四，应真实、准确，不得以虚假、夸大、使消费者误解或欺骗性的文字、图形等方式介绍食品，也不得利用字号大小或色差误导消费者。

第五，不应直接或以暗示性的语言、图形、符号，误导消费者将购买的食品或食品的某一性质与另一产品混淆。

第六，不应标注或者暗示具有预防、治疗疾病作用的内容，非保健食品不得明示或者暗示具有保健作用。

第七，不应与食品或者其包装物（容器）分离。

第八，应使用规范的汉字（商标除外）。具有装饰作用的各种艺术字，应书写正确，易于辨认。可以同时使用拼音或少数民族文字，拼音不得大于相应

汉字。可以同时使用外文,但应与中文有对应关系(商标、进口食品的制造者和地址、国外经销者的名称和地址、网址除外)。所有外文不得大于相应的汉字(商标除外)。

第九,预包装食品包装物或包装容器最大表面面积大于 35 cm² 时,强制标示内容的文字、符号、数字的高度不得小于 1.8 mm。

第十,一个销售单元的包装中含有不同品种、多个独立包装可单独销售的食品,每件独立包装的食品标识应当分别标注。

第十一,若外包装易于开启识别或透过外包装物能清晰地识别内包装物(容器)上的所有或部分强制标示内容或部分强制标示内容,可不在外包装物上重复标示相应的内容;否则应在外包装物上按要求标示所有强制标示内容。

8.3.1.3　预包装食品标签、标示的内容

1. 直接向消费者提供的预包装食品标签标示的内容

(1)一般要求

直接向消费者提供的预包装食品标签标示应包括食品名称、配料表、净含量和规格、生产者和(或)经销者的名称、地址和联系方式、生产日期和保质期、贮存条件、食品生产许可证编号、产品标准代号及其他需要标示的内容。

(2)食品名称

①应在食品标签的醒目位置,清晰地标示反映食品真实属性的专用名称。当国家标准、行业标准或地方标准中已规定了某食品的一个或几个名称时,应选用其中的一个,或等效的名称。无国家标准、行业标准或地方标准规定的名称时,应使用不使消费者误解或混淆的常用名称或通俗名称。

②标示"新创名称""奇特名称""音译名称""牌号名称""地区俚语名称"或"商标名称"时,应在所示名称的同一展示版面标示①规定的名称。当"新创名称""奇特名称""音译名称""牌号名称""地区俚语名称"或"商标名称"含有易使人误解食品属性的文字或术语(词语)时,应在所示名称的同一展示版面邻近部位使用同一字号标示食品真实属性的专用名称。当食品真实属性的专用名称因字号或字体颜色不同易使人误解食品属性时,也应使用同一字号及同一字体颜色标示食品真实属性的专用名称。

③为不使消费者误解或混淆食品的真实属性、物理状态或制作方法,可以在食品名称前或食品名

称后附加相应的词或短语。如干燥的、浓缩的、复原的、熏制的、油炸的、粉末的、粒状的等。

(3)配料表

①预包装食品的标签上应标示配料表,配料表中的各种配料应按(2)食品名称的要求标示具体名称,食品添加剂按照 D 的要求标示名称。

A. 配料表应以"配料"或"配料表"为引导词。当加工过程中所用的原料已改变为其他成分(如酒、酱油、食醋等发酵产品)时,可用"原料"或"原料与辅料"代替"配料""配料表",并按本标准相应条款的要求标示各种原料、辅料和食品添加剂。加工助剂不需要标示。

B. 各种配料应按制造或加工食品时加入量的递减顺序——排列;加入量不超过 2% 的配料可以不按递减顺序排列。

C. 如果某种配料是由两种或两种以上的其他配料构成的复合配料(不包括复合食品添加剂),应在配料清单中标示复合配料的名称,随后将复合配料的原始配料在括号内按加入量的递减顺序标示。当某种复合配料已有国家标准、行业标准或地方标准,且其加入量小于食品总量的 25% 时,不需要标示复合配料的原始配料。

D. 食品添加剂应当标示其在《食品添加剂使用标准》(GB 2760—2014)中的食品添加剂通用名称。食品添加剂通用名称可以标示为食品添加剂的具体名称,也可标示为食品添加剂的功能类别名称并同时标示食品添加剂的具体名称或国际编码(INS 号)。在同一预包装食品的标签上,应选择《食品添加剂使用标准》附录 B 中的一种形式标示食品添加剂。当采用同时标示食品添加剂的功能类别名称和国际编码的形式时,若某种食品添加剂尚不存在相应的国际编码,或因致敏物质标示需要,可以标示其具体名称。食品添加剂的名称不包括其制法。加入量小于食品总量 25% 的复合配料中含有的食品添加剂,若符合《食品添加剂使用标准》(GB 2760—2014)规定的带入原则且在最终产品中不起工艺作用的,不需要标示。

E. 在食品制造或加工过程中,加入的水应在配料表中标示。在加工过程中已挥发的水或其他挥发性配料不需要标示。

F. 可食用的包装物也应在配料表中标示原始配料,国家另有法律法规规定的除外。

②下列食品配料,可以选择按表 8-3 的方式标示。

表 8-3　配料表示方式

配料类别	标示方式
各种植物油或精炼植物油,不包括橄榄油	"植物油"或"精炼植物油";如经过氢化处理,应标示为"氢化"或"部分氢化"
各种淀粉,不包括化学改性淀粉	"淀粉"
加入量不超过 2% 的各种香辛料或香辛料浸出物(单一的或合计的)	"香辛料""香辛料类"或"复合香辛料"
胶基糖果的各种胶基物质制剂	"胶姆糖基础剂""胶基"
添加量不超过 10% 的各种果脯蜜饯水果	"蜜饯""果脯"
食用香精、香料	"食用香精""食用香料""食用香精香料"

(4)配料的定量标示

①如果在食品标签或食品说明书上特别强调添加了或含有一种或多种有价值、有特性的配料或成分,应标示所强调配料或成分的添加量或在成品中的含量。

②如果在食品的标签上特别强调一种或多种配料或成分的含量较低或无时,应标示所强调配料或成分在成品中的含量。

③食品名称中提及的某种配料或成分而未在标签上特别强调,不需要标示该种配料或成分的添加量或在成品中的含量。

(5)净含量和规格

①净含量的标示应由净含量、数字和法定计量单位组成。

②应根据法定计量单位,按以下形式标示包装物(容器)中食品的净含量:液态食品,用体积、毫升(mL)或用质量克(g)、千克(kg);固态食品,用质量克(g)、千克(kg);半固态或黏性食品,用质量克(g)、千克(kg)或体积升(L)。

③净含量的计量单位应按表 8-4 标示。

表 8-4　净含量计量单位的标示方式

计量方式	计量单位	净含量(Q)的范围
体积	毫升(mL)	$Q < 1\,000$ mL
	升(L)	$Q \geqslant 1\,000$ mL
质量	克(g)	$Q < 1\,000$ g
	千克(kg)	$Q \geqslant 1\,000$ g

④净含量字符的最小高度应符合表 8-5 的规定。

⑤净含量应与食品名称在包装物或容器的同一展示版面标示。

⑥容器中含有固、液两相物质的食品,且固相物质为主要食品配料时,除标示净含量外,还应以质量或质量分数的形式标示沥干物(固形物)的含量。

表 8-5　净含量字符的最小高度

净含量(Q)的范围	字符的最小高度/mm
$Q \leqslant 50$ mL;$Q \leqslant 50$ g	2
50 mL $< Q \leqslant 200$ mL; 50 g $< Q \leqslant 200$ g	3
200 mL $< Q \leqslant 1$ L;200 g $< Q \leqslant 1$ kg	4
$Q > 1$ kg;$Q > 1$ L	6

⑦同一预包装内含有多个单件预包装食品时,大包装在标示净含量的同时还应标示规格。

⑧规格的标示应由单件预包装食品净含量和件数组成,或只标示件数,可不标示"规格"二字。单件预包装食品的规格即指净含量。

(6)生产者、经销者的名称、地址和联系方式

①应当标注生产者的名称、地址和联系方式。生产者名称和地址应当是依法登记注册、能够承担产品安全质量责任的生产者的名称、地址。有下列情形之一的,应按下列要求予以标示。

A. 依法独立承担法律责任的集团公司、集团公司的子公司,应标示各自的名称和地址。

B. 不能依法独立承担法律责任的集团公司的分公司或集团公司的生产基地,应标示集团公司和分公司(生产基地)的名称、地址;或仅标示集团公司的名称、地址及产地,产地应当按照行政区划标注到地市级地域。

C. 受其他单位委托加工预包装食品的,应标示委托单位和受委托单位的名称和地址;或仅标示委托单位的名称和地址及产地,产地应当按照行政区划标注到地市级地域。

②依法承担法律责任的生产者或经销者的联系方式应标示以下至少一项内容:电话、传真、网络联

系方式等,或与地址一并标示的邮政地址。

③进口预包装食品应标示原产国国名或地区名,以及在中国依法登记注册的代理商、进口商或经销者的名称、地址和联系方式,可不标示生产者的名称、地址和联系方式。

(7)日期标示

①应清晰标示预包装食品的生产日期和保质期。如日期标示采用"见包装物某部位"的形式,应标示所在包装物的具体部位。日期标示不得另外加贴、补印或篡改。

②当同一预包装内含有多个标示了生产日期和保质期的单件预包装食品时,外包装上标示的保质期应按最早到期的单件食品的保质期计算。外包装上标示的生产日期应为最早生产的单件食品的生产日期,或外包装形成销售单元的日期;也可在外包装上分别标示各单件装食品的生产日期和保质期。

③应按年、月、日的顺序标示日期,如果不按此顺序标示,应注明日期标示顺序。

(8)贮存条件

预包装食品标签应标示贮存条件。

(9)食品生产许可证编号

预包装食品标签应标示食品生产许可证编号的,标示形式按照相关规定执行。

(10)产品批准代号

在国内生产并在国内销售的预包装食品(不包括进口预包装食品)应标示产品所执行的标准代号和顺序号。

(11)其他标示内容

①辐照食品。经电离辐射线或电离能量处理过的食品,应在食品名称附近标明"辐照食品"。经电离辐射线或电离能量处理过的任何配料,应在配料表中标明。

②转基因食品。转基因食品的标示应符合相关法律、法规的规定。

③营养标签。特殊膳食类食品和专供婴幼儿的主辅类食品,应当标示主要营养成分及其含量,标示方式按照《预包装特殊膳食食用标签》(GB 13432)执行。其他预包装食品如需标示营养标签,标示方式参照相关法规标准执行。

④质量(品质)等级。食品所执行的相应产品标准已明确规定质量(品质)等级的,应标示质量(品质)等级。

　2.非直接提供给消费者的预包装食品标签
　　标示内容

非直接提供给消费者的预包装食品标签应按照

1.直接向消费者提供的预包装食品标签标示内容项下的相应要求标示食品名称、规格、净含量、生产日期、保质期和贮存条件,其他内容如未在标签上标注,则应在说明书或合同中注明。

　3.标示内容的豁免

①下列预包装食品可以免除标示保质期:酒精度大于等于10%的饮料酒;食醋;食用盐;固态食糖类;味精。

②当预包装食品包装物或包装容器的最大表面面积小于 10 cm² 时,可以只标示产品名称、净含量、生产者(或经销商)的名称和地址。

　4.推荐标示内容

(1)批号　根据产品需要,可以标示产品的批号。

(2)食用方法　根据产品需要,可以标示容器的开启方法、食用方法、烹调方法、复水再制方法等对消费者有帮助的说明。

(3)致敏物质

①以下食品及其制品可能导致过敏反应,如果用作配料,宜在配料表中使用易辨识的名称,或在配料表邻近位置加以提示:含有麸质的谷物及其制品(如小麦、黑麦、大麦、燕麦、斯佩耳特小麦或它们的杂交品系);甲壳纲类动物及其制品(如虾、龙虾、蟹等);鱼类及其制品;蛋类及其制品;花生及其制品;大豆及其制品;乳及乳制品(包括乳糖);坚果及其果仁类制品。

②如加工过程中可能带入上述食品或其制品,宜在配料表临近位置加以提示。

8.3.2　食品营养标签

8.3.2.1　营养标签的目的与意义

食品营养标签是向消费者提供食品营养信息和特性的说明,也是消费者直观了解食品营养组分、特征的有效方式。根据《食品安全法》有关规定,为指导和规范我国食品营养标签标示,引导消费者合理选择预包装食品,促进公众膳食营养平衡和身体健康,保护消费者知情权、选择权和监督权,原卫生部在参考国际食品法典委员会和国内外管理经验的基础上,组织制定了《预包装食品营养标签通则》(GB 28050—2011),于 2013 年 1 月 1 日起正式实施。

国际组织和许多国家都非常重视食品营养标签,国际食品法典委员会(CAC)先后制定了多个营养标签相关标准和技术文件,大多数国家制定了有关法规和标准。特别是世界卫生组织/联合国粮农组织的《膳食、营养与慢性病》报告发布后,各国在推行食品营养标签制度和指导健康膳食方面出台了更多举措。世界卫生组织 2004 年调查显示,74.3% 的国家有食品营养标签管理法规。美国早在 1994 年就开始强制实施营养标签法规,我国香港特别行政区也已对预包装食品采取强制性营养标签管理制度。

根据国家营养调查结果,我国居民既有营养不足,也有营养过剩的问题,特别是脂肪和钠(食盐)的摄入较高是引发慢性病的主要因素。通过实施营养标签标准,要求预包装食品必须标示营养标签内容,一是有利于宣传普及食品营养知识,指导公众科学选择膳食;二是有利于促进消费者合理平衡膳食和身体健康;三是有利于规范企业正确标示营养标签,科学宣传有关营养知识,促进食品产业健康发展。

8.3.2.2 食品营养标签的主要内容

营养标签是指预包装食品标签上向消费者提供食品营养信息和特性的说明,其包括营养成分表、营养声称和营养成分功能声称。营养标签是预包装食品标签的一部分。

1. 营养成分表

营养成分表是标有食品营养成分名称、含量和占营养素参考值(nutrient reference value, NRV)百分比的规范性表格。营养成分表包括 5 个基本要素。

(1)表头　以"营养成分表"作为表头。

(2)营养成分名称　强制标示的营养成分包括能量和 4 个核心营养素,蛋白质、脂肪、碳水化合物、钠,同时还可选择标示表 8-6 中的其他成分。食品配料含有或生产过程中使用了氢化和(或)部分氢化油脂时,在营养成分表中还应标示出反式脂肪(酸)的

含量。当标示其他成分时,应采取适当形式使能量和核心营养素的标示更加醒目,如增大字号、改变字体(如斜体、加粗、加黑)、改变颜色(字体或背景颜色)、改变对齐方式或其他方式。营养成分的顺序应符合表 8-6 的规定,当不标示某一营养成分时,依序上移。使用了营养强化剂的预包装食品,还应标示强化后食品中该营养素的含量及其占营养素参考值的百分比。若强化的营养成分不属于表 8-6 所列范围,其标示顺序应排列于表 8-6 所列营养素之后。

(3)含量　它指含量数值及表达单位,为方便理解,表达单位也可位于营养成分名称后,如能量(kJ)。能量和营养成分的含量应当以每 100 g(100 mL)和/或每份食品中的含量数值标示,如"能量 1 000 kJ/100 g"。当用份标示时,应标明每份食品的量。在产品保质期内,能量和营养成分含量的允许误差范围应符合《预包装食品营养标签通则》中的相关规定。

(4)营养素参考值百分比　它指能量或营养成分含量占相应营养素参考值的百分比。对于未规定营养素参考值的营养成分仅需标示含量,其"营养素参考值百分比"可以空白,也可以用斜线、横线等方式表达。

(5)方框　采用表格或相应形式。

营养成分表各项内容应使用中文标示,若同时标示英文,应与中文相对应。企业在制作营养标签时,可根据版面设计对字体进行变化,以不影响消费者正确理解为宜。

表 8-6　能量和营养成分名称、顺序、表达单位、修约间隔和"0"界限值

能量和营养成分的名称和顺序	表达单位[1]	修约间隔	"0"界限值(每 100 g 或 100 mL)[2]
能量	千焦(kJ)	1	≤17 kJ
蛋白质	克(g)	0.1	≤0.5 g
脂肪	克(g)	0.1	≤0.5 g
饱和脂肪(酸)	克(g)	0.1	≤0.1 g
反式脂肪(酸)	克(g)	0.1	≤0.3 g
单不饱和脂肪(酸)	克(g)	0.1	≤0.1 g
多不饱和脂肪(酸)	克(g)	0.1	≤0.1 g
胆固醇	毫克(mg)	1	≤5 mg
碳水化合物	克(g)	0.1	≤0.5 g
糖(乳糖[3])	克(g)	0.1	≤0.5 g
膳食纤维(或单体成分,或可溶性、可溶性膳食纤维)	克(g)	0.1	≤0.5 g

续表 8-6

能量和营养成分的名称和顺序	表达单位[1]	修约间隔	"0"界限值（每 100 g 或 100 mL）[2]
钠	毫克（mg）	1	≤5 mg
维生素 A	微克视黄醇当量（μg RE）	1	≤8 μg RE
维生素 D	微克（μg）	0.1	≤0.1 μg
维生素 E	毫克 α-生育酚当量（mg α-TE）	0.01	≤0.28 mg α-TE
维生素 K	微克（μg）	0.1	≤1.6 μg
维生素 B$_1$（硫胺素）	毫克（mg）	0.01	≤0.03 mg
维生素 B$_2$（核黄素）	毫克（mg）	0.01	≤0.03 mg
维生素 B$_6$	毫克（mg）	0.01	≤0.03 mg
维生素 B$_{12}$	微克（μg）	0.01	≤0.05 μg
维生素 C（抗坏血酸）	毫克（mg）	0.1	≤2.0 mg
烟酸（烟酰胺）	毫克（mg）	0.01	≤0.28 mg
叶酸	微克（μg）或微克（μg）叶酸当量（μg DFE）	1	≤8 g
泛酸	毫克（mg）	0.01	≤0.10 mg
生物素	微克（μg）	0.1	≤0.6 μg
胆碱	毫克（mg）	0.1	≤9.0 mg
磷	毫克（mg）	1	≤14 mg
钾	毫克（mg）	1	≤20 mg
镁	毫克（mg）	1	≤6 mg
钙	毫克（mg）	1	≤8 mg
铁	毫克（mg）	0.1	≤0.3 mg
锌	毫克（mg）	0.01	≤0.30 mg
碘	微克（μg）	0.1	≤3.0 μg
硒	微克（μg）	0.1	≤1.0 μg
铜	毫克（mg）	0.01	≤0.03 mg
氟	毫克（mg）	0.01	≤0.02 mg
锰	毫克（mg）	0.01	≤0.06 mg

注：[1] 营养成分的表达单位可选择表格中的中文或英文，也可以两者都使用。

　　[2] 当某营养成分含量数值≤"0"界限值时，其含量应标示为"0"；使用"份"的计量单位时，也要同时符合每 100 g 或 100 mL 的"0"界限值的规定。

　　[3] 在乳及乳制品的营养标签中可直接标示乳糖。

2. 营养声称

营养声称是对食品营养特性的描述和声明，如能量水平、蛋白质含量水平。营养声称包括含量声称和比较声称。

（1）含量声称　含量声称是描述食品中能量或营养成分含量水平的声称。声称用语包括"含有""高""低"或"无"等。可以进行含量声称的营养成分包括能量、蛋白质、脂肪、胆固醇、碳水化合物（糖）、膳食纤维、钠、维生素、矿物质（不包括钠）。对营养成分进行含量声称时，必须使用《预包装食品营养标签通则》（GB 28050—2011）中规定的用语。

（2）比较声称　比较声称是指与消费者熟知的同类食品的营养成分含量或能量值进行比较以后的声称。声称用语包括"增加"或"减少"等。比较声称的条件是能量值或营养成分含量与参考食品的差异≥25％。参考食品是指消费者熟知的、容易理解的同类或同一属类食品。选择参考食品应考虑：与被比较的食品是同组（或同类）或类似的食品；大众熟悉,存在形式可被容易、清楚地识别;被比较的成分可以代表同组(或同类)或类似食品的基础水平,而不是人工加入或减少了某一成分含量的食品。例如:不能以脱脂牛奶为参考食品,比较其他牛奶的脂肪含量高低。

(3)含量声称和比较声称的区别 声称依据不同。含量声称是根据规定的含量要求进行声称,比较声称是根据参考食品进行声称;声称用语不同。含量声称用"含有""低""高"等用语,比较声称用"减少""增加"等用语。

3.营养成分功能声称

营养成分功能声称是指某营养成分可以维持人体正常生长、发育和正常生理功能等作用的声称。同一产品可以同时对两个及以上符合要求的成分进行功能声称。

只有当能量或营养成分含量符合《预包装食品营养标签通则》中规定的营养声称的要求和条件时,即满足含量声称或比较声称的条件之一,才可根据食品的营养特性,选用相应的一条或多条功能声称标准用语。例如,只有当食品中的钙含量满足"钙来源""高钙"或"增加钙"等条件和要求后,才能标示"钙有助于骨骼和牙齿的发育"等功能声称用语。营养成分功能声称标准用语不得删改、添加和合并,更不能任意编写。

8.3.2.3 食品营养标签的基本要求

①预包装食品营养标签标示的任何营养信息,应真实、客观,不得标示虚假信息,不得夸大产品的营养作用或其他作用。

②预包装食品营养标签应使用中文。如同时使用外文标示的,其内容应当与中文相对应,外文字号不得大于中文字号。

③营养成分表应以一个"方框表"的形式标示(特殊情况除外),方框可为任意尺寸,并与包装的基线垂直,表题为"营养成分表"。

④食品营养成分含量应以具体数值标示,数值可通过原料计算或产品检测获得。

⑤食品企业可根据食品的营养特性、包装面积的大小和形状等因素选择使用其中的一种格式。

⑥营养标签应标在向消费者提供的最小销售单元的包装上。

8.3.2.4 食品营养标签的格式

《预包装食品营养标签通则》中规定了预包装食品营养标签的格式,应选择以下格式中的一种进行营养标签的标示。

1.仅标示能量和核心营养素的格式
具体如表8-7所列。

表8-7 营养成分表

项目	每100 g 或 100 mL 或每份	营养素参考值
能量	千焦/kJ	%
蛋白质	克/g	%
脂肪	克/g	%
碳水化合物	克/g	%
钠	毫克/mg	%

2.标注更多的营养成分
具体如表8-8所列。

表8-8 营养成分表

项目	每100 g 或 100 mL 或每份	营养素参考值
能量[1]	千焦/kJ	%
蛋白质[2]	克/g	%
脂肪[3]	克/g	%
饱和脂肪	克/g	%
胆固醇	毫克/mg	%
碳水化合物[4]	克/g	%
糖	克/g	%
膳食纤维	克/g	%
钠[5]	毫克/mg	%
维生素 A	微克视黄醇当量/ μg RE	%
钙	毫克/mg	%

注:1~5为核心营养素应采取适当形式使其醒目。

3.附有外文的格式
具体如表8-9所列。

表8-9 nutrition information

Items	per 100 g/ 100 mL or per serving	NRV %
energy	kJ	%
protein	g	%
fat	g	%
carbohydrate	g	%
sodium	mg	%

4. 横排格式

具体如表 8-10 所列。

表 8-10　营养成分表

项目	每 100 g 或 100 mL 或每份	营养素参考值	项目	每 100 g 或 100 mL 或每份	营养素参考值
能量	千焦/kJ	%	碳水化合物	克/g	%
蛋白质	克/g	%	钠	毫克/mg	%
脂肪	克/g	%	—	—	%

根据包装特点,可将营养成分从左到右横向排开,分为两列或两列以上进行标示。

5. 文字格式

包装的总面积小于 100 cm² 的食品,如进行营养成分标示,允许用非表格的形式,并可省略营养素参考值(NRV)的标示。根据包装特点,营养成分从左到右横向排开,或者自上而下排开,如

营养成分/100 g:能量 ××kJ,蛋白质 ××g,脂肪 ××g,碳水化合物 ××g,钠 ××mg。

6. 附有营养声称和(或)营养成分功能声称的格式

具体如表 8-11 所列。

表 8-11　营养成分表

项目	每 100 g 或 100 mL 或每份	营养素参考值 或 NRV
能量	千焦/kJ	%
蛋白质	克/g	%
脂肪	克/g	%
碳水化合物	克/g	%
钠	毫克/mg	%

注:营养声称,如低脂肪 ××。

营养成分功能声称,如每日膳食中脂肪提供的能量比例不宜超过总能量的 30%。

营养声称、营养成分功能声称可以在标签的任意位置,但其字号不得大于食品名称和商标。

? 思考题

1. 食品营养素强化和食品营养强化剂的概念分别是什么?

2. 我国许可使用的食品营养强化剂有哪些种类?

3. 试述国内外食品营养强化发展简况。

4. 食品营养素强化的意义和作用有哪些?

5. 试述食品营养素强化的基本原则。

6. 试述食品营养素强化的主要技术。

7. 营养强化食品有哪些主要种类?试述其生产方法。

8. 什么是保健食品?保健食品与普通食品、药品的联系和区别是什么?

9. 保健食品主要功能因子有哪些?简述其主要生理功能。

10. 保健食品的开发过程包括哪些环节?

11. 食品标签的概念是什么?

12. 预包装食品标签中强制标示的内容有哪些?

13. 试述食品营养标签的主要内容和要求。

14. 营养成分表中强制标示的营养成分有哪些?

15. 试述食品营养标签格式。

(本章编写人:邓放明　郭瑜)

第 9 章

特殊人群的营养

学习目的与要求

- 熟悉各种特殊人群的生理代谢及营养需求特点。
- 根据不同人群的营养需求特点和膳食指南原则,制订出合理的饮食计划,实现平衡营养。

9.1　孕妇营养

9.1.1　孕期的生理特点

从妊娠开始到产后哺乳,母体要经受一系列的生理调整过程。这些因生理负荷增加所产生的功能性调节,乃是为了提供胎儿一个最佳的生长环境,并维持母亲的健康。妊娠一般分为3个时期:妊娠12周末以前称为早期妊娠(孕早期);妊娠13～27周称为中期妊娠(孕中期);妊娠28周及其以后称为晚期妊娠(孕晚期)。

1. 内分泌及代谢的改变

许多孕期的生理变化是受内分泌系统影响所致。孕期内分泌的主要改变是与妊娠有关的激素水平的变化相关。随着妊娠时间的增加,胎盘增大,母体内雌激素、孕激素及胎盘激素的水平也相应地升高,尤其是胎盘生乳素,其分泌增加的速率与胎盘增大的速率相平行。胎盘生乳素可通过刺激脂肪分解而增高循环中游离脂肪酸、甘油的浓度,同时抑制糖的利用和糖原异生,有致糖尿病的效应。但胎盘生乳素又有促胰岛素生成的作用,可导致母血胰岛素水平增高,有利于蛋白质合成保持正氮平衡,这就保证了葡萄糖、游离脂肪酸、氨基酸等能源不断地输送给胎儿,有利于胎儿的生长;胎盘生乳素与垂体生乳素、雌激素、孕激素、胰岛素、皮质醇、甲状腺激素一起,可促进乳腺发育,以备哺乳之需。

虽然妊娠期有多种激素参与乳腺发育做好泌乳的充分准备,但妊娠期并无乳汁分泌,可能大量的雌激素、孕激素有抑制乳汁生成的作用。孕激素可使孕妇肺通气量增加、呼吸加深、舒展平滑肌(特别是子宫和消化道平滑肌),并对胎盘可能起一种免疫抑制剂的作用。

在妊娠期间,血浆中增加的另一种母亲来源的激素是皮质醇。皮质醇拮抗胰岛素并刺激由氨基酸合成葡萄糖。

妊娠期由于腺组织增生和血运丰富,使得孕妇的甲状腺增大,血浆中甲状腺素 T_3、甲状腺素 T_4 水平也有升高。同样,由于雌激素引起的甲状腺素结合球蛋白增加,循环中甲状腺素增加,但游离甲状腺素无明显增多,所以并无甲亢表现。

由于孕期内分泌的改变,使母体的合成代谢增加,基础代谢率升高,特别是在孕后半期,每日约增加628 kJ(150 kcal),对碳水化合物、脂肪和蛋白质的利用也有改变。由于妊娠对胰岛素的需要量增加,如胰腺功能不全,可导致妊娠性糖尿病。蛋白质代谢呈正氮平衡,以储备较多的蛋白质,作为子宫、胎儿、乳腺发育所需。对脂肪的吸收增加,且体内有较多的脂肪积存,以利于泌乳和分娩过程的能量消耗。妊娠期间机体对其他成分如水、电解质、维生素的代谢均发生不同程度的变化。

2. 消化系统功能的改变

妊娠期由于雌激素增加,孕妇可出现牙龈充血肿胀,易出血,即为妊娠患牙龈炎。孕期激素的变化可引起平滑肌张力降低,胃肠蠕动减慢,胃排空时间延长,加之胃酸及消化液分泌减少,因而影响了食物消化,孕妇常出现胃肠胀气及便秘。由于贲门括约肌松弛,导致胃内酸性内容物反流至食管下部产生"胃灼热",在妊娠早期约有1/2以上的孕妇有恶心、呕吐等妊娠反应。但也因为食物在消化道内停留时间加长而增加了某些营养素,如钙、铁、维生素 B_{12}、叶酸等的吸收。

3. 肾功能的改变

妊娠期间,为了有利于清除胎儿和母亲自身的代谢废物,母体肾功能发生显著变化。肾小球滤过能力增强,但肾小管的再吸收能力不能相应增加,蛋白质代谢产物尿酸、尿素、肌酐排出量增多。同时,由于肾小球滤过量超过了肾小管的再吸收能力,故有时出现孕期糖尿,尿中氨基酸、水溶性维生素的排出量也明显增加。

4. 血液容积及血液成分的改变

与非孕妇女相比,孕期妇女血浆容积随妊娠时间的增加而逐渐增加,至孕32～34周时达高峰,最大增加量约为50%。与此同时,红细胞和血红蛋白的量也增加,至分娩时约增加20%,虽然血容量的增加有个体差异,但平均增加1 500 mL。由于血容量增加的幅度较红细胞增加的幅度大,致使血液相对稀释,血中血红蛋白浓度下降,可出现生理性贫血。由于我国孕妇膳食铁的供给量较低,吸收差,更易引起妊娠贫血。

母体在妊娠期血容量增多及组成成分的改变可能是为了更便于将营养素输送给胎儿,并将胎儿排泄物输出体外。

5. 体重的变化

健康孕妇若不限制饮食,孕期一般体重增加10～12.5 kg。体重的增长包括两大部分:一部分是妊娠的产物,包括胎儿、胎盘和羊水;另一部分是母体组织的增长,包括血容量、细胞外液和间质液的增加以及子宫、乳房的发育和母亲为泌乳而储备的脂肪组织和其他营养物质。胎儿、胎盘、羊水、增加的血浆容量及增大的乳腺和子宫被称为必要性体重增加见表9-1。

表 9-1　孕期体重增加及构成

孕期体重构成	体重增加/g			
	第 10 周	第 20 周	第 30 周	第 40 周
胎儿、胎盘及羊水	55	720	2 530	4 750
子宫、乳房	170	765	1 170	1 300
血液	100	600	130	1 250
细胞外液	—	—	—	1 200
脂肪及其他	325	1 915	3 500	4 000
合计	650	4 000	8 500	12 500

许多流行病学资料显示,孕期体重的增长过多或过少均不利,不同孕妇孕期的适宜增重量应有所不同。母亲孕前的身高和体重是影响其适宜增重量的重要因素。一般孕前消瘦者孕期体重增长值应高于正常体重的妇女,而矮小并超重或肥胖的妇女则较低。若以体质指数作为指标,则不同体质指数妇女孕期增重的推荐值见表9-2。

表 9-2　按孕前体质指数推荐的孕妇体重适宜增长范围

体质指数	推荐体重增长范围/kg	体质指数	推荐体重增长范围/kg
低(<19.8)	12.5～18.0	超重(>26～29)	7.0～11.5
正常(19.8～26.0)	11.5～16.0	肥胖(>29)	6.0～6.8

9.1.2　孕期营养需要及膳食参考摄入量

妇女自受孕后,体内的正常代谢过程发生了一系列变化。胎儿生长发育所需的各种营养主要来自母体,孕妇本身还需要为分娩和泌乳贮存一定的营养素,所以,孕妇需要比平时更多的营养素。如果孕妇营养失调或不足,对母体健康和胎儿的正常发育都将产生不良影响。因此,必须调整孕妇的营养与膳食,以适应妊娠期母体的特殊生理和充分满足胎儿生长发育的各种营养素需要,保证母婴健康。在妊娠的不同时期,由于胎儿的生长速度及母体对营养的贮备不同,则营养的需求也不同。

1. 能量

妊娠对能量的需要量比平时要大,主要是由于要额外负担胎儿的生长发育、胎盘和母体组织的增长所需的能量。妊娠早期孕妇的基础代谢无明显变化,妊娠中期开始逐渐升高,至妊娠晚期增加15%～20%。

中国营养学会建议妊娠中、晚期妇女膳食能量的推荐摄入量为在非孕基础上分别增加 1.26 MJ (300 kcal)/d 和 1.88 MJ (450 kcal)/d。由于不同地区、不同民族以及气候、生活习惯、劳动强度等的不同,对能量的供给可主要根据体重增减来调整。

2. 蛋白质

在妊娠期间需要额外增加约 900 g 蛋白质供母体形成新组织和胎儿成长时的需要。由于孕妇蛋白质缺乏,不仅对胎儿的生长发育有影响,还会使母体发生妊娠毒血症以及出现贫血和营养性水肿等。因此,孕妇应摄入多种食物,使氨基酸摄入达到平衡,同时增加优质蛋白质的摄入量。但是也应注意到蛋白质摄入过多还会增加孕妇肝、肾负担,不利于母体健康和胎儿发育。

2013 年,《中国居民膳食营养素参考摄入量》建议在妊娠早期、孕中期、孕晚期,孕妇蛋白质的推荐摄入量分别增加 5 g、15 g 及 20 g,可基本满足所有健康妇女在孕期的需要。其膳食中优质蛋白质应占蛋白质总量的 1/3 以上。

3. 脂类

妊娠期妇女平均需要贮存脂肪 2～4 kg,胎儿贮存的脂肪占其体重的 5%～15%。脂类是胎儿神经系统的重要组成部分,在脑细胞增殖、生长过程中,需要一定量的必需脂肪酸。

孕妇膳食中应含有适量脂肪,包括饱和脂肪酸、n-3 和 n-6 多不饱和脂肪酸,以保证胎儿和自身的需要。但孕妇血脂较平时升高,脂肪摄入总量不宜过多。中国营养学会推荐妊娠期妇女脂肪提供的能量占总能量的 20%～30%。

4. 矿物质

(1)钙　妊娠期间母体对钙的需要除了维持自身各项生理功能外,还应满足胎儿构造骨骼和牙齿时对钙的需求。当妊娠妇女钙摄入量轻度或短暂性不足时,母体血清钙浓度降低,继而甲状旁腺激素的合成和分泌增加,加速母体骨骼和牙齿中钙的溶出,维持正常的血钙浓度,满足胎儿对钙的需要量。当缺钙严重或长期缺乏时,血钙浓度下降,母亲可发生小腿抽筋或手足抽搐,严重时导致骨质软化症,胎儿可发生先天性佝偻病。一个成熟的胎儿体内约积累 30 g 钙,在孕早期、孕中期、孕晚期日均积累量分别为 7 mg、110 mg 和 350 mg。除胎儿需要外,母体尚需贮存部分钙以备泌乳需要。

据调查资料表明,我国妇女孕期膳食钙的实际摄入量偏低,容易发生钙缺乏。因此,孕妇应增加含钙丰富的食物,膳食摄入不足时也可补充一些钙制剂。《中国居民膳食营养素参考摄入量》(2013 版)建议,妊娠期间钙的推荐摄入量为:孕早期 800 mg/d;孕中期 1 000 mg/d;孕晚期 1 000 mg/d。

(2)铁　估计在孕期孕妇体内铁的储留量为 1 g,其中胎儿体内 300 mg(除制造血液和肌肉组织外,胎儿还必须在肝脏内贮存一部分铁,以供婴儿出生后 6 个月对铁的需要量),红细胞增加约需 450 mg,其余储留在胎盘中。随着胎儿的娩出,胎盘娩出及出血,孕期储留的铁 80% 被永久性丢失,仅 200 mg 被保留在母体内。膳食中铁的吸收率很低。我国膳食中铁的来源多数为植物性食物所含的非血红素铁,估计膳食铁的吸收率不足 10%。完全由膳食来供给孕妇铁,难于满足需要,应适当补充铁强化食品或铁制剂。如果妊娠期间膳食铁摄入不足,除易导致孕妇缺铁性贫血外,还可影响胎儿铁的储备,使婴儿较早出现缺铁和缺铁性贫血。孕早期缺铁还与早产和低出生体重有关。《中国居民膳食营养素参考摄入量》(2013 版)建议,妊娠期铁的推荐摄入量为孕早期 20 mg/d、孕中期 24 mg/d、孕晚期 29 mg/d。

(3)锌　据估计妊娠期间储留在母体和胎儿组织中的总锌量为 100 mg,其中约 53 mg 贮存在胎儿体内。动物实验显示缺锌可引起胎鼠多种畸形,脑体积小,脑细胞数目少等先天畸形的信息。近年来的流行病学调查资料表明,胎儿畸形发生率的增加与妊娠锌营养不良及血清锌浓度降低有关。因此,孕期应适当增加锌的摄入量。《中国居民膳食营养素参考摄入量》(2013 版)建议,妊娠期锌的推荐摄入量为 9.5 mg/d。

(4)碘　碘是甲状腺素的组成成分。甲状腺素对人脑的正常发育和成熟非常重要。孕期母体甲状腺机能旺盛,碘的需要量增加。母亲碘缺乏(特别是在孕早期)可致胎儿甲状腺功能低下,从而引起以严重智力发育迟缓和生长发育迟缓为标志的克汀病。通过孕期补碘特别是在妊娠的头 3 个月,纠正母亲碘缺乏可有效地预防克汀病。《中国居民膳食营养素参考摄入量》(2013 版)建议,妊娠期碘的推荐摄入量为 230 μg/d。

5. 维生素

(1)维生素 A　妊娠期除了维持母体本身的健康和正常生理功能的需要外,胎儿还要贮存一定量的维生素 A 于肝脏中。母亲的维生素 A 营养状况低下与贫困人群中的早产、宫内发育迟缓及婴儿低出生体重有关。但妊娠早期维生素 A 的增加量不宜过多,因为大剂量维生素 A 可能导致自发性流产和胎儿先天畸形。胡萝卜素在体内可转变成维生素 A,且相同剂量的胡萝卜素却无此不良作用。因此,中国营养学会和世界卫生组织均建议孕妇通过摄取富含类胡萝卜素的食物来补充维生素 A。《中国居民膳食营养素参考摄入量》(2013 版)建议我国妇女孕期维生素 A 的推荐摄入量为孕早期 700 μg RAE/d,孕中期和孕晚期 770 μg RAE/d,可耐受最高摄入量为 3 000 μg RAE/d。

(2)维生素 D　维生素 D 可促进钙的吸收和在骨骼中沉积,因而妊娠期维生素 D 的需要量增加。各种形式的维生素 D 均可通过简单扩散经胎盘进入胎儿体内。在妊娠期间,维生素 D 缺乏可导致母亲和婴儿的多种钙代谢紊乱,包括新生儿低钙血症和手足搐搦、婴儿牙釉质发育不良以及母体骨质软化症。给维生素 D 缺乏的孕妇补充维生素 D 10 μg/d,可降低新生儿低钙血症和手足搐搦及母亲骨软化症的发病率,补充较高剂量(25 μg/d)则可增加婴儿出生后的身高及体重。

虽然维生素 D 可在紫外光照射下由皮下合成,

但在缺乏日光照射的地区，食源性的维生素 D 尤为重要。我国妇女孕期维生素 D 推荐摄入量在孕早期为 5 μg/d，孕中期和孕晚期为 10 μg/d。维生素 D 强化奶是最重要的食物来源。应当注意的是，维生素 D 不能补充过多。有报道，妊娠期维生素 D 摄入量过多可导致婴儿发生高钙血症甚至引起维生素 D 中毒。《中国居民膳食营养素参考摄入量》(2013 版)建议，孕妇妊娠期维生素 D 的推荐摄入量与非孕妇女相同为 10 μg/d，可耐受最高摄入量为 50 μg/d。

(3)维生素 B_1　在妊娠期间母体新陈代谢增高，维生素 B_1 的需要量与新陈代谢成正比，孕期维生素 B_1 的需要量亦增加。由于维生素 B_1 不能在体内长期贮存，因此，足够的膳食摄入量十分重要。孕妇缺乏维生素 B_1 时母体可能没有明显的临床表现，但胎儿出生后却可能出现先天性脚气病。《中国居民膳食营养素参考摄入量》(2013 版)建议，妊娠期维生素 B_1 的推荐摄入量为：孕早期 1.2 mg/d；孕中期 1.4 mg/d；孕晚期 1.5 mg/d。

(4)维生素 B_6　维生素 B_6 与体内氨基酸、脂肪酸和核酸代谢有关，孕期核酸和蛋白质合成旺盛，故维生素 B_6 缺乏会导致母体出现多部位皮肤炎症、贫血和神经精神症状。在临床上，有使用维生素 B_6 辅助治疗早孕反应，也有使用维生素 B_6、叶酸和维生素 B_{12} 预防妊高征。《中国居民膳食营养素参考摄入量》(2013 版)建议，孕妇妊娠期维生素 B_6 的推荐摄入量为 2.2 mg/d。

(5)维生素 B_{12}　妊娠期妇女缺乏维生素 B_{12} 同样会发生巨幼红细胞性贫血，也可导致胎儿神经系统受损。维生素 B_{12} 主要存在于肝脏中。《中国居民膳食营养素参考摄入量》(2013 版)建议，孕妇妊娠期维生素 B_{12} 的推荐摄入量为 2.9 μg/d。

(6)叶酸　孕妇对叶酸的需要量大大增加。叶酸对正常红细胞的形成有促进作用，缺乏时红细胞的发育与成熟受到影响，造成巨幼红细胞性贫血。叶酸摄入量不足或营养状态不良的孕妇伴有多种负性妊娠结局，包括出生低体重、胎盘早剥和神经管畸形。神经管畸形是新生儿常见的一种先天畸形，又称无脑儿、脊柱裂等。现在已有多项研究证明，孕期叶酸摄入量是神经管畸形危险性的重要决定因素。由于畸形的发生是在妊娠期头 28 d 内，而此时多数妇女并未意识到自己怀孕。因此，叶酸的补充时间应从计划怀孕或可能怀孕前开始，已有研究表明采用妊娠前 1 月至孕早期 3 月服用叶酸 400 μg/d，可降

低 85% 的神经管畸形。需要明确的是，叶酸摄入量过高可掩盖维生素 B_{12} 缺乏的血液学指标，可能产生不可逆的神经系统损害而延误治疗。因此，叶酸补充量应控制在 1 mg/d 以下，目前，我国推荐的摄入量为 600 μg DFE/d，可耐受最高摄入量为 1 000 μg DFE/d。

(7)维生素 C　维生素 C 是一种重要的保护性营养素，对胎儿的生长发育、造血系统的健全、机体的抵抗力等都有促进作用。妊娠期膳食中如果缺少维生素 C，可能造成流产或早产，胎儿出生后也易患贫血与坏血病。在各种传染病的流行季节，更应注意母亲膳食中维生素 C 的供给量水平。《中国居民膳食营养素参考摄入量》(2013 版)建议，妊娠期维生素 C 的推荐摄入量为孕早期 100 mg/d、孕中期和孕晚期 115 mg/d。

9.1.3　孕期营养不良对母体及胎儿的影响

9.1.3.1　孕期营养不良影响母体健康

1. 营养性贫血

营养性贫血包括缺铁性贫血和缺乏叶酸、维生素 B_{12} 引起的巨幼红细胞贫血。妊娠期贫血以缺铁性贫血为主，在妊娠末期患病率最高。其主要原因是膳食铁摄入不足，来源于植物性食物的铁吸收利用率差，母体和胎儿对铁的需要量增加，某些其他因素引起的失血等。重度贫血时，可因心肌缺氧导致贫血性心脏病，贫血还可降低孕产妇抵抗力，易并发产褥感染，甚至危及生命。现有大量的证据显示，孕早期的铁缺乏与早产和低出生体重(婴儿患病和死亡的最常见原因)相关。此外，孕妇贫血也会使胎儿肝脏中缺少铁储备，出生后婴儿亦患贫血。缺铁性贫血还与孕期体重增长不足有关，也可以增加妊娠高血压综合征的发生。

2. 骨质软化症

维生素 D 缺乏可影响钙的吸收，导致血钙浓度下降。为了满足胎儿生长发育所需要的钙，必须动用母亲骨骼中的钙，结果使母体骨钙不足，引起脊柱、骨盆骨质软化，骨盆变形，重者甚至造成难产。此外，孕妇生育年龄多集中在 25～32 岁，该时期正值骨密度峰值形成期，妊娠期若钙摄入量低，可能对母体峰值骨密度造成影响。

3. 营养不良性水肿

妊娠期蛋白质严重摄入不足可导致营养不良性

水肿。此外,严重维生素 B₁ 缺乏亦可引起浮肿。

4.妊娠高血压综合征

妊娠高血压综合征是威胁孕妇健康的主要疾病之一,以高血压、水肿、蛋白尿、抽搐、昏迷、心肾功能衰竭甚至发生母子死亡为临床特点。妊娠高血压综合征的发病原因尚不清楚,但已知涉及多种营养因素,包括母亲的肥胖、高钠摄入及维生素 B₆、锌、钙、镁和蛋白质等的摄入量不足。国外学者 Magness 等报道,用 n-6 系多不饱和脂肪酸作为食物补充能降低血压并延长先兆子痫患者的孕期。在临床上也观察到先兆子痫病人 n-3 或 n-6 系多不饱和脂肪酸缺乏。

9.1.3.2　孕期营养不良对胎儿的影响

1.胎儿和新生儿死亡率增高

据世界卫生组织统计,新生儿死亡率及死产率较高的地区,母亲营养不良也较普遍。营养不良的胎儿和新生儿的生命力较差,不能经受外界环境中各种不利因素的冲击。

2.低出生体重

低出生体重(low birth weight,LBW)系指新生儿出生体重<2 500 g。有许多调查报告说明,新生儿的体重与母亲的营养状况有密切关系,如孕期热能及蛋白质摄入量不足、妊娠贫血的孕妇产低体重儿的概率较高。此外,母亲孕期的体重增长与胎儿出生体重呈高度正相关,孕期母亲低体重或低增重不仅增加宫内胎儿的危险性,出生后低体重的发生率也较高。

3.早产儿及小于胎龄儿

早产儿(premature)系指妊娠期少于 37 周即出生的婴儿。小于胎龄儿(small for gestational age infant,SGA)是指出生体重在同胎龄儿平均体重的第 10 百分点以下或低于平均体重 2 个标准差的新生儿。在西方发达国家中,低出生体重儿中约 2/3 是由于早产,其余 1/3 为小于胎龄儿。发展中国家则多数低出生体重儿属于与妊娠月份不符的小于胎龄儿,反映出胎儿在母体内生长停滞,宫内发育迟缓。孕期营养不良是造成宫内发育迟缓的重要原因之一,特别是热能、蛋白质摄入量不足。如果孕妇孕前体重小于 40 kg,孕期增重小于 12 kg,则发生宫内发育迟缓的概率就会增加。

4.脑发育受损及出生缺陷

动物试验表明,孕期蛋白质或蛋白质-热能摄入不足将影响仔代神经系统的发育。人类脑细胞的发育最旺盛时期为妊娠最后 3 个月至出生后 1 年左右,在此期间最易受母体营养状况的影响。孕期若营养不良,胎儿脑细胞的发育迟缓,DNA 合成速度减慢,影响了脑细胞的增殖,并影响到以后的智力发育。

此外,孕期某些营养素摄入过多或缺乏,还可能导致出生婴儿先天畸形(congenital malformation)。如孕早期缺乏叶酸,可造成胎儿神经管畸形;孕期摄入维生素 A 过多,尤其是妊娠初期,亦可导致先天畸形。

9.1.4　孕妇的膳食指南和合理膳食

孕妇的合理膳食应随着妊娠期妇女的生理变化和胎儿生长发育的状况而进行合理调配。一方面,要达到孕妇营养的供给与需要之间的平衡,在数量和质量上满足妊娠不同时期对营养的特殊需要;另一方面,则要达到各种营养素之间的平衡,以避免由于膳食构成比例失调而造成的不良影响。

9.1.4.1　备孕妇女

备孕是指育龄妇女有计划地怀孕并对优孕进行必要的前期准备,是优孕与优生优育的重要前提。备孕妇女的营养状况直接关系着孕育和哺育新生命的质量,并对妇女及其下一代的健康产生长期影响。准备怀孕的妇女应接受健康体检及膳食和生活方式指导,使健康与营养状况尽可能达到最佳后再怀孕。备孕妇女膳食指南在一般人群膳食指南基础上特别补充以下 3 个关键推荐。

1.调整孕前体重至适宜水平

肥胖或低体重备孕妇女应调整体重,使体重指数达到 18.5～23.9 kg/m² 范围,并维持适宜体重,以在最佳的生理状态下孕育新生命。

①低体重的备孕妇女,可通过适当增加食物量和规律运动来增加体重,每天可有 1～2 次的加餐,如每天增加牛奶 200 mL 或粮谷/畜肉类 50 g 或蛋类/鱼类 75 g。

②肥胖的备孕妇女,应改变不良饮食习惯,减慢进食速度,避免过量进食,减少高能量、高脂肪、高糖食物的摄入,多选择血糖指数值低、富含膳食纤维、营养素密度高的食物。同时,应增加运动,推荐每天 30～90 min 中等强度的运动。

2.常吃含铁丰富的食物,选用碘盐,孕前 3 个月开始补充叶酸

建议备孕妇女一日三餐中应该有瘦畜肉 50～100 g,每周 1 次动物血或者畜禽肝肾 25～30 g;规律

食用含碘盐外,每周再摄入 1 次富含碘的食物,如海带、紫菜、贻贝,以增加一定量的碘贮备。

3. 禁烟酒,保持健康生活方式

夫妻双方应共同为受孕进行充分的营养、身体和心理准备。

①怀孕前 6 个月夫妻双方戒烟、禁酒,并远离吸烟环境,避免烟草及酒精对胚胎的危害。

②夫妻双方要遵循平衡膳食原则,摄入充足的营养素和能量,纠正可能的营养缺乏和不良饮食习惯。

③保持良好的卫生习惯,避免感染和炎症。

④有条件时进行全身健康体检,积极治疗相关炎症疾病,避免带病怀孕。

⑤保证每天至少 30 min 中等强度的运动。

⑥规律生活,避免熬夜,保证充足睡眠,保持愉悦心情,准备孕育新生命。

9.1.4.2　孕期妇女

孕期妇女膳食指南应在一般人群指南的基础上补充以下 5 条内容。

1. 补充叶酸,常吃含铁丰富的食物,选用碘盐

孕期叶酸的推荐摄入量比非孕时增加了 200 μg DFE/d,达到 600 μg DFE/d,除常吃含叶酸丰富的食物外,还应补充叶酸 400 μg DFE/d。为预防早产、流产,满足孕期血红蛋白合成增加和胎儿铁储备的需要,孕期应常吃含铁丰富的食物,铁缺乏严重者可在医师指导下适量补铁。孕期碘的推荐摄入量比非孕时增加了 110 μg/d,除选用碘盐外,每周还应摄入 1～2 次含碘丰富的海产品。

①整个孕期应口服叶酸补充剂 400 μg/d,每天摄入绿叶蔬菜 200 g。

②每天增加 20～50 g 红肉,每周吃 1～2 次动物内脏或动物血。

③确保摄入碘盐。

2. 孕吐严重者,可少量多餐,保证摄入含必要量碳水化合物的食物

①孕早期无明显早孕反应者可继续保持孕前平衡膳食。

②孕吐较明显或食欲不佳的孕妇不必过分强调平衡膳食。

③每天必需摄取≥130 g 碳水化合物,首选易消化的粮谷类食物。

④可提供 130 g 碳水化合物的常见食物:180 g米或面食,550 g 薯类或鲜玉米。

⑤进食少或孕吐严重者需寻求医师帮助。

3. 孕中晚期适量增加奶、鱼、禽、蛋、瘦肉的摄入

①孕中期开始,每天增加 200 g 奶,使总摄入量达到 500 g/d。

②孕中期每天增加鱼、禽、蛋、瘦肉共计 50 g,孕晚期再增加 75 g 左右。

③深海鱼类含有较多 n-3 多不饱和脂肪酸,其中的二十二碳六烯酸(DHA)对胎儿脑和视网膜功能发育有益,每周最好食用 2～3 次。

4. 适量身体活动,维持孕期适宜增重

①孕早期体重变化不大,可每月测量 1 次,孕中、晚期应每周测量体重。

②体重增长不足者,可适当增加能量密度高的食物摄入。

③体重增长过多者,应在保证营养素供应的同时注意控制总能量的摄入。

④健康的孕妇每天应进行不少于 30 min 的中等强度身体活动。

5. 禁烟酒,愉快孕育新生命

烟草、酒精对胚胎发育的各个阶段都有明显的毒性作用,容易引起流产、早产和胎儿畸形。有吸烟饮酒习惯的妇女必须戒烟禁酒,远离吸烟环境,避免二手烟。

母乳喂养对孩子和母亲都是最好的选择,绝大多数妇女都可以且应该用自己的乳汁哺育孩子,任何代乳品都无法替代母乳。孕妇应尽早了解母乳喂养的益处、增强母乳喂养的意愿、学习母乳喂养的方法和技巧,为产后尽早开奶和成功母乳喂养做好各项准备。

①孕妇应禁烟酒,还有避免被动吸烟和不良空气。

②情绪波动时多与家人和朋友沟通、向专业人员咨询。

③适当进行户外活动和运动有助于释放压力,愉悦心情。

④孕中期以后应更换适合的乳罩,经常擦洗乳头。

9.2　乳母营养

由于要分泌乳汁哺育婴儿,乳母需要的能量及各种营养素较多。孕前营养不良而孕期和哺乳期摄入的营养素又不足的情况下,乳汁分泌量就会下降。当乳母的各种营养素摄入量不足时,体内的分解代谢将增加,以尽量维持泌乳量,此时乳汁量下降可能不明显,但已存在母体内营养的不平衡,最常见的指征是乳母的体重减轻,或可出现营养缺乏的症状。

9.2.1　乳母营养状况对乳汁质量的影响

随着胎儿的娩出,产妇即进入以乳汁哺育婴儿的的哺乳期。母乳是婴儿出生至 4～6 个月最理想食物。人类哺乳的开始及维持受复杂的神经内分泌机制控制。怀孕期间,乳房的发育为产后的泌乳做好了准备。分娩后,雌激素和孕激素水平突然下降,同时垂体分泌的催乳素水平增加,乳汁开始分泌。乳汁分泌是一个十分复杂的神经内分泌调节过程。除受精神方面的刺激影响到乳汁分泌的质和量外,乳母的饮食、营养状况是影响乳汁分泌量的重要因素,患营养不良的乳母即会影响到乳汁的分泌量和泌乳期的长短。

当乳汁分泌反射形成时,90% 的新生儿在吸吮乳头 3～5 min 后可以得到母乳。若产后婴儿不吸乳,泌乳作用在 3～4 d 后就不能维持。母乳分为 3 期:产后第一周分泌的乳汁为初乳,呈淡黄色,质地黏稠,富含免疫球蛋白和乳铁蛋白等,但乳糖和脂肪较成熟乳少;第二周分泌的乳汁为过渡期乳,过渡期乳的乳糖和脂肪含量逐渐增多;第二周以后分泌的乳汁为成熟期乳,呈乳白色,富含蛋白质、乳糖、脂肪等。

一个足月产的婴儿在产后 1～2 d 可以得到乳汁 50～100 mL/d,到产后第二周增加到 500 mL/d 左右,以后正常乳汁分泌量为 750～850 mL/d。但泌乳量在不同个体之间变化较大,即使是营养良好的人群也同样。泌乳量少是母亲营养不良的一个指征,饥荒时营养不良的乳母甚至可以完全终止泌乳。在母亲营养状况极差的地区,以母乳为唯一来源的婴儿于产后 6 个月内出现早期干瘦型蛋白质热能营养不良的患病率增加。

9.2.2　乳母的营养需要

乳汁形成的物质基础是母体的营养,包括哺乳期母体通过食物摄入、动用母体的储备或分解母体组织(如脂肪组织分解)。倘若乳母膳食中营养素摄入不足,则将动用母体中的营养素储备来维持乳汁营养成分的恒定,甚至牺牲母体组织来保证乳汁的

质与量。如果母体长期营养不良,乳汁的分泌量也将减少。所以,为了保护母亲和分泌乳汁的需要,必须供给乳母充分的营养。

9.2.2.1　能量

与非孕时相比,哺乳期的母体一方面要满足母体自身对能量的需要,另一方面要供给乳汁所含热能和乳汁分泌活动本身所消耗的能量。哺乳期的能量额外需要部分与泌乳量呈正比。每 100 mL 人乳的平均能量为 280～320 kJ(67～77 kcal)。估计乳母生乳的能量效率为 80%,故推算母体为分泌乳汁应增加能量 2 450～3 200 kJ(586～762 kcal)。乳母在妊娠期积累的脂肪(约 4 kg)可在哺乳期被消耗提供热能。从理论上讲,这部分脂肪贮存可以提供 418～837 kJ(100～200 kcal)/d 的能量。所以哺乳期热能的推荐摄入量是在非孕基础上外加 2 090 kJ(500 kcal)/d。

衡量乳母能量摄入是否充足,应以泌乳量和母亲体重为依据。当母体能量摄入适当时,其分泌的乳汁量应能满足婴儿的需要,又有利于乳母自身体重的恢复。

9.2.2.2　蛋白质

母乳蛋白质含量平均为 1.2%,若每天泌乳 750 mL,所含蛋白质约为 9 g。以母体膳食蛋白质转变为乳汁蛋白质的有效率为 70%,如果膳食蛋白质的生理价值不高,则转变率可能更低。因此,除满足母体正常需要外,每日需额外增加一定数量的蛋白质以保证泌乳之需。我国营养学会推荐,乳母每日膳食中蛋白质摄入量应较一般妇女增加 25 g,其中一部分应为优质蛋白质。当乳母膳食中蛋白质的质与量都不足时,虽然乳汁中蛋白质组成变化不大,但乳汁分泌量却大为减少,同时还将动用乳母组织蛋白以维持乳汁中成分的恒定。

9.2.2.3　脂类

人乳的脂肪含量在一天之内和每次哺乳期间均有变化。当每次哺乳临近结束时,奶中脂肪含量较高,有利于控制婴儿的食欲。乳母膳食中脂肪的构成可影响乳汁中脂肪成分,如人乳中各种脂肪酸的比例随乳母膳食脂肪酸摄入状况而改变。《中国居民膳食营养素参考摄入量》(2013 版)建议,乳母膳食脂肪的摄入量以其能量占总热能的 20%～30% 为宜。

9.2.2.4　矿物质

1. 钙

正常母乳含钙量约为 34 mg/100 mL。不论乳母

膳食中钙含量是否充足,乳汁中钙含量却总是较为稳定。当膳食钙摄入不足时,为了维持乳汁中钙含量的恒定,就要动用母体骨骼中的钙,则乳母常因缺钙而出现腰腿酸痛、抽搐,甚至发生骨质软化症。因此,为保证乳汁中正常的钙含量并维持母体钙平衡,乳母应增加钙的摄入量。《中国居民膳食营养素参考摄入量》(2013版)建议,乳母每天钙的适宜摄入量由一般妇女的 800 mg 增至 1 000 mg。除多食用含钙丰富的食物(乳类及其制品)外,也可用钙剂、骨粉等补充。

2.铁

由于铁几乎不能通过乳腺输送到乳汁,因此人乳中铁含量很少,仅为 0.05 mg/100 mL。每日由乳汁中损失的铁总量为 0.3~0.4 mg。由于膳食中铁的吸收率仅为 10%左右,因此每日从膳食中额外增加的量至少应在 4 mg 以上。《中国居民膳食营养素参考摄入量》(2013版)建议,乳母每天铁的适宜摄入量由一般妇女的 20 mg 增至 24 mg。

3.碘和锌

乳汁中碘和锌的含量受乳母膳食的影响,且这两种微量元素与婴儿神经的生长发育和免疫功能关系较为密切。《中国居民膳食营养素参考摄入量》(2013版)提出的乳母碘和锌的推荐摄入量分别为 240 μg/d 和 12 mg/d,均高于非孕妇女。

9.2.2.5 维生素

人乳中维生素的含量依赖于母亲现时的维生素摄入量及其在体内的贮存,但其相关性强度因维生素而异。当乳母膳食维生素较长时间供给不足时,将导致乳汁中的含量下降。因此哺乳期母亲膳食中各种维生素必须相应增加,以维持乳母健康,并满足婴儿生长发育的需要。

1.脂溶性维生素

在脂溶性维生素中,只有维生素 A 能少量通过乳腺进入乳汁。如果乳母膳食维生素 A 含量丰富,则乳汁中维生素 A 的含量也高。但膳食中维生素 A 转移至乳汁中的数量是有一定限度,超过这个限度,则乳汁中维生素 A 含量不按比例增加。我国推荐的乳母膳食中维生素 A 摄入量为 1 300 μg RAE/d。

由于维生素 D 几乎不能通过乳腺,故母乳中维生素 D 的含量很低,但乳母仍需要充足的维生素 D 才能维持钙平衡,推荐的摄入量为 10 μg(400 IU)/d。

维生素 E 具有促进乳汁分泌的作用,推荐的摄入量为 17 mg α-TE/d。

2.水溶性维生素

多数水溶性维生素均可通过乳腺进入乳汁,但乳腺可控制调节其含量,当乳汁中含量达一定程度后即不再增加。

维生素 B_1 是乳母膳食中极为重要的一种维生素,能增进食欲,促进乳汁分泌。每 100 mL 母乳中维生素 B_1 的含量为 0.02 mg。乳母膳食中维生素 B_1 约有 50%变为乳汁中的维生素 B_1。若乳母维生素 B_1 严重摄入不足则婴儿易患脚气病。我国提出的乳母膳食中维生素 B_1 的推荐摄入量为 1.5 mg/d。

维生素 B_2 亦能自由通过乳腺进入乳汁。乳汁中的浓度可反应乳母膳食的摄入情况,其推荐摄入量为 1.5 mg/d。

据世界卫生组织报告,全球母乳中维生素 C 含量平均为 5.2 mg/100 mL,我国的平均值为 4.7 mg/100 mL。乳中维生素 C 含量水平,随母亲摄入的维生素 C 量而有所波动。为使母乳中含有足够量的维生素 C,母亲身体的维生素 C 含量应尽可能维持在接近饱和的较高浓度。我国推荐的乳母膳食中,维生素 C 的摄入量为 150 mg/d。

9.2.3 乳母的膳食指南和合理膳食

由于乳母对各种营养素的需要量均增加,因此在哺乳期必须多选用营养价值较高的食物,餐次也应比平时多。中国营养学会在《中国居民膳食指南》中关于乳母的膳食指南特别强调:要保证供给充足的能量,增加富含优质蛋白质及维生素 A 的动物性食物和海产品的摄入。

1.摄入充足的能量

充足的能量是保证母体健康和乳汁分泌的必要条件。能量主要来自主食。乳母一天膳食组成中应有主食 300~400 g,包括大米、面粉、小米、玉米面、杂粮等。

2.保证供给充足的优质蛋白质

乳母对蛋白质的需要量较高,每天需增加优质蛋白 25 g。动物性食物如蛋类、肉类、鱼类等蛋白质含量高且质量优良,宜多食用。每天膳食中鱼类、禽类、肉类及内脏等应达 220 g,蛋类为 150 g。

3.多食含钙丰富的食物

乳母对钙的需要量大,故要特别注意补充,每天需增加钙 200 mg。乳及乳制品含钙量高且易于吸收利用,所以每天应适量食用,乳母应保证每天饮奶 400~500 mL 及以上。鱼、虾类及各种海产品等含钙丰富,应多选用。深绿色蔬菜、大豆类也可提供一定量的钙。

4.重视蔬菜和水果的摄入

新鲜的蔬菜、水果含有多种维生素、无机盐、纤维素、果胶、有机酸等成分,还可增进食欲,补充水分,促进泌乳,防止便秘,是乳母不可缺少的食物。每天要保证供应水果 200～400 g、蔬菜 500 g,并多选用绿叶蔬菜和其他有色蔬菜。

5.少吃盐、忌烟酒、避免浓茶和咖啡

这些食物可通过乳汁进入婴儿体内,对婴儿产生不利影响。

6.注意烹调方式

烹调方法应多用炖、煮、炒,少用油煎、油炸。如动物性食物(畜禽肉类、鱼类)以炖或煮为宜,食用时要同时喝汤,既可增加营养,又可促进乳汁分泌。

7.膳食多样化,粗细粮搭配

乳母的膳食应多样化,多种食物搭配食用。每天膳食中应包括粮谷类、蔬菜水果类、鱼禽畜肉类、蛋类、乳类、大豆类等各种食物。乳母膳食中的主食也不能太单一,更不可光吃精米细面,应做到粗细粮搭配,每天食用一定量的各种杂粮、粗粮。

9.3　婴幼儿营养

9.3.1　婴儿营养

9.3.1.1　婴儿生长发育特点

婴儿期(infancy)指从出生至满 1 周岁前。婴儿期是人类生命从母体内生活到母体外生活的过渡期,亦是从完全依赖母乳的营养到依赖母乳外食物的过渡时期。婴儿期是人类生命生长发育的第一高峰期。12 月龄时婴儿体重将增至出生时的 3 倍,身长为出生时的 1.5 倍。婴儿期也是脑发育的关键期,在刚出生时,婴儿的脑重量约为 370 g,6 个月时婴儿的脑重为 600～700 g,至 1 周岁时,婴儿的脑重达 900～1 000 g,接近成人脑重的 2/3。婴儿出生后大脑重量的增加主要是神经细胞体积的增大,突触的数量和长度增加及神经纤维的髓鞘逐步完成。

婴儿期消化器官尚未发育成熟,胃容量很小(12 个月时为 300 mL),各种消化酶活性较低,特别是胰淀粉酶要到出生 4 个月后才达到成人水平。胰脂肪酶的活性亦较低,肝脏分泌的胆盐较少,因此,脂肪的消化与吸收较差。

9.3.1.2　婴儿的营养需要特点

1.能量

以单位体重表示,0～0.5 岁婴儿热能的适宜摄入量为 0.33～0.38 MJ(80～90 kcal)/(kg·d),是成人的 3 倍多。婴儿需要较多的能量,主要反映婴儿的代谢率较高以及对生长和发育的特殊需要。婴儿生长发育对热能的需要量与生长速度成正比,在最初几个月内,这部分热能占总摄入热能的 1/4～1/3。

2.脂类

婴儿的胃容积小,因而需要高热量的营养素,脂质正符合此条件。脂肪除提供婴儿相当的热能外,还可促进脂溶性维生素的吸收,并可避免发生必需脂肪酸缺乏。我国营养学会推荐,婴儿期脂质所占之供热比应为 35%～50%。婴儿期脂肪的主要来源是乳类及合理的代乳食品。母乳中脂质所占之热量为 40%～55%,其中不饱和脂肪酸的含量高达 55% 以上,又含有软脂酸易被消化。因此,婴儿摄取母乳,较容易加以消化和吸收。对人工喂养或混合喂养的婴儿不应喂去脂牛奶或去脂奶粉。

二十二碳六烯酸是大脑和视网膜中一种具有重要功能的长链多不饱和脂肪酸,在婴儿视觉和神经发育中发挥重要作用。婴儿缺乏二十二碳六烯酸,一方面可能影响神经纤维和神经连接处突触的发育,导致注意力受损和认知障碍;另一方面可导致视力异常,对明暗辨别能力降低,视物模糊。早产儿和人工喂养儿需要补充二十二碳六烯酸。因为早产儿脑中二十二碳六烯酸含量低,其体内催化 α-亚麻酸转变成二十二碳六烯酸的去饱和酶活力较低,且生长较快对二十二碳六烯酸的需要量相对较大。而人工喂养儿的主要食物来源是牛乳和其他代乳品,牛乳中的二十二碳六烯酸含量较低,不能满足婴儿需要。

3.碳水化合物

碳水化合物的功用是供给机体热能和构成人体组织,促进生长发育,并有助于完成脂肪氧化和节约蛋白质作用。婴儿的乳糖酶活性较成年人高,有利于对乳中乳糖的消化吸收。在出生的头几个月能消化乳糖、蔗糖、果糖、葡萄糖,但缺乏淀粉酶不能消化淀粉,4 个月后随着消化系统各种酶的完善而能消化淀粉类物质,故淀粉类食物应在 4～6 个月后添加。婴儿碳水化合物供能占总能量的 40%～50%,随着年龄增长,比例逐渐上升至 50%～60%。母乳的组

食品营养学

成中乳糖占 37%～38% 的热量,而牛乳中仅占 26%～30%。若以牛乳代替母乳喂养婴儿,需添加乳糖来增加其营养价值,但添加量不宜超过母乳的含量。

4.蛋白质

婴儿因为体内器官的成长发育,需要质优、量足的蛋白质。正常婴儿的蛋白质需要量,按每单位体重计要大于成年人,婴儿比成人所需的必需氨基酸的比例也大。除成人所必需的 8 种必需氨基酸外,婴儿早期肝脏功能还不成熟,还需要由食物提供组氨酸、半胱氨酸、酪氨酸以及牛磺酸。若蛋白质长期摄入量不足,会影响婴儿的生长发育,但供给量过多,不仅造成浪费,而且蛋白质代谢会造成肾脏负担。中国营养学会推荐的摄入量为 9～20 g/d。

5.矿物质

①钙。婴儿出生时体内钙含量占体重的 0.8%,到成年时增加为体重的 1.5%～2.0%,这表明在生长过程中需要储留大量的钙。如摄入不足或长期缺乏时,会发生佝偻病、手足抽搐症等。母乳喂养的婴儿一般不会引起明显的钙缺乏。婴儿每天钙的适宜摄入量为 200～250 mg,母乳中钙的含量及吸收率均较高,6 个月内可基本满足婴儿需要。

②铁。1 岁以内的婴儿每日铁的适宜摄入量为 0.3～10 mg。正常新生儿有足够的铁贮存,可以满足 4～6 个月的需要。虽然母乳中的铁易被婴儿有效地吸收,但乳中铁含量较低,因此,母乳喂养的婴儿在 4～6 个月后应添加含铁辅助食品。

③锌。婴幼儿缺锌会出现生长迟缓、脑发育受损,还可出现食欲不振、味觉异常、异食癖等。《中国居民膳食营养素参考摄入量》(2013 版)建议,锌的推荐摄入量为 2.0～3.0 mg/d。

④碘。婴儿期碘缺乏可引起以智力低下、体格发育迟缓为特征的不可逆性智力损害。我国大部分地区天然食品及水中含碘较低,如孕妇和乳母不适用碘强化食品,则新生儿及婴儿较容易出现碘缺乏病。

6.维生素

①维生素 A。母乳中含有丰富的维生素 A,用母乳喂养的婴儿一般不需要额外补充。牛乳中的维生素 A 仅为母乳含量的一半。用牛乳喂养的婴儿需要额外补充 150～200 μg/d 的维生素 A。婴儿维生素 A 推荐摄入量为 300～350 μg RAE/d。

②维生素 D。正常母乳中含有婴儿所需要的各种维生素,只是维生素 D 稍低。从出生 2 周起整个婴儿期应补充维生素 D。婴儿维生素 D 的推荐摄入量为 10 μg/d。富含维生素 D 的食物较少,肝、乳类及蛋含量亦不高。因此,给婴儿适量补充含维生素 A、维生素 D 的鱼肝油或维生素 D 制剂及适当晒太阳,可以预防维生素 D 缺乏引起的佝偻病。

③维生素 C。正常母乳喂养的婴儿可从乳汁得到足量的维生素 C。在乳母食物不足时也可以在出生后第二周添加维生素 C,并在整个喂哺时期内保持。牛乳中维生素 C 的含量仅为母乳的 1/4,在煮沸过程中还会有损失。《中国居民膳食营养素参考摄入量》(2013 版)建议,维生素 C 的推荐摄入量为 40 mg/d。

9.3.1.3 婴儿喂养

婴儿喂养方式分为 3 种:母乳喂养(breast feeding)、人工喂养(bottle feeding)和混合喂养(mixture feeding)。

1.母乳喂养

对人类而言,母乳是世界上唯一的营养最全面的食物,是婴儿的最佳食品。母乳喂养是人类哺育下一代的天性。中华民族有母乳喂养的良好传统。母乳喂养的优点如下。

①母乳营养齐全。母乳中的营养素能全面满足婴儿 4～6 个月的生长发育需要,且适合于婴儿的消化能力。

一是母乳含优质蛋白质。与牛乳相比,母乳蛋白质的含量虽低于牛乳,但人乳以乳清蛋白为主,酪蛋白含量相对较少,乳清蛋白和酪蛋白的比例为 80:20,与牛乳正好相反,在婴儿胃内能形成柔软的絮状凝块,易于消化吸收。母乳蛋白质中必需氨基酸的组成被认为是最理想的,与婴儿体内必需氨基酸的构成极为一致,能被婴儿最大程度利用。此外,母乳中的牛磺酸含量也多,能满足婴儿脑组织发育的需要。

二是含丰富的必需脂肪酸。每 100 mL 母乳含脂肪 4.5 g,在构成上以不饱和脂肪酸为主,其中尤以亚油酸含量高。母乳中花生四烯酸和二十二碳六烯酸的含量也很高,很可能对人脑的发育有重要作用。人乳本身含有丰富的脂酶,将母乳中脂肪乳化为细小颗粒,因此,人乳脂肪比牛乳的更易消化吸收。

三是含丰富的乳糖。乳糖(lactose)是母乳中唯一的碳水化合物,含量为 6.8%,较牛乳高。乳糖在肠道中可促进钙的吸收,并能诱导肠道正常菌群的生长,从而有效地抑制致病菌或病毒在肠道生长繁

190

殖,有利于婴儿肠道健康。四是母乳中钙磷比例适宜,加上乳糖的作用,可满足婴儿对钙的需求。母乳中其他矿物质和微量元素齐全,含量既能满足婴儿生长发育需要又不会增加婴儿肾脏的负担。在乳母膳食营养供给充足时,母乳中的维生素可基本满足 6 个月内婴儿所需(维生素 D 除外)。

②母乳中含有丰富的免疫物质,可增加母乳喂养婴儿的抗感染能力。初生婴儿免疫系统处于生长和发育阶段,免疫功能不完善,而且婴儿血中免疫分子水平较低,因此婴儿期易患消化道和呼吸道感染。母乳尤其是初乳含多种免疫物质(如淋巴细胞、抗体、巨噬细胞、乳铁蛋白、溶菌酶、乳过氧化物酶、补体及双歧杆菌因子等),可以保护并健全消化道黏膜、诱导双歧杆菌的生长并抑制致病菌的生长、破坏有害菌、保护婴儿消化道及呼吸道抵抗细菌及病毒的侵袭,从而增加婴儿对疾病的抵抗能力。

③不容易发生过敏。牛乳中的蛋白质与人乳蛋白质间存在一定差异,再加上婴儿肠道功能发育不成熟,故牛乳蛋白质被肠黏膜吸收后可作为过敏原而引起过敏反应。估计约有 2% 的婴儿对牛乳蛋白过敏,表现为湿疹、支气管哮喘及胃肠道症状,如呕吐、腹泻等。而母乳喂养极少发生过敏。

④以母乳喂养婴儿,经济、方便、温度适宜、不易污染,而且哺乳行为可增进母子间情感交流,促进婴儿的智能发育,也利于母亲健康和产后恢复。近年的许多研究还表明,母乳喂养比人工喂养的孩子较少发生肥胖症,母乳喂养还有利于预防成年期慢性病。

2. 人工喂养

因各种原因不能用母乳喂养婴儿时,可采用牛乳、羊乳等动物乳或其他代乳品喂养婴儿,这种非母乳喂养婴儿的方法即为人工喂养。由于不同种动物的乳严格来讲只适合相应种类的动物幼子,并不适宜人类婴儿的生长发育,同时亦不适宜直接喂养婴儿。因此,特别对 0～4 个月婴儿,只有实在无法用母乳喂养时才采用人工喂养。完全人工喂养的婴儿最好选择母乳化的配方奶粉。

对于一些患有先天性缺陷而无法母乳喂养的婴儿,如乳糖不耐症、乳类蛋白过敏、苯丙酮尿症等,需要在医生指导下选择特殊的婴儿配方食品:乳糖不耐症的患儿要选择去乳糖的配方奶粉;对乳类蛋白过敏的患儿则可选择以大豆为蛋白质来源的配方奶粉;苯丙酮尿症患儿应选用限制苯丙氨酸的奶粉。

婴儿配方奶粉是调整牛乳中营养成分使之接近母乳后制成的乳粉。调配的方法是在牛乳中加入乳清蛋白,降低酪蛋白含量,使乳清蛋白:酪蛋白=8:2;提高乳糖含量使其接近母乳(7%);去除牛乳中的脂肪,添加顺式亚油酸和 α-亚麻酸,使 n-6:n-3 的比例为(5～10):1,并添加有助于大脑发育的长链多不饱和脂肪酸,如二十二碳六烯酸;降低矿物质含量,使 Ca/P 比例为(1.3～1.5):1,增加铁、锌等矿物质及维生素 A 和维生素 D。婴儿配方奶粉的营养成分与母乳比较接近,较易消化吸收,它是人工喂养婴儿良好的营养来源。随着婴儿配方奶粉的不断发展和完善,目前,市售的配方奶粉中往往添加多种母乳中的免疫因子和生物活性物质,使其在成分和功能上与母乳越来越接近,如强化低聚糖、牛磺酸、核酸或肉碱。

3. 混合喂养

因各种原因母乳不足或不能按时给婴儿哺乳时,在坚持用母乳喂养的同时,用婴儿代乳品喂养以补充母乳的不足。母乳不足,也应坚持按时给婴儿喂奶,让婴儿吸空乳汁,这样有利于刺激乳汁的分泌;如母亲因故不能按时喂奶时,可用代乳品或收集的母乳代替一次。混合喂养时代乳品补充量应以婴儿吃饱为止,具体用量应根据婴儿体重、母乳缺少的程度而定。

9.3.1.4　婴儿辅助食品及辅食添加

在正常的母乳分泌和婴儿食欲正常的情况下,从 4～6 个月之后,婴儿体重从出生时的 3.2 kg 左右增加至 6～7 kg,而一般母乳的分泌量并不随婴儿的长大而增加。此时仅单独以母乳喂养已不能完全满足婴儿生长的需要,应逐步地添加婴儿辅助食品作为母乳的补充。

婴儿辅助食品又称断乳食品(weaning food),主要是用于在充足母乳条件下的正常补充。在母乳喂哺 4～6 个月至 1 岁断乳,这是一个长达 6～8 个月的断奶过渡期。此期应在坚持母乳喂养的条件下,有步骤地补充婴儿所接受的辅助食品,以满足其发育的需要,顺利进入幼儿阶段。过早或过迟补充婴儿辅助食品都会影响婴儿发育。

1. 辅食种类

(1)淀粉类辅食　一般在 4 个月可补充强化铁的米粉,6 个月后可喂食米粥,烂面,7 个月起可用饼干或面包干训练婴儿的咀嚼能力,10 个月后可喂食稠粥和烂饭。

（2）蛋白质类辅食 蛋类是补充蛋白质的最好辅食,但有的婴儿会对鸡蛋蛋白过敏,故 4～5 个月的婴儿可先补充蛋黄,5～6 个月后可添加鱼肉和禽肝,7～8 个月可添加肉末。另外,豆浆、嫩豆腐等也是较好的蛋白质类辅食;10 个月后可添加全蛋。

（3）维生素和矿物质类辅食 4～5 个月婴儿可先补充菜汁、果汁,然后逐渐过渡到菜泥、果泥,6～7 个月后可喂食切得细碎的蔬菜。

（4）能量类辅食 它主要是糖,用来补充能量,可用于食量小的婴儿。

2. 添加的原则

考虑到婴儿生长发育的特点,在添加辅助食品时还应注意以下几点。

①婴儿得自母体的免疫力,在出生 5～6 个月后逐渐消失,因此对疾病的抵抗力相对降低。添加的食物必须具有高度的安全性,包括食物本身及制备过程、使用容器等,都应特别留意清洁卫生条件。

②为了避免婴儿对食物的不耐受性,应由一种食物开始,逐渐过渡为多种;添加量亦应从极小量开始,逐步过渡到适当量,且应避免添加过量食物。

③考虑到婴儿的咀嚼能力和胃肠适应能力,辅食添加应由细到粗,开始选择粗纤维少、容易消化吸收的食物,避免纤维较粗、脂肪含量高或辛辣刺激类食物。

④供应方式是渐进式的,由稀到稠,即流质、半流质、半固体、固体逐步添加。

⑤避免添加特殊口味或调味太重的食物,应以新鲜、天然、未精制的自然食物为主。

⑥由于婴儿在饥饿时容易接受新食物,刚开始添加辅食时,可先喂辅食后喂奶,待婴儿习惯了辅食后,为了不影响其对吃奶的兴趣,可先喂奶后喂辅食,以保证婴儿的营养需求。

⑦婴儿对水分的需求比成人多,添加辅食后,乳汁饮用量减少,故需特别补充水分。

⑧用小匙喂,可训练吞咽和咀嚼功能。

3. 添加的内容

①婴儿 3 个月时,因其生理发展状况只能够消化简单食物,此时可以添加菜汁、果汁,以补充维生素和矿物质。

②婴儿满 5～6 个月时,因其体内淀粉酶的活性增加,有能力消化淀粉,此时可以添加米糊、麦糊等食物,以供应足够的热能。

③6 个月以后,婴儿开始长牙,可以小心地从小量开始给予半固体、固体食物,如蛋黄泥、鱼泥、豆腐、血豆腐、肉松、肉末、肝末、稀饭、面汤、馒头、饼干、软米饭等,既补充了营养,又锻炼小儿咀嚼,帮助牙齿生长。此阶段添加菜泥,可以补充维生素和矿物质,也可以预防婴儿便秘的发生。

④日光浴可视为一种添加营养的方法,在适宜的条件下也可在早期开始。

9.3.2 幼儿营养

9.3.2.1 幼儿的生长发育特点

从 1 周岁到满 3 周岁之前为幼儿(young children)期。此期的生长发育虽不及婴儿期迅猛,但与成人相比亦非常旺盛,如体重每年增加 2 kg,身高在其 2 岁时增加 11～13 cm,在 3 岁时增加 8～9 cm。进入幼儿期后,大脑发育速度已显著减慢,但并未结束,出生时连接大脑内部与躯体各部分的神经传导纤维还为数很少,幼儿期迅速增加。在幼儿期,神经细胞间的联系也逐渐复杂起来。尽管幼儿胃的容量较婴儿期增加,但幼儿牙齿少,咀嚼能力有限,此时幼儿易发生消化不良和某些营养缺乏病。幼儿到 1 岁半时胃蛋白酶的分泌已达成年人水平,1 岁后胰蛋白酶、糜蛋白酶、羧肽酶和脂酶的活性接近成人水平。

9.3.2.2 幼儿的营养需要

由于幼儿期仍处于生长发育的旺盛时期,对各种营养素的需要量相对高于成人。

1. 能量

幼儿对能量的需要通常包括基础代谢、生长发育、体力活动及食物的特殊动力作用的需要。1 岁以上的幼儿热能需要约相当于其母亲的一半。由于幼儿的体表面积相对较大,基础代谢率高于成人。生长发育所需能量为小儿所特有,每增加 1 g 的体内新组织,需要 18.4～23.8 kJ(4.4～5.7 kcal)的能量。好动多哭的幼儿比年龄相仿的安静孩子,需要的能量可高达 3～4 倍。中国营养学会制定的《中国居民膳食营养素参考摄入量》(2013 版)中幼儿的能量推荐摄入量,其中 1 岁的男童和女童分别为 3.77 MJ(900 kcal)和 3.35 MJ(800 kcal);2 岁男童和女童分别为 4.60 MJ(1 100 kcal)和 4.18 MJ(1 000 kcal);3 岁男童和女童分别为 5.23 MJ(1 250 kcal)和 5.02 MJ(1 200 kcal)。

2. 蛋白质

幼儿对蛋白质的需要不仅在量上相对多于成

人,而且质量要求也比成人高。一般要求蛋白质提供的能量应占膳食总能量的 12%～15%,其中一半应是优质蛋白质。《中国居民膳食营养素参考摄入量》(2013 版)中幼儿蛋白质的推荐摄入量,其中,1 岁、2 岁和 3 岁分别为:25 g、25 g、30 g。

3. 脂类

《中国居民膳食营养素参考摄入量》(2013 版)建议,幼儿的能量推荐摄入量,其中,2 岁以内幼儿脂肪的供热比为 35%～40%,2 岁以上为 30%～35%。适量的脂肪摄入可为幼儿提供能量,也是必需脂肪酸的来源。幼儿膳食中必需脂肪酸应占总能量的 1%,才能保证正常的生长。

4. 碳水化合物

幼儿活动量大,对碳水化合物的需要量多。尽管幼儿已能产生消化各种碳水化合物的酶类,但富含碳水化合物的食物占体积较大,故 2 岁以下幼儿不宜用过多的碳水化合物提供能量,2 岁以后可逐渐增加碳水化合物的摄入量,占总能量的 50%～55%,同时相应地减少来自脂肪的能量。

5. 矿物质

(1)钙 幼儿骨骼和牙齿的发育都需要钙。《中国居民膳食营养素参考摄入量》(2013 版)建议,幼儿钙的适宜摄入量为 600 mg/d。乳及乳制品是钙的最好来源。

(2)铁 幼儿每天通过各种途径丢失的铁不超过 1 mg,加上生长发育的需要,则每天需要 1 mg 的铁。《中国居民膳食营养素参考摄入量》(2013 版)中幼儿铁的适宜摄入量为 9 mg/d。

(3)锌 幼儿缺锌可导致食欲不振、味觉异常、生长发育迟缓、性发育不全、大脑和智力发育受损等。《中国居民膳食营养素参考摄入量》(2013 版)中幼儿锌的推荐摄入量为 4 mg/d。

(4)碘 碘对婴幼儿的生长发育影响很大。1～3 岁幼儿碘的推荐摄入量为 90 μg/d。

6. 维生素

(1)维生素 A 维生素 A 与机体的生长、骨骼发育、生殖、视觉及抗感染有关。1～3 岁幼儿的维生素 A 的适宜摄入量为 500 μg 视黄醇当量。由于维生素 A 可在肝脏蓄积,过量时可能发生中毒,不可盲目给小儿补充。

(2)维生素 D 幼儿是容易缺乏维生素 D 的人群。维生素 D 的膳食来源较少,主要来源是户外活动时通过紫外光照射皮肤,在皮下由 7-脱氢胆固醇

合成维生素 D。我国 1～3 岁幼儿的维生素 D 的推荐摄入量为 10 μg/d。

(3)水溶性维生素 水溶性维生素在体内贮存量很少,需要每天由膳食供应。《中国居民膳食营养素参考摄入量》(2013 版)中 1～3 岁幼儿的维生素 B_1、维生素 B_2、维生素 C 的推荐摄入量分别为 0.6 mg/d、0.6 mg/d、40 mg/d。

9.3.2.3 幼儿的膳食指南

断乳后的幼儿要依靠自己还未完全发育成熟的消化器官来取得营养。这种有限的消化能力与机体所需要相对大量的营养物质之间,存在着不同程度的矛盾。这些矛盾提示我们不应过早地让幼儿进食一般家庭膳食。

幼儿膳食特点为从婴儿期的以乳类为主过渡到以谷类为主,奶、蛋、鱼、禽、肉及蔬菜和水果为辅的混合膳食,要求食物种类要多样,制作要细,营养浓度要高。幼儿的餐次要较成人多,一天 4～5 次,且进餐应有规律。在配餐中,添加的食物要以小量多次方法来代替大量一次的方法,以使孩子取得平衡膳食。尽早教育孩子自己进食,并培养其良好的饮食习惯以取得合理的营养。应让孩子每天有一定的户外活动。

1. 定时定量,少吃多餐

幼儿的胃容量相对较小,且肝储备的糖原不多,加上幼儿活泼好动,容易饥饿,故幼儿每天进餐的次数要相应增加。在 1～2 岁时,每天可进餐 5～6 次,在 2～3 岁时,可进餐 4～5 次,每餐间隔 3～3.5 h。一般可安排早、中、晚三餐及午点和晚点。

2. 供给含丰富蛋白质的食物

婴幼儿年龄越小,需要的优质蛋白质的比例就越大,所以在幼儿饮食中除考虑蛋白质的摄入总量外,还必须考虑供给一定量的动物蛋白质和豆类蛋白质。如每天供给牛奶 250～500 mL,瘦肉或鱼类 25～50 g,鸡蛋一个,豆制品 50 g。

3. 合理加工与烹饪

幼儿的食物应细、软、碎、烂,避免刺激性强和油腻的食物。主食应以软饭、面条、麦糊等为主,蔬菜应切碎煮烂,肉类制成肉糜或肉末。食物烹调时还应具有较好的色、香、味、形,并经常更换烹调方法,增加食欲,促进儿童生长发育。

4. 培养良好的饮食习惯

吃饭时不分散注意力,细嚼慢咽,不挑食、不偏

食、不厌食,不乱吃零食,少喝饮料,多喝水,养成良好的饮食习惯。

9.3.3 婴幼儿常见营养缺乏病

1.佝偻病

佝偻病(rickets)是婴幼儿常见的一种营养缺乏病,以3~18个月的婴幼儿最多见,主要是由于缺乏维生素D及钙、磷代谢紊乱所引起。北方秋季出生的婴儿常因接受阳光少而发病率较高。佝偻病患儿体质虚弱,易感染各种疾病,如肺炎、心肌炎、腹泻等。预防佝偻病,新生婴儿自2周开始,可添加鱼肝油,从1滴开始,逐渐增加至6滴,以每日摄入维生素D10 μg(400 IU)为宜,亦可服用强化维生素D的牛奶。辅食添加时可多选用含维生素D丰富的食物。适当晒太阳以增加皮下产生的维生素D,每天晒1 h一般可达预防效果。与此同时,增加含钙食物的摄入。

2.缺铁性贫血

缺铁性贫血(iron deficiency anemia,IDA)是由于体内储铁不足和食物缺铁造成的一种营养性贫血,多见于6个月至2岁婴幼儿。其发病原因:一是母亲在妊娠期营养不良或早产,使新生儿体内铁储备不足;二是婴儿时期生长过快,需铁量增加,但婴儿以乳食为主,奶中含铁低,又未能在辅食中得到及时补充;三是有些较大幼儿因营养供应不足或急慢性疾病感染,经常腹泻或长期慢性失血等都能引起此病。

预防婴幼儿缺铁性贫血,要做好母亲的孕期保健,保证孕妇有充足的营养,以防新生婴儿体内铁储备不足。在哺乳期要适时(一般4个月后)添加辅食,特别是含铁丰富的食物如肝泥、肉末、蛋黄、豆类、血豆腐等食物,同时应增加蔬菜、水果等富含维生素C的食物以促进铁吸收。早产儿体内储备铁少,出生后4个月更应及时补充。

3.锌缺乏症

锌是人体中重要的微量元素,人的整个生命过程都离不开锌。一生中最需要锌的时期是胚胎期、新生儿和幼儿期。锌缺乏(zinc deficiency)是婴幼儿的常见病。母乳不足、未能按时增加辅食、锌吸收利用不良、偏食等均可造成锌缺乏。

为防止婴幼儿缺锌,首先应提倡母乳喂养,人乳中锌易为婴儿所吸收;其次在婴幼儿饮食中,增加富含锌的各种动物性食品,如瘦肉、肝、鱼、海产品、坚果类食品等。

4.蛋白质-能量营养不良

蛋白质-能量营养不良(protein-energy malnutrition,PEM)是目前发展中国家较严重的营养问题,主要见于5岁以下儿童。近些年来,严重的水肿型蛋白质—能量营养不良在我国已很少见,但蛋白质轻度缺乏在一些地区仍然存在。发病原因主要是饮食中长期缺乏热能、蛋白质的结果。

预防蛋白质—能量营养不良最主要的是因地制宜地供给高蛋白(特别要注意优质蛋白质的含量)、高能量食物,改善其营养状况。但应注意食物蛋白质、能量应逐渐增加,以防消化功能紊乱。同时注意各类营养素摄入量之间的平衡。

9.4 儿童和青少年的营养与膳食

9.4.1 学龄前儿童的营养与膳食

学龄前儿童(pre-school children)是指3~6岁的儿童。学龄前期是人的一生中体格和智力发育的关键时期,在此期间营养和发育状况决定了人的一生的体质和智力的发展水平。

9.4.1.1 学龄前儿童的生理特点

1.身高、体重稳步增长

与婴幼儿相比,学龄前期儿童的体格发育速度相对减慢,但仍保持稳步增长。这一时期体重每年增长约2 kg,身高每年增长5~7 cm。

2.神经系统发育逐渐完善

1岁时脑重达900 g,为成人脑重的60%;4~6岁时,脑组织进一步发育,达成人脑重的86%~90%;3岁时神经细胞的分化已基本完成,但脑细胞体积的增大和神经纤维的髓鞘化仍在继续,神经冲动的传导速度明显快于婴幼儿时期。

3.咀嚼及消化能力仍有限

尽管3岁时儿童乳牙已出齐,但学前儿童消化器官尚未完全发育成熟,特别是咀嚼和消化能力远不如成人,易发生消化不良,尤其是对固体食物需要较长时间适应,不能过早进食家庭成人膳食。

4.心理发育特点

5~6岁儿童具有短暂地控制注意力的能力,时间约15 min,但注意力分散仍然是学龄前儿童的行为表现特征之一。这一行为特征在饮食行为上的反应是不专心进餐,吃饭时边吃边玩,使进餐时间延长,食物摄入不足而致营养素缺乏。

9.4.1.2　学龄前儿童的营养需要

1.能量

学龄前儿童基础代谢率高,生长发育迅速,活动量比较大,故所需要的能量(按每千克体重计)接近或高于成人。

2.蛋白质

学龄前儿童每日膳食中蛋白质的推荐摄入量平均为 50 g。如果每日摄入的总蛋白质在数量上达到蛋白质推荐摄入量标准,而且其中一半来源于动物性蛋白质和豆类蛋白质,则能较好地满足学前儿童机体的营养需要。

3.脂类

3～6 岁学龄前儿童每日膳食中脂肪的推荐摄入量应占总热量的 30%～35%。这一数量的脂肪不仅能满足儿童所需的必需脂肪酸,而且有利于脂溶性维生素的吸收。

4.碳水化合物

3～6 岁学龄前儿童每日膳食中碳水化合物推荐的热能摄入量应占总热能的 50%～60%。碳水化合物中的膳食纤维,可促进肠蠕动,防止幼儿便秘。但是蔗糖等纯糖摄取后被迅速吸收,易于以脂肪的形式贮存,引起肥胖、龋齿和行为问题,因此,学前儿童不宜食用过多糖和甜食。

5.无机盐

儿童正处于生长发育阶段,骨骼增长迅速,在这一过程中需要大量的钙质。4～6 岁学前儿童每天钙的适宜摄入量为 800 mg。铁供给不足,可引起缺铁性贫血,并可损害神经、消化和免疫等系统的功能,影响儿童的智力发育。4～6 岁学前儿童每天铁的适宜摄入量为 10 mg。此外,还要注意碘、锌等无机盐的摄入,如 4～6 岁学前儿童每天碘、锌的推荐摄入量分别为 90 μg、5.5 mg。

6.维生素

中国营养学会建议学龄前儿童维生素 A 的推荐摄入量为 360 μg RAE/d,维生素 D 的推荐摄入量为 10 μg/d,维生素 B_1、维生素 B_2 和维生素 C 的推荐摄入量分别为 0.8 mg/d、0.7 mg/d、20 mg/d。

9.4.1.3　学龄前儿童的合理膳食原则

《中国居民膳食指南》(2016)中关于学龄前儿童的膳食指南特别强调:规律进餐,自主进食不挑食,培养良好饮食习惯;每天饮奶。学龄前儿童的合理膳食原则如下。

1.食物种类要多样,合理搭配

每天膳食应由适宜数量的谷类、乳类、肉类(或蛋或鱼类)、蔬菜和水果类五大类食物组成,在各类食物的数量相对恒定的前提下,同类中的各种食物可轮流选用,做到膳食多样化,从而发挥各种食物在营养上的互补作用,使其营养全面平衡。

2.合理烹调,易于消化

学龄前期儿童食物要专门制作,蔬菜切碎,瘦肉加工成肉末,尽量减少食盐和调味品的使用,烹调成质地细软、容易消化的膳食。随着年龄的增长逐渐增加食物的种类和数量,烹调向成人膳食过渡。

3.制定合理的膳食制度

学龄前儿童胃的容量小,肝脏中糖原贮存量少,又活泼好动,容易饥饿。要适当增加餐次以适应学龄前期儿童的消化能力。因此,学龄前期儿童以一天"三餐两点"制为宜。各餐营养素和能量适宜分配,早、中、晚正餐之间加适量点心。保证营养需要,又不增加胃肠道过多的负担。一日三餐的能量分配为:早餐 30%、午餐 35%、晚餐 25%,加餐 10%左右。

4.培养良好的饮食习惯

要使儿童养成不偏食、不挑食、少零食,细嚼慢咽,不暴饮暴食,口味清淡的健康饮食习惯,以保证足够的营养摄入,正常的生长发育,预防成年后肥胖和慢性病的发生。

9.4.2　学龄儿童的营养与膳食

学龄儿童(school children)指的是 6～12 岁进入小学阶段的儿童,此期间儿童体格仍维持稳步的增长。除生殖系统外,其他器官和系统包括脑的形态发育已经逐渐接近成人水平,而且独立生活能力逐步增强,可以接受成人的大部分饮食。

9.4.2.1　学龄儿童的生理特点

处于学龄期的儿童生长迅速、代谢旺盛,每年体重增加 2～3 kg,身高每年可增高 4～7 cm。身高在该阶段的后期增长较快,但各系统器官的发育快慢不同,神经系统发育较早,生殖系统发育较晚,皮下脂肪年幼时较发达,肌肉组织到学龄期才发育加速。

9.4.2.2　学龄儿童的营养需要

学龄期儿童处于生长发育阶段,基础代谢率高,活泼爱动,体力、脑力活动量大,故他们需要的能量(按每千克体重计)接近或超过成人。由于学龄儿童学习任务繁重,思维活跃,认识新事物多,必须保证供给充足的蛋白质。

学龄儿童脂肪的适宜摄入量占总能量的 25%～

30％。学龄儿童膳食中碳水化合物适宜摄入量占总能量的55％～65％为宜。

由于学龄儿童骨骼生长发育快,矿物质需要量明显增加,为使各组织器官达到正常的生长发育水平,必须保证供给充足的矿物质。由于学龄儿童体内三大营养物质代谢反应十分活跃,学习任务重,用眼时间长,因此有关能量代谢、蛋白质代谢和维持正常视力、智力的维生素必须保证充足供给,尤其要重视维生素A和维生素B_2的供给。

9.4.2.3　学龄儿童的合理膳食原则

《中国居民膳食指南》(2016)中关于学龄儿童的膳食指南特别强调,三餐合理,规律进餐;合理选择零食,足量饮水;不偏食节食,保持适宜体重;增加室外活动。学龄儿童的合理膳食原则如下。

1. 膳食多样化,力争做到平衡膳食

平衡膳食应摄入粗细搭配的多种食物,保证鱼、禽、蛋、肉、奶类及豆类等食物的供应,每日饮用300 mL左右牛奶,1～2个鸡蛋及其他动物性食物100～150 g。谷类及豆类食物的供应应为300～500 g,以提供足够的能量及较多的B族维生素。此外要注意,学龄儿童机体器官尚未完全发育成熟,咀嚼和消化功能不如成人,肠道对粗糙食物比较敏感,易发生消化不良,因此,食物要比较容易消化,数量和种类应逐渐增加。

2. 三餐要合理的能量分配

特别是早餐的食量应相当于全天量的1/3。由于不少学生早起胃纳不佳,食品质量不高,因此,早餐量少质差,热量不够,影响上午上课时集中精力,故应在上午10:00增加一次课间餐,以补早点不足。

3. 培养良好的饮食习惯

要定时定量进食,避免偏食、节食、暴饮暴食;选择卫生、营养丰富的食物作为零食。

4. 积极开展身体活动

保证每天至少活动60 min,增加户外活动时间,以有氧运动为主,每次最好10 min以上。

9.4.3　青少年的营养与膳食

9.4.3.1　青少年的生长发育特点

青少年期一般指的是12～18岁,包括青春发育期和少年期,相当于初中和高中阶段。这一时期是身高和体重的第二次突增期,身高每年可增加5～7 cm,体重每年可增加2～5 kg;身体也发生变化,在青春期以前,男生和女生的脂肪占体重的比例是相似的,分别为15％和19％,进入青春期后女生脂肪增加到22％,男生仍为15％,而此时男生增加的瘦体重约为女生的2倍。青春期生殖系统迅速发育,第二性征逐渐明显,心理发育也已成熟。此外,青少年在此期还必须承担一定的学习任务和适度体育锻炼,尤其是男孩更热衷于各项运动,活动量较高,食欲较大。因此,充足的营养是此期体格及性征迅速生长发育、增强体质、获得知识的物质基础。

9.4.3.2　青少年的营养需求

1. 能量

青少年对能量的需要与生长发育速度及活动量成正比。为满足快速的生长发育和大量活动对能量的需求,一般来说,青春期的能量供给要超过从事轻体力劳动的成人,如10岁以上青少年能量的推荐摄入量为女性6.90～10.67 MJ/d,男性7.75～13.93 MJ/d。

2. 蛋白质

青春期是发育旺盛时期,体组织增长很快,性器官逐渐发达。蛋白质是身体各组织的基本物质,因此应摄入足够的蛋白质以满足迅速生长发育的需求。蛋白质的供热比应占总能量供应的13％～15％,推荐摄入量在1.5～2.0 g/(kg·d)。如10岁以上青少年,男性蛋白质的推荐摄入量为50～75 g/d,女性为50～60 g/d。此外,在食物选择上还要注意优质蛋白质的摄入,动物和大豆蛋白质应占1/2,以提供丰富的必需氨基酸。

3. 碳水化合物

糖类是供应机体活动的主要热能来源,尤其是对于喜好运动需要较高热量的青少年,足够的糖类供应可以节省蛋白质的消耗,以使蛋白质能更好地发挥建造和修补身体组织的功能。据一般的营养调查,此期青少年糖类摄取的能量百分比占总热量的50％～60％,即每天应有300～450 g的糖类摄取。

4. 矿物质

为满足青少年期的快速生长和调节正常的生理功能,矿物质的供给应足够。钙是组成骨骼的重要材料,青春期钙的适宜摄入量为1 000 mg/d。青春期女性因月经来潮每个月有固定的血液流失,因此铁的供给量应高于男性,中国营养学会推荐铁的适宜摄入量为女性18～20 mg/d,男性12～15 mg/d。碘是甲状腺素的成分,是维持正常新陈代谢不可缺少的物质。青春期碘的需要量增加,推荐摄入量为110～120 μg/d。锌对生长发育有重要作用,推荐摄入量为7.5～12.5 mg/d。

5. 维生素

维生素在维持机体生理代谢方面有不可替代的作用。为配合青春期较高的热量需求,B族维生素的供应量应适当增加。维生素 C 能促进发育和增强机体抵抗力,防止骨质脆弱和牙齿松动,在迅速生长发育时期及体力活动增加时,机体对维生素 C 的需要量也增加,推荐的摄入量为 90～100 mg/d。

9.4.3.3　青少年的合理膳食原则

1. 养成定时规律用餐的习惯

饮食中忌不定时用餐、以零食取代正餐和暴饮暴食等情况。注意各餐的能量分配,尤其要保证早餐有足够的能量。

2. 摄取平衡膳食

注意养成良好的饮食习惯,不挑食,不偏食,保证饮食多样化。饮食中注意多食谷类,主食的推荐量为 400～500 g/d。每天应适量摄取鱼、肉、蛋、奶、豆类和新鲜的蔬菜、水果等,以保证机体蛋白质、无机盐和各种维生素的需要。其中鱼、禽、肉、蛋的供应量应达 200～300 g/d,奶类不低于 300 mL/d,蔬菜类应达 400～500 g/d,水果为 100～200 g/d。

此外,青春期女性易患缺铁性贫血,应注意适当多食动物内脏、瘦肉、血豆腐及其他富含铁和蛋白质的食物。

3. 提倡课间加餐

为保证营养供给并补充上下午的热能和营养素不足,可推广课间加餐。作为加餐的食品,应统一加工,集中供给,而且应有合理的配方和良好的加工。

4. 维持适当体重

不要轻信广告和媒体宣传而任意节食与减肥,应通过体育锻炼和合理的饮食来控制体重,以避免贫血和营养不良。

9.5　老年人的营养与膳食

9.5.1　老年人的生理代谢特点

1. 代谢功能降低

老年人的代谢速率减慢,代谢量减少,基础代谢较中年人下降 15%～20%。老年人机体的合成与分解代谢失去平衡,表现为合成代谢降低,分解代谢增强,因而引起细胞功能下降。由于代谢功能改变,使营养素的消化、吸收、利用和排泄均受到不同程度影响。

2. 体内成分的改变

老年人体内脂肪组织随年龄增长而增加,而去脂组织则随着年龄增长而减少。老年人由于组织再生能力相对较低,造成功能性的实质细胞不断减少,突出表现为肌肉组织的重量减少而出现肌肉萎缩。细胞内液减少而使体水分降低。由于骨组织中矿物质减少(尤其是钙减少)而出现骨密度降低,因而老年人易发生不同程度的骨质疏松症及骨折。

3. 感觉器官功能的改变

老年人视力降低,味觉、嗅觉、触觉等感觉器官较不灵敏,会影响对食物的喜好程度而减少摄取量,口味也因此加重,容易摄入过多调味太重的食物。

4. 消化系统功能的改变

由于牙齿松动或脱落,唾液分泌减少,使得咀嚼和吞咽较为困难,并影响食物的选择和烹调方式。由于消化液、消化酶及胃酸分泌量减少,致使食物的消化吸收受影响,常发生消化不良症状。由于胃肠蠕动减慢,易造成便秘。由于胆汁及胰腺分泌量减少,使老年人对脂肪的消化吸收能力下降并伴有脂溶性维生素吸收不良。

5. 心血管系统功能的改变

由于老化,血管壁逐渐增厚变狭窄而失去弹性,使得心脏输出血量减少、血流阻力增加、血流速度减慢,致使血压逐渐升高,增加心脏的负荷。老年人脂质代谢能力降低,易出现甘油三酯、总胆固醇和低密度脂蛋白胆固醇升高而高密度脂蛋白胆固醇下降的现象。

6. 肾功能的改变

由于再生能力下降,肾脏中肾单位减少,因而减少了通过肾脏的血流以及使肾小球滤过率降低,导致肾脏排泄及再吸收功能下降,影响血中代谢废物的排泄及电解质的平衡。老年人对酸碱平衡代谢的失调,不能迅速反应并加以纠正。

7. 抗氧化功能及免疫功能的改变

成年后随着年龄的增加,人体抗氧化酶的活性下降,表现在血中的超氧化物歧化酶、过氧化氢酶(catalase,CAT)、谷胱甘肽过氧化物酶的活性降低,使过多的自由基不能得到及时地清除和血中的脂质过氧化产物,如丙二醛(malondialdehyde,MDA)、脂褐素(lipofuscin)明显增加。随着衰老的进程,脂褐素在细胞中大量堆积,内脏及皮肤细胞均可发生,老年人心肌和脑组织中脂褐素沉着明显高于青年人,如沉积于脑及脊髓神经细胞则可引起神经功能改变。老年人随着年龄增加免疫功能下降,抵抗力降

低,容易患各种疾病。

8.其他方面的改变

老年人胰岛素分泌能力减弱,组织对胰岛素作用的反应能力降低,使老年人空腹血糖明显上升,葡萄糖耐量下降。此外,老年人的脑功能及肝脏代谢能力均随着年龄增加而有不同程度下降。

9.5.2 老年人的营养需要

老年人的营养是决定老年人健康的重要因素之一。正常老年人按照其机体的生理状态,同样需要平衡和合理的膳食来达到营养的目的。

1.能量

中年后随着年龄的增加,人体组织细胞逐渐减少,基础代谢率降低,体力活动减少以及体脂肪增多和去脂组织减少等,使老年人对热能的消耗也随之降低。因此,老年人膳食能量的摄入主要以体重来衡量,以达到并能维持理想体重为宜。《中国居民膳食营养素参考摄入量》(2013 版)中提出,65~80 岁老年人的能量需求量,其中男性为 8 580~9 836 kJ/d,女性 7 115~8 162 kJ/d。

2.蛋白质

由于消化系统功能减弱,使摄入蛋白质的生物有效性降低。在人体衰老过程中,体内蛋白质的分解代谢超过了合成代谢,当膳食蛋白质不足时,老年人易出现负氮平衡。因此,老年人应有足量的蛋白质供应。但老年人蛋白质的摄入量不宜过多,且摄入的蛋白质应以适量的优质蛋白质为宜,以免加重肝脏和肾脏负荷。中国营养学会推荐的摄入量为 65 g/d(男)及 55 g/d(女)[按 1.27 g/(kg·d)或以蛋白质的供热比为总热量的 15% 计],其中要求有 1/3~1/2 的优质蛋白质,如鱼、瘦肉、蛋、奶类和大豆制品等。

3.脂类

老年人由于胆汁酸分泌减少,脂酶活性降低,对脂肪的消化吸收功能下降。由于体内脂质分解排泄迟缓,血浆脂质也升高,因而老年人脂肪的摄入不宜过多,特别要限制高胆固醇、高饱和脂肪酸的动物性脂肪及肝、蛋黄等的摄入。膳食脂肪来源应以含多不饱和脂肪酸的植物油为主,摄入脂肪的供热比占总热能的 20%~30% 为宜。饱和脂肪酸、单不饱和脂肪酸、多不饱和脂肪酸的比例为 1:1:1,n-3 系脂肪酸和 n-6 系脂肪酸的比例为 1:4 为宜。

4.碳水化合物

对于我国老年人而言,碳水化合物仍是热能的主要来源,但应避免摄入过多,适宜摄入量为在总热量中占 55%~65%。老年人的糖耐量降低,血糖的调节作用减弱,容易发生血糖升高。摄入过多的糖在体内可转变为脂肪,引起肥胖、高脂血症等疾病。有报告认为,蔗糖食入多可能与动脉粥样硬化及糖尿病的发病率高有关。近年来,英国营养工作者的研究也指出,食糖过多还可引起高血压以及肝、肾和视网膜的损害,并使血小板的凝集增加。因此,老年人应避免纯糖或甜食,选择多糖类的食物。在食物供应中还应注意膳食纤维的摄入,多吃蔬菜、糙米等杂粮,以促进胃肠蠕动,进而促进消化及预防慢性病的产生。在老年人膳食中,膳食纤维的适宜摄入量应为 30 g/d 左右。

5.矿物质

(1)钙 老年人胃酸分泌降低,影响对钙的吸收和利用。户外活动的减少和缺乏日照又使皮下 7-脱氢胆固醇转变成维生素 D 的来源减少,肝肾功能降低以致形成 $1,25$-$(OH)_2D_3$ 的能力下降,也不利于钙的吸收和利用。老年人对钙的吸收率一般在 20% 以下。虽然老年人对钙的利用率和贮存能力较差,但代谢排出量并不因吸收少而降低,反而有所增加,因此钙供应不足易使老年人出现钙代谢负平衡,常导致骨质疏松,易发生骨折。《中国居民膳食营养素参考摄入量》(2013 版)建议,65 岁老年人钙的推荐摄入量为 1 000 mg/d。

(2)钠 老年人食盐的摄入量应<6 g/d,高血压、冠心病患者以 5 g/d 以下为宜。

(3)铁 老年人对铁的吸收利用能力下降,造血功能减退,血红蛋白含量减少,易出现缺铁性贫血。为保证老年人机体铁代谢平衡,铁的适宜摄入量应为 12 mg/d。此外,老年人膳食中亦需要充足的锌、铜、硒、铬等微量元素,以满足机体需要。

6.维生素

老年人同样需要各种维生素。维生素对维持老年人健康、促进新陈代谢、调节老年人生理机能、增强抗氧化和免疫功能、延缓衰老十分重要。

(1)维生素 A 老年人由于食量减少以及控制高胆固醇、高脂肪食物的摄入,从而影响维生素 A 的摄入量。同时,由于生理功能减退,使维生素 A 的吸收和利用降低,因而易出现维生素 A 缺乏。因此,应适当补充足量的维生素 A。《中国居民膳食营养素参考摄入量》(2013 版)推荐的老年人膳食维生素 A 摄入量男性为 800 μg RAE/d，女性为 700 μg RAE/d。根据老年人的饮食特点，其中 2/3 来自绿叶蔬菜中的胡萝卜素，其余由动物性食物提供。

（2）维生素 D　维生素 D 可以促进机体对钙、磷的吸收并调节体内钙、磷的代谢。老年人由于户外活动减少而使由皮下合成的维生素 D 量降低，加上肝、肾功能减退使形成 1,25-$(OH)_2$－D_3 这种活性形式减少，易出现维生素 D 缺乏而影响钙、磷吸收及骨盐沉积，导致钙、磷代谢紊乱，因而老年人常出现腰腿痛及骨质疏松。我国老年人每天膳食中维生素 D 的推荐摄入量为 10 μg。

（3）维生素 E　目前，许多学者对维生素 E 的抗衰老作用予以肯定。因为老年人体内自由基倾向于增加和积聚，故适当保证维生素 E 的供给是有益的。我国营养学会建议老年人维生素 E 的适宜摄入量为每天 14 mg α-TE（α-生育酚当量）。当膳食多不饱和脂肪酸摄入量增高时，应相应增加维生素 E 的摄入量。

（4）维生素 C　维生素 C 可促进组织胶原蛋白的合成，保持毛细血管弹性，防止老年血管硬化，并可扩张冠状动脉，降低血浆胆固醇及增强机体免疫功能及预防营养性贫血，同时维生素 C 又具有抗氧化作用，可防止自由基对机体的损害。因此，老年人膳食中应供应充足的维生素 C。我国老年人膳食维生素 C 的推荐摄入量为 100 mg/d，这与成年人相等。

9.5.3　老年人的合理膳食

老年人除了身体功能有不同程度的衰退，大多数营养需求与成年人相似，因此一般人群膳食指南的内容也适合于老年人。《中国居民膳食指南》(2016)针对老年人的特点，关键推荐以下 4 点。

1. 少量、多餐、细软，预防营养缺乏

老年人膳食更需要相对精准，不宜随意化。进餐次数可采用三餐两点制或三餐三点制。每次正餐提供的能量占全天总能量 20%～25%，每次加餐的能量占 5%～10%，且宜定时定量用餐。

将食物（肉、坚果等）切小弄碎，或延长烹调时间。质地较硬的水果或蔬菜可榨汁食用。多采用炖、煮、蒸、烩、焖、烧等进行烹调，少煎炸、熏烤等方法制作食物。日常膳食中，可合理利用营养强化食品或营养素补充剂来弥补食物摄入的不足，并且少饮酒和浓茶，避免影响营养素的吸收。

2. 主动足量饮水，积极户外活动

老年人正确的饮水方法是少量多次、主动饮水，每次 50～100 mL，每天的饮水量应不低于 1 200 mL，以 1 500～1 700 mL 为宜。首选温热的白开水，根据个人情况，也可选择饮用矿泉水、淡茶水。

老年人的运动量应根据自己的体能和健康状况即时调整，量力而行，循序渐进。一般情况下，每天户外锻炼 1～2 次，每次 30～60 min，以轻度的有氧运动（慢走、散步、太极拳等）为主，身体素质较强者，可适当提高运动的强度。

3. 延缓肌肉衰减，维持适宜体重

延缓肌肉衰减的有效方法是吃动结合，一方面要增加摄入富含优质蛋白质的食物，另一方面要进行有氧运动和适当的抗阻运动。常吃富含优质蛋白的动物性食物，尤其是红肉、鱼类、乳类及大豆制品。多吃富含 n-3 多不饱和脂肪酸的海产品，如海鱼和海藻等。注意蔬菜水果等含抗氧化营养素食物的摄取。增加户外活动时间、多晒太阳，适当增加摄入维生素 D 含量较高的食物，如动物肝脏、蛋黄等。适当增加日常身体活动量，进行活动时应注意量力而行，避免碰伤、跌倒等事件发生。

老年人胖瘦要适当，体重过高或过低都会影响健康，体重指数最好不低于 20.0 kg/m^2，最高不超过 26.9 kg/m^2。

4. 摄入充足食物，鼓励陪伴进餐

老年人每天应至少摄入 12 种食物。采用多种方法增加食欲和进食量，吃好三餐。早餐宜有 1～2 种以上主食、1 个鸡蛋、1 杯奶，另有蔬菜或水果。中餐、晚餐宜有 2 种以上主食，1～2 个荤菜、1～2 种蔬菜、1 个豆制品。饭菜应少盐、少油、少糖、少辛辣，以食物自然味来调味，色香味美、温度适宜。

良好的沟通与交往是促进老年人心理健康、增进食欲、改善营养状况的良方。社会和家人也应对老年人更加关心照顾，陪伴交流，注意老人的饮食和体重变化，及时发现和预防疾病的发生和发展。

9.6　素食人群的合理膳食

素食人群是指以不食肉、家禽、海鲜等动物性食物为饮食方式的人群。按照所戒食物种类不同，可分为全素、蛋素、奶素、蛋奶素人群等。素食人群膳食除动物性食物外，其他食物的种类与一般人群膳食类似。因此，除了动物性食物，一般人群膳食指南

的建议均适用于素食人群,其中膳食指南关键推荐以下 5 点。

1. 谷类为主,食物多样,适量增加全谷物食品

全素和蛋奶素人群膳食应以谷类为主,食物多样化。每天摄入的食物种类至少为 12 种,每周至少为 25 种。谷类食物是素食者膳食能量的主要来源,谷类食物含有丰富的碳水化合物等多种营养成分,是提供人体能量、B 族维生素和矿物质、膳食纤维等的重要来源。为了弥补因动物性食物带来的某些营养素不足,素食人群应食物多样,适量增加谷类食物摄入量。全谷物保留了天然谷类的全部成分,提倡多吃全谷物食物。一般人群膳食指南建议全素人群(成人)每天摄入谷类 250～400 g,其中全谷类为 120～200 g,蛋奶素人群(成人)为 225～350 g,全谷类为 100～150 g。

2. 增加大豆及其豆制品的摄入,选用发酵豆制品

大豆含有丰富的优质蛋白质、不饱和脂肪酸和 B 族维生素以及其他多种有益健康的物质,如大豆异黄酮、大豆甾醇以及大豆卵磷脂等。发酵豆制品中还含有一定量的维生素 B_{12}。因此,素食人群应增加大豆及其制品的摄入,并适当选用发酵豆制品。一般人群膳食指南建议全素人群(成人)每天摄入大豆 50～80 g 或等量的豆制品,其中包括 5～10 g 发酵豆制品;蛋奶素人群(成人)每天摄入大豆 25～60 g 或等量的豆制品。

3. 常吃坚果、海藻和菌菇

坚果类富含蛋白质、不饱和脂肪酸、维生素和矿物质等,常吃坚果有助于心脏的健康。海藻含有二十碳和二十二碳 n-3 多不饱和脂肪酸及多种矿物质。菌菇富含矿物质和真菌多糖类。因此,素食人群应常吃坚果、海藻和菌菇。一般人群膳食指南建议全素人群(成人)每天摄入藻类 20～30 g 或菌菇 5～10 g;蛋奶素人群(成人)每天摄入坚果 15～25 g。

4. 蔬菜、水果应充足

素食人群蔬菜水果食用量同一般人群一致,注意摄入更大比例的绿叶蔬菜。

5. 合理选择烹调油

食用油中的主要成分为脂肪,可为人体提供必需脂肪酸。推荐素食人群使用大豆油和(或)菜籽油烹饪,用亚麻籽油和(或)紫苏油拌凉菜。满足必需脂肪酸的需要。a-亚麻酸在亚麻籽油和紫苏油含量

最为丰富,是素食人群膳食 n-3 多不饱和脂肪酸的主要来源。因此应多选择亚麻籽油和紫苏油。

对于素食者而言,由于食物多样性受到一定限制,为了满足机体的营养需要,日常饮食中更应注意合理搭配膳食,避免因缺少动物性食品而引起蛋白质、维生素 B_{12}、n-3 多不饱和脂肪酸、铁、锌等营养素缺乏的风险。

9.7 特殊环境人群的营养与膳食

特殊环境人群是指长期生活或作业于某种特殊环境(如高温、低温、高原、辐射及接触各种有害因素)的人群。当人体受到这些环境因素作用时,在生理、生化和营养代谢上都会发生不同程度的损害甚至导致病理性改变或疾病。而适宜的营养和膳食可增加机体对特殊环境的适应能力和对有毒有害因素的抵抗力。

9.7.1 高温环境人群的营养与膳食

高温环境通常指 35℃ 以上的生活环境和 32℃ 以上或气温在 30℃ 以上、相对湿度超过 80% 的工作环境。与机体处于一般温度下不同,在高温环境下,人体很难通过传导、对流和辐射散热,只能依赖大量出汗蒸发散热,以调节和维持正常体温。由于大量出汗加上机体处于应激状态,可引起机体代谢及生理状况发生适应性改变,进而导致机体对营养的特殊需求。

9.7.1.1 高温环境下机体代谢的特点

1. 高温环境下机体营养素的丢失增多

(1)水和无机盐的丢失 在高温环境下人体的排汗量随环境温度、劳动强度和个体差异而有所不同,一般为 1.5 L/h,最高达 4.2 L/h。由于汗液中 99% 以上是水分,约 0.3% 为无机盐,因此大量出汗引起水和无机盐的丢失,严重的可导致体内水与电解质的紊乱。汗液中矿物质主要为钠盐,占汗液无机盐总量的 54%～68%(一般通过排汗损失氯化钠可达 15～25 g/d),其次是钾盐,占 19%～44%,还有钙、镁、铁、锌、铜、硒等。

(2)水溶性维生素的丢失 高温环境下大量出汗可造成水溶性维生素的大量丢失。最容易丢失的是维生素 C,其次是维生素 B_1。有文献报道,每升汗液中维生素 C 含量可达 10 mg,维生素 B_1 含量达 0.14 mg。若每日出汗 5 L,则从汗液丢失的维生素 C

及维生素 B₁ 分别为 50 mg 和 0.7 mg,而丢失的核黄素也不少,甚至比随尿排出的还多。此外,其他 B 族维生素也有不同程度丢失。

(3)氮的排出量增加 在高温条件下,人体大量出汗造成可溶性含氮物的丢失。汗液中可溶性氮含量为 0.2~0.7 g/L,其中主要是氨基酸,此外还有肌酸酐、肌酸、尿素、氨等含氮物。由于失水和体温升高引起体内蛋白质的分解代谢增强,使尿氮排出量增加。因而在高温环境下,机体易出现负氮平衡。

2.高温对消化系统的影响

由于在高温条件下机体水分丢失可使消化液的分泌减少。由于氯化钠的丢失,影响了胃液中盐酸的生成,从而使胃液的酸度降低,使得食物的消化吸收及胃的排空受影响。此外,由于高温的刺激通过中枢神经系统调节使摄水中枢兴奋从而对摄食中枢产生抑制性影响。因此,在高温条件下机体的消化功能减退且食欲下降。

3.能量代谢的改变

高温条件下机体的热能消耗增加,主要是由于在高温条件下机体通过大量出汗、心跳加快等进行体温调节,此过程可引起热能消耗增加。同时,持续在高温环境下工作和生活,体温上升引起机体基础代谢率增高,耗氧量加大,热能消耗也增加。

9.7.1.2 高温环境下的营养需要

1.水和无机盐

在高温条件下,机体会丢失大量水分和无机盐,如不及时补充,不仅影响活动能力,也可造成体内热蓄积,发生中暑,危及健康。

水分的补充以能补偿出汗丢失的水量、保持机体内水的平衡为原则。根据高温作业者口渴程度、劳动强度及具体生活环境建议补水量范围为:中等劳动强度、中等气象条件时,每天补水量为 3~5 L。补水方法宜少量多次。

无机盐的补充以食盐为主,出汗量少于 3 L/d 者,补食盐量约 15 g/d。出汗量大于 5 L/d 者,则需补充 20~25 g/d。所补食盐主要以菜汤、盐饮料等形式分配于三餐之中。含盐饮料中氯化钠浓度以 0.1% 为宜。随汗液流失的其他无机盐可通过食用富含无机盐的蔬菜、水果、豆类及饮料来补充。

2.水溶性维生素

根据高温环境下机体水溶性维生素的代谢特点,建议维生素 C 的摄入量为 150~200 mg/d,硫胺

素为 2.5~3 mg/d,核黄素为 2.5~3.5 mg/d。日常膳食调配过程中,注意选择含这些维生素较多的食物,必要时可口服维生素制剂。

3.蛋白质及热能

高温环境下机体易出现负氮平衡,因此,蛋白质的摄入量需适当增加,但不宜过多,以免加重肾脏负担。由于汗液中丢失一定数量的必需氨基酸,尤其是赖氨酸损失较多,因此补充蛋白质时优质蛋白质比例不应低于 50%。热能的供给以原供给量为基础,环境温度在 30~40℃,每上升 1℃,热能供给应就增加 0.5%。

9.7.1.3 高温环境下的合理膳食

高温环境下人群的能量及营养素的供给要适当增加,但高温环境下人群的消化功能及食欲会下降,由此形成的矛盾需通过精心安排的合理膳食来加以解决。

①合理搭配、精心烹制谷类、豆类及动物性食物(鱼、禽、蛋、肉),以补充优质蛋白质及 B 族维生素。

②补充含无机盐尤其是钾盐和维生素丰富的蔬菜、水果和豆类,其中水果中的有机酸可刺激食欲并有利于食物胃内消化。

③以汤类作为补充水及无机盐的重要措施。菜汤、肉汤、鱼汤可交替选择,在餐前饮少量的汤还可增加食欲。对大量出汗人群,宜在两餐之间补充一定量的含盐饮料。

9.7.2 低温环境下人群的营养与膳食

人类的低温环境主要是由常年居住地区的气候地理因素和特殊作业条件所形成。低温环境多指温度在 10℃ 以下的环境,常见于寒带、海拔较高地区的冬季及职业性接触低温,如南极考察、冷库作业等。低温对人体的影响较为复杂,涉及低温的强弱程度、作用时间及方式等。低温也影响当地的食物供应、居民的日照时间。此外,机体本身的生理状况和对低温的耐受能力也有较大差异,因而导致了机体对营养的特殊需求。

9.7.2.1 低温条件下热能代谢特点及营养要求

在低温环境下,人体热能的消耗量增加。这主要是由于寒冷使基础代谢增加 10%~15%。低温下机体肌肉不自由的寒战以产生热量,造成能量消耗增加。笨重防寒服增加了身体的负担等亦使能量需要增加。因此,低温环境下人群热能摄入应较常温

下增加 10%～15%。在总热能的来源中,脂肪的供热比应提高至 35%。碳水化合物的供热比例有所降低,但仍是热能的主要来源,供热比不低于 50%。蛋白质供热为总热能的 13%～15%。

9.7.2.2 维生素和无机盐的代谢特点及营养需要

由于低温环境使机体热能消耗增加,与热能代谢有关的维生素如硫胺素、核黄素、尼克酸等的需要量也随之增加。专家建议,硫胺素的摄入量为 2～3 mg/d,核黄素为 2.5～3.5 mg/d,尼克酸为 15～25 mg/d。由于维生素 C 可增强机体的耐寒能力且寒冷地区蔬菜、水果供应通常不足,因而维生素 C 应额外补充,日补充量为 70～120 mg。维生素 A 具有对暴寒机体的保护作用和缓解应激反应,日推荐摄入量应为 1 500 μg。寒冷地区户外活动少、日照时间短,使体内维生素 D 合成受限,每日应补充 10 μg。近年来,人们对维生素 E 的耐寒能力及其机制研究很多,认为维生素 E 能改善由于低温而引起的线粒体功能降低,提高线粒体能量代谢功能,还能促进低温环境中机体脂肪等组织中环核苷酸的代谢,从而增强能量代谢,提高耐寒能力。因此,膳食中应补充一定量的维生素 E。

寒冷地区由于食物来源缺乏及机体维生素 D 合成不足,易导致钙缺乏,因而应多提供含钙丰富的食物。寒带地区居民食盐摄入量高达 26～30 g/d,为温带居民的 2 倍。这种高食盐的摄入量是否会引起高血压尚未定论。一般寒带地区居民钠盐的供给量可稍高于温带居民。研究发现,低温作业人员血清中微量元素,如碘、锌、镁等比常温中降低,在膳食调配时要注意选择含上述营养素较多的食物供应,以维护机体生理机能,增强对低温环境的适应能力,提高工作效率。

9.7.2.3 低温环境下人群的合理膳食

1.保证充足的能量

低温环境下对能量的需求应比同一人群常温下增加 10%～15%。蛋白质、脂肪、碳水化合物的供能比分别为总能量的 13%～15%、35%～40%、45%～50%。其中脂肪供能比显著高于其他地区。

2.注意优质蛋白质的摄取

注意增加肉类、蛋类、鱼类以及豆制品的摄入。由于含硫氨基酸(如蛋氨酸)能增强机体的耐寒能力,因而含蛋氨酸较多的动物性蛋白质应占总蛋白

质的 50%。同时还可适当选择含高蛋白、高脂肪的坚果类食品。

3.丰富的维生素

与常温下比较,低温环境中人体维生素的需求量高 30%～50%,在提高耐寒力方面,抗氧化维生素,如维生素 C、维生素 E 和胡萝卜素等,与膳食脂肪一样具有协同作用。

4.控制无机盐的摄入

食盐的摄入量为每人 15～20 g/d,高于非低温地区。注意补充钙、钾、镁、锌等矿物质,增加新鲜果蔬及奶制品的摄入。

9.7.3 高原环境人群的营养与膳食

一般将海拔 3 000 m 以上的地区称为高原。因在这一高度,由于大气氧分压的降低,人体血氧饱和度急剧下降,常出现低氧症状。

9.7.3.1 生理代谢特点

1.脑组织

脑是机体缺氧的最敏感组织,具有氧消耗量大、代谢率高、氧和三磷酸腺苷贮存少以及低氧耐受性差的特点。急性低氧使有氧代谢降低,能量产生减少,钠泵功能紊乱,钠和水进入脑细胞,引起脑水肿。

2.呼吸系统

高原低氧刺激呼吸加深加快,肺活量、肺通气量和肺泡内氧分压增高。低氧可使肺血管收缩,后者是形成肺动脉高压和肺源性心脏病的诱因。

3.心血管系统

高原低氧引起心肌收缩力下降,易导致心肌功能衰竭和猝死,毛细血管损伤,形成局部血栓。长期缺氧可刺激红细胞、血红蛋白和血浆浓度增加。由于大气中氧分压低,使组织细胞不能进行正常的生化代谢。

4.消化系统

当高原低氧时,消化液分泌减少,胃蠕动减弱,胃排空时间延长。同时,还会出现食欲下降,摄食量减少等。

5.内分泌系统

出现儿茶酚胺和糖皮质激素分泌增加等改变。

9.7.3.2 对能量和营养素代谢的影响

1.能量

在同等劳动强度条件下,在高原的能量需求量

高于在海平面者。一般情况下，从事同等强度的劳动，在高原适应 5 d 后，比在海平面上的能量需求量高 3%～5%，9 d 后，将增加到 17%～35%。在平原环境工作人员推荐摄入量基础上增加 10%，以增加碳水化合物摄入为主，占总能量的 65%～75%。碳水化合物膳食能使人的动脉含氧量增加，能在低氧分压条件下增加换气作用，因此，在高原地区保证充足的碳水化合物摄入对维持体力、提高心肌功能有重要意义。

2. 产能营养素

低氧时，能量需要增加。蛋白质合成减少，分解代谢增强，氮排出增加。脂肪分解加强，血中甘油三酯增高。糖异生作用减弱，糖原合成减少。

3. 维生素

维生素作为辅酶成分参与有氧代谢过程。因此，应特别注意维生素的补充，提高机体对低氧的耐受力。急性低氧时，尿维生素 B_1、维生素 B_2 和维生素 C 排出增加。

4. 水和无机盐

初登高原者，体内水分排出较多，体内水分可减少 2～5 kg。急性低氧时，细胞外液转移入细胞内，出现细胞水肿，引起细胞内外电解质平衡紊乱，表现为血中钾、钠和氯增加，尿排出减少。血钙含量增加，可能与日照有关。

9.7.3.3 高原环境人群的膳食营养要点

1. 满足能量需要

建议产能营养素蛋白质、脂肪和碳水化合物适宜比例是 1∶1.1∶5。同时，应注意优质蛋白质的摄入。

2. 供给充足维生素与矿物质

推荐摄入量分别为：维生素 A 1 000 μg RAE/d，维生素 B_1 2.0～2.6 mg/d，维生素 B_2 1.8～2.4 mg/d，维生素 C 100～150 mg/d，锌 20 mg/d，铁 25 mg/d。

3. 合理补水

合理补水可促进食欲，防止代谢紊乱。但初入高原者补充水分要慎重，要注意预防脑水肿和肺水肿。

9.7.4 接触化学毒物人群的营养与膳食

职业接触有毒有害物质种类繁多，其中有许多是有毒有害的化学物质，如农药、粉尘、铅、汞、三氯甲烷、四氯化碳、苯、苯胺、硝基苯等。这些化学毒物

长期、少量进入机体，将会引起各种毒性反应，破坏机体的生理机能，干扰营养素在体内的代谢，甚至发生特定靶器官或靶组织的严重病变，危害人体健康。而机体的营养状况与化学毒物的作用及其结果均有密切联系。合理的营养措施，能提高机体各系统对毒物的耐受和抵抗力，增强对有毒有害物质的代谢解毒能力，减少毒物吸收并促使其转化为无毒物质排出体外，利于康复和减轻症状。

9.7.4.1 铅作业人员的营养

铅作业常见于冶金、印刷、玻璃、蓄电池等工业。铅及其化合物均具有一定毒性。在接触铅的作业环境下，铅经消化道、呼吸道进入人体后，作用于全身，尤其对神经系统和造血系统产生危害。其主要病变是：阻滞血红蛋白的合成过程，引起贫血；对植物神经及酶系统作用，引起平滑肌痉挛；直接损害肝细胞，引起肝脏病变。

铅作业人员的饮食原则，应参照驱除体内的铅、减少铅在肠道的吸收、修补铅对机体损害的需要，提供合理营养，增强机体免疫力，减少铅对机体的损害。其膳食营养调整如下。

1. 补充优质蛋白质

铅进入机体后会影响蛋白质代谢并引起贫血及神经细胞变性。机体蛋白质营养不良则可降低机体的排铅能力，增加铅在体内的蓄积和机体对铅中毒的敏感性。膳食中充足的蛋白质尤其是含硫氨基酸丰富的优质蛋白质，有利于增强机体的解毒能力并促进血红蛋白的合成。建议蛋白质适宜的摄入量应占总热能的 14%～15%，其中有 1/2 为优质蛋白质。饮食中注意多摄入肉类、鱼类、奶类和蛋类中的蛋白质。

2. 丰富的碳水化合物和脂肪

碳水化合物可以提供解毒反应过程中需要的能量和结合反应所需的葡萄糖醛酸，提高机体对毒物的抵抗力，碳水化合物供能占总热能量的 65% 以上。脂肪可促进铅在小肠的吸收，故应适当限制膳食脂肪的摄入，建议膳食中脂肪的供热比不宜超过 20%。因此，铅作业人群应摄入富含碳水化合物而脂肪含量较少的食品。

3. 调整矿物质的摄入

调整饮食中钙磷比例（即成碱食品及成酸食品的比例）：钙和铅在人体内有相似的代谢过程，在机体内能影响钙贮存和排出的因素都同样会影响铅的

203

贮存和排出。当体液反应呈碱性时,铅多以溶解度很小的正磷酸铅[Pb₃(PO₄)₂]的形式沉积于骨组织中。这种化合物在骨组织内呈惰性不表现出毒性症状。当机体体液反应呈酸性时,机体内铅多以磷酸氢铅(PbHPO₄)的游离形式出现在血液中。当膳食为高磷低钙的成酸食品如谷类、豆类、肉类等食品时,有利于骨骼内沉积的正磷酸铅转化为可溶性的磷酸氢铅进入血液,并进一步排出体外。这常用于慢性铅中毒时的排铅治疗。而膳食为高钙低磷的成碱性食品如蔬菜、水果、奶类等食物时,则有利于血中磷酸氢铅浓度较高时,形成正磷酸铅进入骨组织,以缓解铅的急性毒性。建议摄入钙800~1 000 mg/d。另外,要注意铁的补充,改善贫血状态,减少铅在组织中蓄积。

4.补充各类维生素

维生素 C 具有保护巯基酶中巯基(—SH)的作用,有助于机体对铅的解毒作用。在肠道中维生素 C 还能与铅结合成不溶性的抗坏血酸铅盐,降低铅在体内的吸收。建议职业接触铅人员补充维生素 C 150 mg/d。其他如维生素 B₁、维生素 B₂、维生素 B₆、维生素 B₁₂、叶酸等对于改善症状和促进生理功能的恢复也有一定效果,因而在为铅作业人员膳食进行调配时要适当补充这些营养素。

5.适量的膳食纤维

膳食纤维中的果胶、植酸等可吸附、沉淀肠道内的铅,减少铅的吸收,并加速排出。因此,应保证一定量的蔬菜、水果及谷物和豆类的摄入。

9.7.4.2 苯作业人员营养

苯及其化合物苯胺、硝基苯均是脂溶性并可挥发的有机化合物。苯作业时,苯主要经过呼吸道进入人体。长期接触低浓度苯可引起慢性中毒,主要表现是神经系统和造血功能受到损害。

苯作业人群的饮食营养原则应在平衡膳食的基础上,根据苯对机体造成的损伤和营养紊乱,有针对性地进行营养和膳食调配。其营养和膳食调整如下。

1.在平衡膳食前提下,增加优质蛋白质的供给

苯作业人员对蛋白质特别是优质蛋白质的需要量增加。这主要是由于苯在体内的解毒需要谷胱甘肽,膳食中含硫氨基酸是体内谷胱甘肽的来源。苯的生物转化需要一系列酶,而酶的数量与活性与机体蛋白质的营养状况有关。修补苯对造血系统引起的损伤也需要一定数量的蛋白质。因而有专家建议苯作业人员每日至少应摄入 90 g 蛋白质,其中优质蛋白质应占 50%。

2.适当限制膳食脂肪的摄入

由于苯是脂溶性物质,对脂肪亲和力强,高脂膳食容易引起苯在体内蓄积,增加机体对苯的易感性,甚至导致体内苯排出速度减慢。故膳食中脂肪摄入应加以限制,供热比不超 25%(一般 15%~20%),多用植物油,少用动物脂肪。

3.适当增加碳水化合物的摄入

碳水化合物可以提高机体对苯的耐受性,这与碳水化合物在代谢过程中可以提供重要的解毒剂葡萄糖醛酸和解毒所需的能量有关。

4.适当补充各类维生素

各类维生素尤其是 B 族维生素及维生素 C,在苯作业人群中普遍缺乏。维生素 C 具有解毒作用,能稳定血管舒缩,维持血管壁的通适性,对防止出血与缩短凝血时间有一定效果。由于苯易造成人体维生素 C 的缺乏,因此,建议苯作业人员维生素 C 的摄入量应在原推荐摄入量基础上补充 150 mg/d,应多食新鲜蔬菜和水果。维生素 B₆、维生素 B₁₂、尼克酸、叶酸等,对苯引起的造血系统损害有改善作用,维生素 B₁ 还能改善神经系统的功能,因而饮食供给应适量增加。此外,因维生素 K 参与体内氧化过程,使谷胱甘肽有明显增加,以利于解毒。所以苯作业人员应补充富含维生素 K 的食物及通过其他途径补充维生素 K。

5.矿物质

苯作业人员应选择含铁丰富的食物,以供造血系统的需要,同时可补充铁、钙制剂。

6.合理烹调、增进食欲

苯作业人员常会感到食欲不振,因此,在饮食调配和烹调方法上应尽量做到色、香、味俱全,以增进食欲。

9.7.5 接触电离辐射人群的营养与膳食

电离辐射是由引起物质电离的粒子(如 α 粒子、β 粒子、质子和中子)或电磁构成的辐射。常见的电离辐射有 X 射线和 γ 射线。人体接触到的电离辐射方式可分为两种:外照射和内照射。外照射是指发生于外环境的电离辐射,人体只要远离辐射源,就不存在明显的辐射照射,如宇宙射线、医疗或职业 γ 射线、手机及电脑产生的射线等;内照射是指进入体内的放射线核素持续产生电离作用形成的辐射。

9.7.5.1　电离辐射对健康和营养代谢的影响

电离辐射可以直接和间接损伤生物大分子,造成 DNA 损伤,DNA 损伤是电离损伤的主要危害。此外,电离辐射也可以作用于水,引起水分子电离并形成大量活性氧自由基,造成碱基损伤和形成二聚体。辐射也可以影响核糖核酸的合成,从而影响蛋白质的合成。

1. 对能量代谢的影响

电离辐射可以抑制脾脏和胸腺线粒体的氧化磷酸化,大鼠受到 50R(伦琴)的全身照射就可引起胸腺线粒体氧化磷酸化的抑制。线粒体氧化磷酸化的抑制是辐射损伤早期的敏感指标。辐射也影响三羧酸循环,枸橼酸合成受到抑制,苹果酸、琥珀酸、异枸橼酸的脱氢酶活性显著降低,造成机体耗氧量增加。

2. 对蛋白质的影响

蛋白质的生理功能是由蛋白质的构象决定的,当辐射引起蛋白质构象变化时,功能也会受到影响。蛋白质对辐射的相对敏感性较低,高剂量辐射才能引起蛋白质分子空间构象改变和酶的失活。照射后,由于 DNA 的损伤和 mRNA 的生成不足,蛋白质的合成代谢受到抑制。哺乳动物受到电离辐射后,血清白蛋白和 γ 球蛋白合成减少,α 球蛋白和 β 球蛋白有所增加。虽然蛋白质合成有升有降,但是蛋白质净合成下降。抗体和胶原蛋白的合成也减少。照射后动物出现负氮平衡,尿氮排出增加,尿中出现氨基酸、肌酸、肌酐、牛磺酸和尿素排出增加,表明氨基酸分解增加。

人受到 25R 以上全身照射后 12 h,尿中氨基酸排出量增加,尤其是羟脯氨酸与甘氨酸排出量增加,同时牛磺酸排出量也增加。受到全身照射或受放射线治疗时的局部照射后,尿氮排出增多,出现负氮平衡。机体受到较小剂量的照射后可见到血浆中蛋氨酸和赖氨酸含量下降。小鼠在吸收了 0.5 Gy(gray,戈瑞)辐射剂量后即可出现尿氮排出增加。

3. 对脂肪代谢的影响

电离辐射作用于脂肪,在 ·OH 和 ·H 作用下,使多不饱和脂肪酸发生过氧化并生成氢过氧化物,从而影响生物膜的功能和促进生物膜的老化。同时,照射后体内自由基的生成与清除失去平衡,自由基浓度增高,也会加重脂质过氧化。

接受较大剂量射线照射后,由于组织分解增加,甘油三酯的合成加快,分解减少,血清中总脂、甘油三酯、磷脂和胆固醇含量增加,出现高脂血症。有人认为,全身照射后血液中脂肪、磷脂、胆固醇或脂蛋白含量的增高程度可以作为判断放射损伤预后的指标。

4. 对碳水化合物代谢的影响

碳水化合物的羟基在 ·OH 和 ·H 作用下被夺取氢,形成自由基。虽然照射后由于胃肠功能改变和吸收功能的障碍,可使得血糖和糖原含量降低,但实际上,照射可以引起肝糖原增加,甚至在禁食时也有这种现象,表明糖原异生作用增强,常出现高血糖症。主要是由于组织分解代谢增强,氨基酸的糖原异生作用增强。

全身受照射后 2～3 d 小肠碳水化合物吸收减少,葡萄糖激酶活性受抑制,使葡萄糖分解成二氧化碳的效率降低,在对电离辐射敏感的组织中(如淋巴组织),三羧酸循环受到影响,糖酵解增加。但电离辐射不影响果糖的利用,因为果糖代谢不依靠葡萄糖激酶。

5. 对维生素代谢的影响

辐射产生大量的自由基,对有抗氧化作用的维生素影响较大,维生素 C 和维生素 E 损失较多。照射后,维生素 B_1 的消耗增加,同时尿中排出增加,造成血液中维生素 B_1 含量下降。其他维生素的损失不甚明显。腹部进行放射治疗的病人照射治疗 4～10 周后,血中的维生素 C、叶酸、维生素 B_{12} 及维生素 E 含量都减少。

6. 对矿物元素代谢的影响

大剂量射线照射后由于组织分解和细胞损伤,出现高血钾症,尿中钾、钠和氯离子排泄增多。放射损伤时伴有呕吐和腹泻,钠离子和氯离子丢失较多,导致电解质紊乱。照射后血清中锌、铁、铜增加,锌/铜比值也发生了变化。

9.7.5.2　接触电离辐射人员的营养需要

1. 能量

长期受到小剂量照射的放射性工作人员应摄取适宜的能量,以防能量不足造成辐射敏感性增加。急性放射病患者在疾病初期、假愈期、极期可适当增加能量供给,在恢复期应供给充足的能量,可使体重显著增加,有助于恢复。

2. 蛋白质

高蛋白膳食可以减轻机体的辐射损伤。特别是补充利用率高的优质蛋白,可以减轻放射损伤,促进恢复。一些研究报道,补充胱氨酸、蛋氨酸和组氨酸可减少电离辐射对机体的损伤。

3. 脂肪

放射性工作人员应增加必需脂肪酸和油酸的摄入,降低辐射损伤的敏感性,由于辐射可引起血脂升高,不宜增高脂肪占总能量的百分比。

4. 碳水化合物

因为果糖防治辐射损伤的效果较好,放射性工作人员可以多增加水果摄入,提供果糖和葡萄糖。

5. 无机盐

电离辐射的全身效应可以影响无机盐代谢,需要补充适量的无机盐。

6. 维生素

电离损伤主要是自由基引起的损伤,因此在接受照射之前和受到照射之后,应该补充大量的维生素 C、维生素 E 和 β-胡萝卜素,以及维生素 K、维生素 B_1、维生素 B_2、维生素 B_6 或泛酸等,以减轻自由基带来的损伤。有人已将一些维生素作为电离辐射损伤防护剂,但是必须强调,维生素对放射损伤的防治效果是有限的。

9.7.5.3 接触电离辐射人员的膳食

应该供给充足的能量,蛋白质可占总能量的 12%～18%,以优质蛋白质为主,如肉、蛋、奶等,可以减轻小肠吸收功能障碍,改善照射后产生的负氮平衡;膳食中要有适量的脂肪,宜选用富含必需脂肪酸和油酸的油脂,如葵花子油、大豆油、玉米油、茶子油或橄榄油等;碳水化合物供给应占能量的 60%～65%,碳水化合物应适当选用对辐射防护效果较好的富含果糖和葡萄糖的水果;还应选用富含维生素、无机盐和抗氧化剂的蔬菜,如卷心菜、马铃薯、番茄和水果,改善照射后维生素 C、维生素 B_2 或烟酸代谢的异常。酵母、蜂蜜、杏仁、银耳等食物的摄入对辐射损伤有良好的防护作用。

有专家建议,从事放射作业的人员其营养素供给量分别为:能量 10.5 MJ(约 2 500 kcal)、蛋白质 80～100 g(其中动物性蛋白质占 30% 以上)、脂肪 50 g、钙 1 g、铁 15 mg、碘 150～200 μg、维生素 A 660 μg RAE、维生素 B_1 2 mg、维生素 B_2 2 mg、维生素 B_6 2.5 mg、烟酸 20 mg、叶酸 0.5 mg、维生素 B_{12} 3 μg、维生素 C 100 mg。

❓ 思考题

1. 孕期营养不良对母亲和胎儿有何影响?

2. 叶酸对于孕期妇女的作用,应如何进行叶酸的补充?

3. 从母乳组成及母亲和婴儿间的相互关系两方面阐述母乳喂养的优点。

4. 试述孕妇和乳母的饮食原则。

5. 孕期营养不良对胎儿有何影响?

6. 乳母膳食中各种营养素水平对乳汁成分有何影响?

7. 婴幼儿营养需求特点是什么?

8. 婴幼儿常见营养缺乏病有哪些?

9. 试述婴儿添加辅食的目的、时机及添加的原则。

10. 学龄儿童及少年儿童钙的适宜摄入量是多少?如何保证此阶段钙的摄入?

11. 学龄前儿童平衡膳食原则是什么?

12. 试述老年人的生理代谢和营养需求特点。

13. 老年人的合理膳食原则是什么?

14. 素食人群的合理膳食原则有哪些?

15. 特殊环境下人群营养需求特点及合理膳食原则有哪些?

16. 如何保证接触化学毒物和电离辐射人群的营养需求?

(本章编写人:甄润英　尤玲玲)

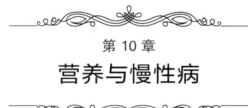

第 10 章

营养与慢性病

学习目的与要求

- 认识营养与肿瘤、高血压、高脂血症、冠心病、糖尿病、肥胖等疾病的关系。
- 掌握预防上述慢性病的饮食原则。

随着国民经济的高速发展,工业化、城市化及市场全球化的步伐日益加快,人们的饮食与生活方式也相应发生了迅猛的变化。这种变化对人群的健康和营养状态产生了很大的影响。一方面,充足的、多样的饮食改善了微量元素状况,因而减少了营养缺乏病的发病率;另一方面,饮食结构向着含有更高能量、更多脂肪、更多饱和脂肪酸、更多动物性食品的形式快速转变,变化的负面影响显然导致了慢性疾病发生率的增长。慢性病是目前全世界首要死因,在年度死亡总人数中的占比已经超过了60%。慢性非传染性疾病每年使3 600多万人失去生命。80%的非传染性疾病死亡发生在低收入和中等收入国家。人民健康是民族昌盛和国家强盛的重要标志,坚持预防为主,加强重大慢性病健康管理。

与此同时,过去的大量研究,特别是人群流行病学研究已阐明了饮食在预防和控制慢性非传染性疾病的发病和引起的早死方面所起的作用,并证实了饮食中的某些特有成分能够增加个体产生某些疾病的可能性,而适当的干预则能够降低其风险。

10.1 营养与肥胖

10.1.1 肥胖概述

肥胖(obesity)是一种由多因素引起的慢性代谢性疾病,是指体内脂肪堆积过多和(或)分布异常,通常伴有体重增加。世界卫生组织将肥胖定义为可能导致健康损害的异常或过多的脂肪堆积。目前,肥胖在全世界呈流行趋势。肥胖既是一个独立的疾病,又是Ⅱ型糖尿病、心血管病、高血压、中风和多种癌症的危险因素,被世界卫生组织列为导致疾病负担的十大危险因素之一。肥胖按发生原因可分为以下三大类。

1.遗传性肥胖

遗传性肥胖主要指遗传物质(染色体、DNA)发生改变而导致的肥胖,常有家族性肥胖倾向。

2.继发性肥胖

继发性肥胖主要指由于脑垂体—肾上腺轴发生病变、内分泌紊乱或其他疾病、外伤引起的内分泌障碍而导致的肥胖。

3.单纯性肥胖

单纯性肥胖主要指无内分泌疾病或代谢性疾病或其他疾病引起的继发性、病理性肥胖,而单纯由营养过剩所造成的全身性脂肪过量积累,具有一定的家族聚集倾向。

10.1.2 肥胖的评价和判定标准

目前,评价肥胖的指标主要可以分为3类:人体测量法、物理测量法以及化学分析法。常用的有身高标准体重、体质指数(BMI)、皮褶厚度。

1.人体测量法

人体测量法包括身高、体重、胸围、腰围、臀围和皮褶厚度等参数的测定。依据这些测量数据可以建立不同的判定标准和方法,但常用的有身高标准体重法、体质指数和皮褶厚度3种方法。

(1)身高标准体重法 这是世界卫生组织推荐的肥胖衡量方法,判断标准如下:肥胖度>10%为超重;20%～29%为轻度肥胖;30%～49%为中度肥胖;≥50%以上为重度肥胖。

肥胖度=[实际体重(kg)－身高标准体重(kg)/身高标准体重(kg)]×100%

(2)体质指数 体质指数(BMI)是用于评价肥胖最经典的指标。一般地,体质指数与身体脂肪总量密切相关。

$$体质指数=体重(kg)/[身高(m)]^2$$

体质指数是世界卫生组织推荐为成人的测量指标,该标准已被世界各国广泛采用。2002年,世界卫生组织肥胖专家顾问组针对亚太地区人群的体质及其与肥胖有关疾病的特点,提出亚洲成年人体质指数的判定标准,但这一标准很少人采用。最近国际生命科学学会中国办事处中国肥胖问题工作组提出对中国成人判断超重和肥胖程度的界限值。上述3种判断标准见表10-1。为了便于进行国际间的相互比较,各国多推荐使用世界卫生组织对成人体质指数的分级标准。

表 10-1 成人超重和肥胖的体重指数判定标准 kg/m²

分类	世界卫生组织	亚洲	中国肥胖工作组
体重过低	<18.5	<18.5	<18.5
正常范围	18.5～24.9	18.5～22.9	18.5～23.9
超重	≥25	≥23	24.0～27.9
肥胖前期	25～29.9	23～24.9	≥28(肥胖)
一度肥胖	30～34.9	25～29.9	
二度肥胖	35～39.9	≥30	
三度肥胖	≥40		

（3）皮褶厚度法　测量仪器为皮褶厚度测量仪或皮褶计,测量部位有上臂肱三头肌、肩胛下角部、腹部脐旁 1 cm 处、髂骨上嵴等,其中前三个部位可分别代表个体肢体、躯干和腰腹等部分的皮下脂肪堆积情况。皮褶厚度一般需要与身高标准体重结合起来判定,判定方法如下:凡肥胖度≥20%,两处的皮褶厚度≥80%,或其中一处皮褶厚度≥95%者为肥胖;凡肥胖度<10%,无论两处的皮褶厚度如何,均为正常体重。

（4）其他方法　中心型肥胖又称中心性肥胖、腹型肥胖,是指脂肪组织在腹腔或腹部周围的异常堆积。世界卫生组织推荐用腰围或腰臀比来评价中心型肥胖。

①腰围（waist circumference,WC）。它可以反映腹脂肪积累的程度,腰围的增大会增加心脑血管疾病、2 型糖尿病的患病及死亡的风险。由于测量方法简单实用,世界卫生组织推荐用其代替腰臀比作为评价中心型肥胖的指标。2002 年,中国肥胖问题工作组建议以男性腰围≥85 cm,女性≥80 cm 为我国成人中心型肥胖的切点。2006 年,国际糖尿病联盟（IDF）在代谢综合征的定义中,建议中国人采用男性的腰围≥90 cm,女性腰围≥80 cm 作为判断中心型肥胖的标准。

②腰臀比（waist-hip ratio,WHR）。它是腰围和臀围的比值,世界卫生组织最早推荐用于中心型肥胖的指标。世界卫生组织推荐男性腰臀比≥0.90 或女性腰臀比≥0.85 作为中心型肥胖的标准,高于此界值患代谢综合征的风险将大大增加。亚洲男性腰臀比平均为 0.81,女性平均为 0.73;欧美男性平均为 0.85,女性平均为 0.75。由此可见,两性腰臀比差异明显,男性平均值明显大于女性。由于腰臀比是一个比值,所以并不能反映腰围和臀围的绝对值,腰臀比相同的人其腰围可能有很大差异。在实际工作中,腰臀比逐渐被腰围取代。

2011 年,世界卫生组织发布《腰围和腰臀比:世界卫生组织专家组报告》,提出不同人群确定腰围和腰臀比切点的必要性、原则和方法,同时指出各国应该根据本国肥胖相关疾病风险和死亡的情况制定适宜的切点。

③腰围身高比（waist-to-height ratio,WHtR）。它被又称为腰身指数、中心型肥胖指数（ICO）,腰围身高比与腰围高度相关,且无性别差异,是评价中心型肥胖的理想指标。腰围身高比在预测Ⅱ型糖尿病、冠心病等疾病上优于腰围、腰臀比和体质指数等人体测量指标,在按照体质指数和腰围标准评价都正常的

"健康人"时以及在身材过高或过矮的人群中,用腰围身高比评价中心性肥胖的效果优于腰围评价指标。中年人群中心性肥胖评价的适宜切点为腰围身高比>0.50,也就是"腰围不超过身高的 1/2"。

2. 物理测量法

指根据物理学原理测量人体成分,进而推算出体脂含量的测量方法。这类方法包括全身电传导、生物电阻抗分析、双能 X 线吸收、计算机控制的断层扫描和核磁共振扫描。其中,后 3 种方法费用相当高,但可测量骨骼重量以及体脂在体内和皮下的分布。

3. 化学分析法

其理论依据是中性脂肪不结合水和电解质,因此,机体的组织成分可以无脂的成分为基础来计算。该方法有一个前提,即假设人体去脂体质的成分是恒定的,那么通过分析其中一种组分（如水、钾或钠）的量就可以估计去脂体质的量,然后用体重减去去脂体质的量就得到体脂的重量。化学测定法包括稀释法、^{40}K 计数法、尿肌酐测定法。

体脂测定结果的判定:男性的体脂>25%、女性的体脂>30%可诊断为肥胖。

10.1.3 肥胖发生的原因

肥胖是一种由多因子引起的复杂疾病,是遗传因素、环境和社会因素及心理等多种因素相互作用的结果。

10.1.3.1 遗传因素

肥胖具有遗传倾向。目前,已发现近 300 余种与肥胖有关的基因,分布在除 Y 染色体以外的所有染色体上。人类流行病学调查显示,双亲均为肥胖者,子女中有 70%～80% 的人表现为肥胖,双亲之一（特别是母亲）为肥胖者,子女中有 40% 的人较胖。根据对双胞胎肥胖发生的研究,同卵孪生儿生后分开抚养,成年后肥胖发生率是异卵孪生子肥胖率的 2 倍。另外,不同的种族、不同的性别和年龄差别对致肥胖因子的易感性不同。虽然已有研究表明,遗传因素对肥胖形成的作用占 20%～40%,但需要说明的是,遗传变异是非常缓慢的过程,肥胖症发生率的快速增长不是遗传基因发生显著变化的结果,而主要是生活环境转变所致。

10.1.3.2 环境和社会因素

1. 过量进食

发达国家的肥胖症患病率远远高于不发达国

家,其原因之一是发达国家人群的能量和脂肪摄入,特别是饱和脂肪的摄入量大大高于不发达国家。已有研究证明,含脂肪多而其他营养素密度低的膳食,引起肥胖的可能性最大。进食行为也是影响肥胖症发生的重要因素。不吃早餐常常导致其午餐和晚餐时摄入的食物较多,而且一天的食物总量增加。晚上吃得过多而运动相对较少,会使多余的能量在体内转化为脂肪而贮存起来。现在很多快餐食品因其方便、快捷而受人们青睐,但快餐食品往往富含高脂肪和高能量,而且构成比较单调,经常食用会导致肥胖,甚至有引起某些营养素缺乏的可能。进食行为不良,如经常性的暴饮暴食、夜间加餐、喜欢零食,尤其是感到生活乏味或在看电视时进食过多零食,这是许多人发生肥胖的重要原因。此外,进食速度与肥胖之间也有关系,胖人的进食速度一般较快,而慢慢进食时,传入大脑摄食中枢的信号可使大脑做出相应调节,较早出现饱足感而减少进食。

2. 缺乏体力活动

经常性体力活动或运动不仅可增加能量消耗,而且可使身体的代谢率增加,有利于维持机体的能量平衡。研究证实,经常参加锻炼者比不经常锻炼者的静息代谢率高;在进行同等能量消耗的运动时,经常锻炼能更多地动员和利用体内贮存的脂肪。但目前随着现代交通工具的增多、职业性体力劳动和家务劳动量减轻,人们处于静态生活的时间比以前大为增加,因而能量消耗相对减少。大多数肥胖者相对不爱活动,坐着看电视的休闲消遣方式已成为发生肥胖的主要原因之一。另外,某些人因肢体伤残或患某些疾病而使体力活动减少;某些运动员在停止经常性锻炼后未能及时相应地减少其能量摄入,都可能导致多余的能量以脂肪的形式贮存起来。

3. 社会因素

全球肥胖症患病率的普遍上升与社会环境因素的改变有关。经济发展和现代化生活方式对进食模式有很大影响。经济收入的增加使食品购买力提高,加上食品生产、加工、运输及贮藏技术的改善,不仅可选择的食物品种更为丰富,而且消费量也增加。工作节奏的加快以及家庭收入增加,使在外就餐和购买现成的加工食品及快餐食品的情况增多,其中不少食品的脂肪含量过多。社会交往的增多,如经常性的"宴会"和"聚餐",常常导致进食过量。政策、新闻媒体、文化传统以及科教宣传等,对膳食选择和体力活动都会产生很大影响。新闻媒体包括电视、

广播和印刷的宣传材料等在现代消费群体中具有举足轻重的作用,如电视广告对儿童饮食模式的影响甚至起着第一位的作用。然而广告中所宣传的食品,许多是高脂肪、高能量和高盐的方便食品和快餐食品。因此,广告对消费者,尤其是对儿童饮食行为的误导是肥胖干预中不容忽视的因素。

10.1.3.3 心理因素

部分肥胖儿童由于外形太胖、行动不快等常常受到排斥和嘲笑,增加自卑感,进而形成抑郁或内向的性格,以致养成不愿参加集体活动、寡欢少动,而这些行为心理方面的异常又常常以进食的方式得到安慰。因此,肥胖导致行为、心理问题,而心理、行为问题又促进肥胖,两者互相影响,形成恶性循环。

10.1.4 肥胖的危害

肥胖不仅本身是一种疾病,现有研究已表明,肥胖还和其他多种疾病的发生密切相关。

10.1.4.1 肥胖与相关疾病

肥胖是影响冠心病发病和死亡的一个独立危险因素,肥胖症患者往往有高血压、高血脂和葡萄糖耐量异常。值得注意的是,中心性肥胖症患者要比全身性肥胖者具有更高的疾病危险,当体重指数只有轻度升高而腰围较大者,冠心病的患病率和死亡率就会增加。由于肥胖与许多慢性病有关,因而控制肥胖是减少慢性病发病率和病死率的一个关键因素。根据世界卫生组织的报告,与肥胖相关疾病的相对危险度见表10-2。

1. 高血压

随着体质指数的增加,收缩压和舒张压水平也较高。对我国24万人群的资料分析显示,体质指数≥24者的高血压患病率是体质指数在24以下者的2.5倍,体质指数≥28者的高血压患病率是体质指数在24以下者的3.3倍。一些减轻体重的试验表明,经减重治疗后,收缩压和舒张压也随平均体重的下降而降低。

肥胖者的高血压患病率高,肥胖持续时间越长,发生高血压的危险性越大(特别是女性)。当通过控制饮食和加强运动使体重降低时,血容量、心排血量和交感神经活动下降,血压也随之降低。超重和肥胖引发高血压的机制可能与胰岛素抵抗代谢综合征有关。

表 10-2　肥胖者发生肥胖相关疾病或症状的相对危险度*

危险性显著增高 （相对危险度大于 3）	危险性中等增高 （相对危险度 2～3）	危险性稍增高 （相对危险度 1～2）
Ⅱ型糖尿病	冠心病	女性绝经后乳腺癌，子宫内膜癌
胆囊疾病	高血压	男性前列腺癌，结肠直肠癌
血脂异常	骨关节病	男性前列腺癌，结肠直肠癌
胰岛素抵抗	高尿酸血症和痛风	多囊卵巢综合征
气喘	脂肪肝	生育功能受损
睡眠中阻塞性呼吸暂停	背下部疼痛	麻醉并发症

注：* 相对危险度是指肥胖者发生上述肥胖相关病的患病率是正常体重者对该病患病率的倍数。

2. Ⅱ型糖尿病

体重超重、肥胖和腹部脂肪蓄积是Ⅱ型糖尿病发病的重要危险因素。肥胖持续的时间越长，发生Ⅱ型糖尿病的危险性越大。中心型脂肪分布比全身型脂肪分布的人患糖尿病的危险性更大。我国人群调查数据显示，体质指数≥24 者的Ⅱ型糖尿病的患病率为体质指数在 24 以下者的 2 倍，体质指数≥28 者的Ⅱ型糖尿病患病率为体质指数在 24 以下者的 3 倍。男性和女性腰围分别为≥85 cm 和≥80 cm 时，糖尿病的患病率分别为腰围正常者的 2～2.5 倍。另外，儿童青少年时期开始肥胖，18 岁后体重持续增加和腹部脂肪堆积者患Ⅱ型糖尿病的危险性更大。

由于肥胖患者的胰岛素受体数减少和受体缺陷，因而出现胰岛素抵抗和空腹胰岛素水平较高的现象，并对葡萄糖的转运、利用和蛋白质合成产生影响。

3. 血脂异常

根据我国人群调查数据，体质指数≥24 者的血脂异常（甘油三酯≥200 mg/100 mL）检出率为体质指数在 24 以下者的 2.5 倍，体质指数≥28 者的血脂异常检出率为体质指数在 24 以下者的 3 倍，腰围超标者高甘油三酯血症的检出率为腰围正常者的 2.5 倍。体质指数≥24 和≥28 者的高密度脂蛋白胆固醇降低（<35 mg/100 mL）的检出率分别为体质指数在 24 以下者的 1.8 倍和 2.1 倍。腰围超标者高密度脂蛋白胆固醇降低的检出率为腰围正常者的 1.8 倍。

4. 心血管疾病

流行病学研究显示，肥胖是心血管疾病发病和死亡的独立危险因素，体质指数与心血管疾病发生呈正相关。高血压，糖尿病和血脂异常都是冠心病和其他动脉粥样硬化性疾病的重要危险因素，而超重和肥胖导致这些危险因素聚集，大大促进了动脉粥样硬化的形成。腰围超标危险因素聚集者的患病率为腰围正常者的 2.1 倍，说明超重、肥胖是促进动脉粥样硬化的重要因素之一。

5. 脑卒中

我国脑卒中的发病率较高，人群前瞻性研究结果显示，肥胖者缺血型卒中发病的相对危险度为 2.2。脑动脉粥样硬化是缺血型卒中的病理基础，其发病危险因素与冠心病很相似，超重肥胖导致的危险因素聚集是导致缺血型卒中增高的原因之一。

6. 癌症

长期的流行病学研究显示，与内分泌有关的癌症，如乳腺癌、子宫内膜癌、卵巢癌、宫颈癌、前列腺癌，及某些消化系统癌症，如结肠直肠癌、胆囊癌、胰腺癌和肝癌的发病率与超重和肥胖存在正相关，但究竟是肥胖本身还是促进体重增长的膳食成分（如脂肪）与癌症的关系更为重要，尚须进一步研究。

7. 其他疾病

肥胖还与其他多种疾病有关，如睡眠呼吸暂停症、内分泌及代谢紊乱、胆囊疾病和脂肪肝、骨关节病和痛风等的发生都与肥胖有联系。

10.1.4.2　肥胖导致的社会和心理问题

从小就发胖的儿童容易产生自卑感，对各种社交活动产生畏惧而不愿积极参与，造成心理问题。青年人肥胖者往往容易受社会观点、新闻媒介宣传的影响，对自身的体形不满，总认为肥胖体型在社交中会受到排斥和歧视，在受到中、高等教育的年轻女性中尤其易受这种心理驱使，把"减肥"作为时尚。往往出现正常体重的人还在奋力减重的现象，甚至有人因此而产生厌食情绪。

暴饮暴食是肥胖患者中常见的一种心理病态行为,其主要特点是常常出现无法控制的食欲亢进,大多发生于傍晚或夜间,在夜里醒来后想吃东西。研究还发现,饮食习惯不良有时与肥胖患者的节食行为有关,如在上餐少吃或不吃后下餐大量进食的现象,结果摄入更多能量。还有人担心发胖,在大量进食美餐后自行引吐或用泻药,这些与肥胖相伴的心理变化都将影响身心健康。

10.1.5 肥胖的防治

肥胖不仅损害身心健康,降低生活质量,而且与慢性病发生息息相关,因此,必须对肥胖采取预防和治疗措施。肥胖的治疗应以限制和调配饮食为基础,但只限制饮食而不合并增加体力活动或不采取其他措施时,减重的程度和持续效果均不易达到满意的程度。建议采用中等降低能量的摄入并积极参加体力活动的方法,使体重逐渐缓慢地降低到目标水平。

10.1.5.1 营养防治

1. 控制总能量摄入

能量摄入大于消耗是肥胖的根本原因,因此,肥胖的营养防治措施首先就是要控制总能量摄入。大多数肥胖的个体,或需要预防体重进一步增加的个体,都需要调整其膳食以达到减少热量摄入的目的。控制能量的饮食一般可以分为以下4类:①对于轻度肥胖的成年人,按照比正常供给能量减少523~627 kJ的标准确定一天的能量摄入。②对于中度肥胖的成年人,按照比正常供给能量减少627~2 093 kJ的标准确定一天的能量摄入。③对于重度肥胖的成年人,按照比正常供给能量减少2 093~4 186 kJ的标准确定一天的能量摄入。④对于极度肥胖者,可以每天给予总摄入低于3 348 kJ的膳食,该饮食一般被称为极低热量饮食(very low calorie diet,VLCD)。极低热量饮食一般仅限于少数患者的短时间治疗,治疗期间可能需要进行密切的医学监护。

进行能量控制需要注意遵循循序渐进的原则,减少过多或过快对健康都不利,一般认为在6个月内体重降低5%~15%是比较合理的,对于重度肥胖者则可低至20%。采取能量控制措施,如果每天减少能量摄入2 511 kJ,则可能达到每周减轻体重0.5 kg。

2. 合理调整膳食结构

合理膳食包括改变膳食的结构和食量:①应避免吃油腻食物和吃过多零食,少食油炸食品,少吃盐;尽量减少吃点心和加餐,控制食欲,七分饱即可。②尽量采用煮、煨、炖、烤和微波加热的烹调方法,用少量油炒菜。③适当减少饮用含糖饮料,养成饮用白水和茶水的习惯。④进食应有规律,不暴饮暴食,不要一餐过饱,也不要漏餐。

合理的减重膳食应在膳食营养素平衡的基础上减少每日摄入的总热量,既要满足人体对营养素的需要,又要使热量的摄入低于机体的能量消耗,让身体中的一部分脂肪氧化以供机体能量消耗所需。平衡膳食中蛋白质、碳水化合物和脂肪提供的能量比分别占总能量的15%~20%、60%~65%和25%,减重膳食构成则在控制总能量的基础上,按低脂肪、低碳水化合物、高蛋白质进行调整,同时增加新鲜蔬菜和水果在膳食中的比重。脂肪摄入可选择富含单不饱和脂肪酸或多不饱和脂肪酸的油脂,限制摄入富含饱和脂肪的食物,含嘌呤高的内脏应加以限制。在蛋白质的选择上,适当注意选择一些富含优质蛋白质的食物。优质蛋白质含必需氨基酸较多,而且适量优质蛋白质可以与谷类等植物蛋白质的氨基酸起互补作用,提高植物蛋白质的营养价值。在能量负平衡时,摄入足够的蛋白质可以减少人体肌肉等瘦组织中的蛋白质被动作为能量而被消耗。在用低能量饮食时,为了避免因食物减少引起维生素和矿物质不足,应增加蔬菜、水果的摄入。蔬菜和水果的体积大而能量密度较低,又富含人体必需的维生素和矿物质,因此,以蔬菜和水果替代部分其他食物能给人以饱腹感而不致摄入过多能量。必要时可适量摄入维生素A、维生素B₂、维生素B₆、维生素C和锌、铁、钙等微量营养素补充剂或混合营养素补充剂。增加膳食纤维的摄入,除水果、蔬菜外,也要摄入富含膳食纤维的粗粮,使膳食纤维的供给量达到25~30 g。此外,补充某些植物化学物如异黄酮、皂苷等也可以作为减肥的辅助手段。

10.1.5.2 加强体力活动和锻炼

增加体力活动与适当控制膳食总能量和减少饱和脂肪酸摄入量相结合,促进能量负平衡,是世界公认的减重良方,即使在用药物减肥情况下,两者仍是不可缺少的主要措施。提倡采用有氧活动或运动,如走路、骑车、爬山、打球、慢跑、跳舞、游泳、划船、滑冰、滑雪及舞蹈等。由于中等或低强度运动可持续的时间长,运动中主要靠燃烧体内脂肪提供能量,因此没有必要以剧烈运动来减肥。建议每周增加有氧运动 150 min 以上(每天 30～60 min 中等强度的运动),如果每周达到 200～300 min 的高水平运动则更有利于减重及防止减重后的体重反弹。

每天安排体力活动的量和时间应按减重目标计算,对于需要消耗的能量,一般考虑采用增加体力活动与限制饮食相结合的方法,其中 50%(40%～60%)应该由增加体力活动的能量消耗来解决,其他 50% 可由减少饮食总能量和减少脂肪的摄入量来达到。

药物疗法也是治疗肥胖的措施,但需要在医生的指导下进行。目前,国外常用西药治疗肥胖,而国内倾向于中药减肥。

总体而言,一般减重的速度以每周减重 0.5～1.0 kg 为宜。

10.2 营养与心血管疾病

心血管疾病(cardiovascular disease,CVD)是一组以心脏和血管异常为主的循环系统疾病,包括高血压、冠心病、周围血管疾病、心力衰竭、风湿性心脏病、先天性心脏病、心肌病等。心血管病是全球范围内造成死亡的最主要原因,2012 年约有 1 750 万人死于心血管疾病,占全球死亡总数的 31%。在这些死者中,约 740 万人死于冠心病,670 万人死于中风。3/4 以上的心血管疾病死亡发生在低收入和中等收入国家。

大量的流行病学资料提示,生活方式是心血管疾病发病和死亡的决定因素,而膳食模式又是生活方式中的一个重要环节。由于冠心病和高血压等疾病与膳食密切相关,合理的膳食已成为防治这些疾病的重要措施。一些国家通过行为干预,如改变生活方式和膳食模式,大大降低了心血管疾病的发病率。而我国自 20 世纪 90 年代后期以来,由于居民膳食中存在营养过剩和营养不平衡,心血管疾病发病率有明显增高的趋势。根据《中国心血管病报告 2017》,推算心血管疾病现患人数为 2.9 亿人,其中,脑卒中为 1 300 万人,冠心病为 1 100 万人,肺源性心脏病为 500 万人,心力衰竭为 450 万人,风湿性心脏病为 250 万人,先天性心脏病为 200 万人,高血压为 2.7 亿人。心血管疾病死亡占我国居民疾病死亡构成 40% 以上,高于肿瘤及其他疾病。因此,改善居民膳食结构将是我们预防和控制心血管疾病的重要措施。

10.2.1 营养与高血压

高血压(hypertension)是一种以动脉血压升高为主要表现的心血管疾病,在世界各国,无论是发达国家还是发展中国家,高血压都是一种常见的疾病。高血压除本身的直接危害外,常造成心、脑、肾和视网膜等器官功能性或器质性改变。但高血压又是一种可以防治的疾病,积极有效地预防和控制高血压,可有效预防与遏制心血管疾病的流行。

高血压可分为原发性高血压和继发性高血压。原发性高血压是指病因尚未完全阐明的一类高血压,占高血压的 95% 以上;继发性高血压病因明确,血压升高只是某些疾病的一种表现,这些疾病中肾脏疾病又占 70% 以上。近 10 年来,我国虽然在高血压人群防治上做了大量积极的工作,但人群高血压患病率依然呈上升趋势。中国高血压调查最新数据显示,2012—2015 年我国 18 岁及以上居民高血压患病粗率为 27.9%(标化率 23.2%),高血压患病率随年龄增高而上升,男性高于女性,北方高于南方,农村高血压患病率增长速度较城市快。因此,如何及时控制和降低高血压发病率,将是我国慢性病预防控制工作中面临的一项艰巨任务。

根据《中国高血压防治指南》(2018),目前,我国按正常血压[收缩压(SBP)＜120 mmHg 和舒张压(DBP)＜80 mmHg]、正常高值[SBP 为 120～139 mmHg 和(或)DBP 为 80～89 mmHg]和高血压[SBP ≥140 和(或)DBP ≥90 mmHg]进行血压水平分类。以上分类适用于 18 岁以上任何年龄的成年人。因此,高血压被定义为:在未使用降压药物的情况下,非同一天 3 次测量诊室血压,SBP ≥140 和(或)DBP ≥90 mmHg。血压水平的定义和分类详见表 10-3。

表 10-3　血压水平的定义和分类　　mmHg

类别	SBP	DBP
正常	＜120 和	＜80
正常高值	120～139 和(或)	80～89
高血压	≥140～159 和(或)	≥90
1 级高血压(轻度)	140～159 和(或)	90～99
2 级高血压(中度)	160～179 和(或)	100～109
3 级高血压(重度)	≥180 和(或)	≥110
单纯收缩性高血压	≥140 和(或)	＜90

注:当 SBP 与 DBP 分属不同的级别时,则以较高的分级为准。

10.2.1.1　饮食营养与高血压

高血压是由多基因遗传和环境多种危险因素相互作用所致的全身性疾病。在环境因素中,超重和肥胖、膳食中高盐、中度以上饮酒是国际公认的高血压发病危险因素,我国流行病学研究也证实这三大因素与高血压发病显著相关。另外吸烟、社会心理因素,如长时间的精神紧张以及患者的性格特征、职业、经济条件等对高血压的发生也有重要影响。

1.超重和肥胖

60%以上的高血压病人伴有肥胖或超重,超重和肥胖是高血压的重要危险因素,特别是向心性肥胖则是高血压的重要指标。体质指数与血压呈明显的正相关,即使在体质指数正常的人群中,血压水平也随体质指数的增加而增高。我国 24 万成人数据汇总分析表明,体质指数$\geqslant$24 kg/m^2 者患高血压的危险是体重正常者的 3～4 倍。

减轻体重已成为降血压的重要措施,体重减轻 9.2 kg 可引起收缩压降低 6.3 mmHg,舒张压降低 3.1 mmHg。肥胖导致高血压的机制可能与肥胖引起高血脂、脂肪组织增加导致心排血量增加、交感神经活动增加以及胰岛素抵抗增加等有关。

2.盐(氯化钠)

食盐摄入与高血压显著呈正相关。食盐摄入高的地区,高血压发病率也高,限制食盐摄入可降低高血压发病率。食盐量与高血压的正相关不仅体现在成年人,而且也发生在儿童和青少年人群,甚至出生后 5 周高盐摄入与青少年的高血压也呈正相关。我国人群流行病学研究表明,人群膳食中如平均每人每天摄入食盐增加 2 g,则收缩压和舒张压均值分别增高 2.0 mmHg 及 1.2 mmHg。盐引起高血压不仅与阳离子钠有关,而且与阴离子氯也有关,用其他阴离子替代阴离子氯的钠盐并不引起血压的升高。非氯离子的钠盐不引起血压升高可能与它们不能增加血容量有关。一般来说,膳食中的钠盐指的是氯化钠。血压对食盐的反应受膳食中某些成分的影响,如钾或钙的含量低于推荐摄入量的膳食可增加血压对高食盐的反应;相反,高钾或高钙的膳食可阻止或减轻高食盐诱导的高血压反应。

3.钾盐

膳食钾有降低血压的作用,在高钠引起的高血压患者,补充膳食钾降血压效果更为明显。这可能与钾促进尿钠排泄、抑制肾素释放、舒张血管、减少血栓素的产生等作用有关。

4.钙

膳食中钙摄入不足可使血压升高,膳食中增加钙可引起血压降低。美国全国健康与膳食调查结果显示,每天钙的摄入量低于 300 mg 者与摄入量为 1 200 mg 者相比,高血压危险性增加 2～3 倍。一般认为膳食中每天钙的摄入少于 600 mg 就有可能导致血压升高。钙能促进钠从尿中排泄可能是其降血压作用的机制之一。

5.镁

镁与血压的关系研究较少。一般认为,低镁与血压升高有关,而摄入含镁高的膳食可以降低血压。镁能降低血压的可能机制包括:降低血管的紧张性和收缩性,减少细胞钙的摄取而致细胞质内钙降低;促血管舒张作用。

6.脂类

增加多不饱和脂肪酸的摄入和减少饱和脂肪酸的摄入都有利于降低血压。临床研究发现,每天摄入鱼油 4.8 g 可降低血压 3.0～1.5 mmHg。近年来 n-3 多不饱和脂肪酸的降压作用受到较多关注,而 n-6 多不饱和脂肪酸是否具有降压作用尚有较多的争议。

7.蛋白质

我国人群研究表明,人群平均每人每天摄入的动物蛋白质热量百分比增加 1 个百分点,收缩压及舒张压均值分别降低 0.9 mmHg 及 0.7 mmHg。此外,一些研究报道某些氨基酸与血压有关,如给予色氨酸和酪氨酸可引起血压降低,含硫氨基酸的代谢中间产物牛磺酸对原发性高血压和高血压患者均有降压作用。

8.碳水化合物

在动物实验研究中发现葡萄糖、蔗糖和果糖等简单碳水化合物可升高血压,但在人群中尚缺乏不同碳水化合物对血压调节作用的资料。

9.酒精

流行病学研究发现,男性持续饮酒者比不饮酒者 4 年内高血压发生危险增加 40%。但不同量的酒精摄入对血压的影响表现不一样,如少量饮酒(相当于 14～28 g 酒精)者的血压比绝对禁酒者还要低,但每天超过 42g 酒精者的血压则显著升高。这一现象提示少量的酒精具有舒张血管作用,而大量酒精具有收缩血管作用。

10.2.1.2 高血压的营养防治

1. 控制体重、增加运动

由于超重、肥胖与血压升高密切相关,因此通过限制能量摄入使体重控制在正常范围内,就可以降低血压升高的风险。研究发现,控制体重可使高血压的发生率减低 28%～40%。控制并维持体重正常的措施包括两个方面:一是限制能量的摄入,二是增加能量的消耗即增加体力活动。在限制能量的同时,要注意营养平衡和三餐热能的合理分配。

运动可以改善血压水平,有氧运动平均降低 SBP 3.84 mmHg,DBP 2.58 mmHg。因此建议非高血压人群(为降低高血压发病风险)或高血压患者(为了降低血压),除了日常活动外,每周 4～7 d,每天累计进行 30～60 min 的中等强度运动,如步行、慢跑、骑自行车、游泳等。以有氧运动为主,无氧运动作为补充。

2. 限制食盐摄入

限制食盐后不仅血压降低,还可改善症状,并且可以减少对降压药的需求,建议正常人每天食盐摄入量在 6 g 以内。我国高血压防治指南(2018)提出,控制钠盐摄入量的主要措施包括:①减少烹调用盐及含钠高的调味品(包括味精、酱油);②避免或减少含钠盐量较高的加工食品,如咸菜、火腿、各类炒货和腌制品;③建议在烹调时尽可能使用定量盐勺,以起到警示的作用。

3. 增加钾的摄入

钾具有对抗钠的作用,钾摄入水平提高,能增加钠的排除。《我国高血压防治指南》(2018)建议增加膳食钾摄入量的主要措施包括:①增加富钾食物(如新鲜蔬菜、水果和豆类)的摄入量;②肾功能良好者可选择"低钠富钾替代盐"。不建议服用钾补充剂(包括药物)来降低血压。肾功能不全者补钾前应咨询医生。

4. 增加钙和镁的摄入

研究发现,某些原发性高血压患者饮食钙摄入量较正常人低,对这些患者长期补充钙可使血压降低,并能对抗高盐所致的升压效应。因此,高血压患者应多摄入含钙高的食品,如牛奶、豆类等。由于提高镁摄入有助于降血压,建议多摄入富镁的食品,如各种干豆、鲜豆、蘑菇、桂圆、豆芽等。

5. 脂肪摄入的限制

高血压患者一方面应限制膳食脂肪的摄入量,使其控制在总能量的 25% 或更低,另一方面要使膳食脂肪酸保持良好的比例,即饱和脂肪酸、单不饱和脂肪酸和多不饱和脂肪酸的比例应为 1∶1∶1。

6. 补充适量优质蛋白

改善动物性食物结构,减少含脂肪高的猪肉,增加含蛋白质较高而脂肪较少的禽类及鱼类。蛋白质占总热量 15% 左右,动物蛋白占总蛋白质 20%。

7. 限制饮酒

建议男性酒精摄入量不超过 25 g/d,女性不超过 15 g/d。白酒、葡萄酒、啤酒每日摄入量分别小于 50 mL、100 mL、300 mL。如果按周计,则每周酒精摄入量男性不超过 140 g,女性不超过 80 g。不提倡饮高度烈性酒。世界卫生组织对酒的新建议是酒,越少越好。因饮酒可增加服用降压药物的抗性,因此必要时高血压患者应戒酒。

10.2.2 营养与血脂异常

10.2.2.1 概述

1. 血脂和血浆脂蛋白

血脂是血浆中的胆固醇、甘油三酯(TG)以及类脂如磷脂等的总称。甘油三酯和胆固醇不能直接在血液中转运,也不能直接进入组织细胞,必须与特殊的蛋白质和极性类脂一起组成脂蛋白,才能在血液中运输,并进入组织细胞。脂蛋白主要由胆固醇、甘油三酯、磷脂和蛋白质组成。

血浆脂蛋白分为五大类,分别是乳糜微粒(CM)、极低密度脂蛋白(VLDL)、中密度脂蛋白(IDL)、低密度脂蛋白(LDL)及高密度脂蛋白(HDL)。此外,还有一种脂蛋白称为脂蛋白(a)[Lp-(a)]。各类脂蛋白的物理特性、主要成分、来源和功能见表 10-4。

2. 血脂合适水平和异常切点

血脂异常的主要危害是增加动脉粥样硬化性心血管疾病(ASCVD)的发病危险。为指导我国血脂异常的防治工作,中华医学会心血管病学分会、糖尿病学分会、内分泌学分会、检验分会和卫生部心血管病防治中心血脂异常防治委员会共同起草了《中国成人血脂异常防治指南》,并于 2007 年正式公布,2016 年进行了修订。《中国成人血脂异常防治指南》(2016 修订版)基于中国人群血脂水平与动脉粥样硬化性心血管疾病发病的长期队列研究数据,同时参考国际数据与指南,提出了"血脂合适水平及异常切

点"的建议,并首次提出了"血脂理想水平"这一概念。需要强调的是,这些血脂合适水平和异常切点

主要适用于动脉粥样硬化性心血管疾病一级预防的目标人群(表10-5)。

表10-4 血浆脂蛋白特性和功能

种类	CM	VLDL	IDL	LDL	HDL	Lp(a)
水合密度/(g/mL)	<0.950	0.95~1.006	1.006~1.019	1.019~1.063	1.063~1.210	1.055~1.085
颗粒直径	80~500	30~80	27~30	20~27	8~10	26
合成部位	小肠	肝脏	VLDL中TG经脂酶水解后形成	VLDL和IDL中TG经脂酶水解后形成	主要是肝脏和小肠合成	在肝脏载脂蛋白(a)通过二硫键与LDL形成的复合物
功能	将食物中的TG和胆固醇从小肠转运至其他组织	转运内源性TG至外周组织,经脂酶水解后释放游离脂肪酸	LDL-前体,部分经肝脏代谢	胆固醇的主要载体,经LDL受体介导而被外周组织摄取和利用,与ASCVD直接相关	促进胆固醇从外周组织移去,转运胆固醇至肝脏或其他组织再分布,HDL-C与ASCVD负相关	可能与ASCVD相关
主要成分	TG	TG	TG、胆固醇	胆固醇	磷脂,胆固醇	胆固醇
主要载脂蛋白	B-48、A-Ⅰ、A-Ⅱ	B-100、E、Cs	B-100、E	B-100	A-Ⅰ、A-Ⅱ、Cs	B-100、(a)

注:CM为乳糜微粒;VLDL为极低密度脂蛋白;IDL为中间密度脂蛋白;LDL为低密度脂蛋白;HDL为高密度脂蛋白;Lp(a)为脂蛋白(a);TG为甘油三酯;ASCVD为动脉粥样硬化性心血管病;HDL-C为高密度脂蛋白胆固醇。

表10-5 中国动脉粥样硬化性心血管疾病一级预防人群血脂合适水平和异常分层标准

mmol/L(mg/dL)

分层	TC	LDL-C	HDL-C	非-HDL-C	TG
理想水平		<2.6(100)		<3.4(130)	
合适水平	<5.2(200)	<3.4(130)		<4.1(160)	<1.7(150)
边缘升高	≥5.2(200)且<6.2(240)	≥3.4(130)且<4.1(160)		≥4.1(160)且<4.9(190)	≥1.7(150)且<2.3(200)
升高	≥6.2(240)	≥4.1(160)		≥4.9(190)	≥2.3(200)
降低			<1.0(40)		

注:TC为总胆固醇;LDL-C为低密度脂蛋白胆固醇;HDL-C为高密度脂蛋白胆固醇;非-HDL-C为非高密度脂蛋白胆固醇;TG为甘油三酯。

3. 血脂异常的概念及分类

血脂异常通常指血清中胆固醇和(或)甘油三酯水平升高,俗称高脂血症(hyperlipidemia),实际上,血脂异常也泛指包括低HDL-C血症在内的各种血脂异常。血脂异常与很多疾病相关,如高血压、冠心病、中风、糖尿病等。因此,血脂异常已经成为不容忽视的危害人类健康的重要因素。

(1)血脂异常病因分类 高脂血症可分为原发

性高脂血症和继发性高脂血症。

①继发性高脂血症。继发性高脂血症是指由于其他疾病所引起的血脂异常。可引起血脂异常的疾病主要有肥胖、糖尿病、肾病综合征、甲状腺功能减退症、肾功能衰竭、肝脏疾病、系统性红斑狼疮、糖原累积症、骨髓瘤、脂肪萎缩症、急性卟啉病、多囊卵巢综合征等。此外,某些药物如利尿剂、非心脏选择性β-受体阻滞剂、糖皮质激素等也可能引起继发性血脂

异常。

②原发性高脂血症。除了不良生活方式(如高能量、高脂和高糖饮食、过度饮酒等)与血脂异常有关,大部分原发性高脂血症是由于单一基因或多个基因突变所致。由于基因突变所致的高脂血症多具有家族聚集性,有明显的遗传倾向,特别是单一基因突变者,故在临床上通常被称为家族性高脂血症。

(2)血脂异常临床分类　从实用角度出发,血脂异常可进行简易的临床分类,见表10-6。

表 10-6　血脂异常的临床分类

临床分类	TC	TG	HDL-C	相当于 WHO 表型
高胆固醇血症	增高			Ⅱa
高 TG 血症		增高		Ⅳ、Ⅰ
混合型高脂血症	增高	增高		Ⅱb、Ⅲ、Ⅳ、Ⅴ
低 HDL-C 血症			降低	

注:TC 为总胆固醇;TG 为甘油三酯;HDL-C 为高密度脂蛋白胆固醇;WHO 为世界卫生组织。

中国人群血脂水平和血脂异常患病率虽然尚低于多数西方国家,但随着社会经济的发展,人们生活水平的提高以及生活方式的变化,人群平均的血清总胆固醇水平正逐步升高。而且,与血脂异常密切相关的疾病如糖尿病和代谢综合征在我国也十分常见。我国的流行病学前瞻性研究已经证明,血脂异常是中国人群缺血性心血管疾病发病的独立危险因素。因此,对高脂血症的防治必须予以重视。

10.2.2.2　饮食营养与血脂异常

大量的流行病学研究资料都证实了饮食营养成分与血脂水平密切相关,如能量、脂肪摄入量和摄入种类、碳水化合物、膳食纤维、微量元素等。

1. 能量

当人体能量摄入与能量消耗平衡时,体重可维持恒定。如果长期摄入过多的能量,将导致肥胖和在体内贮存大量脂类物质,进而引起胆固醇升高。

2. 脂肪

流行病学调查证实,人群血清的总胆固醇均值分别与其膳食总脂肪和饱和脂肪酸所占能量的比例呈显著正相关。我国调查资料也显示,当膳食脂肪提供的能量增加 5% 时,人群平均血胆固醇水平升高 10%。不同类型的脂肪酸对血脂的影响亦不同。

(1)饱和脂肪酸(SFA)　饱和脂肪酸可以显著升高血浆的总胆固醇和低密度脂蛋白胆固醇的水平,但是这种影响作用随碳链长度而不同。碳原子数 <12 或 ≥18 的饱和脂肪酸对血清总胆固醇无影响,而碳原子为 12~16 的饱和脂肪酸可明显升高血清总胆固醇、低密度脂蛋白胆固醇水平,含 18 个碳的硬脂酸(C_{18}:0)不升高血清总胆固醇、低密度脂蛋白胆固醇。

(2)单不饱和脂肪酸(MUFA)　动物实验和人群调查均证实单不饱和脂肪酸有降低血清总胆固醇、甘油三酯和低密度脂蛋白胆固醇水平的作用,同时可升高血清高密度脂蛋白胆固醇。油酸(C_{18}:1)是膳食中的主要单不饱和脂肪酸,橄榄油中油酸含量非常高(达 84%)。调查发现,地中海地区人群心血管疾病发病率较低,其血清总胆固醇水平也低,可能与其摄入较多橄榄油有关。

(3)多不饱和脂肪酸(PUFA)　n-6 的亚油酸和 n-3 的 α-亚麻酸以及长链的二十碳五烯酸和 DHA 都属于多不饱和脂肪酸。研究表明,用亚油酸和亚麻酸替代膳食中饱和脂肪酸,可使血清中总胆固醇、低密度脂蛋白胆固醇水平显著降低,并且不会升高甘油三酯。研究还发现,n-3 和 n-6 的多不饱和脂肪酸没有升高高密度脂蛋白胆固醇的作用,且 n-6 的多不饱和脂肪酸反而会降低高密度脂蛋白胆固醇水平。

(4)反式脂肪酸(TFA)　反式脂肪酸是油脂氢化过程中产生的,但反刍动物肉中的脂肪和乳脂也存在部分天然反式脂肪酸。大量的流行病学调查和人群干预研究证明,反式脂肪酸特别是反式单不饱和脂肪酸具有升高总胆固醇和低密度脂蛋白胆固醇水平的作用。研究还发现,反式脂肪酸还会降低血清高密度脂蛋白胆固醇的浓度、增加血清甘油三酯浓度、升高低密度脂蛋白/高密度脂蛋白比值,而且每增加 2% 总能量的反式脂肪酸,低密度脂蛋白胆固醇和高密度脂蛋白胆固醇的比值增加 0.1,而在同样条件下的饱和脂肪酸仅增加 0.04,结果提示,相对于饱和脂肪酸而言,反式脂肪酸对血脂的不良影响或许更大。

3.碳水化合物

摄入大量碳水化合物,将使葡糖糖代谢增强,细胞内三磷酸腺苷增加,从而促进脂肪合成。研究发现,过多摄入碳水化合物,特别是高能量密度、缺乏纤维素的双糖或单糖类,可使血清极低密度脂蛋白胆固醇、甘油三酯、总胆固醇、低密度脂蛋白胆固醇水平升高。高碳水化合物还可引起血清高密度脂蛋白胆固醇水平下降。而膳食纤维具有调节血脂的作用,能降低血清总胆固醇、低密度脂蛋白胆固醇水平。其中,可溶性膳食纤维比不溶性膳食纤维的作用更强。

4.微量元素

动物实验发现,缺钙可引起血清总胆固醇和甘油三酯升高,补钙后则使血脂恢复正常。锌对血脂也有影响,血清锌含量与总胆固醇、低密度脂蛋白胆固醇呈负相关,而与高密度脂蛋白胆固醇呈正相关。铬是葡萄糖耐量因子的组成成分,研究表明,血清铬与高密度脂蛋白胆固醇水平呈明显正相关。铬缺乏时,可出现血清总胆固醇浓度增高,高密度脂蛋白胆固醇浓度下降;补充铬后,血清高密度脂蛋白胆固醇水平上升,总胆固醇和甘油三酯水平降低。镁具有降低胆固醇、降低冠状动脉张力、增加冠状动脉血流量等功能,因而对心血管系统有保护作用。

5.维生素

维生素 C 能通过促进胆固醇降解、转变为胆汁酸而降低血清总胆固醇水平,通过增加脂蛋白脂酶活性,加速血清极低密度脂蛋白胆固醇、甘油三酯降解。同时,维生素 C 的抗氧化作用可以防止脂质的过氧化反应。维生素 E 也是抗氧化剂,同样能抑制细胞膜脂质的过氧化,并能增加低密度脂蛋白胆固醇的抗氧化能力,减少氧化型低密度脂蛋白胆固醇的产生。维生素 E 还能影响胆固醇分解代谢中的酶的活性,促进胆固醇的转运和排泄,从而对血脂水平发挥调节作用。

10. 2. 2. 3　高脂血症的饮食治疗

血脂异常与饮食和生活方式有密切关系,饮食治疗和改善生活方式是血脂异常治疗的基础措施。无论是否选择药物调脂治疗,都必须坚持控制饮食和改善生活方式。良好的生活方式包括坚持心脏健康饮食、规律运动、远离烟草和保持理想体重。生活方式干预是一种最佳成本/效益比和风险/获益比的治疗措施。

饮食与非药物治疗者,开始 3～6 个月应复查血脂水平,如血脂控制达到建议目标,则继续非药物治疗,但仍须每 6 个月至 1 年复查,长期达标者可每年复查 1 次。服用调脂药物者,需要进行更严密的血脂监测。治疗性生活方式改变(therapeutic lifestyle change,TLC)和调脂药物治疗必须长期坚持,才能获得良好的临床益处。生活方式改变基本要素见表10-7。

表 10-7　生活方式改变的基本要素

要素	建议
限制使 LDL-C 升高的膳食成分	
饱和脂肪酸	<总能量的 7%
膳食胆固醇	< 300 mg/d
增加降低 LDL-C 的膳食成分	
植物固醇	2～3 g/d
水溶性膳食纤维	10～25 g/d
总能量	调节到能够保持理想体重或减轻体重
身体活动	保持中等强度锻炼,每天至少消耗 837 kJ 的热量

注:LDL-C 为低密度脂蛋白胆固醇。

1.治疗性生活方式改变的主要内容

①减少饱和脂肪酸和胆固醇摄入。

②选择能够降低低密度脂蛋白胆固醇的食物(如植物甾醇、可溶性纤维)。

③控制体重。

④增加身体活动。

⑤采取针对其他心血管病危险因素的措施,如戒烟、限酒等。

2.治疗性生活方式改变实施方案

(1)饮食控制　在满足每天必需营养和总能量需要的基础上,当摄入饱和脂肪酸和反式脂肪酸的总量超过规定上限时,应该用不饱和脂肪酸来替代。建议每天摄入胆固醇<300 mg,尤其是动脉粥性硬化性心血管疾病等高危患者,摄入脂肪不应超过总能量的20%～30%。一般人群摄入饱和脂肪酸应小于总能量的10%;而高胆固醇血症者饱和脂肪酸摄入量应小于总能量的7%,反式脂肪酸摄入量应小于总能量的1%。高甘油三酯血症者更应尽可能减少每天摄入脂肪总量,每天烹调油应少于30 g。脂肪

摄入应优先选择富含 n-3 多不饱和脂肪酸的食物（如深海鱼、鱼油、植物油）。

建议每天摄入碳水化合物占总能量的 $50\% \sim 65\%$。选择使用富含膳食纤维和低升糖指数的碳水化合物替代饱和脂肪酸，每天饮食应包含 $25 \sim 40$ g 膳食纤维（其中 $7 \sim 13$ g 为水溶性膳食纤维）。碳水化合物摄入以谷类、薯类和全谷物为主，其中添加糖摄入不应超过总能量的 10%（对于肥胖和高甘油三酯血症者要求比例更低）。食物添加剂，如植物固醇/烷醇（$2 \sim 3$ g/d），水溶性/黏性膳食纤维（$10 \sim 25$ g/d)有利于血脂控制，但应长期监测其安全性。

（2）控制体重　肥胖是血脂代谢异常的重要危险因素。血脂代谢紊乱的超重或肥胖者的能量摄入应低于身体能量消耗，以控制体重增长，并争取逐渐减少体重至理想状态。减少每天食物总能量（每天减少 $1\,255 \sim 2\,093$ kJ），改善饮食结构，增加身体活动，可使超重和肥胖者体重减少 10% 以上。维持健康体重（体质指数为 $20.0 \sim 23.9$ kg/m^2），有利于血脂控制。

（3）身体活动　建议每周 $5 \sim 7$ d、每次 30 min 中等强度代谢运动。对于动脉粥样硬化性心血管病患者应先进行运动负荷试验，充分评估其安全性后，再进行身体活动。

（4）戒烟　完全戒烟和有效避免吸入二手烟，有利于预防动脉粥样硬化性心血管病，并升高高密度脂蛋白胆固醇水平。可以选择戒烟门诊、戒烟热线咨询以及药物来协助戒烟。

（5）限制饮酒　中等量饮酒（男性每天 $20 \sim 30$ g 乙醇，女性每天 $10 \sim 20$ g 乙醇）能升高高密度脂蛋白胆固醇水平。但即使少量饮酒也可使高甘油三酯血症患者甘油三酯水平进一步升高。饮酒对于心血管事件的影响尚无确切证据，提倡限制饮酒。

10.2.3　营养与冠心病

冠心病（coronary heart disease, CHD）是因冠状动脉粥样硬化，心肌血液供应发生障碍引起的心脏病，全称为冠状动脉粥样硬化性心脏病，有时也称缺血性心脏病或冠状动脉病。

向心脏提供氧气和营养物质的血管称为冠状动脉。心脏血管内壁的脂质沉积，造成血管狭窄和弹性减低，即为动脉硬化或动脉粥样硬化。硬化的血管更容易被血凝块阻塞。一旦这种情况发生，心脏供血就不能保证，从而造成损害。当血管突然发生

阻塞时称为冠心病急性发作。如果仅为部分阻塞，心脏的血流会减少，可以引起胸痛，称为心绞痛。它可能不会对心肌造成永久的损害，但却是严重冠心病发作的警报。

脂肪沉积主要有 3 个原因，而这些因素都是可以控制的：①吸烟和使用其他烟草；②不健康的饮食；③不经常参加体力活动。

与工业发达国家相比，我国冠心病发病与死亡率较低，但流行病学研究表明，我国的冠心病发病率呈上升趋势，并且是我国居民死因构成中上升最快的疾病。冠心病多发生在 40 岁以后，男性多于女性，脑力劳动者多于体力劳动者，城市多于农村。此外，随着生活方式的改变，近年来我国冠心病发病率还出现年轻化趋势。因此，现阶段应加强我国人群冠心病防治工作，努力提高公众的健康和防病意识。

10.2.3.1　饮食营养与冠心病

1. 热能

进食过多（热量过多），又没有充足的活动去消耗掉这些热量，体重就会增加，逐渐变成超重甚至肥胖。超重可导致糖尿病，高血压和高血脂，所有这些因素都会增加冠心病发作的危险。如果肥胖者的腰部和腹部有大量脂肪，他们的危险性尤其高。

2. 脂类

"7 国研究"首次指出，饱和脂肪酸摄入和冠心病死亡率呈正相关，而不饱和脂肪酸摄入与冠心病间则呈负相关。之后的研究也证实了这种相关性。大量研究证实，低密度脂蛋白胆固醇与动脉粥样硬化（As）的进展显著相关。脂蛋白（a）［Lp（a）]水平升高可增加冠心病的风险，可导致年轻且无其他危险因素的个体发生冠心病，并且是独立危险因素。研究还发现，心肌梗死＜50 岁者其血浆脂蛋白（a）水平显著高于无冠心病家族史者；＜45 岁患者中脂蛋白（a）水平显著增高，并与冠状动脉斑块发展呈正相关；提示脂蛋白（a）也是早发冠心病的重要危险因素，且脂蛋白（a）水平越高，发生冠心病越早。载脂蛋白（B）在肝脏中合成，它是低密度脂蛋白、极低密度脂蛋白、中间密度脂蛋白的重要组成部分及功能单位，也是冠心病的独立风险因素。

过多的脂肪、糖或盐，不健康的饮食常包含进食过多富含脂肪和糖的"快餐"以及摄入含糖的软饮料。快餐中含盐量也很高，可使血压增高。

3. 碳水化合物

碳水化合物过多可导致肥胖，而肥胖是高脂血症

的危险因素。肝脏能利用游离脂肪酸和碳水化合物合成极低密度脂蛋白,故碳水化合物摄入过多,同样使甘油三酯增高。研究发现,蔗糖消耗量与冠心病发病率和死亡率的关系比脂肪消耗重要;碳水化合物的数量与种类与冠心病发病率有关,果糖对甘油三酯的影响比蔗糖大,其次为葡萄糖,淀粉更次之。

4.蛋白质

动物蛋白质摄入越多,动脉粥样硬化形成所需要的时间越短,且病变越严重。植物蛋白尤其是大豆蛋白有降低胆固醇和预防动脉粥样硬化的作用。

5.维生素和矿物质

一些维生素如维生素 C、维生素 E、维生素 B_6、烟酸等对动脉壁和心脏代谢有利,因此有预防或改善动脉粥样硬化的作用。矿物质对高脂血症及冠心病的发生有一定的影响,如钙、镁、铜、铁、铬、钾、碘、氟对心血管有抑制作用,缺乏时可使心脏功能和心肌代谢异常;补充铬可提高 HDL 浓度、降低血清胆固醇含量;锌铜比值高时,血清胆固醇也增高,冠心病发病率高的国家锌铜比值也高;铅、镉对心血管疾病的发病有促进作用。

10.2.3.2 冠心病的饮食预防

1."吃 5 份"——每天吃 5 份水果和蔬菜

水果和蔬菜中含有防止发生冠心病发作和脑卒中的物质,这些物质能够保护血管、心脏和脑组织。每天至少吃 5 份新鲜水果或者蔬菜(每天 400～500 g)。一份水果相当于一个中等大小的香蕉、苹果、橘子或者杧果。一份蔬菜相当于两汤匙烹调过的蔬菜,或者一个大西红柿。

2.避免摄取过多的盐和咸的食物

很多罐头食品,如腌渍品和咸鱼,含有大量的盐。除此之外,快餐食品,如炸薯条,通常添加大量的盐以及速冻食品等半成品,也含有很多盐,尽量不往食物里加盐。《中国居民膳食指南》建议,每天摄入的盐少于一茶匙(5 g)。

3.纤维素

纤维素能预防冠心病发作和脑卒中。豆类、小扁豆、豌豆、燕麦、水果和蔬菜中含有较多的纤维素。

4.一周最少吃两次鱼

鱼油中含有好的脂肪 ω-3 脂肪酸,如二十碳五烯酸(EPA)和二十二碳六烯酸(DHA)。这些物质可以预防血栓的形成,从而保护人们防止冠心病的发作和脑卒中的发生。补充鱼油也非常好。

5.控制饮酒量

男性每天喝酒不要超过两杯,女性不要超过一杯。一杯酒里含有大约 10 g 酒精,相当于 250 mL 的啤酒、一杯 100 mL 的葡萄酒或者 25 mL 的威士忌中的酒精含量。

6.限制脂肪食物

所有的脂肪都是高热量的,会增加体重,除非坚持运动消耗掉这些热量。某些脂肪更容易增加冠心病发作和脑卒中的危险。

10.3 营养与糖尿病

糖尿病(diabetes mellitus,DM)是一组由于胰岛素分泌及(或)作用缺陷引起的以血糖增高为特征的代谢性疾病。根据病因学证据,糖尿病分为 4 大类:① I 型糖尿病。I 型糖尿病病因和发病机制尚不清楚,其显著的病理学和病理生理学特征是胰岛 β 细胞数量显著减少和消失所导致的胰岛素分泌显著下降或缺失。② II 型糖尿病。II 型糖尿病的病因和发病机制目前亦不明确,其显著的病理生理学特征为胰岛素调控葡萄糖代谢能力的下降(胰岛素抵抗)伴随胰岛 β 细胞功能缺陷所导致的胰岛素分泌减少(或相对减少)。③妊娠期糖尿病(GDM)。妊娠期糖尿病是指妊娠期间发生的不同程度的糖代谢异常,但血糖未达到显性糖尿病的水平,占孕期糖尿病的 80%～90%。④其他特殊类型糖尿病。由某些内分泌病、胰腺疾病、感染、药物及化学制剂引起的糖尿病。世界各地的糖尿病患者中有 90% 为 II 型糖尿病,其发病原因主要是因为体重过重和缺乏身体活动所致。

目前,全世界糖尿病的患病率都在增加,我国的糖尿病患病率也呈逐年增加趋势。1980 年,全国流行病学调查显示糖尿病患病率为 0.67%;2002 年,全国居民营养与健康现状显示:我国 18 岁及以上居民糖尿病患病率为 2.6%,空腹血糖受损率为 1.9%;2013 年,我国慢性病及其危险因素监测显示,18 岁及以上人群糖尿病患病率为 10.4%。根据 2013 年的调查显示,我国糖尿病的流行特点为:① 以 II 型糖尿病为主,I 型及其他类型糖尿病少见。II 型糖尿病患病率为 10.4%,男性(11.1%)高于女性(9.6%)。②经济发达地区患病率明显高于不发达地区,城市(12%)高于农村(8.9%)。③未诊断糖尿病比例较高,占患者总数的 63%。④肥胖和超重人群糖尿病患病率显著增加,肥胖人群糖尿病患病率升高了 2 倍。

糖尿病的临床表现为"三高一少",即多饮、多食、多尿及体重减少。长期血糖控制不佳的糖尿病患者,可伴发各种器官,尤其是眼、心、血管、肾、神经损害、功能不全或衰竭,导致残废或者早亡。目前,国际通用的诊断标准和分类是世界卫生组织 1999 年的标准,见表 10-8。《中国 Ⅱ 型糖尿病防治指南》(2017 版)中给出的糖尿病诊断标准见表 10-9。

表 10-8　糖代谢状态分类

糖代谢分类	静脉血浆葡萄糖/(mmol/L)	
	空腹血糖	糖负荷后 2 h 血糖
正常血糖	<6.1	<7.8
空腹血糖受损(IFG)	≥6.1,<7.0	<7.8
糖耐量异常(IGT)	<7.0	≥7.8,<11.1
糖尿病	≥7.0	≥11.1

注:IFG 和 IGT 统称为糖调节受损,也称糖尿病前期。

表 10-9　糖尿病的诊断标准

诊断标准	静脉血浆葡萄糖/(mmol/L)
典型糖尿病症状(烦渴多饮、多尿、多食、不明原因的体重下降)加上随机血糖	≥11.1
空腹血糖	≥7.0
葡萄糖负荷后 2 h 血糖无典型糖尿病症状者,需改日复查确认	≥11.1

注:空腹状态指至少 8 h 没有进食热量;随机血糖指不考虑上次用餐时间,一天中任意时间的血糖,不能用来诊断空腹血糖异常或糖耐量异常。

10.3.1　营养代谢与糖尿病

糖尿病病因及发病机制十分复杂,目前尚未完全阐明,一般认为与遗传、环境、饮食、其他疾病、身体状况等多种因素有关。在糖尿病的营养因素研究中,营养物质代谢特别是碳水化合物和脂肪代谢对胰岛素分泌的影响最受关注。

1.能量

能量过剩引起的肥胖是糖尿病的重要危险因素。肥胖者常多伴有内分泌代谢紊乱,进而产生胰岛素抵抗,最终导致碳水化合物代谢障碍而引发糖尿病。

2.碳水化合物

一次摄入大量的碳水化合物可使血液葡萄糖浓度迅速升高,刺激胰岛素分泌增多,促进葡萄糖氧化分解,从而使血糖浓度维持相对平衡。如果血糖长期处于较高状态以致需要更多的胰岛素,或由于肥胖等导致机体出现胰岛素抵抗时,机体则需要分泌大量的胰岛素来维持正常的血糖浓度,由此加重胰腺负担,使胰腺过度刺激而产生病理变化和功能障碍,导致胰岛素分泌的绝对或相对不足,从而出现糖尿病。除摄入量外,碳水化合物的分子量、种类及组成不同也会对糖尿病发病产生影响。如单糖和双糖比多糖更易升高血糖,支链淀粉升高血糖和胰岛素水平比直链淀粉明显。

3.脂肪

动物试验中饲以高脂肪膳食的大鼠易发生胰岛素抵抗,人类摄入高膳食者也可能会发生类似情况。这是由于过多的脂肪均以甘油三酯的形式贮存于脂肪细胞,从而可引起肥胖,肥胖导致机体对胰岛素不敏感,以致出现糖尿病。此外,肥胖者体内脂肪酸生成量较非肥胖者多,血浆游离脂肪酸浓度也较高,于是机体摄取脂肪酸进行氧化供能的作用增强,这样葡萄糖的利用减少,出现胰岛素抵抗,增加发生糖尿病的风险。大量膳食脂肪的氧化分解也会消耗更多的葡糖糖分解的中间产物,阻止了葡糖糖的彻底氧化,从而使血糖水平升高,胰岛素分泌增加,胰岛素负担加重。

4.蛋白质

由于三大营养物质的代谢密切相关,碳水化合物代谢的紊乱也可引起蛋白质代谢处于不平衡状态,同样可能引起胰岛素分泌的变化,促进糖尿病的产生。

5.矿物质

三价铬是葡萄糖耐量因子的主要组成成分,也是胰岛素的辅因子,能改善糖耐量,调节血糖水平。目前已普遍认为补充三价铬对糖尿病预防有积极作用。胰岛素的分子结构中有 4 个锌原子,能直接影响胰岛素的合成、贮存、分泌和结构的完整性及胰岛素本身的活性。锌还是多种酶的辅因子,直接参与糖的氧化供能。同时,锌也能协助葡萄糖在细胞膜上的转运。有研究报道,糖尿病人普遍缺锌,几种糖尿病并发症或合并症也与细胞锌或锌依赖抗氧化酶的活性降低有关。硒具有良好的抗氧化作用,而胰岛素抵抗、糖耐量减低和 2 型糖尿病都与氧化损伤有关,因此,硒具有预防糖尿病的潜力。但也有研究发现额外补硒没有起到预防 2 型糖尿病的作用,反

而可能增加其发病风险。

10.3.2 糖尿病的饮食治疗

糖尿病的治疗包括饮食、运动、药物、自我监测与教育五项措施,饮食治疗则是最基本的治疗方法。

1. 能量

合理控制总能量,以维持理想体重为宜。为了控制体重,肥胖者需要减少能量摄入,消瘦者则应增加能量摄入。特殊人群如孕妇、乳母、儿童应增加维持其特殊生理需要或生长发育的能量消耗。建议最好每周称一次体重,并根据体重变化及时调整能量供给量。不同劳动强度的成年糖尿病人能量供给标准见表10-10。

表 10-10 不同劳动强度的成年糖尿病人能量供给量   kJ(kcal)/(kg·d)

体重	劳动强度			
	重体力	中体力	轻体力	卧床
正常	167(40)	146(35)	125(30)	84~105(20~25)
肥胖	146(35)	125(30)	84~105(20~25)	63(15)
消瘦	188~209(40~50)	167(40)	146(35)	105~12(25~30)

2. 碳水化合物

碳水化合物不宜控制过严。以前在糖尿病治疗中,非常强调碳水化合物的严格限制,但研究发现,在合理控制总能量的基础上,适当提高碳水化合物摄入反而可提高胰岛素的敏感性,改善葡萄糖耐量。碳水化合物应占总能量的45%~60%为宜,如果碳水化合物的来源为低血糖生成指数的食物,其供能比可达60%。应以多糖类食物为主,尽量避免食用单、双糖;多食用粗粮,少用富含精制糖的甜点。若食用水果,应适当减少主食摄入量。

流行病学调查以及临床研究都提示,膳食纤维有降低空腹血糖和餐后血糖以及改善葡萄糖耐量的作用,并可控制脂类代谢紊乱,其中可溶性膳食纤维效果优于不溶性膳食纤维。其机理可能与膳食纤维的吸水性强,能改变食物在胃肠道滞留的时间,减弱餐后血糖急剧上升等有关。因此,糖尿病病人的饮食中要增加膳食纤维的摄入,供给量为20~25 g/d或10~14 g/4 186 kJ。

3. 脂肪

脂肪摄入量应适当限制,一般按总能量的20%~25%,不宜高于30%。其中饱和脂肪酸比例应小于总能量的10%,多不饱和脂肪酸亦不宜超过总能量的10%,单不饱和脂肪酸宜大于总能量的12%;胆固醇摄入量应限制,应低于300 mg/d,同时伴高脂血症者应低于200 mg/d。

4. 蛋白质

摄入量可按正常人标准供给,即成年患者按1~1.2 g(kg·d)供给,占总热能的12%~20%,其中1/3来自优质蛋白质。孕妇、乳母、儿童及消瘦者应增加蛋白质摄入量,按1.2 g(kg·d)供给。但合并肾病者,应根据肾功能损害程度限制蛋白质摄入量,一般为0.6~0.8 g(kg·d)。

5. 维生素和矿物质

糖尿病病人由于代谢相对旺盛,易导致B族维生素消耗过多,所以需要注意补充。维生素C的摄入也应满足要求,因为维生素C缺乏对糖尿病的控制以及糖尿病的各种并发症,尤其是高脂血症、血管病变等均不利,甚至会加重胰岛的损伤,使病情加重。在保证矿物质供给量的基础上,可适当增加铬、锌、硒等元素的摄入。由于糖尿病病人易患骨质疏松,因此还应注意补充维生素D、钙、磷。此外,为防止和减轻高血压、高血脂、动脉硬化以及肾功能不全,应限制钠盐摄入。

6. 酒

酒对血糖的影响不仅与饮酒量有关,同时也与所进食物有关。乙醇不仅抑制糖异生,还抑制生糖激素的释放,因此接受胰岛素或口服降糖药物治疗的糖尿病人如果只饮酒不进食就会产生低血糖。为了避免低血糖应同时进食,还应避免空腹饮酒。糖尿病患者伴有胰腺炎,脂质紊乱(特别是甘油三酯升高)或有神经病变者应减少饮酒次数或戒酒。《中国Ⅱ型糖尿病防治指南》(2017年版)规定:①不推荐糖尿病患者饮酒。若饮酒应计算酒精中所含的总能量。②女性一天饮酒的酒精量不超过15 g,男性不超过25 g(15 g酒精相当于350 mL啤酒、150 mL葡萄酒或45 mL蒸馏酒)。每周不超过2次。

10.4　营养与肿瘤

10.4.1　肿瘤的概念

肿瘤（tumor）是一种严重威胁人类健康与生命的常见病和多发病，它是机体在各种致瘤因素作用下，局部组织的细胞异常增生而形成的新生物，常表现为局部肿块。根据肿瘤对人体的危害程度将其分成两大类：良性肿瘤和恶性肿瘤。良性肿瘤生长常有"自限性"，对机体破坏较小。恶性肿瘤则包括癌和肉瘤，由于恶性肿瘤生长迅速，具有浸润性和转移性，常会危及患者生命。据世界卫生组织报道，目前全世界癌症患者已超过 2 400 万人；到 2020 年，估计将达到 3 000 万人。在发达国家，癌症是继心血管病之后第二位最重要的死亡原因，从全球情况看，近 1/6 的死亡由癌症造成。每年因癌症死亡人数不少于 700 万，2015 年导致的死亡人数为 880 万，其中常见的癌症类型为：肺癌（169 万例死亡）、肝癌（78.8 万例死亡）、结肠直肠癌（77.4 万例死亡）、胃癌（75.4 万例死亡）、乳腺癌（57.1 万例死亡）。

随着人口老龄化进程的加快，城镇工业生产的迅速发展，环境污染的日渐严重，近 30 年以来，我国癌症发病一直呈上升的趋势。2015 年，全国新发恶性肿瘤 392.9 万例，发病率为 285.83/10 万。东、中、西部地区的恶性肿瘤新发病例数分别为 163.1 万例、130.8 万例和 99 万例，发病率分别为 316.03/10 万、283.33/10 万和 249.51/10 万。各地区恶性肿瘤年龄性别发病率趋势相似。东部地区前 5 位常见恶性肿瘤依次为肺癌、结直肠癌、胃癌、乳腺癌和肝癌，中部地区依次为肺癌、胃癌、肝癌、结直肠癌和乳腺癌，西部地区依次为肺癌、肝癌、结直肠癌、胃癌和食管癌。全国恶性肿瘤死亡病例 233.8 万例，死亡率为 170.05/10 万。东、中、西部地区的恶性肿瘤死亡病例数分别为 92.7 万例、80.0 万例和 61.1 万例，死亡率分别为 179.64/10 万、173.25/10 万和 153.88/10 万。各地区恶性肿瘤年龄性别死亡率趋势相似。肺癌、肝癌、胃癌、结直肠癌和食管癌是各地区常见的恶性肿瘤死亡原因。

肿瘤的发病原因尚不十分清楚，但国内外研究普遍认为肿瘤的发生是环境和遗传等因素共同作用的结果。在诸多环境因素中，膳食所占的比重较大，几乎超过了其他各种因素的比例。根据 Doll 和 Peto 报告的癌症死亡的环境因素归因分析，危险因素中烟草所占的比重为 30%（25%～40%），饮食比重为 35%（10%～70%），生殖和性行为为占 7%（1%～13%），职业因素为 4%，酒精为 3%（2%～4%），地球物理因素为 3%，污染因素为 2%，药品和医学处置为 1%，食品添加剂和工业产品分别＜1%。根据世界卫生组织有关癌症的重要事实指出，大约 1/3 的癌症死亡源自 5 种主要行为和饮食危险因素：高体质指数、水果和蔬菜摄入量低、缺乏运动、使用烟草以及饮酒。

在肿瘤的发生和发展中，食物中存在的对人体有益的营养素和抗癌成分具有抑制肿瘤的效应，而食物中存在的可能致癌物或其前体则又具有促癌效应。因此，研究食物、营养与肿瘤的关系对探讨肿瘤发病原因、制定肿瘤防治措施等具有极其重要的意义。

10.4.2　食物中的致癌因素

食物中的致癌因素主要来源于两个方面：食物中的污染物以及不合理的膳食结构。

10.4.2.1　食物中的污染物

已经发现的食物致癌物有黄曲霉毒素、N-亚硝基化合物、多环芳烃类化合物及杂环胺类化合物等。食源性致癌物进入机体后，如果直接作用于体细胞诱发癌变，则为直接致癌物。如果需要经过肝微粒体混合功能氧化酶代谢活化后才具有致癌性，则为间接致癌物。

黄曲霉毒素由黄曲霉菌和寄曲菌产生，是目前发现的最强的化学致癌物，可使多种动物如大鼠、猴、鱼、禽等诱发肿瘤。除长期慢性作用诱发癌瘤外一次"冲击量"也能致癌。黄曲霉毒素不仅可诱发动物肝癌，还可诱发胃癌、肾癌、直肠癌以及乳腺、卵巢、小肠等部位的肿瘤。此外，经气管途径可诱发气管鳞状上皮癌。黄曲霉素主要污染粮油及其制品，如花生、花生油、玉米、大米、棉籽等。黄曲霉毒素也可存在于其他各种食品中，如乳品、啤酒、可可、葡萄干、大豆粉等。

N-亚硝基化合物（NOCs）也是一类致癌性很强的化合物，根据其分子结构不同可分为 N-亚硝胺和 N-亚硝酰胺。其中，N-亚硝酰胺是直接致癌物，N-亚硝胺则为间接致癌物。N-亚硝基化合物致癌作用呈现以下特点：少量长期接触或一次大量接触给药均可致癌；对各种实验动物如大小鼠、地鼠、豚鼠、兔、猪、狗、鱼、鸟及灵长类等都能诱发肿瘤；能诱发多种组织器官的肿瘤，常见的致癌靶器官为肝、食管和胃；可通过多种途径如口服、静脉注射、肌肉注射或局部涂抹都可诱发肿瘤；并且还可通过乳汁、胎盘对子代产生致癌作用。

在自然界中存在的 N-亚硝基化合物不多，但其前体物质硝酸盐、亚硝酸盐及胺类化合物却广泛存在。在一定条件下，这些前体物可转化成为强致癌性的 N-亚硝基化合物。蔬菜和水果在室温中长期存放或者腌制，其中的硝酸盐则会在细菌及酶的作用下还原为亚硝酸盐。此外，加硝酸盐或亚硝酸保存的肉类食品以及酱油、醋、啤酒、酸菜等发酵食品中均能发现此类物质。

多环芳烃类（PAHs）是最早被发现和研究的致癌类化合物之一，目前已鉴定的致癌性多环芳烃类及其衍生物达数百种。长期接触多环芳烃类化合物可能诱发皮肤癌、阴囊癌、肺癌等，其中以苯并（a）芘[B(a)P]致癌性最强。多环芳烃主要由各种有机物如煤、柴油、汽油及香烟的不完全燃烧所产生。食品中的多环芳烃主要来源于食物烟熏或烘烤时受到烟尘污染；高温烹调加工时食品成分发生热解或热聚反应而形成；食品加工时受机油、包装材料等的污染；环境中含多环芳烃类的"三废"直接或间接污染食品。

杂环胺是一类带杂环的伯胺，对啮齿类动物有不同程度的致癌性，其致癌的主要靶器官首先是肝脏，其次是血管、肠道、前胃、乳腺等。也有研究发现某些杂环胺对灵长类也有致癌性。食品中的杂环胺类化合物主要是在高温烹调加工时产生，特别是富含蛋白质的鱼、肉类食品在高温条件下更易分解产生。

10.4.2.2 不合理的膳食结构

人类癌症的发生是一个多阶段的过程，除食物中的致癌物具有促癌作用外，长期摄入不平衡的膳食也是引发和促进癌症发生发展的重要因素。

能量摄入过多可能引起超重或肥胖，从而增加罹患乳腺癌、结肠癌、胰腺癌、子宫内膜癌和前列腺癌的风险。长期以来，一直认为膳食脂肪是癌症的主要危险因素，不仅与结肠癌、直肠癌等关系密切，也与前列腺、膀胱、卵巢等部位癌的发生有关。其中，高脂肪膳食促进大肠癌发生的可能机制为脂肪能够刺激胆酸和中性固醇的释放，进而刺激结肠细胞增生。脂肪摄入增多可促进胆酸分泌至肠道，从

而引起肠道菌群组成的改变并刺激次级胆汁酸产生，而后者则是较强的促癌剂。

以前的研究还发现脂肪总摄入量与乳腺癌的发病率正相关，但最近的前瞻性流行病学研究一致表明，膳食脂肪的总摄入量与女性乳腺癌等并无明显关系。不过，由于肥胖已被证明是乳腺癌、胰腺癌、结肠癌等多种病症的重要危险因素，而膳食脂肪又是控制肥胖的关键环节，因此控制膳食中脂肪的摄入依然是不可忽视的重要预防措施。

除脂肪因素外，蛋白质过高或过低也能增加某些癌症的危险性。蛋白质摄入过低时，可增加食管癌和胃癌的危险性，若适当提高蛋白质或补充某些氨基酸，则有助于抑制肿瘤的发生。但是如果蛋白质摄入过多，特别是动物性蛋白质摄入太多时又可增加患结肠癌、乳腺癌和胰腺癌的风险。有研究报道高淀粉膳食可能降低结肠、直肠癌的危险性，精制糖特别是蔗糖含量高的膳食则可能增加结肠、直肠癌的危险性。而膳食纤维有预防结肠、直肠癌的作用，目前建议膳食纤维的摄入量应为 16～24 g/d。

流行病学资料和动物试验数据表明，某些特殊或不良饮食行为与癌症的发生有密切关系。如喜食腌制、发酵、熏烤食品的人罹患癌症的风险增加。喜欢高盐饮食的人群胃癌发病率增加，因为食盐对胃黏膜有刺激作用，使胃黏膜层破坏，促进癌症发生。此外，饮酒不仅增加结肠癌、直肠癌、乳腺癌和肝癌发生的危险性，而且酒精还与其他致癌因素有协同作用，如在肝癌发展中乙醇与黄曲霉素 B1 或乙型肝炎病毒存在协同性。

10.4.3 肿瘤预防的膳食建议

2007 年，世界癌症研究基金会（WCRF）出版了题名为《食物、营养、身体活动和癌症预防》的第二份专家报告。该报告是迄今为止在饮食、体育锻炼和体重对癌症风险影响方面最全面的报告，由美国、英国和欧洲大陆从事 20 种不同类型癌症研究的 9 个学术研究机构，在对全球范围内大量文献进行综述的基础上完成。该报告提出了降低癌症风险的 10 项建议。

①在正常体重范围内尽可能地瘦。

②每天至少从事 30 min 身体活动。

③避免含糖饮料。限制摄入高能量密度的食物（尤其是高糖、或低纤维、或高脂肪的加工食品）。

④多吃各种蔬菜、水果、谷类和豆类。

⑤限制红肉(猪肉、牛肉、羊肉)摄入,避免加工的肉制品。

⑥如果饮酒,男性每天不超过 2 份,女性不超过 1 份。一份含酒精 10～15 g。

⑦限制盐腌食品或用盐加工的食品。

⑧不用膳食补充剂预防癌症。

⑨母亲对婴儿最好进行 6 个月完全母乳喂养,而后添加其他液体和食物。

⑩癌症患者治疗后应该遵循癌症预防的建议。

该报告第一次将控制体重作为癌症预防的第一项措施,并强调了身体活动、饮食与癌症预防的密切关系。身体活动不单指专门的运动、健身,也包括人们的日常活动,如快走、骑自行车、爬楼梯等。具体地说,建议每天至少 30 min 中度身体活动(相当于快走);随着身体适应能力的增加,逐渐做到每天 60 min 或以上的中度身体活动,或者 30 min 或以上的强度较大的身体活动;同时改变不良生活习惯,避免诸如长时间看电视、玩电脑之类。

该报告强调了平衡膳食的重要性。建议尽可能地选择以植物来源为主的食物,限制红肉的摄入,每周红肉摄入最好不要超过 500 g,即便吃,也要尽可能采取健康的烹饪方式,避免腌制或经过加工的肉类。建议每餐吃相对未加工的蔬菜、水果、全谷类和豆类,每天至少吃 5 份(至少 400 g)不同种类的非淀粉蔬菜和水果。以淀粉类根茎或块茎食物作为主食的人,要保证摄入足够的非淀粉蔬菜、水果和豆类。为保证每日盐摄入量低于 6 g,限制摄入含盐的加工食品,如咸鱼、咸菜、熏肉、酸菜等。此外,需要注意的是,很多人为了节省时间或者其他原因,用膳食补充剂来代替自然食品满足身体营养需要。建议一般情况下不推荐使用膳食补充剂来预防癌症,但是对于某些疾病膳食供应不足的情况例外。

由于母乳喂养有可能对与肥胖有关的癌症,如绝经后期乳腺癌、子宫内膜癌、食道癌、结肠癌、直肠癌、胰腺癌、胆囊癌、肾癌有保护作用,因此,鼓励孕产妇进行母乳喂养,前 4～6 个月的完全母乳喂养要求不添加任何其他食物或包括水在内的饮料,4～6 个月后可以添加辅食,并建议继续进行母乳喂养。这不仅有助于降低母亲患乳腺癌的概率,同时对婴儿也有保护作用。对于癌症幸存者,在积极地采取治疗的同时,要遵循健康的饮食、控制体重、加强身体活动等建议。

除了上述建议外,癌症预防中特别需要强调不吸烟和避免烟草暴露。

？思考题

1. 肥胖的防治措施有哪些?
2. 成人超重和肥胖的体重指数判定标准是什么?
3. 饮食中影响高血压的因素有哪些?
4. 试述高脂血症的概念及分类。
5. 试述 TLC 基本要素。
6. 试述冠心病的饮食建议。
7. 试述糖尿病的概念及饮食治疗原则。
8. 膳食结构与肿瘤的关系怎样?
9. 肿瘤预防的膳食建议是什么?

(本章编写人:柳春红)

第 11 章
饮食养生

学习目的与要求

- 了解饮食养生的理论基础。
- 掌握食物性能概念及生活中常见食物的性能特性。
- 熟悉食疗基本原则及实际运用。
- 熟悉不同季节、气候的特点及科学饮食要点。
- 掌握常见体质判定要点及食疗原则。

11.1　概述

11.1.1　饮食养生的概念

饮食养生简称"食疗"，又称为"食养""食治"，是在中医理论指导下，运用食物四气、五味、归经等的食物性能特性，根据体质、环境、气候等因素辨证施膳，达到治疗疾病养生保健的目的。自古认为，医食同源，药食同根，饮食养生寓治于食，食物因其性质温和，长期食用不会产生药物的毒副作用，故食疗养生被认为是强身健体、防治疾病的最佳途径。

11.1.2　饮食养生的理论基础

1. 阴阳五行学说

阴阳五行学说包含阴阳学说与五行学说，中医主张"医食同源"，作为中医一种重要依据，阴阳五行的思想也被应用到中医饮食养生文化之中，调配性质、气味、功用不同的食物，以达到机体阴阳平衡、脏腑协调、补精益气、养身健体的目的。

阴阳是对自然界相互关联的某些事物和现象对立双方的概括，两者既对立又统一。通常而言，辛、甘、淡者及温热者属阳性食物，酸、苦、咸者及寒凉者属阴性食物。饮食中"阴阳学"的精髓是讲求阴阳和谐、平衡，需注意阴、阳性食物的合理搭配，例如我们常用生姜、大葱、蒜等阳性食物搭配蛤、鱼、贝类等阴性食物；对个体的体质调养，也采用"寒者热之，热者寒之"的饮食策略调整人体的阴阳偏盛偏衰，使其体内阴阳平衡。对阳虚畏寒者，宜食羊肉、狗肉、鹿肉、鸡肉等温补壮阳的食物；阴虚火旺者，则食用银耳、甲鱼、雪梨等滋阴润燥的食物。而对由于阴阳偏盛，表现为邪盛的实证患者，则应用寒性食物清泄阳热，用温热食物帮助阴寒偏盛之人温散阴寒。

五行学说将自然界的一切事物和现象按照木、火、土、金、水的性质和特点归纳为五个系统并联系起来，如五行、五气、五脏、五味、五色。各类食物按照五行属性可分为"五谷""五果""五菜""五畜"等；食物"五味"中各味不仅味道不同且功效不同，即辛味能散能行，酸味能收能涩，甘味能补能缓，苦味能泻能燥，咸味能软坚润下；"五味"在脏腑中各有所归，《素问·至真要大论》记载："夫五味入胃，各归所喜，故酸先入肝，苦先入心，甘先入脾，辛先入肺，咸先入肾"。除此外，食疗养生中的滋养肾阴以养肝阴的滋水涵木治法，温肾阳以补脾阳的益火补土法，健脾生气以补益肺气的培土生金法，也是按照五行相生相克的关系总结而来。

2. 藏象学说

藏象学说是研究人体各个脏腑的生理功能、病理变化及其相互关系的学说，藏象学说认为肝肾同源，精血互生，因此在食疗养生上，应用枸杞、菊花、桑葚等食物通过滋养肾阴，以养肝阴，缓解肝阳偏亢所导致的头痛、眼睛干涩、胀痛等症状。同样，对于孩子因为脾胃虚弱不能滋养肺而导致咳嗽经久不愈，可运用山药薏米粥来补脾益气，帮助缓解久咳的症状。自古中医食疗历来有"以脏补脏"的说法，即以动物的内脏补益人体相应的脏器，例如胡椒煲猪肚用来治疗脾胃虚寒所致的胃部疼痛；猪、牛的脑组织与党参、甘草配合制成的"参脑散"，治疗神经衰弱、自主神经功能紊乱等。

3. 气、血、津液学说

中医认为气、血、精、津液是构成人体的基本物质，既是脏腑功能活动的物质基础，又是脏腑功能活动的产物，都离不开脾胃运化的水谷精气。中医认为，脾胃为后天之本，为气血生化之源，当脾胃功能减弱，对食物的消化吸收能力下降会导致气虚血虚，适宜进食山药、红枣、香菇、板栗等健脾胃的食物，有助于改善机体气血两虚的状态。中医有"津血同源"的说法，即津液和血都来源于饮食的精气，并能相互滋生，相互作用。津液亏耗过多，就会使气血两损。而气血亏损，同样可使津液不足。机体阴虚火旺会导致津液亏虚，表现为口干口渴，大便燥结，肌肤干燥等，适宜吃荸荠、银耳、百合等滋阴类的食物。

4. 病因学说

中医病因学说中引起疾病的原因非常多，其中饮食失宜是其中重要的因素之一，饮食失宜包括饥饱无度、饮食不洁、饮食偏嗜等，饮食应以适量为宜，过饥过饱都会影响机体健康，如小儿脾胃较弱，若食滞日久，郁而化热，伤于生冷寒凉，聚湿、生痰，从而导致厌食、吐泻等食伤脾胃之病。中医认为自然界的气候变化，如风、寒、暑、湿、燥、火等是导致疾病发生的重要外在环境因素，恰当应用食物疗法则可以增强体质，抵御季节、地域及气候因素对机体的影响，如生姜、紫苏、葱白可用于预防风寒外感；西瓜、绿豆清热解毒，预防炎热季节中暑；荷叶、藿香及薏米对长夏季节的暑湿困脾有良效。因此，以病因学说为指导，合理搭配食物，五味调和，营养平衡，更好

促进机体健康。

11.2 食物的性能

食物的性能,又称之为食性、食气、食味等,是指食物的性质和功能,主要包括四气、五味、升降浮沉、归经等方面。

11.2.1 食物的四性

食物四性又称为四气(表 11-1),指食物的寒、热、温、凉 4 种特性。寒凉和温热是 2 种对立的性质,而寒与凉、热与温之间只是程度的不同。除此之外,还有一种介于寒凉与温热之间的平性,我们日常食用的食物中,以平性食品居多,温热者次之,寒凉者最少。食物四气并非恒定不变的,食品现代加工工艺及其家庭烹调方式都可能会导致食物性质的改变,例如,油炸、烧烤等方式会增强食物的温热特性,引发机体产生咽喉肿痛、大便干结等上火症状。

1.寒凉食物

寒凉食物具有清热、泻火、凉血、生津、止渴、滋阴作用。适用于热性体质或热性病群体,虚寒体质或者阳气不足的个体不宜采用。常见的寒凉食物有螃蟹、苦瓜、茶叶、梨等。

2.平性食物

平性食物性质平和,无明显偏颇,适合于一般的体质,寒证、热证都可应用。尤其身体虚弱,或久病使阴阳俱虚,或寒热错杂等情况下,平性更为适宜。常见食物有粳米、玉米、芝麻、土豆、青枣、牛奶、红萝卜、白菜、芋头、枸杞等。

3.温热食物

温热食物具有温中散寒、助阳益气、通经活血的功效,适用于虚寒体质或是寒性病证(喜暖怕凉,肢体不温,口不渴,小便清长,大便稀薄)以及寒冷季节。常见的温热类食品有干姜、红糖、葱白、羊肉、牛肉、狗肉、鸡肉、黄鳝、对虾等。

表 11-1 常见食物四气

类别		食物"四气"具体品种
粮食类	温热性	高粱、糯米及其制品
	寒凉性	荞麦、小米、大麦、青稞、绿豆、薏米及其制品
	平性	大米、灿米、玉米、红薯、粳米、赤豆及其制品
动物制品类	温热性	羊肉、狗肉、鹿肉、黄鳝、河虾、海虾、雀肉、鹅蛋、猪肝
	寒凉性	鸭肉、兔肉、河蟹、螺蛳肉、田螺肉、马肉、牡蛎肉、鸭蛋、蛤蚌
	平性	猪肉、鹅肉、鲤鱼、青鱼、鲫鱼、鲢鱼、鳗鱼、鲥鱼、黄花鱼、带鱼、鲍鱼、甲鱼、泥鳅、海蜇、乌贼鱼、鸡血、鸡蛋、鸽蛋、鹌鹑肉、鹌鹑蛋、海参、燕窝
蔬菜类	温热性	扁豆、青菜、黄芽菜、香菜、辣椒、韭菜、南瓜、蒜苗、蒜薹、大蒜、大葱、生姜、胡萝卜、紫苏
	寒凉性	芹菜、冬瓜、生藕、生白萝卜、苋菜、黄瓜、苦瓜、茄子、丝瓜、茭白、慈姑、紫菜、海带、竹笋、冬笋、蓬蒿菜、马兰头、绿豆芽、菠菜、油菜、蕹菜、莴笋
	平性	卷心菜、番茄、豇豆、四季豆、芋艿、鸡毛菜、土豆、花菜、花椰菜、黑木耳、刀豆、银耳、山药、松子仁、芝麻、洋葱头、蘑菇、香菇、蚕豆、花生、毛豆、黄豆、黄豆芽、白扁豆、豌豆
水果类	温热性	荔枝、龙眼、桃子、大枣、杨梅、核桃、杏子、橘子、樱桃
	寒凉性	香蕉、西瓜、梨、柑子、橙子、柿子、鲜百合、甘蔗、柚子、山楂、猕猴桃、金橘、罗汉果、桑葚、阳桃、香瓜、生菱角、生荸荠
	平性	苹果、葡萄、柠檬、乌梅、枇杷、橄榄、李子、酸梅、海棠、菠萝、石榴、无花果、熟菱角、熟荸荠
其他	温热性	酒、醋、酒酿、红糖、饴糖、芥末、茴香、花椒、胡椒、桂花、红茶、咖啡
	寒凉性	酱、玫瑰花、豆豉、食盐、绿茶
	平性	白糖、蜂蜜、可可

11.2.2　食物的五味

每种食物都有其特定的味道,中国医家在长期实践过程中,以脏腑经络理论为基础,用五行学说总结归纳了食物五味。即辛、甘、酸、苦、咸,除此之外,还有淡味、涩味,其中淡味归属于甘,涩味归属于酸。有关五味的现代研究发现,五味之别主要与所含化学成分、化学结构有关,如辛味药多含挥发油、皂苷及生物碱、酚等;甘味药多含糖类、甙类、氨基酸及蛋白质、脂肪等;酸味药多含有机酸、鞣质等;苦味药多含生物碱、苦味质、甙类等;咸味药多含无机盐。从阴阳角度而言,辛、甘、淡属阳,酸、苦、咸属阴;五味对五脏各有所入,在《素问·宣明五气论》中有"酸入肝、苦入心、甘入脾、辛入肺、咸入肾"之说。大自然食物以甘味食物最多,咸味与酸味次之,辛味更少,苦味最少。食物五味不仅是食品真实味道的体现,更重要的是其作用功效的高度总结。食物的滋味与功效之间有着密切的联系和对应性,如功能发表行散的食物多辛味;能补虚缓急的食物多甘味;能敛肺涩肠的食物多酸味;能降泄燥湿的食物多苦味;能软坚散结的食物多咸味,因此《黄帝内经》中将其食物五味的作用总结为辛散、酸收、甘缓、苦坚、咸软。淡味能渗能利,有渗湿利小便的作用,将其归属于甘味。涩味与酸味类似,表现收敛固涩的作用,故本草文献常以酸味代表涩味功效,或与酸味并列来标明药性。五味调和是饮食养生的重要原则,《黄帝内经》总结到"谨和五味,骨正筋柔,气血以流,腠理以密,如是则骨气以精,谨道如法,长有天命"。

1. 辛味

辛味能散能行,有发散解表、行气行血的作用。通常具有强烈气味的食品多属于辛味,例如芫荽、韭菜、大蒜、辣椒等。辛味能发散,可解除侵于肌表的六淫之邪,具有发散表邪的作用,治疗表证。如紫苏,生姜,大葱可治疗风寒感冒;辛味能促进气血运行,故有行气、行血的作用,治疗气滞血瘀证;辛味除能散能行之外,还有芳香、辟秽、开窍的作用,治疗窍闭、湿滞中焦证等。如藿香对湿热所致的中脘胀满有良效,薄荷有清利头目的作用。

2. 甘味

甘味能补能和能缓,有补益、和中、缓急等作用。有滋补和中及缓急止痛的作用。多用于滋养补虚、中毒解酒和缓解身体疼痛。中国人食用最多的五谷,如大米、小麦、大米、小米、玉米大多为甘味之品,

其他补益食品如桂圆、红枣、山药也为甘味。现实生活中,甘味食品占了绝大部分。

淡味能渗、能利,适用于水湿内停所致的水肿、小便不利等,将其归于甘味。冬瓜、薏苡仁等食物属淡味。

3. 酸味

酸味能收能涩,有生津、开胃、敛汗、涩精、收缩小便、止喘、止泻的作用,适用于体虚多汗、肺虚久咳、遗精滑精、遗尿尿频的人群。许多富含酸味的水果通常归属于酸类,例如苹果、橙、山楂、石榴、杞果、桃子、柚子等,涩味与酸味作用基本相同,故酸涩并称。但涩味与酸有不同之处,涩味不具有酸味的生津、开胃、消食等作用。

4. 苦味

苦味能泄能燥能坚,有清热泻火、解毒降气、通泄两便的作用,适用于热证、湿证及热性体质之人。生活中常用来降火清热的苦瓜、茶叶、莲子等食物属于典型的苦味食品。苦瓜,味苦性寒,佐餐可收到清热明目、解毒泻火之效。茶叶味甘而凉,又清泄之功,清利头目,除烦止渴,消食化痰。

5. 咸味

咸味能下能软,有泻下通便、软坚散结的作用。常用于预防或辅助治疗瘰疬瘿瘤、症瘕痞块等病症,大多数的海产品,例如,紫菜、海带、海蜇、海参、鱿鱼、扇贝、带鱼多属于咸味。

11.2.3　食物的归经

食物的"归经"是指不同的食物分别对机体五脏六腑产生不同的滋养和治疗作用。是根据食物被食用后反映出来的效果,并结合人体脏腑经络的生理病理特点概括得来的,例如传统养生学认为百合、山药、梨、白果、银耳、燕窝等归肺经,具有滋阴润肺的作用;核桃、枸杞、芝麻、板栗、桑葚、鳝鱼等归肾经,有补肾益精的功效;红枣、山药、苹果、小米、大米、糯米、薏米等归于脾经,有健脾益胃的作用;莲子、龙眼、芹菜、海参、猪心、兔肉、牛奶等归于心经,可养心安神;玫瑰花、豆豉、香椿、陈皮等归肝经,有疏肝理气的功效。食物的"归经"常常不局限于一种,常常可同时归两经、三经甚至多经。例如,山药同时归属肺、脾、肾经,同时具备益肺止咳、理脾止泻、益肾补中的功效。菊花归肾、脾、胃经,可具有养胃健脾,补肾强筋的作用,枸杞归肝肾经,可滋补肝肾、益精明目,常用于肝肾阴虚之人。

在食物具体应用上,我们需要将食物归经与四性相结合,使其作用更具针对性。如枸杞、芝麻、核桃、韭菜同归肾经,但枸杞与芝麻是滋补肝肾之阴,可滋阴补肾,清肝明目,而核桃与韭菜则滋补肝肾之阳,具有益肾壮阳的功效;梨、香蕉、柿子、桑葚、芹菜、莲心、猕猴桃均为寒凉食物,但梨和柿子偏于清肺热,香蕉偏于清大肠热,桑葚偏于清肝虚之热,芹菜偏于清肝火,莲心偏于清心热,猕猴桃偏于清肾虚膀胱热,这都是由归经不同决定的。

11.2.4　食物升降沉浮

升降浮沉是指食物所具有的升、降、浮、沉4种作用趋向。

升浮是指食物上升,升提或轻浮的特性。通常质地轻薄,气味芳香花叶之类,或性温热,味辛甘者主升浮。如香菜具有发散、宣通、开窍的功效;薄荷有轻清宣散,解表透热的功效;菊花、绿茶有清利头目的功效等。

降沉是食物下降,降逆或下行泻利的特性。凡是质地沉实,如种子果实之类,或性属寒凉,味属涩咸酸苦的食物主沉降。如莲子有补脾止泻、益肾固精、养心安神的作用,常用于脾虚泄泻及心悸失眠等;西瓜有清热、止咳、利尿、补益作用,治暑热烦渴;冬瓜具有清热解暑、利水消肿功效等。

在日常食物中,沉降作用的食物多于升浮作用的食物。食物的升降浮沉特性与食物的四气五味存在密切联系,李时珍就明确指出,“酸咸无升,辛甘无降,寒无浮,热无沉”。除此之外,食物升降浮沉的作用趋向还与炮制和烹调方式有关。如酒炒则升,姜汁炒则散,醋炒则收敛,盐多则下行等。

11.2.5　食物的补泻

食物性能的“补”与“泻”概念,一般泛指食物的补虚与泻实两方面作用,这也是食物的两大特性。在日常生活中,补性食物多于泻性食物。

1.补性食物

一般具有补气、助阳、滋阴、养血、生津、生精等功效;如羊肉、鳝鱼、狗肉、核桃、枸杞等。

2.泻性食物

一般具有解表、开窍、辟秽、清热、泻火、燥湿、利尿、行气、活血化瘀、凉血等功效;如茶叶、苦瓜、薄荷、山楂等。

11.3　饮食的作用和应用

11.3.1　饮食的作用

1.预防作用

“民以食为天”,生命必须以饮食而得存活,古人认为,合理饮食可以调养精气,纠正脏腑阴阳之偏,防治疾病,延年益寿。唐代名医孙思邈就认为“安身之本必资于食”“不知食宜者不足以存生”,饮食中供给的均衡营养能满足机体生理需要,使五脏功能旺盛、气血充实,恰如《内经》所言:“正气存内,邪不可干”。1 000年前,我国祖先就发现了药食同源,食物具备药物的作用,可以用于防治疾病,古籍中记载了用动物肝脏预防夜盲症,用海带预防甲状腺肿大,用谷皮、麦麸预防脚气病,用水果和蔬菜预防坏血病等食物预防疾病的具体利用,随着现代营养学的发展,食物的预防保健作用后的科学原因都也得到进一步确认和阐释。现代研究表明,食物中除了富含的各类常规营养素外,往往还存在其他很多具有特别功能活性的物质,如植物多酚、牛磺酸、谷胱甘肽、金属硫蛋白及免疫球蛋白等,能发挥抗氧化、抗肿瘤、提高免疫力、调节血糖及血压等作用。

2.滋养作用

人体以五脏为中心,通过经络系统将全身组织器官联系成有机的整体,并通过精、气、血、津的作用完成机体统一的机能活动,水谷精微是化生精、气、血、津的主要物质基础,也是人体维持生命活动必不可少的条件。机体摄入的水和食物,进入消化道后,经脾胃转化成为水谷精微(大致相当于现代营养学的蛋白质、碳水化合物、脂肪、维生素、矿物质等各种营养素),再转变为人体基本的物质气血津液精,运送到身体的各个部分,五脏六腑得到濡养。《黄帝内经》说:“食气入胃,散精于肝,淫气于筋;食气入胃,浊气归心,淫精于脉”,这里明确指出了饮食在进入人体后,产生滋养脏腑、气血、筋脉、四肢、肌肉乃至骨骼、皮毛、九窍等作用。在具体食疗应用中,我们根据食物的性质不同,将常用的食物补益作用分为以下4类。

(1)平补法　平补法应用性质平和的食物进行补益的方法,所选食物性质平和、不寒不热,具有补益气血、调整阴阳的作用,各类人群一年四季均可食用。

（2）清补法　清补法应用性质偏凉或具有泻实作用的食物进行补益的方法，所选食物有清热通便、健脾祛湿、利尿祛痰等作用。较适用于偏于实热体质的人群，或在夏、秋季采用。

（3）温补法　温补法应用温热性食物进行补益的方法，所选食物具有益肾壮阳，御寒增暖，通经活血，增强性功能等作用。较适用于因阳气虚弱且有畏寒肢冷、神疲乏力等症状的人群，宜在冬、春季采用。

（4）峻补法　峻补法应用补益作用较强，显效较快的食物进行补益的方法，所选食物通常滋补性强，性质偏于温热，营养价值高。较适用于体虚而需要尽快进补的人群，但应注意体质、季节、病情等条件适当进补。

3. 治疗作用

自古以来就有"药食同源"的理论，食物也具有如药物"四性""五味"的性能，能和药物一样防治疾病，它们之间并无绝对的分界线。自古以来，历代医家都主张"药疗"不如"食疗"，唐代名医孙思邈在其《千金要方》卷二十四·专论食治中就谈及"为医者，当晓病源，知其所犯，以食治治之，食疗不愈，然后命药"。国家卫生健康委员会 2018 年更新公布了 100 多种既是食物又是药物的药食两用的食物。其饮食治疗作用有 3 个方面。

（1）补——补益脏腑　精气夺则虚，当人体正气不足，脏腑功能衰退时，机体抗病能力减弱，所体现的病症就是中医上所说的"虚证"，常包含阳虚、阴虚、血虚、气虚，也根据脏腑可进一步细分为肾阴虚、肺阴虚、肝阴虚等。按照"虚则补之"的原则，虚证的食疗主要采用具有补中益气，健脾益肺，滋补肝肾的补益类食物来补益脏腑气血，改善身体机能。如银耳炖雪梨用于肺阴虚所致的久咳，韭菜炒核桃用于补益肝肾阳虚所致的腰膝酸软。

（2）泻——泻实祛邪　邪气盛则实，当因外邪侵袭，或是因脏腑气血机能障碍引起体内的某些病理产物，引发的证候则称为"实证"，如气滞血瘀、痰饮水湿凝聚、食积等。按照"实则泻之"原则，通常选用具有清热解毒、利水消肿、健脾祛湿、活血化瘀功效的食物。如冬瓜薏米汤可利尿祛湿，绿豆海带汤可清热解毒。

（3）调——调整阴阳　人体疾病的发生本质都归属于阴阳平衡遭到破坏，出现偏盛偏衰的结果，利用食物的"四性""五味"的性能，调整阴阳，补偏救弊，恢复阴阳相对平衡，是食疗的基本原则。基于中医整体观，食疗通常因时、因地、因人而进行调整，在寒冷季节、寒冷地域或是寒性体质人群，应当多选用性质温热的食物，而在炎热季节、炎热区域或热性体质人群则更适用于性质寒凉的食品。

11.3.2　食物的配伍应用

在日常生活中，为提高食物的食用性和功效，常常将多种食物搭配起来烹调制作，根据药食同源的原理，食物的配伍也可按照药物配伍的"七情"理论，其包括单行、相须、相使、相畏、相杀、相恶和相反。其中"相须"和"相使"属于协同配伍，可增强食物功效；"相畏""相杀""相恶""相反"属于拮抗配伍，其中"相畏"和"相杀"配伍可降低或消除食物毒副作用，而"相恶"和"相反"的搭配则是降低食物功效，甚至产生毒副作用。

1. 相须

同类食物相互配伍使用，起到相互加强的功效。如银耳炖百合，银耳与百合均有滋阴润肺作用，协同搭配，可增强其滋阴润燥的功效；雪羹汤中的荸荠与海蜇共同具有清热化痰、养阴生津的功效，协同搭配可清肺经热痰，软坚化积消瘀；另外，利尿祛湿的冬瓜薏米汤，两者同用具有更佳的清热解暑、健脾利尿的功效。

2. 相使

以一类食物为主，另一类食物为辅，使主要食物功效得以加强。如治疗目暗昏花的枸杞菊花茶中，枸杞补肾益精，养肝明目，菊花清肝泻火，可以增强枸杞补虚明目的作用；用于夏日清热解毒的绿豆海带，海带排毒通便，加强绿豆消暑止渴、清热解毒的功效。

3. 相畏

一种食物的不良作用能被另一种食物减轻或消除。如扁豆中植物血凝素的不良作用能被蒜减轻或消除；某些鱼类的不良作用，如引起腹泻、皮疹等，能被生姜减轻或消除。

4. 相杀

一种食物能减轻或消除另一种食物的不良作用，实际上相畏和相杀是同一配伍关系从不同角度的两种说法。

5. 相恶

一种食物能减弱另一种食物的功效。如萝卜消气,不宜与补气食物同用,如山药、香菇等。

6. 相反

两种食物合用,可能产生不良作用,形成了食物的配伍禁忌。如古书中记载的人参忌萝卜、柿子忌螃蟹、羊肉忌西瓜等,不过目前尚未有足够的科学证据来解释其背后原因,有待未来进一步研究确认其科学性。

11.3.3 饮食宜忌

中国传统医学非常重视饮食宜忌,早在《黄帝内经·素问》就已对"五味所禁"以及"五味之所伤"有所记载。汉代《金匮要略》提出"所食之味,有与病相宜,有与身为害,若得宜则补体,害则成疾"。若食物食用得当则可起到强身健体作用,若不相宜,则反而会引发或加重疾病。食禁或食忌是中医食疗学的重要组成部分,广义的饮食宜忌概念涉及到食物与气候、体质、地域、年龄、病情等方面的注意事项,狭义的饮食宜忌概念仅包涵饮食与疾病。季节及体质饮食禁忌见季节食疗与体质食疗篇章,患病饮食禁忌及孕产禁忌列举如下。

1. 患病期间饮食禁忌

病症的饮食宜忌是根据病症的寒热虚实、阴阳偏胜,结合食物的五味、四气、升降浮沉及归经等特性来加以确定的,自古医师就非常注重饮食对疾病病症的影响,李时珍指出:"所食之味,有与病相宜,有与身为害。若得宜则益体,害则成疾",许多书籍对疾病的饮食宜忌做了详细的描述和记载,《素问·热论篇第三十》就谈道:"病热少愈,食肉则复,多食则遗(腹泻),此其禁也",经过长期的经验总结及验证,目前疾病的饮食宜忌已形成了系统的理论,主要包含以下几个方面。

按照"热者寒之,寒者热之,虚者补之,实者泄之"的辨证施膳的原则,寒证病症应当选用温中散寒,助阳益气的温热性质的食物,而忌用寒凉、生冷食物,如脾胃虚寒腹泻者就应该避免食用大量冷饮、冷食、生冷的蔬菜和水等;热证病症应当选用清热、滋阴、生津含量的平性食物,避免采用性质过于温补的食物,以免温燥伤阴,加重病症;虚证病症应根据具体辨证类型有针对性选择适宜食物,例如阳虚病症应选择温补类食物,不宜食用过多性质偏寒的食物,以免伤及体内阳气,如螃蟹、生冷瓜果等;阴虚病症应选用滋阴润燥类食物,不可食用辛辣刺激性食物,如具辛辣的葱、姜、蒜、辣椒、花椒、韭菜、酒、烟

等,以防燥热伤津、加重病症;实证病症需依据具体情况针对性选择,如暴饮暴食形成的食积,应禁用肥甘油腻、黏滞等难以消化的食物,因脾虚、痰湿导致的水肿,则应当选择健脾祛湿的食物,忌盐及油腻荤油、肥肉、油煎炸食物。除此之外,对于过敏病症及皮肤病患者,应避免食用鹅肉、鸡头、鸭头、猪头等食物。咳嗽患者则禁止食用刺激辛辣、油腻、黏滞、海腥等食物,忌烟酒。

2. 孕期和产后饮食禁忌

孕期和产后是机体特殊阶段,机体生理状态发生较大改变,同时母体担负着母亲及孩子两个人的营养,因此此阶段饮食宜忌意义更为突出,应忌食或尽量避免食用对胎儿不利的食物,又称"忌食养胎"。

孕期母体多表现阴虚阳亢状态,因此,饮食上应遵循"宜凉忌热"的原则,进食甘平、甘凉补益之品,避免食用辛辣、腥膻之品,以免耗伤阴血而影响胎元。怀孕期间,以下各类食物应避免食用或忌用。活血类食物,因活血通经不利于安胎不宜食用,如桃仁、山楂、蟹爪等;大辛大热类食物,如肉桂、胡椒、花椒、辣椒、生姜等;酒类饮料,能助火生热,影响胎儿生长发育,甚则导致胎儿畸形,孕期不可饮用;肥腻厚味食物,难以消化,加重脾胃负担,不利于孕妇控制体重,应予以控制;除此之外,孕期应采用少盐或低盐饮食,同时对古书记载的其他食物如昆布、麦芽、槐花、鳖肉等也尽量忌食,因昆布能软坚化结,麦芽能催生落胎,槐花能堕胎等。

孕妇产后,多表现阴血亏虚,应滋阴养血为主,可进食甘平、甘凉类粮食、畜肉、禽肉和蛋乳类食品,慎食或忌食辛燥伤阴、发物、寒性生冷食物,《饮膳正要》记载:"母勿太寒乳之,母勿太热乳之,……乳母忌食寒凉发病之物";同时产后瘀血内停,不宜进食酸涩收敛类食物,如乌梅、莲子、芡实、柿子、南瓜等;同时产妇还要以乳汁喂养婴儿,其应当加强蛋白质、矿物质的摄入等。

11.3.4 食疗基本原则

1. 辨证施膳

辨证施膳是运用中医阴阳学说和五行学说的相关理论和概念,在中医整体观的指导下,结合食物性能特征,针对性的运用食物强身健体,促进健康。它具体包括因时施膳、因地施膳、因人施膳等多方面内容。

(1)因时施膳 因时施膳不同季节的气候特点

使其饮食养生具有不同的特点,春季,气温回升,万物萌发,五脏属肝,应以肝主疏泄为主,宜选桑葚、枸杞等疏泄清散的食物;夏季,气候炎热,人体喜凉,五脏属心,需要清补,适宜选西瓜、绿豆、海带等清凉涤暑的食物;秋季,天高气爽,五脏属肺,宜选银耳、百合、梨等滋阴润肺的食物;冬季,天寒地冻,阳气深藏,五脏属肾,寒邪易伤肾阳,适宜选用羊肉、鸡肉、狗肉等温中散寒的食物。

(2)因地施膳　因地施膳不同地域的地理环境及气候特点决定了不同区域人的饮食观念及饮食习惯差异。我国在饮食习惯上有"南甜、北咸、东辣、西酸"之说,这正是饮食在地域差异上的体现,四川、贵州等地区潮湿多阴雨,食用辣椒、花椒等辛辣食物,可使腠理开泄以排除汗液、驱除湿气,有利健康,并不容易导致上火等症状;广东区域,虽然空气湿润,但气温常年偏高,属于湿热之地,若进食辛辣,则会导致咽喉肿痛等上火症状,因此当地饮食大多清凉甘淡,喜爱饮汤喝粥;中国东北及内蒙古区域,气候寒冷,多进食羊肉、牛肉等温热食物。饮食观念与地理环境密切相关,各地食物种类往往也差异显著,海边城市饮食多见虾、贝、蟹等,内陆人则海鲜类食物少见,就如晋朝张华的《博物志》记载:"东南之人食水产,西北之人食陆畜。食水产者,龟蛤螺蚌以为珍味,不觉其腥臊也;食陆畜者,狸兔鼠雀以为珍味,不觉其膻也"。

(3)因人施膳　因人施膳是指依据性别、体质、年龄、性格等多方面影响因素开展有针对性的食物养生。例如从个体体质来看,形体肥胖之人多痰湿,宜多吃清淡化痰的食品;形体消瘦之人多阴虚血亏津少,宜多吃滋阴生津的食品。从不同年龄的生理特征来看,小儿脏腑娇嫩,形气未充,生理上有"脾不足,肝有余";"阴不足,阳有余"的特点,故应当以补脾、清肝、养阴来培补后天之本,同时避免过食生冷、油腻食物而影响脾胃。老年人,脏腑功能失调,气血津液损耗,脾胃功能减弱,应当选择清淡、熟软,易于消化的食物,可适当进食补肾填精、益气养血作用的药粥、汤等药膳。

2. 全面膳食

全面膳食是指各类食物搭配得当,食物多样,营养均衡,我国医学名著《黄帝内经》中就明确提出膳食搭配原则为:"五谷为养,五果为助,五畜为益,五菜为充,气味合而服之,以补精益气",其中,五谷,为米、麦及其他杂粮类食物的泛称,五果、五菜则分别

指古代的 5 种蔬菜和果品,五畜泛指肉类食品。这与我们现代营养学提倡的膳食结构金字塔的思想是一致的。基于全面膳食,可满足机体对蛋白质、脂肪、糖类、维生素、矿物质、水和纤维素等营养物质的生理需求,促进机体健康。现代的膳食营养结构提倡个人每天谷类食物应摄入为 250～400 g,蔬菜为 300～500 g,水果为 200～400 g,鱼虾类为 50～100 g,畜、禽肉为 50～75 g,蛋类为 25～50 g,奶类及制品为 300 g,豆及豆制品为 30～50 g。

3. 饮食有节

饮食有节是指规律进食,主要体现为饮食定时与定量。

(1)定时　我国传统的饮食习惯是一日三餐,定时用餐的人会形成一种良好的条件反射,每到该进食之时,各种消化液就开始分泌,从而增强了食欲,使食物中营养成分得到充分的消化和吸收。倘若不分时间,随意进食,消化液会在食物的刺激作用下持续分泌,长此以往,增加脾胃负担,影响脾胃功能,进而损及五脏。《吕氏春秋》就记载了"食能以时,身必无灾",《尚书》则更是明确指出"食哉,惟时",孙思邈则具体强调"到时不吃,必遭其殃"。故个体应该养成定时、规律进食的饮食习惯。

(2)定量　饮食定量是指饮食有节制,饥饱有度,不暴饮暴食,控制在七八分饱最为适宜。脾胃为气血生化之源,饮食入胃后,需要依赖于脾的运化功能,将水谷化为精微,为化生精、气、血、津液提供足够原料,营养脏腑。过度饮食,超过了脾胃的消化吸收功能的最大限度,食物无法充分消化,则会形成食积,食积久则化热,反过来又能损伤脾胃的功能,使消化吸收功能更差。《黄帝内经》就谈道:"饮食自倍,肠胃乃伤",《千金要方》也明确指出饮食过量的害处,"不欲极饥而食,食不可过饱;不欲极渴而饮,饮不可过多。饮食过多,则结积聚;渴饮过多,则成痰癖"。我们应当遵循饮食不可过饱,七八分就好的古训,在一日三餐的饮食分配上,强调"早餐吃好,午餐吃饱,晚餐吃少"。

11.3.5　食疗品类型

通常情况下,食物可直接食用,但同时也需要根据食物性质及食疗保健的需要,将食物烹制成不同类型以期达到更加的食疗功效。常见的膳食类型如下:

1. 粥类

粥是以粳米、糯米、粟米、豆类等粮食为主,配以

各种食疗养生食物,用多量的水煮成的半流质食物,因其味道鲜美,营养丰富,易于消化,同时易于搭配各类食品,自古食粥养生备受推崇。北宋文人张耒在《粥记》中所说"每晨起,食粥线大碗,空腹胃虚,谷气便作,所补不细,又极柔腻,与肠胃相得,最为饮食之良"。清代黄云鹄在其《粥谱》中谓粥"于养老最宜:一省费,二味全,三津润,四利膈,五易消化"。粥类可根据季节特点、体质差异等灵活选用多种食品搭配,如羊肉粥、地黄粥、高良姜粥、茴香粥、芹菜粥、荷叶粥等。

2. 菜肴类

菜肴类是将各类食物搭配选用不同的烹调方法进行加工制作,因其选材料广泛,搭配灵活多变,烹调方法多样,是食疗养生中使用最为广泛的,常作为家庭日常养生食品类型,菜肴类食品不仅需要根据食物性质做好搭配,同时需要尽可能满足人们对菜肴美感的追求,实现色、香、味等多感官需求。如韭菜炒核桃补肾壮阳,西芹百合清热润肺,胡椒猪肚温中健脾,蘑菇炖鸡补气等。

3. 汤羹类

汤羹以肉、蛋、鱼、蔬菜等食物为主,经煨炖等方法烹制而成。汤羹主要有补益滋养或清润功能,如生姜羊肉汤能补益脾肾,温中补血;鲤鱼豆腐汤能益气健脾、催乳作用;冬瓜薏米汤能利水消肿,健脾祛湿;银耳橘羹有补气益肾、止咳化痰的功效,适用于肺热咳嗽,肺燥干咳,痰中带血等。

4. 茶与饮料类

茶与饮料类指用茶叶或其他食物材料,烹制而成的具有一定功效的饮料。如由生姜和红糖制作而成的姜糖饮可发汗解表用于风寒感冒的预防和治疗;枸杞菊花茶则有清肝明目的功效,用于肝火过旺导致的头昏目眩,眼睛红肿赤痛;芦根饮、金银花露、桑菊茶等饮料具有清热除烦、生津止渴、利尿的作用,常用于炎热的夏季或热性体质人群;陈皮玫瑰花饮疏肝解郁,理气健脾,适用于胃脘疼痛,嗳气少食。广东著名的凉茶文化中就有许多以食物为主要材料制备而成的茶饮,如雪梨汁和椰子汁等。

5. 酒类

以酒作为溶剂,将各类食物浸渍在酒中,达到疗养的作用。因酒本身在中医学上就具有药物之性,《后汉书·食志》中明确指出:"酒:乃百药之长",酒具有通血脉,御寒气,醒脾温中,行药势的作用,在《本草拾遗》和《本草撮要》就有记载"酒通血脉,厚胃,散湿气,消忧发怒,宣扬畅意"。"酒通血脉,卸寒气,行药势;治风寒痹痛,筋脉挛急,胸痹,心腹冷痛"。从化学的角度,酒是一种良好的有机溶剂,可溶解食物中不溶于水的成分,促进食物有效物质成分的释放,其行药势的作用可加强食物的补益之效。故取酒其所长,采用多种药食同源的食物配制成具有活血通络、祛风湿及补阳、益气等功能的酒,如枸杞酒、木瓜薏苡酒、五加皮酒等。

6. 膏滋类

主要选取滋养、补益的食物、加水煎煮收汁煎至浓稠收膏,可直接食用,亦可用沸水溶化服。膏滋类食物大多具有滋养补虚、润燥生津、润肺止咳等功能,如唐代流传下来的补气养血名方固元膏,就是以红枣、黑芝麻、核桃仁、冰糖等食物作为基本配方;川贝雪梨膏具有滋阴润肺功效,常用来缓解秋燥,预防和治疗咳嗽。

11.4　季节养生

自然气候的变化与大自然界阴阳转化和五行运动有关,人应该根据自然物候现象及自身体质差异进行合理饮食的调养,以适应自然界气候环境的变化。《黄帝内经》在其四季养生提出了"智者之养生也,必须四时而适寒暑"。《素问·四气调神大论》谈道"夫四时阴阳者,万物之根本也。所以圣人春夏养阳,秋冬养阴,以从其根,故与万物沉浮于生长之门。逆其根,则伐其本,坏其真矣",其大意是秋冬阴气收藏。春夏养阳气以利肝心,秋冬养阴气以利肺肾。如春夏生发盛长之时,顺应其势而又不使过用即为养阳;秋冬收敛闭藏之时,顺应其势而又不使妄泄则为养阴。故李时珍在《本草纲目》中指出:"春食凉,夏食寒,以养阳;秋食温,冬食热,以养阴"。

11.4.1　春季饮食养生

中医认为,春天应肝,肝气旺可伤脾。在五脏与五味的关系中,酸入肝,具有收敛执行,不利于阳气生发和肝气宣泄。《素问·藏气法时论》中提及"肝主春,肝欲散,急食辛以散之,用辛补之,酸泻之"。唐朝药王孙思邈说:"春日宜省酸,增甘,以养脾气"。春季肝旺之时,要少食酸性食物,避免肝火更旺,伤及脾胃,因此春季以"春夏养阳"为主要原则,适当多吃能温补阳气及甘味的食物,少食酸以养脾,多食一些性味甘平的食品如山药、春笋、豌豆苗、韭菜、菠菜、香椿叶等。

11.4.2 夏季饮食养生

夏天天气炎热,体内阳气最足,在五脏归属上,《素问·藏气法时论》曰,"心主夏,心苦缓,急食酸以收之"。夏时心火当令,中医认为适宜多食酸味,以固表,多食咸味以补心。虽然夏天季节炎热,可适当进食寒凉食物,但从阴阳学角度看,夏月伏阴在内,饮食不可过寒,若进食过多寒凉之物,致使外热内寒,会寒伤脾胃,令人吐泻。夏季饮食应清淡少油,宜多食具有清热利湿的食物,如赤小豆、薏苡仁、绿豆、冬瓜、丝瓜、水芹、黑木耳、藕、胡萝卜、西红柿、西瓜、山药等。其中清热的食物宜在盛夏时节吃,而在长夏多湿的季节,可多选用利湿气的食物。忌食:肥甘厚味,辛辣助热之品,如动物脂肪、海腥鱼类、生葱、生蒜、辣椒、韭菜、海虾、牛羊狗肉等。

11.4.3 秋季饮食养生

秋季阳气渐收,阴气逐渐增长,气候从热转寒,是"阳消阴长"的过渡阶段。中医讲究"春夏养阳,秋冬养阴"。秋季必须保养体内阴气,当气候变冷时,正是人体阳气收敛,阴精潜藏于内之时,故应以保养阴精为主。饮食方面,《素问·藏气法时论》谈道"肺主秋,肺收敛,急食酸以收之,用酸补之,辛泄之"。秋对应的脏器是肺,又因"金秋之时,燥气当令",导致口干、唇干、鼻干、咽干、口舌少津,皮肤干燥等症状,因此需要防止燥邪之气侵犯人体而耗伤肺之阴精,饮食上以滋阴润燥为宜,应多食酸,少食辛,同时多饮水,减少节气造成的干燥之气,同时还可选择滋阴润肺的膏剂,如秋梨膏等。《饮膳正要》说:"秋气燥,宜食麻以润其燥,禁寒饮",主张入秋宜食生地粥,可滋阴润燥。适宜食用芝麻、银耳、梨子、枇杷、糯米、蜂蜜、鸡、牛肉、鱼、大枣、山药等食物,忌食葱、姜、蒜等辛辣之品。

11.4.4 冬季饮食养生

冬季气候严寒,寒为阴邪,易伤阳气,须避寒就暖,敛阴护阳,以收藏而养肾气。此季人体的气血潜入脏腑,作"闭藏"之态。正如中医古籍《黄帝内经》所说:"春生、夏长、秋收、冬藏,是气之常也;人亦应之。"冬天人们通常食欲旺盛,脾胃运化提升,对营养物质的吸收能力增强,是一年四季养精蓄锐的最佳时期,被认为是进补的最佳季节。冬令进补应顺应

自然,注意养阳,以滋补为主。在膳食中应多吃温性、热性、特别是温补肾阳的食物进行调理,以提高机体的耐寒能力,适量吃三高食品,高热量、高蛋白、高维生素。冬季蔬菜品种较少,应特别注意多吃些绿叶菜以保障维生素矿物质的摄入,但尽量避免偏凉性的瓜类水果,多吃些平性的果类(如苹果)。另外,还要尽可能吃滋阴润燥的食品,冬季宜吃的食材有羊肉、牛肉、鹅肉、鸭肉、狗肉、动物肝脏、鱼虾、牡蛎等肉类及萝卜、白菜、豆芽、菠菜、菜花、红薯、苹果、橘子、甘蔗、柿子、梨、核桃、栗子等蔬菜、水果类。

11.5 体质饮食养生

11.5.1 体质定义

禀受于先天,受后天影响,在生长、发育过程中所形成的与自然、社会环境相适应的人体形态结构、生理功能和心理因素的综合的相对稳定的固有特征。体质具有一定遗传性,但又受气候、年龄、性别、饮食、地域及疾病等多种方面的影响,因此具有可改变的特性。

11.5.2 体质分类及食疗原则

中医体质有很多种分类方法,例如阴阳五行分类法,阴阳太少分类法、禀性勇怯分类法、体型肥瘦分类法等,目前用得最多的是北京中医药大学王琦教授提出来的实用体质分类法,将体质分为了中性体质、阳虚体质、阴虚体质、气虚体质、血虚体质、痰湿体质、瘀血体质、气郁体质及特禀体质9种。各类体质的特点及食疗原则如下。

1. 中性体质

中性体质体现为阴阳平衡,得于先天禀赋良好,后天调养得当,体现为体质不寒不热,体形匀称,体格健壮,面色红润,精力充沛,睡眠良好,胃口好,大小便正常,适应能力强。舌淡红润有泽、舌苔淡薄、脉象和缓有力。中性体质食疗方面无明显禁忌,多吃五谷杂粮、蔬菜瓜果,少食过于油腻及辛辣之物。

2. 阳虚体质

阳虚体质体现为阳气偏衰,机能减退,热量不足,抗寒力弱的生理特征。表现为面色苍白,畏寒肢冷,精神不振,大便溏薄,小便清长,舌淡胖嫩边有齿痕脉沉细无力。食疗应以益气温阳散寒为原则,宜温补壮阳、温里散寒,考虑配合补气食物,禁食生冷

寒凉食物,以免更伤阳气。相对高热量饮食,兼顾营养平衡。该体质适宜采用韭菜、核桃、羊肉、狗肉、鹿肉、虾、鸡肉、姜、蒜等食物。

(1)韭菜炒鲜虾

配方:鲜虾 400 g、韭菜 250 g

做法:将韭菜洗净,切段,鲜虾剥去壳洗净,葱切成段,姜切成末备用。烧热锅,放植物油,先将葱姜下锅炒香,再放虾和韭菜,烹黄酒,连续翻炒至虾熟透即可。

功效:补肾壮阳,益精固肾。

(2)冬菇粟子鸡煲

配料:干冬菇 40 g、鸡肉 300 g、粟子仁 100 g

做法:鸡肉洗净切成块,干冬菇浸泡至软,粟子仁洗净,将上述食材放入砂锅中加入适量清水,煲熟调味即可

功效:温中益气,补肾壮阳

3.阴虚体质

阴虚体质是指阴精偏衰,机能虚亢的生理特征,体现为虚火上炎,形体消瘦,两颧潮红,手足心热,心烦易怒,口燥咽干,潮热盗汗,虚烦不眠,多梦遗精,尿少而赤,大便秘结,舌干红、少苔,甚至光滑无苔。食疗应以滋补阴液、佐以清热为治则,轻补阴津,同时稍佐补阳之品,宜食性平、微凉、滋阴养液润燥类食品,如百合、鸡蛋、蜂蜜、燕窝、银耳、黑木耳、枸杞、芝麻、梨、猪蹄、鸭肉等。戒油腻厚味,辛辣食物。

(1)银耳百合汤

配方:银耳 20 g、鲜百合 10 g、枸杞 20 颗、红枣 3 个、冰糖适量

做法:银耳泡发,与百合、红枣、百合,枸杞同煮 20 min 后,关火加适量冰糖调味

功效:滋阴润肺、润肠通便

(2)秋梨白藕汁

配方:秋梨 300 g,白藕 300 g

做法:秋梨白藕汁,将秋梨去皮、核,白藕洗净,两者均切碎,以洁净纱布绞汁

功效:清热润肺,化痰止咳

4.气虚体质

气虚体质特征为人体脏腑功能失调,抗病能力减弱,表现为发毛不华,倦怠乏力,少气懒言,多汗自汗,不耐寒暑,易于外感,食欲不振,消化不良,舌淡苔白,脉虚弱。治疗以补气养气为总治则,还应针对脏腑辨证,分别选用补脏腑之气方药。根据气血同源理论,适当加用补血药。气虚体质的人平素宜采用饮食调理,多吃补气益气、健脾行、性平味甘的食

物,如大枣、山药、蘑菇、鸡肉、牛肉、鳝鱼、泥鳅、鹌鹑、板栗等;忌食生冷性凉耗伤脾胃的食物,如西瓜、香蕉、梨、香蕉、黄瓜、苦瓜、空心菜、笋类等。除此外,油腻厚味及辛辣食物亦尽量避免食用。

(1)黄芪炖鸡

配方:鸡肉 750 g,黄芪 40 g,生姜 3 片,老酒适量

做法:黄芪用 2 碗水煎成 1 碗,鸡肉连骨切成小块以中火煮 30 min 后再放入黄芪汁,用慢火煮 2 h 即成

功效:补气益血,健脾养胃

(2)蒸鳝鱼猪肉

配方:鳝鱼 250 g,猪肉 100 g

做法:将鳝鱼去内脏后洗净切段,肉切片,用佐料浸渍,放入蒸锅内蒸熟即可

功效:补中益气,滋阴养血

5.血虚体质

营血不足,濡养功能减弱的生理特征,常体现为面色萎黄或苍白,唇色、指甲颜色淡白,头晕乏力,眼花心悸,失眠多梦,舌体淡白,脉细无力,妇人经量少色淡,甚至闭经。因脾胃为气血生化之源,因此健运脾胃是养血补血的有效途径,同时兼以补气,佐以温阳及行气之品,禁食油腻厚味及油炸香燥之物。血虚之人推荐食用红枣、龙眼肉、荔枝、葡萄、花生、黑木耳、牛肉、羊肉、鳝鱼等。

(1)生姜当归羊肉汤

配方:当归 9 g,生姜 15 g,羊肉 500 g

做法:将当归、生姜、羊肉炖汤即可

功效:补养精血,散寒止痛

(2)桂圆红枣猪肝汤

配方:桂圆肉 15 g,红枣 6 枚,猪肝 100 g

做法:红枣去核,洗净桂圆肉、红枣肉;将猪肝切片;所有用料加水适量,炖半小时调味即可

功效:补血,健脾

6.痰湿体质

痰湿体质的成因是脏腑气化功能失调,气血津液运化失调导致水湿停聚,聚湿成痰,留滞脏腑。多体现为形体肥胖、精神疲倦嗜睡、头脑昏沉;肢体沉重乏力,关节酸痛,大便黏滞,舌体胖大,舌苔厚腻。痰湿体质要以低脂肪、低糖、低热量、粗纤维食品为主,饮食宜清淡,忌暴饮暴食,要控制进食量,少盐,戒烟酒,忌肥肉、蛋黄、猪脑等高脂肪、高胆固醇食物。适宜吃健脾化湿以及利尿消肿等食物。如冬瓜、薏米、扁豆、荷叶、卷心菜、赤豆、芹菜、荸荠、紫

菜、洋葱等。

（1）荷叶橘皮饮

配方：鲜荷叶 20 g，橘皮 15 g

做法：将鲜荷叶、橘皮分别拣去杂质，洗净，鲜荷叶撕碎后与橘皮同入砂锅，加适量水，大火煮沸，改用小火煮至沸即成

功效：化痰利湿，散淤降脂

（2）薏仁枇杷粥

配方：薏苡仁 500 g、鲜枇杷果（去皮）50 g、鲜枇杷叶 10 g

做法：将枇杷果洗净，去核，切成小块；枇杷叶洗净，切成碎片。先将枇杷叶放入锅中，加适量清水，煮沸 15 min 后，捞去叶渣，加入薏苡仁煮粥，待薏苡仁烂熟时，加入枇杷果块，拌匀煮熟即可食用。

功效：健脾祛湿，化痰止咳。

7. 瘀血体质

瘀血体质大多是因为脏腑功能失调、久居寒冷之地或情志抑郁所导致的气血瘀滞，表现为面色晦暗无华，口唇色暗，眼眶暗黑，胸胁作痛，妇女或有痛经，舌质青紫或紫斑，脉沉涩。此类人群可多食用活血祛瘀、行气的食物，如山楂、佛手、慈姑、刀豆、油菜、橙子、柑皮、桃子、大蒜、刀豆、油菜、醋等。少食苦酸性寒及胀气的食物，不宜吃寒凉生冷食物。

（1）山楂丹参粥

配方：粳米 100 g、干山楂片 30 g、丹参 15 g、白糖 15 g

做法：粳米淘洗干净，将干山楂片用温水浸泡，洗净，丹参洗净。取锅放入冷水、山楂片、丹参，煮沸后约 15 min，滤去渣滓，加入粳米，煮至粥成，白糖调味

功效：增食欲，消食积，益气健脾

（2）陈皮玫瑰花茶饮

配方：陈皮、玫瑰花、蜂蜜适量

制作：陈皮、玫瑰花用开水泡开，调入蜂蜜调味即可

功效：疏肝解郁，理气活血

8. 气郁体质

气郁体质是因长期气机郁滞所致，多因情绪引起，与肾、脾、胃、肺的生理功能也密切相关。表现为情绪低落，常抑郁不乐，胸闷不畅，易激动，急躁易怒，常常唉声叹气，食欲不振而面色憔悴，舌色淡苔白。在食物选择上多选用理气解郁食物，如柑橘、陈皮、萝卜、山楂、佛手等食物，适量采用活血食物，忌食辛辣、咖啡、浓茶等刺激品，少食肥甘厚味的食物。

（1）萝卜陈皮炒肉丝

配方：瘦猪肉 100 g、胡萝卜 200 g、陈皮 10 g

做法：将肉、胡萝卜、陈皮切丝，加黄酒、盐拌匀，炒熟调味即可

功效：宽胸理气

（2）橘朴茶

配方：橘络 3 g、厚朴 3 g、红茶 3 g、党参 6 g

做法：四味共制粗末，放入茶杯中用沸水冲泡 10 min 即可

功效：疏肝理气、理气化痰

9. 特禀体质

特禀体质与先天禀赋不足、遗传因素、环境因素等密切相关，大多体现为打喷嚏、流清涕及皮肤过敏症状。饮食宜清淡、均衡，粗细搭配适当，荤素配伍合理，以增强免疫功能；不宜食用腥膻发物及含致敏物质的食物；同时尽量避免酒、辣椒、浓茶、咖啡等辛辣之品。从中医的角度，特禀体质往往与肾气不足，肺气虚有关，可多选用健脾、补肾气为主的食物，如山药、茯苓等。

（1）红枣山药粥

配方：红枣 30 g、粳米 100 g、山药 250 g、糖适量

做法：红枣泡软，山药去皮洗净切丁，粳米洗净，加适量清水熬煮成粥，糖调味即可

功效：补血益气，养阴润肺

（2）川贝雪梨炖猪肺

配方：川贝 10 g、雪梨 250 g、猪肺 250 g、冰糖适量

制作：雪梨洗净切块，猪肺洗净切片，加适量清水和冰糖，文火煮至猪肺片熟烂即可

功效：润肺清燥，解毒降火

思考题

1. 辨证施膳包含哪些方面？如何灵活运用食物性能特性进行辨证施膳？

2. 如何进行体质判定，如何针对不同体质选择适宜食物？

3. 孕期食疗与产后食疗有何异同？

（本章编写人：李美英）

第 12 章
公共营养

学习目的与要求

- 了解社区营养的概念、特点以及作用。
- 掌握膳食营养素参考摄入量的内涵与应用。
- 了解膳食结构的种类,掌握合理的膳食结构。
- 了解和应用膳食指南。
- 掌握食谱编制的原则与方法。
- 熟悉营养调查的基本方法。
- 了解不同类型营养监测的作用和特点。
- 了解和改善社区营养的主要宏观措施。

12.1 概述

12.1.1 社区营养的概念

社区营养（community nutrition）是从社会角度研究人类营养问题的理论、实践和方法，是以特定社会区域范围内的各种或某种人群为对象，从宏观上研究其实施合理营养与膳食的理论、方法以及相关制约因素。

12.1.2 社区营养的特点和作用

社区营养的特点：①以有共同的政治、经济、文化及膳食习俗等划分人群范围。如以同一个居民点、乡镇、县区、省市甚至国家划分社区人群。②强调特定社区人群的综合性和整体性。③主要研究膳食营养问题的宏观性、实践性和社会性。既包括人群膳食营养需要、营养调查与评价、食物结构调整、膳食指导、营养监测等直接问题，也与食物经济、营养教育、饮食文化、营养保健政策与法规等间接因素有关。

社区营养的作用：运用一切有益的条件、因素和方法，使特定区域内各类人群营养合理化，提高其营养水平和健康水平，改善人群的体力和智力素质。

12.2 膳食营养素参考摄入量

12.2.1 营养需要量

营养（生理）需要量（nutritional requirements）是指维持人体正常生理功能所需的营养素数量，摄入量低于该数量会对机体产生不良影响；或者说能满足身体维持生命、发育、生长、妊娠及哺乳所需营养素的最低量。为满足这一数量，人体必须摄入足够的食物以提供能量、蛋白质、矿物质及维生素。显然，每个健康人体对于营养素的需要量是不同的，因膳食种类、体重、身高、年龄、性别、生理状态和体力活动而有所不同，必须考虑个体差异。

每天膳食营养素供给量（recommended dietary allowances，RDA）是以正常营养（生理）需要量为参考，考虑了人群间个体差异、饮食习惯、应激状态、食物生产、社会发展等多方面因素，而制定的膳食中必需含有的热能等各种营养素的数量。膳食营养供给量要略高于营养（生理）需要量，以保证群体中绝大多数人都能获得所需的营养素。这是一种为保证正常人群健康而提出的膳食质量指标，是为人群取得良好营养状况而设计的膳食营养准则。

我国在 20 世纪 50—90 年代一直使用不同版本的每天膳食营养素供给量，并以防治营养缺乏病为主要目标。但随着经济发展、食品工业进步、膳食模式的改变，出现了某些慢性病高发的问题。加之有关营养素需要量研究的新进展，特别是强化食品和营养补充剂的发展，都对每天膳食营养素供给量提出了新的修改要求。

12.2.2 制定膳食营养素参考摄入量的方法

膳食营养素参考摄入量（dietary reference intakes，DRIs）是在每天膳食营养素基础建立起来的，并代替每天膳食营养素的每天平均膳食营养素摄入量的参考值，其包括 4 项内容：①平均需要量（EAR）。②推荐摄入量（RNI）。③适宜摄入量（AI）。④可耐受最高摄入量（UL）。

膳食营养素参考摄入量的制定是通过对人体进行全面的生理、生化测定而得出的。确定膳食营养素参考摄入量的每一个指标都要做大量的工作。如在有代表性人群中，以特定年龄组为对象，求出其平均需要量，再按每一年龄组内的统计学上的个体差异，求出健康人群所需要增加的营养素数量。这些数值中有些是在人体直接测定而来，有些则由于研究技术、人道主义等原因，间接推测估计而来。这些数值一般通过以下方法而获得。

①在正常的健康人群中收集食物消费种类、数量及营养素摄入量的数据资料。

②用生物化学方法研究特定营养在组织中的浓度及饱和度，分子功能适应状况，研究通过合理膳食等方法增加营养食物后的效果改变。

③用流行病学方法观察特定人群营养现状以及改进后的效果。

④以平衡试验确定特定营养物质的状态与摄入量两者之间的关系。

⑤对营养缺乏病例进行研究。通过耗竭和补充试验，对特定受试者，按最低限度供给特定营养素，使之处于低的或轻度缺乏的状态。再补充定量的该种特定营养素，观察改善状况。

⑥进行动物试验，并将动物试验的数据资料，外推到人体的需要量上。

⑦由毒理学实验所得最大无作用剂量，及人体食用膳食以外的强化食品与膳食补充剂的观察结果，作为提出可耐受最高摄入量的基础。

⑧根据影响各种营养素吸收利用和活性形式转变的因素，结合各国上述特点，考虑提出膳食营养素参考摄入量的有效性。

新制定的膳食营养素参考摄入量指标，将预防营养缺乏病的传统重点扩展到帮助个体和人群安全地摄入各种营养素，预防与营养有关的慢性病方面。

12.2.3 膳食营养素参考摄入量的应用

由于食物生产、经济收入、气候环境、民族、生活习惯等的不同，不同国家和地区的膳食营养素参考摄入量也有所区别。2014年6月12日，中国营养学会发布了新版《中国居民膳食营养素参考摄入量》(2013版)。新版的中国居民膳食营养素参考摄入量是我国营养学会2013年制定的膳食营养素参考摄入量，主要为人群或个体的健康服务，从宏观上指导食物的生产与分配，指导特殊生理和职业人群的膳食计划和配给，并作为营养性治疗、营养监测、食品工业开发新产品、食品营养标签等的依据。

1. 平均需要量

平均需要量(estimated average requirement,EAR)是指某一特定性别、年龄及生理状况群体中对某种营养素需要量的平均值，摄入量达到此水平可满足人群中半数个体的营养需要，但不能满足另外半数个体对该营养素的需要。

平均需要量主要用于计划和评价人群的膳食。可以根据某一年龄、性别组中摄入量低于平均需要量个体的百分比来评估群体中摄入不足的发生率，评价其营养素摄入情况是否适宜。平均需要量也可作为计划或指定人群膳食摄入量的基础。如果个体摄入量呈常态分布，一个人群组的目标摄入量可以根据平均需要量和摄入量的变异来估计。为了保证摄入量低于平均需要量的个体少于2%～3%，推荐摄入量的平均值应在平均需要量加2个标准差以上。针对个体，可以检查其摄入不足的可能性。如某个体的摄入量低于平均需要量减2个标准差，则可以认为不能达到该个体需要量。

2. 推荐摄入量

推荐摄入量(recommended nutrient intake,RNI)相当于过去使用的每日膳食中营养素供给量，是可以满足某一特定性别、年龄及生理状况人群中绝大多数个体(97%～98%)需要量的摄入水平。

长期摄入推荐摄入量水平，可以满足身体对营养素的需要，保持健康和维持组织中有适当的储备。该值可作为健康个体每日营养素摄入的目标，是个体适宜营养摄入水平的参考值。推荐摄入量不是评价个体或群体膳食质量的标准，也不是为群体作膳食计划的根据。当某个体的营养素摄入量低于其推荐摄入量时，并不一定表明该个体未达到适宜营养状态。

推荐摄入量在评价个体营养素摄入量方面的作用有限。如某个体的摄入量低于推荐摄入量，可以认为有摄入不足的危险；如果某个体的平均摄入量达到或超过推荐摄入量，可以认为该个体没有摄入不足的危险。膳食摄入量或其他任何单一指标都不能作为评价个体营养状况的根据。摄入量经常低于推荐摄入量提示可能需要进一步用生化试验或临床检查来评价其营养状况。

应当指出，推荐摄入量是根据某一特定人群中体重在正常范围内的个体的需要设定的，对个别身高、体重超过此参考范围较多的个体，可能需按每千克体重的需要量调整其推荐摄入量。

3. 适宜摄入量

适宜摄入量(adequate intake,AI)是通过观察或实验获得的健康人群某种营养素的摄入量。例如，纯母乳喂养的足月产健康婴儿从出生到4～6个月，其营养素全部来自母乳，故母乳中的营养素含量就是婴儿的适宜摄入量。

适宜摄入量是根据某一人群或亚人群能够维持一定营养状态的平均营养素摄入量，可作为个体营养素摄入量的目标，也用于限制过多摄入的标准。可通过对群体而不是个体的观察或实验研究得到数据。在个体需要量的研究资料不足而不能计算平均需求量，因而不能求得推荐摄入量时，可以设定适宜摄入量来代替推荐摄入量。适宜摄入量与推荐摄入量相似之处是两者都能满足目标人群中几乎所有个体的需要，区别在于适宜摄入量的准确性远不如推荐摄入量，可能高于推荐摄入量。当健康个体摄入量达到适宜摄入量时，出现营养缺乏的危险性很小，如长期摄入超过适宜摄入量，则有可能产生毒副作用。

4. 可耐受最高摄入量

可耐受最高摄入量(tolerable upper intake level,UL)是平均每日可以摄入某营养素的最高量。这个量对一般人群中几乎所有个体都不至于损害健康。

可耐受最高摄入量是营养素或食物成分的每天摄入量的安全上限,是一个健康人群中几乎所有个体都不会产生毒副作用的最高摄入水平。可耐受最高摄入量主要用于检查个体摄入量是否过高,避免发生中毒。当摄入量低于可耐受最高摄入量时,不会产生毒副作用,当摄入量超过可耐受最高摄入量时,发生毒副作用的危险性增加。可耐受最高摄入量对健康人群中最敏感的成员似乎也不至于造成危险,所以不能用可耐受最高摄入量评估人群发生毒副作用的危险性。可耐受最高摄入量不是一个建议的摄入水平,这一剂量在生物学上大体是可以耐受的,但并不表示可能是有益的。由于人们食用营养素类强化食品和膳食补充剂日益增多,有必要引入可耐受最高摄入量指导安全消费,在大多数情况下,可耐受最高摄入量包括膳食、强化食品和添加剂等各种来源的营养素之和。

5. 宏量营养素可接受范围

宏量营养素可接受范围(acceptable macronutrient distribution ranges,AMDR)指蛋白质、脂肪和碳水化合物理想的摄入量范围,该范围可以提供这些必需营养素的需要,并且有利于降低发生慢性非传染性疾病的危险,常用占能量摄入量的百分比表示。

蛋白质、脂肪和碳水化合物都属于在体内代谢过程中能够产生能量的营养素,因此被称之为产能营养素(energy source nutrient)。它们属于人体的必需营养素,而且三者的摄入比例还影响微量营养素的摄入状况。当产能营养素摄入过量时又可能导致机体能量贮存过多,增加慢性非传染性疾病的发生风险。因此,有必要提出宏量营养素可接受范围,以预防营养素缺乏,同时减少摄入过量而导致慢性非传染性疾病的风险。传统上宏量营养素可接受范围常以某种营养素摄入量占摄入总能量的比例来表示,其显著的特点之一是具有上限和下限。如果个体的摄入量高于或低于推荐范围,可能引起必需营养素缺乏或罹患慢性非传染性疾病的风险增加。

6. 预防非传染性慢性病的建议摄入量

膳食营养素摄入量过高导致的慢性非传染性疾病一般涉及肥胖、高血压、血脂异常、中风、心肌梗死以及某些癌症。预防非传染性慢性病的建议摄入量(proposed intakes for preventing non-communicable chronic diseases,PI-NCD,简称建议摄入量,PI)是以慢性非传染性疾病的一级预防为目标,提出的必需营养素的每日摄入量。当慢性非传染性疾病易感人群某些营养素的摄入量达到建议摄入量时,可以降低发生慢性非传染性疾病的风险。此次提出建议摄入量的值包括维生素 C、钾、钠。

7. 特定建议值

近几十年的研究证明传统营养素以外的某些膳食成分,具有改善人体生理功能、预防慢性非传染性疾病的生物学作用,其中多数属于植物化合物,特定建议值(specific proposed levels,SPL)是指膳食中这些成分的摄入量达到这个建议水平时,有利于维护人体健康。此次提出特定建议值的有:大豆异黄酮、叶黄素、番茄红素、植物甾醇、氨基葡萄糖、花色苷、原花青素。

12.3 膳食结构与膳食指南

12.3.1 膳食结构

12.3.1.1 膳食结构的概念及类型

1. 膳食结构的概念

膳食结构(dietary pattern)指一定时期内特定人群膳食中动植物等食品的消费种类、数量及比例关系,它与国家的食物生产加工、人群经济收入、饮食习俗、身体素质等有关。膳食结构反映了人群营养水平,是衡量其生活水平和经济发达程度的标志之一。

2. 膳食结构的类型

目前,世界各国的膳食结构大体上可划分为以下 4 种基本类型。

(1)植物性和动物性食品消费量比较均衡,热能、蛋白质、脂肪摄入量基本上符合营养标准,膳食结构较为合理,以日本为代表 国际营养科学联合会(2015)提出人体每天所需营养标准为:碳水化合物应占 55%～65%,蛋白质占 10%～15%,脂肪占 20%～25% 是较为理想标准。日本人的食物构成为:碳水化合物占 63%,蛋白质占 13%,脂肪 24%,其比率适中,而且日本人每天的蛋白质平均消费量中,植物性和动物性蛋白各占 45%～55%,水产品的蛋白质占动物蛋白质的 45%,位居世界第一。与欧美和亚洲发展中国家相比,日本饮食结构有其更鲜明的特点。日本人的饮食结构特点既能为人体提供必需的能量,又不至于营养过剩。摄入的蛋白质、脂肪、碳水化合物的比率相对平均。摄入的植物性蛋白质种类多也比较充足,且摄入的动物性蛋白质脂肪含量很低,大大地减少了营养缺乏性疾病和营养过剩性疾病的患病率。

(2)高热能、高脂肪、高蛋白质的膳食结构,以欧美国家为代表 其特点是谷物消费量少,按人平均每年仅 60~70 kg,动物性食品占很大比例,肉类人均年消费量为 100 kg 左右,奶及奶制品达 100~150 kg,食糖和水果吃得多,人均年消费量分别达到 40~60 kg 和 70~80 kg,营养素过量。NHANES 统计 2007—2010 年,与推荐标准相比较,美国膳食摄入量蔬菜:87%的人低于目标摄入量;果实:75%的人低于目标摄入量;总谷物:44%的人粮食摄入量低于目标;乳制品:86%的人低于目标摄入量;蛋白质食品:42%的人摄入量低于目标;油脂:72%的人摄入量低于目标;添加糖:70%以上的人摄入量超过限值;饱和脂肪:71%的人摄入量超过限值;钠:89%的人的摄入量超过限值。

目前,在美国许多人使用的典型饮食模式,与饮食指南与健康的美国式模式相比:大约 3/4 的人口有一种蔬菜、水果、乳制品和油脂缺乏的饮食模式,半数以上的人口正在满足或超过总谷物和总蛋白质食品的建议。大多数美国人超过了添加糖、饱和脂肪和钠的建议。此外,许多人的饮食方式卡路里太高。随着时间的推移,卡路里的摄入量,与卡路里的需求相比,最好是通过测量体重状况来评估。超重或肥胖的人口比例很高,这表明美国许多人过度消耗卡路里。

在美国,超过 2/3 的成年人和近 1/3 的儿童和青少年超重或肥胖。营养过剩的弊端已引起人们的普遍关注,2015 年,美国的膳食指南新增 10 条内容:①注重整体膳食模式而不是单一营养素。②解除总脂肪摄入占总能量百分比的限制:脂肪种类更重要。③饱和脂肪酸摄入量不超过每天 10%的总能量。④解除每天胆固醇摄入量 300 mg 的限制:可以适量摄入鸡蛋。⑤环境问题,为了健康和环境,减少摄入红肉和加工肉制品。⑥食物添加糖要限制在 10%总能量摄入的范围内。⑦保留每天食盐摄入量不超过 2.3 g。⑧咖啡可作为健康食物和生活方式的一部分。⑨人工养殖与野生海产品具有等同的营养价值(长链 n-3 脂肪酸含量相似)。⑩推广"健康文化",目标是使健康的生活方式和预防成为国家和地方优先和现实。

(3)热能基本上满足人体需要,但食物质量不

高,蛋白质和脂肪较少,尤其是动物性食品提供的营养素不足,以素食为主,以印度、非洲等为代表 印度 2011 年版修订的膳食指南指出印度的饮食和营养情况:在印度人口中,约 28%的农村人口和 26%的城市人口估计低于贫困线,贫困线的定义是农村地区平均每人每天获得 10 046 kJ,城市地区平均每天获得 8 790 kJ 所需的支出。在农村贫困和城市贫民窟社区,蛋白质能量营养不良、微量营养素缺乏,如维生素 A 缺乏、缺铁性贫血、碘缺乏症和维生素 B 复合物缺乏是最显著的营养问题。由于产妇营养不良(体重不足、怀孕期间体重增加不良、营养贫血和维生素缺乏),约 22%的婴儿出生时就患有这种疾病低出生体重(< 2 500 g),相比之下,在发达国家不到 10%。

印度国家营养监测局(NNMB)的调查表明,印度家庭中除谷类和小米(396 g)外的所有食物的每天摄入量低于推荐每天摄入量(RDA)。作为蛋白质重要来源的绿豆、孟加拉豆、黑豆等豆类的平均消耗量不到日粮的 50%。绿叶蔬菜(< 14 g)和其他蔬菜(43 g)的消费量严重不足,这些蔬菜富含 β-胡萝卜素、叶酸、钙、核黄素和铁等微量营养素,可见脂肪的摄入量也低于推荐每天摄入量的 50%。在印度,能量不足的家庭占 70%左右,蛋白质不足家庭占 27%左右。因此,在以谷物/小米为基础的印度饮食中,最主要的瓶颈是能量不足,而不是像先前所认为的蛋白质。

印度的膳食指南指出:①吃各种各样的食物以确保饮食均衡;②确保为孕妇和哺乳期妇女提供额外的食物和保健;③提倡 6 个月的纯母乳喂养,鼓励母乳喂养至两年或尽可能长的时间;④6 个月后给婴儿喂以家庭为基础的半固体食物;⑤确保为儿童和青少年,无论健康还是疾病;⑥多吃蔬菜和水果;⑦确保适度使用食用油和动物食品,并尽量减少使用酥油/黄油/香草精;⑧避免暴饮暴食以防止超重和肥胖;⑨经常锻炼身体,保持理想的体重;⑩将盐摄入量限制在最低限度;⑪确保使用安全清洁的食品;⑫采用正确的预煮工艺和适当的烹饪方法;⑬多喝水,适量饮用饮料;⑭尽量减少使用富含盐、糖和脂肪的加工食品;⑮在老年人的饮食中加入富含微量营养素的食物,使他们能够保持健康和活跃。

(4)地中海饮食 泛指希腊、西班牙、法国和意大利南部等处于地中海沿岸的南欧各国以蔬菜水果、鱼类、五谷杂粮、豆类和橄榄油为主的饮食风格,是从健康的美国式饮食模式中改编而来的,它修改

了一些食物组推荐的摄入量,以更紧密地反映地中海式饮食研究中与积极健康结果相关的饮食模式。从提供量化数据的研究中得出的食物组摄入量与健康的美国式饮食模式中的摄入量进行了比较,并进行了调整,以更好地反映地中海式饮食组的摄入量,这种模式的健康性是根据其与这些研究中健康结果积极的人群的食物摄入量的相似性来评估的,而不是在满足特定的营养标准的基础上进行的,与健康的美国式模式相比,地中海式的健康模式包含更多的水果和海鲜以及更少的奶制品,这些量的变化仅限于适合成人的卡路里水平,因为儿童并不是用于改变模式的研究的一部分。该模式中的油量没有被调整,因为健康的美国式模式已经包含了与研究中的健康结果相关的数量相似的油类,并且高于美国的典型摄入量。同样,在健康的美国式模式中,肉类和家禽的数量少于美国的典型摄入量,也与研究中与健康结果呈阳性相关的数量相似。虽然没有对营养充分性标准进行评估,但对模式中的营养水平进行了评估。除了钙和维生素 D 外,这种模式类似于健康的美国模式,除了钙和维生素 D 之外,由于成人的奶制品较少,钙和维生素 D 的含量较低。这种饮食风格以种类丰富的植物食品为基础,包括大量的水果、蔬菜和豆类等。该饮食结构中,食物的加工程度低,新鲜度高,以食用当季和当地产的食物为主。脂肪提供能量占膳食总能量比值在 25%～35%,饱和脂肪只占 7%～8%。每天摄取的食物中,平均蔬菜 191 g,水果 463 g,豆类 30 g,面粉谷类 453 g,薯类 170 g,肉禽类 35 g,鱼类 39 g,蛋类 15 g 以及酒 23 g。该饮食模式下,人的心、脑血管疾病和癌症发病率、死亡率最低,平均寿命更是比高热高脂肪的饮食模式要高出 17%,是膳食结构的典范。

12.3.1.2 我国的膳食结构

1. 食物消费情况

全国城乡居民食物摄入量如表 12-1 所示。

表 12-1 全国城乡居民食物摄入量 g/(标准人·d)

食物	全国			城市			农村		
	1992 年	2002 年	2010—2012 年	1992 年	2002 年	2010—2012 年	1992 年	2002 年	2010—2012 年
粮谷类	439.9	365.3	337.3	405.4	278.7	281.4	485.8	403.6	390.7
薯类	86.6	49.1	35.8	46.0	31.8	28.4	108.0	55.7	42.8
新鲜蔬菜	310.3	276.2	269.4	319.3	251.9	283.3	306.7	285.6	256.1
水果	49.2	45.0	40.7	80.1	69.4	48.8	32.0	35.6	32.9
大豆类及制品	11.2	14.6	10.9	13.3	15.3	12.4	10.2	14.2	9.4
坚果	3.1	3.8	3.8	3.4	5.4	4.7	3.0	3.2	2.8
畜禽肉类	58.9	78.6	89.7	100.5	104.4	98.5	37.6	68.7	81.2
鱼虾类	27.5	29.6	23.7	44.2	44.9	32.4	19.2	23.7	15.4
奶类及其制品	14.9	26.5	24.7	36.1	65.2	37.8	3.8	11.4	12.1
蛋类及其制品	16.0	23.7	24.3	29.4	33.3	29.5	8.8	20.0	19.4
糕点类	7.1	9.2	7.4	13.1	17.2	8.3	4.1	6.2	6.6
糖/淀粉	4.7	4.4	6.4	7.7	5.2	7.0	3.0	4.1	5.9
烹调油	29.5	41.6	42.1	36.9	44.0	43.1	25.6	40.7	41.0
烹调盐	13.9	12.0	10.5	13.3	10.9	10.3	13.9	12.4	10.7
酱油	12.6	8.9	7.9	15.9	10.6	9.1	10.6	8.2	6.8

注:1.1992 年为按照每 100 g 各种豆类中蛋白质的含量与每 100 g 黄豆中蛋白质的含量(35.1 g)的比作为系数,折算成黄豆的摄入量;2002 年和 2012 年杂豆类摄入量未纳入大豆类及制品的计算和比较。

2.标准人为 18 岁轻体力活动男子。

资料来源:赵丽云,房玥晖,何宇纳,等 . 1992—2012 年中国城乡居民食物消费变化趋势[J]. 卫生研究,2016,(4):522-52

1992—2012年,中国经济快速发展,城乡居民食物供应充足,我国城乡居民膳食营养状况变化呈现两个阶段,其中1992—2002年膳食结构变化较2002—2012年更加明显,2002—2012年变化总体趋于稳定,城市膳食结构不平衡现象较2002年有所改善,但农村居民膳食结构不平衡开始体现。

1992—2012年,中国城乡居民薯类食物消费量也有所减少,2010—2012年我国城乡居民平均每标准人每天薯类食物摄入量比1992年减少了50.8 g,比2002年减少了13.3。农村居民消费量降幅较城市高,但也呈现1992—2002年降幅高于2002—2012年的趋势。

1992—2012年,中国城乡居民粮谷类食物消费量有所下降,2010—2012年我国城乡居民平均每标准人每天粮谷类食物摄入量比1992年减少了102.6 g,比2002年减少了28.0。总体来看,粮谷类食物消费量城市降幅高于农村,1992—2002年的降幅较大,2002—2012年期间基本保持稳定。

1992—2012年,中国城乡居民新鲜蔬菜消费量有所减少,但城市和农村趋势有所不同,2010—2012年城市居民平均比1992年减少了26 g,比2002年增加了31.4 g,但农村居民2010—2012年平均比1992年减少了50.6 g,比2002年减少了29.5 g。

1992—2012年,中国城市居民水果消费量略有减少,其中城市居民平均每标准人每天水果摄入量有所下降,2010—2012年城市居民平均比1992年减少了31.3 g,比2002年减少了20.6 g,农村居民摄入量在20年间基本保持稳定,但城市居民平均摄入量在20年间均高于农村居民。

1992—2012年,中国城乡居民大豆类及制品消费量呈现先增加再减少的趋势,2010—2012年城乡居民平均每标准人每天大豆类及制品摄入量与1992年基本持平,但与2002年相比有所减少。坚果消费量基本稳定,城市居民平均摄入量略有增加,农村居民则略有下降,总体来看城市居民摄入量略高于农村。

1992—2012年,中国城乡居民畜禽肉类消费量呈增加趋势,其中城市居民平均每标准人每天摄入量基本保持稳定,但农村居民摄入量明显增加。2010—2012年农村居民畜禽肉类摄入量较1992年增加了43.6 g,较2002年增加了12.5 g。

1992—2012年,中国城乡居民鱼虾类消费量基本保持稳定。尽管2002年农村和城市平均每标准人每天摄入量较1992年均有所上升,但2010—2012年摄入量较2002年平均减少了5.9 g,基本与1992年持平,但城市居民20年来摄入量均高于农村居民。

1992—2012年,中国城乡居民奶类消费量总体呈上升趋势。其中城市居民2010—2012年奶类平均每标准人每天摄入量较2002年有较大程度下降,与1992年持平,平均减少了28.0 g。农村居民1992—2002年期间增幅明显,2002—2012年期间仅略有增加,但仍处于较低的水平。

1992—2012年,中国城乡居民蛋类消费量在1992—2002年间增幅较大,而在2002—2012年变化不大。

1992—2012年,中国城乡居民糕点类食物消费量2002年最高,1992年与2010—2012年持平,城市居民平均每标准人每天糕点类食物摄入量与全国趋势一致,且2002—2012年间下降明显。农村居民则呈上升趋势,但20年间平均摄入量均低于城市居民;糖、淀粉消费量2010—2012年较2002年有所上升,1992—2002年间则基本持平。

1992—2012年,中国城乡居民平均每标准人每天烹调油摄入量在1992—2002年明显上升,2010—2012年与2002年基本持平;烹调盐的摄入量则呈下降趋势,与1992年相比,2010—2012年全国平均烹调盐的摄入量减少了3.4 g,与2002年相比减少了1.5 g,城市居民烹调盐摄入量在1992—2002年下降明显。而农村居民则在2002—2012年下降明显,酱油的摄入量也呈下降趋势。

2.膳食营养素摄入量

全国城乡居民平均营养素的摄入量如表12-2所示。

表 12-2　全国城乡居民平均每标准人每天营养素的摄入量

能量营养素	2002 年			2010—2012 年		
	全国	城市	农村	全国	城市	农村
能量/kJ	9 421	8 934	9 609	9 079	8 580	9 557
蛋白质/g	65.9	69.0	64.6	64.5	65.4	63.6
脂肪/g	76.3	85.6	72.7	79.9	83.8	76.2
碳水化合物/g	321.2	268.3	341.6	300.8	261.4	338.8
膳食纤维/g	12.0	11.1	12.4	10.8	10.8	10.9
视黄醇当量(维生素 A)/μg	469.2	550.0	439.1	443.5	514.5	375.4
硫胺素(维生素 B_1)/mg	1.0	1.0	1.0	0.9	0.9	1.0
核黄素(维生素 B_2)/mg	0.8	0.9	0.7	0.8	0.8	0.7
烟酸/mg	14.7	15.9	14.2	14.3	15.0	13.7
抗坏血酸(维生素 C)/mg	88.4	82.3	90.8	80.4	85.3	75.7
维生素 E/mg	35.6	37.3	35.0	35.9	37.5	34.3
维生素 E-α/mg	8.2	8.3	8.1	8.6	9.6	7.6
钾/mg	1 700.1	1 723.2	1 691.5	1 616.9	1 660.7	1 574.3
钠/mg	6 268.2	6 040.9	6 368.8	5 702.7	5 858.8	5 554.6
钙/mg	388.8	438.6	369.6	366.1	412.4	321.4
镁/mg	308.8	291.8	315.3	284.9	281.1	288.5
铁/mg	23.2	23.8	23.1	21.5	21.9	21.2
锰/mg	6.8	6.0	7.1	5.9	5.4	6.4
锌/mg	11.3	11.5	11.2	10.7	10.6	10.8
铜/mg	2.2	2.3	2.2	1.9	1.8	2.0
磷/mg	978.8	973.2	981.0	954.6	968.3	937.1
硒/μg	39.9	46.6	37.4	44.6	47.0	42.2

注：标准人为 18 岁轻体力活动男子。
资料来源：于冬梅，何宇纳，郭齐雅，等. 2002—2012 年中国居民能量营养素摄入状况及变化趋势[J]. 卫生研究，2016，04：527-533

2010—2012 年，中国居民平均每标准人每天能量摄入量为 9 079 kJ，农村高于城市。与 2002 年相比，城市居民能量摄入量下降 343 kJ，农村居民变化微小；城乡居民的能量摄入差距有所增加，2002 年城乡差为 673 kJ，2010—2012 年城乡差为 975 kJ。

2010—2012 年，中国居民平均每标准人每天碳水化合物摄入量为 300.8 g，农村高于城市。与 2002 年相比，不论城市还是农村，居民的碳水化合物摄入量均略有下降；10 年来的城乡差距没有变化。

2010—2012 年，中国居民平均每标准人每天蛋白质整体摄入水平与 2002 年基本持平。

2010—2012 年，中国居民平均每标准人每天脂肪摄入量为 79.9 g。与 2002 年相比全国水平的脂肪

摄入量增加 3.6 g；城市居民略有下降，农村有所上升，农村居民的增幅高于城市；10 年来的城乡差距缩小。

2010—2012 年，中国居民平均每标准人每天膳食纤维摄入量为 10.8 g。与 2002 年相比，不论城市还是农村，平均摄入量均有下降；10 年来的城乡差距变小。

与 2002 年相比，2010—2012 年农村居民维生素 C 摄入量下降了 63.7 μg；城市居民的抗坏血酸(维生素 C) 摄入量有所增加，农村居民下降明显；硫胺素(维生素 B_1)、烟酸、总维生素 E 和维生素 E(α)的摄入量均接近 2002 年水平。

与 2002 年相比，2010—2012 年，中国居民平均

每标准人每天钠摄入量呈下降趋势,平均减少565.5 mg;居民钙摄入量略有下降,因为农村居民钙的摄入量平均下降了48.2 mg;居民的钾、镁、铁、锰、锌、磷的摄入量低于2002年水平;硒的摄入量略高于2002年水平;而铜基本没有变化。

未来我国膳食结构调整的主要方面是增加牛、羊、禽、水产、蔬菜、水果尤其是奶类和豆类的生产,努力开发及合理利用新的食物资源。针对城镇人口与农村人口、东南沿海与西北地区、富裕户与贫困户之间日益增大的差距,重点改善贫困人群食物的生产消费和营养保障,防止营养过剩导致的疾病。食品工业中要大力发展符合营养卫生标准的营养强化食品,如断奶食品、儿童辅助食品及补铁、补钙食品等。进行营养教育,制订营养法规。

12.3.2 膳食指南

12.3.2.1 膳食指南的概念

膳食指南(dietary guideline)是依据营养学理论,结合社区人群实际情况制定的,是教育社区人群采用平衡膳食,摄取合理营养从而促进健康的指导性意见。

1980年,美国制定了第1版《美国人口的膳食指南》之后,多次修订,2016年1月7日,美国发布了2015—2020年版膳食指南。在新版的美国居民膳食指南中,强调要始终保持健康的饮食模式,重视食物的多样性、营养素含量和摄入量,限制来自添加糖和饱和脂肪的能量摄入,并减少钠的摄入量,转变食物选择习惯,选择健康的食物和饮料,并且无论何时何地都应该保持良好的饮食习惯。《2015—2020年美国居民膳食指南》所给出的5条膳食核心推荐如下。

①始终保持健康的饮食模式。食物和饮料的选择对健康都有影响。选择能量适当的健康饮食模式,不仅有助于达到和维持健康体重,保证获得充足营养素,还可减少慢性病的发病风险。

②重视食物的多样性、营养素含量和摄入量。按推荐量从各种食物中选择营养素密度高的食物,既能满足营养需求,又能限制能量摄入。

③限制来自添加糖和饱和脂肪的能量摄入,并减少钠的摄入量。实践低添加糖、低饱和脂肪和低钠的饮食模式。少吃含这些成分高的食物和饮料,以形成健康饮食模式。

④转变食物选择习惯,选择健康的食物和饮料。选择各种食物中营养素密度高的食物和饮料,替换相对不健康的食物。充分考虑文化背景和个人喜好,使这些习惯的转变更容易实现和维持。

⑤无论何时何地,都应支持和实践健康饮食模式。从家庭到学校到工作场合到社区,每个人都有义务帮助创建和支持健康饮食模式。

12.3.2.2 我国的膳食指南

2014年,中国营养学会受国家卫生和计划生育委员会委托,组织了《中国居民膳食指南》修订专家委员会,对我国第3版《中国居民膳食指南(2007)》进行修订。经过膳食指南修订专家委员会和技术工作组百余位专家两年来的工作,并广泛征求相关领域专家、政策研究者、管理者、食品行业、消费者的意见,最终形成了《中国居民膳食指南(2016)》系列指导性文件。《中国居民膳食指南(2016)》已由人民卫生出版社正式出版发行。一般人群膳食指南适合6岁以上正常人群,其核心推荐及摘要如下。

1.食物多样,谷类为主

平衡膳食模式是最大程度上保障人体营养需要和健康的基础,食物多样是平衡膳食模式的基本原则。每天的膳食应包括谷薯类、蔬菜水果类、畜禽鱼蛋奶类、大豆坚果类等食物。建议平均每天摄入12种以上食物,每周25种以上。谷类为主是平衡膳食模式的重要特征,每天摄入谷薯类食物250～400 g,其中全谷物和杂豆类50～150 g,薯类50～100 g;膳食中碳水化合物提供的能量应占总能量的50%以上。

2.吃动平衡,健康体重

体重是评价人体营养和健康状况的重要指标,吃和动是保持健康体重的关键。各个年龄段人群都应该坚持天天运动、维持能量平衡、保持健康体重。体重过低和过高均易增加疾病的发生风险。推荐每周应至少进行5 d中等强度身体活动,累计150 min以上;坚持日常身体活动,平均每天主动身体活动6 000步。尽量减少久坐时间,每小时起来动一动,动则有益。

3.多吃蔬果、奶类、大豆

蔬菜、水果、奶类和大豆及制品是平衡膳食的重要组成部分,坚果是膳食的有益补充。蔬菜和水果是维生素、矿物质、膳食纤维和植物化学物的重要来源,奶类和大豆类富含钙、优质蛋白质和 B 族维生素,对降低慢性病的发病风险具有重要作用。提倡餐餐有蔬菜,推荐每天摄入 300～500 g,深色蔬菜应占 1/2。天天吃水果,推荐每天摄入 200～350 g 的新鲜水果,果汁不能代替鲜果。吃各种奶制品,摄入量相当于每天液态奶 300 g。经常吃豆制品,每天相当于大豆 25 g 以上,适量吃坚果。

4.适量吃鱼、禽、蛋、瘦肉

鱼、禽、蛋和瘦肉可提供人体所需要的优质蛋白质、维生素 A、B 族维生素等,有些也含有较高的脂肪和胆固醇。动物性食物优选鱼和禽类,鱼和禽类脂肪含量相对较低,鱼类含有较多的不饱和脂肪酸。蛋类各种营养成分齐全。吃畜肉应选择瘦肉,瘦肉脂肪含量较低。过多食用烟熏和腌制肉类可增加肿瘤的发生风险,应当少吃。推荐每周吃鱼 280～525 g,畜禽肉 280～525 g,蛋类 280～350 g,平均每天摄入鱼、禽、蛋和瘦肉总量 120～200 g。

5.少盐少油,控糖限酒

我国多数居民目前食盐、烹调油和脂肪摄入过多,这是高血压、肥胖和心脑血管疾病等慢性病发病率居高不下的重要因素,因此应当培养清淡饮食习惯,成人每天食盐不超过 6 g,每天烹调油 25～30 g。过多摄入添加糖可增加龋齿和超重发生的风险,推荐每天摄入糖不超过 50 g,最好控制在 25 g 以下。水在生命活动中发挥重要作用,应当足量饮水。建议成年人每天 7～8 杯(1 500～1 700 mL),提倡饮用白开水和茶水,不喝或少喝含糖饮料。儿童少年、孕妇、乳母不应饮酒,成人如饮酒,一天饮酒的酒精量男性不超过 25 g,女性不超过 15 g。

6.杜绝浪费,兴新食尚

勤俭节约,珍惜食物,杜绝浪费是中华民族的美德。按需选购食物、按需备餐,提倡分餐不浪费。选择新鲜卫生的食物和适宜的烹调方式,保障饮食卫生。学会阅读食品标签,合理选择食品。创造和支持文明饮食新风的社会环境和条件,应该从每个人做起,回家吃饭,享受食物和亲情,传承优良饮食文化,树健康饮食新风。

根据平衡膳食原则,指南修订专家委员会把推荐的各类食物重量和膳食比例转化为宝塔图形来表示,便于记忆和执行。膳食宝塔作为主要图形,具体体现了中国居民膳食指南核心内容。膳食餐盘和膳食算盘则是辅助图形,对膳食宝塔所传达的信息给予补充。

膳食指南推荐了在营养上比较理想的膳食模式,它所建议的各大类食物的每日平均摄入量、运动量和饮水量,构成了平衡的膳食模式,这个模式能最大程度的同时满足对能量和营养素需要量的要求。膳食指南上标注的"量",是针对轻体力活动水平的健康成年人而制定,对其他人群的建议量可以参阅指南书。

膳食宝塔共分 5 层,膳食宝塔各层中具体食物种类为:第 1 层为谷薯类食物,第 2 层为蔬菜水果类,第 3 层为鱼、禽、肉、蛋等动物性食物,第 4 层为乳类、豆类和坚果,第 5 层为烹调油和盐(图 12-1)。

宝塔各层面积大小不同,体现了五类食物推荐量的多少;宝塔旁边的文字注释,提示了在能量(1 600～2 400 kcal,1 kcal＝4.184 kJ)时,一段时间内健康成年人平均到每天的各类食物摄入量范围。若能量需要量水平增加或减少,食物的摄入量也会有相应变化,以满足身体对能量和营养素的需要。膳食宝塔还包括身体活动、饮水的图示,强调增加身体活动和足量饮水的重要性。

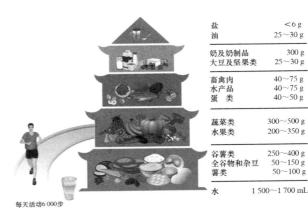

盐	<6 g
油	25～30 g
奶及奶制品	300 g
大豆及坚果类	25～30 g
畜禽肉	40～75 g
水产品	40～75 g
蛋 类	40～50 g
蔬菜类	300～500 g
水果类	200～350 g
谷薯类	250～400 g
全谷物和杂豆	50～150 g
薯类	50～100 g
水	1 500～1 700 mL

每天活动 6 000 步

图 12-1 中国居民平衡膳食宝塔
资料来源:中国营养学会.2016

12.4 营养食谱编制

12.4.1 食谱编制的原则

食谱(recipe)是反映膳食的食物配制及烹调方法的一种简明的文字形式,内容包括食物的种类、数量以及要制成的菜肴名称和烹调方法,每天或几天均可编制一次。

编制食谱的目的是为了保证人体对能量和各种营养素的需要,并据此将食物原料配制成可口的饭菜,适当地分配在一天的各个餐次中。编制食谱是有计划地调配膳食,保证膳食多样化和合理平衡的膳食制度的重要手段,从营养学角度来看,是使食谱食物的质和量方面符合合理的营养原则,组成平衡膳食,满足用餐者每天需要的能量和各种营养素,防止营养素过剩或缺乏。

另外,对不宜采用普通膳食食谱者,还可分别编制调剂膳食食谱、要素膳食食谱、素膳食食谱、流质膳食食谱等,以满足他们特殊生理、饮食习俗、特殊职业的需要。食谱编制的原则有以下 4 种。

①按照中国营养学会制定的《中国居民膳食营养素参考摄入量》所规定的热能和各种营养素的数量来选择食物原料,并根据食物寒、热、温、凉等本性,辛、甘、酸、苦、咸等本味来确定配膳原料。

②按不同地区、季节及市场食物的变动情况、膳食者的消费水平、食堂设备和厨师的技术能力,应尽可能以分量少、品种多的方式进行食物调配。

③烹调方式应能使主、副食的感官性状良好和符合多样化的要求,尽量适应进食者的饮食习惯、民族习惯和地方习惯以及特殊需要。

④根据进食者的体力活动强度、生理和生活规律安排进餐的次数和时间,应将全天的食物适当地分配到各餐中去。每餐要努力做到既有饱腹感,又有舒适感,营养物质各餐分配也要恰当,不可一餐过多,一餐过少,或者一周食谱中前 5 d 清淡,后 2 d 丰盛。

12.4.2 食谱编制的方法

目前,编制食谱的基本方法有计算法、食品交换法和计算机食谱编制法。

计算法是食谱编制最早采用的一种方法,也是其他两种食谱编制方法的基础。它主要是根据就餐者的营养素需要情况,根据膳食组成计算蛋白质、脂肪和碳水化合物的摄入量,参考每天维生素、矿物质摄入量,查阅食物营养成分表,选定食物种类和数量的方法。食品交换法是根据不同能量需要,按蛋白质、脂肪和碳水化合物的比例,计算出各类食物的交换份数,并按每份食物等值交换选择,再将这些食物分配到一日三餐中,即得到营养食谱。计算机食谱编制法是使用一系列营养软件,利用食物成分数据库进行膳食营养素含量的计算、膳食营养结构分析、食谱编制等,现在大多数营养工作部门已越来越普遍使用。以食谱编制的计算法为例,其步骤如下。

1.确定热能摄入量

热能摄入量的确定主要是根据就餐者的性别、年龄、劳动强度、身体状况等,通过"膳食营养素参考摄入量"查得,也可以通过能量消耗法计算,即根据人体维持基础代谢所需要的能量,食物特殊动力作用所消耗的能量,体力活动所消耗的能量计算人体所需要的能量。

2.根据膳食组成,计算蛋白质、脂肪和碳水化合物每天的摄入量

我国目前建议每人每日的膳食组成为普通蛋白质 10%～15%、脂肪 20%～30%、碳水化合物 55%～65%。根据膳食组成及三大产热营养素的能量系数计算蛋白质、脂肪和碳水化合物的每天摄入量。

3.大致选定一天食物的种类和数量

根据以上计算的各种生热营养素摄入量,参考每日维生素、矿物质摄入量,查阅食物营养成分表,大致选定一天食物的种类和数量。先确定以提供生热营养素为主的食物,如谷物、肉类、蛋、油脂等,再确定蔬菜、水果等以供给维生素、矿物质、膳食纤维为主的食物。一般成人一天食物的种类和数量约为粮谷 500 g,动物性食物 50～150 g,大豆及其制品 50 g,蔬菜(绿叶蔬菜占 1/2)300～500 g,植物油 20 g 左右。

4.三餐的能量分配比例

(1)早餐 早餐占全天能量总摄入量的 25%～30%,并要有足够的优质蛋白质和脂肪。因为上午活动量较大,工作效率高,消耗的能量和营养素比例也大。

(2)午餐 午餐在三餐中摄入的营养素最多,占全天总能量的 40%。要保证碳水化合物、蛋白质、脂肪的摄入量。

(3)晚餐 晚餐占全天总能量的 30%～35%。要多配蔬菜、水果和易消化、饱腹感强的食物,高蛋白质、高脂肪的食物不宜过量,以免影响消化和睡眠,并减少体脂的积蓄。

5.三餐中各种食物的分配

根据三餐的总能量,将分配比例确定为早餐30%、午餐50%、晚餐20%(其中碳水化合物、蛋白质和脂肪占提供能量的比例依次为65%、12%和23%),并根据该分配比例,将食物分配到各餐中,同时计算出各类主副食摄入量,完成每日食谱编制。

6.对每天膳食食谱的营养评价

每天膳食食谱的营养评价是以膳食中营养素含量占参考摄入量标准的百分比来评价的。膳食中各种营养素的含量不一定必须达到摄入量值的百分之百,因为所定的摄入量标准一般比平均需要量高一些。在各种营养素中,能量摄入量与需要量差别不大,故在评价膳食时,首先考虑能量。一般能量摄取量为推荐摄入量值的90%以上可认为正常,低于90%为摄入不足。其他营养素摄取量如在参考摄入量值的80%以上,一般可保证大多数人不致发生营养素缺乏。长期低于这个水平可能使一部分人体内贮存降低,有的甚至出现营养缺乏症状。低于60%则可认为营养素摄入严重不足。

在对每天膳食食谱进行营养评价时,需要计算出各种营养素摄入量占参考摄入量标准的百分比,如低于摄入量标准20%以上,则需要修改食谱或补充加餐。

12.4.3 食谱编制示例

例如,某天三餐的总能量为 12.54 MJ,分配比例确定为早餐为30%、午餐40%、晚餐30%(其中碳水化合物、蛋白质和脂肪提供能量依次为65%、12%和23%),则根据三餐分配比例,将食物分配到各餐中的计算步骤如下。

1.计算碳水化合物、脂肪和蛋白质分配到早、午、晚餐中的数量

(1)碳水化合物

早餐　$12\,540 \times 65\% \div 16.7 \times 30\% = 146(g)$

午餐　$12\,540 \times 65\% \div 16.7 \times 40\% = 195(g)$

晚餐　$12\,540 \times 65\% \div 16.7 \times 30\% = 146(g)$

(2)蛋白质

早餐　$12\,540 \times 12\% \div 16.7 \times 30\% = 27(g)$

午餐　$12\,540 \times 12\% \div 16.7 \times 40\% = 36(g)$

晚餐　$12\,540 \times 12\% \div 16.7 \times 30\% = 27(g)$

(3)脂肪

早餐　$12\,540 \times 23\% \div 37.6 \times 30\% = 23(g)$

午餐　$12\,540 \times 23\% \div 37.6 \times 40\% = 31(g)$

晚餐　$12\,540 \times 23\% \div 37.6 \times 30\% = 23(g)$

根据以上计算,可得到午餐需要碳水化合物195 g、蛋白质36 g、脂肪31 g。

2.计算主食摄入量

由于我国食物结构是以碳水化合物和植物蛋白质为主提供能量和蛋白质,应先计算主食摄入量。

计算时先将蔬菜类固定,一般为 300～500 g,这些蔬菜可提供碳水化合物15 g,固定蔬菜提供的碳水化合物后,剩下的碳水化合物就由主食供给,可依据下列公式计算:

未知食物的质量(g)=食物成分表中食物质量(g)× $\dfrac{\text{已知营养素的含量}(\%)}{\text{食物成分表中营养素含量}(\%)}$

例如,主食选择大米,则需要量为:

大米质量(g)= $(195-15) \times 100 \div 76 = 237(g)$

午餐主食大米需237 g,再以 237 g 大米的基数计算出蛋白质和脂肪。查食物成分表知每 100 g 大米含蛋白质8 g,脂肪2 g,蛋白质含量为: $8 \times 2.37 = 19(g)$,脂肪含量为: $2 \times 2.37 = 4.7(g)$。

3.计算副食摄入量

主食提供的蛋白质和脂肪算出后,依据需要量,其不足部分由副食补充。

蔬菜中的蛋白质含量除豆类外,一般都很低。为计算方便,通常以 100 g 蔬菜中含蛋白质 2 g 计,如选用 400 g 蔬菜,则 400 g 蔬菜含 8 g 蛋白质。

蛋白质的需要量为: $36-19-8 = 9(g)$

剩余 9 g 蛋白质,选择肉、蛋类。为便于计算,肉类蛋白质含量估计为其重量的 1/5,即肉类重量为瘦肉类蛋白质的 5 倍;一般瘦猪肉的脂肪量约为其蛋白质的 1.5 倍,亦即将它的蛋白质重量加上 1/2。因此,所需瘦猪肉重量为: $9 \times 5 = 45(g)$,瘦猪肉含脂肪量为: $9 \times 1.5 = 13.5(g)$

午餐的脂肪需要量为31 g,减去瘦猪肉及主食中含脂肪量,为 $31-13.5-4.7 = 12.8(g)$。其脂肪需要量的差额由植物油补充。通过计算,确定选择副食为瘦猪肉 45 g,白菜 250 g,芥菜 150 g,豆油 12 g。两个常食菜种为炒白菜,炒芥菜。

确定食物的种类和数量后,再将每一种食物的营养素含量(根据食物成分表),填入到食物营养素记录表,计算主副食中提供的营养素含量,与膳食营养素参考摄入量比较,食物营养记录见表12-3。

表 12-3　食物营养素记录表

类别	食物名称	重量/g	能量/kJ	蛋白质/g	脂肪/g	碳水化合物/g
主食	大米	237	3 432	17.6	1.9	184.6
副食	瘦猪肉	45	870	9.2	15	0
	白菜	250	147	3.7	0.3	6
	芥菜	150	117	3.3	0.4	3
	豆油	12	451	—	12	—
食物营养量总和			5 017	33.8	29.6	193.6
营养素摄入量标准			5 016	36	31	195
与摄入量标准比较			0%	−6.1%	−4.5%	−0.7%

资料来源：王尔茂. 食品营养与卫生. 北京：科学出版社，2004

在计算集体食堂时，可乘以预定份数，即可得出需要的食品原料总量，提供出符合一定标准的多人次的营养食谱。

12.4.4　食谱编制示例

1.确定用餐对象全日能量供给量

能量是维持生命活动正常进行的基本保证，能量不足，人体中血糖下降，就会感觉疲乏无力，进而影响工作、学习的效率；能量若摄入过多则会在体内贮存，使人体发胖，也会引起多种疾病。因此，编制食谱应该先考虑保证能从食物中摄入适宜的能量。

用膳者一日三餐的能量供给量可参照膳食营养素参考摄入量中能量的推荐摄入量，根据用餐对象的劳动强度、年龄、性别等确定。例如，办公室男性职员按轻体力劳动计，其能量供给量为 10.03 MJ。集体就餐对象的能量供给量标准可以以就餐人群的基本情况或平均数值为依据，包括人员的平均年龄、平均体重以及 80% 以上就餐人员的活动强度。如就餐人员的 80% 以上为中等体力活动的男性，则每天所需能量供给量标准为 11.29 MJ。

能量供给量标准只是提供了一个参考的目标，实际应用中还需参照用餐人员的具体情况加以调整，如根据用餐对象的胖瘦情况制订不同的能量供给量。因此，在编制食谱前应对用餐对象的基本情况有一个全面的了解，应当清楚就餐者的人数、性别、年龄、机体条件、劳动强度、工作性质以及饮食习惯等。

2.计算宏量营养素全天应提供的能量

能量的主要来源为蛋白质、脂肪和碳水化合物，为了维持人体健康，这三种能量营养素占总能量比例应当适宜，一般蛋白质占 10%～15%，脂肪占 20%～30%，碳水化合物占 55%～65%，具体可根据本地生活水平，调整上述 3 类能量营养素占总能量的比例，由此可求得 3 种能量营养素的一天的能量供给量。

如已知某人每天能量需要量为 11.29 MJ，若 3 种产能营养素占总能量的比例取中等值分别为蛋白质占 15%、脂肪占 25%、碳水化合物占 60%，则 3 种能量营养素各应提供的能量如下：

蛋白质 11.29 MJ ×15% = 1. 693 5 MJ

脂肪 11.29 MJ ×25% = 2.822 5 MJ

碳水化合物 11.29 MJ ×60% = 6.774 MJ

3.计算 3 种能量营养素每天需要数量

知道了 3 种产能营养素的能量供给量，还需将其折算为需要量，即具体的质量，这是确定食物品种和数量的重要依据。由于食物中的产能营养素不可能全部被消化吸收，且消化率也各不相同，消化吸收后也不一定完全彻底被氧化分解产生能量。因此，食物中产能营养素产生能量的多少按如下关系换算，即 1 g 碳水化合物产生能量为 16.7 kJ（4 kcal），1 g 脂肪产生能量为 37.6 kJ（9 kcal），1 g 蛋白质产生能量为 16.7 kJ（4 kcal）。

根据两大产能营养素的能量供给量及其能量折算系数，可求出全日蛋白质、脂肪、碳水化合物的需要量。

如根据上一步的计算结果，可算出 3 种能量营养素需要量如下：

蛋白质 1.693 5 MJ÷16.7 kJ/g=101 g（405 kcal÷4 kcal/g=101 g）

脂肪 2.822 5 MJ÷37.6 kJ/g=75 g（675 kcal÷

9 kcal/g＝75 g)

碳水化合物　6.774 MJ÷16.7 kJ/g＝406 g
(1 620 kcal÷4 kcal/g＝405 g)

4.计算 3 种能量营养素每餐需要量

知道了 3 种能量营养素全日需要量后,就可以根据三餐的能量分配比例计出三大能量营养素的每餐需要量。一般三餐能量的适宜分配比例为:早餐占 30％、午餐占 40％、晚餐占 30％。如根据上一步的计算结果,按照 30％、40％、30％的三餐供能比例,其中早、中、晚三餐各需要摄入的 3 种能量营养素数量如下:

(1)早餐　蛋白质 101 g×30％＝30 g,脂肪 75 g×30％＝23 g,碳水化合物 406 g×30％＝122 g。

(2)中餐　蛋白质 101 g×40％＝40 g,脂肪 75 g×40％＝30 g,碳水化合物 406 g×40％＝162 g。

(3)晚餐　蛋白质 101 g×30％＝30 g,脂肪 75 g×30％＝23 g,碳水化合物 406 g×30％＝122 g。

5.主副食品种和数量的确定

已知 3 种能量营养素的需要量,根据食物成分表,就可以确定主食和副食的品种和数量了。

(1)主食品种、数量的确定　由于粮谷类是碳水化合物的主要来源,因此主食的品种、数量主要根据各类主食原料中碳水化合物的含量确定。主食的品种主要根据用餐者的饮食习惯来确定,北方习惯以面食为主,南方则以大米居多。根据上一步的计算,早餐中应含有碳水化合物 122 g,若以小米粥和馒头为主食,并分别提供 20％和 80％的碳水化合物。查食物成分表得知,每 100 g 小米粥含碳水化合物 8.4 g,每 100 g 馒头含碳水化合物 44.2 g,则

所需小米粥重量＝122 g×20％÷(8.4/100)＝290 g

所需馒头重量＝122 g×80％÷(44.2/100)＝220 g

(2)副食品种、数量的确定　根据 3 种产能营养素的需要量,首先确定了主食的品种和数量,接下来就需要考虑蛋白质的食物来源了,蛋肉质广泛存在于动植物性食物中,除了谷类食物能提供的蛋白质,各类动物性食物和豆制品也是优质蛋白质的主要来源,因此副食品种和数量的确定应在已确定主食用量的基础上,依据副食应提供的蛋白质质量确定。其计算步骤如下:

①计算主食中含有的蛋白质质量。

②用应摄入的蛋白质质量减去主食中蛋白质质量,即为副食应提供的蛋白质质量。

③设定副食中蛋白质的 2/3 由动物性食物供给,1/3 由豆制品供给,据此可求出各自的蛋白质供给量。

④查表并计算各类动物性食物及豆制品的供给量。

⑤设计蔬菜的品种和数量。

仍以上一步的计算结果为例,已知该用餐者午餐应含蛋白类 40 g、碳水化合物 162 g。假设以馒头(富强粉)、米饭(大米)为主食,并分别提 50％的碳水化合物,由食物成分表得知,每 100 g 馒头和米饭含碳水化合物分别为 44.2 g 和 25.9 g,按上一步的方法,可算得馒头和米饭所需重量分别为 184 g 和 313 g。

由食物成分表得知,100 g 馒头(富强粉)含蛋白质 6.2 g,100 g 米饭含蛋白质 2.6 g,则

主食中蛋白质含量＝184 g×(6.2/100)＋313 g×(2.6/100)＝20 g

副食中蛋白质含量＝40 g－20 g＝20 g

设定副食中蛋白质的 2/3 应由动物性食物供给,1/3 应由豆制品供给,因此

动物性食物应含蛋白质重量＝20 g×66.7％＝13 g

豆制品应含蛋白质重量＝20 g×33.3％＝7 g

若选择的动物性食物和豆制品分别为猪肉(脊背)和豆腐干(熏),由食物成分表可知,每 100 g 猪肉(脊背)中蛋白质含量为 20.2 g,每 100 g 豆腐干(熏)的蛋白质含量为 15.8 g,则

猪肉(脊背)重量＝13 g÷(20.2/100)＝64 g

豆腐干(熏)重量＝7 g÷(15.8/100)＝44 g

首先,确定动物性食物和豆制品的重量,就可以保证蛋白质的摄入;然后,选择蔬菜的品种和数量。蔬菜的品种和数量可根据不同季节市场的蔬菜供应情况以及考虑与动物性食物和豆制品配菜的需要来确定。

⑥确定纯能量食物的量。油脂的摄入应以植物油为主,有一定量动物脂肪摄入。因此以植物油作为纯能量食物的来源。由食物成分表可知每日摄入各类食物提供的脂肪含量,将需要的脂肪总含量减去食物提供的脂肪量即为每日植物油供应量。

6.食谱的评价与调整

根据以上步骤设计出营养食谱后还应该对食谱进行评价,确定编制的食谱是否科学合理。应参照

食物成分表初步核算该食谱提供的能量和各种营养素的含量,与膳食营养素参考摄入量进行比较,相差在10%以下,可认为合乎要求,否则要增减或更换食品的种类或数量。

值得注意的是,制订食谱时不必严格要求每份营养餐食谱的能量和各类营养素均与膳食营养素参考摄入量保持一致。一般情况下,每天的能量、蛋白质、脂肪和碳水化合物的量出入不应该很大,其他营养素以一周为单位进行计算、评价即可。

(1)食谱的评价

根据食谱的制订原则,食谱的评价应该包括以下几个方面

①食谱中所含五大类食物是否齐全?是否做到了食物种类多样化?

②各类食物的量是否充足?

③全天能量和营养素摄入是否适宜?

④三餐能量摄入分配是否合理?早餐是否保证了能量和蛋白质的供应?

⑤优质蛋白质占总蛋白质的比例是否恰当?

⑥3种产能营养素(蛋白质、脂肪、碳水化合物)的供能比例是否适宜?

(2)评价食谱科学、合理的过程

①按类别将食物归类排序,并列出每种食物的数量。

②从食物成分表中查出每100 g食物所含营养素的量,算出每种食物所含营养素的量,其计算公式为:

食物中某营养素含量=食物量(g)×可食部分比例×100 g食物中营养素/100

③将所用食物中的各种营养素分别累计相加,计算出一天的食谱中3种能量营养素及其他营养素的量。

④将计算结果与中国营养学会制订的"中国居民膳食中营养素参考摄入量"中同年龄同性别人群的水平比较,进行评价。

⑤根据蛋白质、脂肪、碳水化合物的能量折算系数,分别计算出蛋白质、脂肪、碳水化合物三种营养素提供的能量及占总能量的比例。

⑥计算出动物性及豆类蛋白质占总蛋白质的比例。

⑦计算三餐提供能量的比例。

依据表12-4以10岁男生一天食谱为例,对食谱进行评价。

表 12-4　10 岁男生一天食谱

餐次	食物名称及用量
早餐	面包(面粉 150 g)、火腿(25 g)、牛奶(250 g)、苹果(100 g)
午餐	青椒肉片(青椒 100 g、瘦猪肉 45 g、植物油 6 g)、熏干芹菜(熏干 30 g、芹菜 100 g、植物油 5 g)、馒头(面粉 150 g)
晚餐	西红柿炒鸡蛋(西红柿 125 g、鸡蛋 60 g、植物油 5 g)、韭菜豆腐汤(韭菜 25 g、南豆腐 30 g、植物油 3 g)、米饭(大米 125 g)

①按类别将食物归类排序,看食物种类是否齐全。

谷类薯类面包 150 g、面粉 150 g、大米 125 g;禽畜肉及鱼类火腿 25 g、瘦猪肉 45 g;豆类及其制品熏干 30 g、南豆腐 30 g;奶类牛奶 250 g;蛋类鸡蛋 60 g;苹果 100 g;青椒 100 g、芹菜 100 g、西红柿 125 g、韭菜 25 g;纯热能食物植物油 19 g。

②食物所含营养素的计算。以计算 150 g 面粉中所含营养素为例,从食物成分表中查出小麦粉 100 g 食部为 100%,含能量 1 439 kJ(344 kcal),蛋白质 11.2 g,脂肪 1.5 g,碳水化合物 73.6 g,钙 31 mg,铁 3.5 mg,维生素 B_1 0.28 mg,维生素 B_2 0.08 mg,故 150 g 面粉可提供的营养素如下:

能量 1 439×150/100=2 158.5 kJ。

蛋白质 11.2×150/100=16.8 g。

脂肪 1.5×150/100=2.25 g。

碳水化合物 73.6×150/100=110.4 g。

钙 31×150/100=46.5 mg。

铁 3.5×150/100=5.25 mg。

维生素 B_1 0.28×150/100=0.42 mg。

维生素 B_2 0.08×150/100=0.12 mg。

计算出所有食物分别提供的营养素含量,累计相加,就得到该食谱提供的能量和营养素。此食谱可提供能量 8 841 kJ,蛋白质 77.5 g,脂肪 57.4 g,钙 602.9 mg,铁 20.0 mg,维生素 A 341.4 μg,维生素 B_1 0.9 mg,维生素 C 70 mg。

参考 10 岁男生每天膳食营养素参考摄入量:能量 8 841 kJ,蛋白质 70 g,钙 800 mg,铁 12 mg,维生素 A 600 μg,维生素 B_1 0.9 mg,维生素 C 80 mg。比较可见,除维生素 A 和维生素 C 不足之外,能量和其他营养素供给量基本符合需要。

维生素 A 不足可通过 1～2 周补充一次动物肝脏来弥补,维生素 C 不足可用富含维生素 C 的蔬菜水果来补充,以弥补此食谱的不足之处。

③3 种供能营养素的供能比例。由蛋白质、脂肪、碳水化合物 3 种营养素的能量折算系数可以算得：

蛋白质提供能量占总能量比例 $= 77.5 \text{ g} \times 16.710/\text{g} \div 8\,841 \text{ kJ} = 14.7\%$

脂肪提供能量占总能量比例 $= 57.4 \text{ g} \times 37.6 \text{ kJ/g} \div 8\,841 \text{ kJ} = 24.4\%$

碳水化合物提供能量占总能量比例 $= 1 - 14.7\% - 24.4\% = 60.9\%$

蛋白质、脂肪、碳水化合物适宜的供能比分别为 $10\% \sim 15\%$，$20\% \sim 30\%$，$55\% \sim 65\%$。该例食谱的蛋白质、脂肪、碳水化合物的摄入比例还是比较合适的。

④动物性及豆类蛋白质占总蛋白质比例。将来自动物性食物及豆类食物的蛋白质累计相加，本例结果为 35 g，食谱中总蛋白质含量为 77.5 g，可以算得：动物性及豆类蛋白质占总蛋白质比例 $= 35 \div 77.5 = 45.2\%$，优质蛋白质占总蛋白质的比例超过 1/3，接近 1/2，可认为优质蛋白质的供应量比较适宜。

⑤三餐提供能量占全天摄入总能量比例。将早、中、晚三餐的所有食物提供的能量分别按餐次累计相加，得到每餐摄入的能量，然后除以全天摄入的总能量得到每餐提供能量占全天总能量的比例：

早餐　$2\,980 \div 8\,841 \times 100\% = 33.7\%$。

午餐　$3\,181 \div 8\,841 \times 100\% = 36.0\%$。

晚餐　$2\,678 \div 8\,841 \times 100\% = 30.3\%$。

三餐能量分配接近比较适宜的 30%、40%、30%。

总体看来，该食谱种类齐全，能量及大部分营养素数量充足，3 种产能营养素比例适宜，考虑了优质蛋白质的供应，三餐能量分配合理，是设计比较科学合理的营养食谱。需要强调的是以上的食谱制订和评价主要是根据宏量营养素的状况来进行讨论。在实际的食谱制订工作中还必须对各种微量营养素的适宜性进行评价，而且需要检测就餐人群的体重变化及其他营养状况指标，对食谱进行调整。

12.5　营养调查

营养调查(nutritional survey)是调研特定人群或个人的膳食摄入量、膳食组成、营养状态、体质与健康、生活消费以及经济水平，为改善人群营养和健康状况，进行营养监测，制定营养政策提供基础资料，也为食物的生产消费、营养缺乏病或过剩的防治提

供科学依据。我国于 1959 年、1982 年、1992 年、2002 年、2010 年分别进行过 5 次全国性的营养调查。

一般地营养调查包括膳食调查、人体营养状况的生化检验和体格检查。这 3 个部分由表及里，各具特点，又相互联系，能够比较全面地反映人群的营养和健康状况，进而反映其生活质量。

12.5.1　营养调查与评价

12.5.1.1　营养调查

营养调查是通过对特定人群或个体的每人每天各种食物摄入量的调查，计算出每人每天各种营养素摄入量和各种营养素之间的相互比例关系。根据被调查者的工作消耗、生活环境以及维持机体正常生理活动的特殊需要与膳食营养素参考摄入量进行比较，从而了解其摄入营养素的种类、数量以及配比是否合理的一种方法。

营养调查通常用 3 种方法，即称重法、记账法和 24 h 个人膳食回顾法。调查者可根据当地的具体情况进行选择，这些调查方法均适用于群体、散居户和个体的膳食调查。

1. 称重法

称重法是将被调查者每日每餐各种食物的消耗量都逐项称量记录，统计每餐的就餐人数，一天各餐的结果之和，即为每人每天总摄食量，再按《食物成分表》中每 100 g 食物可食部所含各种营养素折算加在一起即为每人每日营养素摄入量。

称重法的调查步骤为：①称取每餐食物的生重、熟重和剩余熟重。②计算生熟折合率。③记录每餐就餐人数。④计算每人每天摄入的各种熟食重量和生食物重量。⑤统计每人每天各项食物消耗量以及所摄入的各种营养素数量。

该方法比较准确地反映出被调查者的膳食摄入状况，但费时费人力，一般不宜作大规模的调查。

2. 记账法

对建有膳食账目的团体人群通过查阅一定时期的食物消耗总量，统计该时期的进餐人数，计算出每人每天各种食物的摄入量，再按《食物成分表》计算出各种营养素的摄入量。

记账法的调查步骤为：①逐日查对购买食物的发票和账目，把每天的同类食物量累加，得到一定时期内各种食物的消耗量。②查出该时期内用膳总人数。③计算每人每天食物消耗量，并计算出各种营养素的摄入量。

此法所需人力少,可进行全年四季的调查,一般每个季度调查一个月就能较好地反映出全年的营养状况。

3. 24 h 回顾法

回顾法也称询问法,该法是获得个人食物摄入量资料的一个非常有用的方法。不管是大型全国膳食摄入量调查还是小型研究,都采用这一方法来估计个人的膳食和营养素摄入量。由于调查目的、条件、环境不同,24 h 询问法也有所不同。该法简便易行,这是通过被调查者的回忆得到的资料,存在记忆偏倚,因此,所得资料比较粗略,需要借助食物模具或食物图谱、严格培训调查员等措施来提高其准确性。

24 h 膳食询问法的一般调查步骤为:①比较详细地了解被调查者的食物构成种类、每天进餐次数和时间、粗细搭配情况。了解食物的加工烹调方法、贮存条件和时间等。②要求被调查者回顾和描述 24 h(调查的前一整天)内摄入的全部食物的种类和数量。③调查表可通过谈话、询问方式填写。④营养素摄入量的计算方法与称重法相同。

12.5.1.2 营养评价

1. 资料整理

无论使用何种调查方法获得的资料都要进行以下内容的计算,并将结果填入表 12-5,以评价膳食营养水平。其需计算的内容为:①每人每天各类食物的摄入量。②每人每天各种营养素的摄入量。③每人每天膳食营养素摄入量。④每人每天营养素摄入量占膳食营养素摄入量的百分数。⑤食物热能、蛋白质、脂肪的来源及分布。

表 12-5 膳食调查总结表

编号＿＿＿＿ 省＿＿＿＿ 市(县)＿＿＿＿ 区(乡)＿＿＿＿ 单位＿＿＿ 姓名＿＿＿＿ 调查日期＿＿＿＿年＿＿月＿＿日

食物类别	大米	面粉	杂粮	薯类	干豆类	豆制品	浅色蔬菜	绿色蔬菜	干菜	菌藻类	咸菜	水果	硬壳类	乳类	蛋类	畜禽类	鱼虾类	淀粉及糖	动物油	菜籽油	其他植物油	酱油	食盐
重量/g																							

	蛋白质/g	脂肪/g	糖/g	热量/kJ	粗纤维/g	钙/mg	磷/mg	铁/mg	维生素A/μg	硫胺素/mg	核黄素/mg	尼克酸/mg	抗坏血酸/mg
平均每人每天摄入量													
膳食营养素摄入量													
比较/%													
评价级别													

	热能食物来源分布						热能营养素来源分布			蛋白质来源分布				脂肪来源分布	
	谷类	薯类	豆类	其他植物食物	动物性食物	纯热能食物	蛋白质	碳水化合物	脂肪	谷类	豆类	其他植物食物	动物性食物	动物	植物
摄入量/kJ															
占总摄入量/%															

资料来源:蔡美琴. 医学营养学. 上海:上海科学技术文献出版社,2001

2.膳食营养评价

膳食营养评价包括个体评价与群体评价。

（1）个体评价　将调查资料整理的结果同我国膳食营养素摄入量比较，对膳食营养作出评价。

①食物构成　目前我国以谷类食物为主食，蔬菜为副食，搭配有少量豆制品和动物性食品。这种膳食含有人体所需要的各种营养素，在一般情况下可满足人体的需要。但在特殊生理条件下需要进一步提高，如儿童在生长发育时期应当有充足的蛋白质、维生素和矿物质，并提供多样化的膳食。

②营养素摄入量占膳食营养素摄入量或适宜摄入量的百分数。在各种营养素中热能摄入量与需要量的差别不大，其他营养素的供给量为需要量的 1.5 ～2 倍。热能虽然不是营养素，但它是几种生热营养素的综合表现，对人体影响较大，应当首先考虑。

膳食热能的构成一般为，蛋白质供给的热能占 10%～15%，脂肪占 20%～30%（其中饱和脂肪酸的热能不应超过总热能的 10%），其余的热能由碳水化合物提供，这样的配比较为合适。在生活消费水平低，动物性食物和豆类摄入少时，谷类、薯类摄取量相对较多，此类食物的热能占总热能的比例高（>70%），很容易产生蛋白质不足和某些维生素、矿物质的缺乏现象。

蛋白质的营养状况评价，首先要看摄入量是否满足，其次分析质量状况。一般来说，动物蛋白质和豆类蛋白质等优质蛋白质应占全部蛋白质摄入的 30%以上。我国膳食中蛋白质的主要来源是谷类，其中赖氨酸、苏氨酸等为限制性氨基酸，应通过摄入动物性食物和豆类，互补搭配提高膳食蛋白质的生物价。多数成年人不致会产生缺乏症，长期低于这一水平也可能使部分儿童出现缺乏症状。

在进行膳食营养评价时，应当考虑到被调查者的工作和生活环境的特殊需要，如高温、寒冷、噪声、接触有害化学物质等特殊环境下的作业者需要。

（2）群体评价　人群中的个体对某营养素的摄入量和需要量都彼此不相同。如果我们知道人群中所有个体的日常摄入量和需要量，就可以直接算出摄入量低于其需要量的人数百分数，就可以看到有多少个体摄入不足。但要获得此种资料是不实际的，所以只能用其他方法来估测摄入不足的概率。

在实际工作中，评价群体摄入量是否充足有 2 种方法可供选择：①概率法；②平均需要量（EAR）切点法。不管采用何种方法来估测摄入不足的情况，平均需要量都是一个适宜的参考值。

①概率法。一种把群内需要量的分布和摄入量的分布结合起来的统计学方法，产生一个估测值表明有多大比例的个体面临摄入不足的风险。在组内摄入量和需要量不相关或极少相关的条件下，这种方法的效果良好。为了计算每一摄入水平的摄入不足危险度，需要知道需要量分布的平均值或中位需要量，变异度及其分布形态。没有平均需要量就不能用概率法来估测摄入不足的情况。

②平均需要量切点法。平均需要量切点法比概率法简单。如果条件合适，效果也不亚于概率法。本法要求：观察营养素的摄入量和需要量之间没有相关；需要量可以认为呈正态分布；摄入量的变异要大于需要量的变异。根据现有的知识，我们可以假定凡已制定了平均需要量和推荐摄入量的营养素都符合上述条件，都可以用本法进行评价。平均需要量切点法不要求计算每一摄入水平的摄入不足危险度，只需简单的计数在观测人群中有多少个体的日常摄入量低于平均需要量。这些个体在人群中的比例就等于该人群摄入不足个体的比例。

12.5.2　体格检查

营养状况的体格检查就是观察受检者因为机体内长期缺乏某种或数种营养素以及摄入不足而引起的生长发育不良等一系列临床症状和体征。体格检查通常包括身体检查、某些有关的生理功能检查和缺乏症征检查。

12.5.2.1　身体检查

身体的生长发育和正常体形的维持受遗传影响，也受营养等环境因素的影响。一般要测量以下指标。

1.体重

我国常用的标准体重计算公式为以下两种。

（1）Broca 改良式

标准体重（kg）＝身高（cm）－105

（2）平田公式

标准体重（kg）＝［身高（cm）－100］×0.9

2.体质指数

体质指数（body mass index，BMI）是评价人体营养状况最常用的方法之一，其计算方法为：

体质指数＝体重（kg）/［身高（m）］^{2}

根据世界卫生组织的评价标准：体质指数正常范围 18.5～24.9，体质指数＜18.5 为消瘦，体质指数 25～29.9 为超重，体质指数 ≥30 为肥胖。

3. 皮脂厚度

通过测量一定部位的皮褶厚度估计体内脂肪量,用皮折计测量,部位常选用肩胛下角、肱三头肌和脐旁。如三头肌皮脂厚度标准值为:男 12.5（mm），女 16.5（mm），测量值为标准值的 90% 以上为正常，80%～90% 为轻度营养不良，60%～80% 为中度营养不良，<60% 为重度营养不良。除此之外，体格检查中还可以测量顶—臀高及坐高、头围、上臂围等指标。

上述指标可以较好地反映调查对象的营养状况。当热能和蛋白质供应不足或过量时，体重的变化比身高更为灵敏，因此常作为了解蛋白质和热能营养状况的重要观察指标。体内脂肪含量与热能供给关系十分密切。测定皮下脂肪厚度的方法简便易行，被世界卫生组织列为营养调查的必测项目。

12.5.2.2　症状和体征

营养缺乏病的发生是一个渐进的过程，最先是摄入量的不足或者机体处于某种应激状态使需要量明显增加，造成体内营养水平的下降。如果营养素的供应持续得不到满足则会进一步引起组织缺乏，使一些生化代谢发生紊乱、生理功能受到影响，最后导致病理形态上的异常改变和损伤，此时就表现出临床缺乏体征。但营养缺乏病的症状及体征往往比较复杂，轻度的营养缺乏病不太典型，检查时应注意观察不要遗漏，还有些症状及体征是非特异性的，其他因素也可引起，应仔细鉴别诊断，检查者对受检者体格情况、一般营养素缺乏病的症状和体征逐项检查，并对照参考表 12-6。检查完毕，检查者对受检者的营养状况做出准确诊断，确定其是否正常或存在何种营养缺乏病（表 12-7）。

有关营养素摄入过量可能产生不良作用所表现出的症状和体征，资料非常少。今后应注意侧重调查其有价值的症状和体征。

表 12-6　营养调查有价值的体征

部位	体征	有关的障碍或营养素缺乏
头发	失去光泽，稀少	维生素 A 或蛋白质
面部	鼻唇窝溢脂皮炎	核黄素
眼	结膜苍白	贫血（例如铁）
	毕托氏斑，结膜干燥	维生素 A
	角膜干燥，角膜软化 睑缘炎	核黄素
唇	口角炎，口角结痂，唇炎	核黄素
舌	舌色猩红及牛肉红	烟酸
	舌色紫红	核黄素
齿	斑釉齿	氟过多
齿龈	松肿	抗坏血酸
腺体	甲状腺肿大	碘
	腮腺肿大	饥饿
皮肤	干燥，毛囊角化	维生素 A
	出血点（瘀点）	抗坏血酸
	癞皮病皮炎	烟酸
	阴囊与会阴皮炎	核黄素
指甲	反甲（舟状甲）	铁
皮下组织	水肿	蛋白质
	脂肪减少	饥饿
	脂肪增多	肥胖

续表 12-6

部位	体征	有关的障碍或营养素缺乏
肌肉和骨骼	肌肉消耗	饥饿,营养不良
	颅骨软化,方头,骨骺肿大前囟未闭,下腿弯曲,膝盖靠紧	维生素 D
	串珠肋	维生素 D,抗坏血酸
	肌肉、骨骼出血	抗坏血酸
消化系统	肝肿大	蛋白质-热量
神经系统	精神性运动的改变	蛋白质-热量
	精神错乱 损失感觉,肌肉无力 位置感丧失,振动感丧失 膝腱与跟腱反射消失,腓肠肌触痛	硫胺素,烟酸
心脏	心脏扩大,心动过速	硫胺素

资料来源:蔡美琴.医学营养学.上海:上海科学技术文献出版社,2001;李静.人体营养与社会营养学.北京:中国轻工业出版社,1993

表 12-7　身体检查症状、体征与营养缺乏的关系

部位	症状、体征	缺乏的营养素
全身	消瘦或水肿、发育不良	能量、蛋白质、锌
	贫血	蛋白质、铁、叶酸、维生素 B_{12}、维生素 B_6、核黄素、抗坏血酸
皮肤	干燥、毛囊角化	维生素 A
	毛囊四周出血点	抗坏血酸
	癞皮病皮炎	烟酸
	阴囊炎,溢脂性皮炎	核黄素
头发	稀少,失去光泽	蛋白质、维生素 A
眼睛	比奥斑、角膜干燥、夜盲	维生素 A
唇	口角炎、口唇炎	核黄素
口腔	齿龈炎、齿龈出血、齿龈松肿	抗坏血酸
	舌炎、舌猩红、舌肉红	核黄素、烟酸
	地图舌	核黄素、烟酸、锌
指甲	舟状甲	铁
骨骼	颅骨软化、方颅、鸡胸、串珠肋、O 形腿、X 形腿	维生素 D
	骨膜下出血	抗坏血酸
神经	肌肉无力、四肢末端蚁行感、下肢肌肉疼痛	硫胺素
循环	水肿	硫胺素、蛋白质
	右心肥大、舒张压下降	硫胺素
其他	甲状腺肿	碘
	肥胖症、糖尿病、血脂异常	各种营养素失调

资料来源:高永清,吴小南.营养与食品卫生学[M].北京:科学出版社,2017

12.5.3 生化检验

生化检验在评价人体营养状况中具有重要地位,特别是在出现营养失调症状之前,即所谓亚临床状态时,生化检查就可及时反映出机体营养缺乏或过量的程度。评价营养状况的生化测定方法较多,基本上可以分为测定血液及尿液中营养素的含量、排出速率、相应的代谢产物以及测定与某些营养素有关的酶活力等。

我国人体营养水平生化检验常用诊断参考指标

及临界值列于表 12-8,供参考应用。由于受民族、体质、环境因素等多方面影响,这些方法和数据也是相对的。

在进行生化测定时,取样的种类、方式、时间及保存运输均是十分重要的,所取的样品应能够反映受检者的营养素摄入水平,而且还考虑到样品容易取得。目前,最常取用的样品是血液及尿液,但毛发、指甲及某些体液(如汗液、唾液、胃液等)也可用于测定某些特定营养素的营养状态。

表 12-8　人体营养水平鉴定生化检验参考指标及临界值

营养素	检查项目	正常值范围
蛋白质	血清总蛋白	60～80 g/L
	血清白蛋白	30～50 g/L
	血清球蛋白	20～30 g/L
	白/球(A/G)	(1.5～2.5):1
	空腹血中氨基酸总量/必需氨基酸量	>2
	血液比重	>1.015
	尿羟脯氨酸系数	>2.0～2.5 mmol/L 尿肌酐系数
	游离氨基酸	40～60 mg/L(血浆),65～90 mg/L(红细胞)
	每日必要的氮损失	男 58 mg/kg,女 55 mg/kg
血脂	总血脂	4.5～7.0 g/L
	三酰甘油	0.2～1.1 g/L
	α 脂蛋白	30%～40%
	β 脂蛋白	60%～70%
	胆固醇(其中胆固醇酯)	1.1～2.0 g/L(70%～75%)
	游离脂肪酸	0.2～0.6 mmol/L
	血酮	<20 mg/L
钙、磷、维生素 D	血清钙(其中游离钙)	90～110 mg/L(45～55 mg/L)
	血清无机磷	儿童 40～60 mg/L,成人 30～50 mg/L
	血清钙磷乘积	>30～40
	血清碱性磷酸酶	儿童 5～15 菩氏单位,成人 1.5～4.0 菩氏单位
	血浆 25-OH-D$_3$	36～150 nmol/L
	1,25-(OH)$_2$-D$_3$	62～156 pmol/L
铁	全血血红蛋白浓度	成人男>130 g/L,成人女、儿童>120 g/L,6 岁以下儿童及孕妇>110 g/L
	血清运铁蛋白饱和度	成人>16%,儿童大于 7%～10%
	血清铁蛋白	>10～12 mg/L
	血液红细胞比容(HCT)	男 40%～50%,女 37%～48%

续表 12-8

营养素	检查项目	正常值范围
铁	红细胞游离原卟啉	<70 mg/L RBC
	血清铁	$500\sim1\,840$ μg/L
	平均红细胞体积(MCV)	$80\sim90$ μm^3
	平均红细胞血红蛋白量(MCH)	$26\sim32$ pg
	平均红细胞血红蛋白浓度(MCHC)	$32\%\sim36\%$($320\sim360$ g/L)
锌	血清锌	$750\sim1\,200$ μg/L
	血浆锌	$800\sim1\,100$ μg/L
	发锌	$125\sim250$ μg/g(各地暂用:临界缺乏$<$ 110 μg/g,绝对缺乏<70 mg/g)
	尿锌	$138\sim722$ μg/24 h
	红细胞锌	$12\sim14$ mg/L
	血清碱性磷酸酶活性	成人 $1.5\sim4$ 菩氏单位,儿童 $5\sim15$ 菩氏单位
碘	血清总甲状腺素(TT$_4$)	$65\sim180$ nmol/L
	血清总三碘甲腺原氨酸(TT$_3$)	$1.3\sim3.1$ nmol/L
	血清游离甲状腺素(FT$_4$)	$12.0\sim22.0$ pmol/L
	血清游离三碘甲腺原氨酸(FT$_3$)	$3.1\sim6.8$ pmol/L
	血清促甲状腺激素(TSH)	$0.27\sim4.20$ mU/L
	尿碘	育龄妇女>150 μg/L,孕产妇>200 μg/L,学龄前儿童及其他人群 100 μg/L
维生素 A	血清视黄醇	儿童>300 μg/L,成人>400 μg/L
	血清胡萝卜素	>800 μg/L
硫胺素	24 h 尿	>100 μg
	4 h 负荷尿	>200 μg(5 mg 负荷)
	任意一次尿(/g 肌酐)	>66 μg
	RBC 转羟乙醛酶活力 TPP 效应	$<16\%$
核黄素	24 h 尿	>120 μg
	4 h 负荷尿	>800 μg(5 mg 负荷)
	任意一次尿(/g 肌酐)	>80 μg
	红细胞内谷胱甘肽还原酶活力系数	$\leqslant1.2$
烟酸	24 h 尿	>1.5 mg
	4 h 负荷尿	$>3.5\sim3.9$ mg(5 mg 负荷)
	任意一次尿(/g 肌酐)	>1.6 mg
抗坏血酸	24 h 尿	>10 mg
	4 h 负荷尿	$5\sim13$ mg(500 mg 负荷)
	任意一次尿(/g 肌酐)	男>9 mg,女>15 mg
	血浆抗坏血酸含量	>4 mg/L
	白细胞中抗坏血酸含量	$20\sim30$ μg/10^9 WBC

续表 12-8

营养素	检查项目	正常值范围
叶酸	血浆叶酸	3～16 μg/L
	红细胞叶酸	130～628 μg/L
其他	尿糖（一）；尿蛋白（一）；尿肌酐 0.7～1.5 g/24 h 尿；尿肌酐系数：男 23 mg/(kg·bw)，女 17 mg/(kg·bw)；全血丙酮酸 4～12.3 mg/L	

资料来源：高永清，吴小南．营养与食品卫生学［M］．北京：科学出版社，2017

12.6 营养监测

12.6.1 营养监测概述

12.6.1.1 营养监测的概念

营养监测（nutritional surveillance）的概念来源于疾病监测，主要是由于世界范围内存在营养不良，如发展中国家由于蛋白质-热量缺乏而引起的营养不良、家庭中可用食物不足、缺乏必要的生活条件和保健服务等。FAO、WHO、UNICEF（联合国儿童基金会）等国际组织给出的定义是：社会营养监测（简称营养监测）是对人群（尤其是按社会经济状况划分的亚人群）的营养状况进行连续动态地观察，针对营养问题制订计划，分析已制定的政策和计划所产生的影响，并预测其发展趋势。营养监测活动因不同目的和工作内容而有所不同，可以划分为 3 类：

1. 长期营养监测

对社会人群营养现状及制约因素如自然条件、经济条件、文化科技条件等进行动态观察、分析和预测，用于制定社会人群营养发展的各项政策和规划。

2. 规划效果评价性监测

在实施了以改善营养或满足营养需要为目标的计划后，监测营养指标的变化。其主要目的是对制定的目标进行改进，或评价其是否需要修改措施，以便在实施阶段完善和完成计划。这种监测活动的反应比长期营养监测要快些。

3. 及时报警和干预系统监测

为了预防或减轻正在发生的食物消费不足或营养摄入过量所采用的监测系统。本项监测的目的在于发现、预防和减轻重点人群的短期恶化。例如控制和缓解区域性、季节性和易发人群性某种营养失调的出现等。

12.6.1.2 营养监测的作用

1. 调查营养不良或过剩的原因

造成营养不良或过剩的原因，一是食物与非食物因素，前者很大程度上取决于膳食的摄取，后者常见于个人患病。两者均有一个共同的前提，是经济收入状况；二是外界对家庭的影响因素和家庭内部的影响因素。

2. 营养水平是政府发展计划的目标和社会经济的指标

营养水平和健康是生活质量的一个间接指标。发展计划部门及经济工作者要寻求如健康状况、营养水平等社会指标，作为决定经济发展策略的指导，评价对人民生活质量的影响。依据营养监测数据信息，制定经济计划、营养和公共卫生计划。近年来，人们已将食品和营养水平列入"基本需要"及"人人享有卫生保健"的理念中。显然营养问题是其中的一个分支。

3. 制定保健战略的依据

20 世纪 70 年代以来，营养在保健战略中的地位才得到确认，健康的和良好的营养状况是互相依存的，身体健康需要充足的食物。我国及许多国家制定了一些国民健康状况的卫生指标，如出生时或其他特定年龄的预期寿命，婴儿或儿童死亡率，出生体重，学龄前儿童营养状况、儿童身高等，这些指标可分为卫生政策指标、卫生保健指标、健康状况指标等几大类，营养监测包括了大多数这些指标。

4. 建立食物安全保障系统的依据

通过早期预警，密切关注国内外市场变化、重大自然灾害等对食物供给带来的影响，提前做好应对准备。

12.6.2 制定保健和发展计划的营养监测

12.6.2.1 目的

此类营养监测可使有关部门在预防和减轻营养

不良方面作出正确的决策。决策的内容包括以下内容。

①根据现在的营养情况、发生的变化及其原因,确定是否需要修改现行的或已计划的措施方案。

②是否需要采取新的措施来改善营养,确定为哪些人采取这些措施。

③为了达到预期的营养效果,如何制定计划目标。

用这些内容制定国家发展计划和政策,全国或省级大规模的社会福利、食物供应和营养规划的指标,鉴定某些特别重视的问题等。

12.6.2.2 监测系统

此类监测系统的机构设有三大部分:数据收集、数据分析和做出决策。这种组织形式见图 12-2。

监测系统执行以下几个主要功能:①保障数据来源(表格、设备、培训等)。②组织数据的交流。③分析与解释。④与计划或规划部门联系。

通过行政途径收集数据,其主要是与数据直接有关的部门。在卫生系统中,门诊部收集资料(体重、年龄、疾病等),通过常规渠道(乡镇、县、地区、省)将这些结果送到分析中心。学校的资料(儿童身高等)由校医或教师汇总,逐级传送。表格的修改、穿孔、处理及分析由营养情报系统集中进行。

监测系统所需要的器材包括:测量设备,调查图表,培训教材,计算机,印刷出版。

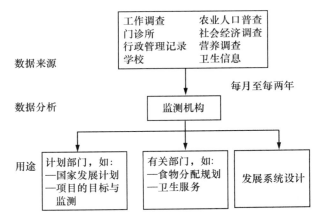

图 12-2　用于制订保健及发展计划的监测系统

资料来源:John B. , Mason et al.. Nutritional
Surveillance. 1994

12.6.2.3 数据来源与分类

1. 数据来源

营养监测时所用数据大部分取自现成的行政报表和调查(表 12-9),有时为了调查特殊问题需要收集特殊数据(表 12-10)。

表 12-9　在营养监测系统中一般资料来源

来源	变数	
	实际的	可能的
诊所 (卫生人员)	体重、身高、年龄 发病率 免疫接种记录 出生体重 地址	职业等 住家与诊所的距离
学校	体重、身高、年龄 地址	职业等 住家与学校的距离
行政登记	出生 儿童死亡率	职业等 出生体重
零售物价报告	食物市场售价 地址	食物短缺 供应情况
人口调查-人口统计	人口统计	
居住条件、农业	(社会经济、农业、环境变数)	
家庭调查	社会经济变数	体重、身高、年龄
农业报告	农作物生产(收成、耕作面积)	农业资源

续表 12-9

来源	变数	
	实际的	可能的
乡村报告	服务机构、基层结构 卫生环境 距离数据	
劳动部—劳动力调查	最低工资值	实际工资值
非特定来源 （即上述任何一种）		服务机构、基层结构 卫生环境、距离数据

资料来源：John B.，Mason，et al.．Nutritional Surveillance. 1994

表 12-10　某些营养监测系统所用资料来源

国别	诊所/医务工作者	学校	当地政府行政记录	人口调查	农业报告	社区称量体重计划	零售价报告	乡村调查	家庭调查
智利	＋		＋	＋					
哥伦比亚	＋		＋		＋		＋		
哥斯达黎加	＋	＋	＋	＋			＋	＋	＋
萨尔瓦多			＋				＋		
肯尼亚									＋
菲律宾		＋				＋			
斯里兰卡	＋								＋

资料来源：John B.，Mason，et al.．Nutritional Surveillance. 1994

2.数据分类

（1）行政数据　行政数据的来源有赖于现有的服务机构，常为政府机构。行政数据比抽样调查数据的范围更为广泛和分散。其数据来源于卫生、学校、当地政府和农业等部门。如体重、身高和年龄及相互比值，出生体重，确诊疾病，农产品生产，食品深加工比值，人均收入，恩格尔系数，农村和城市居民平均寿命及差别，人口结构，死亡率，婴儿母乳哺育率，营养缺乏发病率，"富贵病"发病率等。

应由行政部门提供表格，统一程序，安排数据收集，对工作人员技术培训，提供设备并负责。

维修和标准校验，数据由基层收集，然后上报省、国家。利用现有检查机构对所收集数据进行质量管理。

（2）家庭抽样调查　由于大规模的营养调查需要大量的人力和费用，实际中系统的调查并不多。

许多国家正在发展连续或常规的家庭抽样调查，集中于特定主题（食品供应量、各种食物消耗量、膳食结构），或者多重目的。对营养监测有价值的调查内容有：购买食物数量的常规记录，食物消费的时间和金额记录，家庭人口特点，一定时间内（1 d、3 d、1 周）家庭成员摄入的食物数量，将这些数据填入标准营养调查表，并分析统计，按营养学特点做出客观解释和结论。

取样时，先选择特定的城乡，再将人群分组，每组按 2 000～10 000 户抽样调查，对统计员、监督员应进行技术培训。适用于家庭营养调查的表格见表12-5，使用时要特别注意选择有代表性的抽样家庭。

12.6.3　计划管理和评价的营养监测

12.6.3.1　目的

这种方法主要是对计划实施过程中的监测和营

养状况改变结果的监测。如是否严格按照现行程序管理,更改或制定新的程序,延续计划,用较少的食物资源、经费维持相同的结果,将良好的计划扩展到新的不同地区,研究计划活动与效果的因果关系,以编制新的计划或调整目前的计划。

12.6.3.2　营养和保健计划的评价监测

以蛋白质-热量营养不良为例,改善这类营养不良的措施是制订合宜的膳食计划,提出计划目的,并且列出评价监测指标,见表 12-11。

表 12-11　儿童营养和保健计划的评价监测

规划类别	目标	指标	
		在评价中广泛应用推荐	不常用——主要用于研究工作
学龄前儿童计划	减少蛋白质—热能营养不良	身高和体重变化:身高/年龄体重、年龄体重/身高	临床症状、膳食摄入量、臂肢围、皮褶厚度
	减少发病率	发病率、发作次数、持续时间	
	减少婴儿死亡率		婴幼儿死亡率
学校供膳计划	改善营养状况	身高和体重的纵向测量	其他人测量、生化检验
	提高入学和到校人数	入学和到校人数记录	
	改进学校教学质量		教学质量检查
	收入转移:增加食物摄入		支出、收入、消费
营养加餐计划	提高生产率	家庭支出调查	体力活动、热量消耗
紧急救济	康复:儿童	临床症状、人体测量	
	康复:成人	体重增加	
母亲的补充供膳	减少:分娩危险、低体重出生婴儿、降低婴儿死亡率	孕期体重增加、出生婴儿体重增加	围产期死亡率、婴儿死亡率

资料来源:John B.，Mason，et al.．Nutritional Surveillance. 1994

在许多种类的人体测量指标中,体重、身高对营养和保健计划更为重要和敏感,特别是同一儿童在不同年龄时期的测量,从统计学意义上,身高比体重的增加更为敏感。有些指标,如死亡率和发病率(单位时间内新发生的病例)不是改善营养的敏感指标,衡量这类指标不易察觉计划和干预措施的作用。

计划管理和评价的营养监测,其组织系统由计划种类、建立管理结构的方式以及评价原因所决定。在所有情况下,评价机构都必须与评价计划的管理相联系,许多常规计划(如营养保健)是全国、全省规模的,有些计划则可下放到地县等下级部门(如膳食计划),当地可对贫困地区营养缺乏的学龄前儿童实施供膳计划,并筛选受益人群。

计划管理和评价的营养监测,其收集数据的原则方法与前面章节基本一致。但要监测的人群一般较少,抽样数量有限,可从制定计划过程中取得数据

(如从接受补助食物的儿童),还必须包括最新进展数据。

12.6.4　及时报警和干预

12.6.4.1　目的

及时报警和干预主要包括预定或适时采取干预措施以及获取实施中所必备的数据。目的是针对局部短期的营养恶化,出现地区性季节性(如干旱洪涝)的严重食物短缺或某些营养素摄入过量,防止及缓解这些情况的发生。

当下列 3 种情况同时存在时,制定报警和干预是有价值的:①存在间歇性严重食物短缺或营养过剩引起的某种营养失调危险的一些人群。②现有食物资源和组织机构对预防营养短缺或过剩的干预是有效的。③缺少进行干预的适宜数据和信息。

12.6.4.2 干预的内容

及时报警和干预是一项弥补短期营养恶化的措施。解决问题的长久方法，应消除造成营养短期恶化的根本原因。通常干预有4种情况。

①用于预防引起食物生产和消费不足的原因。如因旱涝灾或风雪低温减产，需要种子、化肥、农药和设备等，农产品跌价，政府给予补贴。

②克服继发性影响。如收入降低，食物涨价，食物库存减少等。在食物消费尚未大量减少之前，即应实施干预，如食品补贴、调运粮食、副食等，实施食物和供膳计划、恢复计划等。

③预防营养强化食品、膳食补充剂或高蛋白、高脂肪、高糖膳食的过量供应和摄取，根据 UL 进行早期报警。如限制营养强化食品和膳食补充剂的供应，控制"三高"膳食的摄入，改变膳食结构，用动物试验确认营养素或食物成分可能对人体产生的毒副作用。

④减轻或解除长期不良影响，提出避免再度发生食物短缺或营养素摄入过量的措施，如营养教育、食品强化、膳食指南以及营养恢复方案等。

12.7 改善社区营养的宏观措施

12.7.1 落实并全面实现《中国食物与营养发展纲要》

《中国食物与营养发展纲要（2014—2020 年）》（以下简称《纲要》）是结合我国实际制定的，在今后 7 年我国食物与营养发展的指导思想、原则、发展目标、优先发展的领域、地区、人群以及有关政策措施，体现出新时期人们对营养和健康的追求。《纲要》立足保障食物有效供给、优化食物结构、强化居民营养改善，绘制出至 2020 年我国食物与营养发展的新蓝图。

1. 指导思想、基本原则和目标

《纲要》在简要总结近年来我国食物与营养发展成就和问题的基础上，提出了未来 7 年我国食物与营养发展工作的指导思想：顺应各族人民过上更好生活的新期待，把保障食物有效供给、促进营养均衡发展、统筹协调生产与消费作为主要任务，把重点产品、重点区域、重点人群作为突破口，着力推动食物与营养发展方式转变，着力营造厉行节约、反对浪费的良好社会风尚，着力提升人民健康水平，为全面建成小康社会提供重要支撑。确立了"四个坚持"的基本原则：坚持食物数量与质量并重，坚持生产与消费协调发展，坚持传承与创新有机统一，坚持引导与干预有效结合，强调了"以现代营养理念引导食物合理消费，逐步形成以营养需求为导向的现代食物产业体系""传承以植物性食物为主，动物性食物为辅的健康膳食传统，保护具有地域特色的膳食方式，创新繁荣中华饮食文化"等内容。明确了到 2020 年食物与营养发展目标，从食物生产、食品加工业发展、食物消费、营养素摄入、营养性疾病控制等方面，细化了 21 个具体的、可考核的指标。其中，全国粮食产量稳定在 5.5 亿 t 以上，全国食品工业增加值年均增长速度保持在 10% 以上，人均年口粮消费 135 kg，人均每天摄入能量 9 208～9 627 kJ，全人群贫血率控制在 10% 以下，居民超重、肥胖和血脂异常率增长速度明显下降。

2. 重点领域、地区与人群

重点领域是加快发展奶类、大豆的生产，提高消费水平，优先支持对主食的加工，加快食物营养强化和大宗农产品加工转化。重点地区是改善农村特别是西部农村地区的营养状况，提高农民收入和消费水平。重点人群是少年儿童、妇幼和老年人群体，保障这些群体的营养供给，满足其特殊需要，减少营养不足和营养不平衡问题。

3. 各项政策措施

调整食物结构，提高食物综合供给能力；加强法制建设，保护食物资源环境；依靠科技进步，提高全民营养意识；改善居民营养结构，保障我国食物安全；加强对食物与营养的领导。

12.7.2 大力发展食品工业

现在我国的谷物、肉类、油料、蔬菜、水果和水产品等总产量已跃居世界第一。"十二五"期间，食品工业平均每年以 13% 的速度平稳较快增长。2010 年 6.3 万亿元，2013 年 10.1 万亿元，2015 年 11.4 万亿元。食品工业对全国工业增长率贡献率 10.8%，拉动全国工业增长 0.66 个百分点，呈现"增长平稳，效益提高，结构优化"的格局。近一两年的整个大环境下，食品工业总产值已达 12 万亿元，增速从 13% 左右进入到 3%～5% 的中底增速。近年来我国企业普查结果表明，食品工业总产值居各工业部门之首，食品工业在国民经济建设中发挥着越来越重要的作用，对提高人民膳食营养水平、调整食物结构、提高食物营养成分的利用率、调节食物生产和消费的矛盾等也具有重要的影响。

1. **城乡居民生活水平的逐步提高,对食品的营养质量、花色品种、安全卫生等方面提出了新的要求**

在小康社会,人们对工业食品的主要需求已从"量"的满足,转向"质"的提高,城乡食物消费处于由温饱型向小康型过渡的时期,其特点表现为:安全卫生,营养科学合理,品种丰富多样,食用方便,体现中国食文化。因此,食品工业产品结构调整的方向必须明确,企业应从这种食品消费需求的趋势中,科学定位,合理发展。

2. **提高传统主食品和畜产食品的工业化水平,实现膳食营养的新目标**

改革开放初期,城乡居民膳食结构单一,以主食消费为主。随着居民收入水平的提高、食品种类的丰富,城乡居民饮食更加注重营养,主食消费明显减少,膳食结构更趋合理,食品消费品质不断提高。城镇居民人均粮食消费量由 1978 年的 152 kg 降到 2017 年的 110 kg,农村居民人均粮食消费量由 1978 年的 248 kg 降到 2017 年的 155 kg。肉、禽、蛋、奶等动物性食品消费显著增加。城镇居民人均猪肉消费量由 1978 年的 13.7 kg 上升到 2017 年的 20.6 kg,禽类由 1978 年的 1.0 kg 上升到 9.7 kg,鲜蛋由 1978 年的 3.7 kg 上升到 10.3 kg;农村居民人均猪肉消费量由 1978 年的 5.2 kg 上升到 2017 年的 19.5 kg,禽类由 1978 年的 0.3 kg 上升到 7.9 kg,蛋类由 1978 年的 0.8 kg 上升到 8.7 kg。

3. **积极发展营养保健食品**

推广主食营养强化,在米、面制品中添加人群普遍缺少的维生素 B_1、维生素 B_2、维生素 B_6、烟酸、维生素 E 等维生素和铁、锌等微量元素,在食用油中添加维生素 A 等,在乳中强化钙、铁、锌及维生素,在酱油等调味品中强化铁、碘、硒等微量元素。针对老年人比例上升,老年慢性病高发的特点,着重开发易消化、低盐、低糖、高膳食纤维、高蛋白以及增强免疫力、缓解衰老的食品。开发推广用于 4～24 月龄婴幼儿的营养补充食品、特色儿童奶、学生奶、营养餐等,提高下一代的身体素质。研发生产具有辅助降血脂、辅助降血糖、增加骨密度、改善营养性贫血等功能的保健食品。在充分利用各地资源优势的基础上,不断发展无污染、无公害的安全、优质、营养的绿色食品,扩大绿色食品的生产规模。

12.7.3　实行食品营养标签

食品营养标签(food nutritional labels)表达了一个食品的基本营养特性和营养信息,是消费者了解食品的营养组分和特征的来源。美国、欧盟的食品营养标签主要内容包括以下几方面。

①专门用于营养标签的"营养素参考数值(NRV)",主要是依据我国居民膳食营养素每日推荐摄入量和适宜摄入量而制定。

②强制标示营养成分。这些强制的要求在普通食品中标示的营养素是基于本国居民健康状况和慢性疾病发生率等来制定的,包括了国家对人群某些营养素的重视和鼓励,对不良膳食行为的纠正和限制的目的。

③营养素定义和标示。营养素的名称有化学名、结构名、顺序名以及俗名。为了规范和统一,规定标签上可以使用的营养素名称,将有利于消费者的理解鉴别、监督者的管理和国内外贸易中的互换。许多国家的营养标签标示中,基本上采用实际数值的标注方法。

④营养声称和营养知识指南。营养声称和营养知识指南作为食品营养属性的说明和营养教育的工具,越来越受到消费者、生产者和管理者的青睐。目前,几乎所有国家在营养中都有了这种形式。

在 20 世纪 40 年代,英国出现了世界上第一个营养标签,对"富含维生素 C"的标识宣传做出规定。现在,食品营养标签已经成为消费者了解食品营养特性,正确选择食品的一种基本工具,是保证食品质量,规范食品生产经营行为和食品国际贸易的重要手段,也是对消费者进行营养知识宣教的主流途径之一。为指导和规范食品营养标签的标示,引导消费者合理选择食品,促进膳食营养平衡,保护消费者知情权和身体健康,我国卫生部制订了《食品营养标签管理规范》(以下简称《规范》),它显示了食品的营养特性和相关营养学信息,是消费者了解食品营养组分和特征的主要途径,已于 2008 年 5 月 1 日起实施。《规范》共 21 条,包括 3 个技术附件,即《食品营养成分标示准则》《中国食品标签营养素参考值》和《食品营养声称和营养成分功能声称准则》。《规范》在实施过程中,卫生部门将会同有关方面加大宣传和培训力度,引导广大食品企业和消费者认识和使用标签,更好的保障公众健康权益。

12.7.4 加强营养教育、宣传和立法

营养教育、宣传和立法主要是传授关于食物选择会怎样影响人们的身体健康的正确知识,倡导平衡膳食与健康生活方式,促使人们将营养知识用于日常生活中,提高居民自我保健意识和能力;并且明示国家和政府改善国民营养状况的行为,明确相关人员的义务和责任。实际上,许多人的营养不良并非由于经济原因,而是由于缺乏正确的营养知识造成的。我国的营养教育、宣传和执法队伍,由政府、学校、医疗等职业性组织、食品企业、新闻媒体和社会工作者组成。今后的主要工作内容见下述。

1. 加快培养人才队伍

党的二十大报告提出,实施科教兴国战略,强化现代化建设人才支撑。坚持以人民为中心发展教育,加快建设高质量教育体系,在办好高等和职技院校有关营养类专业教育的同时,通过各种形式发展营养学教育,在临床医学、农业、食品、烹饪、商业、卫生等院校开设有关营养科学课。将营养知识纳入中小学的教育内容,教学计划要安排一定课时的营养知识教育,使学生懂得平衡膳食的原则,培养良好的饮食习惯,提高自我保健能力。

2. 培训在职营养专业人员,在更广泛的领域发挥作用

制定培训计划并做出相应规定,使营养人才得到合理的使用。有计划地对从事临床医学、农业、商业、食品、烹饪、卫生、计划等部门的有关人员进行营养知识培训。为适应社会经济发展,落实"健康中国2030规划纲要"和国民营养计划,加强我国营养专业队伍建设,提高营养师职业知识和技能,规范营养师从业行为,以便更好地全方位、全周期保障居民营养健康,我国于2016年9月正式设立注册营养师制度。注册营养师是具有营养学和膳食营养学专业知识和技能的从业人员,通过中国营养学会组织的注册营养师水平评价考试并完成备案注册。注册营养师能运用营养科学知识,独立从事健康或疾病状态下的个人或团体膳食管理、营养支持和治疗、营养咨询和指导工作。而注册营养技师是具有营养学和膳食营养学专业知识和技能的从业人员,通过中国营养学会组织的考试并完成备案注册。注册营养技师能辅助注册营养师从事健康或疾病状态下的个人或团体膳食管理和营养指导工作。与其他国家的注册营养师制度相比,中国营养学会目前开展的注册营养师

评价标准远远超出国际营养师学会的最低标准,和美国、日本、英国和我国台湾地区相比,我们的评价标准有过之而无不及,不亚于任何国家的标准。这个新生的注册营养师制度因其服务了行业和社会对营养工作的旺盛需求而充满了生命力,它将日益发展和完善,保证中国营养师培养和教育正规化并达到国际水准,为健康中国、健康世界而做出应有的贡献。

3. 利用各种宣传媒介,将营养工作内容纳入到初级卫生保健服务中

提高初级卫生保健人员的营养知识水平,并通过他们指导居民因地制宜,合理利用当地食物资源改善营养状况。广泛开展群众的营养宣传教育活动,推荐合理的膳食模式和健康的生活方式,纠正不良饮食习惯。

4. 营养立法

许多国家很早就意识到营养立法对改善国民营养和国家长远发展的重要性。美国于1946年开始先后颁布了《国家学生午餐法》《国家学生早餐法》《全国营养监测及相关研究法》等,日本从1947年开始先后颁布了《营养师法》《营养改善法》、学校供餐法》等。我国也应开展营养立法工作,其内容包括建设营养专业人才队伍,营养调查与营养监测,食品营养标签,学生营养午餐等,这将对增强国民体质,减少营养不良和失衡,减少与膳食相关疾病,实现协调发展起重要作用。

12.7.5 开发新的食物资源

随着我国人口增长,经济发展,人们食物消费需求以及营养水平的不断提高,食物生产加工的总供给与总需求矛盾将持续存在。同时,我国动植物资源极为丰富,应用新科学新技术发掘和利用各类动植物资源、副产品潜力很大。食品新资源的开发利用应以蛋白质为重点,兼顾其他。

新食品资源包括改良的植物品种,如玉米新品种。人们过去未充分利用的物质如油籽饼粕、单细胞蛋白。少数地区有食用习惯的野生动植物如沙棘、刺梨、蕨菜、蜗牛、蚯蚓等

1. 增加蛋白质营养源

应用现代遗传育种技术培育高蛋白小麦、玉米、水稻等粮谷作物新品种。扩大大豆的生产,加工分离大豆蛋白。进一步开发利用草原、草山和草坡资源,扩大人工栽培牧草面积,发展草食畜牧业,增加

肉奶生产。从工农业副产品中获取蛋白质,如从油料饼粕、家畜屠宰废弃物(血液等)、酿造业糟渣、淀粉工业废渣等中提取蛋白质,开发生产单细胞蛋白质、食用菌等。

2. 野生植物资源的开发

我国野生植物资源根据食品工业用途可分为:淀粉植物(野燕麦、蕨等)、蛋白质植物(各类食用菌等)、油脂植物(油橄榄、胡桃、香榧等)、维生素饮料植物(刺梨、沙棘、山葡萄等)、蜜源植物(苜蓿、白水苏、大叶桉等)、菜用植物(蕨菜、绿苋、薇菜等),在注重生态环境保护的同时,开发利用这类资源,既可扩大食品工业用原料,又能增加营养素,尤其是维生素、微量元素和生物活性物质的供给。

3. 综合利用农副产品

对农副产品进行深加工和综合利用,是开发营养源、降低成本、减少污染、增加收益的重要措施,除从农副产品中获取蛋白质外,还要用生物工程和食品工程技术,对农作物秸秆、谷胚、糠麸、酒糟、动物屠宰副产品、绿色叶枝和牧草、水产品副产物等进行综合利用,提取各种营养素和一些生物活性物质,其潜力很大。

❓ 思考题

1. 社区营养的概念和作用是什么?

2. 营养需要量与膳食营养素参考摄入量有哪些不同?

3. 怎样联系实际应用膳食营养素参考摄入量?

4. 分析国内外几种基本膳食结构的优缺点。

5. 我国居民膳食指南的主要内容是什么?

6. 简述平衡膳食宝塔中各层食物的种类和数量。

7. 编制自己 1 周的营养食谱。

8. 营养调查的基本方法及内容是什么?

9. 怎样评价膳食营养状况?

10. 简述营养监测的概念和作用。

11. 几种主要营养监测的特点是什么?

12. 营养师有哪些工作领域?

13. 改善社区营养的宏观措施是什么?

(本章编写人:余群力　张怡)

附录1 中国居民膳食营养参考摄入量

附表1 中国居民膳食能量需要量

年龄/岁或生理阶段	能量/(MJ/d)						能量/(kcal/d)					
	轻体力活动水平		中体力活动水平		重体力活动水平		轻体力活动水平		中体力活动水平		重体力活动水平	
	男	女	男	女	男	女	男	女	男	女	男	女
0～	—	—	0.38 MJ/(kg·d)	0.38 MJ/(kg·d)	—	—	—	—	90 kcal/(kg·d)	90 kcal/(kg·d)	—	—
0.5～	—	—	0.33 MJ/(kg·d)	0.33 MJ/(kg·d)	—	—	—	—	80 kcal/(kg·d)	80 kcal/(kg·d)	—	—
1～	—	—	3.77	3.35	—	—	—	—	900	800	—	—
2～	—	—	4.60	4.18	—	—	—	—	1 100	1 000	—	—
3～	—	—	5.23	5.02	—	—	—	—	1 250	1 200	—	—
4～	—	—	5.44	5.23	—	—	—	—	1 300	1 250	—	—
5～	—	—	5.86	5.44	—	—	—	—	1 400	1 300	—	—
6～	5.86	5.23	6.69	6.07	7.53	6.90	1 400	1 250	1 600	1 450	1 800	1 650
7～	6.28	5.65	7.11	6.49	7.95	7.32	1 500	1 350	1 700	1 550	1 900	1 750
8～	6.9	6.07	7.74	7.11	8.79	7.95	1 650	1 450	1 850	1 700	2 100	1 900
9～	7.32	6.49	8.37	7.53	9.41	8.37	1 750	1 550	2 000	1 800	2 250	2 000
10～	7.53	6.90	8.58	7.95	9.62	9.00	1 800	1 650	2 050	1 900	2 300	2 150
11～	8.58	7.53	9.83	8.58	10.88	9.62	2 050	1 800	2 350	2 050	2 600	2 300
14～	10.46	8.37	11.92	9.62	13.39	10.67	2 500	2 000	2 850	2 300	3 200	2 550
18～	9.41	7.53	10.88	8.79	12.55	10.04	2 250	1 800	2 600	2 100	3 000	2 400
50～	8.79	7.32	10.25	8.58	11.72	9.83	2 100	1 750	2 450	2 050	2 800	2 350
65～	8.58	7.11	9.83	8.16	—	—	2 050	1 700	2 350	1 950	—	—
80～	7.95	6.28	9.20	7.32	—	—	1 900	1 500	2 200	1 750	—	—
孕妇（早）		+0		+0		+0		+0		+0		+0
孕妇（中）		+1.25		+1.25		+1.25		+300		+300		+300
孕妇（晚）		+1.90		+1.90		+1.90		+450		+450		+450
乳母		+2.10		+2.10		+2.10		+500		+500		+500

注：未制定参考值者用"—"表示；1 kcal＝4.184 kJ。

附表 2　中国居民膳食蛋白质、碳水化合物、脂肪和脂肪酸的参考摄入量

| 年龄(岁)或生理阶段 | 蛋白质* | | | | 总碳水化合物 EAR/(g/d) | 亚油酸 AI/E% | α-亚麻酸 AI/E% | EPA+DHA AI/mg |
| | EAR/(g/d) | | RAI/(g/d) | | | | | |
	男	女	男	女				
0～	—	—	9(AI)	9(AI)	—	7.3(150 mg*)	0.87	100[b]
0.5～	15	15	20	20	—	6.0	0.66	100[b]
1～	20	20	25	25	120	4.0	0.60	100[b]
4～	25	25	30	30	120	4.0	0.60	—
7～	30	30	40	40	120	4.0	0.60	—
11～	50	45	60	55	150	4.0	0.60	—
14～	60	50	75	60	150	4.0	0.60	—
18～	60	50	65	55	120	4.0	0.60	—
50～	60	50	65	55	120	4.0	0.60	—
65～	60	50	65	55	120	4.0	0.60	—
80～	60	50	65	55	120	4.0	0.60	—
孕妇(早)	+0		+0		130	4.0	0.60	250(200[b])
孕妇(中)	+10		+15		130	4.0	0.60	250(200[b])
孕妇(晚)	+25		+30		130	4.0	0.60	250(200[b])
乳母	+20		+25		160	4.0	0.60	250(200[b])

注:1.为蛋白质细分的各年龄段(参考摄入量见正文);2.[b] 为 DHA;3.未制定参考值者用"—"表示;4.E%为占能量的百分比;5. EAR 为平均需要量;6.RNI 为推荐摄入量;7.AI 为适宜摄入量。

附表 3　中国居民膳食宏量营养素的可接受范围(U-AMDR)

年龄/岁或生理阶段	总碳水化合物/E%	糖*/E%	总脂肪/E%	饱和脂肪酸/E%	n-6 多不饱和脂肪酸/E%	n-3 多不饱和脂肪酸/E%	EPA+DHA/(g/d)
0～	60(AI)	—	48(AI)	—	—	—	—
0.5～	85(AI)	—	40(AI)	—	—	—	—
1～	50～65	—	35(AI)	—	—	—	—
4～	50～65	≤10	20～30	<8	—	—	—
7～	50～65	≤10	20～30	<8	—	—	—
11～	50～65	≤10	20～30	<8	—	—	—
14～	50～65	≤10	20～30	<8	—	—	—
18～	50～65	≤10	20～30	<10	2.5～9	0.5～2.0	0.25～2.0
50～	50～65	≤10	20～30	<10	2.5～9	0.5～2.0	0.25～2.0
65～	50～65	≤10	20～30	<10	2.5～9	0.5～2.0	—
80～	50～65	≤10	20～30	<10	2.5～9	0.5～2.0	—
孕妇(早)	50～65	≤10	20～30	<10	2.5～9	0.5～2.0	—
孕妇(中)	50～65	≤10	20～30	<10	2.5～9	0.5～2.0	—
孕妇(晚)	50～65	≤10	20～30	<10	2.5～9	0.5～2.0	—
乳母	50～65	≤10	20～30	<10	~	2.5～9	0.5～2.0

注:1.*外加的糖;2.未制定参考值者用"—"表示;3.E%为占能量的百分比;4.AI 为适宜摄入量。

附表4 中国居民膳食维生素的推荐摄入量或适宜摄入量

年龄/岁或生理阶段	维生素A/(μg RAE/d) 男	维生素A/(μg RAE/d) 女	维生素D/(μg RAE/d)	维生素E/(AD/mg (α-TE/d))	维生素K/(AD/μg/d)	维生素B1/(mg/d) 男	维生素B1/(mg/d) 女	维生素B2/(mg/d) 男	维生素B2/(mg/d) 女	维生素B6/(mg/d)	维生素B12/(μg/d)	泛酸(AI)/(mg/d)	叶酸/(μg DFE/d)	烟酸/(mg NE/d) 男	烟酸/(mg NE/d) 女	胆碱(AI)/(mg/d) 男	胆碱(AI)/(mg/d) 女	生物素(AI)/(mg/d)	维生素C/(mg/d)
0~	300(AI)		10(AI)	3	2	0.1(AI)		0.4(AI)		0.2(AI)	0.3(AI)	1.7	65(AI)	2(AI)		120		5	40(AI)
0.5~	350(AI)		10(AI)	4	10	0.3(AI)		0.5(AI)		0.4(AI)	0.6(AI)	1.9	100(AI)	3(AI)		150		9	40(AI)
1~	310		10	6	30	0.6		0.6		0.6	1.0	2.1	160	6		200		17	40
4~	360		10	7	40	0.8		0.7		0.7	1.2	2.5	190	8		250		20	50
7~	500		10	9	50	1.0		1.0		1.0	1.6	3.5	250	11	10	300		25	65
11~	670	630	10	13	70	1.3	1.1	1.3	1.1	1.3	2.1	4.5	350	14	12	400		35	90
14~	820	620	10	14	75	1.6	1.3	1.5	1.2	1.4	2.4	5.0	400	16	13	500	400	40	100
18~	800	700	10	14	80	1.4	1.2	1.4	1.2	1.4	2.4	5.0	400	15	12	500	400	40	100
50~	800	700	10	14	80	1.4	1.2	1.4	1.2	1.6	2.4	5.0	400	14	12	500	400	40	100
65~	800	700	15	14	80	1.4	1.2	1.4	1.2	1.6	2.4	5.0	400	14	11	500	400	40	100
80~	800	700	15	14	80	1.4	1.2	1.4	1.2	1.6	2.4	5.0	400	13	10	500	400	40	100
孕妇(早)	+0		+0	+0	+0	+0		+0		+0.8	+0.5	+1.0	+200	+0		+20		+0	+0
孕妇(中)	+0		+0	+0	+0	+0.2		+0.2		+0.8	+0.5	+1.0	+200	+0		+20		+0	+15
孕妇(晚)	+70		+0	+0	+0	+0.3		+0.3		+0.8	+0.5	+1.0	+200	+0		+20		+0	+15
乳母	+600		+0	+3	+5	+0.3		+0.3		+0.3	+0.8	+2.0	+150	+3		+120		+10	+50

注：AI 为适宜摄入量。

附表 5 中国居民膳食矿物质的推荐摄入量或适宜摄入量

年龄/岁或生理阶段	钙/(mg/d)	磷/(mg/d)	钾(AI)/(mg/d)	镁/(mg/d)	钠(AI)/(mg/d)	氯(AI)/(mg/d)	铁/(mg/d) 男	铁/(mg/d) 女	锌/(mg/d) 男	锌/(mg/d) 女	碘/(μg/d)	硒/(μg/d)	铜/(mg/d)	钼/(μg/d)	氟(AI)/(mg/d)	锰(AI)/(mg/d)	铬(AI)/(μg/d)
0~	200(AI)	100(AI)	350	20(AI)	170	260	0.3(AI)		2.0(AI)		85(AI)	15(AI)	0.3(AI)	2(AI)	0.01	0.01	0.2
0.5~	250(AI)	180(AI)	550	65(AI)	350	550	10		3.5		115(AI)	20(AI)	0.3(AI)	3(AI)	0.23	0.7	4.0
1~	600	300	900	140	700	1 100	9		4.0		90	25	0.3	40	0.6	1.5	15
4~	800	350	1 200	160	900	1 400	10		5.5		90	30	0.4	50	0.7	2.0	20
7~	1 000	470	1 500	220	1 200	1 900	13		7.0		90	40	0.5	65	1.0	3.0	25
11~	1 200	640	1 900	300	1 400	2 200	15	18	10	9.0	110	55	0.7	90	1.3	4.0	30
14~	1 000	710	2 200	320	1 600	2 500	16	18	12	8.5	120	60	0.8	100	1.5	4.5	35
18~	800	720	2 000	330	1 500	2 300	12	20	12.5	7.5	120	60	0.8	100	1.5	4.5	30
50~	1 000	720	2 000	330	1 400	2 200	12	12	12.5	7.5	120	60	0.8	100	1.5	4.5	30
65~	1 000	700	2 000	320	1 400	2 200	12	12	12.5	7.5	120	60	0.8	100	1.5	4.5	30
80~	1 000	670	2 000	310	1 300	2 000	12	12	12.5	7.5	120	60	0.8	100	1.5	4.5	30
孕妇(早)	+0	+0	+0	+40	+0	+0		+0		+2	+110	+5	+0.1	+10	+0	+0.4	+1.0
孕妇(中)	+200	+0	+0	+40	+0	+0		+4		+2	+110	+5	+0.1	+10	+0	+0.4	+4.0
孕妇(晚)	+200	+0	+0	+40	+0	+0		+9		+2	+110	+5	+0.1	+10	+0	+0.4	+6.0
乳母	+200	+0	+400	+0	+0	+0		+4		+4.5	+120	+18	+0.6	+3	+0	+0.3	+7.0

注:AI 为适宜摄入量。

附表 6 中国居民膳食营养素平均需要量

年龄/岁或生理阶段	维生素A/(μg RAE/d) 男	女	维生素D/(μg/d)	维生素B₁/(mg/d) 男	女	维生素B₂/(mg/d) 男	女	维生素B₆/(mg/d)	维生素B₁₂/(mg/d)	叶酸/(μg DFE/d)	烟酸/(mg NE/d) 男	女	维生素C/(mg/d)	钙/(mg/d)	磷/(mg/d)	镁/(mg/d)	铁/(mg/d) 男	女	锌/(mg/d) 男	女	碘/(mg/d)	硒/(μg/d)	铜/(mg/d)	钼/(μg/d)
0~	—	—	—	—	—	—	—	—	—	—	—	—	—	—	—						—	—	—	—
0.5~	—	—	—	—	—	—	—	—	—	—	—	—	—	—	—		7	7	3.0	3.0	—	—	—	—
1~	220	220	8	0.5	0.5	0.5	0.5	0.5	0.8	130	5	5	35	500	250	110	6	6	3.0	3.0	65	20	0.25	35
4~	260	260	8	0.6	0.6	0.6	0.6	0.6	1.0	150	7	6	40	650	290	130	7	7	4.5	4.5	65	25	0.3	40
7~	360	360	8	0.8	0.8	0.8	0.8	0.8	1.3	210	9	8	55	800	400	180	10	10	6.0	6.0	65	35	0.4	55
11~	480	450	8	1.1	1.0	1.1	0.9	1.1	1.8	290	11	10	75	1 000	540	250	11	14	8.0	7.5	75	45	0.55	75
14~	590	440	8	1.3	1.1	1.3	1.0	1.2	2.0	320	14	11	85	800	590	270	12	14	9.5	7.0	85	50	0.6	85
18~	560	480	8	1.2	1.0	1.2	1.0	1.2	2.0	320	12	10	85	650	600	280	9	15	10.5	6.0	85	50	0.6	85
50~	560	480	8	1.2	1.0	1.2	1.0	1.3	2.0	320	12	10	85	800	600	280	9	9	10.5	6.0	85	50	0.6	85
65~	560	480	8	1.2	1.0	1.2	1.0	1.3	2.0	320	11	9	85	800	590	270	9	9	10.5	6.0	85	50	0.6	85
80~	560	480	8	1.2	1.0	1.2	1.0	1.3	2.0	320	11	8	85	800	560	260	9	9	10.5	6.0	85	50	0.6	85
孕妇(早)	+0	+0	+0	+0	+0	+0	+0	+0.7	+0.4	+200	+0	+0	+0	+0	+30	—		+0		+1.7	+75	+4	+0.1	+7
孕妇(中)	+50	+50	+0	+0.1	+0.1	+0.1	+0.1	+0.7	+0.4	+200	+0	+0	+10	+160	+0	+30		+4		+1.7	+75	+4	+0.1	+7
孕妇(晚)	+50	+50	+0	+0.2	+0.2	+0.2	+0.2	+0.7	+0.4	+200	+0	+0	+10	+160	+0	+30		+7		+1.7	+75	+4	+0.1	+7
乳母	+400	+400	+0	+0.2	+0.2	+0.2	+0.2	+0.2	+0.6	+130	+2	+2	+40	+160	+0	+0		+3		+3.8	+85	+15	+0.5	+3

注:未制定参考值者用"—"表示。

附表 7　中国居民膳食微量营养素的可耐受最高摄入量

年龄/岁或生理阶段	维生素 A /(μg RAE/d)	维生素 D /(μg/d)	维生素 E /(mg/d)	维生素 B$_6$ /(mg/d)	叶酸 /(μg/d)	烟酸 /(mgNE/d)	烟酰胺 /(mg/d)	胆碱 /(mg/d)	维生素 C /(mg/d)	钙 /(mg/d)	磷 /(mg/d)	铁 /(mg/d)	锌 /(mg/d)	碘 /(mg/d)	硒 /(μg/d)	铜 /(mg/d)	钼 /(μg/d)	氟 /(μg/d)	锰 /(μg/d)
0~	600	20	—	—	—	—	—	—	—	1 000	—	—	—	—	55	—	—	—	—
0.5~	600	20	—	—	—	—	—	—	—	1 500	—	—	—	—	80	—	—	—	—
1~	700	20	150	20	300	10	100	1 000	400	1 500	—	20	8	—	100	2	200	0.8	—
4~	900	30	200	25	400	15	130	1 000	600	2 000	—	30	12	200	150	3	300	1.1	3.5
7~	1 500	45	350	35	600	20	180	1 500	1 000	2 000	—	35	19	300	200	4	450	1.7	5.0
11~	2 100	50	500	45	800	25	240	2 000	1 400	2 000	—	40	28	400	300	6	650	2.5	8
14~	2 700	50	600	55	900	30	280	2 500	1 800	2 000	—	40	35	500	350	7	800	3.1	10
18~	3 000	50	700	60	1 000	35	310	3 000	2 000	2 000	3 500	40	40	600	400	8	900	3.5	11
50~	3 000	50	700	60	1 000	35	310	3 000	2 000	2 000	3 500	40	40	600	400	8	900	3.5	11
65~	3 000	50	700	60	1 000	35	300	3 000	2 000	2 000	3 000	40	40	600	400	8	900	3.5	11
80~	3 000	50	700	60	1 000	30	280	3 000	2 000	2 000	3 000	40	40	600	400	8	900	3.5	11
孕妇(早)	3 000	50	700	60	1 000	35	310	3 000	2 000	2 000	3 500	40	40	600	400	8	900	3.5	11
孕妇(中)	3 000	50	700	60	1 000	35	310	3 000	2 000	2 000	3 500	40	40	600	400	8	900	3.5	11
孕妇(晚)	3 000	50	700	60	1 000	35	310	3 000	2 000	2 000	3 500	40	40	600	400	8	900	3.5	11
乳母	3 000	50	700	60	1 000	35	310	3 000	2 000	2 000	3 500	40	40	600	400	8	900	3.5	11

注:1. 未制定参考值者用"—"表示。

2. 有些营养素未制定可耐受最高摄入量,主要是因为研究资料不充分,并不表示过量摄入没有健康风险。

附录 2　各种活动的能量消耗率

动作名称	kJ(kcal)/(m²·min)	动作名称	kJ(kcal)/(m²·min)
日常生活		骑马(跑)	0.980(4.100)
睡眠	0.136(0.569)	骑马(跳跃)	1.135(4.750)
整理内务、擦地板	0.500(2.094)	学习、运动和娱乐	
铺被(准备睡觉)	0.441(1.844)	室内听课	0.215(0.900)
穿脱衣服	0.393(1.644)	听课(有时记笔记)	0.224(0.938)
梳头	0.359(1.500)	听课(经常记笔记)	0.228(0.956)
刮脸	0.374(1.563)	上自习(看书)	0.202(0.844)
洗脸	0.246(1.031)	坐着写字	0.255(1.069)
洗澡	0.290(1.214)	念书	0.284(1.188)
大小便	0.234(0.981)	卧床看书	0.193(0.806)
休息(躺)	0.187(0.781)	抄黑板报	0.234(0.981)
休息(站)	0.258(1.081)	站立听讲	0.236(0.988)
谈话(站)	0.266(1.113)	站立绘画	0.309(1.294)
谈话	0.251(1.050)	小组讨论	0.222(0.930)
散步	0.356(1.488)	体操(立正)	0.403(1.688)
步行(中等速度)	0.400(1.675)	体操(头部运动)	0.299(1.250)
跑步	1.328(5.556)	体操(胸部运动)	0.357(1.494)
上下楼梯	1.076(4.500)	体操(臀部运动)	0.374(1.563)
刷靴子	0.317(1.325)	体操(腹部运动)	0.399(1.669)
收拾衣、鞋	0.426(1.781)	体操(腿部运动)	0.456(1.906)
洗、晒东西	0.493(2.063)	体操(脚部运动)	0.495(2.069)
做菜、做饭	0.381(1.594)	体操(背运动)	0.512(2.144)
擦洗食具	0.512(2.144)	体操(平衡运动)	0.323(1.350)
揉面	0.444(1.856)	体操(弯体运动)	0.451(1.888)
给人理发	0.347(1.450)	体操(上肢、跳跃等运动)	0.864(3.513)
剪指甲	0.221(0.925)	男子吊环规定联合动作	4.980(20.836)
打扫院子	0.356(1.488)	男子双杠规定联合动作	5.642(23.605)
清扫沟道	0.862(3.606)	男子单杠规定联合动作	7.720(32.303)
擦洗玻璃	0.459(1.919)	男子自由体操规定徒手全套动作	2.350(9.833)
洒水	0.445(1.863)		
提水	0.881(3.688)	男子自由体操技巧动作	17.816(74.543)
搬运器具	0.757(3.169)	男子跳马规定动作	11.385(47.636)
站岗放哨	0.299(1.250)	男子鞍马规定联合动作	9.392(39.295)
坐着吃东西	0.202(0.844)	女子平衡木规定全套动作	2.001(8.374)
开会	0.194(0.813)	女子平衡木技巧动作	3.707(15.509)
打电话	0.269(1.125)	女子自由体操规定徒手全套动作	2.586(10.082)
骑自行车(平地一般速度)	0.718(3.006)	女子自由体操技巧动作	5.892(24.653)
坐火车	0.293(1.225)	女子高低杠基本动作	2.562(10.719)
骑马(走)	0.368(1.538)	女子跳马规定动作	12.273(51.350)

续附录 2

动作名称	kJ(kcal)/(m²·min)	动作名称	kJ(kcal)/(m²·min)
广播体操	0.662(2.769)	坐着拉提琴	0.388(1.625)
跳绳	0.493(2.063)	唱歌(站)	0.542(2.269)
跳箱	1.213(5.075)	跳集体舞	0.963(4.031)
跳舞	0.607(2.538)	集体游戏	0.698(2.919)
摔跤	1.219(5.100)	坐着打扑克	0.329(1.375)
游泳(自由式)	0.969(4.056)	坐着弹风琴	0.462(1.931)
仰泳	0.768(3.213)	坐着打鼓	0.577(2.413)
侧泳(36.56 m/min)	1.207(5.050)	站着指挥演奏	0.336(1.406)
蛙泳	1.261(5.275)	站着指挥唱歌	0.632(2.643)
越野赛跑	1.424(5.956)	生产劳动	
攀登坡度1:5.7(10 kg负荷)	1.326(5.550)	磨镰刀	0.538(2.250)
滑雪(平地硬雪、中等速度)	1.655(6.925)	推手推车(载重100 kg)	0.666(2.788)
室外混合运动	0.511(2.138)	推手推车(载重150 kg)	0.940(3.931)
射箭	0.672(2.813)	打裸麦	0.671(2.806)
打排球(练习)	0.451(1.888)	捆扎小麦	1.016(4.250)
打排球(比赛)	0.974(4.075)	搭禾堆	0.822(3.438)
棒球(接球)	0.503(2.106)	耕荒地(人拉)	1.510(6.319)
打棒球	0.775(3.244)	耕熟地(人拉)	1.471(6.156)
男子网球单打比赛	1.348(5.639)	耕地(用牛)	0.935(3.913)
男子网球单线定位技术训练	1.336(5.590)	驾驶拖拉机耕地	0.627(2.625)
男子网球多球技术训练	1.898(7.942)	打稻子	1.231(5.050)
女子网球单打比赛	1.438(6.016)	插秧	0.807(3.375)
女子网球单线定位技术训练	1.371(5.737)	培土	1.143(4.781)
女子网球底线移动技术训练	1.552(6.493)	用手拔草	0.711(2.975)
女子网球网前技术训练	1.460(6.107)	用镰刀割草	0.967(4.044)
女子网球发球	0.831(3.477)	锄草	0.711(2.975)
打篮球(练习)	0.792(3.313)	割麦	0.775(3.244)
打篮球(比赛)	1.382(5.781)	搬运稻草	0.871(3.644)
男子自行车准备活动	1.090(4.559)	播种	0.807(3.375)
男子自行车中速运动	1.683(7.040)	堆肥	1.126(4.713)
女子自行车准备活动	1.100(4.604)	园内挖土	1.155(4.831)
女子自行车中速运动	1.555(6.508)	种花生	0.497(2.081)
踢足球	1.149(4.806)	春米	0.766(3.206)
单双杠	0.804(3.362)	抬筐	0.951(3.981)
划船(51 m/min)	0.551(2.306)	铲土	0.904(3.781)
划船(69 m/min)	0.859(3.594)	驾驶汽车	0.376(1.575)
划船(97 m/min)	1.506(6.300)	汽车冲洗	0.617(2.581)
看电影	0.193(0.806)	收拾摩托车	0.648(2.713)
下棋(军棋)	0.359(1.500)	收拾工具	0.270(1.131)
坐着吹笛	0.317(1.325)		
坐着拉手风琴	0.284(1.188)		

续附录 2

动作名称	kJ(kcal)/(m²·min)	动作名称	kJ(kcal)/(m²·min)
坐着弹钢琴	0.359(1.500)	打扫车库	0.886(3.706)
装卸车轮胎	0.493(2.063)	刨软质木	1.087(4.550)
用起重机吊汽车	0.672(2.813)	刨硬木	1.222(5.113)
混合水泥	0.630(2.638)	装车	1.383(5.788)
清洗马体	0.704(2.944)	推车	1.663(6.956)
切饲料	0.524(2.194)	掘坑	0.961(4.019)
机械锯木	0.345(1.444)	包装(装箱)	0.599(2.506)
锯软质木	0.940(3.931)	包装(捆箱)	0.919(3.844)
硬木钻孔	1.008(4.219)	用斧砍木	1.076(4.500)
锯硬木	1.007(4.213)		

附录 3   营养相关网站

http://www.nutrition.gov/

http://www.nutritiondata.com/

http://www.cnsoc.org/

http://www.nutritionsociety.org/

http://www.camcn-cns.org/

http://www.pndc.gov.cn/

http://www.fda.gov/

http://www.nal.usda.gov/fnic

http://www.faseb.org/ascn

http://www.nutrition.grg/

http://www.nutritionnol.com/

http://www.21nrtrition.com/

http://www.online-food.net/

http://www.hangaofood.com/

http://www.hppthealth.enorth.com.cn/

http://www.ekodin.com.cn/hol2001/foodasp

http://www.999.com.cn/public/food/

http://www.faseb.org/ascn/

http://www.fns.usda.gov/fncs

http://www.hao123.com/

http://www.ncemch.georgetown.edu/

http://www.cnfoods.net/

http://www.cihi.com/

http://www.ldb.org/vl/index.htm

http://www.aihs.com/

http://www.cdc.gov/

http://www.apha.org/

http://www.acpm.org/

http://www.nsf.org/

http://www.paho.org/

http://www.jhuccp.org/netlinks

http://www.cphn.org.cn/

http://www-east.elsevier.com/ajpm

http://www.naturesj.com/ph/

http://www.apnet.com/www/journal/pm.htm

http://www.ccsa.ca/

http://www.ncbi.nlm.enih.gov/

http://www.fsis.usda.gov/

http://www.eatright.org/

http://www.diabetes.org/

http://www.americanheart.org/

http://www.apha.org/

http://www.dietitians.ca/

http://www.fao.org/

http://www.paho.org/

http://www.who.org/

http://www.aoa.dhhs.gov/

http://www.ahcpr.gov/

http://www.hhs.gov/

http://www.fsis.usda.gov/

http://www.nlm.nih.gov/

http://www.census.gov/

http://www.foodqs.cn/

http://www.chinafoods.com/

http://cdc.gov/

http://fnic.nal.usda.gov/

http://yingyang.fh21.com.cn/

http://eatright.org/

http://highwirepress.com/

http://freemedicaljournals.com/

http://vm.cfsan.fda.gov/list.html

http://web.health.gov/healthypeople

附录 4 术语词汇汉英对照与英汉对照

I. 术语词汇汉英对照

中文	英文
2 h 口服葡萄糖耐量实验	2 h OGTT
3,5,3′-三碘甲状腺原氨酸	T_3
B 型单胺氧化酶	monoamine oxidase B，MAO-B
N-亚硝基化合物	N-nitroso-compound，NOCs
N-乙基-γ-L 谷氨酰胺	N-ethyL-γ-L-glutamine
α-、β-和 γ-伴大豆球蛋白	α-、β-、γ- conglycinin
α-亚麻酸	α-linolenic acid
γ-氨基丁酸	γ-aminobutyric acid
γ-谷氨酰半胱氨酸	γ-glutamylcysteine
癌	cancer
艾滋病毒	HIV
氨基酸	amino acid
氨基酸评分	amino acid score，AAS
白化病	albinism
白三烯	leukotriene，LT
白细胞介素 1	interleukin-1，IL-1
白细胞介素 2	interleukin-2，IL-2
半乳糖	galactose
半纤维素	hemicellulose
饱和脂肪酸	saturated fatty acid，SFA
倍半萜类	sesquiterpenes
苯醌还原酶	quinon reductase，QR
必需氨基酸	essential amino acid
必需氨基酸评分模式	amino acid scoring pattern
标准化	standarization
表观消化率	apparent digestibility，AD
表没食子儿茶素没食子酸酯	epi-gallate catechin gallate，EGCG
丙二醛	malondialdehyde，MDA
参考蛋白	reference protein
茶氨酸	theanine

茶碱	theophylline
茶叶多糖复合物	tea polysaccharide complex, TPC
肠抑胃素	enterogastrone
常量元素	macro minerals
超氧化物歧化酶	superoxide dismutase, SOD
痴呆	dementia
初乳	colostrum
促甲状腺激素	thyroid-stimulating hormone, TSH
促甲状腺素释放激素	thyrotrophin-releasing hormone, TRH
促皮质糖	TTG
大豆低聚糖	soybean oligosaccharide
大豆凝集素	soybean agglutinin, SBA
大蒜	Allium sativum
单不饱和脂肪酸	monounsaturated fatty acid, MUFA
单磷酸硫胺素	thiamine monophosphate, TMP
单糖	monosaccharide
单萜	monoterpenes
胆碱	choline
蛋白质	protein
蛋白质功效比值	protein efficiency ratio，PER
蛋白质互补作用	complementary action
蛋白质净利用率	net protein utilization, NPU
蛋白质—热能营养不良	protein-energy malnutrition, PEM
氮平衡指数	nitrogen balance index, NBI
低出生体重	low birth weight, LBW
低聚半乳糖	galactooligosaccharide
低聚果糖	fructooligosaccharide
低聚木糖	xylooligosaccharide
低聚乳果糖	lactosucrose
低聚体	oligomer
低聚异麦芽糖	isomaltooligosaccharide
低密度脂蛋白	low density lipoprotein, LDL
低密度脂蛋白胆固醇	low density lipoprotein cholesterol, LDL-C
碘	iodin
碘缺乏病	iodine deficiency disorders，IDD
淀粉	starch
蝶酰谷氨酸	pteroylglutamic acid, PGA
丁基羟基茴香醚	butylated Hydroxyanisole, BHA
动脉粥样硬化	atherosclerosis, AS
动脂	variable fat

断乳食品	weaning food
对氨基苯甲酸	para-aminobenzoic acid；PABA
多巴胺	dopamine
多不饱和脂肪酸	polyunsaturated fatty acid，PUFA
多酚类	polyphenols
二磷酸硫胺素	TDP
二十二碳六烯酸	docosahexenoic acid，DHA
二十碳五烯酸	eicosapentaenoic acid，EPA
二萜类	diterpenes
番茄红素	lycopene
翻译	translation
反式脂肪酸	TFA
泛醌	ubiquinones
非必需氨基酸	nonessential amino acid
非淀粉多糖	non-starch polysaccharides，NSP
非营养素	non-nutrient
肥胖	obesity
分支低聚糖	branching oliogosaccharide
分子营养学	molecular nutrition
氟	fluorin
辅酶Ⅱ	NADP
辅酶F	coenzymes F，CoF
辅酶Ⅰ	NAD
辅酶Q	coenzymes Q
妇幼营养学	women and child nutrition
腹泻	diarrhea
钙	calcium
钙结合蛋白质	calcium-binding protein，CaBP
干扰素	interferon，IFN
甘油三酯	triglyceride，TG
肝素	heparin
高聚体	polymeric Procyanidin，PPC
高密度脂蛋白	high density lipoprotein，HDL
高密度脂蛋白胆固醇	high-density lipoprotein cholesterol，HDL-C
高血压	hypertension
高脂血症	hyperlipidemia
铬	chromium
共轭亚油酸	conjugated linoleic acid
佝偻病	rickets
谷氨酰胺	glutamine，Gln

谷胱甘肽	glutathione，GSH
谷胱甘肽过氧化物酶	glutathione peroxidase，GSH-Px
谷胱甘肽转移酶	glutathione-S-transferases，GST
钴	cobalt
寡糖	oligosaccharide
冠心病	coronary heart disease，CHD
国际高血压学会	International Society of Hypertension，ISH
果胶	pectin
果糖	fructose
过氧化氢酶	catalase，CAT
含铁血黄素	hemosiderin
红豆杉醇	taxol
红细胞生成缺铁期	iron deficient erythropoiesis，IDE
呼吸商	respiratory quotient，RQ
花生四烯酸	arachidonic acid
化学评分	chemical score
环腺苷酸	cyclic adenosine monophosphate cAMP
环鸟苷酸	cyclic guanosine monophosphate，cGMP
黄曲霉毒素	aspergillus flavus toxin，AF
黄素单核苷酸	flavin mononucleotide，FMN
黄素腺嘌呤二核苷酸	flavin adenine dinucleotide，FAD
黄酮类化合物	flavonoids
恢复	restoration
基础代谢	basal metabolism，BM
基础代谢率	basal metabolic rate，BMR
极低密度脂蛋白	very low-density lipoprotein，VLDL
甲状旁腺激素	parathyroid hormone，PTH
甲状腺球蛋白	thyroglobulin，TG
甲状腺素	T_4
钾	kalium
健康	health
降钙素	calcitonin，CT
焦耳	Joule，J
焦磷酸硫胺素	thiamine pyrophosphate，TPP
节杆菌	Arthrobacter
芥子酶	myrosinasos
经消化率修正的氨基酸评分	protein digestibility corrected amino acid score，PDCAAS
腈	nitriles
净蛋白质比值	net protein ratio，NPR
聚合度	degree of polymerization，DP

咖啡碱	caffeine
卡	cal
抗性淀粉	resistant starch;RS
抗营养因子	anti-nutritional factors;ANFs
抗肿瘤药物:牛磺莫司汀	taumustine
可可碱	theobromine
可耐受最高摄入量	tolerable upper intake level,UL
口腔	mouth
苦杏仁苷(氨川苷)	laetrile;amygdalin
老年营养学	nutrition for the elderly
酪蛋白	casein
类胡萝卜素	caroteoid
临床营养学	clinical nutrition
磷	phosphorus
磷酸氢铅	$PbHPO_4$
磷脂	phospholipid
灵芝多糖	Ganoderma Lucidum polysaccharide, GLP
硫代葡萄糖苷	glucosinolates,GS
硫氰化物	thiocyanates
硫酸软骨素 A	choudroriinSulfate A
硫辛酸	lipoic acid
绿原酸	chlorogenic acid
氯	chlorin
麦芽糖	maltose
没食子酸	gallic acid
没食子酸丙酯	propyl gallate,PG
食品与药品管理局	Food and Drug Administration
美国糖尿病学会	American Diabetes Association,ADA
镁	magmesium
锰	manganese
锰超氧化物歧化酶	superoxide dismutase-Mn, MnSOD
米	meter,m
棉籽糖	raffinose
魔芋葡甘露聚糖	konjac glucomannan, KGM
母乳	breast milk
母乳喂养	breast feeding
牡荆素	vitexin
木质素	lignin
钼	molybdenum
内因子	intrinsic factor,IF

钠	natrium
能量	energy
尿苷二磷酸葡萄糖	uridine diphosphoglucose,UDPG
尿苷三磷酸	uridine triphosphate,UTP
脲酶	urease
牛顿	Newton,N
牛磺酸	taurine
欧车前	psyllium
帕拉金糖	palatinose
潘氨酸	pangamic acid
配方奶粉	milk formulas
皮炎	dermatitis
平衡膳食	balanced diet
平均需要量	estimated average requirement,EAR
葡萄糖	glucose
葡萄糖耐量因子	glucose tolerance factor,GTF
千卡	kcal
千克	kg
前列腺素	prostaglandin,PG
强化	fortification
芹菜素	apigenin
氰苷	cynogenic glycosides
巯基	—SH
去甲二氢愈创木酸	nordihydroguaiaretic acid,NDGA
去甲肾上腺素	norepinephrine
缺铁性贫血	iron deficiency anemia, IDA
缺铁性贫血期	Iron deficiency anemia, IDA
人白细胞	human leukocyte,HL
人类营养学	human nutrition
乳糜微粒	chylomicron emulsion,CM
乳清蛋白	lactoalbumin
乳糖	lactose
乳铁蛋白	lactoferrin
三磷酸硫胺素	thiamine triphosphate,TTP
三磷酸腺苷	adenosine triphosphate,ATP
三萜类	triterpenes
三萜皂苷	triterpenoidal saponins
桑多糖	moran
山梨醇	sorbitol
膳食结构	dietary pattern

膳食纤维	dietary fiber
膳食叶酸当量	dietary folate equivalence，DFE
膳食营养素参考摄入量	dietary reference intakes，DRIs
膳食营养素供给量	recommended dietary allowances，RDA
膳食指南	dietary guideline
上皮硫烷烃	epithioalkanes
舌	tongue
社会营养学	social nutrition
社区营养	community nutrition
肾上腺素	epinephrene
生物价	biological value，BV
生物类黄酮类	bioflavonoids
生物利用率	bioavailability
食品营养标签	food nutrition label
食品营养学	food nutrition
食谱	recipe
食物的热效应	thermic effect of food，TEF
食物的特殊动力作用	specific dynamic action，SDA
食物营养指数	index of nutrient quality，INQ
世界癌症研究基金会	World Cancer Research Fund，WCRF
世界贸易组织	World Trade Organization，WTO
世界卫生组织	World Health Organization，WHO
视黄醇当量	retinol equivalent，RE
适宜摄入量	adequate intake，AI
瘦组织	lean tissue
树胶	gum
双标记水法	double labeled water，DLW
双歧杆菌素	bifidin
双糖	disaccharide
水	water
水苏糖	stachyose
四氢叶酸	tetrahydrofolic acid，THFA
松果体素	melatonin
碳水化合物	carbohydrate
糖尿病	diabetes meiiltus
糖原	glycogen
体力活动水平	physical activity level，PAL
体质指数	body mass index，BMI
铁蛋白	ferritin
铁贮存减少期	iron depletion，ID

铜	cuprum
投入与效益评估	assessment of input and benefit
透明质酸	hyaluronic acid,HA
透明质酸酶	haase
唾液腺	salivary gland
微量元素	trace elements
维生素	vitamin
维生素 A	vitamin A
维生素 D 结合蛋白	vitamin D binding protein,DBP
维生素化	vitaminization
胃	stomach
乌头多糖	aconitan
硒	selenium
硒半胱氨酸	Sec
硒蛋氨酸	SeMet
硒酸盐	selenate,SeO_4^{2-}
稀粥	paste
先天畸形	congenital malformation
纤维素	cellulose
限制性氨基酸	limiting amino acid
相对蛋白质值	relative protein value,RPV
消化率	digestibility
小肠	small intestine
心血管疾病	cardiovascular disease,CVD
锌	zinc
锌缺乏症	zinc deficiency
蓄积脂肪	store fat
学龄儿童	school children
学龄前儿童	pre-school children
血管平滑肌细胞	smooth musclecell,SMC
血栓烷	thromboxane,TXA
血糖生成指数	glycemic index,GI
牙齿	dens
亚健康	inferior health or sub-health
亚硒酸盐	selenite,SeO_3^{2-}
亚油酸	linoleic acid,LA
咽与食道	pharynx and esophagus
燕麦素	oatrim
洋葱	Allium cepa
氧化型谷胱甘肽	oxidized form gultatkione,GSSG

叶绿素	chlorophyll
一氧化氮	nitric oxide，NO
一氧化氮合酶	nitric oxide synthetase，NOS
胰蛋白酶抑制剂（或因子）	trypsin inhibitor，TI
乙二胺四乙酸	ethylenediamine tetraacetic acid，EDTA
异硫氰酸盐	isothiocyanates，ITS
异麦芽酮糖	isomaltulose
婴儿期	infancy
营养	nutrition
营养不良	malnutrition
营养调查	nutritional survey
营养过剩	overnutrition
营养价值	nutritional value
营养监测	nutritional surveillance
营养经济学	nutrition economics
营养流行病学	nutrition epidemiology
营养缺乏	nutrition deficiency
营养生理需要量	nutritional requirements
营养素	nutrients
营养素参考值	nutrient reference values，NRV
营养素密度	nutrient density
营养素推荐摄入量	recommended nutrient intake，RNI
营养学	nutrition or nutriology
营养政策	nutrition policy
游离脂肪酸	free fatty acid，FFA
幼儿	young children
原花青素	proanthocyanidin，PC
运动营养学	sports nutrition
甾体皂苷	steroidal saponins
载脂蛋白	apolipoprotein，apo
早产儿	premature
皂草苷	saponins
皂毒素	sapotoxins
增补	supplementation
黏胶	mucilage
蔗糖	sucrose
蔗糖聚酯	sucrose polyester（商品名为 Olestra）
真消化率	true digestibility，TD
正磷酸铅	$Pb_3(PO_4)_2$
支链淀粉	amylopection

脂肪替代产品	fat substitutes
脂肪氧化酶	lipoxygenase,Lox
脂褐素	lipofuscin
直链淀粉	amylose
植物红细胞凝集素	phytohemaggmutinin,PHA
植物化学物质	phytochemicals
植物甾醇	phytosterol
植物甾烷醇	phytostanol
治疗性生活方式改变	therapeutic life style changes,TLC
致甲状腺肿因子	coitrogens
中密度脂蛋白	intermediate density lipoprotein,IDL
中医营养学	traditional chinese medicine nutrition
肿瘤	tumor
肿瘤坏死因子	tumor necrosis factor,TNF
转录	transcription
紫草多糖	lithosperman
自然杀伤细胞	natural killer cell,NK cell
综合能量指数	integarte energy index,IEI
总胆固醇	TC
左旋肉碱	L-carnitine

Ⅱ. 术语词汇英汉对照

英文	中文
aconitan	乌头多糖
adenosine triphosphate,ATP	三磷酸腺苷
adequate intake,AI	适宜摄入量
albinism	白化病
Allium cepa	洋葱
Allium sativum	大蒜
American Diabetes Association,ADA	美国糖尿病学会
amino acid	氨基酸
amino acid score, AAS	氨基酸评分
amino acid scoring pattern	必需氨基酸评分模式
amylopection	支链淀粉
amylose	直链淀粉
anti-nutritional factors;ANFs	抗营养因子
apigenin	芹菜素
apolipoprotein, apo	载脂蛋白

apparent digestibility，AD	表观消化率
arachidonic acid	花生四烯酸
Arthrobacter	节杆菌
aspergillus flavus toxin AF	黄曲霉毒素
assessment of input and benefit	投入与效益评估
atherosclerosis，AS	动脉粥样硬化
balanced diet	平衡膳食
basal metabolic rate，BMR	基础代谢率
basal metabolism，BM	基础代谢
bifidin	双歧杆菌素
bioavailability	生物利用率
bioflavonoids	生物类黄酮类
biological value，BV	生物价
body mass index，BMI	体质指数
branching oliogosaccharide	分支低聚糖
breast feeding	母乳喂养
breast milk	母乳
butylated Hydroxyanisole，BHA	丁基羟基茴香醚
caffeine	咖啡碱
cal	卡
calcitonin，CT	降钙素
calcium	钙
calcium-binding protein，CaBP	钙结合蛋白质
cancer	癌
carbohydrate	碳水化合物
cardiovascular disease，CVD	心血管疾病
caroteoid	类胡萝卜素
casein	酪蛋白
catalase，CAT	过氧化氢酶
cellulose	纤维素
chemical score	化学评分
chlorin	氯
chlorogenic acid	绿原酸
chlorophyll	叶绿素
choline	胆碱
choudroriinSulfate A	硫酸软骨素 A
chromium	铬
chylomicron emulsion，CM	乳糜微粒
clinical nutrition	临床营养学
cobalt	钴

coenzymes F，CoF	辅酶 F
coenzymes Q	辅酶 Q
coitrogens	致甲状腺肿因子
colostrum	初乳
community nutrition	社区营养
complementary action	蛋白质互补作用
congenital malformation	先天畸形
conjugated linoleic acid	共轭亚油酸
coronary heart disease，CHD	冠心病
cuprum	铜
cyclic adenosine monophosphate，cAMP	环腺苷酸
cyclic guanosine monophosphate，cGMP	环鸟苷酸
cynogenic glycosides	氰苷
degree of polymerization，DP	聚合度
dementia	痴呆
dens	牙齿
dermatitis	皮炎
diabetes meiiltus	糖尿病
diarrhea	腹泻
dietary fiber	膳食纤维
dietary folate equivalence，DFE	膳食叶酸当量
dietary guideline	膳食指南
dietary pattern	膳食结构
dietary reference intakes，DRIs	膳食营养素参考摄入量
digestibility	消化率
disaccharide	双糖
diterpenes	二萜类
docosahexenoic acid，DHA	二十二碳六烯酸
dopamine	多巴胺
double labeled water，DLW	双标记水法
eicosapentaenoic acid，EPA	二十碳五烯酸
energy	能量
enterogastrone	肠抑胃素
epi-gallate catechin gallate，EGCG	表没食子儿茶素没食子酸酯
epinephrine	肾上腺素
epithioalkanes	上皮硫烷烃
essential amino acid	必需氨基酸
estimated average requirement，EAR	平均需要量
ethylenediamine tetraacetic acid，EDTA	乙二胺四乙酸
fat substitutes	脂肪替代产品

ferritin	铁蛋白
flavin adenine dinucleotide，FAD	黄素腺嘌呤二核苷酸
flavin mononucleotide，FMN	黄素单核苷酸
flavonoids	黄酮类化合物
fluorin	氟
Food and Drug Administration	食品与药品管理局
food nutrition	食品营养学
food nutrition label	食品营养标签
fortification	强化
free fatty acid，FFA	游离脂肪酸
fructooligosaccharide	低聚果糖
fructose	果糖
galactooligosaccharide	低聚半乳糖
galactose	半乳糖
gallic acid	没食子酸
Ganoderma Lucidum polysaccharide，GLP	灵芝多糖
glucose	葡萄糖
glucose tolerance factor，GTF	葡萄糖耐量因子
glucosinolates，GS	硫代葡萄糖苷
glutamine，Gln	谷氨酰胺
glutathione，GSH	谷胱甘肽
glutathione peroxidase，GPX	谷胱甘肽过氧化物酶
glutathione peroxidase，GSH-Px	谷胱甘肽过氧化物酶
glutathione-S-transferases，GST	谷胱甘肽转移酶
glycemic index，GI	血糖生成指数
glycogen	糖原
gum	树胶
haase	透明质酸酶
health	健康
hemicellulose	半纤维素
hemosiderin	含铁血黄素
heparin	肝素
high density lipoprotein，HDL	高密度脂蛋白
high-density lipoprotein cholesterol，HDL-C	高密度脂蛋白胆固醇
HIV	艾滋病毒
2 h OGTT	2 h 口服葡萄糖耐量实验
human leukocyte，HL	人白细胞
human nutrition	人类营养学
hyaluronic acid，HA	透明质酸
hyperlipidemia	高脂血症

hypertension	高血压
index of nutrient quality,INQ	食物营养指数
infancy	婴儿期
interferon,IFN	干扰素
inferior health or sub-health	亚健康
integarte energy index,IEI	综合能量指数
interleukin-1,IL-1	白细胞介素 1
interleukin-2,IL-2	白细胞介素 2
intermediate density lipoprotein,IDL	中密度脂蛋白
International Society of Hypertension,ISH	国际高血压学会
intrinsic factor,IF	内因子
iodin	碘
iodine deficiency disorders, IDD	碘缺乏病
Iron deficiency anemia, IDA	缺铁性贫血期
iron deficiency anemia, IDA	缺铁性贫血
iron deficient erythropoiesis, IDE	红细胞生成缺铁期
iron depletion, ID	铁贮存减少期
isomaltooligosaccharide	低聚异麦芽糖
isomaltulose	异麦芽酮糖
isothiocyanates,ITS	异硫氰酸盐
Joule,J	焦耳
kalium	钾
kcal	千卡
kg	千克
konjac glucomannan,KGM	魔芋葡甘露聚糖
lactoalbumin	乳清蛋白
lactoferrin	乳铁蛋白
lactose	乳糖
lactosucrose	低聚乳果糖
laetrile;amygdalin	苦杏仁苷(氮川苷)
L-carnitine	左旋肉碱
lean tissue	瘦组织
leukotriene,LT	白三烯
lignin	木质素
limiting amino acid	限制性氨基酸
linoleic acid, LA	亚油酸
lipofuscin	脂褐素
lipoic acid	硫辛酸
lipoxygenase,Lox	脂肪氧化酶
lithosperman	紫草多糖

low birth weight,LBW	低出生体重
low density lipoprotein,LDL	低密度脂蛋白
low density lipoprotein cholesterol,LDL-C	低密度脂蛋白胆固醇
lycopene	番茄红素
macro minerals	常量元素
magmesium	镁
malnutrition	营养不良
malondialdehyde,MDA	丙二醛
maltose	麦芽糖
manganese	锰
melatonin	松果体素
meter,m	米
milk formulas	配方奶粉
molecular nutrition	分子营养学
molybdenum	钼
monoamine oxidase B,MAO-B	B型单胺氧化酶
monosaccharide	单糖
monoterpenes	单萜
monounsaturated fatty acid,MUFA	单不饱和脂肪酸
moran	桑多糖
mouth	口腔
mucilage	粘胶
myrosinasos	芥子酶
NAD	辅酶Ⅰ
NADP	辅酶Ⅱ
natrium	钠
natural killer cell,NK cell	自然杀伤细胞
N-ethyL-γ-L-glutamine	N-乙基-γ-L-谷氨酰胺
net protein ratio,NPR	净蛋白质比值
net protein utilization,NPU	蛋白质净利用率
Newton,N	牛顿
nitric oxide,NO	一氧化氮
nitric oxide synthetase,NOS	一氧化氮合酶
nitriles	腈
nitrogen balance index,NBI	氮平衡指数
N-nitroso-compound,NOCs	N-亚硝基化合物
nonessential amino acid	非必需氨基酸
non-nutrient	非营养素
non-starch polysaccharides,NSP	非淀粉多糖
nordihydroguaiaretic acid,NDGA	去甲二氢愈创木酸

norepinephrine	去甲肾上腺素
nutrient density	营养素密度
nutrient reference values,NRV	营养素参考值
nutrients	营养素
nutrition	营养
nutritional requirements	营养生理需要量
nutritional surveillance	营养监测
nutritional survey	营养调查
nutritional value	营养价值
nutrition deficiency	营养缺乏
nutrition economics	营养经济学
nutrition epidemiology	营养流行病学
nutrition for the elderly	老年营养学
nutrition or nutriology	营养学
nutrition policy	营养政策
oatrim	燕麦素
obesity	肥胖
oligomer,OPC	低聚体
oligosaccharide	寡糖
overnutrition	营养过剩
oxidized form gultatkione,GSSG	氧化型谷胱甘肽
palatinose	帕拉金糖
pangamic acid	潘氨酸
para-aminobenzoic acid;PABA	对氨基苯甲酸
parathyroid hormone,PTH	甲状旁腺激素
paste	稀粥
$PbHPO_4$	磷酸氢铅
$Pb_3(PO_4)_2$	正磷酸铅
pectin	果胶
pharynx and esophagus	咽与食道
phospholipid	磷脂
phosphorus	磷
physical activity level,PAL	体力活动水平
phytochemicals	植物化学物质
Phytohemaggmutinin,PHA	植物红细胞凝集素
phytostanol	植物甾烷醇
phytosterol	植物甾醇
polymeric Procyanidin,PPC	高聚体
polyphenols	多酚类
polyunsaturated fatty acid,PUFA	多不饱和脂肪酸

premature	早产儿
pre-school children	学龄前儿童
proanthocyanidin,PC	原花青素
propyl gallate,PG	没食子酸丙酯
prostaglandin,PG	前列腺素
protein	蛋白质
protein digestibility corrected amino acid score,PDCAAS	经消化率修正的氨基酸评分
protein efficiency ratio, PER	蛋白质功效比值
protein-energy malnutrition, PEM	蛋白质—热能营养不良
psyllium	欧车前
pteroylglutamic acid,PGA	蝶酰谷氨酸
quinon reductase,QR	苯醌还原酶
raffinose	棉籽糖
recipe	食谱
recommended dietary allowances,RDA	膳食营养素供给量
recommended nutrient intake,RNI	营养素推荐摄入量
reference protein	参考蛋白
relative protein value，RPV	相对蛋白质值
resistant starch,RS	抗性淀粉
respiratory quotient,RQ	呼吸商
restoration	恢复
retinol equivalent，RE	视黄醇当量
rickets	佝偻病
salivary gland	唾液腺
saponarin	皂草苷
sapotoxins	皂毒素
saturated fatty acid,SFA	饱和脂肪酸
school children	学龄儿童
Sec	硒半胱氨酸
selenate,SeO_4^{2-}	硒酸盐
selenite,SeO_3^{2-}	亚硒酸盐
selenium	硒
SeMet	硒蛋氨酸
sesquiterpenes	倍半萜类
—SH	巯基
small intestine	小肠
smooth musclecell,SMC	血管平滑肌细胞
social nutrition	社会营养学
sorbitol	山梨醇
soybean agglutinin,SBA	大豆凝集素

soybean oligosaccharide 大豆低聚糖

specific dynamic action，SDA 食物的特殊动力作用

sports nutrition 运动营养学

stachyose 水苏糖

standarization 标准化

starch 淀粉

steroidal saponins 甾体皂苷

stomach 胃

store fat 蓄积脂肪

sucrose 蔗糖

sucrose polyester(商品名为 Olestra) 蔗糖聚酯

superoxide dismutase,SOD 超氧化物歧化酶

superoxide dismutase-Mn MnSOD 锰超氧化物歧化酶

supplementation 增补

T_3 $3,5,3'$-三碘甲状腺原氨酸

T_4 甲状腺素

taumustine 抗肿瘤药物:牛磺莫司汀

taurine 牛磺酸

taxol 红豆杉醇

TC 总胆固醇

TDP 二磷酸硫胺素

tea polysaccharide complex,TPC 茶叶多糖复合物

tetrahydrofolic acid,THFA 四氢叶酸

TFA 反式脂肪酸

Theanine 茶氨酸

theobromine 可可碱

theophylline 茶碱

therapeutic life style changes,TLC 治疗性生活方式改变

thermic effect of food, TEF 食物的热效应

thiamine monophosphate,TMP 单磷酸硫胺素

thiamine pyrophosphate,TPP 焦磷酸硫胺素

thiamine triphosphate,TTP 三磷酸硫胺素

thiocyanates 硫氰化物

thromboxane,TXA 血栓烷

thyroglobulin, TG 甲状腺球蛋白

thyroid-stimulating hormone,TSH 促甲状腺激素

thyrotrophin-releasing hormone,TRH 促甲状腺素释放激素

tolerable upper intake level,UL 可耐受最高摄入量

tongue 舌

trace elements 微量元素

traditional chinese medicine nutrition	中医营养学
transcription	转录
translation	翻译
triglyceride,TG	甘油三酯
triterpenes	三萜类
triterpenoidal saponins	三萜皂苷
true digestibility, TD	真消化率
trypsin inhibitor,TI	胰蛋白酶抑制剂（或因子）
TTG	促皮质糖
tumor	肿瘤
tumor necrosis factor,TNF	肿瘤坏死因子
ubiquinones	泛醌
urease	脲酶
uridine diphosphoglucose,UDPG	尿苷二磷酸葡萄糖
uridine triphosphate,UTP	尿苷三磷酸
variable fat	动脂
very low-density lipoprotein,VLDL	极低密度脂蛋白
vitamin	维生素
vitamin A	维生素 A
vitamin D binding protein,DBP	维生素 D 结合蛋白
vitaminization	维生素化
vitexin	牡荆素
water	水
weaning food	断乳食品
women and child nutrition	妇幼营养学
World Cancer Research Fund,WCRF	世界癌症研究基金会
World Health Organization,WHO	世界卫生组织
World Trade Organization,WTO	世界贸易组织
xylooligosaccharide	低聚木糖
young children	幼儿
zinc	锌
zinc deficiency	锌缺乏症
α-linolenic acid	α-亚麻酸
α-、β-、γ-conglycinin	α-、β-和 γ-伴大豆球蛋白
γ-aminobutyric acid	γ-氨基丁酸
γ-glutamylcysteine	γ-谷氨酰半胱氨酸

参 考 文 献

[1] Afshin A. , Sur P. J. , Fay K. A. . Health effects of dietary risks in 195 countries, 1990—2017: a systematic analysis for the global burden of disease study 2017. Lancet,2019, 393(10184):1958-1972.

[2] Allison A. . Tates. Process and development of dietary reference intakes: Basis, need and application of recommended dietary allowances. Nutrition Reviews, 1998, 56:S5-S9.

[3] Augustin L. S. A. , Kendall C. W. C. , Jenkins D. J. A. , et al. . Glycemic index, glycemic load and glycemic response: An International Scientific Consensus Summit from the International Carbohydrate Quality Consortium (ICQC). Nutrition, Metabolism & Cardiovascular Diseases, 2015, 25(5): 795-815.

[4] Barratt M. J. , Lebrilla C. , Shapiro H. . The Gut microbiota, food science, and human nutrition: a timely marriage. *Cell Host & Microbe*, 2017, 22(2): 134-141.

[5] Beaton G. H. . Approaches to analysis of dietary data,relationship between planned analyses and choice of methodology. Am J clin Nutr 59, 1994,2536-2610.

[6] Belitz H. -D. , Grosch W. Schieberle P. Food Chemistry. 4th ed. Springer, 2009.

[7] Blekkenhorst L. C. , Sim M. , Bondonno C. P. , et al. . Cardiovascular Health Benefits of Specific Vegetable Types: A Narrative Review. Nutrient, 2018.

[8] Block G. . Impact of new research on optimal health on the RDAs. In proceedings of a workshop on future recommended dietary allowances. Rutgers, new Brunswick: NJ, 1993,45-55.

[9] Bruins M. J. , Van D. P. , Eggersdorfer M. . The role of nutrients in reducing the risk for noncommunicable diseases during aging,Nutrients,2019, 11(1):1-24.

[10] Bulut E. A. , Soysal P. , Aydin A. E. ,et al. . Vitamin B$_{12}$ deficiency might be related to sarcopenia in older adults. Experimental Gerontology, 2017,95: 136-140.

[11] Chang S. K. , Alasalvar C. , Shahidi F. . Review of dried fruits: Phytochemicals, antioxidant efficacies, and health benefits. Journal of Functional Foods, 2016, 21:113-132.

[12] Corinne Balog Cataldo,Jacquelyn R. . Nyenhuis. Nutrition & Diet Therapy. 2nd ed. New York: West Publishing Company,1989.

[13] Correa R. C. G. , Peralta R. M. , Haminiuk C. W. I. . New phytochemicals as potential human anti-aging compounds: reality, promise, and challenges. Critical Reviews in Food Science and Nutrition, 2018, 58 (6):942-957.

[14] DGAC. Dietary guidelines for Americans, 2005.

[15] Dome P. , Tombor L. , Lazary J. . Natural health products, dietary minerals and over-the-counter medications as add-on therapies to antidepressants in the treatment of major depressive disorder: a review. Brain Research Bulletin,2019, 146:51-78.

[16] Ekhard E. . Ziegler Present Knowledge in Nutrition, Washington, D. C: ILSI Press,1998.

[17] Eleanor Noss Whitney, Sharon Rady Rolfes. Understanding Nutrition. 13th ed. Minneapolis: West Pub-

lishing，2012.

[18] Field M.．Handbook of food and nutrition．Syrawood Publishing House，2018.

[19] Flynn A.，Kehoe L.，Hennessy，áine，et al.．Estimating safe maximum levels of vitamins and minerals in fortified foods and food supplements．European Journal of Nutrition，2016,56：2529-2539.

[20] Ford A. H.，Almeida O. P.．Effect of Vitamin B Supplementation on Cognitive Function in the Elderly：A Systematic Review and Meta-Analysis．Drugs & Aging，2019,36(5)：419-434.

[21] Fraeyea I.，Bruneel C.，Lemahieu C.，et al.．Dietary enrichment of eggs with omega-3 fatty acids：A review．Food Research International．2012,48(2)：961-969.

[22] Frances Sizer，Ellie Whitney．Nutrition：Concepts and Controversies．14th ed．Brooks Cole，2016.

[23] Fruit and vegetable intake and the risk of cardiovascular disease, total cancer and all-cause mortality-a systematic review and dose-response meta-analysis of prospective studies．International Journal of Epidermiology，2017, 46(3)：1029-1056.

[24] Ghishan F. K.，Kiela P. R.．Vitamins and Minerals in Inflammatory Bowel Disease．Gastroenterology Clinics of North America，2017, 46：797-808.

[25] Goldsmith J. R.．Sartor R.，Balfour．The role of diet on intestinal microbiota metabolism：downstream impacts on host immune function and health，and therapeutic implications．Journal of Gastroenterology，2014, 49：785-798.

[26] Hug Khoi.．Development of Vietnamese recommended dietary allowances and their use for the national plan of action for nutrition．Nutrition Reviews，1998, 56：S25-S828.

[27] Hawkes C.，Ruel M.，Babu S.．Agriculture and health：overview，themes，and moving forward，Food and Nutrition Bulletin，2019, 28(2)：S221-S226.

[28] Hui Y. N.．Handbook of meat and meat processing，3rd ed．CRC Press，2012.

[29] Japanese Ministry of health and welfare．Dietary guidelines for preventing chronic disease．Tokyo，Japan：Health Services Bureau，1990.

[30] Jelena D.，Bojan C.，Bojana V.，et al.．Comparative analysis of mechanical and dissolution properties of single-and multicomponent folic acidsupplements．Journal of Food Composition and Analysis，2017,60：17-27.

[31] John B.，Mason，et al.．Nutritional Surveillance．WHO,1994.

[32] Jonsson B. H.．Nicotinic Acid Long-Term Effectiveness in a Patient with Bipolar Type Ⅱ Disorder：A Case of Vitamin Dependency．Nutrients，2018,10(2)：134-139.

[33] Karmas E.．Nutritional Evaluation of Food Processing．Springer，2012.

[34] Lewis C. I.，Healthy people 2000：report on the 1994 nutrition progress review．Nutr Today 1994,29：6-14.

[35] Life Science Research Office Core indicators of nutritional state for difficult-to-sample population．J Nutr，1990, 120(suppl)：1554-1600.

[36] Mansouri M.，Miri A.，Varmaghani M.，et al.．Vitamin D deficiency in relation to general and abdominal obesity among high educated adults．Eating & Weight Disorders，2019, 24(1)：83-90.

[37] Nie Y.，Luo F.，Lin Q.．Dietary nutrition and gut microflora：A promising target for treating diseases．Trends in Food Science & Technology，2018, 75：72-80.

[38] Nimalaratne C.，Wu J.．Hen Egg as an Antioxidant Food Commodity：A Review．Nutrients．2015, 7(10)：8274-8293.

[39] Park S. K.，Jung I. C.，Lee WK，et al.．A combination of green tea extract and L-theanine improves memory and attention in subjects with mild cognitive impairment：a double-blind placebo-controlled study.

J，Med Food，2011，14（4）：334-343.

［40］Rajakumari R.，Samuel O. O.，Sabu T.，et al.. Dietary supplements containing vitamins and minerals：Formulation，optimization and evaluation. Powder Technology，2018，336：481-492.

［41］Rechcigl M.. Handbook of Nutritive Value of Processed Food：Volume 1：Food for Human Use（Routledge Revivals）. CRC Press，2019.

［42］Reynolds A.，Mann J.，Cummings J.，et al.. Carbohydrate quality and human health：a series of systematic reviews and meta-analyses. The Lancet，2019.

［43］Ruel M. T.，Quisumbing A. R.，Balagamwal M.. Nutrition-sensitive agriculture：What have we learned so far? Global Food Security—Agriculture Policy Economics and Environment，2018，17：128-153.

［44］Sri Harsha P. S. C.，Wahab R. A.，Aloy M. G.. Biomarkers of legume intake in human intervention and observational studies：a systematic review. Genes & Nutrition，2018，13（1）：25-41.

［45］Stamler J.，et al. For the INTERMAP Research Group：Nutrient intakes of middle-age men and women in China，Japan，United Kindom and United States in the late 1990s：The INTERMAP Study. J Human Hypertension，2003，17：623-628.

［46］Strohm D.，Bechthold A.，Isik N.，et al.. Revised reference values for the intake of thiamin（vitaminB1），riboflavin（vitaminB2），and niacin. NFS Journal，2016，3：20-24.

［47］US Department of Agriculture，US Department of Health and Human Services. Dietary guidelines for Americans. 4th ed. Washington，D. C：US Goverment Printing Office，1995.

［48］Wang X.，Lin X.，Ouyang Y. Y.，et al.. Red and processed meat consumption and mortality：dose – response meta-analysis of prospective cohort studies. Public Health Nutrition，2017，19（5）：893-905.

［49］Webb P，Kennedy E. Impacts of agriculture on nutrition：Nature of the evidence and research gaps. Food and Nutrition Bulletin，2014，35（1）：126-132.

［50］Week M. F.. Computer-assisted survey information collection，a review of CASIC methods and their implications for survey operations. Journal of Official Statistics，1992（8）：447-461.

［51］WHO. Diet，nutrition and prevention of chronic diseases. Geneva：WHO，1990.

［52］Zhao L. G.，Sun J. W.，Yang Y.，et al.. Fish consumption and all-cause mortality：a meta-analysis of cohort studies. European Journal of Clinical Nutrition. 2016，70（2）：155-161.

［53］Barbara A. Bowman，Robert M. Russell. 荫士安. 汪之顼. 王茵，译. 现代营养学. 9 版. 北京：人民卫生出版社，2008.

［54］Bowman B. A.. 现代营养学. 8 版. 荫士安，汪之琐，译. 北京：化学工业出版社，2004.

［55］Damodaran S.，Parkin K. L.，Fennema O. R.. 食品化学. 4 版. 北京：中国轻工业出版社，2013.

［56］M. 里切希尔. 加工食品的营养价值手册. 陈葆新，等译. 北京：轻工业出版社，1989.

［57］Srinivasan Damodaran，Kirk L.，Parkin，Owen R.，Fennema.. 食品化学. 江波，杨瑞鑫，钟芳，等译. 北京：中国轻工业出版社，2013.

［58］鲍曼 B. A.，拉塞尔 R. M.. 现代营养学. 9 版. 荫士安，汪之顼，王茵，译. 北京：人民卫生出版社，2008.

［59］贝利舍 F.. 功能性食品的科学. 北京：人民卫生出版社，2002.

［60］蔡东联. 现代饮食治疗学. 北京：人民军医出版社，1998.

［61］蔡美琴. 医学营养学. 2 版. 上海：上海科学技术文献出版社，2001.

［62］柴巍中. 国外营养教育和营养师发展概况. 中国食物与营养，2004（12）：11-13

［63］车振明. 虫草多糖生物活性研究进展及其应用前景. 食用菌，2004，6：3-5.

［64］陈炳卿. 营养与食品卫生学. 5 版. 北京：人民卫生出版社，2000.

［65］陈春明，孔灵芝，中国成人超重和肥胖症预防控制指南（试行），2003.

［66］陈辉. 现代营养学. 北京：化学工业出版社，2005.

[67] 陈君石．膳食、食物、营养、身体活动与癌症预防．第五届两岸四地营养改善学术会议资料汇编,2016-09-22.

[68] 陈庆伟,陈志桃．枸杞多糖药理作用研究进展．海峡药学,2005,17(4)：4-7.

[69] 陈仁惇．现代临床营养学．北京：人民军医出版社,1999.

[70] 陈仁惇．营养保健食品．北京：中国轻工业出版社,2001.

[71] 陈文．功能食品教程．2 版．北京：中国轻工业出版社,2018.

[72] 陈秀敏,傅德贤,欧阳藩．魔芋葡甘露聚糖的应用研究进展．中国生化药物杂志,2001,22(6)：318-320.

[73] 陈学存．应用营养学．北京：人民卫生出版社,1984.

[74] 陈宗道,周才琼,童华荣．茶叶化学工程学．重庆：西南师范大学出版社,1999.

[75] 代中礼,汪芳松,钱福东．血脂及其比值与早发冠心病的相关分析．当代医学,2016 ,22(2)：8-10.

[76] 戴华,陈冬东．功能性保健食品检测指南．北京：中国标准出版社,2012.

[77] 邓泽元．功能食品学．北京：科学出版社,2017.

[78] 邓泽元．食品营养学．4 版．北京：中国农业出版社,2016.

[79] 恩斯明格．食品与营养百科全书．北京：中国农业出版社,1989.

[80] 范志红．食物营养与配餐．北京：中国农业大学出版社,2010.

[81] 方积年,王顺春．香菇多糖的研究进展．中国药学杂志,1997,32(6)：332-334.

[82] 冯长根,吴悟贤,刘霞,等．洋葱的化学成分及药理作用研究进展．上海中医药杂志,2003,37(3)：63-64.

[83] 高宁国,程秀兰,杨敬,等．肝素结构与功能的研究进展．生物工程进展,1999,19(5)：4-13.

[84] 葛可佑．中国食品科学全书：食物营养卷．北京：中国卫生出版社,2004.

[85] 葛可佑．中国营养师培训教材．北京：人民卫生出版社,2005.

[86] 古元冬,史建勋,胡卓逸．魔芋多糖的抗衰老作用．中草药,1999,30(2)：127-128.

[87] 顾天爵,冯宗忱．生物化学．4 版．北京：人民卫生出版社,1996.

[88] 管斌,林洪,王广策．食品蛋白质化学．北京：化学工业出版社,2005.

[89] 国务院办公厅 国办发〔2017〕60 号,国民营养计划(2017—2030 年),营养学报,2017,39(4)：315-320.

[90] 国务院办公厅 国办发〔2014〕3 号．中国食物与营养发展纲要(2014—2020 年)．营养学报,2014,36(2)：111-113.

[91] 韩雅珊．食品化学．2 版．北京：中国农业大学出版社,2001.

[92] 何炜,李晓晔,石鑫,等．褪黑素的生理活性研究进展．Herald of Medicine,2006,25(6)：556-558.

[93] 何志谦．疾病营养学．北京：人民卫生出版社,1999.

[94] 何志谦．人类营养学．3 版．北京：人民卫生出版社,2011.

[95] 黄承钰．医学营养学．北京：人民卫生出版社北京,2003.

[96] 黄纯,高向东,庞秀炳．灵芝多糖的提纯、组成及活性研究．中国生化药物杂志,2005,26(4)：221-223.

[97] 黄辉,张兵,杜文雯,等．我国的营养政策与行动计划及其效果分析．中国健康教育,2011,27(12)：930-932.

[98] 霍军生．营养学．北京：中国林业出版社,2008.

[99] 季宇彬,武晓丹,邹翔．硫代葡萄糖苷的研究,哈尔滨商业大学学报(自然科学版),2005,21(5)：550-554.

[100] 姜勇,赵文华．成人肥胖的评价方法、指标及标准在公共卫生中应用的研究进展．卫生研究,2013,42(4)：701-705.

[101] 金龙飞．食品与营养学．北京：中国轻工业出版社,2000.

[102] 李铎．食品营养学．北京：化学工业出版社,2010.

[103] 李凤林,王英臣．食品营养与卫生学．2 版．北京：化工出版社,2015.

[104] 李静．人体营养与社会营养学．北京：中国轻工业出版社,1993.

[105] 李里特．食品原料学．北京：中国农业出版社,2001.

[106] 李清亚．孕产妇保健必读．北京:金盾出版社,2001.

[107] 李勇．营养与食品卫生学．北京:北京大学医学出版社,2005.

[108] 李园,施小明．营养与慢性病研究进展．营养学报,2015,37(2):126-128.

[109] 梁恒宇,邓立康,林海龙,等．新资源食品:γ-氨基丁酸(GABA)的研究进展．食品研究与开发,2013,34(15):119-123.

[110] 林晓明．高级营养学．2 版．北京:北京大学医学出版社,2017.

[111] 刘邻渭．食品化学．西安:陕西科学技术出版社,1996.

[112] 刘佩瑛．魔芋学．北京:中国农业出版社,2004.

[113] 刘湘云,陈荣华．儿童保健学．3 版．南京:江苏科学技术出版社,2005.

[114] 刘洋,李颂,王春玲．茶氨酸健康功效研究进展,食品研究与开发,2016,37(17):211-214.

[115] 刘志皋．食品营养学．2 版．北京:中国轻工业出版社,2017.

[116] 柳春红．食品营养与卫生学．北京:中国农业出版社,2013.

[117] 卢良恕．以科学发展观为指导全面推进食物与营养工作．中国食物与营养,2008(5):4-6.

[118] 马荣琨,段秋虹,苏东民．焙烤食品的营养强化研究进展．粮食与油脂,2018,31(12):4-6.

[119] 马涛,尚志刚．谷物加工工艺学．北京:科学出版社,2009.

[120] 梅四卫,朱涵珍．大蒜素的研究进展．中国农学通报,2009,25(9):97-101.

[121] 孟宪军,迟玉杰．功能食品．北京:中国农业大学出版社,2017.

[122] 孟协中,席金萍,李力平,等．枸杞多糖化学研究的现状．宁夏农林科技,1999,4:22-25.

[123] 倪世美．中医食疗学．北京:中国中医药出版社,2018.

[124] 聂启兴,胡婕伦,钟亚东,等．几类不同食物对肠道菌群调节作用的研究进展．食品科学,2019,40(11):321-329.

[125] 逢美芳．试析食品营养强化与营养增补．中国保健营养,2017(17):427.

[126] 齐格勒 E.E．现代营养学．7 版．闻芝梅、陈如石,主译．北京:人民出版社,1998.

[127] 塞泽 F.S.S．,惠特尼 E.N.W．．营养学:概念与争论．13 版．王希成译．北京:清华大学出版社,2017.

[128] 石峰,姬胜利,迟延青,等．低分子肝素的制备方法及其结构与生物活性的关系．中国生化药物杂志,2003,24(2):101-105.

[129] 石瑞．食品营养学．北京:化工出版社,2016.

[130] 石彦国．食品原料学．北京:科学出版社,2018.

[131] 《食品安全国家标准 保健食品》(GB 16740—2014).

[132] 《食品安全国家标准 保健食品》(GB 16740—2014).

[133] 宋晓凯．天然药物化学．北京:化学工业出版社,2004.

[134] 苏祖斐．实用儿童营养学．北京:人民出版社,1989.

[135] 孙长颢,凌文华,黄国伟,等．营养与食品卫生学．8 版．北京:人民卫生出版社,2017.

[136] 孙长颢．营养与食品卫生学．8 版．北京:人民卫生出版社,2017.

[137] 孙可欣,郑荣寿,张思维,等．2015 年中国分地区恶性肿瘤发病和死亡分析．中国肿瘤,2019,28(01):1-11.

[138] 孙茂成,左丽丽．额外补硒与预防慢性疾病的关系．卫生研究,2015,44(5):867-870.

[139] 孙远明．食品营养学．2 版．北京:中国农业大学出版社,2010.

[140] 孙远明,余群力．食品营养学．北京:中国农业大学出版社,2002.

[141] 汪玲玲,钟士清．虫草多糖研究综述．微生物学杂志,2003,23(1):43-45.

[142] 王尔茂．食品营养与卫生．北京:中国轻工业出版社,2004.

[143] 王会敏,徐克．异硫氰酸酯抗肿瘤作用机制研究新进展．中国肺癌杂志,2017,20(3):213-217.

[144] 王建华,王汉中,张民,等．枸杞多糖组分 3 对小鼠抗脂质过氧化作用的影响．中国兽医学报,2002,22

（3）：267-26.

[145] 王绿娅．冠状动脉粥样硬化性心脏病相关临床脂质研究新亮点．心肺血管病杂志,2017,36(10)：797-799.

[146] 王昕,李建桥,吕子珍．饮食健康与饮食文化．北京：化学工业出版社,2003.

[147] 王一然,王奇金．慢性病防治的重点和难点：《中国防治慢性病中长期规划(2017—2025年)》解读．第二军医大学学报,2017,38(7):828-831.

[148] 王银瑞,胡军,解柱华．食品营养学．西安：陕西科学技术出版社,1992.

[149] 闻芝梅．现代营养学．北京：人民卫生出版社,1998.

[150] 翁维健．中医饮食营养学．上海：上海科学技术出版社,2018.

[151] 徐庆阳,黎兴荣,石墨,等．硫酸软骨素研究现状．生物技术通讯,2004,15(6)：633-635.

[152] 杨克敌．微量元素与健康．北京：人民卫生出版社,2003.

[153] 杨洋,邸信,吕晓华．我国居民膳食变迁与慢性病问题：基于宏观数据的分析．中国社会医学杂志,2016,33(2)：128-130.

[154] 杨玉红,林海,张永华．食品营养与卫生．西安：西北工业大学出版社,2010.

[155] 杨月欣,葛可佑．中国食品科学全书(上册)：食物营养卷．2版．北京：人民卫生出版社,2019.

[156] 杨月欣,李宁．营养功能成分应用指南．北京：北京大学出版社,2011.

[157] 杨月欣．中国食物成分表标准版：第一册．北京：北京大学医学出版社,2018.

[158] 杨月欣,王光亚,潘兴昌．中国食物成分表．北京北京大学医学出版社,2002.

[159] 姚汉亭．食品营养学．北京：中国农业出版社,1992.

[160] 易美华．食品营养与健康．北京：中国轻工业出版社,2000.

[161] 易美华．食品营养与健康．北京：中国轻工业出版社,2000.

[162] 于冬梅,何宇纳,郭齐雅,等．2002—2012年中国居民能量营养素摄入状况及变化趋势．卫生研究,2016：527-533.

[163] 《预包装食品标签通则》(GB 7718—2011).

[164] 《预包装食品营养标签通则》(GB28050—2011).

[165] 袁牧,王昌留,王一斐,等．超氧化物歧化酶的研究进展．中国组织化学与细胞化学杂志,2016,25(6)：550-558.

[166] 袁育康．医学免疫学与病原微生物学．北京：北京医科大学出版社,2000.

[167] 翟凤英,等．24小时个人膳食询问法在中国营养调查中的应用．卫生研究,1996(25)：51-53

[168] 张爱珍．医学营养学．北京：人民卫生出版社,2000.

[169] 张东峰,邓毛程．我国营养强化食品现状与发展趋势．现代食品,2016(3):1-2.

[170] 张桂枝,安利佳．人参皂甙生理活性研究进展．食品与发酵工业,2002(28)：70-72.

[171] 张和平,张佳程．乳品工艺学．北京：中国轻工业出版社,2018.

[172] 张锦同．强化食品．北京：轻工业出版社,1983.

[173] 张民,王建华,甘璐,等．枸杞多糖-4组成分析及其生理活性研究．食品与发酵工业,2003,29(2)：22-25.

[174] 张遒蘅．生物化学．2版．北京：北京医科大学出版社,2000.

[175] 张玉华．城乡居民膳食结构与营养相关慢性病变迁分析．世界最新医学信息文摘,2016(59):177-178.

[176] 赵法伋．儿童饮食营养与健康．北京：金盾出版社,2001.

[177] 赵丽云,房玥晖,何宇纳,等．1992—2012年中国城乡居民食物消费变化趋势．卫生研究,2016(4)：522-526.

[178] 赵晓丹．食物抗营养因子．北京：中国农业大学出版社,2015.

[179] 郑建仙．功能性食品．2版．北京：中国轻工业出版社,1999.

［180］郑泽元．食品营养学．3 版．北京:中国农业出版社,2009.

［181］中国标准出版社第一编辑室．中国食品工业标准汇编:第一部分．北京:中国标准出版社,2008.

［182］中国成人血脂异常防治指南修订联合委员会．中国成人血脂异常防治指南(2016 年修订版),中国循环
杂志 ,2016 ,31(10):937-953.

［183］中国功能食品原料基本成分数据表．北京:中国轻工业出版社,2013.

［184］中国营养学会．食物与健康:科学证据共识．北京,人民卫生出版社,2016.

［185］中国营养学会．中国居民膳食营养素参考摄入量(2013 版).北京:科学出版社,2014.

［186］中国营养学会．中国居民膳食指南(2016).北京:人民卫生出版社,2016.

［187］中国营养学会公共营养分会．公共营养研究进展．营养学报,2015,37(2):115-116.

［188］中国营养学会．食物与健康:科学证据共识．北京:人民卫生出版社,2016.

［189］中国营养学会．中国居民膳食营养素参考摄入量（ChineseDRIs).北京:科学出版社,2013.

［190］《中华人民共和国食品安全法》(2015).

［191］中华医学会内分泌学分会肥胖学组．中国成人肥胖症防治专家共识．中华内分泌代谢杂志,2011,27
(9):711-717.

［192］中华医学会糖尿病学分会．中国Ⅱ型糖尿病防治指南.中国实用内科杂志,2018,38(4):292-343.

［193］周才琼,唐春红．功能性食品学．北京:化学工业出版社,2015.

［194］周光宏．畜产品加工学．北京:中国农业出版社,2002.

［195］周光宏．畜产品加工学．2 版．北京:中国农业出版社,2012.

［196］周俭．中医营养学．北京:中国中医药出版社,2017.

［197］周世英,钟丽玉．粮食学与粮食化学．北京:中国商业出版社,1986.

［198］周晓雨,郭燕枝,徐海泉,等．国内外食品营养强化法规标准的比较研究．食品研究与开发,2019,40
(11):219-224.

［199］周衍椒,张镜如．生理学．3 版．北京:人民卫生出版社,1995.

拓 展 资 源

请登录中国农业大学出版社教学服务平台"中农 De 学堂"查看：

二维码1　一图读懂
《中国居民膳食指南》

二维码2　营养学家
郑集教授的养生法宝

二维码3　国内首次报告一般民众
核黄素缺乏及提出治疗方式的人

二维码4　食物在体内
的消化过程

二维码5　维生素D
的故事

二维码6　锌元素
的故事

二维码7　维生素B_6
的故事

二维码8　如何树立
大食物观？